# 军事运筹学

余　滨　段采宇　周敏龙　毛赤龙　编著

国防科技大学出版社
·长沙·

# 内 容 简 介

本书以决策优化为核心，分 8 章展开论述，包括：军事运筹学概论、效能分析、搜索论基础、作战行动的定量分析方法、决策优化基础、武器装备寿命期的管理方法、军事系统优化方法以及作战模拟等。本书可作为军事院校硕士研究生军事运筹学课程教材，也可用于相关专业的参考书。

**图书在版编目(CIP)数据**

军事运筹学/余滨，段采宇等编著．—长沙：国防科技大学出版社，2008．9(2022．3 重印)

ISBN 978－7－81099－485－9

Ⅰ．军…　Ⅱ．① 余…　② 段…　Ⅲ．军事运筹学—军事院校—教材　Ⅳ．E911

中国版本图书馆 CIP 数据核字(2008)第 036604 号

国防科技大学出版社出版发行

电话：(0731)87000353　邮政编码：410073

责任编辑：耿　筠　责任校对：唐卫葳

新华书店总店北京发行所经销

国防科技大学印刷厂印装

*

开本：787×1092　1/16　印张：32　字数：759 千字

2008 年 9 月第 1 版 2022 年 3 月第 2 次印刷　印数：1001－1800 册

ISBN 978－7－81099－485－9

**定价：78.00 元**

# 序

我国杰出科学家和军事运筹学的奠基者钱学森曾指出:“对于军事科学这个大部门,基础理论层次是军事学,技术理论层次是军事运筹学,应用技术层次是军事系统工程。”钱老把军事运筹学定位于军事科学的技术理论层次,是他对军事科学体系的深入洞察和对军事运筹学在其中地位高瞻远瞩的论断,极富思想性和创新性,为军事科学包括军事运筹的发展指出了正确的方向。

军事运筹学是关于军事问题建模、定量分析和优化决策的理论和方法的学科,军事运筹学以现代数学和信息科学等为手段,以提高军事行动效果为目的,是武器装备研究、启发作战思想与战法创新、改进后勤工作效益等方面的技术基础。

军事运筹学的产生和发展与军事和带有竞争性质的活动有密切联系,是人们在20世纪战争研究领域的一项创举,是人类创新思维的产物。军事运筹学的出现以及在第二次世界大战中的应用,使整个军事科学研究领域发生了巨大变化,它既是一种行之有效的科学方法,又是指导理论研究的科学方法论。

军事运筹学与其他军事学科不同的地方就在于它从决策优化的角度研究军事活动,且力求不仅从定性方面而且着重从定量方面提供可操作的决策优化理论和方法。

随着军队武器装备的现代化,尤其是高科技在军事上的应用,军事力量建设和运用变得更加复杂。如果不深入地从定性、定量两方面研究其决策问题,那么,不用说优化决策,就连起码的可行决策都不可能做出。从这个意义上讲,军事运筹学以其特有的研究对象和方法而成为一门独立的军事学科,是军事科学适应现代战争需要而发展的结果。

在新军事革命兴起、战争状态发生深刻变化的当今时代,正如江泽民同志指出:“现代科学技术对军事领域的影响,就其深刻性和广泛性来说,是历史上任何时期都无法比拟的。”既然由现代科学技术引发了新的一轮军事革命,那么军事科学的所有学科门类都不可避免地受到了有关现代科学技术引起的冲击、震撼，军事科学的所有基础理论在高技术的挑战下都急需在理论上做出突破、创新和发展。军事运筹学作为军事科学体系中应用科学技术最广泛、最深入的一门学科，同样也面临着在新形势下的突破、创新和发展。我们欣喜地看到，在广大军事运筹学工作者的努力下，军事运筹学研究在引进、消化、理解及创新现代科学技术与方法方面做了大量工作，取得了丰硕的成果，形成了一系列新的实验方法、模拟技术、建模技术等；这些研究都已产生自己的理论，具有自己的研究方法，形成独具特色的研究领域。因此，在教育工作中，必须与时代同步，在发展军事运筹学经典方法的基础上，积极引进新方法、新技术，为新世纪的人才培养提供新的基础。

余滨等人编写的研究生教材《军事运筹学》在综合、归纳军事运筹学新理论、新方法、新技术方面，做了有益的探索。该教材在围绕决策优化为主题展开论述的同时，强调以高新技术装备与高新技术战争为核心内容。由于现代高新技术在军事领域内的运用和发展引起整个军事领域发生新的军事革命，使得现代军事、技术理论体系也发生了深刻的变化。军事运筹学作为军事科学体系中应用科学技术最广泛、最深入的一门学科，同样也面临着在新形势下，面对新军事革命中军事科学研究、军事斗争实践对军事运筹学的迫切需求以及军事运筹学的新发展。本教材正是着眼于新时期军事战略方针的实现，根据新世纪军事人才应该拥有的知识结构、能力和素质，将现代军事高技术的新理论、新知识、新成果充实进来，内容上实现高层次、高起点和高技术化。

军事运筹学是自然科学、工程技术与军事科学相结合而发展起来的一门交叉学科。它的内容丰富，且在不断发展中。本书主要围绕军事运筹学中决策优化为核心进行叙述，只是一本基础性教材。我们希望广大军事运筹学工作者能继续进行有益的探索，写出更多、更好的教材和专著。

2008 年 6 月

# 前　言

军事运筹学是自然科学与军事科学相结合的一门交叉学科，它的研究对象是在军事力量的建设和运用中为达到一定军事目的而进行的决策优化问题，强调定量分析、系统优化与科学管理。它运用定量分析技术、计算机技术和系统分析等方法，揭示各种军事系统的结构、功能及其运行规律，为科学地进行军事实践活动，合理利用资源，提高军事效益提供理论依据。

军事运筹学的产生和发展与军事和带有竞争性质的活动有密切联系，是人们在 20 世纪战争领域的一项创举，是创新思维的产物。军事运筹学的出现以及在第二次世界大战中的应用，使整个军事科学研究领域发生了巨大变化，它既是一种科学方法，又是指导理论研究的科学方法论。

军事运筹学虽然起源于第二次世界大战，但军事运筹思想的应用却有着悠久的历史。在古代，人类从战争实践中就总结出了丰富的运筹思想。两次世界大战为军事运筹实践提供了良好的契机。第二次世界大战后，军事运筹理论得到了突飞猛进的发展。20 世纪 50 年代末，军事运筹学基本上形成一门独立的新学科。20 世纪 70 年代末以来，在钱学森等老一辈科学家的积极倡导下，我国的军事运筹学经历了起步研究、重点发展和全面发展等阶段，取得了很大的成绩，已成长为军事科学中最富生机、发展最快的学科之一，在应用成果、理论研究、作战模拟和人才培养等方面取得显著进展。目前，我国的军事运筹研究已形成一定规模和水平，为未来的发展奠定了良好的基础。

经过近半个世纪的发展，军事运筹学已从二战时期以战术指挥决策问题为对象，发展到今天以应用现代科技解决军事领域各类决策问题为对象的军事学科。它研究的内容，应用的范围，覆盖了军事科学的各个基础理论学科，如军事力量建设和运用的筹划、战时对战争全局问题与平时对军事斗争全局问题的运筹；战役战斗行动的优化；军事指挥的科学决策；军队规模、编制体制的论证;后勤保障、技术保障的运筹;武器装备体系的建设方案和全寿命管理;军队人力资源的规划和管理,以及军备控制的研究和方案拟制等。

进入21世纪,新军事革命的蓬勃发展,为军事运筹学提供了一个前所未有的发展机遇。高新技术推动了军事运筹学的发展,形成了与之相适应的新方法与新技术。在广大军事运筹学工作者的努力下,军事运筹学研究在引进、消化、理解及创新新方法与新技术方面做了大量工作,积累了丰富的经验,形成了独具特色的研究领域。同时,也应看到,军事运筹学也面临着严峻的挑战。时代的发展要求继续完善与创新军事运筹学理论体系,改善与更新实验手段和模拟方法,并向各个基础军事理论学科进一步延伸与结合。

本书是作者在多年军事运筹学教学和研究基础上形成的,相当一部分内容经过多次的讲授,有较强的适应性。同时,本书也吸纳了许多军事运筹学领域的新方法与新技术。本书紧密围绕军事活动中的决策优化方法展开叙述。本书主要针对军队院校军事运筹学专业的研究生教学而编写的,使学员通过学习能够掌握军事运筹学的基本知识、方法和结论,能对该领域的研究有一个较全面的了解,为今后进一步的学习、研究和应用打下基础。

全书分8章,第1、3章由余滨编写,第2、6章由段采宇编写,第5、8章由周敏龙编写,第4、7章由毛赤龙编写,全书由余滨负责筹划、统稿。限于编著人员水平,错误和不妥之处在所难免,希望读者批评指正。

编著者

2008年8月

# 目　　录

## 第 3 章 搜索论基础

## 第 4 章　作战行动的定量分析方法

## 第 5 章 决策优化基础



## 第 6 章 武器装备寿命期的管理方法

## 第7章 军事系统优化方法

## 第 8 章 作战模拟

# 第 1 章　军事运筹学概论

军事运筹学是第二次世界大战期间为适应战争需要而发展起来的一门军事学科。运筹学的英文原词为 Operational Research(在美国称为 Operations Research)。当时是指作战研究。但第二次世界大战后,用于作战研究的这些理论、方法广泛用于民用领域,故更普遍地认为原词是指“运用研究”。

军事运筹学是一门运用数学、计算机等现代科学技术的理论和方法,在客观实际条件的约束下,对具有确定目的的作战行动,采用定量化分析手段,为科学地进行军事实践,合理利用军事资源,提高作战训练效益,启发新的作战思想而提供理论、方法和技术的应用学科。

## 1.1　军事运筹学的形成和发展

军事运筹学的产生和发展与军事和带有竞争性质的活动有密切联系,是人们在 20 世纪战争领域的一项理论创举,是人类创新思维的产物。军事运筹学的出现以及在第二次世界大战中的应用,使整个军事科学研究领域发生了巨大的变化,它既是一种行之有效的科学方法,又是指导理论研究的科学方法论。

### 1.1.1　历史渊源

词源“运筹”一词,最早出自中国《史记·高祖本纪》:“运筹策帷帐之中,决胜于千里之外”。汉朝的张良,长于“画策”,是汉高祖刘邦的谋士,常借助于吃饭用的筷子为刘邦筹算,制定出破楚之策,刘邦曾多次称赞张良是“运筹帷帐之中,决胜于千里之外”的人物。最早有“军事运筹学”含义的英文词 Operational Research 出现于 1938 年,是由当时任英国作战研究部主任 A.P. 罗威就整个防空作战系统的运行研究工作而提出的,原意为“作战研究”,在美国称为 Operations Research,英文缩写均为 OR。自 20 世纪 50 年代起,虽然欧美一些国家将这种用于作战研究的理论和方法广泛用于社会经济各领域,但仍沿用原词,使 OR 的含义有了扩展。OR 传入中国后,曾一度译为“作业研究”、“运用研究”。1956 年,中国学术界通过钱学森、许国志等科学家的介绍,了解了这门学科后,有关专家共同商定将 OR 译为“运筹学”。其译意恰当地反映了该词源于军事谋划又军民通用的特点,并赋予其作为一门学科的含义。随着适用于军事领域的这些理论和方法应用的不断扩展,军事运筹理论研究工作得到深入与发展,军事运筹理论逐渐形成为一门独立的军事学科,在中国称之为“军事运筹学”(Military Operations Research)。

军事运筹学虽然起源于第二次世界大战中,但军事运筹思想的应用却有着悠久的历史。早期的军事运筹思想可追溯到古代军事计划与实际作战运算活动中的选优求胜思想。公元前6世纪我国著名的军事家孙武可能是历史记载中最早的军事运筹思想的实践者了。在举世闻名的《孙子兵法》中,他提出的许多关于合理运用人力、物力获取战争胜利的见解,体现了丰富的军事运筹思想。在《孙子》一书中,关于作战力量的运用与筹划的论述(运筹的重要性),孙子写道:“夫未战而庙算胜者,得算多也;未战而庙算不胜者,得算少也。多算胜,少算不胜,而况于无算乎!”即开战之前要进行胜负条件多少的计算。“多算胜,少算不胜”,揭示了“算”与作战胜利的关系。计算周密,胜利条件多,可以胜敌;计算不周,胜利条件少,不能胜敌,更何况根本不计算、没有胜利的条件呢。

孙子在《孙子兵法》中写道:“知彼知己者,百战不殆;不知彼而知己,一胜一负;不知彼,不知己,每战必殆。”他写道:“兵法:一曰度,二曰量,三曰数,四曰称,五曰胜,地生度,度生量,量生数,数生称,称生胜”。这句话的大意是说,用兵之法:一是“度”,二是“量”,三是“数”,四是“称”,五是“胜”。把度、量、数、称等数学概念引入军事领域,通过双方对比计算,进行战争胜负的预测分析,强调知的核心在于做求实的分析。

关于兵力的运筹,孙子认为:“百战百胜,非善之善者也;不战而屈人之兵,善之善者也”,意思是说,百战百胜,不算是好中最好,不战而使敌人屈服,才算是好中最好。他还认为,“用兵之法,十则围之,五则攻之,倍则分之,敌则能战之,少则能逃之,不若则能避之。故小敌之坚,大敌之擒也”。就是说,用兵的方法,有十倍于敌的绝对优势的兵力,就要四面包围,迫敌屈服;有五倍于敌的优势兵力,就要进攻敌人;有一倍于敌的兵力,就要设法分散敌人;同敌人兵力相等,就要善于设法战胜敌人,比敌人兵力少,就要善于摆脱敌人;各方面条件均不如敌人,就要设法避免与敌交战。弱小的军队如果只知坚守硬拼,就会成为强敌的俘虏。

《史记·孙子吴起列传》中,记载了春秋战国时期孙膑辅助齐将田忌与齐威王赛马。田忌采用孙膑建议的取胜策略,就体现了对策论中的最优策略思想。战国齐将田忌与齐威王赛马,两人各拥有上、中、下三个等级的马,但齐王各等级的马均略优于田忌同等级的马,如依次按同等级的马对赛,田忌必连负三局。田忌根据孙膑的运筹,以自己的下、上、中马分别与齐王的上、中、下马对赛,结果是二胜一负。

11世纪沈括的《梦溪笔谈》中,记载了根据军队的数量和出征距离,筹算所需粮草的数量,将人背和各种牲畜驮运的几种方案与在战场上“因粮于敌”的方案进行了比较,得出了取粮于敌是最佳方案的结论,反映了当时后勤供应中多方案选优的思想。

古希腊数学家阿基米德利用几何知识研究防御罗马人围攻叙拉古城的策略,也是体现军事运筹思想最早的典型事例之一。

在古今中外战争史上,还可以找到大量运用军事运筹思想的事例。然而,这些运筹思想仅仅是基于主观经验而进行的简单筹算,还不能被称为军事运筹学。一门学科只有在建立了一套完整的理论体系之后才能被称为科学。但正因为有这样的历史渊源,在科学技术水平及武器装备发展到一定阶段的条件下,就产生了军事运筹学。

## 1.1.2　发展简史

军事运筹学的形成与发展大致可分为四个阶段。

### 1.1.2.1　第一阶段是第一次世界大战至第二次世界大战结束，这是军事运筹学的萌芽时期

战争条件和新式武器装备的出现推动一些自然科学工作者直接参与研究与新式武器装备使用有关的作战问题。事实上，在第一次世界大战前后，已经出现了这样的活动。1914年，英国汽车工程师兰彻斯特(F.W.Lanchester)发表了关于古代冷兵器战斗和近代枪炮战斗数学模型的论文，第一次应用微分方程分析数量优势与胜负的关系，创造性地用数学方程式来描述两军对战的过程，从中论证了集中优势兵力的战略效果。定量地论证了集中兵力原则的正确性。他所建立的战斗损耗方程被称为兰彻斯特方程，一直受到人们的重视和研究。1915年，俄国人M·奥西波夫独立推导出类似于兰彻斯特方程的奥西波夫方程，并用历史上的战例数据作了验证；同年，美国学者F·W·哈里斯首创库存论模型，用于确定平均库存与经济进货量，提高了库存系统的综合经济效益。稍后，美国人爱迪生为对付德国潜艇的威胁，运用数学方法研究反潜战术，他用数学中的博弈理论及一些统计数字的分析，得出商船用“之”字形方法机动，可大大避免遭受潜艇攻击的结论，减少了敌方潜艇对商船的毁伤。

1921—1927年，法国数学家E·波莱尔发表的一系列论文，为对策论的创建奠定了基础，其中证明了极小极大定理的特殊情形。丹麦工程师埃尔朗提出了排队论模型。他们都采用了数学方法描述运筹学思想，均是为适应不同的军事需要而逐步发展起来的早期运筹理论和方法。

这些研究虽然仅处于探索阶段，对当时的战争也未起到重要作用，但对后来的运筹学发展却很有影响。

第二次世界大战中，战争的需要使一些自然科学工作者(物理学家、生物学家、化学家、数学家等)直接参与研究作战问题，特别是新式武器装备的有效运用问题。英、美等国为了适应作战的需要，发明了一批新式武器，其中：英国皇家空军为了对付德国飞机的空袭，研制出一种新的防空警戒工具——雷达，但由于武器的使用落后于武器的制造，因此，如何更有效地使用新式武器，在实践中充分发挥它的作用，成为一个亟待解决的问题。

1940年3月，英国国防部门成立了一个名为“作战分析”的小组。这个小组由防空委员会的委员、原海军士官、曼彻斯特大学物理学教授勃兰凯特和1名海军军官领导，研究如何有效地使用雷达控制防空系统。该小组成员共11人，其中有两位数学家、四位物理学家、三位生理学家、一位测量员、一位军官，是一个跨学科的小组，被人们称之为“勃兰凯特杂技团”。开始由于雷达和高射武器配合不好，防空效果很低，甚至引起了人们对新装备——雷达——作用的怀疑。后来这个小组在作战现场研究，找到了合理运用与配合的方法，使击毁敌机率大大提高。值得一提的是当时从雷达的技术上讲，英国不如德国的先进，可是由于运用得当，作战效果比德国要好得多。

从 1941 年 12 月起，勃兰凯特又转而负责海军运筹学的组织工作，为海军解决了歼灭德国潜艇及确定商船队合适的规模大小等许多问题。科学家们的卓越活动受到了军方的高度评价和积极支持，由开始时的勃兰特 11 人小组，发展到战争结束时的 365 人。这个小组的成果对英国在二次大战期间的防空体制建立起了很大的作用。勃兰凯特小组的工作和成果，引起了盟军的注意。

1942 年 3 月间，美国海军在反潜部队中成立了一个由以马萨诸塞工科大学物理学教授 P·M·莫尔斯(Morse)领导的小组。莫尔斯本人是物理学家，还邀集了数学家和人寿保险、统计、遗传、量子力学等方面的专家，他们在反潜战研究中，认为潜艇之所以可怕无非是因为它潜入水中不好发现，所以首先要研究搜索，这个研究后来发展为搜索理论。发现敌艇后，还有如何击沉它的问题。当时海军使用的深水炸弹爆炸深度至少为 75 尺，杀伤范围只有 20 尺，由于空投时，飞机发现潜艇一般均在浮出水面时攻击，因此不易炸毁，后来根据这个小组的建议，在水深 30 尺处爆炸，仅此一项措施，使得潜艇的击沉率成倍增加。该小组开始只有 7 人，其成员大半是数学家，其余的大都是物理学家，后来发展到 70 人，并称为“作战研究”小组。

1943 年末，马歇尔将军在研究了海、空军的运筹分析工作之后，给所有战场指挥官下了个通知，建议成立类似的分析组，来研究陆上作战问题。陆军方面虽也成立了几个评价小组，取得了一些成果，但没有像海、空军那样积极地利用这种方法。

运筹小组的科学家们利用他们在本学科中所受到的科学训练方法及专业知识，通过运筹小组这种跨学科的组织形式，集思广益，有效地解决了许多作战急需问题。那时，虽然还没有今天这样复杂的数学方法和现代计算机技术，但军事运筹人员大量的可供使用的真实数据、分析所得的结论可直接提供给作战指挥人员并应用于作战实践，反之，也可直接通过实战检验运筹分析结果的正确性。

1943 年以前，英美两国海军实力有限，德军的潜艇战搞得盟军焦头烂额。为此，一位美国海军将领专门去请教了几位数学家。数学家们运用概率分析后发现，舰队与敌潜艇相遇是一个随机事件。从数学角度来看，它具有一定的规律：一定数量的船编次越多与敌人相遇的概率就越大。美国海军接受了数学家的建议，命令舰队在指定海域集合，再集体通过危险海域，然后各自驶向预定港口。结果盟军舰队遭袭被击沉的概率下降，大大减少了损失。

第二次世界大战期间，美军得到了日军将从新不列颠岛东岸的腊包尔港派出大型护航舰队驶往新几内亚莱城的情报，日军舰队可能走两条航线，航程都是 3 天。其中北面航线云多雾大，能见度差，不便于观察；南面航线能见度好，便于观察。美军也有两种行动方案可供选择，即分别在南北航线上集中航空兵主力进行侦察、轰炸。若日军选择走北线，美军也选择北线，由于天气影响只能有两天轰炸时间；美军若选南线，则由于在南线侦察耽搁一天，到北线侦察延误一天，只能争取一天的轰炸时间，因此日军选择北线，被轰炸天数为 1 ~ 2 天。根据同样的判断，若日军选择南线，则被轰炸数为 2 ~ 3 天。美军由此断定日军必走北线。真实情况果真如此。日军舰队起航一天后，在北线被美军发现并被轰炸两天，结果损失惨重。

总之，在第二次世界大战中，英、美等国家，特别是海、空军，在军事运筹学的研究运用方面，已不局限于使用武器装备的参数和性能达到最佳设计要求，而发展到计划和预测某种作战方式或战术手段可能达到的效果。在情报的收集、处理，计划的组织、制定，战术的运用、研究，实现决心的预测、分析等，各方面都进行了一种新的尝试。用数学和综合分析的方法，从复杂的现象中，找到敌人行动的规律，根据这些规律决定自己的战术，充分发挥自己的特长，以取得最大的战斗效果。

1938 年，当时任英国作战研究部主任的罗威把科学家们的这些工作称为 Operational Research 即运筹学。这是运筹学作为这一学科命名的最早起源。

到二次世界大战结束时，美、英两国从事军事运筹工作的科学技术人员，即使保守地估计也远远不止七百名。他们运用自然科学的方法评估空军和海军的战斗行动效能，提供一系列有关战术革新和战术计划的建议，为取得战争胜利作出了重要贡献，其中包括：

(1)通过研究提出反潜深水炸弹的合理爆炸深度，使德国潜艇被击沉的数量增加了三倍；

(2)提出船只受敌机攻击时，大船应急转向，而小船应缓慢转向的逃避方法，使船只中弹数由 47%降到 29%；

(3)论证商船安装高炮的合理性，使商船损失率由 25%降到 15%；

(4)确定航海船队的最优编成；

(5)提出以平均飞机出动架次作为维修系统的效能准则，使飞机出动架次几乎增加一倍，显著提高了有限数目飞机对商船的护航能力等。

这一时期军事运筹研究的特点是：

(1)研究集中在短期、战术性作战急需的问题上；

(2)使用实战统计数据；

(3)结果直接提供给作战指挥人员并可立即得到实践检验等。

#### 1.1.2.2　第二阶段是第二次世界大战结束到 20 世纪 50 年代中期，这是军事运筹学的形成时期

战争时期从事军事运筹工作的科学家，战后一部分人回到工业、商业或学校中去。他们深信，运筹学方法可以像在军事中一样，成为解决工业、商业问题的有力工具。而另一部分人在军事和其他方面运筹实践的基础上，做了大量运筹理论方面的奠基工作。

第二次世界大战后，英国于 1945 年底成立了军事部所属的运筹小组，并着手研究士兵及其武器、装备和服装质量的提高；对新武器装备的要求；战斗训练的内容和方法；供应和管理等方面的问题。美海军运筹学小组战后继续开展工作，1947 年改为运筹评价小组。1946 年 10 月，空军成立了作战分析部，后改为空军作战部的作战分析处。他们从开始就和工业部门建立了紧密的联系，著名的兰德公司就是在空军的支持下发展起来的。1948 年陆军后勤部负责研究与发展的副部长马柯利夫少将，请霍普金斯大学为研究小组提供技术帮助，成立了普通研究部，后改名为“运筹研究部”。国防部 1948 年 12 月批准成立了武器系统评估小组，要求它为国家武装力量提供“有关现代和未来武器系统在未来各种作战条件下的效能的准则、客观的分析和评估数据”。原驻太平洋陆军司令被任命为该组组长，莫尔斯博士为技术组长。他们的主要任务是：估计在完成作战计划规定的各种行

动时的战斗损失,为完成一定军事目的所需的兵力兵器,以及部队的作战能力等。为此研究各种数量估计方法,建立一系列数学公式组成的空战模型。

朝鲜战争爆发后,美军运筹部长亲自率领小组上前线收集数据。海军研究了中朝高炮火力和海军航空兵机炮火力的相互制约关系,远东美军总司令还要求运筹部研究对步兵战斗行动近距离空中支援等问题。

在美国,军事运筹的研究领域,从第二次世界大战中的战术分析,扩大为系统分析。例如,战略、国家目标和政策;进攻和防御资源分配;武器装备需求评估;武器装备初期设计阶段方案比较。研究的重点向国防计划、评估可能的新武器系统、论证合理的兵力结构等方面转变。1954 年兰德公司的 A.J. 伍斯泰脱尔等人,在分析轰炸机、航线、加油点、地面设备等损失和电子对抗等因素的基础上,做了《1956—1961 年战略空军基地的选择和使用》的分析,据 1959 年美国生活杂志报道,美国空军因此节约了 10 亿美元以上。军事运筹学研究成果的巨大经济效益,使得 20 世纪 50 年代初美国国防部长麦克纳马拉在国防装备规划预算中大力推广费效分析方法,并据此论证了战略核工业威慑力量的构成规划。

这一阶段军事运筹学的发展主要在以下三个方面:

**1.奠定了军事运筹学的理论基础**

一部分理论直接来自战争期间和战后年代的军事运筹实践,另一部分理论虽然并非直接来自军事运筹实践,但无论在军事领域还是在非军事领域运用,都十分有效。其中包括:1944 年美国数学家冯·诺伊曼(Von Neumann)和摩根斯特恩(O.Morgenstern)合著出版了《对策论与经济行为》,1947 年为美国空军工作的 C.B. 丹齐格(C.B.Dantzig)为解决空军军事计划问题提出了求解一般线性规划问题的单纯方法(前苏联数学家 P·康托洛维奇在 1939 年就提出了一种很类似的解题方法)。1951 年美国公开出版的《运筹学方法》一书。该书作者美国物理学家莫尔斯(P.M.Morse)和金博尔(G.E.Kimball)都是第二次世界大战期间美国海军军事运筹组织的研究成员。这本书系统地介绍了战争期间军事运筹工作的研究成果,可算是军事运筹学的第一本奠基性著作。1956—1957 年美国学者库普曼(B.O.Koopmann)根据战争期间美英海军对德反潜战的搜索经验连续发表了三篇关于《搜索论》的论文。1956 年美国数学家贝尔曼(R.E. Bellman)提出了动态规划理论等。

另外,人们还根据战争中所得到的认识,重新评价和肯定了许多运筹学先驱者的工作,如丹麦工程师埃尔朗(A.K.Erlang)1917 在哥本哈根电话公司研究电话通信系统时提出的排队论的一些著名公式;20 世纪 20 年代初提出的存储论最佳批量公式;20 世纪 30 年代出现的关于商业零售问题的运筹解法等。在前人工作的基础上,规划论、排队论、库存和生产的数学理论、网络技术等一系列分枝都在这一时期奠定了基础。

**2.出现了建立一般运筹学学科的趋势**

随着军事运筹方法在各领域(包括非军事领域)的成功应用及基础理论的成熟,出现了建立一般运筹学学科的趋势。从 1951 年起美国哥伦比亚大学和海军研究生院等院校先后设置运筹学专业,培养这一专业的大学本科与硕士人才。军队、政府、企业、院校等部门设立了众多运筹学研究与应用机构。英国、美国相继于 1948 年和 1952 年成立了运筹学会。1959 年成立了国际运筹学会联合会(IFORS)。在第二次世界大战中取得成功的军

事运筹工作者在美国建立了和平时期的军事运筹组织,其中包括:

(1)空军——RAND (Researh AND Development)计划(1946),兰德公司 (1948);

(2)海军——作战评估组(1947,与麻省理工学院合作);

(3)陆军——运筹学办公室(1948,与霍普金斯大学合作);

(4)参联会——武器系统鉴定组(1948)。

运筹学成为一门独立学科的结果,进一步促进了军事运筹学理论研究与应用的进展。

**3.应用重点从"战术"问题转向"规划"问题**

军事运筹学应用重点从"战术"问题转向"规划"问题,包括选择和设计未来战争的武器系统,论证合理的兵力结构,制订国防规划等。这是一类与战时运筹分析完全不同的问题。例如,早期运筹分析的一个重要应用是研究盟国驱逐舰对威胁护航的德国潜艇的最佳搜索方式,但在战后的分析中,分析者不仅要考虑潜艇对自己船只的威胁,还要考虑它们对城市和基地的威胁。为了寻求对付这种威胁的途径,分析者必须对尚未生产甚至尚未研制的新型探测和截击设备进行评估,还必须研究使用这些设备的合适战术。研制一种新型装备需要几年时间,因此,这种研究不再仅仅限于现实目标明确、有实战数据的现实作战行动。此外,经济因素变得越来越重要,由于不能用战争检验效能,注意的中心就逐步转移到费用方面,由此,导致费效分析理论的发展,着力研究以最小费用达到给定目标的途径。军事运筹学在这一方面的进展带来了巨大经济效益,以致20世纪60年代初美国国防部长麦克纳马拉在兰德公司帮助下,在国防经费预算分配中建立了以费效分析为基础的《规划计划预算管理体制》(英文缩写为PPBS)。这一制度有效地组织了国防部的资源管理,在美国制定战略核威慑力量规划等方面起了很大的作用,仅在其任期内,7年中节约国防经费1千多亿美元。直到今天仍是美国国防管理的一项基本制度。

### 1.1.2.3　第三阶段是20世纪50年代中期到20世纪90年代,这是军事运筹学的成熟时期

这一时期军事运筹学的发展是与导弹、核武器的发展和数字计算机技术的广泛应用密切联系在一起的。在这方面,最深刻的变化是计算机作战模拟成为军事运筹学研究的基本方法。早在战后年代,数字计算机刚问世不久,1954年约翰·霍普金斯大学作战研究处的齐默尔曼(R.E.Zimmerman)等人就在ERA1101计算机上进行了计算机化地面战斗模拟的可行性研究。1957年他们研制成功分队规模的(卡模尼特)(Carmonette)陆战模拟模型,并在UNIVAC1103A计算机上成功运行。这种"作战实验"方法部分弥补了和平时期运筹研究得不到实战检验的缺陷,大大推动了军事运筹学向深度和广度的发展。除此之外,计算机技术的进展也使得应用数值计算方法解决大规模复杂运筹问题成为可能,推动了运筹学的进一步发展。为了进行军事运筹课题研究,各运筹研究机构研制了许多计算机作战模型及运筹计算软件。据美国总审计局估计,1971年国防部用于研究计算机作战模拟的投资达1.7亿美元。1965—1975的10年间建立各类军事模型达400~500个。根据1979年出版的美国哈佛大学布鲁尔等著的《战争博弈》一书中的资料,美国国防部在当时已拥有近500个军事模型,其中陆军占总数的40%,空军、海军各占25%,参谋长联席会议所属系统及其他占10%,这些模型主要用于作战演习、训练、新武器研制评估、条令检

验以及军事力量结构分析等方面。

1960年美国成立了军事运筹学学会MORS(Military Operations Research Society),目的是推动学术交流。自1962年以来每年举行一次陆军军事运筹学年会,学会组织各种密级的学术交流活动,并经常与北约国家举行军事运筹学的专题学术交流。1982年起军事运筹学学会组织出版了军事运筹学丛书,其中有《模型方法在军事上的应用——选例研究》、《指挥、控制中的解析概念》、《指挥控制的决策辅助》等书。美国军事运筹学研究的焦点在于战略计划、战术分析、兵力结构、情报分析、后勤保障、条令实验评估等方面。在美国1974年的现役军官中,具有战术素养并获得运筹学硕士学位的人员中,陆军有600人、海军有400人、海军陆战队有200人、空军有180人。

在前苏联,自20世纪60年代以来,在军事部门中出现了广泛应用军事运筹学方法解决军事问题的趋势。前苏联的军事学术界认为:“在发展军事理论、认识现代战争的作战行动过程中,数学方法的运用具有极大意义。在军事理论问题的研究中,掌握和全面运用数学方法是我军军事研究干部和指挥干部的一项迫切任务。”在1977年陆军大将沙夫洛夫主编的《军事科学的认识方法论》一书中,把“军事科学研究中的数学方法”作为专门一章进行了讨论并探索了如何运用计算机逻辑来解决实际的战术、战役问题。前苏联出版了大量有关军事运筹学的专著,如1967年的《数学方法在军事中的应用》、1969年的《战斗行动的数学模型》、1970年的《军事运筹学》、1974年的《数学和武器斗争》、1975年的《目标搜索法》和《军事预测学》、1976年的《军事系统工程问题》等。1979年出版的阿勃楚克等主编的《运筹学手册》,以手册形式系统地介绍了常用的军事运筹学方法,这充分说明了军事运筹学在前苏联应用的广泛程度。

在中国,1958年中国科学院建立了以许国志为首的我国第一个运筹学研究机构,1960年在研制导弹武器的同时,按照钱学森的倡议,国防部第五研究院成立了我国第一个从事战略武器使用研究的机构——作战研究处。第二炮兵设立了专门研究战略武器应用的研究所。1978年5月中国航空学会在北京召开了军事运筹座谈会。1979年军事科学研究院成立了作战运筹分析研究室。与此同时,海军、空军及各国防工业部门也都成立了有关军事运筹学的研究机构。1980年成立了中国系统工程学会,1981年5月成立了中国系统工程学会军事系统工程专业委员会。1984年成立了中国人民解放军军事运筹学会。国防科技大学成立了系统工程系。从1983年起,军队各级指挥院校普遍设置了军事运筹学课程。军事运筹学的研究和应用范围逐步扩大到军事工作的各个方面。

随着军事技术的迅速进步,导弹、核武器、综合自动化指挥系统及各种电子化装置等一大批高技术武器装备的出现,在军事战略、作战方法、军队指挥、军队编制、后勤管理、军事训练等方面提出了许多新课题。军事运筹研究在解决这些课题中所起的不可替代的作用,进一步确立了军事运筹学作为现代军事科学体系中一门独立学科的地位,而不仅仅是运筹学方法在军事中的简单应用。

#### 1.1.2.4 第四阶段是20世纪90年代至今,这是军事运筹学的创新发展时期

1990—1991年的海湾战争后,在美国军界直至在世界范围内掀起了一场新军事变革的研究热潮。这场军事变革,实质是由现代高科技在军事领域内的运用和发展引发的,具

体表现为：

### 1.由现代高技术整合力量推动

人类历史上已发生过四次军事变革（徒手作战、冷兵器作战、热兵器作战、机械化作战），每次军事变革都是以技术的发明作为推动力量。现在发生的第五次军事变革，不是由单项技术的发展推动，而是由军事高技术的全面发展推动的，主要以电子信息技术为基础，以探测技术、指挥自动化技术、电子战/信息战技术、精确制导技术、军事航天技术、核生化武器技术和新概念武器技术等为代表的一系列军事高技术领域迅速崛起和迅猛发展，引起整个军事领域发生前所未有的深刻变革。

### 2.作战方式的多样化

大量高技术武器装备的使用使作战方式发生了变革，未来战争将以计算机、信息、电子技术等为基础，信息战成为一种关键的作战样式；战场是陆、海、空、天、电的多维战场，空中战场的作用越来越大，需要诸军兵种协同作战；由大兵团实施的纵深有限、线式、大规模消耗战，将向全纵深、非线式、有选择性的打击作战方向发展。

### 3.作战理论的创新

正如20世纪30年代前后军事变革中出现“机械化”、“闪电化”理论一样，新军事变革必将促使若干新的作战理论问世。近一二十年来，由于高科技尖端武器的应用，出现了诸如非线式作战理论、地空一体作战理论、应急作战理论、纵深打击战役理论、电子战信息理论以及非接触作战理论等。在“沙漠惊雷”行动中，美国利用信息技术变革的成果，结合武器装备的发展和改进，准备探索、使用和验证一些新的作战概念，包括航母攻击战、网络中心战、协同防空战和空军远征战等。

### 4.军队编制构成发生重大变化

当今世界，和平与发展成为时代的主流，加之高技术武器装备的使用使军队的作战能力得到很大提高，使未来军队的规模逐步减少。到2000年，各军事大国的兵力较20世纪90年代初均压缩30%以上，同时出现崭新的作战部队，如专门的信息战部队、激光武器部队以及其他新型的作战部队；军队编制将小型化、高度合成化（一体化）；许多国家将建立快速反应部队。

### 5.武器装备日益高技术化

各国都在调整军事技术政策，集中力量发展能打赢高技术战争需要的武器装备。未来武器装备将呈现：

（1）作战平台信息化、隐形化、微型化；

（2）精确制导技术信息化、智能化、精确化，具有目标信息探测系统和自主修正飞行方向以及自主识别、攻击系统；

（3）新概念武器将使战场上兵力兵器运用方式、作战形式等发生重大变化；

（4）$C^4I$（通讯、指挥、控制、计算机与情报系统）将一体化；

（5）核武器将进一步小型化、精确化、高智能化；

（6）卫星、空间站等天基系统的作用将进一步增强。

海湾战争的实践，充分说明了军事运筹学的理论和方法在现代高技术条件下局部战争中的关键作用。作为“硬件”的高、新技术武器装备，如果没有应用军事运筹学而建立起来的“软件”支持，是不可能转化为巨大的战斗效能的。

既然现代科学技术引发了新的一轮军事革命，那么军事科学的所有学科门类都不可避免地受到了有关现代科学技术引起的冲击和震撼，军事科学的所有基础理论在高技术的挑战下都急需在理论上取得突破、创新和发展。军事运筹学作为军事科学体系中应用科学技术最广泛、深入的一门学科，同样，在新形势下面对新军事革命中军事科学研究、军事斗争实践对军事运筹学的迫切需求，军事运筹学必须创新发展。

在时代变革和新军事革命中，在“军事需求牵引，技术发展推动”之下，军事运筹学的已有理论在不断更新，全新理论在不断产生，空白领域在不断填补。军事运筹学已从开始的单一领域军事问题研究发展到对军事科学中多学科全面系统的运筹研究，形成了军事运筹学下属的作战指挥运筹研究、战役运筹研究、战略运筹研究、武器装备运筹研究、后勤保障运筹研究、军制运筹研究等多个专门研究门类。

信息时代层出不穷的高新技术猛烈地推动着军事运筹学的新发展。信息技术的发展，特别是网络技术、分布式仿真技术、虚拟现实技术，这些与军事运筹学密切相关的高技术的飞速发展，为军事运筹学的创新与发展注入了旺盛的活力与强大的动力，同时也为军事运筹学的研究提供了强有力的技术支撑；计算机技术、多媒体技术、人工智能技术、仿真技术、虚拟现实技术等，为军事运筹学研究提供了全新的方法与手段，使得军事运筹学能够研究许多先前无法研究的军事问题，涉足许多先前不能进入的军事领域，从而有力地推动了军事运筹学的创新与发展。

例如，虚拟现实技术不仅极大地提高了作战模拟的逼真程度，而且可以形成跨越战场空间、超越当前现实的模拟手段。基于虚拟原型技术，将“虚拟”的新型武器装备放到“虚拟”的高技术战场环境，考察其在虚拟作战过程中的表现和作战效能，对武器系统性能及应用模式进行有效的演示验证，通过演示验证对武器系统军事上的性能和用法进行了清楚的评价；用户在“虚拟作战环境”的支持下，以有效性和适用性为特征量，定义其有效性度量和性能度量，通过“虚拟交战过程”的描述，对武器系统的性能进行有效的评估；从而为武器装备的论证、建设与发展提供了极其有效的依据。

又如，网络技术已成为 $C^3I$ 系统、$C^4ISR$ 系统的命脉；基于网络的分布式仿真技术不仅支持战术、战役、战略不同层次的作战模拟，而且使得聚合各个层次的模拟于一体，形成战术、战役、战略、多军兵种战区级联合作战模拟成为可能。

另一方面，高新技术的发展，也对军事运筹学的经典理论提出了新的要求。例如，作为军事运筹学的内容中很重要的一部分是武器射击理论。以往的军事运筹学中的武器射击理论，基本上是通过对炮兵射击的精度计算而形成的。而在现代战争中，精确打击武器发挥了关键性的作用；在海湾战争、“沙漠之狐”战争和空袭南联盟战争中各类巡航导弹就扮演了重要角色；精确打击是现代战争的一个重要特征。海湾战争中精确制导武器约占9%，“沙漠之狐”行动中则占70%左右，而在“盟军行动”中则高升为98%左右，所采用的精确打击武器主要有巡航导弹和精确制导炸弹。因此，现代武器射击必须研究各类精确打击武器特别是巡航导弹的射击精度问题。

再如，作为军事运筹学理论的另一重要组成部分的搜索理论，原先的军事搜索装备是以目力搜索和第二次世界大战期间的侦察设备为主要搜索装备的，而自 20 世纪 70 年代以后，卫星在军事领域应用的日益广泛，在海湾战争中及以后的局部战争中，卫星所起的作用越来越重要。在战争的准备阶段，可以利用卫星观察敌方纵深军事设施，如导弹基地、机场、海军基地、重要城市、交通枢纽、信息系统等军事目标的部署情况以及部队的调动与集结情况；战争爆发以后，可以连续检测敌方的运动情况以及选定目标的位置、方位，并把这些信息通过卫星传送到指挥中心或指定部队；己方的情况也可以通过卫星加以搜集，还可以搜集对敌方的打击效果，并作为战争指挥控制链的重要环节保证指挥控制的快速与畅通。可以预见，在未来的高技术战争中，陆战、海战、空战以及联合作战对卫星的依赖将越来越大。卫星的军事应用在战场感知方面的巨大作用，使得我们必须在搜索理论中考虑以卫星为主要搜索设备的新内容。

高新技术推动了军事运筹学的发展，发展了的军事运筹学应该具有与之相适应的新方法与新技术，形成军事运筹学新的技术支撑。在广大军事运筹学工作者的努力下，军事运筹学研究在引进、消化、理解及创新这些新方法与新技术方面做了大量工作，积累了丰富的经验，形成了一系列实验方法、模拟技术、构模理论，这些研究都已产生自己的理论，具有自己的研究方法，形成独具特色的研究领域。

为适应未来高技术条件下军事活动复杂多变的决策需要，军事运筹学的发展将进一步和电子计算机技术、人工智能及系统科学等现代科学技术相结合，提高对复杂军事问题进行形式化描述的能力，研究充分利用人的经验与直觉判断，解决非结构不确定性决策问题的理论方法，更广泛地应用于军事活动的各个领域。

## 1.2　军事运筹学的基本概念

### 1.2.1　军事运筹学的定义

军事运筹学作为军事科学体系中应用科学技术最广泛、最深入的一门学科，至今还没有统一而确切的定义。该书提出以下几个定义来说明运筹学的性质和特点。

莫尔斯和金博尔在《运筹学方法》一书中称运筹学是“为执行部门对它们控制下的业务活动进行的决策提供定量根据（以数量化为基础）的科学方法”。它首先强调的是科学方法，这含义不单是某种研究方法的分散和偶然的应用，而是可用于整个一类问题，并能传授和有组织的活动。它强调以量化为基础，这必然要用到数学方法。但任何决策都包含定量和定性两方面，而定性方面又不能简单地用数学表示，如政治、社会等因素，只有综合多种因素的决策才是全面的。运筹学工作者的职责是为决策者提供可以量化方面的分析，指出那些定性的因素。

美国 1978 年出版的《运筹学手册》认为“运筹学就是用科学方法去了解和解释运行系统的现象，它在自然界的范围内所选择的研究对象就是这些系统。”

联合国国际科学技术发展局在《系统分析和运筹学》一书中，对运筹学所下的定义是“能帮助决策人解决那些可以用定量方法和有关理论来处理的问题。”

另一定义是：“运筹学是一门应用科学，它广泛应用现有的科学技术知识和数学方法，解决实际中提出的专门问题，为决策者选择最优决策提供定量依据。”这定义表明运筹学具有多学科交叉的特点，如综合运用经济学、心理学、物理学、化学中的一些方法。

运筹学强调最优决策，“最”是过分理想了。在实际生活中往往用次优、满意等概念代替最优。因此，运筹学的又一定义是：“运筹学是一种给出问题坏的答案的艺术，否则的话问题的结果会更坏。”

所有上述定义都从一定的侧面说明了运筹学的特点。

《军事百科全书》对军事运筹学是这样定义的：

军事运筹学（Military Operations Research）：系统研究军事问题的定量分析及决策优化的理论和方法的学科。军事学术的组成部分。以军事运筹的实践活动为研究对象。研究领域涉及作战指挥、军事训练、武器装备研制与发展、军队体制编制、军队管理、后勤保障等各个方面。主要任务是为各类军事运筹分析活动提供理论和方法，用以揭示各类军事系统的功能、结构和运行规律，科学地辅助军事决策和军事实践，合理利用资源，提高军事效能，启发新的作战思想。

本书采用《军事百科全书》对军事运筹学的定义。

### 1.2.2 军事运筹学的研究对象

军事运筹学的研究对象是军事活动中的决策优化问题。

这里，军事活动泛指在军事力量的建设和运用中，为达到一定军事目的而进行的军事资源运用活动。而决策优化则在于寻求合理有效的军事资源运用方案或使方案得到最大改进。军事资源包括军事活动所使用的人员、武器装备、经费或时间等。因此，所说的军事活动决策优化可以是战略、作战、训练、装备、编制、后勤及军费管理等各个方面和各个层次的问题。这种研究在军事科学的其他分枝中虽然有所涉及，但总的说来，不大明显且多半限于定性的说明。

军事运筹学与其他军事学科不同的地方在于它从决策优化的角度研究军事活动，且力求不仅从定性方面而且着重从定量方面提供可操作的决策优化理论和方法。

莫尔斯和金博尔曾举一个简单例子说明运筹分析的特点。士兵饭后洗涮餐具，有四个盆可供使用。当两个洗盆、两个涮盆时，士兵为等待洗涮而不得不排长队。仔细观察后发现洗餐具比涮餐具平均慢三倍，因此，建议四个盆中三个作洗盆，一个作涮盆，这样改变以后，排队现象就消除了。

又如，在第二次世界大战期间，美军为了支援欧洲战场，实施了大规模的海上运输，这些海上运输船队面临着德军潜艇的威胁，于是美军就研究如何使用其数量有限的飞机，以保证其保存的运输船只数量最多。方法有两种：一是采用袭击潜艇基地的方法，每出动100架次飞机能保存运输船的平均数为12艘。二是采取对海上船队实施护航的方法，能保存运输船的数量平均为15艘，于是就选择了后一种方案。

这两个例子充分说明军事运筹学研究问题的角度：在不要求增加装备的条件下，通过合理使用装备，使情况得到改善。对于简单情况，人们固然可以通过直接观察提出改善建议，但情况复杂时，就需要有一套理论方法，使人们能通过对实际军事活动的运筹研究，提出决策优化的建议。提供这样一套理论方法就是军事运筹学的基本研究任务。

随着军队武器装备的现代化，尤其是高科技在军事上的应用，军事力量建设和运用变得更加复杂。如果不深入地从定性、定量两方面研究其决策问题，那么，不用说优化决策，就连起码的可行决策都不可能做出。从这个意义上讲，军事运筹学以其特有的研究对象而成为一门独立的军事学科乃是军事科学适应现代战争需要而发展的结果。

由于军事运筹学与运筹学相比，最主要的是研究对象不同，而运筹学的一般方法及思想是完全适用的。

### 1.2.3　运筹学应用原则

为了有效地应用运筹学，前英国运筹学学会会长托姆林森提出六条原则：

**1. 合伙原则**

合伙原则是指运筹学工作者要和各方面人，尤其是同实际部门工作者合作。例如，军事运筹学经典的英国“作战分析”小组，被人们称之为“勃兰凯特杂技团”，由于该小组的工作成效，却被载入史册。

**2. 催化原则**

催化原则在多学科共同解决某问题时，要引导人们改变一些常规的看法。例如，在第二次世界大战期间，英、美运输船队中的商船，为了抗击德国飞机的袭击都安装了高炮。然而，这些高炮击落的敌机却很少，只占来袭敌机总数的 4% 左右，而高炮的安装和维护费用却很大，远远大于被击落的敌机价值。从这个角度来看，在商船上安装高炮是很不划算的。因此，有人建议拆掉船上的高炮，用击落敌机的价值作为效能指标进行定量分析，高炮应当拆除。

但是，如果用运输船队的损失率作为效能指标来衡量，情况就大不一样了。在高炮火力的抗击下，敌机投弹精度下降。没有装备高炮的运输船队，损失率为 25%，而装有高炮的运输船队，损失率则降低到 15%。运输船只损失的减少，大大超过了高炮安装和维护的费用（如果再考虑到击落敌机的价值，则运输船只装高炮的效益就更加可观了）。这表明，当选择运输船队的损失率作为效能指标时，运输商船加装高炮是完全合理的。

**3. 互相渗透原则**

互相渗透原则要求多部门彼此渗透地考虑问题，而不是只局限于本部门。二战期间，当德国对法国等几个国家发动攻势时，英国首相丘吉尔应法国的请求，动用了十几个防空中队的飞机与德国作战（这些飞机必须在欧洲大陆上的机场进行维护和操作），空战中英军飞机损失惨重。与此同时，法国总理要求继续增派 10 个中队的飞机。丘吉尔决定同意这一请求。内阁知道此事后，找来数学家进行分析预测，并根据出动飞机与战损飞机的统计数据建立了回归预测模型。经过快速研究发现，如果补充率、损失率不变，则飞机数量的下降是非常快的。换句话说，就是以现有的损失率持续损失两周，英国在法国的“飓风”式战斗机便一架也不存在了。数学家们要求内阁否决这一决定。最后丘吉尔同意了这一要求，并将除留在法国的3个中队外，其余飞机全部撤回英国，为下一步的英伦保卫战保存了实力。

**4.独立原则**

在研究问题时，不应受某人或某部门的特殊政策所左右，应独立从事工作。在第二次世界大战期间，美军太平洋战区的第21轰炸机联队对日本本土实施战略轰炸时，受到日军防空部队的火力拦击，损失重大。美空军上将里美(C. Lemay)指令运筹分析人员研究如何减少飞机与驾驶员的损失。运筹分析人员在塞班岛等空军基地，逐个研究了每架执行轰炸任务返回基地的飞机。仔细分析了飞机遭受日军高炮攻击后形成的弹孔，有人提出了加强B－29战略轰炸机某些部位装甲防护的建议。在里美主持的一次军事会议即将通过上述建议时，一名年轻军官提出单纯按照统计飞机受损部位模型所提出的决策建议不够全面，应当首先考虑被击中飞机受损的全面情况，这一意见受到了里美的高度重视。

在对美轰炸机的受损情况进行了全面、深入、细致的分析后看到，美军的轰炸机大多是由日军80～90mm口径的高炮在9000m高度左右被击伤或击落，而这种高炮由于技术性能所限，很难对1500m左右高度飞行的轰炸机发挥作用。根据这一情况，这名年轻军官向里美提出建议，把飞行高度降低至1500m左右，不但不需要增加防护装甲，还可减轻某些防护装甲，甚至撤销一座空战用的机关炮以提高B－29的飞行速度，并增加运载航空炸弹的数量，里美拟采纳这个决策设想，但本级与上级参谋机关人员纷纷提出了异议。

里美力排众议立即组织数百名军事和技术(运筹)人员逐个解决了战术原则、飞行编队、航路选择、飞行员训练等问题，使这种低空轰炸战法取得了成功。直到战争结束，日军始终未能有效抗击B－29的低空轰炸。在运筹人员和军事人员的相互配合和作用下，减少飞机与驾驶员损失的问题得到了圆满的解决。

**5.宽容原则**

解决问题的思路要宽，方法要多，而不是局限于某种特定的方法。在第二次世界大战中德国潜艇比较凶狠，对英国的舰艇和商船威胁很大，英军决定用深水炸弹去轰炸德国潜艇，当时英军装备的深水炸弹的破坏力半径为20ft(1ft＝0.3048m)。起初，英国空军使用深水炸弹攻击德国潜艇时的爆炸深度为100ft，但效果不好。英军想了很多办法，比如改变投弹高度，改变深水炸弹的外形等，都没有收到显著的效果，于是请运筹工作者来研究这个问题。

英国的运筹学小组根据以往的记录数据对这个问题进行了定量分析，发现摧毁潜艇的有利时机是潜艇刚下沉时，再根据投弹高度和炸弹在水中的下沉速度及潜艇的下沉速度，得出炸弹的爆炸深度在20～25ft时效果最佳，由此提出了新的攻击方案。

当时英军没有这种浅水起爆的炸弹，最浅的也为35ft，于是就临时使用了爆炸深度为35ft的炸弹，但却取得了意想不到的效果。在没有提高武器性能情况下，毁伤德国潜艇数量比原来增加了3倍，以致德军误认为英军使用了什么新式武器，其实仅仅是改变了一下武器的使用方法而已，从而为运筹学在军事对抗中的作用赢得了声誉。

6. 平衡原则

要考虑各种矛盾的平衡、关系的平衡。1942年大西洋战役中,亟须解决如何有效地调动为数有限的飞机为商船队进行护航的问题。当时英国沿海防御运筹小组负责人、遗传学家C. 戈登(Gordon)博士,把飞机经过飞行状态、待修状态、维修状态、待命状态又回到飞行状态的循环同生物的生命循环作了比拟,他通过对飞机的出动次数、人力和维修效率的调研,认为把可使用率作为唯一的效率指标限制了飞机的出动架次。戈登的观点认为:为了提高作战效率,应尽量提高处于飞行状态的飞机平均数,尽管这样会增加需要维修的飞机数,从而降低可使用率。为了证明戈登的分析,指挥部命令一个中队不再考虑可使用率,尽量让可飞行的飞机出动。结果,整个飞行中队出动的架次大大增加,尽管可使用率降低,但维修系统仍能保障飞行。海岸司令部采纳了戈登的分析结果,使飞机出动架次几乎增加了一倍,显著提高了对商船队的护航能力。

此外,尽管定量方法是军事运筹学的主要研究方法,但现代战争中许多事件或过程的特性不可能单纯用数量来表示,也不可能用严格数学公式来描述,如指挥人员的组织才能、军队的士气、人员的素质等。因此,军事运筹学的研究必须注意定量分析与定性分析的结合。

## 1.2.4　军事运筹学的研究目的

军事运筹学这个名称包括了对军事活动中决策优化理论方法的科学研究和以应用研究结果、提出以决策建议为目的的具体军事运筹研究这两个方面。不论从哪一方面来说,其目的都是要实现决策的优化,即为决策者更好地做出运用军事资源的决策提供有数量根据的行动方案。这个目的进一步说明了军事运筹研究的应用性特点。

首先,军事运筹研究应不断明确并紧紧围绕决策的目标,强调目标的优化和达到目标的行动方案的优化。

其次,军事运筹研究的成果,不论是给出运用军事资源的更好的行动方案,还是做出这种行动方案的科学方法,其成效应当主要依靠改变资源的应用方式或方法,即依靠合理有效地运用军事资源。例如,在第二次世界大战期间,盟国军队基于大船队和小船队被潜艇击沉的数目相近这一事实,决定采取扩大每次护航船队的方案,结果大大降低了损失船只的平均数。这里,扩大船队的方案就是军事运筹研究的成果。

第三,运筹研究所给出的行动方案必须有数量根据且可操作。用科学方法研究的目的正是在这里。当然,在大多数决策中,定量的方面不是事情的全部,还有许多别的方面,诸如政治、传统、道义等因素也很重要。因此,运筹研究在提出行动方案时,除了数量根据外,也要尽可能把可能需要考虑的某些非数量根据指出来。

最后,运筹研究是为决策者做出决策提供建议的。因此,表达研究成果的技术是运筹研究非常重要的组成部分。运筹研究的成果通常要传达给非科学技术人员的决策者,在运筹研究的成果没有以一种决策者能够理解的方式传达给他们以前,任何运筹研究工作都不能认为已经完成。当然,决策者也要尽可能地增进对运筹研究的了解,以便更有效地发挥运筹研究在决策中的作用。

### 1.2.5 军事运筹学的工作步骤

在解决大量实际问题过程中,形成了以下工作步骤:

(1)提出和形成问题:要弄清问题的目标,可能的约束,问题的可控变量以及有关参数,搜集有关资料。

(2)建立模型:把问题中可控变量、参数和目标与约束之间的关系用一定的模型表示出来。

(3)求解:用各种手段(主要是数学方法,也可用其他方法)将模型求解。解可以是最优解、次优解、满意解。复杂模型的求解需用计算机,解的精度要求可由决策者提出。

(4)解的检验:首先检查求解步骤和程序有无错误,然后检查解是否反映现实问题。

(5)解的控制:通过控制解的变化过程决定对解是否要作一定的改变。

(6)解的实施:将解用到实际中必须考虑到实施的问题,如向实际部门讲清解的用法,在实施中可能产生的问题和修改。

以上过程应反复进行。

## 1.3 军事运筹学的基本内容

军事运筹学是自然科学与军事科学相结合而发展起来的一门交叉学科,它的内容十分广泛,且在不断发展之中。关于其内容体系目前还没有形成统一的看法,但大致说来,其理论包括以下三部分(见图 1-1):

**1.一般方法论**

一般方法论是解决军事运筹研究与实践问题的一般方法。主要包括军事运筹问题的定量描述方法;军事运筹研究的一般步骤;军事运筹工作的有效组织方法;战场调查和数据搜集方法;军事运筹方案的运行实验和检验方法等。

**2.基础理论**

基础理论主要是用科学方法研究资源运用活动而建立起来的、既可应用于军事领域又可应用于非军事领域的一般理论。总的来说,军事运筹学的基本理论主要有:

(1)概率论与统计学

概率论与统计学是军事运筹学中最基本的数学工具,在军事运筹分析中应用广泛。概率论是从数量角度研究大量随机现象,并从中获得规律的理论。统计学则是研究如何有效地搜集、整理随机数据,找出随机现象数量指标分布规律及其数字特征的理论。很多军事问题和基础数据均可运用上述理论进行描述或获取。

(2)数学规划理论

数学规划理论是研究如何将有限的人力、物力、资金等资源进行最适当最有效的分配

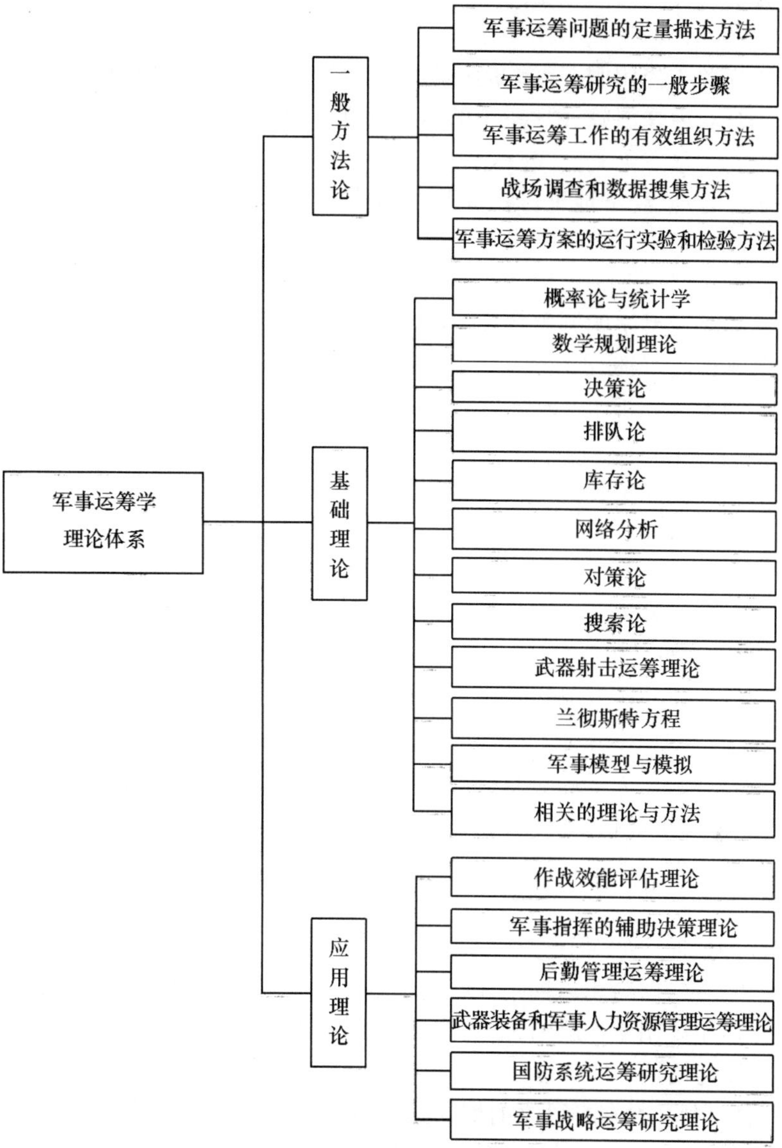


图 1-1　军事运筹学理论体系

和利用的理论，即研究可控变量 $X=(x_1,x_2,\cdots,x_n)$ 在某些约束条件下求其目标函数在 $X$ 处取极大(或极小)值的理论。根据问题的性质与处理方法的不同，它又可分为线性规划、非线性规划、整数规划、动态规划、多目标规划等不同的理论，在军事资源分配等方面有着广泛应用。

(3)决策论

决策论是研究决策者如何有效地进行决策的理论和方法。决策论指导军事决策人员根据所获得的各种系统的状态信息，按照一定的目标和衡量标准进行综合分析，使决策者的决策既符合科学原则又能满足决策者的需求，从而促进决策的科学化。通常在军事决策问题的运筹分析中有广泛的应用。

(4)排队论

排队论是研究关于公用服务系统的排队和拥挤现象的随机特性和规律的理论。军事上常用于作战、通信、后勤保障、$C^3I$系统的运行管理等领域的运筹分析。

(5)库存论

库存论是研究合理、经济地进行物资储备的控制策略的理论。军事上主要用于后勤管理领域的运筹分析。

(6)网络分析

网络分析是通过对系统的网络描述,应用网络理论,研究系统并寻求系统优化方案的方法。广泛应用于作战指挥、训练演习、武器装备研制、后勤管理等军事活动的组织计划、控制协调等方面的运筹分析。

(7)对策论

对策论是研究冲突现象和选择最优策略的一种理论。适用于军事对抗和冲突条件下的决策策略等方面的运筹分析。

(8)搜索论

搜索论是研究在探测手段和资源受到限制的情况下,如何以最短时间和最大可能、最有效地找到某个特定目标的理论和方法。通常用于军事目标搜索、边防巡逻、搜捕逃犯以及军事情报检索等方面的运筹分析。

(9)武器射击运筹理论

武器射击运筹理论是关于武器系统射击效率及火力最佳运用的理论。主要用于武器系统的设计、研制与使用过程中的毁伤效果计算、精度分析、靶场试验及综合评价等方面的运筹分析。

(10)兰彻斯特方程

兰彻斯特方程是描述敌对双方交战过程中兵力变化关系的微分方程组,包括第一线性律、第二线性律与平方律,用以揭示在特定的初始兵力兵器条件下,敌对双方战斗结果变化的数量关系。主要用于作战指挥、军事训练、武器装备论证等方面的运筹分析。

(11)军事模型与模拟

军事模型与模拟是对军事问题的抽象描述与仿真。军事模型是现实世界军事活动本质特征的近似描述,而不是全部属性的复制。模拟是指运用模型进行实验的过程。作战模拟是作战对抗过程的仿真实验。广泛应用于各类军事问题的运筹分析。

(12)相关的理论与方法

在研究解决军事运筹问题中,还经常用到一些相关理论和方法,如模糊数学、系统动力学、决策支持系统等。

**3.应用理论**

随着自然科学与军事科学的不断发展,军事运筹学在军事领域中的应用研究日益广泛和深入,在各专门领域运筹分析实践的基础上,已经或正在形成一系列针对不同层次、面向专门领域的理论和方法。其所涉及的应用领域有战略运筹研究、国防科技发展运筹研究、作战运筹研究、军事训练运筹研究、后勤管理与军费需求和分配运筹研究、武器系统运筹研究、军队组织结构与干部管理运筹研究以及军事外交、军事经济、军法、军援、军备控制等运筹研究。相对基础理论而言，应用理论不太成熟，其范围和分类随着军事运筹学在军事领域中的应用而不断发展。目前可大致分为如下几类：

(1)作战效能评估理论

作战效能评估理论是关于硬武器和软武器，单件武器和聚合武器，单兵种兵力和多兵种兵力等各种情形下作战效能的概念、度量指标和评估方法等理论。

(2)军事指挥的辅助决策理论

军事指挥的辅助决策理论包括辅助定下决心的判断分析方法，作战行动的优化理论，关于侦察行动的搜索论以及情报分析理论等。

(3)后勤管理运筹理论

后勤管理运筹理论是关于维修、运输、供应、库存与卫生勤务等行动中资源有效运用的理论。

(4)武器装备和军事人力资源管理运筹理论

武器装备和军事人力资源管理运筹理论是研究有关武器装备规划、全寿命周期管理及军事人员规划、人事管理、人员培训有效方案的理论。

(5)国防系统运筹研究理论

国防系统运筹研究理论是国防系统运筹研究理论是根据战略目标，研究有关军事力量需求、兵力规划、国防资源分配等问题的理论。

(6)军事战略运筹研究理论

军事战略运筹研究理论是有关战略选择、国家安全危机对策、军备控制以及战争规律研究的运筹理论。

## 1.4　现代条件下的军事运筹学

高技术应用于军事，使现代战争的样式发生了深刻变化。战争的高投入大消耗，要求作战尽可能速决，“首战”可能就是“决战”。赢得初战的胜利，有赖于战前长期筹划和准备。战争实践证明：谁准备工作做得充分，谁就能够在战争中争取到多一些的主动。

军事斗争准备，也叫战争准备，历来就受到重视。《周易·系辞》中提出：“安而不忘危，存而不忘亡，治而不忘敌。”因此，研究军事斗争准备一直是军事理论的重要课题。

军事斗争准备可分为两种情况：一是战争时期；二是和平时期。战时军事斗争准备是指在战争中准备战争。和平时期军事斗争准备是为应付可能爆发的战争积蓄物质、精神等方面的力量，奠定基础，创造必要的条件。无论战争时期，还是和平时期，军事斗争准备都是为战争服务，为赢得战争胜利创造条件。

充分的准备，是赢得战争的关键。《左传》讲：“居安思危。思则有备，有备则无患。”仓促上阵，是不能赢得战争的，只能一败涂地。纵观古今中外战争史，无不如此。战争演变到今天，使军事斗争准备具有更加重要的意义。20 世纪 60 年代以来，以指挥、控制、通信、侦察系统等数字信息化装备为代表的军事技术革命,促进了高技术战争的发展。战场空间更为广阔透明,由陆海空发展到陆海空天电,作战节奏和进程明显加快;围绕信息控制权的斗争空前激烈,“软”杀伤、硬摧毁交替或同时进行,制陆权、制海权、制空权、制天权和制信息权相互为用;全纵深、非线性、非接触式作战成为基本作战样式;打击精度不断提高,结构破坏战、瘫痪战成了进攻者新的选择。这种具有全新样式的战争,彻底改变了机械化战争时代的军事斗争方式。它所具有的强劲引擎效能和拉纤效力,促使原有的军事斗争准备模式发生变革,以至整个军队建设、国防建设都被纳入军事斗争准备的内容。因此,世界各军事强国都在加紧进行军事斗争准备,以抢占世界军事斗争的制高点。

目前,人类社会开始步入信息时代,信息正逐步成为维持社会一切活动的重要资源,信息技术的发展导致了信息作用的提升。信息、信息技术同样在军事领域引起了一场深刻的变革——新军事革命,开辟了军事斗争的新的领域。

信息化是一个内涵深刻、外延广泛的概念,是指信息技术广泛运用于一定的社会领域所形成的结果,它既是衡量信息社会发展程度的静态指标,又是与社会的发展互为促进的动态概念。信息化作用于军事,就是军事信息化。军事信息化以军事信息技术为基础,以信息化部队和装备为主体,以军事电子信息系统为核心,必将对人类的军事活动产生极其重要的影响。

可以预见,未来高技术战争将是核威慑条件下的信息化战争,必将围绕着控制信息权这个当代军事制高点展开。信息化战争条件下军事需求的根本就在于建立军事优势和战场优势,在于建立军事信息优势和全频谱控制能力,在于能以比敌人更快的速度和更高的质量对战争空间所发生的一切更全面地了解、更快地掌握、更快地决策,在于有效而又恰当地管理所获得的一切军事信息,在于将有效而又适当的信息以适合于每个使用者所需要的形式实时或近实时地分发给适当的使用者。因此,有必要对信息化战争的基本概念以及现代条件下军事运筹学的研究领域进行讨论,明晰信息化战争条件下军事运筹学的研究方向。

## 1.4.1 信息化战争概述

### 1.4.1.1 信息化战争的相关概念

**1.信息化战争**

关于“信息化战争”或“信息战争”的概念,国内有多种定义,主要有以下几种:

(1)核武器威慑下的信息化战争,就是以大规模杀伤武器,主要是核武器为威慑手段,以信息和信息技术为基础,以获取信息优势为主导的天、空、地、海、信息一体化战争。信息化战争也是对现代和未来高技术战争的整体特征描述。

(2)信息时代的战争是以信息为基础的战争,亦即信息化战争,或信息战争。这是一种信息密集型的战争,即在作战过程的每一环节都是在近乎实时性信息指导下进行的。

(3)信息战争,是信息时代的产物,是在战争中大量使用信息技术和信息武器的基础上构成信息网络化的战场,进行全时空的信息较量的一种战争形态。核心是争夺战场信息的控制权,并以此影响和决定战争的胜负。

(4)信息战争是信息时代以信息为基础,以信息武器装备为战争工具的战争。

“信息化战争”或“信息战争”是我军广泛使用的名词,两者含义基本相同,类似于美军的“基于信息的战争”(Information-based Warfare, IBW),但外延更为宽泛。

**2.信息行动**

对于信息行动(Information Operations,IO)这个概念,有以下几种说法:

(1)美陆军定义

“在军事信息环境中,在确保己方部队可自由地采集、处理信息并根据所获信息采取行动的情况下,在各种重要条件下实施的胜敌一筹的、不间断的军事行动”。其内容包括指挥控制行动、民事行动及公共事务行动。

(2)美国防部定义

“为影响敌方信息和信息系统,并防御己方信息和信息系统遭受影响所采取的行动。”并明确指出信息行动包括心理战、军事欺骗、电子战、物理攻击、信息确保、计算机网络攻击和作战安全。其中信息确保包括了信息防卫的任务即确保信息服务的有效性、完整性、可信性和保密性。

(3)美参联会定义

为影响敌方信息和信息系统同时保护己方信息和信息系统而采取的行动。

(4)美空军与美国防部的定义

为获取、利用防御或攻击信息和信息系统所采取的行动,包括非直接对抗性和直接对抗性军事信息行动两部分。

这个概念从美国政府到军方基本上没有大的分歧,并且一产生就得到广泛采用。这个情况反映了带有美国国情的两个方面:一是反映了美国欲遮盖自己加强军力、称霸世界,而又不想四处树敌的心态;二是反映了美国想以更好的借口去协调各部门(尤其是政府非军事部门)的行动,把信息战的发展向更高、更完善的层次推进的目的。同时,从一个侧面反映,随着科学技术高度发展后的战争,不管是从时间、内涵及手段等方面,都在向社会的各个方面无限延伸。

**3.信息战**

美国1995财政年度国防报告首次在官方文件中正式阐述信息战:“信息战不仅是更好地综合运用己方 $C^4I$ 系统的手段,而且是有效地与潜在敌方的 $C^4I$ 系统相匹敌的手段。一方面保证己方信息系统的完好,免遭被敌方利用、恶化和破坏;另一方面则设法利用、恶化和破坏敌方的信息系统。在这个过程中,取得运用部队的信息优势。因此,信息战就是 $C^4I$ 与 $C^4I$ 对抗,信息系统安全与安全对抗,以及情报的集聚和综合……信息战是一种综合性战备,它能更加有效地使用各种资源,造就一支信息灵通的部队,即一支决胜在握、伤亡无几的部队。”1996财政年度国防报告的释要为:“在危机或冲突期间为达成特定目的,或为改变某些困境而针对敌方一个或多个目标所实施的信息行动。”

美参谋长联席会议把信息战定义为:“在军事冲突中,通过影响敌方的信息、基于信息的过程、信息系统和基于计算机的网络,同时防护己方信息、基于信息的过程、信息系统和基于计算机的网络,以达到信息优势而采取的各种行动。”

美海、空军对信息战的看法接近，主要是：信息战是内涵扩大了的电子战，目的是保护、利用己方信息通道，破坏、干扰敌方信息通道；信息战的核心是争夺“制信息权”，就像争夺“制空权”、“制海权”一样；“制信息权”主要体现在己方能自由地利用信息，准确掌握战场情况，快于敌方做出决策、采取行动。

美国防大学校长塞尔姜中将认为：“信息战是以夺取决定性军事优势为目的、以实施信息管理和使用为中心而进行武装斗争的手段。”

美国空军大学政治学教授乔治·斯坦说：“信息战是利用信息达成国家目标的行动……也可以把信息战视为部分地通过全球联网的信息与信息手段进行的国家间冲突。”

以上观点从多个角度对信息战进行了定义，它们的分歧主要体现在：

(1)信息战时间的界定不一。有的把它局限在军事冲突中，也就是战时；有的把它从战时扩展到了平时的潜在斗争之中，认为它是“一种综合性战备”。

(2)作用目标不同。各部门或个人根据自己的理解和需要，分别把信息战的具体作用目标定为“信息系统”，“信息、基于信息的过程、信息系统和基于计算机的网络”，“信息通道”等几种。

(3)实现手段不同。认为实现(达到)信息战目的的手段分别有“综合运用 $C^4I$ 系统”、“(达到信息优势的)各种行动”、“实施信息管理和使用”、“利用信息……部分地通过全球联网的信息与信息手段”。

(4)对信息战的行动性质界定不同。有的认为它是“综合性战备”、“信息行动”或“各种行动”，这种界定，将信息战的行动扩大到了一切(不分平时、战时；不分软打击、硬攻击)有利于实现国家利益、获得信息优势制高点的范畴之内；有的仍然认为它是“作战行动”、“武装斗争的手段”或“国家间冲突”，这种界定，将信息战局限在了战争范围之内。

尽管以上观点在作战手段、作战目标的内涵及表述方式等方面有所不同，但它们都认为信息战的作战目的是夺取某种优势(信息优势、军事优势或制信息权)，而其基础都是以“信息”(包括产生、获取、传输、处理和利用等环节)为中心的硬件、软件、人以及机器。

国内对信息战的理解主要有以下几种：

(1)敌对双方在信息领域的对抗活动。主要是通过争夺信息资源，掌握信息的生产、传递、处理等主动权，破坏敌方信息传输，为遏制或打赢战争创造有利的条件。

(2)信息战是指对立双方为争夺对于信息的获取权、控制权和使用权而展开的斗争，信息战可归结为对信息控制权斗争。

(3)信息战是信息领域中敌我双方争夺信息优势、获取制信息权的作战行动，是敌我双方在信息获取、传递处理、应用与对抗诸环节，特别是综合层次上的较量。

(4)信息战是指在冲突中为取得压倒敌人的信息优势而采取的一系列行动。信息战的目标是获得明显的信息优势，使整个部队能迅速压制和控制对手。

(5)广义是指“军事集团抢占信息空间和争夺信息资源的战争”；狭义是指“战争中交战双方在信息领域的对抗。”

**4.指挥控制战**

美军把“指挥和控制”定义为：权力当局行使的职能和相应受命指挥员发布的指示，指挥受命的部队及其配属部队完成某项任务。指挥和控制的职能就是，指挥员利用它们以完成某项任务。

1992年7月31日，美国防部首次对 $C^2W$ 给出了官方的定义：在情报的相互支援下，综合运用作战安全保密、军事欺骗、心理战、电子战和物理（火力）摧毁，阻止敌方的指挥控制设施获取信息，影响、削弱或摧毁敌军的指挥控制能力，同时针对敌方的同类作战行动保护己方的指挥控制能力。同年12月21日，美国防部在"DODD - TS 3600.1 信息战"中，明确了指挥控制战（$C^2W$）是信息战（IW）的一个组成部分。

美国参谋长联席会议指出：指挥控制战是信息战的一个分枝，是专门用于攻击和保护一系列指挥控制性目标的作战行动。它适用于整个作战连续过程及各种级别的冲突。指挥控制战的目标是：摧毁敌方部队的指挥控制能力，使敌方处于瘫痪状态，并剥夺敌方可能拥有的任何潜在优势。

根据美军"指挥控制"的概念，可以看到：指挥控制的性质是一种职能或指示，它的直接职能是配置人员、设备、通信、设施和程序，任务是指挥部队完成特定的任务。它应该是"指挥控制战"的基础，因此，指挥控制战应该是在指挥控制职能范畴内进行的作战，也就是说，它针对的具体目标是敌我双方的人员、设备、通信、设施和程序的配置，间接目标是敌我双方对兵力和作战行动进行的计划、指挥、协调和控制。根据其定义的内涵，指挥控制战应该包含在信息战之内。

#### 1.4.1.2　信息化战争的关键——制信息权

所谓制信息权，就是在一定的时空范围内控制战场信息的主导权。它是一种保障己方信息活动的自由，限制和剥夺敌方控制、利用信息的能力。夺取了制信息权，就意味着己方获得了使用信息的自由权和主动权，能有效地排除敌方的信息进攻对我方的威胁；同时，通过各种信息进攻手段，剥夺了敌方使用信息的自由权和主动权。制信息权的初级目标是控制战场信息空间，这是作战要达到的基本目的；高级目标是控制敌方的认识和信念系统，它是作战追求的最高境界。

制信息权的内容包括以下几个方面：

（1）制信息权是一种态势，是一种能够保障己方信息活动的自由，限制和剥夺敌方控制、利用信息的能力，从而为保障陆、海、空夺取制空权、制海权和战场主动权所提供有利态势。

（2）制信息权具有一定的相对性。尽管全时空的制信息权斗争是信息化战争的重要性之一，但制信息权作为战场上的一个宏观概念在所控制的空间、时间和程度上都只能是相对的。与获取制空权并不意味着敌方连一架飞机都不能升空一样，制信息权并不意味着敌方不能使用所有频率。

（3）制信息权具有综合性。它注重战争中物质因素与精神因素的综合性，强调各种作战力量和武器系统一体化，广泛渗透到战争和作战的各个领域、各个阶段和各种行动之中。

#### 1.4.1.3 对有关概念的理解及科学划分的思考

信息战是信息社会发展的必然产物,由于人类社会的发展刚刚步入信息社会的门槛,社会变化日新月异,信息战及其相关概念的内涵、外延、样式等也都将会随之变化。尽管一切还未到能够下定论的时候,但基于目前的现状,立足我军的实情,应该可以先给出相对确切的定义,并对有关概念作体系划分。

**1.对信息行动及信息战的理解**

对“信息行动”这个概念,从我军的角度看,应该用“信息战”这个概念。不管什么时候,只要发生的是针对国家权益的“信息行动”,不管后果如何,其本质就是战争。

从信息战的内涵、构成等方面看,应该将其划分为“战时信息战”和“平时信息战”。这是因为信息战的空间概念越来越模糊,存在有形和无形两个方面,呈多维化发展趋势;而且,未来的信息战也许没有充满硝烟的战争,而是在悄无声息中展开,在默默无声中结束,因此,如果用属于空间范畴的“战场”定义信息战为“战场信息战”,显然是不准确和科学的。而作为时间,永远是一维的,无论什么战争,时间总是连续存在且划分明确的,因而,定义“战时信息战”相对比较科学。

具体定义如下:

(1)信息战

在一切时间和空间的信息领域内,敌对双方为了夺取信息优势和争夺信息资源,紧密围绕信息产生、处理、传输和使用等环节,针对信息、信息系统、指挥员和作战人员等具体目标展开的战术、技术的斗争和对抗活动。

(2)战时信息战

在军事集团或国家之间正式宣布进入战争状态后,双方展开的信息战。

(3)平时信息战

在非战争状态的日常政治、军事、经济和文化等活动中,一切基于国家安全和利益的,在信息领域内进行的活动,包括信息获取、信息利用和破坏以及基于网络、卫星等信息载体进行的民间、军事集团和国家间的摩擦对抗。

**2.对指挥控制战的理解**

结合我军战术理论的语言习惯和思维习惯,可将作战指挥领域的这种斗争称为“指挥控制对抗”,并作如下定义:指挥控制对抗是指在作战活动的时间和空间内、在作战指挥活动领域内,为了削弱、降低敌方作战指挥效能,控制或摧毁敌作战指挥和能力,并保护己方同类能力和效能的安全,在控制信息流和指挥行为流的各个环节进行的对抗。

指挥控制对抗是“擒贼先擒王”、“不战而屈人之兵”思想的扩展和延伸,实现这一思想而采取的手段是各种作战行动(战法)的集合,但它自身并不是一种作战方法或作战样式,因此不适宜使用“指挥控制战”的提法。指挥控制对抗的直接目的是夺取并保持信息优势,并在信息优势的基础上确立指挥优势,最终完成作战目的。指挥控制对抗从作战指挥的角度可分为:情报对抗、判断决策对抗、控制协调对抗,从信息控制的角度可分为:信息对抗(特指信息的产生,既隐真示假等方面的对抗)、指挥人员对抗(主要指谋略方面,也就是对信息的处理和利用)、信息系统对抗(包括基于信息系统的信息获取、处理、传输和利用等)。不管从什么角度分,这些对抗都是既包含行为流又包含信息流。

**3.战时信息战与指挥控制对抗的关系**

指挥控制对抗仅仅是指针对敌方指挥官实施兵力、兵器配置和运用的能力或保护己方相应的能力而进行的各种行动。因此,它主要攻击指挥官实施兵力、兵器配置和运用的能力,而不包括打击、削弱敌方部队的执行命令的主观愿望和能力。

同指挥控制对抗相比,从作战样式上看,指挥控制对抗与信息战具有相同作战样式和手段;但是,从作战对象上看,信息战包括所有的战场人员和系统,不仅打击指挥人员,而且打击作战部队;不仅打击敌 $C^3I$ 系统,而且打击敌所有基于信息的武器系统和信息系统。所以,它应该包括在战时信息战之下。

各概念内涵之间的关系如图 1-2 所示。

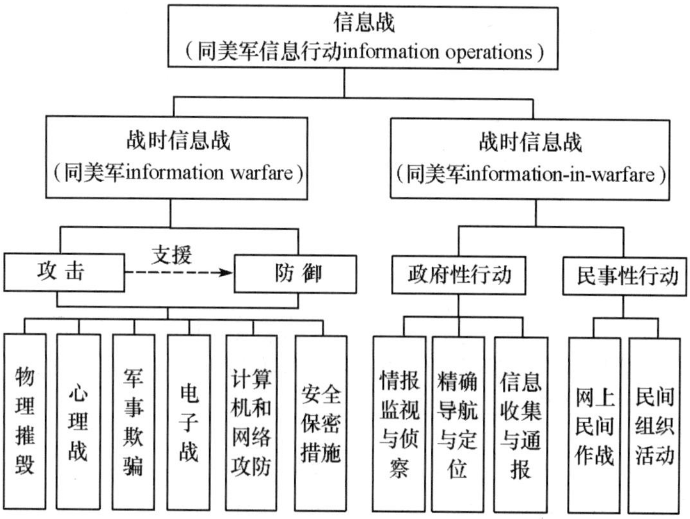


**图 1-2　信息战内涵关系**

### 1.4.1.4　信息化战争主要特点

军事信息化必将给战争带来巨大的变化,战争的特点也必将有别于冷兵器时代和机械化战争时代。目前,我们虽然处于信息化的童年时代,但我们可以预见信息化时代的战争将呈现如下特点:

**1.战争自身属性发生巨大变化**

信息化战争与以往战争相比,最大的变化就在于,它主要是针对“信息”展开斗争,对信息过程“获取——传输——处理”的任何一环进行毁坏、改变等都能取得显著的进攻效果。所以,防御者要求对整个信息过程都要进行防护,根据“木桶原理”,其综合防御能力取决于其各种防护能力中的“短板”;而进攻者(或进攻行动)是隐蔽的,只要在某一种进攻能力上强于对方就能取得战果。因此,我们不难看出,信息战的防御相对于进攻来说,难度是非常大的,正是由于这种变化导致了战争的某些属性发生了巨大改变。

(1)战争的内涵和外延扩大

信息化战是有利于“弱者”的战争，从而导致了战争的内涵和外延有所扩大，主要表现在：

一是作战目标选择的范围变大。从系统的角度看，敌方作为一个系统，是由五环构成的(如图 1－3 所示)。冷兵器时代，主要集中在第五环选择目标进行战斗；热兵器时代，主要在第三环和第五环选择目标进行战斗，之所以这样，是由技术能力和战术理论所制约的。而在信息化战争时代，目标的选择将是根据战争的需要，从对系统破坏的强度出发，在五环中综合选择，全面展开，以创造最大的效能。

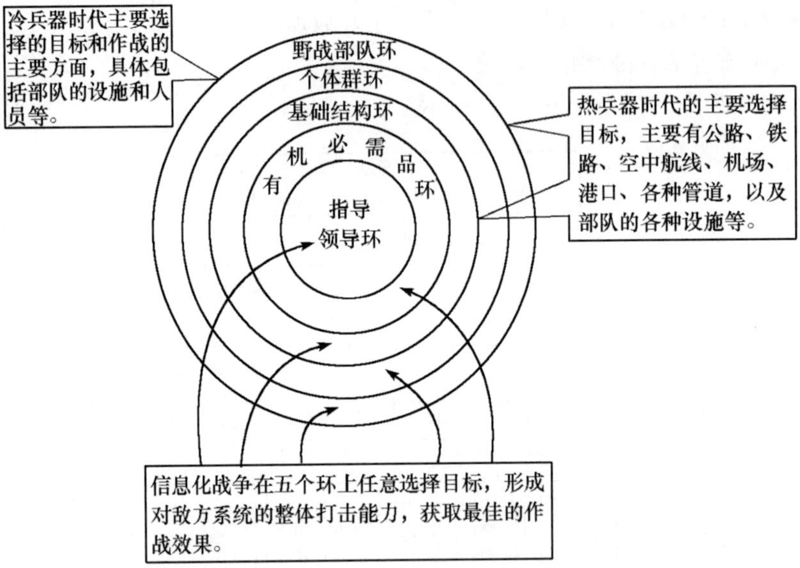


图 1－3　作战五环示意图

二是战争的主体更加多样。进行战争将不再只是国家或国家集团的专利，还包括非国家主体、非政府组织、跨国公司、恐怖组织、“信息勇士”(包括公司雇员、政府公务员、电脑黑客、犯罪分子和犯罪团伙、自由战士等)。因为他们同样可获取进行信息战的各种手段，如计算机病毒、大众传播媒介、大规模杀伤性武器等。

三是作战样式更新。战争将渗透到政治、经济、社会、文化等各个领域。信息取代物质和能量在战争中占主导地位后，将导致许多新作战样式的出现，如“虚拟现实”战、计算机战、网络战、精确战等。

(2)战争与和平的界限变得模糊

信息化战争将信息与能量结合形成信息武器，从具体手段上看，主要有两个：一个是以网络技术和电子技术为基础，以信息和信息系统为武器和目标的作战；另一种是在信息和信息系统的支持下进行的火力作战。信息化战争将从前者开始，逐渐过渡到两者的混合实施。所以，信息化战争在开始的时候将是无声无息的，它的目标可能是军事信息系统也可能是民用信息基础，即使发现了，也很难判断敌人是谁，来自何方，企图是什么，是一次战争的发端，还是一次一般的黑客、病毒等恶意信息行为。

(3)战争的动因更加复杂

在工业时代,战争的根本是政治斗争掩盖下的经济利益之争,主要是为了谋求领土、资源等经济利益,往往以占领或收复领土及获取资源而告终。在信息时代,经济利益之争仍然是导致战争爆发的重要原因。但除此以外,由于各国之间、国际国内各派政治力量之间交往与联系增多,这就必然导致各个国家、民族、社团之间,由于政治、外交、精神、文化等方面的摩擦和差异而引发冲突增多,使宗教、民族矛盾上升,使恐怖活动、暴力行动、走私贩毒国际化。这些矛盾与冲突错综复杂,不仅是"亚战争行动"的直接根源,也是导致战争爆发的重要动因。

(4)战争空间扩大,兵力密度减小

战争空间扩大有两层含义,一是空间概念的扩大,即由以往的物理空间扩大到信息空间(如网络空间、电磁空间等)和思维空间。二是物理战场的空间剧增,正如美军有关条令认为的"军事技术的发展将使战场在纵深、正面和高度上不断增大,拥有较少士兵的作战空间的扩大是战争的发展趋势。"

作战空间扩大的原因有二:一是联合作战是未来的主要作战样式,即使在小规模信息战中,也需要部署在世界各地和太空的卫星监视系统、空中预警与控制系统、联合监视与目标攻击雷达系统、无人驾驶飞行器来搜集、处理和传输大量情报信息;二是信息技术可以使人"看"得更远,使武器能够在较远距离攻击各种目标,从而使得陆海空天战场扩大,并使得战争向信息空间和思维空间扩展。例如,可用停泊在上千千米之外的水面战舰或潜艇发射弹道导弹、巡航导弹攻击敌坦克,用经过多次空中加油的隐形战斗机攻击敌指挥控制中心。随着军事信息系统的发展和武器性能的进一步提高,战场指挥官的观察范围将不断扩大,对作战空间的控制能力将不断加强。同时,各军种的作战空间相互重叠,联合作战指挥官可利用各军种的武器系统,在整个战场范围内攻击各种目标。

战场兵力密度逐渐变小,是战争发展的必然趋势之一。第一次世界大战期间,每平方千米部署兵力多达到404人;第二次世界大战期间,每平方千米的兵力为36人;1973年的阿以战争中,降到25人;到了海湾战争时,每平方千米只有2.34人。在未来的数字化战场上,兵力密度将更小。这也与武器装备性能的提高,因战场透明而力图避免遭受重大伤亡以及大量使用机器人密切相关。

**2.战争中信息、能量与物质的关系发生变化**

(1)信息在战争中发挥主导作用

在信息化战争中,作战力量中最重要的要素将不再只是兵力兵器的质量和数量等有形要素,而且还是信息系统的效能和信息流。信息将成为战场的关键,决定和引导着物质流和能量流的流向、流速和强度,发挥着决定性的作用。计算能力、容量和可靠程度、实时侦察能力、计算机模拟能力等信息要素,将成为军队战斗力的关键指标。作战力量的对比,将主要取决于信息武器智力和结构力所带来的无形的、难以量化的巨大潜能。

(2)地理因素在战争中的影响减弱,战场非常透明

在这里,地理因素主要指距离、高度地形地物、地貌和车轮等。这些极大地影响着传统战争结果的胜负,制约着传统作战行动的因素,在信息化战争的发生、进程和结局的影

响下将变得很小,其原因是:信息既是武器又是目标,它在网络空间的传播以光速计;$C^4$ISR系统性能良好,能克服很多地理障碍,使战场变得几乎透明;信息化打击兵器和作战平台射程远、航程远,可打到或抵达世界的任何角落。

**3.战争的目的、过程与战法等特征发生改变**

(1)战争目的更加有限

在未来全面的信息战中,战争的目的将是有限的,战争发动者将会以达成有限的政治目的而停止,不会追求全部歼灭敌军、占领敌军领土等"终极目标"。追求"终极目标"可能导致交战双方,特别是己方遭受难以控制的重大伤亡,从而引发民众的强烈反战情绪;战场上的情况特别是伤亡情况将实时得到电视报道,战争指导者不得不对战争规模和战争目的严加限制。从海湾战争、科索沃战争和美国对阿富汗的袭击中,可以看到这种趋势。

(2)发挥系统整体效能,实施一体化作战

信息化战争将越来越强调运用系统理论来指导战争,强调实施一体化作战,追求发挥系统整体作战效能。因此,未来的信息化战场,将主要由情报侦察监视系统、通信传递系统、信息处理决策系统、火力武器装备系统、保障供应系统等共同构成一体化、网络化战场,形成整体作战系统。作战行动的实质就是敌我双方两个系统的对抗。

(3)战争进程加快

由于军事电子信息系统使战场数字化成为可能和武器装备精度、射程的增大,从而使作战行动得以实时进行,使精确战得以实施。实时的含义是:"与某一事件发生的实际时间几乎相同地处理这一事件"。实时行动是指对战场敌我双方发生的情况立即做出反应采取对策,主要包括实时发现目标、实时指挥、实时机动、实时打击、实时评估毁伤效果、实时保障等。精确作战主要包括精确打击、精确运动、精确防护。

通过"实时"和"精确",一方面可把过去在战场上需要几个小时及更长时间才能完成的事,压缩到几分钟,甚至数秒钟,使定下决心与作战进程几乎同步,从而大大缩短了作战的时间;另一方面,"精确"能力又确保了作战的效果,使决心计划"零误差"地得以实现。两者的结合,必然导致战争进程的加快,作战时间的缩短。

(4)战争毁伤破坏程度减小

战争毁伤分为两类:一类是有效毁伤;另一类是附带毁伤。有效毁伤是与达成战争目标直接有关的必要破坏,附带毁伤是与达成战争目标无直接关系或根本无关的不必要破坏。在工业时代的战争中,附带毁伤非常严重;在信息时代的战争中,则可将附带毁伤减少到最低限度。首先,由于战场透明度大,交战双方不仅能避免因遭突然袭击而受重大伤亡,还可防止实施不必要的、会造成重大破坏的火力战。其次,由于双方只攻击那些为完成任务而必须攻击的目标,双方部队暴露于作战空间的时间短,受到的伤亡少。最后,"精确战"能力的提高,使得工业时代的那些地毯式轰炸和面积压制不再必要,也就不会造成数十倍甚至数百倍于"必要破坏"的附带损伤。

## 1.4.2　军事运筹学的研究领域

新的军事斗争形势为军事运筹研究指明了方向，这对军事运筹学的发展是一个很好的机遇，也是一个挑战。军事运筹学应积极为军事斗争准备服务，站在军事理论的前沿，围绕“打得赢”、“不变质”两大历史性课题，认真研究新情况，探索新规律。现代战争是核威慑下陆、海、空、天、电一体化联合作战，如何以最少的资源（人力、物力、财力）获取满足信息化作战所需的信息；如何利用获取的信息来操作“战争系统”；如何充分地发挥信息化部队的作战效能……这些都是军事运筹学亟待解决的问题。

在新形势下，从未来高技术局部战争的需求出发，作为军事学科、战略学、战役学、战术学等都是非常需要的，同时也面临着很多困难的、需要进行研究方法和内容的改革。但仅此还不够，还需要有更多的军事运筹学与军事系统工程的研究与参与。对未来高技术局部战争需要来说，军事运筹学的重点研究领域有以下部分：

**1.军事战略运筹分析理论与方法**

对与军事战略有关的全局性问题进行定量研究和方案选优的理论和方法。它涉及的问题包括：战略环境、战略目标、常备力量与后备力量建设、国防动员体制、战略后勤、国防经济、军事外交、军备控制和裁军、军事威慑与军事冲突、局部战争与全面战争、常规战争与核战争等方面的分析、预测和评估。由于战略问题不确定因素多，有些问题难于单纯用定量方法解决，因此需要定量分析与定性分析相结合，计算机与人的判断相结合。

**2.国防科技发展运筹分析理论与方法**

对国防科技发展的方针、政策、目标、规划等有关问题进行定量分析和方案选优的理论和方法。它可用于解决诸如重大项目评价、国防科技投资方向以及新技术在国防中应用的可行性研究等问题。

**3.作战运筹分析理论与方法**

对作战的有关问题进行定量分析和方案选优的理论和方法。它的研究内容主要包括：综合分析判断敌情、评估交战双方作战能力、优化兵力编成、部署和协调作战及各种保障计划等。主要用于作战辅助决策等。

**4.军事训练运筹分析理论与方法**

对军事训练的组织与实施进行定量分析和方案选优的理论和方法。军事训练运筹分析的主要内容包括：训练体制和训练内容、训练的组织实施、训练效果评估等方面的论证分析。高技术条件局部战争中的各类战斗人员需要掌握各种各样的现代科学技术知识，使用大量的高技术武器，解决各类未曾遇到过的问题。因此，传统的军事人员培养、训练内容、方法和手段都需要进行变革。在内容上要大大增加军事运筹学与军事系统工程的内容，同时要研究高技术条件下局部战争中指挥人员所需的知识结构。

基于计算机技术的模拟训练技术将是今后高技术武器训练的重要手段，必将得到广泛的重视和发展。这类模拟训练系统的研究和开发需要多种科学技术的综合，需要多种学科人员的参与，军事运筹学将起到重要的作用。

**5.后勤保障运筹分析理论与方法**

对后勤保障进行定量分析和方案选优的理论和方法。它的研究内容主要包括:后勤指挥、军费需求与分配、武器装备保管与维修、卫生勤务保障、军队运输方面的优化分析等。

**6.武器系统运筹分析理论与方法**

对武器系统的发展、部署和使用进行定量分析与方案选优的理论和方法。武器系统运筹分析的主要内容包括:武器系统作战效能、武器系统全寿命费用、武器系统费用效能、武器系统可靠性、易损性与生存能力等方面的分析、预测与评估等。

**7.军队组织结构与干部管理运筹分析理论与方法**

对军队组织的各部分或要素的组合方式与干部队伍结构、需求和规划控制等进行定量分析与方案选优的理论和方法。它涉及的问题包括:军队整体的宏观分析与具体单位的微观分析;军队结构的控制幅度、指挥层次、职权区分、单位编制、相互关系以及干部编制结构、培养任用、流动规律、考核评估、进退升迁等管理方面的分析。

**8.高技术武器及高技术战争的模型与模拟研究**

对武器系统的效能分析以及各类战争的定量研究一直是军事运筹学研究的基本问题,通过多年来的研究,在这些方面已经获得了大量的研究成果,建立了很多的模型和模拟系统。但在高技术战争条件下,有越来越多的新武器系统(包括各类 $C^3I$ 系统)装备部队,这些武器系统与过去的武器系统有很大的差别,其在战争中的表现和作用如何,都需要进行分析和评价;而对高技术战争的描述,更有大量的问题需要探讨。对于研究高技术战争来说,这里的研究是基础性的,对军事运筹学的发展也具有重要的意义。

**9.军事需求理论与应用**

军事需求理论就是要寻求并建立保证国家安全前提下的最小军事需求。其研究的基本问题是:基于对国家安全利益和国家安全环境的科学分析,根据军委新时期军事战略方针,确定在一定时期内,军队的任务和使命;确定所需的兵力规模、构成,以及相应的装备规模和质量水平。

由于科学技术的发展以及高技术武器装备的广泛使用,使得高技术条件下战争的手段、战场环境和作战样式都发生了巨大的变化,传统的战法、战术、作战条例、条令和军事理论受到很大的挑战,作战部队的编成、任务分工和装备构成也发生了急剧变化。这些都要求我们要有针对性地进行军事需求理论的研究。

军事需求理论研究中的这些问题是军事运筹学应该重视的研究问题,因为这些研究不仅需要全面的定性分析,更需要完整的系统分析、定量分析以及仿真与模拟研究,同时,军事需求理论研究的问题和成果也是很多其他军事运筹研究工作的一个基础。

**10.先期概念演示与仿真技术**

由于现代科技发展迅速,高技术武器装备的发展有更多的不确定因素,使武器装备的前期论证具有更重要的作用,需要更完备的手段来提供支持。先期概念演示与仿真技术的采用,对提高论证的科学性、提高武器装备研制的有效性有重要的作用。军事运筹学不仅为先期概念演示与仿真技术提供模型,更重要的是能够解决仿真条件与未来实战条件的一致性。

**11.军事综合电子信息系统及作战辅助决策技术**

高技术战争的最本质的特征是信息和信息战在战争过程中起着非常重要的作用,所以钱学森把其称之为“核威慑条件下的信息化战争”。在这样的战争中,战争优势的取得主要靠信息优势的取得。

针对未来信息化作战,美国在近年提出了《2010 年联合作战框架》,并提出了四个作战概念:优势机动、精确打击、全维防护和集中后勤。优势机动主要是指信息、作战和机动能力的综合应用,用广泛分布的、联合的陆、海、空及空间能力去完成所给定的作战任务;精确打击主要指需要时使军队准确确定目标,进行相应的指挥、控制,产生所需的效果,评估打击效果并保持再战的灵活性;全维防护是指在所需的范围内为部队和武器装备提供多层次的防护,采用主动和被动相结合的措施为部队提供一个无懈可击的联合防护体系;集中后勤是指综合应用信息、后勤和运输技术,采用简明的后勤包装,快速、高效地提供战略、战役和战术行动所需的给养。

美军提出《2010 年联合作战框架》的目的是要使美军的武装力量在 21 世纪取得全面的优势。该作战框架强调:全面优势的取得依赖于信息优势的取得,即收集、处理和传输不中断信息流的能力,以及同时又能克制敌方实施上述工作的能力。21 世纪的战场是信息与武器系统一体化的战场,需要一体化的军事综合电子信息系统($C^3I$ 系统)的支持。

军事运筹学要充分关注军队军事综合电子信息系统的建设和发展,参与有关技术和系统的研究和开发,拓展军事运筹的研究领域。军事运筹要着重研究的问题有:

(1)$C^3I$ 系统的建模与评价理论研究;

(2)$C^3I$ 系统的军事需求研究;

(3)$C^3I$ 系统下的指挥控制方法的研究;

(4)$C^3I$ 系统的作战辅助决策技术的研究;

(5)军事信息系统的设计与开发;

(6)$C^3I$ 系统的系统集成技术的研究;

(7)信息战理论、数字化部队和数字化战场的研究。

**12.航天装备军事应用研究**

夺取制天权已成为在未来信息化战争中争取主动的关键因素,并对未来军事斗争起着重要的控制和支配作用。制天权是指对太空战场的控制权,目前虽然太空战场还仅处于对作战行动的支援和保障阶段,但在一定条件下,制天权已成为夺取制空权、制海权和制信息权的先决条件,制天权极大地控制和支配着陆、海、空战场的作战行动。这正是空间技术作用于军事活动的直接结果。历史的经验表明,战争的制高点总是随着军事技术的发展而不断变化的;从人类历史上有战争以来,战争一直是以陆地为基的;但随着航海技术的发展和海军的出现,战争的制高点便从陆上转移到海上;而航空技术及空军的产生,又第一次把战争由二维引向三维空间。恩格斯曾经说过:“一旦技术上的进步可以用于军事目的,并且已用于军事目的,它们便立刻几乎强制地,而且往往是违反指挥官的意志而引起作战方式的改变或变革。”从近几场高技术局部战争来看，各种侦察、预警、通信卫星不仅是集通信、指挥、控制和情报为一体的$C^3I$系统的中枢，而且可为陆、海、空战场的作战行动提供强有力的支援和保障。科学技术发展到今天，已彻底改变了传统的陆、海、空三维作战样式。空间技术的发展及其在军事领域的应用，将使太空战场以其特有的“态势”优势和技术优势成为未来高技术局部战争的主宰。以海湾战争为例，在海湾战争中，多国部队共使用了70多颗卫星，建立侦察、预警、导航定位、通信指挥等多种卫星系统，这些卫星系统为多国部队的地面部队、舰只及飞机提供了通信、侦察、监视、预警等多种服务。其不仅极大地拓展了战场空间，而且强有力地保障了多国部队作战行动的协调一致，从而顺利完成了作战任务。美陆军一副参谋长曾说：“未来战争的成功取决于各方所具有的空间实力，利用空间系统进行通讯和获取情报是我们在任何地点、时间进行军队部署、指挥、取胜的重要基础。”海湾战争使人们切实体验到了空间的价值。

未来作战中，空天战场将是交战双方夺取制信息权的主要空间。制信息权是未来夺取战争主动赢得胜利的首要军事因素。夺取和保持制信息权将成为未来作战的中心和焦点。信息不仅是指挥决策的基础，而且是武器装备系统效能得以充分发挥的前提，是直接攻击对方信息目标的手段和影响战争全局的重要资源。信息已成为军队战斗力的“倍增器”，夺取制信息权，军队即争夺了战争的主动权，否则就要被动挨打。在海湾战争中，多国部队之所以自始至终保持着战场的主动权，主要原因在于其借以各种空间卫星系统等侦察手段，详细察明了伊军的情况，掌握了制信息权。可以预见，未来的高技术局部战争将不同程度地围绕信息的收集、处理、传递而进行组织、装备和实施。

顺应现代战争发展趋势，未来作战行动将呈现为全军种、全时空、多层次、多维空间的体系与体系对抗。为确保各作战力量的协同和配合，实施打击，发挥作战力量的整体最佳效能，充分运用空间力量已成为关键。尽管空间力量不是战争制胜的唯一因素，但历次高技术局部战争的事实已表明空间力量正成为现代战争中的重要角色，是决定战争胜负的重要因素，因此军事运筹学要充分关注航天装备的建设和发展，研究未来作空间战中力量的使用、组织、实施，夺取制信息权，争得战争主动。

**13.装备保障运筹分析**

研究用定量分析的方法解决装备保障实践活动中决策或方案优化的问题。在装备保障理论研究中，运筹学提供了一套崭新的思想、方法和手段，它从定量化、模型化入手，使装备保障理论更加完备，并且能够解决以往难以解决的一些问题。诸如，在预计弹药消耗、装备损坏方面；在确定各种装备物资的合理储备方面；在充分发挥各种装备保障机构和保障设施的效能方面；在有效地部署后方防卫和装备保障力量配置方面；在统筹计划保障方案和装载运输方面；在决定战略或战役装备保障力量并合理的组织协调方面；在装备工作的平时管理、训练和战时装备保障等方面。运筹学都能为之提供科学决策的根据。

装备保障作为现代战争武器装备对抗体系的重要组成部分，要求必须用军事运筹学的理论方法来分析研究装备保障。由于武器装备的发展，现代战争更加重视和强调武器装备体系之间的对抗及军队整体作战效能的发挥。而装备保障作为武器装备体系中的重要组成部分，对武器装备体系之间的对抗及军队整体作战效能的发挥具有举足轻重的作用，其决策的优化更为重要。没有装备保障决策的优化及对装备保障能力的从定性到定量的描述、分析与评估，就谈不上对各种武器装备体系的整体作战能力的恰如其分的评估。应用军事运筹学的理论方法对装备保障能力进行科学预测和评估，恰如其分地分析其对单件武器装备作战能力，乃至对整个武器装备体系作战能力的影响，正是对各种武器装备体系的整体作战能力做出恰如其分的评估所不可缺少的基本环节。

# 习 题 一

1.《军事百科全书》对军事运筹学是怎样定义的？

2.简单描述军事运筹学与军事系统工程的区别和联系。

3.军事运筹学的研究对象是什么？

4.军事运筹学的研究目的是什么？工作步骤是什么？

5.与传统战争相比，信息化战争有哪些突出特点？

6.新形势下军事运筹的研究领域主要有哪些？

# 第 2 章　效能分析

军事运筹研究问题基本上可分为两大类：

第一类问题(即直接问题或分析问题)，就是对给定的备选运筹方案或军事系统(武器系统或军事组织)的效能和(或)作战效能进行评估。

第二类问题(即逆问题或综合问题)，就是找出保证获得规定(或最大可能)效能或使效能获得最大改进的运筹方案或条件。

解决上述两类问题都离不开效能概念及其评价。从一定意义上说，效能是军事运筹研究的出发点和归宿，而效能分析则是军事运筹学的一个基本研究内容。

## 2.1　概　述

在讨论具体问题前，对效能概念及其相关理论和方法进行讨论是十分必要的。

### 2.1.1　效能的概念

**定义 2.1.1**　系统效能是预计系统满足一组特定任务要求之程度的量度，是有效性、可信赖性和能力的函数。

(1)有效性：是在开始执行任务时，系统状态的量度，是装备、人员、程序三者之间的关系的函数。

(2)可信赖性：是在已知开始执行任务时系统状态的情况下，在执行任务过程中的某一个或某几个时刻系统状态的量度，可以表示为系统在完成某项特定任务时将进入和(或)处于它的任一有效状态，且完成与这些状态有关的各项任务的概率，也可表示为其他适当的任务量度。

(3)能力：在已知执行任务期间的系统状态的情况下，系统完成任务能力的量度。能力是系统各种性能的集中表现。

在军事运筹学中，效能通常是指作战行动的效能或武器系统的效能。

**定义 2.1.2**　作战行动的效能是指执行作战行动任务所能达到的预期可能目标的程度，即执行作战行动任务的有效程度。

作战行动是由一定军事力量(包括人员或武器系统)在一定环境条件下按一定行动方案进行的，所以作战行动的效能在一定条件下可表示为军事力量或行动方案的效能。

**定义** 2.1.3 武器系统的效能是指在特定条件下,武器系统被用来执行规定任务所能达到预期可能目标的程度。按照武器系统运筹研究的需要,其效能可分为三类:

(1)单项效能:指运用武器系统时,就单项功能(单一使用目标)而言,所能达到的程度,如防空武器系统的射击效能、探测效能、指挥控制通信效能等。单项效能对应的作战行动是目标单一的作战行动,如侦察、干扰、布雷、射击等作战行动中的各个基本环节。

(2)系统效能又称为综合效能:指武器系统在一定条件下,满足一组特定任务要求的可能程度,是对武器系统效能的综合评价。

(3)作战效能:关于武器系统的作战效能,目前尚缺乏统一的定义。这里是指在规定条件下,运用武器系统的作战兵力执行作战任务所能达到预期目标的程度,故亦称为兵力效能。这里,执行作战任务应覆盖武器系统在实际作战中可能承担的各种主要作战任务,且涉及整个作战过程,因此作战效能是任何武器系统的最终效能和根本质量特征。

需要指出的是,在一些参考文献上,武器系统的作战效能有的局限于武器系统的人力毁伤效能,有的把综合效能看做是作战效能。我们认为,武器系统的作战效能,不但基于武器系统的综合效能,而且与运用武器系统的作战环境、作战兵力、作战指挥、目标特性以及目标的防御能力有十分密切的关系。因而在讨论武器系统的作战效能时,必须指出是在什么作战环境下,打击什么目标(目标特性以及目标的防御能力),以及作战原则是什么。

最后,需要说明武器系统的"效能"与相近概念"效益"、"效率"的区别。

效益(又称收益)是指由于实现特定武器系统而使用户得到的好处,一般包括直接效益、间接效益和无形效益。直接效益主要表现为在武器系统应用性能方面得到的好处,如提高机动性,提高生存能力等。间接效益是对于非武器系统用户而言的好处,如销售利润等。无形效益是由于拥有武器系统可在其他方面得到的好处,如拥有核武器就具备核威慑力量等。

效率是用给定量的资源所能得到的系统输出的量度,隐含有单位资源所得到的效能的意思。例如,单发命中概率既可表示武器的射击效能,也可说是武器的射击效率,效率和效能的区别在于效率明确规定了系统运用的资源消耗约束,而效能则没有这个规定。

综上所述,效能、效益、效率都是对武器系统使用价值的评价,彼此有一定的区别。

## 2.1.2 效能的量度

为了评价、比较不同武器系统或行动方案的优劣,必须采用某种定量尺度去度量武器系统或作战行动的效能,这种定量尺度称为效能指标(准则)或效能量度。例如,用单发毁伤概率去度量导弹的射击效能,则效能指标是单发毁伤概率。

由于作战情况的复杂性和作战任务要求的多重性,效能评价常常不可能用单个明确定义的效能指标来表示,而需要用一组效能指标来刻画。这些效能指标分别表示武器系统功能的各个重要属性(如毁伤能力、机动性、生存能力等)或作战行动的多重目的(如对敌毁伤数,推进距离等)。

由于效能概念的复杂性,效能量度不像物理量的量度那样直接,在定义效能指标时,一般应考虑以下特点：

(1)由于作战行动的随机性，效能指标必须用具有概率性质的数字特征来表示。例如，当作战行动目的在于获得某个预定结果时，可取“获得预定结果的概率”为效能指标；当作战行动的目的是对敌方造成尽可能多的毁伤时，可定义敌方毁伤数平均值或数学期望值为效能指标。

(2)效能的量度可取多种尺度，不同尺度体现决策者不同的主观价值判断。选择那种尺度取决于决策者要求的作战行动目的。因而，随着目的的不同，同一作战行动可有不同的效能指标。例如，第二次世界大战期间英国商船安装高炮，若用高炮击落敌机概率为效能指标，则效能几乎等于零；但若用商船损失概率来评价，则损失概率由25%降至10%，说明安装高炮效能相当高。

(3)某些效能参数由于作战行动目标不明确或与人的行为因素关系密切而难以量化，例如，指挥行动的效能。这种情况下的效能量度可应用定性评价的定量表示法，即选用表示相对效能主观评价的百分数作为效能指标。

(4)效能指标可能并不包含相应效能特性的全部信息。对作战行动效能起重要影响的许多因素，如人员的士气、能力等，从根本上讲是难以量化的。因此，在根据效能指标做出像武器战斗运用方法选择那样的决定时，必须考虑到效能指标的局限性。

对系统进行评价，都不可避免地存在确定目标函数或指标的问题。研究系统的指标体系是系统使用总体中的一项基础性的工作。

系统的性能指标是指系统为完成一定功能所必须具备的、呈现给用户的外部特性，它是系统功能描述的量化。系统性能是系统的单项指标，反映的是系统的某一属性。与效能相比，系统性能是绝对的，是针对产品的，而效能则比较抽象，是针对用户的。

### 2.1.3 效能的层次结构

从系统论观点看，无论是作战行动的效能还是武器系统的效能，都是一个复杂的大系统——战争系统中不同层次子系统的效能。系统的层次结构决定了不同层次之间子系统效能参数的相互联系，了解并运用这个联系是效能分析方法学的基础。

根据功能、结构以及在战争中所处的地位，战争系统可自顶向下划分层次：

(1)战略层：表示战争的性质、目的。

(2)战役层：为达到战争目的所组织的作战行动。

(3)战斗层：为达到战役目的所组织的作战行动。

(4)格斗层：为达到战斗目的，敌对兵力或战斗单位之间的对抗。格斗由一系列顺序事件组成，即投入战斗、捕捉目标、发射、拦截、命中、成功或失败等。

(5)武器装备层：为保存自己，消灭敌人所采用的作战工具。

(6)工程技术层：构成武器装备的工程技术基础。

例如，海湾战争系统层次结构(如图2-1所示)：

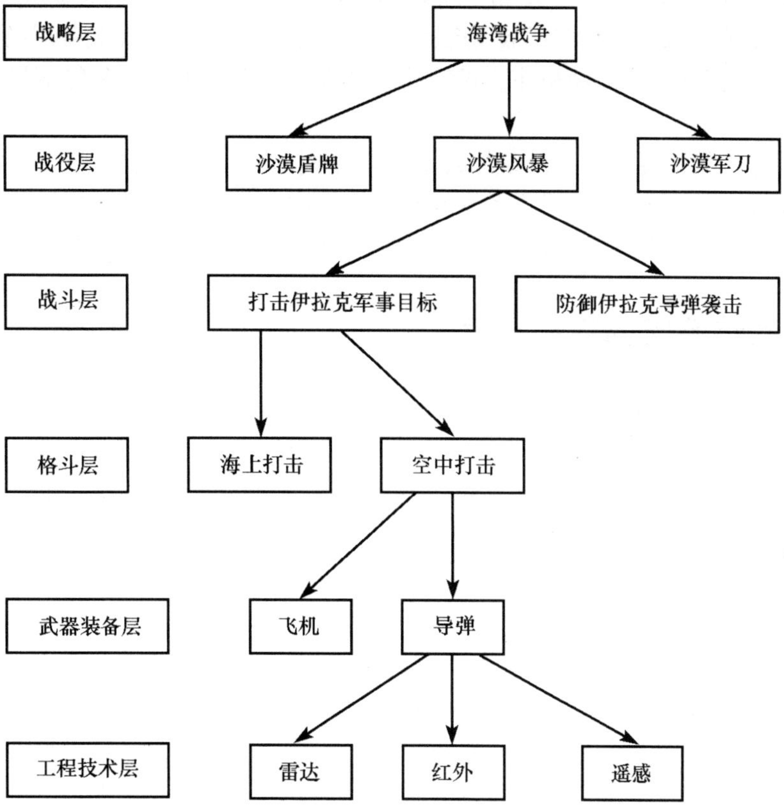


**图2-1　海湾战争系统层次结构**

(1)上面四层表示不同层次的作战行动。其中,第四层格斗是你死我活、全力进行的作战行动,其过程主要取决于武器系统的使用规则,武器系统的效能取决于它完成作战任务的程度。因此,格斗分析是对比武器系统 $A$ 相对武器系统 $B$ 的效能的合适方法。

(2)第五层是武器装备层。武器系统一般由若干个子系统组成,例如,一个导弹系统由导弹运载平台、导弹发射装置、导弹、弹载雷达等若干相互作用的子系统组成。武器系统的效能反映了它所含子系统的集合属性。

(3)第六层是工程技术层,其技术性能直接影响到武器装备的综合效能。

层次结构中每一层系统的功能依赖于其下属子系统的功能。因而在某一个层次系统功能的变化将影响其上属层次的功能。层次越高的功能,包含的其他低层次功能的多重影响越多。

系统效能描述系统完成其任务的总体能力,效能指标是系统完成给定任务所达到程度的度量。在层次结构中,各层次系统功能不同,因而应当有与其功能目标相一致的不同效能属性和不同效能指标,显现出效能的层次结构特性。各层次系统功能之间的联系决定了各层次系统效能参数之间的联系。层次结构中每一层参数依赖于其下属各层的参数;各层次效能参数之间存在着链状关系作用。因此,某一层次参数的变化将影响其以上各层的参数。但是,这种影响是逐层减弱的,在战争系统中,技术层次是作战武器的基础,武器装备层是技术和作战各层次之间的连接环节，格斗属于武器系统的上一层次，对格斗的分析提供了战斗效能参数与武器系统效能参数之间的连接。武器装备层的效能参数是单发命中概率之类的指标，而格斗公式的基本输入是单发命中概率和射击规则（齐射、点射或单发连射）。

由于战争系统的复杂和涉及参数的众多，新技术或子系统改进对战斗效能的影响不可能直接量化。然而，新技术或子系统改善对作战层次的影响可以通过评价它们对武器系统层次的影响加以量化。这说明战争层次结构和等级组织结构有直接的相互关系。

### 2.1.4 武器系统的效能指标

武器系统的效能指标是衡量武器系统在特定的一组条件下完成规定任务的尺度。由于武器系统本身的复杂性以及在作战过程中运用的多样性，其效能往往也是由多项指标来评价的。一般来说，在武器系统分析中常用的效能指标可分为概率、期望值和速率三类。

（1）概率类指标用于表示完成特定任务的能力（概率）。当作战任务为摧毁特定目标的武器系统，运用概率类效能指标比较适当。例如，以毁伤某舰为目标的导弹系统，可以选用摧毁目标的概率或完成任务的概率作为效能指标。

（2）期望值类指标表示系统毁伤目标的平均数量。作战任务为消灭多种目标或非特定目标的武器系统，选用期望值类效能指标比较适当。例如，以消灭某个地域内的有生力量、防御工事和武器装备等为目标的野战火炮，可以选用破坏面积的期望值为效能指标。

（3）速率类指标表示系统消灭目标的速度或武器发射、运动的速度等。对于要求连续重复某种作战行动的武器系统，以选用速率类效能指标比较适当。例如，在不能辨别目标的具体情况下，为防止敌人通过或渗入某地域，而向该地域实施连续射击的火炮或火箭系统，就属于此类武器系统。

总之，不管选用哪一类效能指标，所建立的效能模型都必须与所选定的效能指标相匹配，能够按照所选定的效能指标给出定量的答案。

在武器系统的效能分析中，可供选用的效能指标有“摧毁目标数的期望值”、“破坏面积的期望值”、“面积破坏率”、“毁伤率”、“单发毁伤概率”、“完成任务的概率”、“平均无故障工作时间”、“平均无故障行驶里程”、“平均无故障发射发数”等。上述这几个指标仅仅是效能指标的几个典型例子，此外还有许多效能指标可供武器系统分析人员选择。

在研究系统的效能指标时，在根据系统可能的使用环境来分析系统的任务，还要考虑分析的目的，并给出可行的详细的分析方法，此时分析人员往往要研究几个或很多个效能指标，这时一般应分“主要的”和“次要的”的指标，作为分析问题时的权衡依据。

### 2.1.5 效能指标选择的方法

效能指标作为运筹方案的决策依据或武器系统的评价标准，在军事运筹研究中占有特别重要的地位。选择合适的效能指标体系并使其量化，是做好系统效能评估的关键，也是很难做到的一件事情。在选择系统评价指标体系时，应该把握以下原则：

(1)针对性：评价指标要面向任务，对于系统的不同任务应采用不同的评价指标。

(2)一致性：评价指标与选用目标和分析目的相一致。

(3)方案的可鉴别性：选用的效能评价指标应具有区分不同作战方案的能力。

(4)可测性：所选的指标能够定量表示，定量值能够通过数学计算、平台测试、经验统计等方法得到。

(5)完备性：各指标不能重复出现，且任何一个影响效能值的指标都应出现在指标属性集中，选择的指标应能覆盖分析目标所涉及的范围。

(6)客观性：所选的指标能客观地反映系统内部状态的变化，正确反映 $C^3I$ 系统与系统有关不确定性，不应该出现“因人而异”的情况。

(7)敏感性：当系统的变量改变时，指标应明显地变化。

(8)独立性：选择的指标应尽可能地相互独立。

(9)简明性：选择的指标应是易于用户理解和接受的，这样便于形成共同语言。

在选择评价指标时要注意，评价指标并不是越多越好，关键在于指标在评价中所起作用的大小。如果评价时指标太多，不仅增加了结果的复杂性，甚至会影响评价的客观性。所以应筛选除去对评价目标不产生影响的指标。在确定系统性能指标时，要重点考虑那些反映系统本质特征的指标，而不是囊括系统所应具备的全部指标，同时也不包括系统支撑技术方面的指标；只考虑各类系统的共性指标，但不排除对专用系统提出的特殊指标要求。所确定的指标项应是面向系统整体性能的，不囊括单项设备和分系统的指标。当然还要考虑指标之间尽量减少交叉，各项指标应相互独立，不应互相包容，指标应便于准确理解和实际度量。

指标的确定需要在动态过程中反复综合平衡，有些指标可能要分解，有些却要综合或删除。随着时间、任务的改变，有的指标应相应地变化。量化指标所需的数据可通过下面几个途径得来：从系统实际应用中；军事演习数据；计算机模拟；实验。

确定指标的途径有多种，主要有以下几种：

(1)一般方法：一般方法确定指标是先由专门的小组拟定草案，然后广泛地征询各方面专家、用户及上级领导的意见，经反复修改而定。

(2)自顶向下法：自顶向下法确定评价指标的过程如图2-2所示。自顶向下的过程也是一个动态的、需要不断完善的过程。

(3)自适应渐进法：自适应渐进法确定指标的步骤是：首先由系统分析与评价人员制定指标草案，再请子系统的设计、使用单位的专家提出修改意见，然后参照国外同类型系统，请有关部门提出任务要求或任务假设，在整理收集有关指标的基础上，建立评价模型(包括指标体系的层次结构)，对系统进行评价，并提出改进意见，参照过去的战例或试验进行比较后，再反复修改，最后确定指标体系结构。

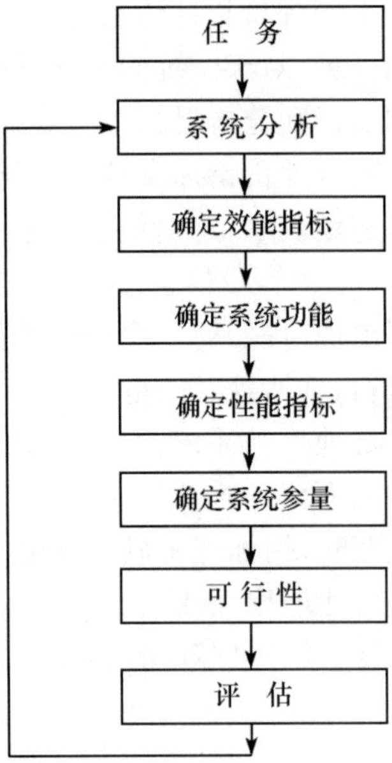


图 2-2 自顶向下法的流程图

## 2.1.6 效能指标评估的方法

效能指标是效能参数的量化表示。在简单情况下，它可以是一个可测的物理量（如射程，飞行速度）或根据测量结果可直接计算出来的数值（如平均修复时间）。然而在多数情况下，它是要根据测量或仿真结果进行评估计算的量，甚至需要对多项评估的结果进行综合分析评估。例如，对射击效能、生存能力等就需要进行评估计算，因为在进行射击或受到对方进攻时，作战条件和环境的了解方面存在着很大的不确定性。

效能指标评估的方法多种多样，基本上可归为四类，即解析法、统计法、计算机作战模拟法和多指标综合评价法。选择哪种方法取决于效能参数特性、给定条件及评估目的和精度要求。这四种方法的主要特点如下：

(1)解析法

解析法的特点是根据描述效能指标与给定条件之间的函数关系的解析表达式来计算效能指标值。在这里给定条件常常是低层次系统的效能指标及作战环境条件。解析表达式的建立方法多样，可以根据现成的军事运筹理论建立，也可以用数学方法求解所建立的效能方程而得到的。例如，用兰彻斯特战斗理论可以建立在对抗条件下的射击效能评估公式。解析法的优点是公式透明度好，易于了解和计算，且能够进行变量间关系的分析，便于应用。缺点是考虑因素少，且有严格的条件限制。因而比较适用于不考虑对抗条件下的武器系统效能评估和简化情况下的宏观作战效能评估。

(2)统计法

统计法的特点是应用数理统计方法，依据实战、演习、试验获得的大量统计资料来评估作战效能。常用的统计评估方法有抽样调查、参数估计、假设检验、回归分析与相关分析等。统计法不但能给出效能指标的评估值,还能显示武器系统性能、作战规则等因素的变化对效能指标的影响,从而为改进武器系统性能和作战使用规则提供定量分析基础。对许多武器系统来说,统计法是评估其效能参数特别是射击效能的基本方法。

(3)作战模拟方法(仿真法)

作战模拟方法的实质是以计算机模拟为实验手段,通过在给定数值条件下运行模型来进行作战仿真实验,由实验得到的结果数据直接或经过统计处理后给出效能指标估计值。武器系统的作战效能评价要求全面考虑各种因素。而作战模拟方法能较为详细地考虑影响实际作战过程的诸多因素,因而特别适合于进行武器系统作战效能指标的预测评估。

(4)多指标综合评价法

对于一般武器系统来说,采用前面三类效能指标评估方法就已经可以评估其效能了。但是对于某些复杂的武器系统(如战略导弹等),其效能呈现出较为复杂的层次结构,有些较高层次的效能指标与其下层指标之间只有相互影响,而无确定函数关系,这时只有通过对其下指标进行综合才能评价其效能指标。常用的综合评价方法有线性加权法、概率综合法、模糊评判法、层次分析法以及多属性效用分析法等。多指标综合评价方法的优点是使用简单,评价范围广,适用性强。缺点是受人的主观因素影响较大。

### 2.1.7　效能分析的基本思路

在进行系统效能的评价中,最重要的是建立系统的效能模型,在武器系统的样机研制出来之前,系统效能模型的主要用途如下:

(1)计算各个方案的系统效能值,帮助决策者选择最能满足规定要求的方案。

(2)在系统的性能、可靠性、可维修等参数之间进行权衡,保证在这些参数之间得到最理想的平衡,从而得到最大的系统效能。

(3)依次改变每一个参数值,进行参数灵敏度分析,确定参数值的变化对模型数值输出的影响。对模型输出没有或几乎没有影响的参数可以略去,从而使模型得以简化,对模型输出影响较大的参数,要认真研究。这一类参数称为高灵敏度参数。对此类参数,只需增加有限的费用,使参数值得到有限的变化,就能使系统效能得到相当大的提高。

(4)在设计过程中发现严重限制设计能力,妨碍达到所规定的系统效能的问题。

武器系统效能分析,是一个迭代过程。在系统寿命周期的各个阶段,都要运用系统效能模型,反复进行系统效能分析,在初步设计阶段,要预测各个方案的系统效能。在用实验模型进行的初步试验中,得到关于系统性能、可靠性、可维修性等最初的实际值。此时,要把这些数值输入到系统效能模型中去。根据模型的输出,修改原来得到的预测值,改进初步设计。这样,一直进行到武器系统投产为止,保证有效地进行系统设计,保证在全面研制、定型生产或装备部队之前,弄清楚需要作出的其他改进。武器系统在装备部队之后,将受到野外环境影响,其中包括在野外进行的后勤支援和维修工作的影响。与此同时,将源源不断地得到野外试验数据。此时,还要运行系统效能模型去确定受野外环境影响的系统作战效能,以便揭示需要改进的地方。

武器系统效能分析过程如图 2-3 所示,主要由 8 个步骤组成。

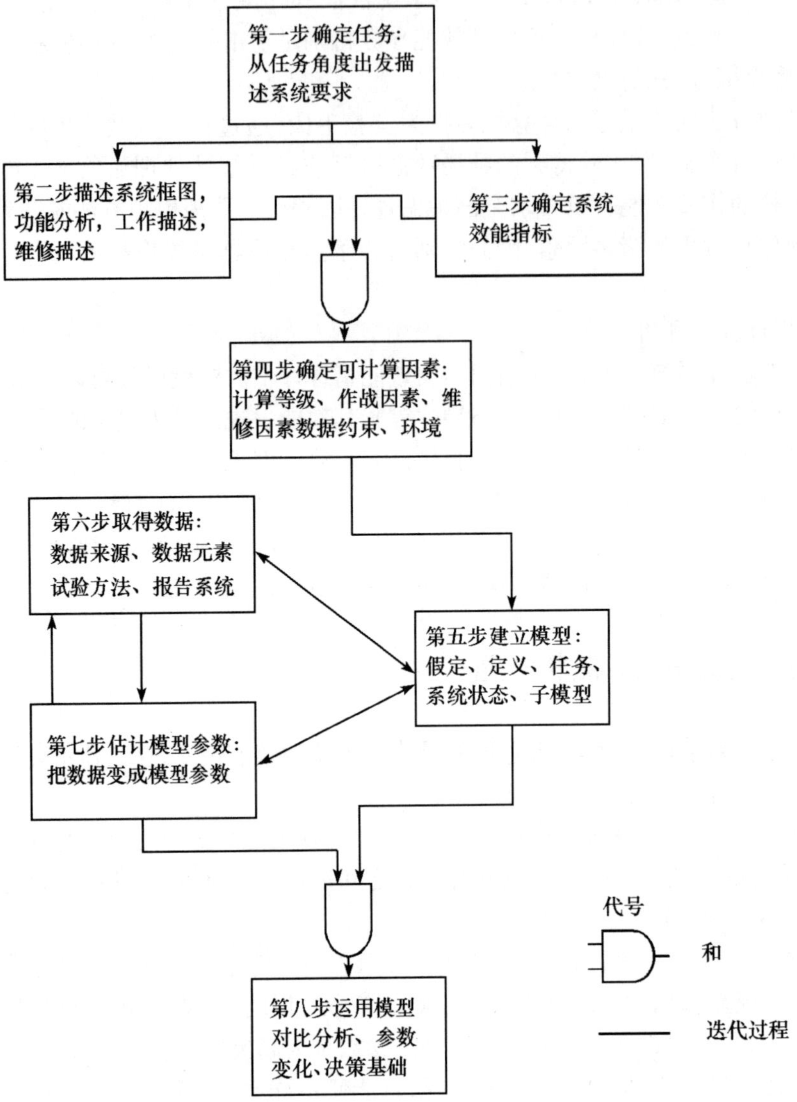


图 2-3　系统效能分析过程

## 2.2　综合效能分析的 *ADC* 模型

现在,国外已经建立了许多综合性的武器系统效能模型。下面介绍美国工业界武器系统效能咨询委员会(WSEIAC)于 20 世纪 60 年代中期为美国空军建立的效能模型(如图 2-4)。这个模型被认为是有效的,已被美国陆军一些研究单位用在武器系统分析之中。

按照咨询委员会的模型,系统效能是有效度向量 $A$、可信赖度矩阵 $D$ 和能力矩阵 $C$ 的乘积,系统效能量 $E$ 的表达式为

$$E = ADC \tag{2-1}$$

式中　$A$——有效度。当要求系统在任意时间工作时,表示系统在开始执行任务时所处状态的指标(是系统在执行任务开始时刻可用程度的量度,反应武器系统的使用准备程度)。

$D$——可信赖度。已知系统在开始工作时所处的状态(有效度),表示系统在执行任务过程中的一个或几个时间内所处状态的指标(表示系统在使用过程中完成规定功能的概率)。

$C$——能力。已知系统在执行任务过程中所处的状态,表示系统完成规定任务之能力的指标(表示系统处于可用及可信状态下,系统能达到任务目标的概率)。

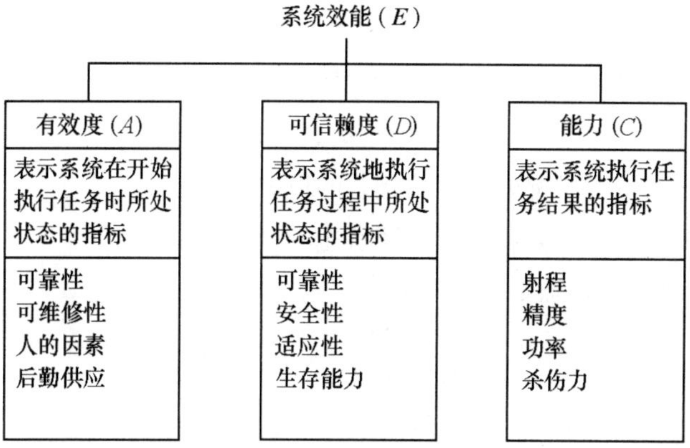


图 2-4　系统效能模型

这三个指标通常都表示为下述三个概率:

$A$——系统在开始执行任务时所处状态之概率的行向量;

$D$——以系统在前一个时间段中处于有效状态为条件,系统在一个时间段上的条件概率矩阵;

$C$——在已知任务和系统状态的前提下,代表系统性能范围的概率矩阵。

式(2-1)还可以写成

$$\bar{\boldsymbol{E}} = [e_1, e_2, \cdots, e_n]$$

其中,任何一个元素 $e_k$ 都可以用下式计算:

$$e_k = \sum_{i=1}^{n} \sum_{j=1}^{n} a_i d_{ij} c_{jk}$$

式中 $e_k$——第 $k$ 个效能指标或品质因数;

$a_i$——在开始执行任务时系统处在 $i$ 状态中的概率;

$d_{ij}$——已知系统在 $i$ 状态中开始执行任务,该系统在执行任务过程中处于 $j$ 状态(有效状态)的概率;

$c_{jk}$——已知系统在执行任务过程中处理 $j$ 状态中,该系统的第 $k$ 个效能指标或品质因数。

## 2.2.1 有效度向量

有效度向量 $A$ 是一个行向量

$$A = [a_1, a_2, \cdots, a_n]$$

其中,每一个元素都是系统在开始执行任务时处于不同状态的概率。由于在开始执行任务时,系统只能处于几个可能状态中的一个状态中,故行向量的全部概率值之和一定等于1,即

$$\sum_{i}^{n} a_i = 1$$

在实际应用中,$\bar{A}$ 可能是一个多元向量。为简单起见,假定系统只有两个状态,即有效状态和故障状态(维修状态)。这样,有效度向量 $A$ 就只有两个元素 $a_1$ 和 $a_2$,即

$$A = [a_1, a_2]$$

式中 $a_1$——系统任何时候都处于有效状态的概率;

$a_2$——系统在任何时候都处于故障状态的概率。

系统处于有效状态(状态 1)的概率:

$$a_1 = \frac{\text{MTBF}}{\text{MTBF} + \text{MTTR}} = \frac{1/\lambda}{1/\lambda + 1/\mu}$$

式中 MTBF——平均无故障工作时间;

MTTR——平均修理时间;

$\lambda$——故障率;

$\mu$——修理率。

在讨论系统数据这类问题时,单参数的负指数分布获得了广泛的应用,它基于这样的假设:故障率相同,即在产品的整个生命周期内故障率是个常数,其概率密度函数 $f(t)$ 为

$$f(t) = \lambda \exp(-\lambda t)$$

其均值为:$E(t) = 1/\lambda$,即平均无故障工作时间,$\lambda$ 是一个尺度参数。

系统处于故障(状态 2)的概率:

$$a_2=\frac{\text{MTTR}}{\text{MTTR}+\text{MTBF}}=\frac{1/\mu}{1/\mu+1/\lambda}$$

在计算有效度向量的各个元素时,必须考虑故障时间和修理时间分布,考虑预防性维修时间和其他无效状态时间,考虑维修程序、维修人员、备件、工具、运输等因素。

**例 2.1**　一个光学跟踪的高炮系统,其测距雷达由发射机、天线、接收机、显示器和同步机等部件组成。经验表明,一部发射机不能保证所测距离数据达到要求的可靠性,需使用两部发射机,设每部发射机的 MTBF 为 10h,MTTR 为 1h,天线、接收机、显示器和同步机作为一个组合体,MTBF 为 50h,MTTR 为 0.5h,假定高炮系统的有效度仅取决于探测与捕捉空中目标,并给出连续距离数据的雷达,求雷达系统的有效率向量。

在开始执行任务时,雷达系统的重要状态如下:

(1)所有部件都正常工作;

(2)一部发射机发生故障,另一部分发射机及所有其他部件正常工作;

(3)系统处于故障状态,或者两部发射机都处于故障状态,或者雷达的其他部件之一发生故障。

**解**　令 $a_r$ 为每一部发射机的有效度,即一部分射机正常工作的概率;$a_R$ 为天线、接收机、显示器及同步机组合体的有效度。

$$a_r=\frac{\text{MTBF}}{\text{MTBF}+\text{MTTR}}=\frac{10}{10+1}=0.909$$

$$a_R=\frac{\text{MTBF}}{\text{MTBF}+\text{MTTR}}=\frac{50}{50+0.5}=0.990$$

有效度向量的三个元素分别为

$$\begin{aligned}
a_1&=a_T^2a_R=(0.909)^2\times(0.990)=0.818\\
a_2&=[a_T(1-a_T)+(1+a_T)a_T]a_R\\
&=2a_T(1-a_T)a_R\\
&=(2)\times(0.909)\times(0.091)\times(0.990)\\
&=0.164\\
a_3&=1-a_1-a_2=0.018
\end{aligned}$$

因此,有效度向量

$$\bar{A}=[a_1,a_2,a_3]=[0.818,0.164,0.018]$$

雷达所有部件均正常工作的概率为 0.818。一部发射机和其他部件正常工作的概率为 0.164。雷达发生故障(两部发射机都发生故障或其他一个部件发生故障)的概率为 0.018。

### 2.2.2 可信赖度矩阵

可信赖度矩阵是一个 $n \times n$ 方阵

$$D = \begin{bmatrix} d_{11} & d_{12} & \cdots & d_{1n} \\ d_{21} & d_{22} & \cdots & d_{2n} \\ \vdots & \vdots & & \vdots \\ d_{n1} & d_{n2} & \cdots & d_{nn} \end{bmatrix}$$

前面把 $d_{ij}$ 定义为:已知系统在 $i$ 状态下开始执行任务,该系统在执行任务过程中处在 $j$ 状态中的概率。假定在执行任务过程中系统的输出不连续,而只在特定的地点(例如在目标地域上)有输出,则 $d_{ij}$ 定义为:已知系统在 $i$ 状态中开始执行任务,当要求有输出时,系统处在 $j$ 状态的概率。

如果在执行任务过程中不可能或者不允许进行修理,则发生故障的系统在执行任务过程中不可能恢复到它的初始状态,最多只能保持它在开始执行任务时所处的 $i$ 状态,也可能下降到更低的状态,还可能处于完全故障状态。这样,矩阵的有些元素就可能变成零。若把状态 1 定义为最佳状态(每个部件都能正常工作的状态)或最劣状态(完全故障状态),可信赖度矩阵就变成三角形,对角线以下的各个值都等于零,即

$$D = \begin{pmatrix} d_{11} & d_{12} & \cdots & d_{1n} \\ 0 & d_{22} & \cdots & d_{2n} \\ \vdots & \vdots & & \vdots \\ 0 & 0 & \cdots & d_{nn} \end{pmatrix}$$

如果这个矩阵是正确的,则每一行的各个值之和一定等于 1,即

$$\sum_{i=1}^{n} d_{ij} = 1 \qquad i = 1,2,\cdots,n$$

在建立可信赖度矩阵时,这是一种很好的检查方法。

为简单起见,假定系统在开始执行任务时和任务完成时都只有两种状态:有效状态和故障状态,则可信赖度矩阵就只有四个元素构成

$$D = \begin{bmatrix} d_{11} & d_{12} \\ d_{21} & d_{22} \end{bmatrix}$$

式中 $d_{11}$——已知在开始执行任务时系统处于有效状态,在任务完成时该系统仍能正常工作的概率;

$d_{12}$——已知在开始执行任务时系统处于有效状态,在任务完成时系统处于故障状态的概率;

$d_{21}$——已知在开始执行任务时系统处于故障状态,在任务完成时系统能正常工作的概率;

$d_{22}$——已知在开始执行任务时系统处于故障状态,在任务完成时系统仍然处于故障状态的概率。

如果在执行任务过程中系统不能修理，而且系统的故障服从指数定律，则

$$D = \begin{bmatrix} \exp(-\lambda T) & 1-\exp(-\lambda T) \\ 0 & 1 \end{bmatrix}$$

式中　$\lambda$——系统故障率；

$T$——任务持续时间。

如果系统在执行任务中可以修理，则指数故障时间定律和指数修理时间定律适用于许多系统。在这种情况下，$2\times 2$ 的可信赖度矩阵的四个元素就变为

$$d_{11} = \frac{\mu}{\lambda+\mu} + \left(\frac{\lambda}{\lambda+\mu}\right)\exp[-(\lambda+\mu)T]$$

$$d_{12} = \frac{\lambda}{\lambda+\mu}\{1-\exp[-(\lambda+\mu)T]\}$$

$$d_{21} = \frac{\mu}{\lambda+\mu}\{1-\exp[-(\lambda+\mu)T]\}$$

$$d_{22} = \frac{\lambda}{\lambda+\mu}\left(\frac{\mu}{\lambda+\mu}\right)\exp[-(\lambda+\mu)T]$$

假定前例中所述的雷达系统在 15min 的任务时间内不能修理，其他数据与前例相同，计算可信赖度矩阵。因为每部发射机的平均无故障工作时间 MTBF 为 10min，所以其故障率 $\lambda_t = 0.1$ 次/h。

同样，由接收机、天线、显示器和同步机构成的组合体的故障率 $\lambda_t = 0.02$ 次/h。

假定雷达部件的故障时间服从指数分布，则得每一部发射机在执行任务中的可靠性为

$$R_t = \exp(-\lambda_t T) = \exp[-0.1\times(0.25)] = 0.975$$

组合体的可靠性为

$$R_r = \exp(-\lambda_t T) = \exp[-0.02\times(0.25)] = 0.995$$

可信赖度矩阵的 $d_{11}$ 是已知雷达的所有部件在开始执行任务时都能正常工作，在执行任务过程中能继续工作的概率。在这种情况下，两部发射机和组合体必须能自始至终地工作。因而

$$\begin{aligned} d_{11} &= R_t^2 R_r = \exp[-(2\lambda_t + \lambda_r)T] \\ &= (0.975)^2 \times (0.995) = 0.946 \end{aligned}$$

$d_{12}$ 是雷达所有部件在开始执行任务时能正常工作，但其中一部发射机在执行任务期间发生故障的概率，即

$$\begin{aligned} d_{12} &= R_1(1-R_t)R_r + (1-R_t)R_t R_r \\ &= 2\exp[-(\lambda_t+\lambda_r)T] - 2\exp p[-(2\lambda_t+\lambda_r)T] \\ &= 2\times(0.970) - 2\times(0.946) \\ &= 0.048 \end{aligned}$$

$d_{13}$ 是开始执行任务时所有部件都能正常工作、在执行任务过程中雷达发生故障的概率，于是

$$d_{13} = 1 - d_{11} - d_{12} = 0.006$$

在其余元素中，$d_{22}$自始至终只有一部发射机正常工作的概率，即

$$d_{22} = R_t R_r = \exp[-(\lambda_t + \lambda_r)T] = (0.975) \times (0.995) = 0.970$$

不难看出：

$$d_{21} = d_{31} = d_{32} = 0$$

$$d_{23} = 1 - d_{22} = 1 - 0.970 = 0.030$$

$d_{33}$是雷达始终处于故障状态的概率：

$$d_{33} = 1$$

因此，可信赖度(可靠性)矩阵：

$$D(15) = \begin{pmatrix} 0.946 & 0.048 & 0.006 \\ 0 & 0.970 & 0.030 \\ 0 & 0 & 1 \end{pmatrix}$$

## 2.2.3 能力矩阵或能力向量

建立咨询委员会的系统效能模型的最后一步，是建立能力矩阵或能力向量。能力矩阵的元素 $C_{jk}$是第 $k$ 个效能指标，$k$ 是与系统在有效状态 $j$ 中的系统性能有关的下标，鉴于元素 $C_{jk}$ 在很大程度上决定于所评价的系统，故应根据特定的应用问题来建立能力矩阵。

就效能指标而言，我们感兴趣的是雷达在最大距离上发现目标的能力，或者说，我们感兴趣的是雷达在执行任务期间发现、捕捉与跟踪目标，并给出连续而精确的距离数据的能力。如果用 $P$ 表示雷达发现目标的概率，则

$$\ln(1 - P) = -aP_T(2z^2 r^4)$$

式中 $a$——决定于目标有效反射面的常数；

$P_T$——发射机功率；

$z$——均方根噪声振幅；

$r$——目标距离。

为说明问题起见，根据两部发射机同时工作的功率，用这个方程计算出雷达的 20mi 的最大距离上发现目标的概率等于 0.90。如果一部发射机不能工作(即状态 2)，则可以用这个方程计算出雷达发现目标的概率减小到 0.683。因此，雷达在最大距离上发现特定目标的能力矩阵或能力向量为

$$C_0 = \bar{C}_0 = \begin{pmatrix} C_1(0) \\ C_2(0) \\ C_3(0) \end{pmatrix} = \begin{pmatrix} 0.900 \\ 0.683 \\ 0.000 \end{pmatrix}$$

在开始执行任务时，雷达在最大距离上发现并捕捉目标的效能为

$$E_{(最大距离)} = \bar{A}\bar{C}_0 = [a_1 \quad a_2 \quad a_3] \begin{pmatrix} C_1(0) \\ C_2(0) \\ C_3(0) \end{pmatrix}$$

$$
= [0.818 \quad 0.164 \quad 0.18] \begin{pmatrix} 0.900 \\ 0.683 \\ 0.000 \end{pmatrix}
$$

$$
= 0.848
$$

应当指出，在此项计算中没有使用可信赖矩阵，因为假定系统的有效度及其在最大距离上发现与捕捉目标的能力都是瞬时的，即执行任务时间等于零。

至此，已经计算了雷达在最大距离上发现与捕捉目标的能力。现在，所关心的是，在15min 的任务时间内，雷达连续跟踪与精确测距的能力问题。此时，能力向量的各个元素必须表示目标被捕捉之后，在执行任务过程中雷达按规定精度跟踪目标的概率。雷达跟踪目标的概率与雷达本身的性能有关，与目标的特性和航路有关，这里不赘述。

假定系统在执行任务过程中只有三种状态，即 $j = 1,2,3$，执行任务的时间为 15min。这样，就可以把能力矩阵或能力向量简化成

$$
C(15) = \begin{pmatrix} C_1(15) \\ C_2(15) \\ C_3(15) \end{pmatrix} = \begin{pmatrix} 0.97 \\ 0.88 \\ 0.00 \end{pmatrix}
$$

这就是说，当两部发射机都正常工作时，雷达精确跟踪目标的概率为 0.97；当只有一部发射机正常工作时，雷达精确跟踪目标的概率为 0.88；在两部发射机都不能工作时，雷达精确跟踪目标的概率等于零。

## 2.2.4　雷达系统效能的计算

在计算雷达的有效度向量 $\bar{A}$、可信赖度矩阵 $D$ 和能力矩阵 $C_0$ 及 $\bar{C}(15)$的基础上，可以计算雷达的系统效能值，即

$$
E = \bar{A} C_0 D(15) \bar{C}(15)
$$

其中，$C_0$ 可以作对角线矩阵处理，即

$$
C_0 = \begin{pmatrix} 0.90 & 0 & 0 \\ 0 & 0.683 & 0 \\ 0 & 0 & 0 \end{pmatrix}
$$

于是

$$
E = [0.818 \quad 0.164 \quad 0.018] \begin{pmatrix} 0.90 & 0 & 0 \\ 0 & 0.683 & 0 \\ 0 & 0 & 0 \end{pmatrix} \begin{pmatrix} 0.946 & 0.048 & 0.006 \\ 0 & 0.970 & 0.030 \\ 0 & 0 & 1 \end{pmatrix} \begin{pmatrix} 0.97 \\ 0.88 \\ 0 \end{pmatrix} = 0.802
$$

这就计算出了雷达系统在执行任务过程中发现与捕捉的目标，并给出连续而精确的距离数据的概率为 0.802。

### 2.2.5 整个高炮系统的系统效能计算

假定高炮系统是用光学火控装置跟踪、用雷达测距的,在执行任务过程中,若雷达的两部发射机都正常工作,则向飞机发射 15 发炮弹,其毁伤概率为 0.85;若仅有一部发射机正常工作,则只发射 10 发炮弹,其毁伤概率为 0.65。这样,在用光学火控装置进行跟踪与瞄准的条件下,已知雷达的测距能力,高炮的条件毁伤概率向量用下式计算:

$$C(P_k)=\bar{C}(P_k)=\begin{pmatrix}P(k_1)\\P(k_2)\\P(k_3)\end{pmatrix}=\begin{pmatrix}0.85\\0.65\\0\end{pmatrix}$$

整个高炮系统对敌机的毁伤概率或系统效能指标可以用下式计算:

$$E_S=\bar{A}C_0D(15)C(15)\bar{C}(P)$$

其中,$C(15)$为对角线矩阵:

$$C(15)=\begin{pmatrix}C_1(15)&0&0\\0&C_2(15)&0\\0&0&C_3(15)\end{pmatrix}$$

$$=\begin{pmatrix}0.97&0&0\\0&0.88&0\\0&0&0.88\end{pmatrix}$$

整个高炮系统的系统效能 $E_S$ 为

$$E_S=[0.818\quad 0.184\quad 0.018]\begin{pmatrix}0.9&0&0\\0&0.683&0\\0&0&0\end{pmatrix}$$

$$\begin{pmatrix}0.946&0.048&0.006\\0&0.970&0.030\\0&0&1\end{pmatrix}\begin{pmatrix}0.97&0&0\\0&0.88&0\\0&0&0\end{pmatrix}\begin{pmatrix}0.85\\0.65\\0\end{pmatrix}$$

$$=0.64$$

整个高炮系统的系统效能(对敌机的毁伤概率)为 0.64。

## 2.3 $C^3I$ 系统的效能分析

由于现代高技术的广泛运用,使未来的战场具有很多的特点,如战争的突然性增加、战场空间扩大、信息量剧增、情况变化多端等,战争已不是单项武器或单一军兵种之间的对抗,而是双方整个武器装备体系之间的对抗,这使战争或战斗的组织指挥变得更加复杂和困难,因此 $C^3I$ 系统的使用对战争的作用变得越来越大,军队对其的需求也越来越强烈。所以有关 $C^3I$ 系统效能的评价在实践中越来越重要。

## 2.3.1　$C^3I$ 系统的概念

$C^3I$ 系统在前苏联称为自动化指挥系统,在我国一般也称为指挥自动化系统。

$C^3I$ 系统是指挥员对其所属部队行使权力,进行管理,发号施令时所需要的设备、器材、程序软件及各种有关人员的总称。实际上,$C^3I$ 系统或军队指挥自动化系统,就是指在军队指挥系统中,综合运用以电子计算机为核心的各种技术设备,实现军事信息收集、传递、处理自动化,保障对军队和武器实施指挥与控制的人－机系统。建立指挥自动化系统的目的是提高军队指挥和管理效能,从整体上增强军队战斗力。

美国前国防部 $C^3I$ 助理部长认为:"$C^3I$ 系统是和平和危机时期支持总统和军方定下决心、使用部队必不可少的、至关重要的信息和控制链路。这些综合性的支援系统由传感器系统、通信系统、信息处理和显示系统以及指挥设施组成。通过 $C^3I$ 系统,总统和军事指挥官方能有效地把使用美国战略部队和常规部队的计划变成军事力量。"

前苏军对指挥自动化系统的描述是:"为了有效地使用军队,而自动收集和处理军队指挥最佳化所需各种信息的人机系统。"

$C^3I$ 系统随着军事技术的不断发展,其内容是不断延伸的。美国 $C^3I$ 经过了以下发展过程:早在 20 世纪 50 年代,称指挥与控制(Command and Control)为 $C^2$;进入 20 世纪 60 年代,将指挥、控制、通信(Command Control and Communication)三者有机结合,称之为 $C^3$;随着情报价值的增值,它已成为指挥自动化不可缺少的要素,因此到 70 年代,又将指挥、控制、通信与情报(Command Control Communication and Intelligence)称之为 $C^3I$;随着计算机在指挥系统中的广泛应用,又将指挥、控制、通信、计算机(Command Control Communication Computer)称之为 $C^4$;由于电子对抗(国外一般称为电子战 Electronic War)在现代战争中的地位越来越突出,80 年代以来,有人又提出 $C^3IEW$ 等。在实践中,$C^3I$ 系统是一个泛指的概念,某一指挥自动化系统中究竟包括哪些要素,在不同的系统中可以是不同的。

对于指挥自动化系统,不管其称为 $C^3I$ 系统还是其他,就技术性质而言,它是以电子计算机为核心的管理信息系统,确切地说是一个军事信息系统,其更高阶段则是决策支持系统。$C^3I$ 系统的基本功能是指挥功能、控制功能、通信功能与情报功能。一个指挥自动化系统,是由若干分系统组成,但分系统的划分有多种多样。对同一个系统,从不同的角度考虑和认识问题,划分出的分系统是不相同的。例如,如果从系统的基本功能的角度考虑,$C^3I$ 系统可分为探测预警分系统、指挥控制分系统和通信系统。

关于 $C^3I$ 系统的基本理论,有专门的文献进行介绍,在此不赘述。

## 2.3.2 $C^3I$系统的评价目的

现代战争的突发性、立体性、复杂性、快速性,使世界各国越来越认识到$C^3I$系统在作战中的重要地位,因此都投入大量的人力、物力研制开发了一大批$C^3I$系统。这些$C^3I$系统的效能如何,怎样评价$C^3I$系统的效能都是$C^3I$系统研制和开发中大家关心的问题,特别是对我国来说,如何利用有限的资金研制更高效的$C^3I$系统就显得更加重要。

由于$C^3I$系统的复杂性、所应用技术的迅速发展以及军队任务的不断变化,由于人员所处的地位不同,角度不同,便产生了对$C^3I$系统评价问题的不同理解。例如,美国军方曾经就$C^3I$系统的评价问题进行了一场争论:是花钱购买更多的F-15战斗机,还是花钱研制JTIDS(Joint Tactical Information Distribution System),这种战术$C^3I$系统可以使F-15战斗机能更有效地完成作战任务。这是涉及$C^3I$系统评价的一个典型问题,它牵涉到$C^3I$系统的描述、建模,$C^3I$系统的评价指标体系、评价方法等一系列问题。特别是由于研制$C^3I$系统耗资巨大,在采纳某个具体的设计之前,必须考虑系统的性能。$C^3I$系统的评价问题已被越来越多的决策和研制人员重视,成为$C^3I$系统建设过程中必须解决的问题之一。

$C^3I$系统的评价目的主要有如下三种:

(1)设计决策,如比较各种不同的$C^3I$系统设计方案,以便从中选出最佳的或折衷的方案。

(2)规划决策,如对比新$C^3I$系统与原有$C^3I$系统或其他武器系统的效能,决定是否投资建设新$C^3I$系统。

(3)作战决策,如研究决定三军合同作战的指挥控制体系结构等。

$C^3I$系统评价的内容主要包括$C^3I$系统的描述,$C^3I$系统的建模,$C^3I$系统影响作战过程的机制和$C^3I$系统的评价指标(即系统的效能指标)。

## 2.3.3 $C^3I$系统的效能指标

在现代高技术战争中,指挥自动化系统、电子战系统等电子系统,属于非直接火力杀伤武器系统,它们虽然不能直接杀伤敌人,但对直接火力杀伤武器系统能力的发挥具有重要作用。这类系统效能指标的选择不像直接火力杀伤武器系统那样明显,这首先是由于系统目的和功能没有直接联系,其次是由于系统的效能不是构成系统的各子系统效能的简单总和,而是它们有机的综合。例如,指挥自动化系统,这是一个由计算机分系统、信息显示和人机交互分系统、通信分系统和战场传感器侦察分系统组成的多层次递阶复杂系统。系统的基本功能是实现指挥、控制、通信和情报保障(即$C^3I$)的自动化,为指挥人员全面分析情况,及时定下正确决心,实施有效指挥提供有力保障。而系统应用的根本目的是把军队集团的潜在战斗能力最大限度地转化为现实战斗能力,从而达到作战目的,从目的出发,效能指标应反映系统对所属军队战斗行动最终结果的影响;从系统功能出发,效能指标应衡量现代战争对指挥自动化系统功能的要求在多大程度上得到满足,并反映子系统性能对整个系统功能的影响。基于这一考虑,指挥自动化系统的效能可以用下列4类指标从不同层次加以度量：

第一类是 $C^3I$ 系统的尺度参数(Dimensional Parameter,DP),用来表征物理实体固有的特性和系统部件所应有的特性,如尺寸、重量等在系统范围内确定的量。

第二类是 $C^3I$ 系统的性能指标(Measure of Performance,MOP),用来度量系统的物理和结构上的行为参数和任务要求参数,描述了 $C^3I$ 系统中各子系统的功能,如发现概率、信噪比等。MOP 是建立指标体系的基本元素之一。

第三类是 $C^3I$ 系统的效能度量(Measure of Effectiveness,MOE),是对系统达到规定目标程度的定量表示,是对系统进行分析比较的一种基本标准。MOE 描述了 $C^3I$ 系统在作战环境下实现其总体功能的情况。

属于这类效能指标的有：

(1)战备程度：如使系统做好战斗准备的平均时间或对敌人行动及时反应或反应时间不超过给定时间的概率等。

(2)工作效率：如预警时间,目标识别率,指挥周期所需时间(包括信息收集处理时间,判断情况定下决心时间以及决心计划送到受控对象的时间)。

(3)工作质量：如信息精度,目标遗漏,传输失真等。

(4)稳定性：反映指挥系统在局部损坏条件下能保持最低限度有效指挥(称不间断性)或一定质量有效指挥(称稳定性)的能力,它取决于可靠性(如平均无故障时间或在不存在敌干扰条件下可靠工作概率),电子干扰免疫性和生存性(遭敌袭击后,正常工作程度或正常工作条件下允许损失程度)等。

(5)隐蔽性：如整个通信信道中隐蔽部分的百分比,隐蔽伪装和假情报的效能等。

第四类是 $C^3I$ 系统的作战效能(Measure of Force Effectiveness,MOFE),用来度量 $C^3I$ 系统与作战效果之间的关系。

作战效能指标,又称为兵力效能指标或外部效能指标,是最高层次的指标,它量化一定的军事兵力使用指挥自动化系统完成军事任务的程度。

在实际应用中,兵力效能指标通常选择与作战行动效能指标相类似的形式,如双方损失交换比,平均相对剩余兵力数等。除此以外,为了定量描述 $C^3I$ 系统对战斗结果的贡献,还定义了其他一些指标。下面介绍其中的两种。

(1)兵力倍增系数 $G_R$

红、蓝双方交战,红方部队采用新 $C^3I$ 系统的兵力倍增系数 $G_R$ 可定义如下：

$$G_R = \left.\frac{\text{原 } C^3I \text{ 系统下,红方需投入的初始兵力}}{\text{新 } C^3I \text{ 系统下,红方需投入的初始兵力}}\right|_{\substack{\text{蓝方初始兵力一定}\\ \text{达到给定作战结果}}}$$

其中,给定作战效果一般指战斗结束时,红、蓝双方的剩余兵力应达到给定要求,例如可以要求：如蓝方全歼,红方伤亡相同或红、蓝双方相对剩余兵力保持不变。

(2)潜力利用率 $K$

$$K = \frac{\text{军队战斗潜力转化为现实战斗力的部分}}{\text{军队战斗潜力}}$$

这个指标反映了 $C^3I$ 系统效能的本质,即 $C^3I$ 系统本身并不能给敌人造成损失,它只能通过对所属兵力的指挥控制,把所属兵力的战斗潜力转化为现实战斗力,从而对作战过程和结局施加间接影响。显然 $K$ 的取值在 1 ~ 0 之间。这个指标的缺点是定量计算较困难。

在上述四类指标中,尺度参数和性能指标一般与环境无关,取决于系统部件或子系统本身的特性,它们属于技术指标的范畴。而 $C^3I$ 系统的效能和作战效能则必须在作战环境下考虑,它们是系统预期满足一组特定任务要求程度的度量,是综合性的指标,它们表示系统的整体属性。一般系统设计者强调 $C^3I$ 系统的尺度参数和性能,用户则更强调系统效能和作战效能。

在评估 $C^3I$ 系统时,人们主要考虑系统的两类指标,一类是系统的性能指标,一类是系统的作战效能指标。性能指标主要包括业务性能指标、系统反应时间、系统有效度(可靠性)以及系统生存能力等。作战效能主要包括 $C^3I$ 系统的单项作战效能(战术系统的作战效能)、$C^3I$ 系统的综合作战效能以及效能/费用比等。

## 2.3.4 $C^3I$ 系统评价的一般方法

模块化指挥控制评价结构(The Modular Command and Control Evaluation Structure, MCES)是由美国海军研究生院的 Ricki Sweet 等经多年研究于 1985 年提出来的。

MCES 是一种通用的结构化的指挥控制系统的评价工具,已得到美国军事运筹学会的认可。它的一般性体现在不管指挥控制系统的任务和服务性质如何均可应用。这个工具适应整个指挥控制系统的评价,包括它的物理实现、结构和它的环境。这种方法不是从定量模型开始,而是首先定义问题,论证必须选择的度量指标,将度量指标与构成系统的物理实体和结构联系起来,再用不同的方法定量计算这些指标。

MCES 是个有结构的自顶向下的评价方法,这种方法的结构(模块化)体现在它由七个模块组成。通过这七个模块,指导分析人员和评价人员完成对指挥控制系统的评价,因此 MCES 构成了评价指挥控制系统的标准框架。图 2 - 5 中画出了 MCES 的七个模块及其输出,前四个模块的作用可概括为对问题和系统做出明确的阐述,后三个模块的作用可概括为对上述定义的问题或系统(或系统结构)进行求解。第五个模块确定与问题有关的度量指标,第六个模块选择适当的数据计算方法,得出度量指标的数值,第七个模块综合各个指标对系统作出评价。由于指挥控制系统的复杂性,整个过程可能需要多次迭代。

以下,将对各模块作较详细的讨论。

### 2.2.4.1 模块 1:问题阐述

评价指挥控制系统应做的第一件事是系统的问题阐述。这一模块的作用就是搞清楚特定 $C^3I$ 系统的分析目标和要求,明确被评价系统的情况,分析评价的层次以及各种假设条件。

为了搞清楚上述问题,必须明确以下两个方面:

**1. 系统生命周期阶段识别**

识别出被评价的指挥控制系统处于生命周期的哪个阶段。指挥控制系统的生命周期分为三个阶段,即概念定义、研制和运行。

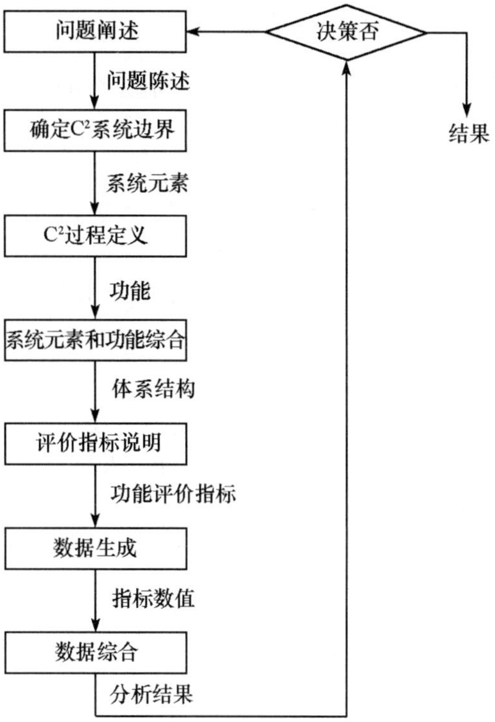


**图 2－5　模块化指挥控制评价结构 MCES**

(1)概念定义。从广泛的系统目标或作战目标出发,建立总体系统方案和需求,标识最能影响系统目标的系统特征。系统有效性分析的目的是建立、定义满足作战任务的费用有效系统,确定限制条件的含义,指定实现的目标。

(2)研制阶段。实现详细的工程设计,建造并测试系统以确定系统及其子系统是否满足技术规范,实施工程评价和测试大纲。

(3)运行阶段。安装系统并在实际运行环境中操作测试系统,评价系统满足概念定义阶段所确定的有效性要求的能力。

**2.明确分析的层次或分析的等级**

分析的层次也分为三层:

(1)系统的任务。

(2)系统:系统是由物理实体、它的结构和功能组成。

(3)子系统、系统部件。

标识出指挥控制系统所处生命周期的阶段和分析的层次十分重要。在生命周期的不同阶段,分析的层次不同,所关心的问题亦不同,这直接影响分析目标,进而影响评价指标的选择。这一模块的结果是对问题和分析目标清晰而准确的陈述,包括适当的环境和域(论域)。

#### 2.2.4.2 模块 2:确定指挥控制系统边界

为了确定指挥控制系统边界,首先应明确指挥控制系统的定义。按指挥控制定义,一个指挥控制系统由三类部件组成:

(1)物理实体:它包括设备、软件、人员及有关设施。

(2)结构:它包括实体的分布、组织间的相互作用、方法、协议、操作概念和信息流模式以及它们的排列和相互关系。

(3)指挥控制过程:它指的是系统做什么或过程执行的功能。

物理实体和结构可看作是处于静态中的系统,而指挥控制过程则反映系统的动态过程。

确定系统边界就是从静态观点出发,划清系统与其环境的界线,确定系统的物理实体的结构。图 2-6 用"洋葱皮"方式表示系统的界线,分析人员应标识出构成系统的各种物理部件并映射到图 2-6 所示的相应边界内。

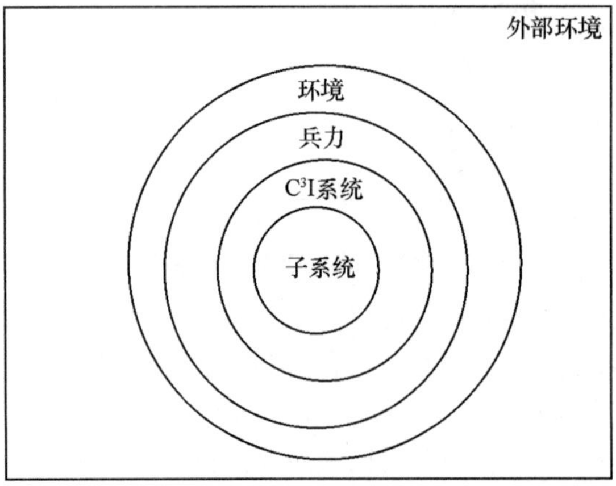


**图 2-6 系统边界**

#### 2.2.4.3 模块 3:指挥控制过程

该模块定义满足系统使命所需要的指挥控制过程,也就是从动态观点出发分析指挥控制系统的功能。为了有效地分析被评价系统的指挥控制过程,此处引入一个一般化的指挥控制模型,以便参照这个一般化指挥控制过程来描述被评价系统的指挥控制过程。执行这个模块的结果是标识出给定系统的指挥控制过程的功能并将它映射到一般化指挥控制过程。

一般化指挥控制过程是探测、判断、生成或决定、计划、命令和环境构成的闭合控制环(见图 2-7),这个过程模型中的功能是大多数指挥控制过程都要执行的。

由于整个指挥系统是层次结构的分布系统,因此存在不同层次的指挥控制过程和控制过程功能部件之间的交互作用,在评价分布指挥控制系统时应增加以下有用的过程:

(1)情报过程:情报过程的作用是对观察到的活动态势以及预测到的当前态势变化赋予意义。

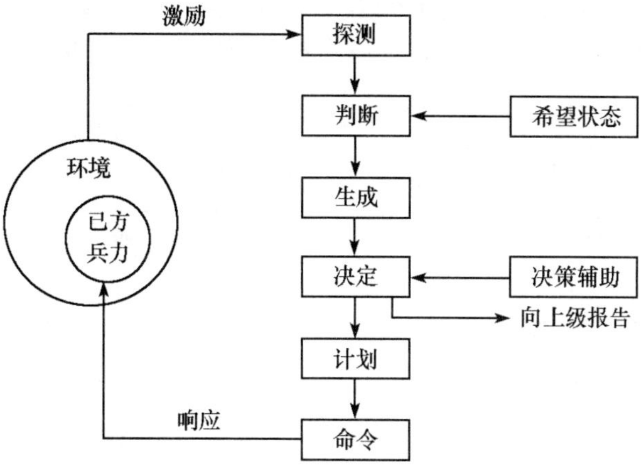


图2-7 一般 $C^3I$ 过程的指挥控制模型

(2)对话过程:对话过程是通信过程的子集,它提供指挥控制系统的信息共享,以便支持决策和决策的实现。

(3)执行级指挥控制过程:它的作用是直接控制武器系统。

在分析指挥控制过程时,分析人员应特别注意以下各点:

(1)引起指挥控制过程的环境原因或激励因素;

(2)指挥控制过程内部的功能,如探测、评价、产生、选择、计划和指令;

(3)与部队相联系的指挥控制功能的输入和输出。

#### 2.2.4.4 模块4:系统元素与功能的综合

模块4的作用是将指挥控制过程、物理实体和结构联起来形成指挥控制系统的体系结构。首先,将人和机器等物理实体与指挥控制功能一一对应,将执行功能、产生输出的人和机器等物理实体变换为一种组织结构(如指挥中心、指挥所)。全部指挥控制功能可能在单个结点上实现,也可能在不同结点之间进行分布。根据系统的特定分布画出单个结点结构或指挥结点与武器系统的某种分布结构。

在某些研究中,标识出通过指挥控制系统的信息流有助于得到指挥控制功能之间的关系、层次关系,进而形成体系结构。常用的信息流分析技术是数据流图和Petri网络图。它们可以说明指挥控制过程内部各功能之间的信息流,通过确定每一功能的输入和输出并与过程中其他功能发生关系,有助于定义层次结构。由此,执行各种功能的物理实体被转换为相应功能的输出。由层次结构可以划分对象,形成某种组织结构。这种组织结构可集中于一个结点,也可以在几个指挥结点或指挥与武器结点之间分布。

#### 2.2.4.5 模块5:指标说明

模块5的作用是确定评价指挥控制问题所必需的指标。

对于处于指挥控制系统中心的子系统(见图2-8),用尺寸参数(DP)度量子系统的各种特性。在指挥控制 $C^2$ 系统边界内用性能指标(MOP)来衡量它执行指挥控制功能的情况。效能指标(MOE)用于武装力量边界以内,衡量武器力量受指挥控制的影响的能力。作战效能指标(MOFE)说明指挥控制系统与武器力量相结合对环境产生影响的能力。

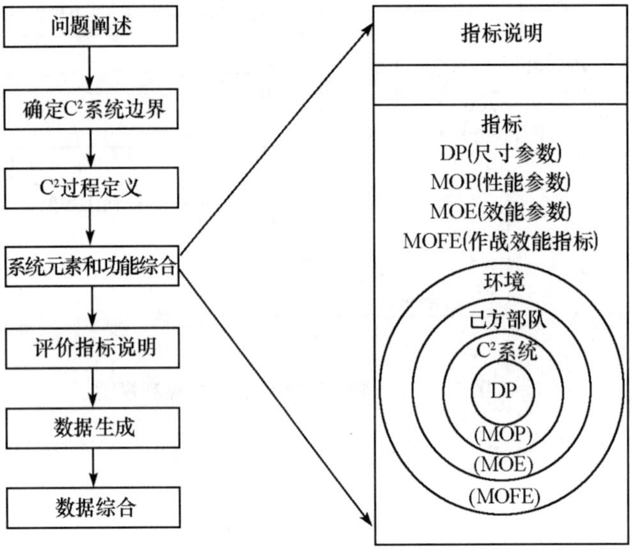


图 2-8 指标说明

从动态观点出发,性能指标(MOP)是执行指挥控制过程中特定功能情况的度量;效能指标(MOE)是以使命为参照,对指挥控制模型中全部功能的综合度量;而作战效能指标(MOFE)是指指挥控制系统与武装力量共同对环境的作用,即度量作战的效果。

从分析指挥控制过程出发是形成评价指标的良好的出发点。指挥控制过程是探测、评价、产生、选择、计划、指令,这些指挥控制功能都可构成单独的性能指标。各种性能指标是构成效能指标的基础,指挥控制系统就可用整个控制过程的效能指标来度量。

将效能指标与作战效能指标联系起来,进而评价指挥控制系统(包括兵力与武器),这是个很复杂的问题,所用指标的恰当与否取决于分析目标、概念模型、分析的界线和性质(是简单评价给定系统的性能还是评价作战效能)。表 2-1 列出了选择度量指标的准则。

表 2-1 度量指标的准则

| 指 标 的 准 则 | |
|---|---|
| 特 性 | 定 义 |
| 面向使命 | 从要解决的问题出发,将力量/系统使命联系起来 |
| 可鉴别性 | 能标识出各种可选择指标之间的实际差别 |
| 可测量性 | 能够计算或估算 |
| 定 量 性 | 能赋予数据或量级 |
| 实 际 性 | 确定与 C² 系统和不定性有关 |
| 客 观 性 | 能与主观臆想无关的定义或得到 |
| 适 宜 性 | 指标适于分析目标 |
| 灵 敏 性 | 能反应系统变量的变化 |
| 广 泛 性 | 能反应分析目标所需要的那些标准 |
| 独 立 性 | 指标彼此无关 |
| 简 明 性 | 用户容易理解 |

#### 2.2.4.6　模块 6:数据产生

模块 6 的工作是通过各种工具或资源建立一种“数据产生器”,产生模块 5 所定义的各项指标的数值。这就是说,通过各种分析法和工具获得(计算)指标的数值,也可以通过测试系统或子系统获得。因此试验床、模拟模型和实验都是可能的数据产生器。总之,指标的数值就是模块 6 的输出结果。MCES 允许嵌入各种方法、模型、试验产生指标数值,这是 MCES 的特点之一。

#### 2.2.4.7　模块 7:数据综合

模块 7 研究指标数值的综合与解释。从数据产生已得到了指标的数值,现在对它进行分析,目的是剪裁分析结果,使它适合于回答决策人最初提出的问题和第一模块提出的问题。目前对数据综合的研究还十分有限,但已经明确综合水平、系统生命周期的阶段、决策组织的职责,这些因素是相互影响的。

## 2.4　SEA 方法

SEA 是一种系统有效性分析方法,它是 System Effectiveness Analysis 的缩写。SEA 方法是由美国麻省理工学院信息与决策系统实验室的 A. H. Levis 与 Vincent Bouthonnier 于 20 世纪 80 年代中期提出的。SEA 方法通过把系统能力和使命要求在同一公共属性空间进行比较,得到有效性评定的若干参量,适当地组合这些分量,最终得到对 $C^3I$ 系统评价总的度量。

### 2.4.1　基本概念

SEA 方法是以下列六个概念为基础的。

(1)系统(System)

系统是由部件、部件的互连和操作方法组成的。$C^3I$ 系统、计算机网络等都是典型的系统。系统可分为集中式系统和分布式系统。

(2)使命(mission)

使命由一组目标和任务组成,对使命描述应尽量明确,以便能构造出解析模型。如“在通信节点上提供高质量的数据传输”这种提法太含糊,若改为“在通信节点上提供可靠的且具有最小延时的数据传输”就清晰多了。

(3)域(Context)

域表示一组条件或假设,是系统和环境存在的条件和假设。域可以影响系统,但系统不能影响域。域和环境是不同的,环境是由与系统有关但不属于系统的资源组成,系统可以影响环境,反过来,环境也能影响系统。$C^3I$ 系统中域包括地理区域、气候等。

(4)本原(Primitives)

本原是描述系统及其使命的变量和参数。例如,在通信网中,本原可以包括链路数、节点数、链路故障等,使命的本原可以是源 - 目的节点对的名称,各点之间的数据流的速率等。设集合$\{X_i\}$表示系统的本原,集合$\{Y_i\}$表示使命的本原。

(5)属性(Attributes)

属性是描述系统特性或使命要求的量。例如,通信系统的属性包括可靠性、平均延时和生存能力等。使命属性可表示为对系统属性的要求,如在通信系统中的最高可靠性、最大生存能力和最小平均时延。用集合$\{A_s\}$和$\{A_m\}$分别表示系统属性和使命属性。

(6)有效性指标(Measure of Effectiveness)

有效性指标是系统属性与使命属性比较得到的量,它反映系统与使命的匹配程度。

在这六个概念中,其中前三个概念描述了要研究的问题,后三个概念则定义了分析该问题所需的关键量。

## 2.4.2 C³I 系统的有效性分析

### 2.4.2.1 C³I 系统有效性分析步骤

利用 SEA 方法分析 C³I 系统的有效性,主要分成七步:

第一步,定义系统、环境和背景,并确定系统的本原。这些本原应该是互为独立的。

第二步,确定分析中所需的系统属性。属性表示为本原的函数,属性的值可以通过函数计算,或通过模型、计算机模拟或实验数据得到。一个属性是由本原的一个子集确定的,即 $A_s = f_s(X_1, X_2, \cdots, X_k)$。属性可以是独立的,也可以是相关的。若属性间有公共本原,那么它们相关。系统的一种实现得到一个取特定值的本原集合$\{X_i\}$,由本原值进而得到属性集合$\{A_s\}$的值。因此,系统任何特定的实现可用属性空间的一个点来表示。

第三、四步,对使命执行类似第一、二步的分析,选择描述使命的本原并确定它的要求,使命属性为 $A_m = f_m(Y_1, Y_2, \cdots, Y_n)$,使命本原的值对应使命属性空间上的一个点或一个区域。

第五步,将系统属性空间和使命属性空间变换成一组由公共属性空间规定的公共等量属性。因为根据前面 4 步计算得到两个空间:系统属性空间 $A_s$ 和使命属性空间 $A_m$。它们是用不同属性或不同比例的属性定义的。这一步就是将系统属性和使命属性变换到一个公共属性空间,使它们成为有相同单位的属性。例如,一个系统的属性是易毁性,与之对应的使命属性是生存能力,这两个属性反映的是同一个概念,所以选择其中的一个作为公共属性,比如选择生存能力作为公共属性,那么只需将系统属性的易毁性映射为生存能力。公共属性定义后,将集合 $A_s$ 和 $A_m$ 变成具有相同单位的集合。在这一步中,对属性值进行归一化,使属性在[0,1]范围内,这样公共属性就是一个单位超立方体。

第六步,对 C³I 系统进行效能分析。其核心是通过比较系统属性和使命属性,评价系统完成使命的情况。根据系统在特定情况下本原的取值范围,计算属性空间的 $A_s$ 和 $A_m$

的两条轨迹 $L_s$ 和 $L_m$。最后利用得到的这两条轨迹来评价 $C^3I$ 系统的有效性。

将 $C^3I$ 系统的有效性定义为 $E_1 = V(L_s \cap L_m)/V(L_s)$，$E_2 = V(L_s \cap L_m)/V(L_m)$，其中 $V$ 表示归一化属性空间中的体积或密度，$E$ 表示系统与使命的匹配程度。$L_s$ 和 $L_m$ 两条轨迹有以下几种几何关系：

(1)两轨迹无交点，即 $L_s \cap L_m = \varnothing$。在这种情况下，系统的有效性为 0，因为系统属性不满足使命属性。

(2)两轨迹有公共点，但不互相包含，即 $L_s \cap L_m \neq \varnothing$ 且 $L_s \cap L_m < L_s$，$L_s \cap L_m < L_m$。

(3)使命轨迹包含在系统轨迹内，即 $L_s \cap L_m = L_m$。这时，$L_s$ 大于 $L_m$，指标 $E_1 < 1$，$E_2 = 1$。这意味着系统属性满足使命属性，但系统本身的能力要超过使命属性的要求，在给定的使命属性中，只利用了系统的部分资源，这说明系统是低效率的。

(4)系统轨迹包含于使命轨迹之中，即 $L_s \cap L_m = L_s$，$E_1 = 1$，$E_2 < 1$。这说明系统属性满足使命属性，但仅满足其中的一部分。

(5)若系统轨迹和使命轨迹完全重合，即 $L_s \cap L_m = L_s = L_m$，则系统的有效性为 1。

第七步，计算系统总的效能指标。根据前面得到的有效性分指标，设以 $k$ 个分指标 $E_1, E_2, \cdots, E_k$ 来度量系统的有效性，若 $u$ 为效能函数，则系统设计者可以通过选择不同的分指标、变换函数和效用函数，最后得到总体效能指标 $E = u(E_1, E_2, \cdots, E_k)$。

SEA 方法的七个步骤以及它们之间的关系可以用图 2-9 来表示。在图 2-9 中，强调系统和使命应独立地构造模型和分析，但应该在共同的域内。确定系统能力应独立于使命之外，同样确定使命要求也应不考虑被评价的系统，否则评价会出现偏差。

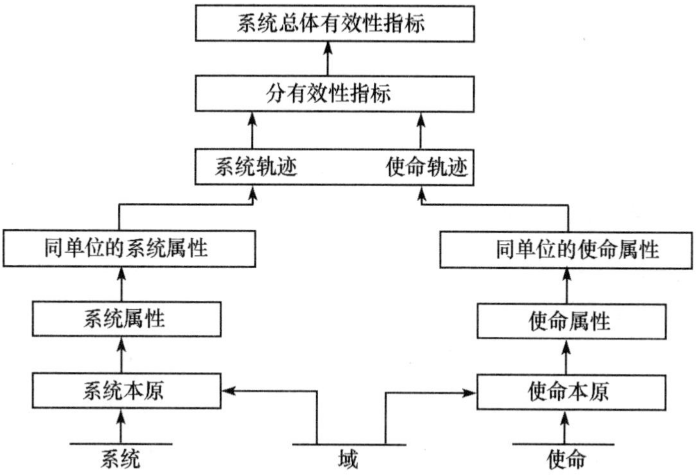


图 2-9　SEA 方法过程图

### 2.4.2.2　IFFN 系统的效能评价

下面以防空系统中敌、我、中飞机识别测试床(Indentification Friend, Foe or Neutral Testbed)系统(简称 IFFN 系统)为例，来说明 SEA 方法在 $C^3I$ 系统效能评价中的应用。

根据 IFFN 系统的特点,假设它的使命就是保卫欧洲中部这一特定区域免遭敌机和导弹的袭击,也就是说,在敌目标向友目标发射导弹前制止敌人,并尽可能少地误伤中立和友方目标。为了讨论方便,对 IFFN 系统进行简化,简化的模型为:假设敌方的目标只有飞机,敌方可以采用空空、空地导弹摧毁友方地面和空中目标。我方防御有空空、地空导弹,而中立方只有一个商用飞机。

双方简化的态势图如图 2-10 所示,其中包括探测单元、火力单元 $o$、敌机与 FSCL 线的距离 $R$、敌机的速度 $V$、系统最大的作用距离 $R_c$、敌空对地导弹的作用距离 $R_1$。

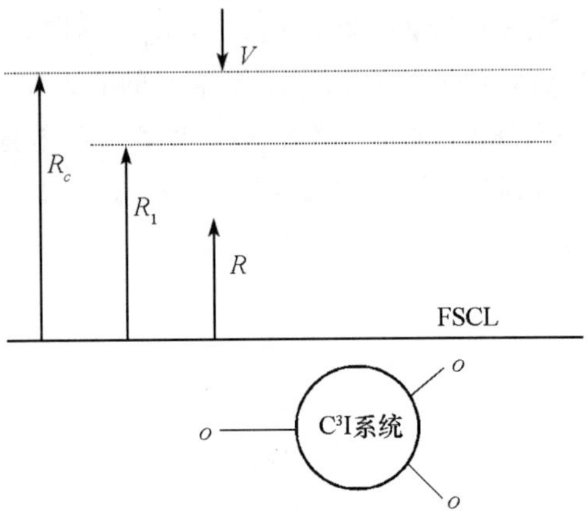


**图 2-10　双方的战场态势图**

FSCL 是一条火力支援标线,该线把敌友分开。IFFN 系统的任务就是正确识别飞机并给火力单位指明目标,敌机必须被阻止在 $R_1$ 外,否则敌机能发射导弹袭击友方目标。$C^3$I 系统的主要责任就是为火力单位提供准确的数据。

**1.系统的属性**

$P_1$:节点间信息传递时间;

$P_2$:某时刻探测到敌机距 FSCL 的距离;

$P_3$:识别的质量;

$P_4$:集中控制和攻击质量;

$P_5$:目标定位和攻击质量,$P_5$ 取决于问答式敌我识别器的质量。

**2.使命属性**

该系统要完成的任务有:防止敌人进入友方领土,在敌机对友方目标攻击前,把敌人阻止在距友方领土尽可能远的距离上,尽量少误伤中立目标。

假设 $x(t)$, $y(t)$, $z(t)$为友方、敌方和中立方在 $t$ 时刻的数量,$x_0$、$y_0$、$z_0$ 为初始时刻的数量,设 $n(t)=\dfrac{x_0-x(t)}{x_0}$,$m(t)=\dfrac{y_0-y(t)}{y_0}$。起始时间为敌机进入系统探测范围的时间,战斗结束时间为 $T_f$,$T_f$ 由 $n(T_f)=n_f$ 或 $m(T_f)=m_f$ 决定。$n_f$,$m_f$ 为双方的停火策略,且 $n_f>m_f$ 即防御方的损失率允许比进攻方大。

令 $MOP_1 = \dfrac{x(T_f)/x_0(1-n_f)}{y(T_f)/y_0(1-m_f)}$或 $MOP_1 = \dfrac{1-n(T_f)(1-m_f)}{1-m(T_f)(1-n_f)}$　$(n_f > m_f)$

显然如果 $m(T_f) = m_f$,则 $n(T_f) < n_f$,此时 $MOP_1 = [1-n(T_f)]/(1-n_f) > 1$。

如果 $n(T_f) = n_f$,则 $m(T_f) < m_f$,此时 $MOP_1 = \dfrac{1-m_f}{1-m(T_f)} < 1$。也就是说,当 $MOP_1 >$ 1 时,敌机撤回。当 $MOP_1 < 1$ 时,则友方放弃战斗。$MOP_1$ 反映防空任务的成功程度。类似的,定义 $MOP_2 = Z(T_f)/z_0$, $MOP_3 = \dfrac{R_f}{R_1}$,其中 $R_f$ 为战斗结束时敌机到达 FSCL 的距离。

用 Lanchster 方程来描述战斗过程如下:

$$\begin{cases} \dfrac{dx}{dt} = -ax - by & x(0) = x_0 \\ \dfrac{dy}{dt} = -cx & y(0) = y_0 \\ \dfrac{dz}{dt} = -dxz & z(0) = z_0 \end{cases}$$

其中,$a = \dfrac{moe7}{moe10}$, $c = \dfrac{moe8}{moe10}$, $d = \dfrac{moe9}{moe10}$, $moe7$, $moe8$, $moe9$ 是攻击友方、中立方和敌方的概率,$moe10$ 是从探测到目标至交战的平均延时;$b$ 为单位敌机杀伤友方的概率。

求解方程组

$$\begin{cases} x(t) = K_1 e^{-\lambda_1 t} + K_2 e^{-\lambda_2 t} \\ y(t) = \dfrac{1}{b}[(\lambda_1 - a)K_1 e^{-\lambda_1 t} + (\lambda_2 - a)K_2 e^{-\lambda_2 t}] \\ z(t) = K_3 e^{\left(\frac{K_1 d}{\lambda_1} e^{-\lambda_1 t}\right) + \left(\frac{K_2 d}{\lambda_2} e^{-\lambda_2 t}\right)} \end{cases}$$

其中

$$\lambda_1 = \frac{a + \sqrt{a^2 + 4bc}}{2}$$

$$\lambda_2 = \frac{a - \sqrt{a^2 + 4bc}}{2}$$

$$K_1 = \frac{by_0 - (\lambda_2 - a)x_0}{\lambda_1 - \lambda_2}$$

$$K_2 = \frac{-by_0 + (\lambda_1 - a)x_0}{\lambda_1 - \lambda_2}$$

$$K_3 = z_0 e^{-dy_0/c}$$

**3. 系统轨迹与使命轨迹**

假设使命要求的取值为

$$1/(1-n_f) \geqslant MOP_1 \geqslant MOP_{10} = 1.1$$

$$1 \geqslant MOP_2 \geqslant MOP_{20} = 0.8$$

$$1 \geqslant MOP_3 \geqslant MOP_{30} = 1.0$$

若 $n_f = 0.6$，$L_m$ 表示系统的使命轨迹，则

$$V(L_m) = (2.5 - 1.1) \times (1 - 0.8) = 0.28$$

又设

$$0.1 \leqslant P_1 \leqslant 0.95$$
$$0.75 \leqslant P_2 \leqslant 0.95$$
$$0.75 \leqslant P_3 \leqslant 0.99$$
$$0.5 \leqslant P_4 \leqslant 0.99$$
$$0.75 \leqslant P_5 \leqslant 0.99$$

设系统轨迹为 $L_s$，则得到 $V(L_s) = 0.068$。根据使命轨迹和系统轨迹有

$$V(L_s \cap L_m) = 0.02$$
$$E_1 = V(L_s \cap L_m) / V(L_s) = 0.292$$
$$E_2 = V(L_s \cap L_m) / V(L_m) = 0.071$$

使命轨迹的投影如图 2－11 所示。

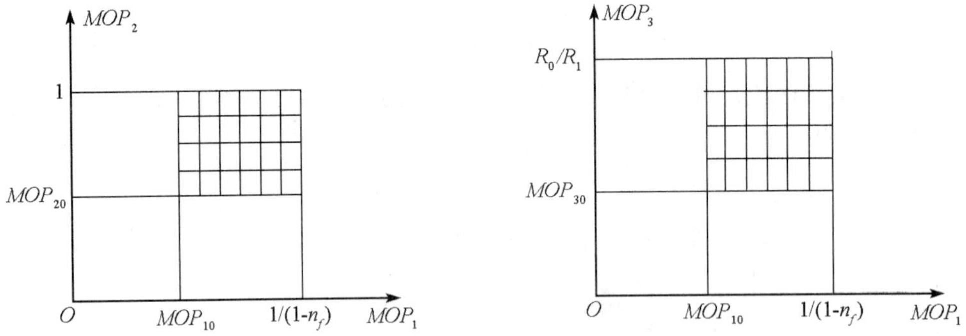


**图 2－11　使命轨迹的投影**

## 2.4.3　C³I 系统的时效性分析

下面以一个战术炮兵火力支持系统的时效性分析为例，进一步说明 SEA 方法的应用。

### 2.4.3.1　时效性的概念

众所周知，时间是 C³I 系统评价中的一个至关重要的因素。现代战争中日益增加的复杂性给 C³I 系统软硬件以及决策者带来了苛刻的时间限制。因此要评估影响 C³I 系统效能的时间因素，也就是说要对 C³I 系统能否满足设计开发者和使用者对时间的要求进行分析与评价。

在战争环境下，可以从各种角度来考虑时间的影响，这里只考虑两种重要的情形：

(1)系统响应时间。它是 C³I 系统接受到一个刺激的时刻至它对该刺激作出响应(或反应)的之间的时间延迟，是 C³I 系统响应过程中各级时延的总和。

(2)操作速度。操作速度表示 $C^3I$ 系统操作的变化率。Lawson 将它定义为单位时间内系统能执行的行为数目。他认为"操作速度告诉我们系统能处理多么复杂的环境(相当于系统的带宽),而响应时间则告诉我们什么时候系统能够及时进行响应(相当系统内的相位延时)。"

当 $C^3I$ 系统接受到一个"刺激"时(如防空雷达上的一个回波),这时它所面临的问题存在着很大的不确定性。只有不确定性减少到可接受的门限以下,系统才会行动。因此为减少不确定性所花的时间越多,系统的响应时间就越短,而系统的响应可能就越适合实际情况。这里所指的不确定性一般可以分为两类:

第一类可称为想定间不确定性,它是指由于指挥员不知道当前正在发生的一个什么类型的作战想定而造成的不确定性(如把敌人的进攻当成敌人仅仅在侦察);

第二类不确定性称为想定内不确定性,它是指某种已知想定本身所具有的不确定性,这种情况下一般是估计已知想定内的某些参数,如敌军兵力数量、运动速度或密度等。

对每一刺激,决策者应在一组备选方案中选一个作为系统的响应。选择可以根据以下两个准则来进行:方案的期望效果和执行该方案所要求的时间。一个给定的选择方案可能需要花费较长的执行时间,但却能得到更好的预期效果。这就产生了第二个与时间有关的矛盾。决策者在决策时必须同时考虑上述两个方面。可见评估时效性的方法应具有体现上述两个有关时间的矛盾的能力,并且它还应具有表示作选择方案的质量的能力。

刺激 $C^3I$ 系统的事件只是系统对全局想定的部分感知,而且不同的想定可以通过相同的事件来感知,因而系统面临着不确定因素的影响。一旦系统以足够的确定程度辨识出作战想定的类型,则必须选择一个恰当的行动方案。可见对 $C^3I$ 系统的任何评估必须考虑作战想定因素在评估中的重要作用,即对每个作战想定都应能进行 $C^3I$ 系统的效能评估。最后要注意,那些衡量 $C^3I$ 系统性能和效能的度量指标最终应能合并成一个或几个对一定范围内可能的作战想定都适用的总的效能度量指标。

时效性(Timeliness)就是一个这样的指标,它几乎能体现上述所有的概念。时效性乍看起来与时间区间的概念密切相关,时间区间又称机会窗口。从根本上来讲,存在着两类机会窗口:一类刻画系统的响应或反应能力;另一类则表示对系统将执行任务的要求。

一旦 $C^3I$ 系统接收到一个刺激,在一定的时间后系统的响应才能传递到位,这个时间下限可定义为 $C^3I$ 系统的最早可能响应时间。从另一方面来看,同样也存在一个最迟响应或反应时间,在这个时间之后 $C^3I$ 系统的响应不可能被执行。由这两个时限组成的时间区间构成了反映 $C^3I$ 系统能力的机会窗口($t^*$,$t^{**}$)。从 $C^3I$ 系统将执行的任务来看,$C^3I$ 系统对任何刺激的响应必须在任务要求的时间内及时到位,这样 $C^3I$ 系统的响应才能有效。一般存在一个时刻,在这个时刻之后执行 $C^3I$ 系统的任何响应都已无效,这便定义了任务要求的系统响应时间的上界,同样可定义一个类似的时间下界。举例来说,必须等到敌舰进入领海才能发射导弹,那么敌舰进入领海的时刻便是这样的时间下界。这两个时间界限之间的时间区间构成了任务(使命)要求的机会窗口($\theta^*$,$\theta^{**}$)。当这两个时间窗口发生重叠时,剩余的机会窗口有若干种不同的构成形式,如图 2-12 所示。

时效性概念可以衡量在一个给定的机会窗口内对时间进行管理的质量。因此从这种意义上来说,基于时间管理的效能度量可以作为时效性的有效度量指标。所以在评估时

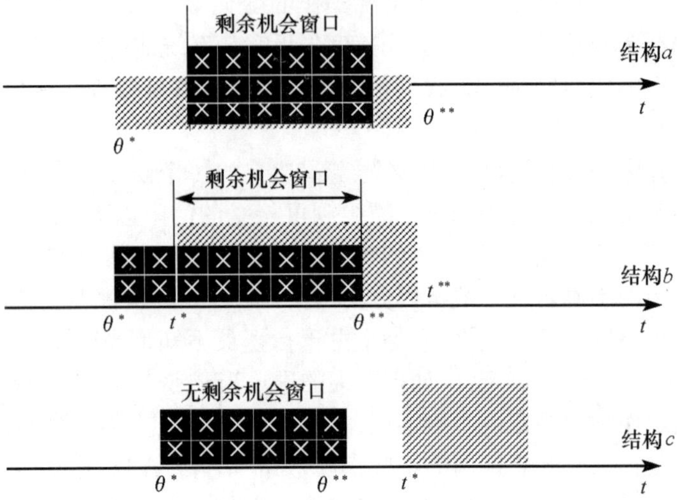


图 2－12　机会窗口的构成

效性时，不仅要考虑 $C^3I$ 系统本身，而且要考虑所采用的战术规程和指挥员可能选择的行动方案，因为可用时间以及对它的管理依赖于 $C^3I$ 系统本身的结构、战术规程和所执行的行动方案，并且这三者相互组合的有效性越好，所研究的 $C^3I$ 系统就越及时，时效性也就越高。

### 2.4.3.2　系统的时效性分析

下面分析一个战术炮兵火力支持系统的时效性。

**1. 系统配置与作战想定**

假设一个炮兵火力支持系统由三个元素组成，即前方观察哨（$F_0$）、营火力引导中心（BN FDC）和若干个加农炮连。前方观察哨和炮兵连的数目可能不止一个，它们都与营部的中央计算机通过通信信道相联结。前方观察哨是系统中探测敌人威胁目标的部分，它配备了一台激光观测器和机动车辆定位设备。它还装备了数字通信设备，前方观察哨使用数字通信设备传送目标的位置与速度的估计值，并向中央计算机呼唤火力支持。营火力引导中心拥有一台中央计算机，任何通信媒介（无线或有线）上的数字通信都可以为该计算机提供输入，计算结果的返回也是通过这些媒介传输。前方观察哨和炮兵连都装备有远程终端设备，通过它从中央计算机得到数据结果。炮连显示单元是加农炮连与 $C^3I$ 系统相联结的链枝，它接收和打印该连每个将攻击目标的火力（射击）数据。

另外，该系统还保留其他设备与系统基本元素间联结的并行接口：

（1）语音通信链可以与数字通信链并行接入。例如，在营火力引导中心和加农炮连之间便可加入语音通信链路。语音通信虽慢一些，但当数据通信失效时可派上用场。

（2）如果营部的计算机失效，则炮连有能力进行局部的火力计算。

该系统结构如图 2－13 所示，图中包括七条链枝，由于考虑了链枝的失效就不再考虑节点的失效。在营火力引导中心与炮连之间的数据通信链上并联了一条语音通信链。若营火力引导中心的计算机停止工作，前方观察哨对目标的估计值可以通过语音通信链传送到炮连，炮连用手工计算火力数据，这时营火力引导中心只相当一次简单的时间延迟。

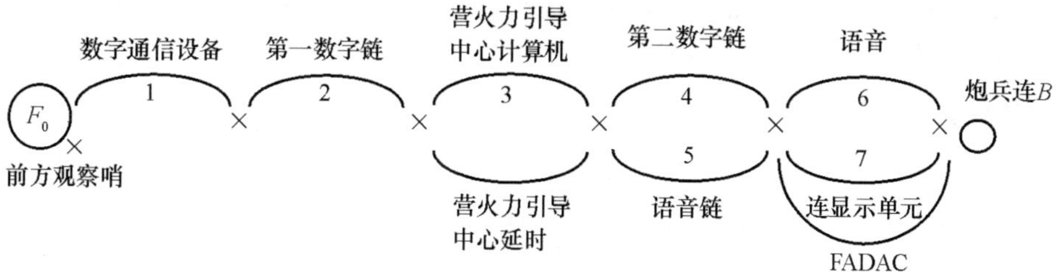


**图 2-13　炮兵火力支持系统的结构**

(3)在火力数据由营火力引导中心计算并由语音通信链传送到炮连，炮连利用野战炮兵数字式计算机(FADAC)人工计算射击数据。

系统的运行环境和作战想定如图 2-14 所示。红军的一些重要单位(如司令部)坐落在山谷的尽头，有一条公路沿着山谷通向那里。这是唯一通往红军司令部营地的道路，红军的一个炮火支持营已部署在公路附近保卫这条通道。该营由一个前方观察哨、一个营火力引导中心和两个加农炮连组成。这个营配备了图 2-14 所示的火力支持系统。炮连不能直视公路，只能根据由观察哨估计计算出的火力数据进行射击。

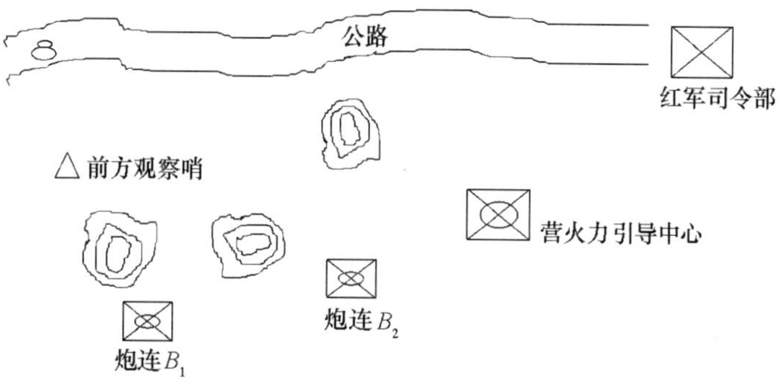


**图 2-14　系统作战环境**

一辆敌方坦克出现在观察哨监测的区域，它正沿着公路向红军司令部所在地方向行进。炮兵营的任务是以消灭敌坦克的手段来阻止敌人攻击己方司令部。假设敌坦克不能直接攻击炮火支持营，但可对炮兵营的通信实施对抗性干扰，并假设敌坦克不管红军的反应如何(即使被击伤)都要继续它的攻击行动。

**2. 属性的定义**

表示系统响应能力的机会窗口可以定义为属性对($t^{**}$,$\Delta t$)，其中 $t^{**}$ 为系统最迟可以消灭敌目标的时间，$\Delta t$ 是系统机会窗口的宽度。为了描述系统消灭或致残敌目标的能力，还需定义第三个属性，即总体杀伤概率(Overall Kill Probability，OKP)。OKP 既可以考虑为系统的一个属性(一个 MOP)，也可以考虑成系统的一个效能度量(一个 MOE)，因为它既是系统特性(硬件和操作过程)的一个函数，而且也可以用来评价系统的总体杀伤能力。

在系统方面，属性 OKP 可以基于系统的原始变量和前两个属性 $t^{**}$ 和 $\Delta t$ 计算出来。在任务的要求方面，炮火支持营要求以一定期望的可信性水平阻止敌人对司令部的攻击，由于指挥员关心的只是火力支持的效果或输出，因此任务要求可以简单地表示为对第三个属性 OKP 的限制条件，以此来表示任务属性。

### 3. 原始变量的定义

系统的每一个节点和链枝存在可靠性的问题，都有一定的失效概率。当系统运行在敌对环境下，通信链路可能遭受敌人的干扰，因而，每个节点和链枝由于敌人的对抗也存在一定失效概率，也就是系统的生存性。虽然可靠性与生存性这两个概念本质上是不同的，但为了在分析中降低问题的维数，将这两个失效概率合并在一起加以考虑，只用一个概率向量 $\boldsymbol{p}$ 来表示系统的节点和链枝的失效概率。另外选择敌威胁目标的行进速度 $\omega$ 作为系统的一个原始变量，因为它反映了敌目标的运动特性。再假设该系统存在的不确定性仅是由于前方观察哨的估计偏差造成的不确定性，即只考虑想定内不确定性。这样，前方观察哨两次观测目标方向的夹角 $\beta$（距离测量）就是一个合适的系统原始变量。改变系统的原始变量 $p$、$\beta$ 和 $\omega$，可以在属性空间（$t^{**}$，$\Delta t$，OKP）上得到系统的轨迹。

### 4. 几何分析

前面所述想定的几何关系可由图 2－15 表示，其中炮连 $i$ 的作战范围在（$i_{\min}$，$i_{\max}$）。

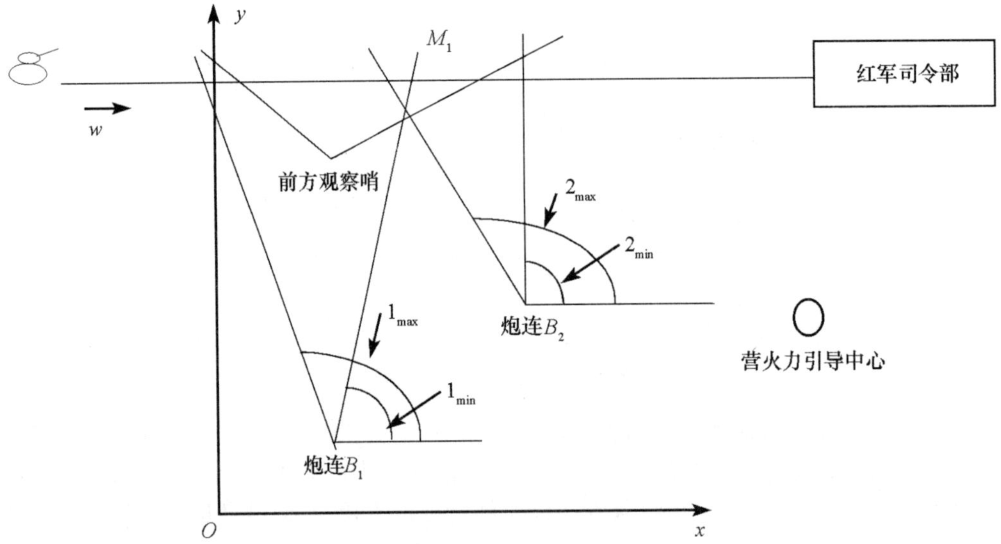


图 2－15　作战态势的几何关系

图 2－16 表示了系统响应过程的时间顺序。

系统的见效时间 $t_{impact}$ 由下式给出：

$$t_{impact} = t_{obs} + \sum_{i=1}^{3} \Delta\tau_i$$

其中，$t_{obs}$ 是最早的观察时间，$\Delta\tau_1$ 表示 $F_0$ 测算目标位置和速度所需的时间，它的值可计算出来，它是速度 $\omega$、夹角 $\beta$ 和观测时间的函数为

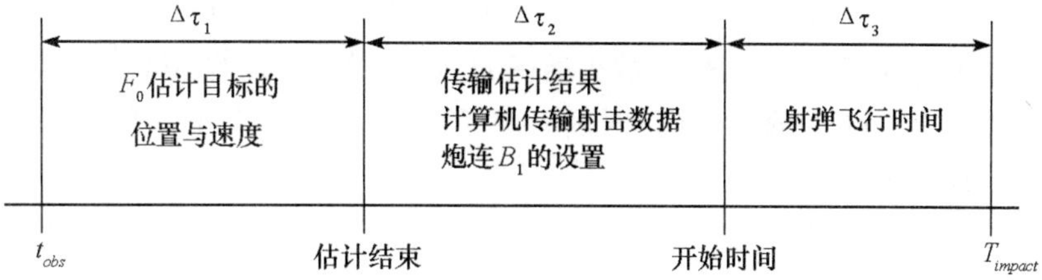


图 2－16　系统响应时间的纵断面图

$$\Delta\tau_i = \Delta\tau_i(w, \beta, t_{obs})$$

$\Delta\tau_2$ 是测算数据传输、射击参数计算和射击准备而引起的延时。虽然可以使用不同的方式传输，但通过各种传输方式的时间都是常数，炮兵射击准备为常数。通过敏感性可以证明在这样地形和武器系统的情形下，将 $\Delta\tau_3$ 考虑成是一个常数是合理的，这里设为 36s。

令 $t^* = \min\{t_{impact}\}$，则对给定的 $\beta$ 和 $\omega$，对应于最早可能观察时间（即 $t_{obs}=0$）和从估计结束到炮连实际开火的最小时延 $\Delta\tau_{2\min}$，可得出最早见效时间为

$$t^* = \Delta\tau_1(w, \beta, 0) + \Delta\tau_{2\min} + \Delta\tau_3$$

设 $M_1$ 是通道上敌威胁目标离开 $B_1$ 所覆盖区域的边界点。因此炮连 $B_1$ 要能消灭威胁目标，见效时间不能等到威胁目标通过 $M_1$ 之后，即见效时间必须不能超过 $t^{**}$。这就产生了对系统能力的一个限制：

$$t^{**} = \max\{t_{impact}\}$$

再从几何上考虑有 $t^{**} = \dfrac{k}{w}$，此处 $k$ 是一个依赖于地形的几何形状的一个常数。$t^{**}$ 通过考虑系统对外界初次刺激所要求的最迟响应时间来反映系统的能力。可见只要考虑系统对外界刺激的响应时间，系统能力就存在上界和下界，这个时间区间就是系统的机会窗口。当 $t_{impact}$ 位于 $t^*$ 和 $t^{**}$（$t^* < t^{**}$）之间时，系统可以随意地传递其响应，这个机会窗口由有序对（$t^{**}$，$\Delta t$）决定，其中 $\Delta t = t^{**} - t^*$。

对于某个 $t_{impact}$，在考虑了对敌目标的位置、速度估计中的不确定性和弹药杀伤半径后，系统的单发杀伤概率 SSKP（$t_{impact}$）就很容易计算。对于固定的 $\omega$ 和 $t_{obs}$ 值，SSKP 关于 $t$ 的变化形状如图 2－17 所示。

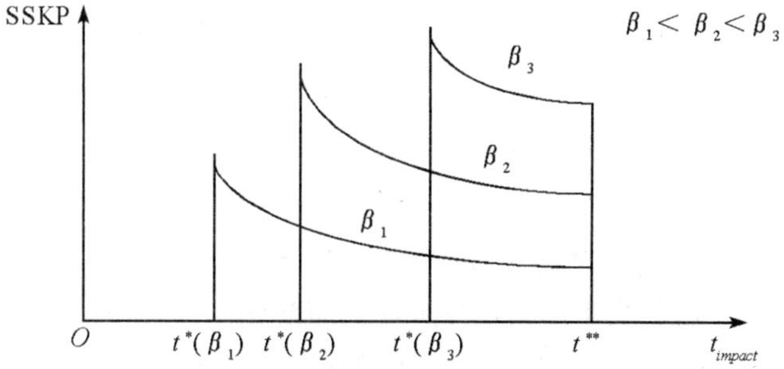


图 2－17　单发杀伤概率作为见效时间的函数

从图中可以看出，当 $\beta$ 增大时，机会窗口的宽度就减小，因为 $F_0$ 需要更长的时间做出估计，同时大的 $\beta$ 能产生对目标参数更准确的估计，因而系统的 SSKP 大。不过，$t^{**}$ 并不受 $\beta$ 变化的影响。同时随着时间的推移，关于敌威胁目标位置与速度的不确定性增大，故 SSKP 随时间减少。

从图 2-17 上看，系统共有 10 种可能的运行状态，但其中有 6 种途径不能将 $F_0$ 的信息传递到 $B_1$，只有 4 种运行状态能在 $F_0$ 与 $B_1$ 之间进行成功的传输。对于这 4 种系统运行途径定义下述量(其中 $i=1,2,\cdots,4$)：

(1) $q(i)$：第 $i$ 条途径可操作的概率。

(2) $u(i)=\Delta\tau_{2\min}(i)+\Delta\tau_3$，即从 $F_0$ 进行估计到见效时间之间的最小时延。

(3) $v(i)$：基于初始估计重新计算新的射击数据、传输射击数据以及根据相应射击数据设置炮群所必需的最小时延。若系统在每次射击后立即重新计算射击数据，然后再射击，则 $v(i)$ 表示两次射击间的时延，即表示最小再次射击时间。

**5. 战术规程**

从前面分析看出，对系统进行响应的可用时间进行管理是系统时效性评估中的关键问题。系统对外界刺激的最早响应时间为 $t^*$，系统可以使用机会窗口中 $t^*$ 以后的剩余时间来进行其他的响应，也就是说系统可以对目标进行再次攻击，由此来增加总体杀伤概率。系统进行再次响应的方式很多，这里重点分析两种方式"观测—射击—射击—射击……"规程和"观测—射击—观测—射击……"规程。

在"观测—射击—射击—射击……"规程中，前方观察哨在其观察域内发现目标时马上对威胁目标的速度和位置进行估计，然后炮连对目标进行连续射击，每次射击前新的射击数据的重新计算都是基于观察哨对目标参数的初次估计进行的。在这种规程中，对每次射击来说观测时间 $t_{obs}=0$。两次射击之间的时延为再次射击时间 $u$。由于系统没有从观察哨返回反馈信息，炮连只能在机会窗口内尽可能多地射击。

在"观测—射击—观测—射击……"规程中，每次射击后，如果敌威胁目标没有被消灭或致残，观察哨就对它的速度和位置重新进行估计，新的射击数据由这些已刷新的估计计算，炮连按照新的数据进行射击，如此反复，直至机会窗口的上限到来。

**6. 系统属性的导出**

为得到系统的属性，需根据图 2-13 中每一运行途径分别计算($t_i^{**},\Delta\tau_i,\mathrm{OKP}_i$)，其中 $i=1,2,\cdots,10$。然后再给出相对于每一运行途径的系统属性的概率描述。在图 2-13 中，对其中的六条不能将信息从 $F_0$ 传送到 $B_1$ 的系统运行状态，有：

$$\Delta\tau_i=0 \qquad i=5,6,\cdots,10$$

而且对于第 5 至第 10 这六种途径，总体杀伤概率等于零。对第 1 至第 4 种途径来说，系统的总体杀伤概率随着采用不同的战术规程而变化。

属性 $t^{**}$ 是机会窗口的时间上界，它与系统的运行途径无关，因而是非概率的。但机会窗口的宽度和系统的总体杀伤概率却依赖于所采用的系统运行途径，对不同的系统运行状态有不同的发生概率。因而最终考虑的属性是这两个量的期望值：

$$E(\Delta\tau) = \sum_{i=1}^{4} q(i)\Delta\tau_i$$

$$E(\mathrm{OKP}) = \sum_{i=1}^{4} q(i)\mathrm{OKP}_i$$

为了记法简单，在后面讨论中，将 $E(\Delta\tau)$和 $E(\mathrm{OKP})$仍记为 $\Delta\tau$ 和 OKP。

7.系统轨迹

根据前面的分析，可以将系统属性对系统原始变量的依赖关系用图 2-18 表示。

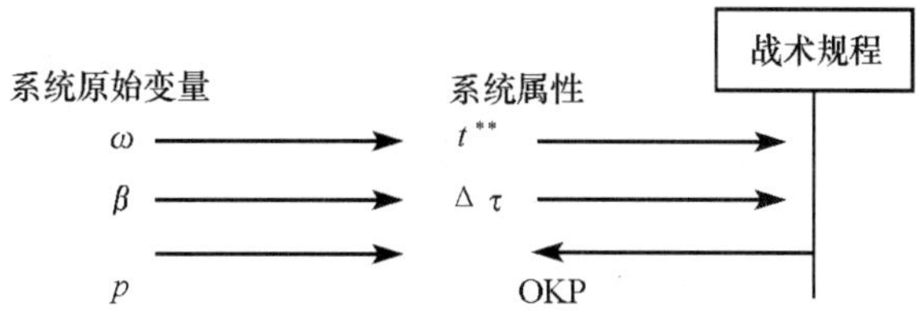


图 2-18 系统原始变量到系统属性的映射

这里 OKP 不仅依赖于原始变量 $\omega$、$\beta$ 和 $p$，而且还需根据所采用的战术规程依赖于其他两个系统属性 $t^{**}$ 和 $\Delta\tau$(即依赖于机会窗口)，也就是说，原始变量在不同的水平上对 OKP 映射了两次。可以看出，系统原始变量集($\omega,\beta,p$)的每一组值对应着系统属性空间($t^{**}$, $\Delta\tau$, OKP)上的一个点。系统原始变量的取值是有一定范围的，假设其取值范围为

$$\begin{cases} w_{\min} < w < w_{\max} \\ \beta_{\min} < \beta < \beta_{\max} \\ p_{\min} < p < p_{\max} \end{cases}$$

若系统原始变量在其允许的区域中变化，那么它们的变化在属性空间上定义了一条轨迹，这就是系统轨迹。

8.使命轨迹与系统效能度量

由于在想定中，使命或任务的要求可以直接在属性水平上进行表示，因而对任务的分析要简单些。一般的分析过程是通过改变任务原始变量在属性空间上映射成任务轨迹。这里可以将任务要求规定成对第三个系统属性 OKP 的约束，它代表了指挥员期望完成炮火支持任务目标的可信性水平。若令 $\lambda$ 是可信性水平，$0<\lambda<1$，则任务轨迹是属性空间($t^{**}$, $\Delta\tau$, OKP)上满足不等式 $1\geqslant \mathrm{OKP}\geqslant\lambda$ 上的区域。

令 $V(L_s)$为系统轨迹的体积，$V(L_s\cap L_r)$为系统轨迹和使命轨迹交集的体积，则系统的效能度量 $E$ 可由这两个体积之比得到(图 2-19)：

$$E = \frac{V(L_s\cap L_r)}{V(L_s)}$$

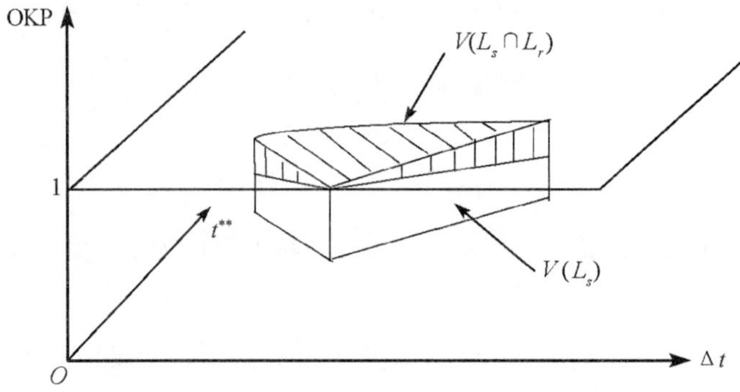


图 2-19 系统的效能(有效性)度量

### 2.4.3.3 基于系统时效性分析比较战术规程和方案

**1.一个连的情形:比较两种战术规程**

按照前述方法计算,规程 1(“观测—射击—射击—射击……”规程)的效能大于规程 2(“观测—射击—观测—射击—……”规程)的效能:

$$E_1 = E(1\text{ 个炮连,规程 }1) = 0.55$$

$$E_2 = E(2\text{ 个炮连,规程 }2) = 0.50$$

当敌威胁目标运动很快时,机会窗口就很小,这时一次性地给出敌目标速度较精确的估计,再在不做新估计的情况下连续射击,要比进行一次估计,射击,再做新的测量,如此反复的效果要好一些。所以,在这种情况下,规程 1 要比规程 2 的总体效能要好一些,前者的时效性因此也好一些。

**2.两个连的情形**

当考虑两个连时,如图 2-19 所示,两个连的炮火覆盖区域是重叠的。敌威胁目标按顺序首先进入炮连 $B_1$ 单独覆盖的区域,然后进入两个连 $B_1$ 和 $B_2$ 共同覆盖的区域,最后进入单独由炮连 $B_2$ 覆盖的区域。凭直觉知道,随着目标的运动系统对目标的杀伤概率随时间而变,先突然增大然后突然减小。假设这时系统采用“观测—射击—射击—射击—……”规程,指挥员有两种方案可以选择:

方案 1:两个连各自独立地向敌目标射击,每个连都充分利用各自的机会窗口袭击敌目标,两个连之间不存在协同。

方案 2:炮连 $B_1$ 等敌目标进入两个连同时覆盖的区域时再开火,即指挥员决定炮连 $B_1$ 不马上射击,而是等待两个连的火力能够同时开火。在 $B_1$ 和 $B_2$ 同时射击时,它们的见效时间应该是相同的。这时,系统的全局机会窗口减小为炮连 $B_2$ 的机会窗口。在 $B_1$ 不射击的那段时间里,观察哨可以对敌目标进行参数估计或刷新估计。

按上面介绍的计算方法,令 $E_3$ 为采用方案 1 时的性能指标,$E_4$ 为方案 2 的性能指标,则 $E_3 \approx 0.6$,$E_4 \approx 0.6$。

从系统效能来看,采用两个方案的结果近似。在方案 2 中,系统的射击数量要比方案

*1* 少，火力协同减少了射击费用，能达到同样的杀伤概率。另外在方案 2 中，炮连 $B_1$ 等待对敌威胁目标不会察觉到自己已被跟踪，因而不会在对抗措施上（如干扰等）请求增援。而在方案 1 中，蓝军可在 $B_1$ 射击后但炮连 $B_2$ 的火力不能到达时马上实施上述对抗措施。因而就总体系统生存性而言，方案 2 优于方案 1。考虑对两个方案系统效能值相近，所以可以得出结论：方案 2 的质量高于方案 1。

虽然方案 2 的机会窗口比方案 1 要小得多，但其质量仍优于方案 1。事实上，在方案 2 中系统对可用时间的管理比方案 1 好一些，为更好地执行任务而等待显得更有效。这个例子说明了方案的质量与机会窗口是两个不同的、相互独立的概念。因此，机会窗口不能完全决定时效性。机会窗口中可用时间的管理质量，至少与窗口的宽度一样重要，机会窗口的大小不是 $C^3I$ 系统时效性唯一的决定因素。所以在分析时，不仅应强调窗口的宽度的重要性，而且要强调方案质量的重要性，并在效能分析中体现了这一点。

通过 SEA 方法在 $C^3I$ 系统时效性评估中的应用来看，SEA 方法允许采用 $C^3I$ 系统局部效能度量对不同的战术规程进行定量地比较，从而可以分析出哪些战术规程能够更有效，因而能够帮助我们在给定情况下选择合适的战术规程。另外，SEA 方法可以充分考虑 $C^3I$ 系统组件的不同方面之间的联系。例如，在系统组件的可靠性和生存性没有得到改进时，尽管数据传输与处理的速度增加，系统的总体效能不一定会得到改善，如果速度的增加是以系统的生存性为代价时，快不一定就意味着好，甚至可能更坏。该方法允许决策者将系统某个部分的变化与系统其他部分的变化联系起来，由于 $C^3I$ 系统的某些性质的变化并不是孤立的，是与系统的其他性质相关的，因而这种方法便显得十分有用。而这里采用的方法中由于系统组件、组织和战术规程的变化对系统产生的影响都可以用系统效能这个度量进行分析与评估，这就为未来 $C^3I$ 系统的设计做了有益的理论准备。

## 2.5　单调效能空间理论

对复杂系统进行效能分析时，应该以一种复杂系统观来看待它；复杂系统的效能分析必须以复杂系统观作为指导，其效能分析方法也应考虑到复杂系统的一些本质特性。

这里介绍一种基于复杂系统观的效能分析方法——单调效能空间分析方法，该方法由国防科技大学张维明教授、胡剑文博士等人提出，其研究成果是本章内容主要来源。

### 2.5.1　单调效能空间的公设与基本概念

**公设 2.5.1　需求效用公设**

用户需求是评价一个系统优劣的唯一标准，达到用户需求的系统是一个成功的系统，反之则是一个失败的系统，不管其技术多么先进，投入多么巨大。因此，进行系统效能分析时，必须明确需求，以需求为对照。把需求作为系统效能评价的分界线，假设达到需求的系统效用为 1，达不到的为 0。（这里所指的效用是一个完全客观的概念，它是基于需求尺度的测量。这与通常意义上的主观偏好效用是有区别的)。

**公设** 2.5.2 **效能指标单调性公设**

系统效能指标对于用户的需求指标从一般意义上讲是单调的,它不同于一些参数指标。通常希望某项效能指标越大越好,或者越小越好,或者越接近(越偏离)某个值(区域)越好,它们都蕴含着"越……越……"的性质,这即是一种单调性。需求指标与系统效能(性能)指标具有单调性的影响关系是一个普遍现象。

单调性是普遍存在的。例如,针对防空系统效能分析问题,对于可靠性 $R$,生存能力 $S$,反应时延 $T$,与允许流量 $K$ 等指标,它们相对使命需求指标敌我损失比之间的影响关系是单调的。可靠性、生存能力与允许流量等指标相对于敌我损失比是单调增的,而反应时延指标是单调减的;针对指挥系统的效能分析,通信链路系统可靠性与反应时延相对于杀伤概率也是单调的。另外,这种单调性也是一些多指标决策方法的理论基石。

**定义** 2.5.1 单调效能空间 $P$。设 $R^n$ 为 $n$ 维欧几里得空间,设 $P\subset R^n$,$P=P_1\times P_2\times\cdots\times P_n$,它是效能指标点的集合,每一维都代表了一项效能指标,并存在 $f_u$,$f_u$ 定义域是在 $P$ 上的一连续区域,表示效能指标与需求指标的有界函数关系:$f_u:P\rightarrow u$。它是 $n$ 元单调函数,即某个效能指标在其他各个效能指标的值确定时,$f_u$ 就是一元单调函数。

单调效能空间是由 $n$ 个效能指标有效区域所合成的 $n$ 维欧氏空间的子集。例如,对一防空导弹系统,取目标指示迟延 $p_1\in P_1$,雷达跟踪能力指数 $p_2\in P_2$,脱靶概率 $p_3\in P_3$ 等几个关键效能指标,单调效能空间 $P$ 就是这三个指标的笛卡儿积:$P=P_1\times P_2\times P_3$。可以建立三元函数 $u=f_u(p_1,p_2,p_3)$表示三个效能指标到毁敌概率 $u$ 的函数关系。由于敌情和环境的多样性(例如来袭目标类型不同),$f_u(p_1,p_2,p_3)$可以分解成多个函数:$f_{ui}(p_1,p_2,p_3)$,$i=1,2,\cdots,m$。比如用 $f_{u1}(p_1,p_2,p_3)$表示来袭目标是隐身飞机时,三个效能指标到毁敌概率的函数关系 $f_{u2}(p_1,p_2,p_3)$为巡航导弹时等。很显然 $f_u$ 具有单调性。相对于毁敌概率,目标指示迟延 $p_1$ 是单调减的,雷达跟踪能力指数 $p_2$ 是单调增的,脱靶概率 $p_3$ 是单调减的。

为了表示的简洁性,可以通过简单的转化可以把单调减的效能指标变成单调增的形式,例如,上述 $p_1$ 是单调减的类型,如果取一个较大的数 $T$,则用 $T-p_1$ 代替 $p_1$ 即可。

**定义** 2.5.2 效能指标需求轨迹 $Pl$。设 $Pl\subseteq P$,对给定一需求指标值 $u_k$,$\forall p\in Pl$,$f_u(p)\leqslant u_k$或$\geqslant u_k$("$\leqslant$或$\geqslant$"和 $u_k$ 根据实际需求确定),则 $Pl$ 称为效能指标需求轨迹。

轨迹(locus)是指:坐标满足某一等式或一个或多个代数条件的所有点的集合或组合。效能指标需求轨迹也就是在单调效能空间能够满足某项需求的效能指标点。如上例中,用户要求击毁敌隐身飞机概率大于等于 0.6,则在 $P$ 中所有满足$f_u(p_1,p_2,p_3)\geqslant 0.6$ 点的集合为 $Pl$。

**定义** 2.5.3 总效能指标需求轨迹 $TPl$,$TPl=\bigcap\limits_i Pl_i$。$Pl_i$ 是针对第 $i$ 项需求所对应的效能指标需求轨迹。$TPl$ 即为 $P$ 中能满足用户各项需求的子集。

**定义** 2.5.4 效能指标需求轨迹等效超面 $M$。把定义 2.5.2 中"$\leqslant$或$\geqslant$"改成"$=$"时所确定的有效点集称为效能指标需求轨迹等效超面,$M$ 为 $P$ 中能刚刚满足用户某项需求的临界面。

## 2.5.2　单调效能空间中效能指标需求轨迹的生成算法

效能需求轨迹是单调效能空间中最核心的一个概念,它是后续效能分析模型的基础。因此,生成符合相应需求的效能需求轨迹是进行系统效能分析的前提。

效能指标需求轨迹是进行系统效能分析的基础。所以,进行系统效能分析的前提与关键就是求出效能指标需求轨迹。根据定义 2.5.2,求出效能指标需求轨迹的关键也就是确定 $f_u$。目前,它从表示形式上可分成以下四种类型:

(1)显式普通函数(包括可以得出解析式的微分方程或方程组);

(2)无法求出解析解的微分方程(组),其相当于一种隐函数;

(3)数据表格;

(4)试验仿真。

第一种形式是最理想的形式。可直接得出系统的效能指标需求轨迹解析形式。后三种形式适于描述复杂系统,但其无法得到相应的解析式,无法直接导出效能指标需求轨迹。另外,即使能够用第一种形式描述,也常常由于积分计算,集合运算等要求,也需要利用数值方法把效能指标需求轨迹逼近分割成互不相交规则区域的集合。因此,必须研究基于数值逼近的系统效能指标需求轨迹的生成方法。

效能的需求轨迹的生成就是基于相应 $f_u$ 与需求指标的约束,如何在单调效能空间中寻找符合需求的效能指标点,如前面所述一般情况下是难以得出显示函数形式的。下面主要讨论在无显式函数的情况下,如何用数值方法逼近相应的效能指标需求轨迹。

为了简明表示问题,这里不妨设效能指标都为单调增的(对于单调减类型的指标作转换处理即可),求出满足需求 $f_u(p_1,p_2,\cdots,p_n)\leqslant u_k$, $u_k\geqslant 0$ 的相应效能指标需求轨迹。对于 $f_u(p_1,p_2,\cdots,p_n)\geqslant u_k$ 类型的处理同理,并把各个效能指标 $p_i$ 规范到区间$[0,V_i]$内。

**定理 2.5.1**　效能需求轨迹的基本性质定理

(1)当 $0=(0,0,\cdots,0)\notin Pl$ 时,是空集。

(2)当 $Pl$ 非空时,效能指标需求轨迹是连通的空间区域,即 $Pl$ 中的任意两点都可以在 $Pl$ 中找到连续路径连接。

证明:根据单调性(1)显然。对第(2)部分,设 $\forall A,B\in Pl$,$A$ 点到 0 点多维直线可以表示为 $L_A=\{p\mid 0\leqslant k\leqslant 1, p=(kV_{A1},kV_{A2},\cdots,kV_{An})\}$,其中 $V_{Ai}$ 为 $A$ 点第 $i$ 个坐标值,当 $A\in Pl$ 时,根据单调性 $L_A\subset Pl$。同理 $L_B\subset Pl$,由于 $f_u$ 的定义域是连续的,因此 $Pl$ 中的任意两点都可用两条通过零点并包含在 $Pl$ 中的多维直线连通,不存在孤立的两个点,也即 $Pl$ 是个整体。

**定义 2.5.5**　最小外包超盒。效能指标需求轨迹中的各个效能指标取值的上下确界的笛卡儿积,即$[0,V'_1]\times[0,V'_2]\times\cdots\times[0,V'_n]$,其中 $V'_i\leqslant V_i$。

例如,假设 $x,y$ 是效能指标,满足式 $x^2+y^2\leqslant 4(x\geqslant 0,y\geqslant 0)$的点集为效能指标需求轨迹,则区域$[0,2]\times[0,2]$就是最小外包超盒。最小外包超盒内任一点不一定在效能指标需求轨迹内,但是最小外包超盒外的任何一点都不在效能指标需求轨迹内。

**定义** 2.5.6 最大等分内接超盒及对角超盒。设$[0,V'_1]\times[0,V'_2]\times\cdots\times[0,V'_n]$为最小外包超盒。取一比例系数 $K\in[0,1]$,令 $\omega=[0,KV'_1]\times[0,KV'_2]\times\cdots\times[0,KV'_n]$,$\omega\subseteq Pl$,且对$\forall K'>K$,$[0,K'V'_1]\times[0,K'V'_2]\times\cdots\times[0,K'V'_n]\not\subset Pl$,则定义 $\omega$ 为最大等分内接超盒。定义 $\bar{\omega}=(KV'_1,V'_1]\times(KV'_2,V'_2]\times\cdots\times(K'V'_n,V'_n]$为对角超盒。

各类超盒的示意如图 2-20 所示。

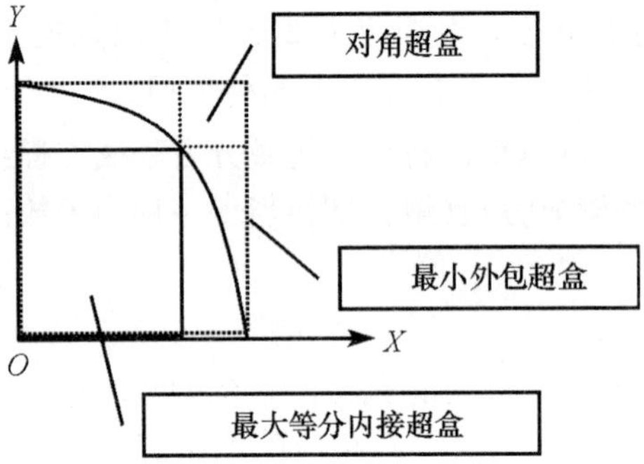


**图 2-20 各类超盒的示意**

在上面定义中,所谓等分是指用相同的 $K$ 等比分割各个效能指标,例如,对于上例 $x^2+y^2\leqslant4(x\geqslant0,y\geqslant0)$,区域$[0,2]\times[0,2]$是最小外包超盒,而$[0,\sqrt{2}]\times[0,\sqrt{2}]$是最大等分内接超盒,$(\sqrt{2},2]\times(\sqrt{2},2]$为对角超盒,$K=\sqrt{2}/2$。

**定理** 2.5.2 最大等分内接超盒的对角超盒中的任一点都不符合系统需求约束条件,即不在效能指标需求轨迹内。

**证明** 令 $\omega=[0,KV'_1]\times[0,KV'_1]\times\cdots\times[0,KV'_n]$(最大等分内接超盒)。

假设$\exists\, p\in\bar{\omega}=(KV'_1,V'_1]\times(KV'_2,V'_2]\times\cdots\times(0,K'V'_n]$,$p=(p_1,p_2,\cdots,p_n)$,且 $p\in Pl$,即在效能需求轨迹内。

令 $Kp=\min\left(\dfrac{p_1-KV'_1}{V'_1},\dfrac{p_2-KV'_2}{V'_2},\cdots,\dfrac{p_n-KV'_n}{V'_n}\right)$,根据定义 2.5.6,$Kp>0$。

很显然,对$\forall j$,$(Kp+K)V'_j\leqslant\left(\dfrac{p_j-KV'_j}{V'_j}+K\right)V'_j=p_j$。

再令 $p_k=((Kp+K)V'_1,(Kp+K)V'_2,\cdots,(Kp+K)V'_n)$,根据 $f_u$ 的单调性,$f_u[(Kp+K)V'_1,(Kp+K)V'_2,\cdots,(Kp+K)V'_n]\leqslant f_u(p_1,p_2,\cdots,p_n)$。

又因为 $p\in Pl$,所以 $p_k\in Pl$,$[0,(Kp+K)V'_1]\times[0,(Kp+K)V'_2]\times\cdots\times[0,(Kp+K)V'_n]\subseteq Pl$,且 $Kp+K>K$。

这与 $\omega=[0,KV'_1]\times[0,KV'_1]\times\cdots\times[0,KV'_2]$是最大等分内接超盒矛盾。假设不成立。

以递归方式利用最大等分内接超盒按任意精度逼近系统效能指标需求轨迹的步骤:

(1)确定相应需求约束值 $u_k$,生成效能指标需求轨迹$(Pl)$,使 $f_u(Pl)\leqslant u_k$。

(2)先求出相应的最小外包超盒,其求解方法是:

① $k=1$。

② 把除第 $k$ 个之外所有效能指标值取为 0(最小值)。根据 $f_u$ 的单调性,可用二分法求出第 $k$ 个效能指标的上确界,它相当于其他效能指标为最优值时,第 $k$ 个效能指标能取的最差值。

③ 如果 $k=n$,各个效能指标求出的新的区间笛卡儿积就是最小外包超盒,退出转(3)。否则 $k=k+1$,转②。

(3)求最大等分内接超盒。

① 判断最小外包超盒的体积(各个区间长度的乘积,由于量纲不一样要进行归一化)是否小于某一精度值 $E$。如果小于则进行适当插值,然后退出。另外,对于某一个分量已小于最小分辨值时,则此量无须再分解,因此达到降维的目的。

② 显然根据 $f_u$ 单调性,当 $K_1 \geqslant K_2$ 时,$f_u(K_1V'_1, K_1V'_2, \cdots, K_1V'_n) \geqslant f_u(K_2V'_1, K_2V'_2, \cdots, K_2V'_n)$,则同样可用二分法试探取值求出 $K$(最大等分内超盒的分割比例系数),得到最大等分内接超盒。

③ 最大等分内接超盒的分割比例系数 $K$ 可以把每个指标的在最小外包超盒内的区间都可分成属于最大等分内接超盒和不属于的两部分。把属于部分记为“0”,不属于的记为“1”。这样就存在 $2^n$($n$ 是所有指标的总数)个区间组合,依次对应于 0 到 $2^n-1$ 的二进制数。第 0 个,就是已求出的最大等分内接超盒,其中任何一个元素都符合系统需求约束,无需再分。而第 $2^n-1$ 个即是相应对角超盒。根据定理 2.5.2,其中任何一个元素都不符合系统需求约束,因此去掉。对剩下的第 1 到 $2^n-2$ 个区间组合,依次作为新的最小外包超盒,递归调用(3)。最后所有最大等分内接超盒的并集就是系统的效能指标需求轨迹。

算法采用了数值逼近的方法,逼近整个效能指标需求轨迹空间,它无需系统需求与效能指标间具有精确的函数表达式。在绝大多数的实际系统中,很难用普通的函数来完全表达需求与效能指标间的关系。它们之间的关系往往只能用数值仿真模型来表达,这类模型只能求出数值解。本算法使得建立在数值关系模型基础上的系统效能指标需求轨迹的求解成为可能。另外,通过使用规则的超盒来逼近不规则的效能指标需求轨迹也为后续的分析计算(如在效能指标需求轨迹上进行积分运算,对效能指标需求轨迹进行集合运算等)奠定了基础,其类似于有限元方法。算法还具有自适应性,它能够根据效能指标需求轨迹的形状,以确定逼近超盒的疏密,通常在曲率大的(变化剧烈)地方其超盒数多,反之则少。

用一最简单例子(如图 2-21 所示)描述算法基本思想。假设效能指标需求轨迹就是 $x^2+y^2 \leqslant r^2(x \geqslant, y \geqslant 0)$。图中虚线边矩形代表最小外包超盒(二维超盒就是矩形),实线矩形表示最大等分内接超盒,用二分法求出相应的交点(对于连续变量,只求出近似值),并得出最大等分内接超盒,然后去掉对角超盒,从图中看是显然的,定理 2.5.2 作了严格证明。再进一步分解,生成新的最小外包超盒组,这样递归调用,所有生成的最大等分内接超盒的并集就可逼近整个效能指标需求轨迹(圆的正轴部分)。

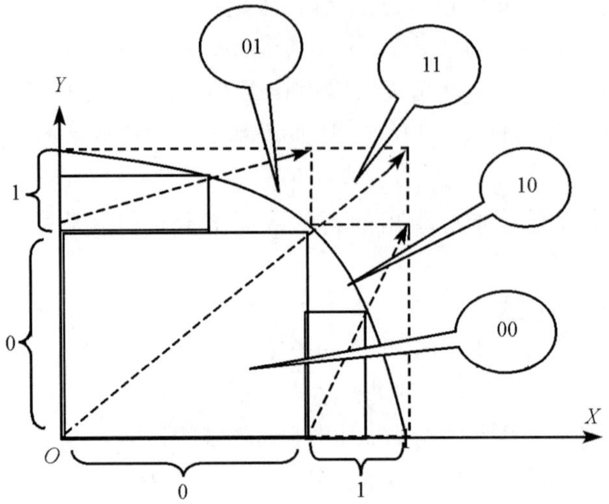


图 2－21 超盒逼近法求部分圆示意

## 2.5.3 多效能指标需求轨迹的交运算算法

实际问题中,还需要求多个效能轨迹的交集,实际意义是显然的。例如,某一防空系统可能遇到多样的作战环境,其使命需求也可能是多样的,对系统的最终需求将是所有需求的交集。一般情况下,不可能穷举出各种情况下使命需求,只能列举较为典型的几种情况,求出它们各自的效能指标需求轨迹,然后作交运算得出最终的效能指标需求轨迹。

以下介绍三种不同的求交算法。

### 2.5.3.1 超盒求交法

效能指标需求轨迹是由超盒合成的不规则区域,若对其进行求交运算,可以直接对规则的超盒求交即可。这种方法实现起来较为简单,但其计算量较大,例如,如果两个由超盒组成的效能指标需求轨迹进行交运算,如果它们各自由 $M$、$N$ 个超盒组成,则须做 $M \times N$ 次超盒求交运算,才能完成两个效能指标需求轨迹的交运算。算法的时间复杂度为 $O(n^2)$,$n$ 表示超盒的个数。但是,可以很自然地把上节效能指标需求轨迹生成算法所产生的最小外包超盒与最大等分内接超盒用一个多叉树组织起来,如图 2－22 所示,很显然这棵多叉树就是包含关系堆结构。图中黑圈表示最大等分内接超盒,白圈表示最小外包超盒,根据上节算法可知,它们在多叉树中数量相等。另外,效能指标需求轨迹求交运算时,如果某个超盒与多叉树中的某个最小外包超盒不相交,则其与此最小外包超盒的所有子结点都不相交,这样在搜索求交时,就可以剪枝处理,大大减小计算量。这样计算复杂度可以减少到 $O(nk\lg q^n)$这一级别,$q = 2^L - 1$ 表示树的叉数,$k$ 为一个修正指数,它与两个求交的效能指标需求轨迹的超盒重叠情况有关。

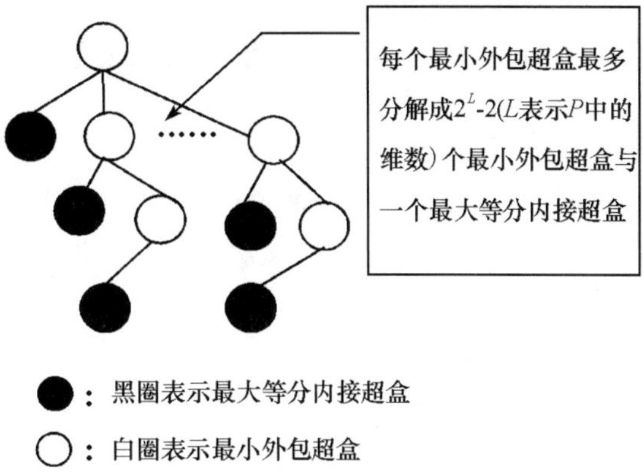


图 2－22　超盒组织的多叉树结构

### 2.5.3.2　逼近法

如果对于任何一个效能指标，所有需求的需求方向一致(即都希望其大或小)，则可以采取逼近方法求出交区域。其基本步骤与效能指标需求轨迹生成算法非常类似。其主要思路如下：

(1)把所有效能指标需求轨迹的最小外包超盒求交，得出的超盒即为交区域的最小外包超盒。

(2)利用二分技术逐步逼近，求出满足各个效能指标需求的最大等分内接超盒。

(3)与上节算法一致，逐步递归求解。

这种方法计算速度快，适合并行处理，但要求效能指标需求一致，不过大部分实际情况都满足这一条件，其实用价值较大。图 2－23 解释了上述算法过程。

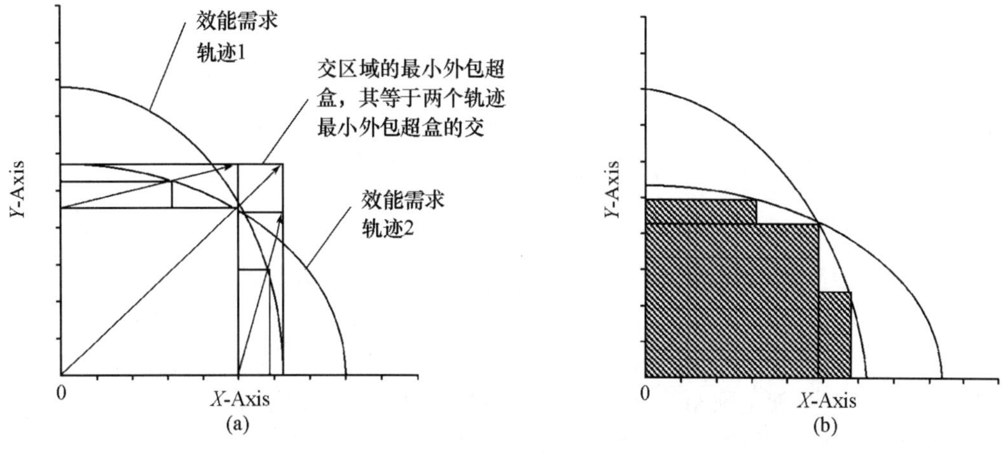


图 2－23　逼近法求效能指标需求轨迹交集的示意图

假设有两个二维效能指标需求轨迹(对于多维情况同理)，算法第一步先求交区域的最小外包超盒，其等于各个轨迹的最小外包超盒的交集。然后，与效能轨迹生成算法类似，利用二分技术找到最大等分内接超盒。图 2－23(b)显示出了逼近效能指标需求轨迹交区域的三个最大等分内接超盒，当然还可以继续迭代，无限逼近所求区域。

#### 2.5.3.3 优化蒙特卡罗算法

优化蒙特卡罗算法是一种半解析、半数值的方法，它主要用于效能指标需求轨迹交区域的数值积分计算。它的计算量与超盒直接求交法正相反，即一般情况下求交的效能指标需求轨迹个数越多，它的计算量越小。

优化蒙特卡罗算法的基本思路是：根据射影几何的原理，把 $n$ 维空间中的效能指标需求轨迹投影到 $n-1$ 个二维平面中，然后采用二维图形的求交方法，求出各个效能指标需求轨迹在 $n-1$ 个二维平面投影的交集，最后在经过大大缩小的效能空间区域中用蒙特卡罗方法进行积分计算。

以上介绍的三种单调指标需求轨迹求交的方法，它们都有各自的优缺点以及适用范围。直接超盒求交法的优点是实现容易的，并能够切实地求出交的区域，为后续分析奠定了很好的基础，但其缺点就是计算量较大。逼近法计算速度快，并能够切实地求出交的区域，但其必须要求指标需求的一致性。对于优化蒙特卡罗方法，其优点是求交的单调指标需求轨迹数越多，其计算量反而越小。但其缺点也是明显的，它不能够切实地求出交的区域，其只适合于交区域的积分计算。因此应该根据实际情况来做选择。

### 2.5.4 基于单调效能空间的系统效能分析

前面介绍了单调效能空间的概念模型及其相关算法，在此基础上介绍效能的广义分析模型，它主要包括效能评价模型、效能指标的特性分析模型、效能指标的优化模型。

#### 2.5.4.1 评估模型

进行系统评估时，必须明确需求，以需求为对照，以需求满足度作为效能评估的尺度。这样，我们把效能指标需求轨迹作为衡量实际系统效能的标准，在单调效能空间中，把系统表现出来的效能指标值的分布与效能指标需求轨迹作比较，求出系统效能。

其评估模型为

$$E = \int_{Pl} f(p)\mathrm{d}p$$

其中，$Pl$ 如前文所述的效能指标需求轨迹，$f(p)$为实际系统所表现的效能指标的联合概率密度，它可以通过数理统计的方法获得，通常为正态分布。$E$ 即为实际系统效能是否满足需求的概率值，也就是系统的效能，显然 $0 \leqslant E \leqslant 1$。根据需求效用公设，$E$ 的实质上就是期望效用，也就是就是预期一个系统满足一组特定任务要求程度的量度。

如果效能指标需求轨迹是由超盒逼近而成，则

$$E \approx \sum_{j=1}^{N} \int_{H_j} f(p)\mathrm{d}p$$

$H_j$ 表示为第 $j$ 个超盒，$N$ 表示超盒的总数，$Pl \approx \bigcup_{j=1}^{N} H_j$。

### 2.5.4.2　效能指标灵敏度分析

在系统的效能分析过程中，往往需要了解各个指标的灵敏度问题，灵敏度分析的目的：

(1)当前各个指标的相对重要性。即哪个指标的改善，对系统总的效能的改善更敏感，抓住主要环节。

(2)对难于肯定的环境条件，或没有把握确定的效能指标进行灵敏度分析，便于对那些敏感的条件采取更加谨慎的处理。

(3)作为系统效能优化的基础。

灵敏度分析一般采用摄动法，即某条件作微小变动后，计算问题的输出结果(综合评价值)的相应变化量。有条件时亦可采用解析法求解。这里就是采用解析法求出梯度向量以分析效能指标的灵敏度。另外由于指标取值范围不一样，通常在灵敏度分析之前应进行规格化到相同的区间内，消除量纲，便于参照分析。

**定义** 2.5.7　绝对灵敏度：

$$Js_i = \frac{\partial E}{\partial e_i} = \frac{\partial(\int_{Pl} f(p,e)\mathrm{d}p)}{\partial e_i} \approx \frac{\partial(\sum_{j=1}^{N}\int_{H_j} f(p,e)\mathrm{d}p)}{\partial e_i}, \qquad Pl \approx \bigcup_{j=1}^{N} H_j。$$

其中，$e_i$ 是实际系统的效能指标 $p_i$ 的期望值，它是所要摄动的变量。

相对灵敏度：

$$Rs_i = \frac{\frac{\partial E}{E}}{\frac{\partial e_i}{e}} = \frac{\partial \ln E}{\partial \ln e_i} = \frac{e}{E} Js_i$$

以上定义了两种类型的灵敏度，其中绝对灵敏度是指各个指标相对于自身全局范围进行摄动分析。而相对灵敏度是指各个指标相对当前值的范围内摄动变化后对总效能变化的影响度，总效能的变化也是相对当前值范围变化。相对灵敏度是绝对灵敏度乘以一个变系数。另外，它们都具有良好的传递性。

从定义 2.5.7 可以看出，效能指标的灵敏度是与需求和实际系统的表现是紧密相关的，其通常是一连续变化的量，而不是一个静态值，这样体现复杂非线性系统的特点。因此，这种分析模型相对一些静态模型更具有适用性。

直接用上述定义求指标灵敏度是很不方便的，其计算量非常大，而且计算的稳定性也很差，其不具备实用性。一般情况下，实际系统的各个指标具有较好的独立性，例如，在一防空系统中，系统反应速度指标与稳定跟踪指数指标几乎完全独立。

可以用如下更简洁的式子求效能指标的灵敏度，如定理 2.5.3。

**引理** 2.5.1　某一闭区间上的概率值对概率密度函数的期望导数，则其相当于对积分区间的上下限求导的相反数，即：

$$\frac{\mathrm{d}\int_b^a f(p,e)\mathrm{d}p}{\mathrm{d}e} = \lim_{\Delta e \to 0} \frac{\int_b^a f(p,e+\Delta e)\mathrm{d}p - \int_b^a f(p,e)\mathrm{d}p}{\Delta e}$$

$$= -\lim_{\Delta x \to 0} \frac{\int_{b+\Delta x}^{a+\Delta x} f(p,e)\mathrm{d}p - \int_{b}^{a} f(p,e)\mathrm{d}p}{\Delta x}$$

其中,$f(p,e)$是以期望值为 $e$ 的关于随机变量 $p$ 的概率密度函数,其中 $e$ 作为摄动分析变量。

**定理** 2.5.3　若各个效能指标统计独立,则 $Js_i \approx \sum_{j=1}^{N} T_{j,i} \cdot [f_i(a_{j,i},e_i) - f_i(b_{j,i},e_i)]$,其中 $N$ 是超盒的个数,$f_i$ 是第 $i$ 个效能指标边缘密度函数,$e_i$ 是期望值,$b_{j,i}$, $a_{j,i}$ 是第 $j$ 个超盒中第 $i$ 个效能指标的上下限,$T_{j,i} = \prod_{1 \leqslant k \leqslant M, k \neq 1} \int_{a_{j,k}}^{b_{j,k}} f_k(p_k,e_k)\mathrm{d}p_k$,$M$ 是效能指标的个数。

**证明**　因为系统的各个效能指标统计独立,所以

$$\begin{aligned}
\int_{H_j} f(p,e)\mathrm{d}p &= \int_{H_j} f_1(p_1,e_1) \cdot f_2(p_2,e_2) \cdot \cdots \cdot f_m(p_M,e_m)\mathrm{d}p_1 \cdot \mathrm{d}p_2 \cdot \cdots \cdot \mathrm{d}p_M \\
&= \left( \prod_{1 \leqslant k \leqslant M, k \neq i} \int_{a_{j,k}}^{b_{j,k}} f_k(p_k,e_k)\mathrm{d}p_k \right) \cdot \int_{a_{j,i}}^{b_{j,i}} f_i(p_i,e_i)\mathrm{d}p_i \\
&= T_{j,i} \int_{a_{j,i}}^{b_{j,i}} f_i(p_i,e_i)\mathrm{d}p_i
\end{aligned}$$

根据引理 2.5.1,对某个效能指标的期望求导等同于对概率密度函数积分区间上下限求导的相反数:

$$\begin{aligned}
\frac{\partial \int_{H_j} f(p,e)\mathrm{d}p}{\partial e_i} &= \lim_{\Delta x \to 0} \frac{T_{j,i} \left( \int_{a_{j,i}-\Delta x}^{b_{j,i}-\Delta x} f_i(p_i,e_i)\mathrm{d}p_i - \int_{a_{j,i}}^{b_{j,i}} f_i(p_i,e_i)\mathrm{d}p_i \right)}{\Delta x} \\
&= \lim_{\Delta x \to 0} T_{j,i} \frac{\int_{a_{j,i}-\Delta x}^{a_{j,i}} f_i(p_i,e_i)\mathrm{d}p_i - \int_{b_{j,i}-\Delta x}^{b_{j,i}} f_i(p_i,e_i)\mathrm{d}p_i}{\Delta x} \\
&= T_{j,i} \cdot (f(a_{j,i},e_i) - f(b_{j,i},e_i))
\end{aligned}$$

则$\dfrac{\partial \left( \sum_{j=1}^{N} \int_{H_j} f(p,e)\mathrm{d}p \right)}{\partial e_i} = \sum_{j=1}^{N} T_{j,i} \cdot [f(a_{j,i},e_i) - f(b_{j,i},e_i)]$。证毕。

根据定理 2.5.3,我们求效能指标灵敏度的时候,就可避开求导,直接用积分值计算。因而,对于数值算法来说其计算精度、速度与计算稳定性都有很大的提高。

如果各个效能指标不独立,虽不能直接运用定理 2.5.3 来求效能指标的灵敏度,但仍然可以依据上述推导过程进行求值,只不过积分形式要复杂。

### 2.5.4.3　效能指标优化分配设计

系统指标的优化设计也是广义效能分析中的一个重要内容。此问题也就是如何以最小的代价(时间、金钱等)优化设计系统的各项指标,以使系统能够达到用户的需求。这样,我们就可以很自然地在单调指标需求轨迹的基础上建立一个条件优化模型进行优化解算。

## 2.5.5 基于单调效能空间的模糊效能分析

实际问题很复杂，很多效能需求还无法用一个量化数据严格地确定。因此，引入模糊效能指标需求轨迹，以及相应的模糊效能分析模型。这样一方面可以较为恰当地表示需求，另一方面还可以减小计算误差所带来的负面影响，比如，如果实际系统的效能刚好在效能指标需求轨迹的边缘区域，显然效能指标需求轨迹的边缘区域存在一定的误差，这样其效能的计算将会产生较大的误差。如果模糊化效能指标需求轨迹，就可大大减小误差带来的负面影响。

### 2.5.5.1 模糊效能指标需求轨迹

**定义** 2.5.8　模糊效能指标需求轨迹 $fpl(\lambda)$。在一定的论域 $A$ 上建立相关需求的模糊集 $\tilde{R}$，令 $\tilde{R}_\lambda$ 为模糊集 $\tilde{R}$ 的 $\lambda$ 截集，模糊效能指标需求轨迹定义为单调效能空间中能够达到 $\tilde{R}_\lambda$ 需求的区域，记为 $fpl(\lambda)$。显然根据模糊集的分解定理，当 $\lambda_1 \leqslant \lambda_2$ 时，$\tilde{R}_{\lambda_1} \supseteq \tilde{R}_{\lambda_2}$，再根据效能需求的单调性公设，则 $fpl(\lambda_1) \supseteq fpl(\lambda_2)$。

例如，对前述的某一防空系统其需求表述为模糊集：击落敌机，它是建立在论域击落敌机概率上的，如图 2－24 所示。$fpl(\lambda)$是指能够使得击落敌机概率大于 $p$ 的三种效能指标构成的效能空间中的某一区域。

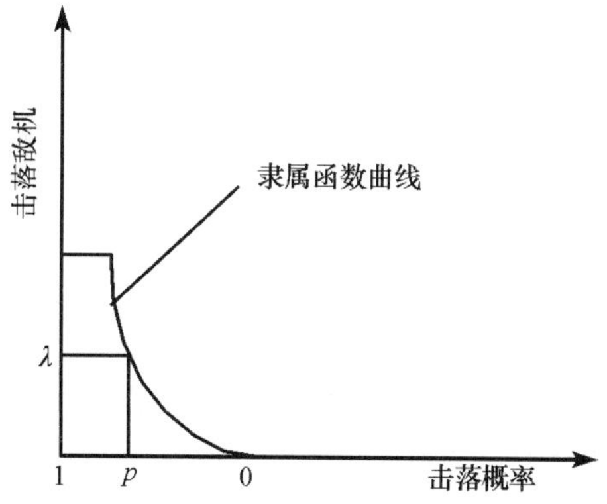


图 2－24　击落敌机的隶属函数

### 2.5.5.2 模糊效能评价模型

定义求解系统模糊效能的模糊积分公式为

$$E_f = (Fuzzy)\int_{pl} f(p)\mathrm{d}p = \bigvee_{0\leqslant\lambda\leqslant1}\left(\lambda \wedge \int_{fpl(\lambda)} f(p)\mathrm{d}p\right)$$

当 $\lambda_1 \leqslant \lambda_2$ 时，

$$fpl(\lambda_1) \supseteq fpl(\lambda_2)$$

$$\int_{fpl(\lambda_1)} f(p)\mathrm{d}p \geqslant \int_{fpl(\lambda_2)} f(p)\mathrm{d}p$$

因此如图 2 - 25 所示：

$$E_f = \lambda^* = \int_{fpl(\lambda^*)} f(p)\mathrm{d}p$$

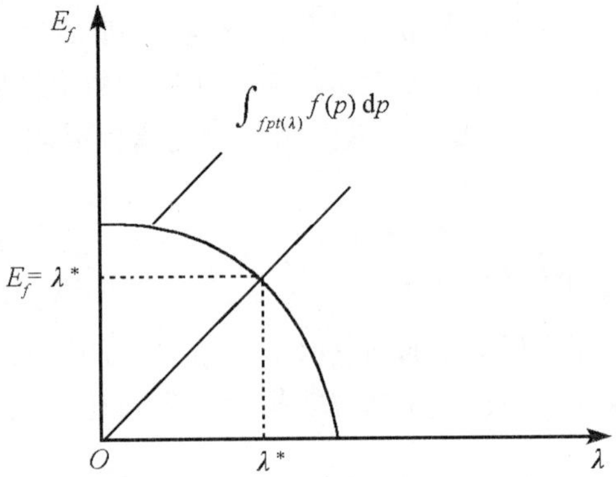


**图 2 - 25 模糊积分的计算示意图**

用二分法或者 2.5.3 节中提到的加速逼近方法能够快速求出 $E_f$。

### 2.5.5.3 模糊优化模型

当代价为费用类型的模糊效能优化模型为

$$\min(C(P_0, P_e))$$

$$\text{s.t}: E_f = (Fuzzy)\int_{pl} f(p)\mathrm{d}p = \bigvee_{0\leqslant\lambda_1\leqslant 1}\left[\lambda \wedge \int_{fpl(\lambda)} f(p)\mathrm{d}p\right] \qquad E_f \geqslant K$$

即：

$$E_f = \lambda = \int_{fpl(\lambda)} f(p, P_e)\mathrm{d}p \qquad E_f \geqslant K$$

根据效能改善与代价增加具有一致单调性，并假定存在 $P_e$ 使得 $K = \int_{fpl(K)} f(p, P_e)\mathrm{d}p$，则容易证明上式等价于：

$$\min[C(P_0, P_e)]$$

$$\text{s.t}: E_f = K = \int_{fpl(K)} f(p, P_e)\mathrm{d}p$$

当具有多个效能指标需求轨迹时：

引入修正变量 $z_i(1\leqslant i\leqslant l)$，$0\leqslant z_i\leqslant 1$，$l$ 为效能指标需求轨迹的总数。

$$\min[C(P_0, P_e)]$$

$$\text{s.t}: E_{f_i} = K - z_i = \int_{fpl_i(K-z_i)} f(p, P_e)\mathrm{d}p \qquad 1\leqslant i\leqslant l$$

$$E_{f_i} \geqslant 0$$

对于代价是时间的可以按类似的方法处理，不再赘述。这样模糊优化模型就化成了上节中非模糊的优化模型，方便了求解。

# 2.6　影响图方法

影响图方法最早是由美国麻省理工学院（MIT）的 James R. Burns 提出的一种复杂系统的规范化建模方法。影响图是一种对变量相关性的描述，既可以作为一种使决策人员和技术专家之间进行信息交流的手段，又可作为建模、评估的工具和分析方法。

## 2.6.1　影响图建模理论

在确定了系统的边界和内容以后，可以得到那些表征系统所必需的参量，记这些参量的集合为 $Q=\{q_1,q_2,\cdots,q_n\}$。另外，根据实际系统的内容可以确定上述参量间的耦合关系，这个关系可以由一个三元方阵 $M$ 表示，这个方阵中的元素 $m_{ij}$ 的取值为 $+1,0,-1$。如果用 $C$ 表示系统参量间的关系，则 $C$ 是 $Q\times Q$ 上的一个二元关系，即 $C\subseteq Q\times Q$。如果

$$\forall C_{ij}=(q_i,q_j)^+\in C,\ 则\ m_{ij}=+1$$

$$\forall C_{ij}=(q_i,q_j)^-\in C,\ 则\ m_{ij}=-1$$

$$\forall C_{ij}=(q_i,\ q_j)\notin C,\ 则\ m_{ij}=0$$

其中，$(q_i,q_j)^+$ 和 $(q_i,q_j)^-$ 分别代表 $q_i$ 到 $q_j$ 的耦合关系是正关系和负关系。这样，系统的影响图 $D$ 便可记为 $D=\{Q,\ C\}$。

可以把参量 $Q$ 划分为六种类型的变量，即状态（水平）变量 $X$、输出变量 $Y$、输入变量 $U$、辅助变量 $V$、率变量 $R$ 和参数（常数）$P$；把参量之间的耦合划分成两种类型，即流耦合 $F$ 和信息耦合 $I$；如表 2－2 所示。影响图建模的过程主要就是将系统的参量 $Q$ 分解成子集 $X$、$Y$、$U$、$V$、$R$ 和 $P$ 以及将耦合分解成子集 $F$ 和 $I$ 的分类过程。

**表 2－2　影响图中的参量与耦合关系类型**

| 名称 | 变量子集 | 名称 | 变量子集 |
|---|---|---|---|
| 状态变量 | $x\in X$ | 参数（常数） | $p\in P$ |
| 输出变量 | $y\in Y$ | 率变量 | $r\in R$ |
| 输入变量 | $u\in U$ | 流耦合 | $C_{ij}\in F$ |
| 辅助变量 | $v\in V$ | 信息耦合 | $C_{ij}\in I$ |

由于上述子集是互不相容的，故可记为

$$\prod Q=\{X,Y,U,V,R,P\}$$

$$\prod C=\{F,I\}$$

设：

$Ac(q_i)$：代表箭头指向 $q_i$ 的一切链枝的集合，即影响 $q_i$ 的一切链枝的集合；

$Ec(q_i)$：从 $q_i$ 引出的一切链枝的集合，即被 $q_i$ 影响的一切链枝的集合；

$Aq(q_j)$：箭头指向 $q_j$ 的一切参量的集合，即每个 $q \in Aq(q_j)$，$q$ 均影响 $q_i$；

$Eq(q_j)$：从 $q_j$ 出发的箭头所指的一切参量的集合，即每个 $q \in Eq(q_j)$，$q$ 均被 $q_j$ 影响。

从三元方阵上看，$Aq(q_j)$指从第 $j$ 列看下来矩阵元素为 ±1 的横行对应的一切 $q$ 的集合；$Eq(q_j)$是指从第 $j$ 行自左至右看过去，矩阵元素为 ±1 的列所对应的一切 $q$ 的集合。

为了保证影响图的规范性，做以下假设，除去一些极为特殊的情况：

(1)不允许存在 $q_i \in Q$，$(q_i, q_i) \in C$，即不允许自反馈环路出现；

(2)不允许出现只有信息耦合或辅助变量构成的回路；

(3)不允许两点间出现同向重枝；

(4)不允许出现有多个起点或多个终点的链枝；

(5)一致性假设：对每个 $q_j \in Q$

$$[Ac(q_j) \cap I = \{\Phi \vee Ac(q_j)\}] \wedge [Ac(q_j) \cap F = \{Ac(q_j) \vee \Phi\}]$$

$$[Ec(q_j) \cap I = \{\Phi \vee Ec(q_j)\}] \wedge [Ec(q_j) \cap F = \{Ec(q_j) \vee \Phi\}]$$

第一个公式的意义是：对每个 $q_j \in Q$，$q_j$ 的耦合枝子集 $Ac(q_j)$必须是同类型耦合枝，或是 $I$ 或是 $F$，即必须

$$\{Ac(q_j)\text{为 } F \text{ 类型耦合枝}\} \vee \{Ac(q_j)\text{为 } I \text{ 类型耦合枝}\}$$

不存在

$$\{c_m \in Ac(q_j) \Rightarrow c_m \in F\} \wedge \{c_n \in Ac(q_j) \Rightarrow c_n \in I\}$$

同理，耦合枝子集 $Ec(q_j)$也必须是同类型耦合枝。

上述假设对绝大多数复杂系统模型是合理的，在此基础上给出如下定义：

**定义** 2.6.1　参数或者输入变量。对 $q_j \in Q$，若 $q_j$ 相伴的 $Ac(q_j) = \Phi$，则形式化表示为

$$Ac(q_j) = \Phi \Rightarrow q_j \in P \vee U = PU。$$

这个定义的意思是，对参数或者输入变量，不存在其他对其有影响的参量。

**定义** 2.6.2　输出变量。变量 $q_j \in Q$ 对应的 $Ec(q_j) = \Phi$，即

$$Ec(q_j) = \Phi \Rightarrow q_j \in Y。$$

这个定义的意思是当 $q_j$ 不影响任何其他别的参量时，则 $q_j$ 是输出变量。注意

$$Ac(q_j) = \Phi$$

$$Aq(q_j) = \Phi$$

$$Ec(q_j) = \Phi \Leftrightarrow Eq(q_j) = \Phi$$

$$\| Ac(q_j) \| = \| Aq(q_j) \|$$

$$\| Ec(q_j) \| = \| Eq(q_j) \|$$

故定义 2.6.1 和定义 2.6.2 中的 $Ac(q_j)$和 $Ec(q_j)$可以用 $Aq(q_j)$和 $Eq(q_j)$来代替。

**定义** 2.6.3　状态变量。对 $q_j \in Q$，若 $Ac(q_j) \subseteq F$ 且 $Ec(q_j) \subseteq I$，则 $q_j \in X$，即

$$Ac(q_j)\subseteq F\wedge Ec(q_j)\subseteq I,\ q_j\in X$$

**定义 2.6.4**　变化率变量。对 $q_j\in Q$，若 $Ac(q_j)\subseteq I$ 且 $Ec(q_j)\subseteq F$，则 $q_j\in R$，即

$$Ac(q_j)\subseteq I\wedge Ec(q_j)\subseteq F,\ q_j\in R$$

**定义 2.6.5**　辅助变量。对 $q_j\in Q$，若 $Ac(q_j)\subseteq I$ 且 $Ec(q_j)\subseteq I$，则 $q_j\in V$，即

$$Ac(q_j)\subseteq I\wedge Ec(q_j)\subseteq I,\ q_j\in V$$

**定义 2.6.6**　流耦合 $C_{ij}$。$\forall C_{ij}=(q_i,q_j)\in C$，若 $q_i\in R$ 且 $q_j\in X$，则 $C_{ij}\in F$，即

$$q_i\in R\wedge q_j\in X,\ C_{ij}=(q_i,q_j)\in F$$

**定义 2.6.7**　信息耦合 $C_{ij}$。$\forall C_{ij}=(q_i,q_j)\in C$，若 $q_i\in XPUV$ 且 $q_j\in VRY$，则 $C_{ij}\in I$，即

$$q_i\in XPUV\wedge q_jVRY,\ C_{ij}=(q_i,q_j)\in I$$

式中

$$XPUV=X\cup P\cup U\cup V$$
$$VRY=V\cup R\cup Y$$

**定义 2.6.8**　内生变量。$\forall q_j\in Q$，若 $Ac(q_j)\neq\Phi$ 且 $Ec(q_j)\neq\varphi$，则 $q_j$ 为内生变量，记作 $q_j\in Q_e$。

可以把 $Q$ 划分为 $\prod_{1Q}=\{Q_e,Q_n\}$，其中

$Q_e$：为内生变量集合，$Q_e=R\cup X\cup V$

$Q_n$：为非内生变量集合，$Q_n=U\cup P\cup Y$

显然 $\prod_{1Q}$ 是在前述的 $\prod_Q$ 的基础上进行的。

**定义 2.6.9**　子模型小项 $L_{\min}$（Minor Submodels）。$\forall(q_j,q_k)$，最小的反馈回路只包含两个参量 $q_j$ 和 $q_k$，它们之间及与外界的耦合，形成的反馈回路对应的集合，即

$$L_{\min}=\{q_j,q_k,Ac(q_j),Ec(q_j),Ac(q_k),Ec(q_k)\}$$

下面介绍影响图理论中关于动态系统的几个公理。

**公理 2.6.1**　对于待建立模型的动态系统 $S$，其基本单元可以模型化为状态 $X$、变化率 $R$、输入 $U$、输出 $Y$、辅助变量 $V$ 和参数 $P$，并且单元之间的耦合关系可分为流耦合 $F$ 和信息耦合 $I$，用符号表示就是 $S\sim D=\{Q,C\}$，其中

$$Q=X\cup R\cup U\cup V\cup Y\cup P$$
$$C=F\cup I$$

**公理 2.6.2**　任何反馈回路是由变化率、流耦合、状态变量、信息耦合和其他相伴耦合枝组成的最小集合，记反馈回路的集合为 $L$，$L_{\min}=\{r_i,\ x_j,\ C_{ij}\in F,\ C_{ji}\in I$，一切相邻耦合支$\}$。

**公理 2.6.3**　变化率方程决策过程模型，用来控制流的变化；此外，决策过程或者变化率是利用状态值、参数值和输入值的信息来控制流的进入或离开状态变量。

具体来说，对于决策过程，如果存在一个解 $r_i$，其表现形式为 $f_i[Aq(r_i)]$，那么，此解控制流的变化，建立在关于状态参数和输入变量[记 $Aq(r_i)$]信息耦合的基础上。

**公理 2.6.4** 设 $x_i(n+1)$代表状态方程的解 $s_i$,存在 $x_i(n+1)$能满足 $s$,即 $x_i(n+1)$能够表示为 $s_i$ 的一个函数,这个函数为 $x_i(n+1)=s_i[x_i(n),\{Aq(x_i)\}]$。

这个公理说明了维持在时间点 $n+1$ 上的状态方程解可由 $s_i[\cdots]$规定,这个解依赖于前一时刻 $n$ 时的状态和 $x$ 的影响因子集 $Aq(x_i)$。

**公理 2.6.5** 变量集合 $Q$ 不能划分为两个不连通子集 $Q_1$ 和 $Q_2$。

根据以上的定义和公理,可以得到下述的定理,这些定理是影响图建模的基础。由于本节所述的定理都可由前述的定义和公理导出,限于篇幅,以下定理未给出证明。

**定理 2.6.1** $\forall q_j\in Q$,下列关系式均成立:

(1) $C_{ij}=(q_i,q_j)\in I,\ Ac(q_j)\subseteq I$;

(2) $C_{ij}=(q_i,q_j)\in F,\ Ac(q_j)\subseteq F$;

(3) $C_{jk}=(q_j,q_k)\in I,\ Ec(q_j)\subseteq I$;

(4) $C_{jk}=(q_j,q_k)\in F,\ Ec(q_j)\subseteq F$。

这个定理可由一致性假设导出。

**定理 2.6.2** 内生变量类型的识别可以从 $q_j\in Q_e$ 的双边耦合 $Ac(q_j)$与 $E_c(q_j)$中的至少一条链枝来确定:

(1) $\forall q_j\in Q_e, C_{ij}\in F\wedge C_{jk}\in I,\ q_j\in X$;

(2) $\forall q_j\in Q_e, C_{ij}\in I\wedge C_{jk}\in F,\ q_j\in R$;

(3) $\forall q_j\in Q_e, C_{ij}\in I\wedge C_{jk}\in I,\ q_j\in V$。

**定理 2.6.3** (1)影响图中,不存在变量 $q_j\in Q$,使得 $Ac(q_j)\subseteq F\wedge Ec(q_j)\subseteq F$;

(2) $\forall C_{ij}\in F,\ q_i\in R\wedge q_j\in X$。

**定理 2.6.4** 对每个 $q_j\in Q$,如果 $q_j$ 的类型已识别,则 $q_j$ 对应的耦合枝子集合 $Ec(q_j)$和 $Ac(q_j)$均已知,即

(1)若 $q_j\in R$,则 $Ac(q_j)\subseteq I\wedge Ec(q_j)\subseteq F$;

(2)若 $q_j\in X$,则 $Ac(q_j)\subseteq F\wedge Ec(q_j)\subseteq I$;

(3)若 $q_j\in V$,则 $Ac(q_j)\subseteq I\wedge Ec(q_j)\subseteq I$;

(4)若 $q_j\in PU$,则 $Ac(q_j)=\Phi\wedge Ec(q_j)\subseteq I$;

(5)若 $q_j\in Y$,则 $Ac(q_j)\subseteq I\wedge Ec(q_j)=\Phi$。

**定理 2.6.5** 若对每个 $q_j$ 有 $q_j\in Q_e\wedge C_{ij}\in F$,则

$$q_i\in R\wedge q_j\in X\wedge Ac(q_i)\subseteq I\wedge Ec(q_i)\subseteq I$$

$$F\wedge Ac(q_j)\subseteq F\wedge Ec(q_j)\subseteq I$$

**定理 2.6.6** 若对每个 $q_j$ 有 $q_j\in Q_e\wedge C_{ij}\in I$,则

$$Ec(q_i)\subseteq I\wedge Ac(q_j)\subseteq I\wedge q_i\in XV\wedge q_j\in VR$$

**定理 2.6.7** 若已知内生变量 $q_j$ 的类型,可得:

(1)设 $q_j \in X$，则 $Aq(q_j) \subseteq R \wedge Eq(q_j) \subseteq VRY$；

(2)设 $q_j \in R$，则 $Aq(q_j) \subseteq VXPU \wedge Eq(q_j) \subseteq X$；

(3)设 $q_j \in V$，则 $Aq(q_j) \subseteq VXPU \wedge Eq(q_j) \subseteq VRY$。

**定理** 2.6.8　对每个 $r_i \in R$，有 $1 \leqslant |Ec(r_i)| \leqslant 2$。

## 2.6.2　影响图建模算法

影响图建模方法通过分析所要研究的复杂系统，找出表征系统运行过程所必须的系统参量，通过分析系统各参量之间的相互影响关系画出系统的有向图，根据有向图与系统参量的实际物理意义，最后得出系统的状态方程。从这种方法的建模过程来看，它是从实际系统出发进行建模的，因此能够较真实地反映原始系统的特性。

### 2.6.2.1　算法流程

从2.6.1节可知，影响图建模的实质就是把各参量 $q \in Q$ 识别成 $X$、$Y$、$P$、$R$、$U$ 和 $V$ 的过程。影响图建模算法的目的就是完成这个过程。

影响图建模算法的主要步骤以及步骤间的关系可由图2-26所示。

图2-26中所采用的集合变量的含义可参见表2-3。

**表2-3　影响图建模算法中各种标记符号的含义**

| 变量标记 | 含　义 |
|---|---|
| $Q$ | 影响图 $D$ 中包含的所有参量的集合 |
| $C$ | 影响图 $D$ 中包含的所有耦合关系的集合 |
| $Q^{un}$ | 所有未划分的参量的集合 |
| $C^{un}$ | 所有未划分的耦合关系的集合 |
| Ø | 空集 |
| $q_i$ | 参量元素 |
| $C_{ij}$ | 耦合链枝元素，方向从 $q_i$ 指向 $q_j$ |
| $PU$ | 参数与输入变量的集合 |
| $RV$ | 变化率与辅助变量的集合 |
| $VX$ | 辅助变量和状态变量的集合 |
| $F$ | 流耦合关系的集合 |
| $I$ | 信息耦合关系的集合 |
| $R$ | 变化率的集合 |
| $P$ | 参数的集合 |
| $U$ | 输入变量的集合 |
| $V$ | 辅助变量的集合 |
| $X$ | 状态变量的集合 |
| $Y$ | 输出变量的集合 |

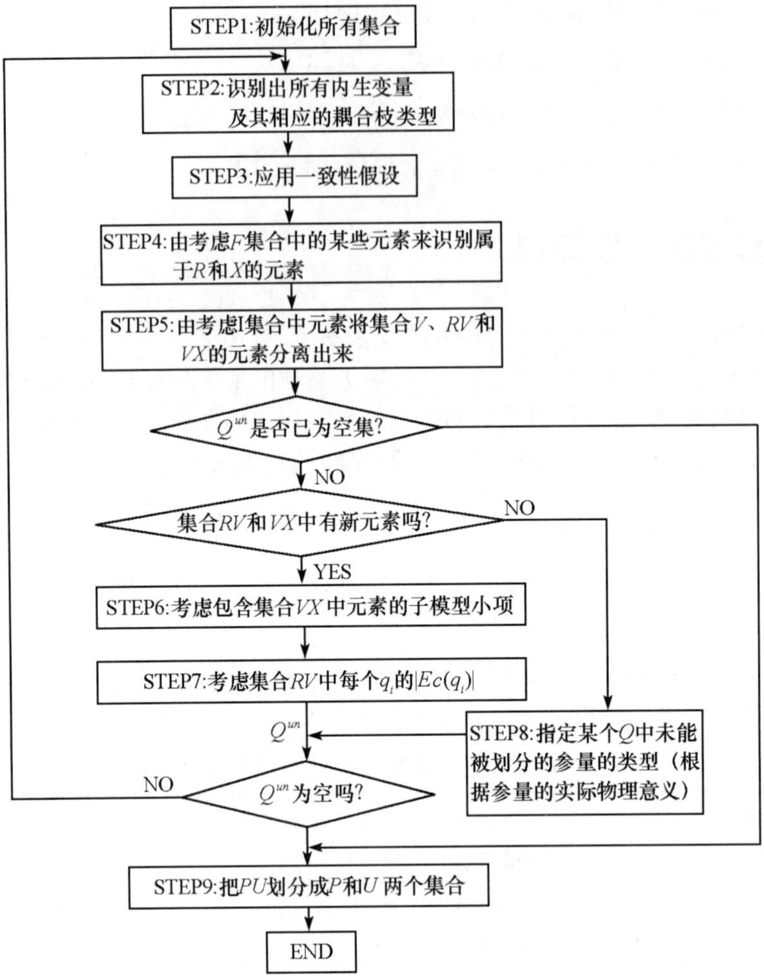


图 2-26 影响图建模算法流程图

### 2.6.2.2 算法步骤

图 2-26 所示的影响图建模算法由 9 个步骤组成,下面将逐一介绍具体实施内容。

**Step 1 将所有集合初始化**

由影响图 $D=\{Q,C\}$ 开始,令集合 $Q^{un}$ 包含 $Q$ 中所有的元素,令 $C^{un}$ 包含 $C$ 中所有的元素,将剩余的集合都初始化为空集:$Q^{un}=Q, C^{un}=C, PU=RV=VX=F=I=P=R=U=V=X=Y=\varnothing$。

**Step 2 将所有的非内生参量及其耦合关系分离出来**

(1)对 $\forall\, q_i \in Q^{un}$:

① 若 $Ec(q_i)=\varnothing$,将 $\{q_i\}$ 加入集合 $Y$,同时从 $Q^{un}$ 中将其除去;

② 若 $Ac(q_i)=\varnothing$,将 $\{q_i\}$ 加入集合 $PU$,同时从 $Q^{un}$ 中将其除去。

(2)将 $Ac(Y)$加入集合 $I$,同时从集合 $C^{un}$ 中将其除去。

(3)将 $Ec(PU)$加入集合 $I$,同时从集合 $C^{un}$ 中将其除去。

Step 3 **应用一致性假设**

(1)对 $\forall C_{ij} \in I$:

① 将 $C^{un} \cap Ec(q_i)$加入集合 $I$,同时将其从集合 $C^{un}$ 中除去;

② 将 $C^{un} \cap Ac(q_j)$加入集合 $I$,同时将其从集合 $C^{un}$ 中除去;

(2)对 $\forall C_{ij} \in F$:

① 将 $C^{un} \cap Ec(q_i)$加入集合 $F$,同时将其从集合 $C^{un}$ 中除去;

② 将 $C^{un} \cap Ac(q_j)$加入集合 $F$,同时将其从集合 $C^{un}$ 中除去。

Step 4 **考察集合 $F$ 中的元素,将集合 $R$ 和 $X$ 的元素分离出来**

对 $\forall q_i \in Q^{un}$,若 $Ac(q_i) \subseteq F$,则将$\{q_i\}$加入集合 $X$,并同时将其从集合 $VX$ 和 $Q^{un}$ 中除去;反之,若 $Ec(q_i) \subseteq F$,则将$\{q_i\}$加入集合 $R$,并同时将其从集合 $RV$ 和 $Q^{un}$ 中除去。

Step 5 **考虑 $I$ 集合中元素,将集合 $V$、$RV$ 和 $VX$ 的元素分离出来**

对 $\forall q_i \in Q^{un}$,若 $Ac(q_i) \subseteq I$,则将$\{q_i\}$加入集合 $V$,并同时将其从集合 $RV$、$VX$ 和 $Q^{un}$ 中除去;反之,若 $Ac(q_i) \subseteq I$,将$\{q_i\}$加入集合 $RV$,或若 $Ec(q_i) \subseteq I$,将$\{q_i\}$加入集合 $VX$(注意,$RV$ 和 $VX$ 中所元素并不从集合 $Q^{un}$ 中除去)。

若集合 $Q^{un}$ 为空,则转向 Step 9,若 $Q^{un}$ 不空,且没有新的 $RV$ 或 $VX$ 集合中元素在上面步骤中被分离,则转向执行 Step 8,否则继续执行 Step 6。

Step 6 **寻找包含 $VX$ 元素的子模型小项(Minor Submodels)**

对每个 $q_i \in VX$,若 $C_{ij}$ 和 $C_{ji}$ 同时存在,则

(1)将$\{q_i\}$加入集合 $X$,同时将其从集合 $VX$ 和 $Q^{un}$ 中除去;

(2)将$\{q_j\}$加入集合 $R$,同时将其从集合 $RV$ 和 $Q^{un}$ 中除去;

(3)将$\{C_{ji}\}$加入集合 $F$,同时将其从集合 $C^{un}$ 中除去。

Step 7 **对集合 $RV$ 中的每个 $q_i$ 考虑 $Ec(q_i)$的基**

对每个 $q_i \in RV$,若 $\| EC(q_i) \| > 2$,则

(1)将$\{q_i\}$加入集合 $V$,同时将其从集合 $RV$ 和 $Q^{un}$ 中除去;

(2)将 $Ec(q_i)$加入集合 $X$,同时将其从集合 $C^{un}$ 中除去。

若此时 $Q^{un}$ 为空,则转向 Step 9,否则返回 Step 3。

Step 8 **确定集合 $Q^{un}$ 中元素的最后划分**

选择集合 $Q^{un}$ 中的一个元素 $q_i$,确定它的最后划分。若 $q_i$ 被确定为一个状态变量,则

(1)将$\{q_i\}$加入集合 $X$,同时将其从集合 $VX$ 和 $Q^{un}$ 中除去;

(2)将 $C^{un} \cap Ec(q_i)$加入集合 $I$,同时将其从集合 $C^{un}$ 中除去;

(3)将 $C^{un} \cap Ac(q_i)$加入集合 $F$,同时将其从集合 $C \wedge \{角标=1\}^{un}$ 中除去;

若 $q_i$ 被确定为一个变化率,则

(1)将$\{q_i\}$加入集合 $R$,同时将其从集合 $RV$ 和 $Q^{un}$ 中除去;

(2)将 $C^{un}\cap Ec(q_i)$加入集合 $F$,同时将其从集合 $C^{un}$ 中除去;

(3)将 $C^{un}\cap Ac(q_i)$加入集合 $I$,同时将其从集合 $C^{un}$ 中除去;

若 $q_i$ 被确定为是一个辅助变量,则

(1)将$\{q_i\}$加入集合 $V$,同时将其从集合 $RV$、$VX$ 和 $Q^{un}$ 中除去;

(2)将 $C^{un}\cap Ec(q_i)$加入集合 $I$,同时将其从集合 $C^{un}$ 中除去;

(3)将 $C^{un}\cap Ac(q_i)$加入集合 $I$,同时将其从集合 $C^{un}$ 中除去。

若集合 $Q^{un}$ 现在为空了,继续执行下一步;否则转向 Step 3。

**Step 9　将集合 $PU$ 分解成 $P$ 和 $U$**

对每个 $q_i\in PU$,若 $q_i$ 是可控的,则将$\{q_i\}$加入集合 $U$;反之,将$\{q_i\}$加入集合 $P$。

由于复杂系统的建模常常是一项艰难的工作,因而为这样的建模过程提炼出一种规范化的程式也非常困难。影响图建模方法,虽然存在着不足,但是无疑是有意义的。

## 2.6.3　影响图建模方法在 C³I 系统中的应用

从图 2-26 所示的影响图建模算法流程中可以看出,这种方法体现了定性分析与定量分析相结合的建模思想。针对现代战争系统以及战争环境下的 C³I 系统,画出表征系统的影响图并不困难,这就在一定程度上解决了现代战争过程的建模问题。

### 2.6.3.1　作战想定与 C³I 系统配置

此处考虑一个战术防空作战想定。在这类战斗中,敌对我重要保卫目标往往采取目标方向连续梯次进袭方式。以红方代表我方,以蓝方代表敌方。红方的作战任务是保卫坐落在图 2-27 中各节点的目标,并给来犯之敌以最大的杀伤。红方的武器系统(地空导弹部队和高炮部队)安置在节点 $B$,而其探测系统(雷达系统)安置在节点 $A$。探测系统探测到敌空中目标后,将信息通过通信网络传送到节点 $B$,以引导武器系统向敌机(包括轰炸机、强击机和歼击机)进行攻击。蓝军的作战任务则是连续向红军要地和地面武器系统以飞机实施攻击。

红军的 C³I 系统如图 2-27 所示,这是一个包含 7 个节点和 13 条通信链路的通信网络,节点表示信息收集、传输或处理中心,网络中的链路可能受到敌方干扰或物理毁伤,这样两个节点间的通信可能遭到破坏。网络中有 21 个可能信源——信宿节点对,这里根据作战想定,我们只使用(1,7)节点对分别做信源和信宿。

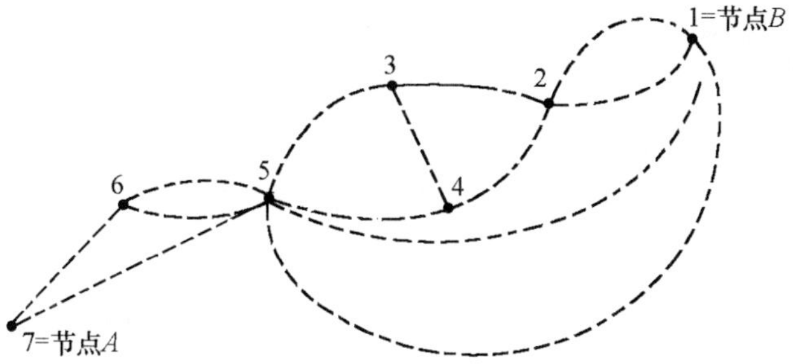


图2-27　通信网络示意图

### 2.6.3.2　系统的影响图

根据对前述的作战想定以及 $C^3I$ 系统的分析，可以得到能够表征该战争过程所必需的参量表（表2-4）以及画出该系统的影响图（图2-28）。

表2-4　$C^3I$ 作战系统的参量表

| | |
|---|---|
| $q_1$ | 蓝军现存兵力水平（指数） |
| $q_2$ | 红军现存兵力水平（指数） |
| $q_3$ | 蓝军单发杀伤概率 |
| $q_4$ | 红军单发杀伤概率 |
| $q_5$ | 蓝军单发时间间隔 |
| $q_6$ | 红军单发时间间隔 |
| $q_7$ | 蓝军对蓝军的毁伤率 |
| $q_8$ | 红军对红军的毁伤率 |
| $q_9$ | 红军武器的杀伤半径 |
| $q_{10}$ | 红军武器对红军目标的不确定性半径 |
| $q_{11}$ | 红军由探测系统造成的不确定性半径 |
| $q_{12}$ | 蓝军目标的相对速度 |
| $q_{13}$ | 红军通信网的输入流量 |
| $q_{14}$ | 红军通信网的平均时延 |
| $q_{15}$ | 红军通信网的生存性 |
| $q_{16}$ | 红军通信网的可靠性 |
| $q_{17}$ | 红军通信网的通信容量 |
| $q_{18}$ | 蓝军对蓝军通信网的干扰及物理攻击率 |

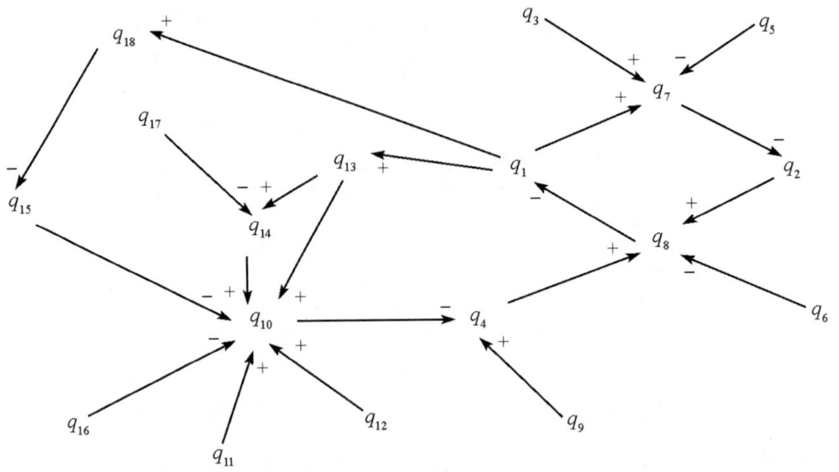


图 2－28 C³I 作战系统的有向图

从图 2－28 可确定该 C³I 作战系统的三元方阵 $M$(表 2－5)。

表 2－5 C³I 作战系统的三元方阵 $M$

| STM | 1 | 2 | 3 | 4 | 5 | 6 | 7 | 8 | 9 | 10 | 11 | 12 | 13 | 14 | 15 | 16 | 17 | 18 |
|---|---|---|---|---|---|---|---|---|---|---|---|---|---|---|---|---|---|---|
| 1 | | | | | | | 1 | | | | | | 1 | | | | | 1 |
| 2 | | | | | | | | 1 | | | | | | | | | | |
| 3 | | | | | | | 1 | | | | | | | | | | | |
| 4 | | | | | | | | 1 | | | | | | | | | | |
| 5 | | | | | | | －1 | | | | | | | | | | | |
| 6 | | | | | | | | －1 | | | | | | | | | | |
| 7 | | －1 | | | | | | | | | | | | | | | | |
| 8 | －1 | | | | | | | | | | | | | | | | | |
| 9 | | | | 1 | | | | | | | | | | | | | | |
| 10 | | | | －1 | | | | | | | | | | | | | | |
| 11 | | | | | | | | | | 1 | | | | | | | | |
| 12 | | | | | | | | | | 1 | | | | | | | | |
| 13 | | | | | | | | | | －1 | | | | 1 | | | | |
| 14 | | | | | | | | | | 1 | | | | | | | | |
| 15 | | | | | | | | | | －1 | | | | | | | | |
| 16 | | | | | | | | | | －1 | | | | | | | | |
| 17 | | | | | | | | | | | | | | －1 | | | | |
| 18 | | | | | | | | | | | | | | | －1 | | | |

从图 2 – 28 和表 2 – 5 可以看出,这个有 $C^3I$ 系统参与的作战系统由几个反馈环路镶嵌而成。$q_{10}$这个参量在几个反馈环路中都起着作用,它所代表的物理意义是红军武器对蓝军目标的不确定性半径。由于这里所描述的 $C^3I$ 系统主要是起目标定位的作用,因此 $q_{10}$是代表该 $C^3I$ 系统效能的重要参量。它受到红军的由探测系统造成的目标不确定性半径($q_{11}$)、蓝军飞行目标的相对运动速度($q_{12}$)、红军通信网中从节点 $A$ 进入的输入信息流量($q_{12}$)、红军通信网的平均延时($q_{14}$)、红军通信网的生存性($q_{15}$)和红军通信网的可靠性($q_{16}$)的影响,而影响($q_{10}$)的这些参量有些直接或间接地受到蓝军当前兵力水平指数($q_1$)的影响,如红军通信网的输入信息流量($q_{13}$)直接受到 $q_1$ 的影响,$q$ 越大,所发现的目标越多,信息量就越大,注入通信网的输入信息流量就越大;而红军通信网的平均消息时延($q_{14}$)受到通信网的输入流量($q_{13}$)的影响,即间接受到了 $q_1$ 的影响;同样,$q_1$ 也通过 $q_8$ 来影响 $q_{15}$,即蓝军现存兵力水平指数越高,蓝军对红军通信网的干扰及物理攻击率($q_{18}$)越大,因而红军通信网的生存性($q_{15}$)就越小。

同时,红军武器系统对蓝军目标的不确定性半径($q_{10}$)又通过影响红军的单发杀伤概率($q_4$)来影响红军对蓝军的毁伤率($q_8$),最终对蓝军的兵力水平指数($q_1$)构成影响。因此,图 2 – 28 所示的整个系统实质是一个交战→探测敌目标→信息传输→确定敌目标→交战的大反馈回路,反映了现代战争中 $C^3I$ 系统参战情况下的作战过程。

对这样一个系统,要用现在的作战损耗理论直接对其进行描述是比较困难的,尤其是用 Lanchester 型作战方程对其建模尤为困难。然而,除了 Lanchester 型方程,几乎又没有其他能带有明确表达战场损耗过程的模型工具可用。

下面,我们将采用前面介绍的建模方法对这个作战系统进行建模,用这种方法建立的作战模型,既能有机地结合 Lanchester 型方程,又能赋予其非线性损耗以明确的物理意义。

### 2.6.3.3　系统模型的建立

利用前述的影响图建模理论与建模算法,我们可以对这个 $C^3I$ 作战系统进行建模。首先利用三元阵 $M$,对其进行变换,识别参量 $q_1 \sim q_{18}$的变量类型和参量间的耦合类型,根据建模理论中的定理和建模算法,根据参量 $q_1 \sim q_{18}$的含义,容易得到变换后的三元阵(见表 2 – 6)。可见,只有 $x_1$ 与 $x_2$(或 $q_1$ 与 $q_2$)两个状态变量可以借此列出状态方程:

$$\frac{dx_1}{dt} = -r_8 \tag{2-2}$$

$$\frac{dx_2}{dt} = -r_7 \tag{2-3}$$

$$r_7 = f_1(r_7, p_3, p_5) \tag{2-4}$$

$$r_8 = f_2(x_2, v_4, p_6) \tag{2-5}$$

$$v_4 = f_3(p_9, v_{10}) \tag{2-6}$$

$$v_{10} = f_4(p_{11}, p_{12}, v_{13}, v_{14}, v_{15}, v_{16}) \tag{2-7}$$

$$v_{14} = f_5(p_{17}, v_{13}) \tag{2-8}$$

$$v_{13} = f_6(x_1) \tag{2-9}$$

$$v_{15} = f_7(v_{18}) \tag{2-10}$$

$$r_{18} = f_8(x_1) \tag{2-11}$$

**表 2-6 变换后的三元方阵**

| STM | 1$X$ | 2$X$ | 3$P$ | 4$V$ | 5$P$ | 6$P$ | 7$R$ | 8$R$ | 9$P$ | 10$V$ | 11$P$ | 12$P$ | 13$V$ | 14$V$ | 15$V$ | 16$P$ | 17$P$ | 18$V$ |
|---|---|---|---|---|---|---|---|---|---|---|---|---|---|---|---|---|---|---|
| 1$X$ | | | | | | | 1 | | | | | | 1 | | | | | 1 |
| 2$X$ | | | | | | | | 1 | | | | | | | | | | |
| 3$P$ | | | | | | | 1 | | | | | | | | | | | |
| 4$V$ | | | | | | | | 1 | | | | | | | | | | |
| 5$P$ | | | | | | | -1 | | | | | | | | | | | |
| 6$P$ | | | | | | | | -1 | | | | | | | | | | |
| 7$R$ | | -1 | | | | | | | | | | | | | | | | |
| 8$R$ | -1 | | | | | | | | | | | | | | | | | |
| 9$P$ | | | | 1 | | | | | | | | | | | | | | |
| 10$V$ | | | | -1 | | | | | | | | | | | | | | |
| 11$P$ | | | | | | | | | | 1 | | | | | | | | |
| 12$P$ | | | | | | | | | | 1 | | | | | | | | |
| 13$V$ | | | | | | | | | | -1 | | | | 1 | | | | |
| 14$V$ | | | | | | | | | | 1 | | | | | | | | |
| 15$V$ | | | | | | | | | | -1 | | | | | | | | |
| 16$P$ | | | | | | | | | | -1 | | | | | | | | |
| 17$P$ | | | | | | | | | | | | | | -1 | | | | |
| 18$V$ | | | | | | | | | | | | | | | -1 | | | |

状态方程(2-2)和(2-3)实际上是一个 Lanchester 型方程组,其损耗项为 $f_1$ 和 $f_2$。从前面所述作战想定看,双方兵力水平指数 $x_1$ 和 $x_2$ 的损耗可用平方律来描述。故有 $r_7 = -ax_1$,$r_= -bx_2$。又根据 $p_3$、$p_5$ 以及 $v_4$、$p_6$ 的物理含义,知损耗系数 $a = p_3/p_5$,$b = v_4/p_6$,即

$$f_1(x_1, p_3, p_5) = -\frac{p_3}{p_5}x_1 \tag{2-12}$$

$$f_2(x_2, v_4, p_6) = -\frac{v_4}{p_6}x_2 \tag{2-13}$$

由于 $p_9$(即 $q_9$)为红军武器的杀伤半径,$v_{10}$(即 $q_{10}$)为红军对蓝军目标的不确定性半径,故红军的单发杀伤概率 $v_4 = \pi p_9^2/\pi v_{10}^2 = p_9^2/v_{10}^2$,即

$$f_3 = \frac{p_9^2}{v_{10}^2} \tag{2-14}$$

根据有关文献的介绍,红军对蓝军目标的不确定性半径 $P$、红军由探测系统造成的目标不确定性半径 $C$、蓝军目标的相对速度 $V$、红军通信网的输入流量 $F$、红军通信网的平均延时 $T$ 以及红军通信网的生存性 $S$ 和可靠性 $R$ 之间的关系为

$$P = [2/(S + R)] \times [10C(1 - 0.9F) + VT] \tag{2-15}$$

用影响图所采用的符号来表示就是

$$\begin{aligned} v_{10} &= [2/(v_{15} + p_{16})] \times [10p_{11}(1 - 0.9v_{13}) + p_{12}v_{14}] \\ &= f_4(p_{11}, p_{12}, v_{13}, v_{14}, v_{15}, p_{16}) \end{aligned} \tag{2-16}$$

红军通信网的平均延时 $v_{14}$ 是与网络拓扑结构有关的量。要确定这个量,需要用到排队率的 $M/M/1$ 模型。令通信网每一条链枝的通主容量为 $C_k$, $k = 1, 2, \cdots, 13$。通信网中 $A$、$B$ 之间共有 30 条不同的传输路径,故对每一个信息包(Pacdage)有 30 个不同的延时时间,用 $\Pi_j$ 表示第 $j$ 条传输路径,则信息包沿着该通路的延时为

$$T_{\Pi_j} = \sum_{C_k \in \Pi_j} 1/(\mu C_k - F) \tag{2-17}$$

其中,$1/\mu$ 是每个信息包的平均 bit 数,$F$ 是要从 $A$ 点传输到 $B$ 点的输入信息流量。很明显,网络的平均延时 $v_{14}$ 为

$$v_{14} = \sum_{j=1}^{30} P(\Pi_j) T_{\Pi_j} \tag{2-18}$$

其中,$P(\Pi_j)$ 是选择路径 $\Pi_j$ 的概率。

假设每条链路的通信容量相同,即 $C_1 = C_2 = \cdots = C_{13} = p_{17}$;选择每条路径的概率相同,即 $P(\Pi_1) = P(\Pi_2) = \cdots = P(\Pi_{30})$。平均延时如表 2-7 所示,其中 $L = \mu C - F$。

**表 2-7　可能的传输与其延时**

| 序号 $\Pi_j$ | 1 | 2 | 3 | 4 | 5 | 6 | 7 | 8 | 9 | 10 | 11 | 12 | 13 | 14 | 15 | 16 | 17 | 18 | 19 | 20 | 21 | 22 | 23 | 24 | 25 | 26 | 27 | 28 | 29 | 30 |
|---|---|---|---|---|---|---|---|---|---|---|---|---|---|---|---|---|---|---|---|---|---|---|---|---|---|---|---|---|---|---|
| | 1 | 1 | 1 | 1 | 1 | 1 | 1 | 1 | 1 | 1 | 1 | 1 | 2 | 2 | 2 | 2 | 2 | 2 | 2 | 2 | 2 | 2 | 2 | 2 | 3 | 3 | 3 | 4 | 4 | 4 |
| | 5 | 5 | 5 | 5 | 6 | 6 | 6 | 5 | 5 | 5 | 6 | 6 | 5 | 5 | 5 | 5 | 6 | 6 | 6 | 5 | 5 | 5 | 6 | 6 | 10 | 11 | 12 | 10 | 11 | 12 |
| | 8 | 8 | 7 | 7 | 9 | 9 | 7 | 7 | 8 | 8 | 9 | 7 | 8 | 8 | 7 | 7 | 9 | 9 | 7 | 7 | 8 | 8 | 9 | 7 | 11 | 13 | | 13 | 13 | |
| | 10 | 11 | 9 | 9 | 10 | 11 | 8 | 9 | 12 | 9 | 12 | 8 | 10 | 11 | 9 | 9 | 10 | 11 | 8 | 9 | 12 | 9 | 12 | 8 | | | | | | |
| | 13 | 13 | 10 | 11 | 13 | 13 | 10 | 11 | | 12 | | 12 | 13 | 13 | 10 | 11 | 13 | 13 | 10 | 11 | | 12 | | 12 | | | | | | |
| | | | 13 | 13 | | | 13 | 13 | | | | | | | 13 | 13 | | | 13 | 13 | | | | | | | | | | |
| 时延 $T_{\Pi_j}$ | 5/L | 5/L | 6/L | 6/L | 5/L | 5/L | 6/L | 6/L | 4/L | 5/L | 4/L | 5/L | 5/L | 5/L | 6/L | 5/L | 5/L | 5/L | 6/L | 6/L | 4/L | 5/L | 4/L | 5/L | 3/L | 3/L | 2/L | 3/L | 3/L | 2/L |

可得平均延时 $v_{14}$:

$$\begin{aligned} v_{14} &= \sum_{j=1}^{30} P(\Pi_j) T_{\Pi_j} = \sum_{j=1}^{30} T_{\Pi_j}/30 \\ &= (12 \times 5 + 8 \times 6 + 4 \times 4 + 4 \times 3 + 2 \times 2)/30L \end{aligned}$$

$$= 14/3L = 14/3(\mu C - F) = \frac{14}{3}(\mu p_{17} - v_{13})$$

$$= f_5(p_{17}, v_{13}) \tag{2-19}$$

考虑函数 $v_{13} = f_6(x_1)$，红军通信网的输入信息流量是与蓝军目标的数目也就是蓝军的现存兵力水平相关的，蓝军兵力水平指数越高，红军可能获得的信息量就越大，需要传输的信息量就越大。这里假设：

$$v_{13} = k_1 x_1^2 \qquad (k_1 \text{ 为常数}) \tag{2-20}$$

再考虑 $v_{15} = f_7(v_{18})$。由于红军通信网的生存性 $v_{15}$ 与通信网的拓扑结构有关，根据有关文献的计算，网络生存性 $S$ 为

$$S = h_{m_4}(p)\{[1 - h_{m_2}(p)][1 - h_{m_1}(p)h_{m_3}(p)]\} \tag{2-21}$$

其中

$$h_{m_1} = h_{m_2} = 1 - (1 - p)^2 \tag{2-22}$$

$$h_{m_3} = 2p^2 + 2p^3 - 5p^4 + 2p^5 \tag{2-23}$$

$$h_{m_4} = 1 - [1 - p^2(2 - p)](1 - p) \tag{2-24}$$

$$p = 1 - e_i p_i \tag{2-25}$$

$e_i$、$p_i$ 分别为蓝军攻击（电磁或物理攻击）链路的概率和链路 $i$ 的概率和链路 $i$ 受攻击后不能工作的概率。此处我们假设 $e_1 = e_2 = \cdots = e_{13} = e$，$p_1 = p_2 = \cdots = p_{13} = q$。可见 $v_{18} = e$。由于 $v_{18}$ 随着蓝军兵力水平的降低而降低，故设

$$v_{18} = (x_1 / x_1^0) Eq = f_8(x_1) \tag{2-26}$$

其中，$x_1^0$ 为蓝军初始兵力，$E$ 为初始攻击概率，即

$$p = 1 - Kqx_1 < 1$$

故 $p$ 的高次项很小，为计算方便，在求 $S$ 时只保留其一次项和二次项，这样，展开式(2-21) $S = h_{m_4}(p)\{[1 - h_{m_2}(p)][1 - h_{m_1}(p)h_{m_3}(p)]\}$，得

$$S \approx 1 - v_{18} q = 1 - k_2 x_1 \qquad (k_2 = kq)$$

故

$$v_{15} = 1 - v_{18} q = 1 - k_2 x_1 = f_7(x_1) \tag{2-27}$$

最后将 $f_1 \sim f_8$ 代入状态方程，就得到了最终的模型

$$\begin{cases} \dfrac{\mathrm{d}x_1}{\mathrm{d}t} = -\dfrac{f + gx_1 + hx_1^2 + mx_1^3 + nx_1^4 + rx_1^5 + sx_1^6}{a + bx_1^2 + cx_1^4 + dx_1^6 + ex_1^8} x_2 \\ \dfrac{\mathrm{d}x_2}{\mathrm{d}t} = -\dfrac{p_3}{p_5} x_1 \end{cases} \tag{2-28}$$

其中

$$f = 9p_9^2(1+p_{16})^2\mu p_{17}^2$$
$$g = -18k_2p_9^2(1+p_{16})\mu^2p_{17}^2$$
$$h = 9k_2\mu^2p_{17}^2p_9^2 - 18p_9^2\mu p_{17}(1+p_{16})^2k_1$$
$$m = 36p_9^2k_1k_2(1+p_{16})\mu p_{17}$$
$$n = 9p_9^2k_1^2(1+p_{16})^2 - 18k_2^2\mu p_{17}k_1p_9^2$$
$$r = -18k_1k_2^2(1+p_{16})p_9^2$$
$$s = 9k_1^2k_2^2p_9^2$$

这个模型是一组变形的 Lanchester 方程，可以看出它成功地将 $C^3I$ 系统和 Lanchester 型作战方程融合在一起，$C^3I$ 系统中每一个因素在方程中都有体现。

# 习 题 二

1. 什么是系统效能？什么是有效性、可信赖性和能力？
2. 人们把评价 $C^3I$ 系统的评价指标主要分为哪几大类？
3. 确定效能指标的途径主要有哪几种？各自有何特点？
4. 在武器系统的效能分析中，我们一般选用的效能指标主要有哪一些？
5. 在 SEA 方法中，什么是有效性指标？
6. 如何利用 SEA 方法分析 $C^3I$ 系统的有效性？
7. 什么是单调效能空间？什么是效能指标需求轨迹？
8. 如何以递归方式利用最大等分内接超盒按任意精度逼近系统效能指标需求轨迹？
9. 在陆军集团军对抗作战中，我方导弹营担负着防空作战任务，我导弹营配备配置 2 个红旗 7(HQ7)导弹发射架。我导弹营在 HQ7 导弹营站配备一个远程探测雷达，每个发射架还配备了一个低空搜索雷达。假设雷达的故障率 $\lambda$ 都为 0.01 次/h，雷达的修复率 $\mu$ 都为 1 次/h，但是它们的使命是不一样的。试计算出该导弹营探测系统的有效率向量。
10. 某密集阵依靠激光制导拦截目标，假设密集阵在作战的 30min 内不会发生事故，但是激光制导系统却可能会发生故障，其故障率 $\lambda = 0.01$ 次/h，系统的故障服从指数定律，修理率 $\mu = 1$ 次/h，但是在作战期间不可修复。我们以命中来袭导弹概率评价该武器系统的效能，正常情况下的拦截概率为 0.80，在激光制导系统发生故障的情况下拦截概率为 0.30。求出该武器系统的效能。

# 第 3 章 搜索论基础

## 3.1 搜索论的基本概念

### 3.1.1 概　述

搜索论是研究利用探测手段寻找某种指定目标的优化方案的理论和方法。它起源于第二次世界大战库普曼及其同事们的反潜战运筹小组的工作，该小组研究建立了搜索论中的许多概念，如搜索宽度和搜索率，分析了目力探测和雷达探测发现目标误差的统计规律，建立了随机搜索模型。从那时起，搜索论即成为军事运筹学的一个重要分枝。第二次世界大战中的研究成果首次发表于 1951 年莫尔斯和金博尔合著的《运筹学方法》一书中，其后，1953—1957 年，库普曼在美国《运筹学》杂志上撰文“搜索论”，给出了系统的理论总结。关于现代观点的搜索论，斯通(L. D. Stone)1975 年所著的《最优搜索论》给出了很好的论述。

二次大战后，搜索论的原理已成功地应用于许多重要领域，从大洋深处搜索潜水目标到对外层空间的人造卫星进行监视、侦察。如 1966 年在西班牙帕洛玛斯(Palomares)附近的地中海海域搜索丢失的氢弹；1968 年在亚速尔群岛附近寻找核潜艇“天蝎座号”；1974 年治理苏伊士运河中，搜索水下残留的水雷等。搜索论还应用于其他非军事领域，如地下或水下的资源勘探、海上捕鱼、搜捕逃犯、检索文档、寻找故障等。所以，搜索论是一门很有实用价值的学科，对于武器系统分析研究来说，它是一个基本的工具，特别在搜索、侦察器材的评价、论证及使用研究、作战模拟系统的研究中尤其重要。

搜索论的研究对象是搜索过程，搜索过程是搜索者通过一定的空间运动形式，利用某种(或几种)探测手段来寻找指定目标的过程。因此，搜索问题有 3 个要素，即目标、探测手段和搜索策略。搜索的成功依赖于三者很好的结合。

**1. 搜索目标**

搜索过程中所要寻找的物体称为搜索目标。各种不同的物体都可作为搜索目标，如飞机、坦克、舰艇、人等。对搜索者而言，目标的空间位置或运动规律不能预先确知，但关于目标可能特性的某些了解，如关于目标几何形状、大小、被发现特征及空间位置的概率分布信息将有助于搜索的成功。

**2.探测手段**

搜索者用以获得目标存在信息的观察器材,如雷达、目视等。探测手段的特性及其在各种预期条件下,探测各类目标的能力,如观察方式(离散或连续)、误差特性、距离特性、抗干扰特性等都影响搜索的成功。只有探测手段与目标之间满足一定的物理条件才有可能发现目标,例如反射的电波能量要超过一定水平等。

**3.搜索策略**

搜索者运用探测手段进行搜索的策略,如搜索者的运动轨迹,探测时间序列,探测手段的空间分布等。如果按搜索论中的说法,搜索者的努力、观察器材的效果、耗费的搜索时间或观察次数、搜索航程或搜扫面积等统称为搜索力,那么,搜索策略就是搜索过程中搜索力在时间或空间上的分配方式。有时,这又称为搜索力的配置或搜索计划。

搜索论的研究内容基本有两类。一类是搜索效能评估。根据目标特性,探测手段特性及搜索策略,评估搜索效果。这要量化有关特性,建立搜索效能模型。另一类是最优搜索问题。根据已知目标特性和探测手段特性,寻求使用探测手段的最优或合理策略,力求在给定搜索力耗费下搜索效果最大或以最小搜索力耗费获得要求的搜索效果。无论那种搜索问题,其分析求解都要求对搜索过程进行定量描述。

搜索论的主要目的是研究和论证适合于观察各种不同目的的方法。要达到这个目的就要解决一系列研究课题,其中主要有:

(1)通过构造和分析相应的数学模型,找出搜索条件和搜索结局之间的因果关系;

(2)探讨有关搜索的物理学基础,包括搜索目标的性质,观察器材和搜索的环境条件等;

(3)研究进入观察器材作用距离内的目标与观察者之间相对运动规律;

(4)寻求最优的搜索和跟踪方法,使得给定的效果判据达到最大或最小;

(5)寻求最优的搜索力配置计划。

### 3.1.2　搜索论的研究对象

搜索论(也称为目标搜索法)的研究对象就是在各种不同的环境中搜索一定的物体。搜索是指为了发现所要寻找的物体而考查物体可能所在区域的过程,而发现就是与目标发生直接的能量接触,从而获得关于目标存在(比如位置)的信息。发现是依靠观察器材——光学的、雷达、水声及其他器材来实现的。参与搜索过程的对象可分作两个方面,一方是被搜索的目标,另一方是进行搜索的观察者,其中任一方都可能有多个成员。

研究搜索过程的方法之一是构作和分析能够反映搜索的客观规律和反映搜索条件及其结局之间因果关系的数学模型。

各种不同的物体都可作为搜索的目标,如飞行器、地面目标、舰船、各种鱼类和海洋动物等。被搜索的目标一般有两个特点:

(1)目标的特征随着搜索时环境条件的变化而不同;

(2)目标的位置信息从搜索开始到搜索结束通常是不定的。

由于这种的不定性,从而要求观察者为获得目标的信息而采取搜索行动。

一般来说,被搜索的目标与其所处的环境总是在某些方面具有不同的特征,从而存在被发现的可能性,搜索的任务就是要能及时地探测出这种不同,及早地发现目标,提高搜索的成功率。比如最常见的不同之处就是目标可能是辐射能量(电磁,音响等)的,而其周围环境却是不辐射能量的。

搜索论需要解决的重要课题之一,就是如何构造和计算搜索的效果指标即搜索的效果判据。最终目的在于根据具体情况和条件,即所谓搜索态势,来选择最优的搜索行动的方式。也就是说,在分析该态势所对应的数学模型基础上,求出搜索力耗费最少且能保证在最短或给定时间完成搜索任务的搜索控制变数值。

搜索的方式和方法,大体可分成以下几类。根据搜索的目的可分为原义的搜索和发现搜索目标之后的跟踪。根据搜索态势的不同,可分为面(给定区域)搜索,地线(线上)搜索和在发现目标以后经过若干时间对发现目标位置的搜索("应召"搜索)。根据目标和观察者各自发现对方距离的比较,可分为目标超过观察者(非隐蔽)的搜索和观察者超过目标(隐蔽)的搜索。根据搜索者对搜索地域的考察方式的特点,又可分为连续的和离散的。根据搜索最后达到的结局即发现目标的可能性,可分为可靠的和不可靠的。根据目标活动空间的特点,可分为空中的、地面的、海上的等。根据观察者搜索手段的特点,可分为飞机的、军舰的、人造卫星的等。根据所用的观察手段,可分为目力的、无线电的、水声的等。

### 3.1.3 搜索目标的规律

根据搜索条件及搜索结果之间关系的不同,可把搜索规律分为以下三种:

(1)正规型

搜索的结局是由搜索条件唯一确定的,例如,搜索中测定目标位置和运动要素是没有误差的,则搜索结局便是唯一确定的,从而就是正规型的搜索。

(2)随机型

对于给定的搜索条件其搜索结果不是唯一的,而是随机的。例如,搜索中测定目标位置和运动要素有偶然误差时,便是随机型的搜索。这时的搜索具有概率的特征。

(3)对抗型

被搜索的目标在搜索过程中会采取逃避被发现行动的搜索,在许多军事活动中,目标总是力求不被发现,因而采取各种隐蔽的对抗措施,从而形成对抗型的搜索活动。

### 3.1.4 搜索路线的简单示例

一艘水翼巡逻艇发现敌方的一艘在水上航行的潜艇,立即以 60 节的最高航速朝潜艇驶去,当两者还相距 6 海里时潜艇开始潜入水中。已知潜艇会以 30 节的最大水下速度沿某一(水平)直线方向急速前进,问巡逻艇应沿着什么样的路线航行(速度为 60 节),才能保证最终恰好经过潜艇的正上方？截击时间不必是某种意义下最小的。

符号含义：

$r,\theta$——极坐标，单位是海里和弧度；

$s$——弧长，单位是海里（1nmi = 6076ft）；

$T$——（在最坏情况下）完成搜索的全部时间，单位是小时。

在问题的叙述过程中并没有提示用极坐标建立这类模型会有很多方便之处。然而，海军军官们在处理形如“范围”和“方位”这类问题时，是经常采用极坐标的，并且潜艇的航线是沿着一个固定方向（固定方位）的。

设 $A$ 是当潜艇在 $B$ 处下潜时巡逻艇的所在位置，设 $B$ 是极点，$BA$ 是极坐标系的极轴。由于潜艇是按已知航速沿着一条直线运动的，因此巡逻艇可以根据潜艇消失的时间来估计它的行驶距离 $r$。唯一不知道的是潜艇的航向（常值），可以用极角来表示。假设巡逻艇在某一固定时刻处于 $(r,\theta)$ 位置，潜水艇就在其附近航行，极角为 $\theta+\mathrm{d}\theta$。因此潜艇在同一时刻的坐标为 $(r,\theta+\mathrm{d}\theta)$。这里，$\mathrm{d}\theta$ 是巡逻艇确定潜艇位置时方向上的一个小误差。从而巡逻艇就要沿着某条航线（待求）使得它与潜艇同时到达点 $(r+\mathrm{d}r,\theta+\mathrm{d}\theta)$（见图 3－1）。

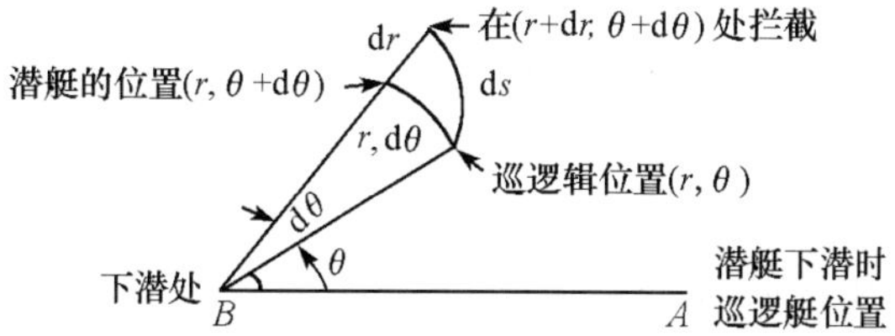


图 3－1　在某一时刻，当巡逻艇对潜艇航向的估计略有误差的情形

由于巡逻艇（$pc$）的航速是潜艇的两倍，从而有 $pc$ 的速度 $=\mathrm{d}s/\mathrm{d}t=2\mathrm{d}r/\mathrm{d}t=2$（潜艇速度）。

或

$$\mathrm{d}s=2\mathrm{d}r \tag{3-1}$$

然而

$$(\mathrm{d}s)^2=(\mathrm{d}r)^2+(r\mathrm{d}\theta)^2 \tag{3-2}$$

这是将 $x=r\cos\theta$，$y=r\sin\theta$ 代入 $(\mathrm{d}s)^2=(\mathrm{d}x)^2+(\mathrm{d}y)^2$ 的结果。将式（3－1）代入式（3－2），得到

$$4(\mathrm{d}r)^2=(\mathrm{d}r)^2+(r\mathrm{d}\theta)^2$$

所以

$$\frac{\mathrm{d}r}{r}=\frac{\mathrm{d}\theta}{\sqrt{3}}$$

对上述等式两边积分，就得

$$\ln|r|=\frac{\theta}{\sqrt{3}}+C$$

$$|r| = \exp\left(\frac{\theta}{\sqrt{3}} + C\right)$$

或者

$$r = A\exp\left(\frac{\theta}{\sqrt{3}}\right)$$

其中，$A = +ec$。

该轨迹是一条对数螺线，对数螺线 $r = A\exp(a_\theta)$具有如下性质：极径和曲线切线的夹角为一常数 $d = \arctan(1/a)$，在上述形中，$d = 60°$。

因此，巡逻艇最终采取的策略是：首先沿着一条直线朝某“合理截击”点 $C = (r_0, \theta_0)$ 笔直驶去（所谓合理是指巡逻艇和潜水艇到极点的距离相等），然后沿着螺线：

$$r = r_0\exp\left(\frac{\theta - \theta_0}{\sqrt{3}}\right)$$

航行。

一个特解是，巡逻艇朝潜舷下潜处 $B$ 点行驶了 4 海里，由于潜艇的航速是巡逻艇航速的一半，这样 $C = (2,0)$，并且潜水艇满足 $r = 2$，从 $C$ 点开始巡逻艇将沿着螺线 $r = 2\exp\left(\frac{\theta}{\sqrt{3}}\right)$ 进行搜索。

## 3.2 搜索力的分配模型

搜索的各种规律均是较复杂的，研究搜索过程就是要揭示形成这些规律的数量关系，即反映搜索条件与结局之间的定量关系，从而掌握搜索的客观规律。这里，通常由搜索的数学模型来表示这种定量关系，因此我们必须弄清楚哪些决定搜索过程状态和进程，以及哪些能够控制过程变化的所有最重要的因素和条件。这些因素和条件都是变量，称为模型要素。其中有些可以由搜索中的决策人改变的要素，叫做可控的，反之叫做不可控的。而这些模型可分为如下两大类。

**1.描述式模型**

描述式模型是不含可控制变量（即决策变量）的模型。在这种模型中，观察者不能选取搜索的决策，被搜索的目标也不能选取逃避的决策。描述的搜索是一类典型的描述式模型，用雷达对海面航行的舰只所作的搜索是可用描述式模型表示的一个例子。

**2.标准式模型**

标准式模型是含有可控制变量（决策变量）又含有不可控变量的模型。在这种模型中，至少有一方（观察者或目标）能够选取决策。这类模型可进一步分为下面三种形式：

(1)确定性标准式模型

确定性标准式模型是用于表示正规型搜索的模型,其模型中的各种参数与变量是在没有或很少随机干扰的条件下测定或估计的确定值。这类模型应用中的一个主要困难是获得精确数据,其寻求最优搜索方式的决策是通过在模型中寻找最优值的方法来获取的,所以这类模型一般是变分形式的或数学规划形式的。

(2)随机性标准式模型

所描述的搜索过程的初始状态与结局服从一定随机规律的模型。建立这类模型,应有足够多的数据来判断搜索的随机规律或能够在分析的基础上推得它们的理论分布,所以在建模过程中常常使用统计试验法(蒙特卡洛方法)。

上述两类标准式模型合称为规划模型。

(3)不确定性标准式模型

不确定性标准式模型是描述对抗型搜索的模型。在这种对抗的搜索中,被搜索的目标和观察者都力图选择对自己有利的行动策略,但是在搜索过程中双方所获得的信息都是不确定的。这种模型通常都是用对策论中的方法建立的,故又称为对策模型。

## 3.2.1　基本搜索模型

战斗过程的关键问题是要及时地控测(搜索)与识别敌人目标,并对其实施有效的射击。当敌人的目标出现在战场上时,如果不能及时发现它们,就不可能及时地使用武器系统对它进行打击,因此适时的探测目标是充分发挥武器系统效能的前提,这一方面需要提高探测、搜索器材的性能,同时也要提高搜索的效率。

根据观察器材的结构特点及使用方式,搜索过程对空间的观察在时间上可分为连续的或是离散的。

如果使用全向作用器材,则观察是属于连续型的。如使用的是定向作用器材(雷达、水声等)观察某个角度范围的空间,则观察是间断的,故此时的观察是离散的。当观察的间断非常小,可把它看做是连续的观察。

**1.离散观察**

设 $g$ 是在给定距离上对目标一次观察的发现率,现假设在不变的物理条件下进行的各次观察中发现目标的事件是相互独立的,则 $n$ 次对目标的观察,至少发现目标一次的概率为

$$P_0(n)=1-(1-g)^n$$

由上式可知,只要能保证每次的发现率为 $g(>0)$,则无论 $g$ 怎么小,当 $n$ 足够大时,$P_0(n)$就可趋向于1,从而最终能发现目标。

设 $\xi$ 为随机变量,其值 $n$ 表示 $n$ 观察中恰好是在第 $n$ 次观察中发现目标,设

$$P_{0\delta}(n)=p\{\xi=n\}$$

故

$$P_{0\delta}(n)=(1-g)^{n-1}g$$

这说明 $\xi$ 服从几何分布。

$\xi$ 的期望值为

$$M(\xi)=\sum_{k=1}^{\infty}kP_{0\delta}(k)$$

表示发现目标所需的期望(平均)观察次数。而

$$\begin{aligned}M(\xi)&=\sum_{K=1}^{\infty}k(1-g)^{k-1}g\\&=-g\frac{\mathrm{d}}{\mathrm{d}g}[1+(1-g)+(1-g)^2+\cdots+(1-g)^k+\cdots]\\&=\frac{1}{g}\end{aligned}$$

所以期望观察次数是一次观察发现率之倒数。

$\xi$ 的方差 $D(\xi)$ 为

$$D(\xi)=m(\xi^2)-[m(\xi)]^2=(1-g)/g^2$$

**例 3.1** 用雷达站进行搜索,雷达天线平均旋转 3 周即可发现目标(即看作观察三次发现目标),所以 $M(\xi)=3$,问

(1)雷达天线旋转一周时发现率 $g$;

(2)雷达天线转数的方差 $D(\xi)$和均方差 $\sigma(\xi)$;

(3)天线旋转 2 周发现目标的概率 $P_{0\xi}(2)$。

**解** 由题设可知

$$g=\frac{1}{m(\xi)}=\frac{1}{3}$$

$$D(\xi)=(1-g)/g^2=6$$

$$\sigma(\xi)=\sqrt{6}=2.44$$

$$P_{0\xi}(2)=(1-g)g=\frac{2}{9}$$

**2.连续观察**

在连续观察中,评价搜索效率的主要依据是单位时间内的发现率 $\gamma$。

设 $t_0=0$,则$(0,t)$时间内发现目标的概率(至少发现目标一次的概率)$P_{0\delta}(t)$由前可知:

$$P_{0\delta}(t)=1-\mathrm{e}^{-\gamma t}$$

其中,$\gamma=\text{const}$。与离散观察一样,当 $t\to\alpha$ 时,$P_{0\delta}(t)\to 1$。

现设

$$f(t)=P'_{0\delta}(t)=\gamma\mathrm{e}^{-\gamma t}$$

是发现时间的分布密度函数(为指数分布),由此可知发现目标所需的平均时间(期望时间)$T_{0\delta}$为

$$T_{0\delta} = \int_0^\infty tf(t)\mathrm{d}t = \frac{1}{\gamma}$$

方差为

$$D(t_{0\delta}) = \int_0^\infty t^2\gamma \mathrm{e}^{-\gamma t}\mathrm{d}t - (\frac{1}{\gamma})^2 = \frac{1}{\gamma^2}$$

$$\sigma_{0\delta} = \sqrt{D} = \frac{1}{\gamma}$$

**例 3.2** 设对某观察器材进行试验表明,其连续观察平均能在 $T_{0\delta}=6\mathrm{s}$ 内发现目标,试求:

(1)发现目标所需观察时间的概率密度。

(2)方差 $D(t_{0\delta})$和均方差 $\sigma_{0\delta}$。

(3)在 $t=10\mathrm{s}$ 内发现目标的概率 $P_{0\delta}(t)$。

**解** 由题设可知

$$\gamma = \frac{1}{T_{0\delta}} = \frac{1}{6}$$

发现时间的概率密度为

$$f(t) = \frac{1}{6}\mathrm{e}^{-\frac{1}{6}t}$$

故

$$D(t_{0\delta}) = \frac{1}{36}, \qquad \sigma_{0\delta} = \frac{1}{6}$$

$$P_{0\delta}(10) = 1 - \mathrm{e}^{-\frac{10}{6}} \approx 0.811$$

由上面的例题可知,离散观察时的发现率 $g$ 和连续观察时的发现率$\gamma$,分别与发现目标所需要的平均观察次数以及平均观察时间之间存在着极简单的关系。在离散观察中,发现率和平均观察次数是互为倒数的关系;在连续观察中,发现率和平均观察时间是互为倒数的关系。在实验确定 $g$ 和$\gamma$ 值时,我们可以利用这种极简单的关系。

**3.观察条件对离散观察和连续观察的影响**

在观察时,观察与目标在每次观察中距离不能保持不变时,则发现率将随观察次数或时间而变化。

对离散观察,可设 $g_i$ 为第 $i$ 次观察的发现率,从观察 $n$ 次发现目标的概率为

$$P_{0\delta} = 1 - \prod_{I=1}^{N}(1 - g_i)$$

而

$$P_{0\delta}(n) = 1 - \prod_{I=1}^{N}(1 - g_i) \cdot g_n$$

对连续观察,则发现率 $\gamma(t)$不是常数,而是一个函数,故

$$P_{0\delta}(t) = 1 - \mathrm{e}^{-\int_0^t e(t)\mathrm{d}t}$$

## 3.2.2 搜索的标准式规划模型

数学规划模型的一般形式为

$$\max(\text{或}\min)Z=f(x_1,x_2,\cdots,x_n)$$

$$\text{s.t.}\begin{cases}g_i(x)=0 & i=1,2,\cdots,k\\ g_i(x)\leqslant 0 & i=k+1,k+2,\cdots,e\\ g_i(x)\geqslant 0 & i=e+1,e+2,\cdots,m\end{cases}$$

其中,$g_i(x)=g_i(x_1,x_2,\cdots,x_n)$是 $n$ 变量的已知函数,称为约束条件。$Z=f(x)$是目标函数,我们的目的是求得目标函数在满足约束条件的点集 $M$ 上的最大值(max)或最小值(min)。

根据模型中函数的特点,模型可分为非线性规划、线性规划、整数规划和动态规划等,搜索问题用什么样的规划模型来描述,主要根据搜索问题的特点来决定。

### 3.2.2.1 线性规划模型

大多数搜索问题与搜索力的分配有关,为了选择搜索力的最优分配方式(配置规划),往往可采用线性规划模型,为此应认为,搜索过程中其效果与搜索力量的耗费成正比。

**例** 3.3 假设为了勘探某种矿藏,派出了 $n$ 类搜索组,每组配备有不同数量的 $m$ 种仪器。假定,第 $j$ 类搜索组($j=1,2,\cdots,n$)每组配备第 $i$($i=1,2,\cdots,m$)型仪器 $a_{ij}$ 台,而第 $i$ 型仪器共有 $b_i$ 台,在勘探中,每个第 $j$ 类搜索组完成搜索所花费的时间为 $c_j$,请求出使总的勘探时间最少的各类搜索组个数。

**解** 我们设第 $j$ 类搜索组的个数为 $x_j$,则问题的模型为

$$\begin{cases}\min f(x)=\sum\limits_{j=1}^{n}C_jx_j\\ \sum\limits_{j=1}^{n}a_{ij}x_j=b_i \qquad i=1,2,\cdots,m\\ x_j\geqslant 0(\text{是整数})\end{cases}$$

这里的模型是一个整数规划模型。

例如,上述问题中,取 $n=6,m=4,b=(b_1,b_2,b_3,b_n)=(16,10,76,24)$,而

$$A=(a_{ij})=\begin{pmatrix}4&0&0&1&0&0\\0&2&0&0&1&0\\0&0&3&2&6&0\\4&3&0&0&0&1\end{pmatrix}$$

$$C=(c_1,c_2,\cdots,c_6)=(4,5,2,8,6,3)$$

则对应问题的模型便是

$$\min f(x)=4x_1+5x_2+2x_3+8x_4+6x_5+3x_6$$

$$\begin{cases}4x_1+x_4=16\\2x_2+x_5=10\\x_3+2x_4+6x_5=76\\4x_1+3x_2+x_6=24\\x_j\geqslant 10\end{cases}$$

其最优解是

$$x^*=(4,0,16,0,10,8)$$

把最优解代入原目标函数得到原题最小值为

$$\begin{aligned}\min z&=4x_1+5x_2+2x_3+8x_4+6x_5+3x_6\\&=4\times4+2\times16+6\times10+3\times8+5\times0+8\times0\\&=132\end{aligned}$$

因此最好的搜索方案是,第 1 类搜索组应为 4 个,第 3 类搜索组应为 16 个,第 5 类搜索组应为 10 个,第 6 类搜索组应为 8 个,其余的搜索组都不要,这时可使总的搜索(勘探)时间达到最小。

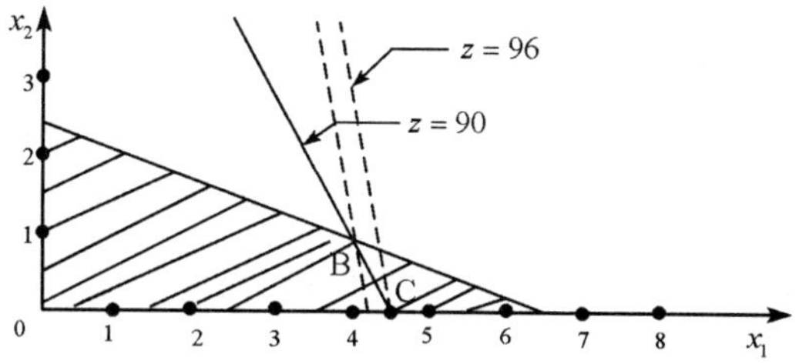


**例 3.3 图**

上述线性规划问题要求解答必须是整数。属于整数规划问题,不能通过“舍入化整”得到整数解,考虑整数规划问题

$$\max z=20x_1+10x_2 \tag{1}$$

$$\begin{cases}5x_1+4x_2\leqslant 24 & (2)\\2x_1+5x_2\leqslant 13 & (3)\\x_1,x_2\geqslant 0 & (4)\\x_1,x_2\ \text{为整数} & (5)\end{cases}$$

暂不考虑条件(5),解(1)～(4)得最优解为

$x_1=4.8$, $x_2=0$, $\max z=96$, $x_1$ 是小数,不合条件(5)的要求。

$x_1=5$, $x_2=0$,不是可行解。

$x_1=4$, $x_2=0$,是可行解,但不是最优解。

$x_1=4$, $x_2=1$,是最优解。

下面介绍整数规划的分枝定界解法。

其基本思路是:设有最大化的整数规划问题 $A$,与它相应的线性规划问题 $B$。从解问题 $B$ 开始,若其最优解不符合 $A$ 的整数条件,那么 $B$ 的最优目标函数必是 $A$ 的最优目标函数 $z^*$ 的上界,记作 $z$;而 $A$ 的任意可行解的目标函数值将是 $z^*$ 的一个下界,记作 $z$。分枝定界法就是将 $B$ 的可行域分成子区域(称为分枝)的方法,逐步减小 $z$ 增大 $z$,最终求到 $z^*$。

求解步骤:

问题 $A$——要求解的整数规划问题。

问题 $B$——对应的线性规划问题。

步骤一:解问题 $B$ 可得到以下情况之一:

(1) $B$ 没有可行解,这时 $A$ 也没有可行解,则停止。

(2) $B$ 有最优解并符合问题 $A$ 的整数条件,$B$ 的最优解即为 $A$ 的最优解,则停止。

(3) $B$ 有最优解但不符合问题 $A$ 的整数条件,记它的目标函数值为 $z$。

步骤二:用观察法找问题 $A$ 的一个整数可行解。一般可取 $x_j = 0, j = 0, 1, \cdots, n$,试探,求得其目标函数值,并记作 $z$。以 $z^*$ 表示问题 $A$ 的最优目标函数值。这时有 $z \leqslant z^* \leqslant z$,按照如下步骤进行迭代。

第一步:分枝。在 $B$ 的最优解中任选一个不符合整数条件的变量 $x_j$,其值为 $b_j$,以 $[b_j]$表示小于 $b_j$ 的最大整数。构造两个约束条件:$x_j \leqslant b_j$ 和 $x_j \geqslant [b_j] + 1$,分别加入问题 $B$,得到两个后继规划问题 $B_1$ 和 $B_2$。不考虑整数条件求解这两个后继问题。

定界:以每个后继问题为一分枝标明求解的结果。与其他问题的解的结果中,找出最优目标函数值最大者作为新的上界 $z$。从以符合条件的各分枝中,找出目标函数值为最大者作为新的下界 $z$。

第二步:比较与剪支。各分枝的最优目标函数值若有小于 $z$ 的,则剪掉这支,以后不再考虑。若大于 $z$,且不符合整数条件,则重复第一步骤。直到最后得到 $z^* = z$ 为止。得最优整数解 $x_j^*, j = 1, 2, \cdots, n$。

分枝定界法比穷举法优越,因为它仅在一部分可行解的整数解中寻求最优解,计算量比穷举法小。若变量数目大,则其计算量也是很大的。

**例 3.4** 求解

$$\max z = 40x_1 + 90x_2$$

$$\begin{cases} 9x_1 + 7x_2 \leqslant 56 \\ 7x_1 + 20x_2 \leqslant 70 \\ x_1, x_2 > 0 \\ x_1, x_2 \text{ 为整数} \end{cases}$$

**解** 当变量 $x_i$ 仅取值 0 或 1,这时 $x_i$ 称为 0-1 变量。该规划问题亦称为 0-1 型整数规划。其解法主要有穷举法和隐枚举法。

穷举法如图所示:

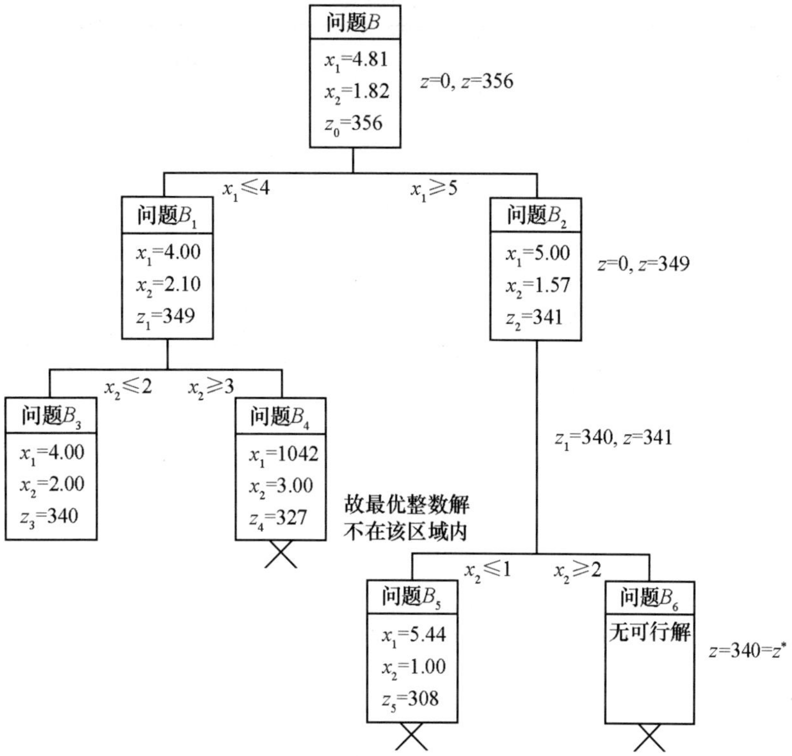


例 3.4 图

隐枚举法：

$$\max z = 3x_1 - 2x_2 + 5x_3$$

$$\begin{cases} x_1 + 2x - x_3 \leqslant 2 \\ x_1 + 4x_2 + x_3 \leqslant 4 \\ x_1 + x_2 \leqslant 3 \\ 4x_2 + x_3 \leqslant 6 \\ x_1 x_2 x_3 = 0 \text{ 或 } 1 \end{cases}$$

用可行解$(x_1, x_2, x_3) = (1,0,0)$，算出相应的目标函数值 $z = 3$。此问题是极大化问题，增加约束条件$(3x_1 - 2x_2 + 5x_3 \geqslant 3)$，称为过滤条件，记作◎。

增加过滤条件◎比全部枚举法减少了运算次数。将五个约束条件◎ ~ ④顺序排列（如例 3.4 表），对每个解依次代入约束条件左侧，求出数值，看是否适合不等式条件。如某一条件不合适，同行以下各种条件就不必再检查。

在计算过程中，若遇到值已超过条件◎右边的值，应改变条件◎，使右边为迄今为止最大者，然后继续。

例 3.4(a)表

| 点 | 条件 | | | | | 满足条件?<br>是✓ 否× | z 值 |
|---|---|---|---|---|---|---|---|
| | ◎ | ① | ② | ③ | ④ | | |
| (0,0,0) | 0 | | | | | × | |
| (0,0,1) | 5 | -1 | 0 | 0 | 1 | ✓ | 5 |

条件◎应换成:$(3x_1-2x_2+5x_3\geqslant 5)$,记为◎′。

例 3.4(b)表

| 点 | 条件 | | | | | 满足条件?<br>是✓ 否× | z 值 |
|---|---|---|---|---|---|---|---|
| | ◎ | ① | ② | ③ | ④ | | |
| (0,1,0) | -2 | | | | | × | |
| (0,1,1) | 3 | | | | | × | |
| (1,0,0) | 3 | | | | | × | |
| (1,0,1) | 8 | 0 | 2 | 1 | 1 | ✓ | 8 |

条件◎′应换成:$(3x_1-2x_2+5x_3\geqslant 8)$,记为◎″。

例 3.4(c)表

| 点 | 条件 | | | | | 满足条件?<br>是✓ 否× | z 值 |
|---|---|---|---|---|---|---|---|
| | ◎ | ① | ② | ③ | ④ | | |
| (1,1,0) | 1 | | | | | × | |
| (1,1,1) | 6 | | | | | × | |

于是,求得最优解(1,0,1),$\max z=8$。

注:改进方法重新排列 $x_i$ 的顺序,使目标函数中 $x_i$ 的系数是递增(不减)的。

变量改为$(x_2,x_1,x_3)$,取值也按下述顺序:(0,0,0),(0,0,1),(0,1,0),(0,1,1)…

### 3.2.2.2 指派问题

数学模型:

$$\begin{cases}\min z = \sum_{i} c_{ij}X_{ij} \\ \sum_{i=1}^{n} X_{ij} = 1, \quad j = 1,2,\cdots,n \\ \sum_{j=1}^{n} X_{ij} = 1, \quad i = 1,2,\cdots,n \\ X_{ij} = 1 \text{ 或 } 0\end{cases}$$

称为指派问题。

指派问题的最优解具有如下性质：从价值系数矩阵($c_{ij}$)的一行(列)各元素中分别减去行(列)的最小元素，得到新矩阵($b_{ij}$)。那么以($b_{ij}$)为系数矩阵求得的最优解和用原系数矩阵求得的最优解相同。

若能在系数矩阵($b_{ij}$)中找出 $n$ 个独立的 0 元素，则令解矩阵($x_{ij}$)中对应这个独立的 0 元素的元素取值为 1，其他元素取值为 0。将其代入目标函数中，$z_b = \sum b_{ij}x_{ij}$ 得 $z_b = 0$。它一定是最小的。这就是以($b_{ij}$)为系数矩阵的指派问题的最优解，也就得到了原问题的最优解。

指派问题的解法：

第一步：使指派问题的系数矩阵经变换，在各行各列中都出现 0 元素

(1)从系数矩阵的每行元素减去该行的最小元素；

(2)再从所得的系数矩阵的每列元素中减去该列的最小元素。

若该行(列)已有 0 元素，那就不必再减了。

第二步：进行试指派，以寻求最优解

经第一步变换后，系数矩阵中每行每列都有了 0 元素，但需找出 $n$ 个独立的 0 元素。若能找出，就以这些独立 0 元素对应解矩阵($x_{ij}$)中元素为 1，其余为 0。这就得到最优解。

当 $n$ 较小时，可用观察法、试探法去找出 $n$ 个独立 0 元素。若 $n$ 较大时，就必须按一定的步骤去找。步骤为：

(1)从只有一个 0 元素的行(列)开始，给这个 0 元素加圈，记作◎。这表示对这行所代表的人，只有一种任务可指派。然后划去◎所在列(行)的其他 0 元素，记作 $\Phi$。这表示这列所代表的任务已指派完，不必再考虑别人了。

(2)给只有一个 0 元素的列(行)的 0 元素加圈，记作◎，然后划去◎所行(列)的 0 元素，记作 $\Phi$ 。

(3)反复进行(1)、(2)两步，直到所有 0 元素都被圈出和划掉为止。

(4)若仍有没有划圈的 0 元素，且同行(列)的 0 元素至少有两个(表示对这人可以从两项任务中指派其一)，这可用不同的方案去试探。从剩有 0 元素的最少行(列)开始，比较这行(列)各 0 元素所在列(行)中 0 元素的数目，选择 0 元素少的那列(行)的这个 0 元素加圈(表示选择性多的要"礼让"选择性小的)，然后划掉同行同列的其他 0 元素。可以反复进行，直到所有的 0 元素都已圈出和划掉为止。

(5)若◎元素的数目 $m$ 等于矩阵的阶数 $n$，则这指派问题的最优解已得到。若 $m < n$，则转入下一步。

**例 3.5**　有一次军事行动中，需要搜索四个区域，记作 $E$、$J$、$G$、$R$。现有甲、乙、丙、丁四个搜索小组，他们搜索不同区域所需时间如表所示。问应指派每个小组去搜索何区域，使所需总时间最少？

例 3.5 表

| 小组 \ 任务 | $E$ | $J$ | $G$ | $R$ |
|---|---|---|---|---|
| 甲 | 2 | 15 | 13 | 4 |
| 乙 | 10 | 4 | 14 | 15 |
| 丙 | 9 | 14 | 16 | 13 |
| 丁 | 7 | 8 | 11 | 9 |

**解** 将系数矩阵进行变换：

$$(c_{ij})=\begin{bmatrix}2&15&13&4\\10&4&14&15\\9&14&16&13\\7&8&11&9\end{bmatrix}\begin{matrix}\min\\2\\4\\9\\7\end{matrix}\rightarrow\begin{bmatrix}0&13&11&2\\6&0&10&11\\0&5&7&4\\0&1&4&2\end{bmatrix}\rightarrow\begin{bmatrix}0&13&7&0\\6&0&6&9\\0&5&3&2\\0&1&0&0\end{bmatrix}=b_{ij}$$
$$\qquad\qquad\qquad\qquad 4\quad 2\ \min$$

按步骤进行指派，得到：

$$\begin{bmatrix}\varnothing&13&7&\odot\\6&\odot&6&9\\\odot&5&3&2\\\varnothing&1&\odot&\varnothing\end{bmatrix}$$

可见 $m=n=4$，所以得最优解为

$$x_{ij}=\begin{bmatrix}0&0&0&1\\0&1&0&0\\1&0&0&0\\0&0&1&0\end{bmatrix}$$

这表示指定甲小组搜索 $R$ 区域，乙小组搜索 $J$ 区域，丙小组搜索 $E$ 区域，丁小组搜索 $G$ 区域所需总时间最少：

$$\min z=\sum\sum c_{ij}x_{ij}=4+4+9+11=28(\text{h})$$

以上讨论限于极小化的指派问题。对于极大化的问题，即求：$\max z=\sum\sum c_{ij}x_{ij}$

可令 $b_{ij}=M-c_{ij}$，其中 $M$ 是足够大的常数(如选 $c_{ij}$ 中最大元素 $M$ 即可)，此时系数矩阵可变换为 $B=(b_{ij})$，此时 $b_{ij}\geqslant 0$，符合匈牙利法的条件。目标函数经变换后，即解

$$\max z'=\sum\sum b_{ij}x_{ij}$$

所得最小解就是原问题的最大解。这是因为

$$\sum_i\sum_j b_{xj}x_{ij}=\sum_i\sum_j(M-c_{ij})x_{ij}=\sum_i\sum_j M_{ij}-\sum_i\sum_j c_{ij}x_{ij}$$
$$=nM-\sum_j c_{ij}x_{ij}$$

因为 $n,M$ 常数，所以当 $\sum\sum b_{ij}x_{ij}$ 取最小值时，$\sum\sum c_{ij}x_{ij}$ 便为最大。

### 3.2.2.3　凸规划模型

在搜索中往往需采取 $n$ 个行动才能发现某个目标，每个搜索行动耗费搜索力的数量为 $x_j$，得到的效果为 $f_j(x_j)$，如果这些行动是互相独立的，即不相关的，则可以假设 $n$ 个行动耗费搜索力 $X$ 所得的总效果 $f(x_1,x_2,\cdots,x_n)$ 等于每个搜索行动中耗费每一种搜索力所得搜索效果之和，此时，寻找最优搜索方案可通过求解如下模型(3-3)解决：

$$\max f(x) = \sum_{j=1}^{n} f_j(x_j)$$

$$\begin{cases}\sum\limits_{j=1}^{n} x_j = X \\ x_j \geqslant 0 \qquad j = 1,2,\cdots,n\end{cases} \tag{3-3}$$

这是一类可分离变量的线性规划，可用有很多方法求解。

若函数 $f_j$ 为凹的或凸的，则 $f$ 也是凸的或凹的，则模型成为一个凸规划(或凹规划)。可以利用吉布斯辅助定理求解。

由这些辅助定理可知，存在 $\lambda$，满足

$$f'_j(x_j^*)\begin{cases}=\lambda & x_j^* > 0 \\ \leqslant\lambda & x_j^* = 0\end{cases} \tag{3-4}$$

则向量 $x^* = (x_1^*, x_2^*, \cdots, x_n^*)$ 是在 $\sum\limits_{j=1}^{n} x_j = X$ 和 $x_j \geqslant 0$ 的区域内，使凹函数 $\sum\limits_{j=1}^{n} f_j(x_j)$ 达到最大值的解。

同样地，若存在数 $\lambda$，使得

$$f'_j(x_j^*)\begin{cases}=\lambda & x_j^* > 0 \\ \geqslant\lambda & x_j^* = 0\end{cases} \tag{3-5}$$

则向量 $x^* = (x_1^*, x_2^*, \cdots, x_n^*)$ 是在 $\sum\limits_{j=1}^{n} x_j = X$ 和 $x_j \geqslant 0$ 的区域内，使凸函数 $\sum\limits_{j=1}^{n} f_j(x_j)$ 达到最小值的解。

解凸规划模型(3-3)就是通过常数 $\lambda$ 和条件(3-4)、(3-5)来求 $x^*$，$\lambda$ 是通过把解代入(3-3)得到的，并且完成这种算法是很容易的。

**例 3.6**　假设飞机失事以后，必须在不大于 $X$ 的时间内发现它，而且飞机在每一区域内被发现的次数是服从泊松分布的，即单位时间内在区域 $j$ 发现 $m$ 次的概率可表示为

$$P_j(m) = \frac{1}{m!} b_j^m \exp(-b_j) \qquad j = 1,2,\cdots,n$$

其中，$b_j$ 是发现率。

现设 $x_j$ 为在区域 $j$ 内搜索进行的时间，我们的目标是找出一组搜索的时间方案 $Z = (x_1, x_2, \cdots, x_n)$，使得发现目标的概率最大，为此，设 $A$ 为发现目标的事件，$B_j$ 为飞机落入区域 $j$ 的事件，则

$$P(A)=\sum P(A/B_j)\cdot P(B_j)$$

其中

$$P(A/B_j)=1-e^{-b_jx_j}$$

$$P(B_j)=a_j$$

可得到如下的模型：

$$\max f(x)=\sum_{j}^{n}a_j[1-\exp(-b_jx_j)]$$

$$\begin{cases}\sum_{j=1}^{n}x_j=X\\ x_j\geqslant 0\qquad j=1,2,\cdots,n\end{cases}$$

这是一个凸规划模型。

设该模型中 $X=1$,其他数据如表所示：

**例 3.6 表**

| $j$ | 1 | 2 | 3 |
|---|---|---|---|
| $b_j$ | 0.51 | 0.65 | 0.85 |
| $a_j$ | 0.27 | 0.31 | 0.42 |

$f'_j(x_j)=-a_jb_j\exp(-b_jx_j)$使得

$$-a_jb_j\exp(-b_jx_j)\begin{cases}=\lambda & x_j\geqslant 0\\ \geqslant\lambda & x_j=0\end{cases}\qquad(3-6)$$

由于 $a_j$ 和 $b_j$ 都大于零,得到的 $\lambda\leqslant 0$,当 $x_j=0$ 时,$\exp(-b_jx_j)=1$,所以要满足式(3-6),只有 $-a_jb_j\leqslant\lambda$,并且 $x_j\geqslant 0$,有 $-a_jb_j\exp(-b_jx_j)=\lambda$。由式(3-6)解得

$$x_j^*=\frac{1}{b}\ln(-\frac{a_jb_j}{\lambda})(-a_jb_j\leqslant\lambda)$$

又由于 $\sum_{j=1}^{n}x_j^*=1$,可得方程式

$$\sum_{j=1}^{n}\frac{1}{b}\ln(-\frac{a_jb_j}{\lambda})=1$$

从而可得的解。

则对应的最优解为 $x_1=0$, $x_2=0.19$, $x_3=0.81$。即只对区域 2 和 3 进行搜索,其搜索时间分别为 0.19 和 0.81 。

#### 3.2.2.4 动态规划模型

在许多搜索问题中,搜索过程可以由若干后段组成。每一阶段有一组可能的行动方式。对于每一阶段的不同的行动方式,其有不同的搜索效果。搜索者最终所取得的效果将受各阶段所选搜索方式的影响,所以这是一个多阶段的决策问题,可以用动态规划的方

法来求得最优策略。

下面我们来看一个例子。

**例 3.7**　设在某区域寻找沉没的船只，该区域由 4 个区段组成，并假设一共有 5 个搜索者，在第 $j$ 区段（$j=1,2,3,4$）发现船只的期望次数 $M_j(m)$ 取决于分配在这些区段中的搜索者个数 $n$，其值如表所示：

**例 3.7 表**

| $m$ | $M_1(m)$ | $M_2(m)$ | $M_3(m)$ | $M_4(m)$ |
|---|---|---|---|---|
| 0 | 0.000 | 0.000 | 0.000 | 0.000 |
| 1 | 0.600 | 0.400 | 0.500 | 0.300 |
| 2 | 1.080 | 0.640 | 0.750 | 0.510 |
| 3 | 1.464 | 0.784 | 0.875 | 0.657 |
| 4 | 1.77 | 0.870 | 0.938 | 0.760 |
| 5 | 2.016 | 0.922 | 0,969 | 0.832 |

另设，以所有区段中发现船只的期望次数表示搜索过程总的效果，问应如何给各区段分配搜索者的个数，以便使总的效果达到最大值。

这个问题可看作多阶段的决策问题，从而可用动态规划来求解。

以各区段作为阶段，则此问题共有 4 个阶段，$n=4$。

设 $S_k$ 表示第 $k$ 阶段的初始状态，$k=1,2,3,4$，则 $S_1=5$，$S_5$ 表示结束状态。

$X_k$ 为第 $k$ 阶段的决策变量，则 $0\leqslant X_k\leqslant S_k$ 取整数，有

$$S_{k+1}=S_k-X_k$$

从而具有如下的递推方程：

$$\begin{cases} f(S_k)=\max\limits_{x_i=0,1,\cdots,S_k}\{M_k(x_k)+f_{k+1}(S_{k+1})\} & k=1,2,3,4 \\ f(S_5)=0 \end{cases}$$

由例题中所给的数据可得最优解为

$$X_1=3,X_2=1,X_3=1,X_4=0$$

最优值为 2.364，即将 5 个搜索作如下分配：在第 1 区段分配 3 个搜索者，在第 2 和第 3 区段各分配各一个搜索者，第 4 区段不分配搜索者。

### 3.2.3　搜索的对策模型

很多搜索问题是以双方的利益冲突为特征的，这种冲突使得搜索过程具有如下特点：一方力图发现对方，而另一方力图避免被对方所发现，同时，双方为了达到本身的目的，每一方的任何措施都与对方所选择的行动方式有关，这样的搜索态势，就叫做对抗态势。

描述搜索对抗态势的一种方式就是对策模型，即用对策论的方法进行描述。

关于对策论的几个基本的概念：

(1)局中人：能独立决定行动方案，进行对策活动的每一方。

(2)策略：一局对策中，每个局中人未达到获胜的目的，都可以采用多种不同行动的方案。我们把局中人的一个可行的、自始至终通盘筹划的行动方案，成为该局中人的一个策略。

(3)赢得函数(支付函数)：每个局中人从自己的策略集合中选出一个策略，组成的策略组，称为一个“局势”。得失与局势相对应，是局势的函数，成为支付函数，或赢得函数。

(4)零和对策：双方的赢得之和总为零，即一方的赢得函数值与另一方的支付函数值之和总为零。否则就为非零和对策。

在这里介绍零和对策中最基础的一部分——两人有限零和对策。它的模型表示为

$$G=\{S_1,S_2,H\}$$

在搜索论中的两方分别看作两个局中人，即局中人Ⅰ和局中人Ⅱ，其中：

(1) $S_1$ 表示局中人Ⅰ的策略集合，即在搜索中局中人Ⅰ所能采取的所有可行方案的集合。

(2) $S_2$ 是为局中人Ⅱ的策略集合。

(3) $H=H(\alpha_i,\beta_j)$ 在非合作的对策问题中，它是局中人Ⅰ的赢得函数，其含义是：若是搜索对抗中，局中人Ⅰ选取策略 $\alpha_i\in S_1$，局中人Ⅱ选取策略 $\beta_j\in S_2$，则搜索结果是局中人Ⅰ得到 $H(\alpha_i,\beta_j)$ 的收益(赢得)；$H(\alpha_i,\beta_j)$ 也是局中人Ⅱ的损失值，也是局中人Ⅱ的支付函数。

这时的支付情况，可以用一个矩阵表示，所以两人有限对策模型也称为矩阵对策，因为此时的赢得函数可用一个矩阵 $A=(a_{ij})_{n\times m}$ 来描述，即如局中人Ⅰ取第 $i$ 个策略，局中人Ⅱ取策略 $j$，则局中人Ⅰ的赢得为 $a_{ij}$。此时赢得函数变成为赢得矩阵(支付矩阵)。

确定最优策略的准则：一个方面是采取一切可能的策略使对方陷于失败或遭受最大损失的结局，夺取己方的胜利或避免遭受大的损失，取得最好的结果；另一个方面是假定对方是理智的、精明的，不论自己采取哪种策略，对方总要使自己处于最不利的地位，即从最不利的条件出发确定自己的策略。

**例3.8** 设两人有限零和对策 $G=\{S_1,S_2,H\}$，$S_1=\{a_1,a_2,a_3\}$，$S_2=\{b_1,b_2,b_3\}$，甲方为 $S_1$，乙方为 $S_2$。甲方赢得矩阵为

| | 乙 | $b_1$ | $b_2$ | $b_3$ |
|---|---|---|---|---|
| 甲 | $a_1$ | 2 | 5 | 1 |
| | $a_2$ | 3 | 4 | 4 |
| | $a_3$ | 1 | 3 | 2 |

**解** 有确定最优策略的准则，双方理智地考虑应该是稳中求胜。

若甲选策略 $a_1$，他应该考虑到最不利的情况，即乙选策略 $b_3$，他赢得最少为1；

若甲选策略 $a_2$，他应该考虑到最不利的情况，即乙选策略 $b_1$，他赢得最少为3；

若甲选策略 $a_3$，他应该考虑到最不利的情况，即乙选策略 $b_1$，他赢得最少为1。

当局中人只取自己策略集中的某一个策略，而不取其他策略时，我们称这时的决策为

该局中人的一个纯策略。当甲乙各取一个纯策略的时候，构成的策略组称为一个纯局势。下面我们来讨论一下最优纯策略的问题。

对于局中人Ⅰ先各行中取小，再各行中求大的策略，称为最大最小策略，对于局中人Ⅰ来说，这是一个稳妥理智的策略。$\underline{V}=\max\limits_i(\min\limits_j a_{ij})$为对策的最大最小值。当局中人采取最小最大策略的时候，他的赢得不会少于$\underline{V}$。

对于局中人Ⅱ先各列中取大，再各列中取小的策略叫做最小最大策略。$\bar{V}=\min\limits_j(\max\limits_i a_{ij})=a_{iu}$为最小最大值。当Ⅱ采取最小最大策略时，他的支付不会超过$\bar{V}$。

$\bar{V}$和$\underline{V}$有这样的关系：$\underline{V}\leqslant\bar{V}$。

当$\bar{V}=\underline{V}=a_{i^*j^*}$，$a_{i^*j^*}$是第$i^*$行的最小元素，也是$j^*$列最大的元素，这时我们把$a_{i^*j^*}$称为赢得矩阵的一个鞍点。

当矩阵存在鞍点的时候，两个局中人都不能存在侥幸心理，因为如果对方使用最优策略的时候，局中人如果不采取最优策略，他会蒙受更大的损失。

对这种问题我们采用圈框法。将赢得矩阵中每行的最大元素用圆圈圈住，每列的元素用方框框住。如果圆圈和方框重合在一个元素，则这个点就是鞍点。该元素就是双方的最优策略了。

**例 3.9**　第二次世界大战太平洋战争中，美军与日军在新几内亚湾作战期间，美军得到情报：日军将派出大型护航舰队，从新不列颠岛东岸的腊包尔港，驶往新几内亚的莱城。日军有两条航线：北线与南线。北线多云，能见度差，南线晴朗。无论日军走哪一条航线，到达莱城均需要 3 天时间。美军从新几内亚派飞机去轰炸日军船队，也有飞往南线和飞往北线两种策略，不同测略的对抗结果不同。

**解**　美军分析后认为：若日舰走北线，美机飞北线，则由于北线气象条件不好，要花 1 天时间侦察，只能轰炸 2 天；若日舰走北线，美机飞南线，还会多损失 1 天时间用来使飞机从南线转回北线，故能轰炸 1 天；若日舰走南线，美机走南线，由于南线能见度好，可轰炸 3 天；若日舰走南线，美机飞北线，则美机发现无日舰已损失 1 天，在转回南线还可轰炸 2 天。所以，如果用美机能轰炸日舰的天气作为衡量策略优劣的尺度，可得如图的美军赢得矩阵：

| | 日舰 | 北线 | 南线 |
|---|---|---|---|
| 美军 | 北线 | [②] | ② |
| | 南线 | ① | [3] |

例 3.9 图

用框图法借这个矩阵对策得 $V=\bar{V}=\underline{V}=2$。

日、美双方得最优策略是：美机飞北线，日军走北线。历史的事实是：日军选择了北线，美军飞北线侦察，轰炸了两天，日军损失惨重。

以上介绍的是两人有限零和对策问题中的最优纯策略的问题。还有更复杂的情况，就是当局中人Ⅰ以概率 $(x_1,x_2,\cdots,x_m)(x_i \geqslant 0, i=1,2,\cdots,m,\sum_1^m x_i = 1)$ 取策略集中的策略 $a_1,a_2,\cdots,a_m$ 时,称这时的决策为局中人Ⅰ的一个混合策略。当两方都取混合策略时,这种局势称为一个混合局势。局中人的最优策略可以是纯策略的,也可以是混合策略的。

在零和搜索过程中,常常表现为观察者与目标双方交替行动的某种序列形式,如可分成一系列有代表性的循环。循环的总的形式是:观察者从有限行动集中选择搜索方式,其次目标选择规避方式(这时目标并不知道观察者的上述选择)。接着,出现某个随机行动,然后敌我双方获得所选择方式的信息及其结果,这一循环结束后,双方根据它的结果采取最终行动或转入下一个循环。

这种搜索过程的数学模型是多步对策模型,通常可看作是重复进行的零和发挥。

在实际搜索中,还经常遇到观察者在发现目标后对它进行追踪的对抗态势,此时,观察者为接近目标或在最短时间内接近到给定距离而选择拦截目标的机动参数;目标则力图避免被观察者所截住或尽量推迟(被观察者)截住的时间,这种追踪问题可利用微分对策的方法来描述的。

## 3.2.4 搜索的效率指标

搜索的最终目的是要发现某个预定的目标,对此可采用不同的搜索方式来达到发现这个目标,每一种方式或某个消耗的搜索力和时间等通常是不相等的,所以搜索的主要任务不仅要确定,保证发现目标,而且还要研究最合适的搜索方式,以便使发现目标的搜索时间最短或耗费的搜索资源最小,因而要有搜索的效率(效果)指标,用于衡量探索的优劣。

搜索的效果判据应该满足一些指标,比如效果判据必须与进行计算问题实质相适应;必须与环境条件和需要解决的具体搜索任务相适应;必须具有充分的完备性,足以解决给定搜索任务中的主要问题;必须适合计算的实际应用;必须在实践中是容易获得的,等等。

根据这些具体要求,可以把所有不同的效果判据分为搜索效果判据和搜索的概率判据。

### 3.2.4.1 搜索的效果判据

搜索率指的是单位时间检查搜索面积的速度,分为理论搜索率和实际搜索率,它是确定搜索率指标基础。

**1.理论搜索率 $W_T$**

设有效发现宽度为 $M_K$,相对搜索速度为 $V_P$,则 $W_T$ 表示为

$$W_T = M_K \cdot V_P$$

这一关系式经常用来选择观察者最有利的搜索速度。

**例 3.10** 设观察者的速度为 $V_{H1}$ = 14km/h, $M_{K1}$ = 2.4km/h 或为 $V_{H2}$ = 26km/h, $M_{K2}$ =

1.8km。试确定这两个速度中哪个更好。

**解**　设目标速度 $V_0$ 是不变的,而且设 $V_P \approx V_H$,则由 $W_T = M_K \cdot V_P$ 可知

$$W_{T1} = 14 \times 2.4 = 33.6\text{km}^2/\text{h}$$

$$W_{T2} = 20 \times 1.8 = 36\text{km}^2/\text{h}$$

故取 $V_{H2}$对 $W_T$ 更大,故它是较好的速度。

**2.实际(有效)搜索率 $W_K$**

设 $C$ 为给定搜索时间内发现目标次数,$S_P$ 为搜索面积,$T_H$ 为搜索时间,$S_P$ 中的平均目标数为$N_0$,则 $W_R$ 为

$$W_R = CS_P/(N_0 T_H)$$

**例 3.11**　设在面积 $S_P = 60000\text{km}^2$ 的区域内进行搜索,已知该区域内有 15 个目标,有 20 个观察者经过 1 个月(30 天)的搜索,总共发现目标 250 次,试求实际(有效)搜索率 $W_R$。

**解**　由题设

$$T = 30 \times 20 = 600 \text{天}, C = 250, N_0 = 15$$

故

$$W_R = \frac{CS_P}{N_0 \cdot T_H} \qquad T = 1666\text{km}^2/\text{d}$$

**3.搜索效果判据**

用实际搜索率与理论搜索率之比

$$\mu = W_R / W_T$$

表示搜索的效果指标,它可以用来评价在搜索结束后所选择的搜索方式的优劣。

因为,理论搜索率表示的是在最理想条件下搜索的能力,而实际搜索率取决于所采取的具体搜索方式,故总有 $W_R \leqslant W_T$,即 $\eta \leqslant 1$。故 $\eta$ 越大,则所采取的搜索方式就越好。

**例 3.12**　承例 3.11,如 $V_P = 200\text{km/d}$, $M_A = 10\text{km}$,请确定搜索效果指标 $\eta$。

**解**　此时 $W_T = 2000\text{km}^2/\text{d}$,故

$$\eta = W_R / W_T = 0.83$$

在实际搜索中,通过同一种搜索方式在不同时间(或区域中)搜索率 $W_R$ 的变化,往往预示着实际条件的重要区别,或敌方所采取了不同的对抗措施,由此可促使观察者去分析具体的原因,改进搜索方式,提高发现目标的成功率。

### 3.2.4.2　搜索的概率判据

由于搜索的随机性,所以有很多衡量搜索效率的指标是用概率方法描述的,用以表示(估计)实现搜索的可能性这些指标是

(1)在指定期限内发现目标的可能性 $P_0(t)$;

(2)在指定期限内发现目标期望数 $M_0$;

(3)发现目标所需的期望时间 $\bar{t}_0$。

单个观察者在时间 $t$ 内发现目标的概率为

$$P_0(t)=1-e^{-F(t)}$$

其中，$F(t)=\int_0^t r(t)\mathrm{d}t$ 是发现势。

如果现在有 $N$ 个观察者，进行独立的搜索，则发现目标的总概率是

$$P_0^N(t)=1-\prod_{i=1}^{N}[1-P_{0i}(t)]=1-e^{-\sum_{i=1}^{N}F_i(t)}$$

式中，$P_{0i}(t)$是第 $i$ 个观察者发现目标的概率。

发现目标所需期望时间 $\bar{t}_0$ 一般由下式求得

$$\bar{t}_0=E(t)=\int_0^{\infty}t\cdot P'_0(t)\mathrm{d}t=\int_0^{\infty}t\gamma(t)e^{-\int_e^t\gamma(t)\mathrm{d}t}\mathrm{d}t$$

它也是一个重要的搜索效率指标，表示期望发现目标平均所需的时间。

### 3.2.4.3 达到给定搜索效果的发现期望时间的计算

**1.常发现率的搜索**

常发现率的搜索就是观察者的随机方式重复搜索同一个可能发现目标的地方所进行的搜索，此时的发现率 $\gamma$ 是一个常数。

这里我们只需讨论发现率 $\gamma$ 的计算，为此设

(1)搜索区域的面积为 $S_P$；

(2)在搜索区域确实存在静止目标；

(3)目标位置服从均匀分布；

(4)观察者的轨迹是随机的，即在搜索过程中以相同的方式搜索地域中已经搜索过的或未经搜索过的每一点；

(5)搜索是无后效的，即发现目标的概率只依赖于搜索的持续时间，而不依赖于搜索的时间起点。

在这些条件下，单位时间内观察者所搜索的区域面积为 $2R_0V_H$，从而有

$$\gamma_0=2R_0V_H/S_P$$

这里 $R_0$ 是观察器材的发现距离，$V_H$ 是观察者的速度。

实际上，目标进入观察器材的发现区域并不能一定发现目标，只有当目标与观察者具有能量接触时才能发现目标，故有

$$\gamma_c=(2R_0V_H/S_P)P_K$$

这里 $P_K$ 称为接触率。

对于常发现率的搜索，$\bar{t}_{0\delta}=\dfrac{1}{\gamma_c}$，故

$$P_0(t)=1-\exp\left(-\frac{t}{\bar{t}_0}\right)$$

**2.发现率待定的搜索**

在许多搜索问题中，往往要从给定的搜索发现概率来确定合适的搜索条件，如搜索持

续时间等，我们知道，连续搜索时 $\gamma$ 为常数的发现概率为

$$P_0 = 1 - e^{-\gamma t_0}$$

故 $t_0 = -\ln(1 - P_0)/\gamma$。

对于一般常发现率搜索，因

$$\gamma = (2R_0 V_P / S_P) P_K$$

从而有

$$t_0 = -\ln(1 - P_0) S_P / (2R_0 V_P P_k)$$

由此，如果已给定发现目标的概率和搜索区域，就可以来估计所需的搜索时间，也可以从给定的发现概率和搜索时间来确定需要的搜索范围大小，即

$$S_P = 2S_0 V_P P_K t / [-\ln(1 - P_0)]$$

**例 3.13**　假设观察者在如下条件下对目标进行搜索，其中 $S_P = 4000\text{km}^2$，$R_0 = 10\text{km}$，$V_P = 40\text{km/h}$，$P_K = 1$，$P_0 = 0.7$。试求

(1)所需的搜索时间 $t_0$；

(2)在给定的发现概率条件下，如面积 $S_P$ 增加 2 倍，所需的搜索时间；

(3)在给定的发现概率下，当搜索时间减少三倍时所应搜索的面积；

(4)当其他条件不变时，发现概率变为 $P_0 = 0.9$ 时，需要搜索的区域面积；

(5)当其他条件不变时，发现概率为 $P_0 = 0.9$ 时，所需的搜索时间 $t_0$。

**解**　(1)由所给的条件可知搜索时间为

$$t_0 = \frac{-\ln(1 - P_0) S_p}{2R_0 V_p P_h} = \frac{-\ln(1 - 0.7) \times 4000}{2 \times 40 \times 10 \times 1} = 6.01(\text{h})$$

(2)此时

$$S_p = 4000 \times 2$$

故

$$t_0 = 6 \times 2 = 12$$

(3)现在的搜索时间为 $t_0 = 6 \div 3 = 2$，故

$$S_p = \frac{2 \times 40 \times 10 \times 2}{-\ln(1 - 0.7)} = \frac{4000}{3} = 1333(\text{km}^2)$$

(4)这时的搜索面积根据公式计算应为

$$S_p = \frac{2 \times 40 \times 10 \times 6}{-\ln(1 - 0.9)} = 2084.6(\text{km}^2)$$

(5)此时搜索时间根据公式计算应为

$$t_0 = \frac{1 - \ln(1 - 0.9) \times 4000}{2 \times 40 \times 10 \times 1} = 11.5(\text{h})$$

# 3.3 对运动目标的搜索模型

## 3.3.1 目标(的位置与)运动要素分布

目标的运动要素指的是给定时刻目标的位置、运动方向、距离、航速(度)等信息。

在需进行搜索时,被搜索目标的这些运动要素通常都是未知的,因此可把被搜索目标相对于观察者的位置和运动各要素全部或部分地看做是互相独立的随机变量,即各要素都具有各自的概率分布和特性。

设

$V_0$——目标的速度(标量);

$\theta$——观察者与目标的航向差;

$r$——观察者与目标之间的距离;

$\Phi_H$——目标相对观察者的航角,简称为目标航角(即表示观察者的航向与目标相对于观察者的方位之间的夹角)(见图 3-2)。

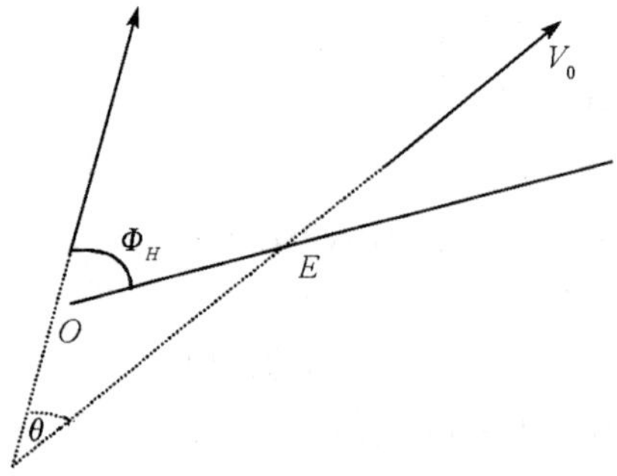


图 3-2

设目标运动要素的分布概率密度为

$$P_e(V_0, \theta, r, \Phi_H)$$

由此可以求得目标运动要素在某范围的概率,这只要对给定区域作多重积分即可得到。

概率密度 $P_e$ 的获取可根据特定的搜索问题,在有关目标的各种不同假设条件下,用统计方法来求得,实际条件下这样做较为困难,因而有时也需通过理论分析来求得。

通常在组织搜索中,都是针对某特定的目标(如飞机、舰船、导弹等),一般对它们的速度 $V_0$ 已知在一定范围内,所以可以不作为随机变量来处理。

**1. 目标位置的均匀分布**

在很多情况下,搜索者一般知道目标所在的区域 $S_P$,但不知道目标的位置和运动方向，并不可能对其航向或位置作任何非均匀的估计。在这种情况下，只能作出假设：目标在区域 $S_P$ 是均匀分布的，其运动方向也是在$[0,2\pi]$之间均匀分布的。下面来导出此时的运动要素的分布密度。

首先，由于目标运动在任一方向是都是等可能的，故运动方向在 $\theta$ 至 $\theta+\mathrm{d}\theta$ 内的概率为 $\mathrm{d}\theta/2\pi$。

又目标位置的均匀分布，故目标位于面积 $r\mathrm{d}r\mathrm{d}\Phi_H$ 的概率为 $r\mathrm{d}r\mathrm{d}\Phi_H/S$，其中 $S$ 为 $S_P$ 的面积。

再设，方向与位置的分布是互相独立的，则可得

$$P(\theta,r,\Phi_H)\mathrm{d}\theta\mathrm{d}r\mathrm{d}\Phi_H=\frac{r\mathrm{d}r\mathrm{d}\theta\mathrm{d}\Phi_H}{2\pi S}$$

从而

$$P(\theta,r,\Phi_H)=r/(2\pi S)$$

这是速度已知，目标方向和位置是均分布的情况下运动要素分布密度。

**例 3.14**　设已知某种目标活动在大海的某一区域，该区域面积为 $S=10000\mathrm{km}^2$，目标的运动速度认为是已知的，但不知目标的位置和运动方向，如果观察者的航行方向是向北的，试求出目标处在由 $r_1=0$，$r_2=50\mathrm{km}$ 及航角 $\Phi_{H_1}=\pi/4$，$\Phi_{H2}=7\pi/4$ 所形成的扇形区域内，且运动方向 $\theta$ 位于$(\frac{\pi}{2},\frac{3\pi}{2})$内的概率。

**解**　由条件可知分布密度为

$$f_E=r/(2\pi S)$$

故所求概率为

$$\begin{aligned}P&=P\left\{\frac{\pi}{2}\leqslant\theta\leqslant\frac{3}{2}\pi,0\leqslant r\leqslant 50,\frac{\pi}{4}\leqslant\Phi_H\leqslant\frac{7}{4}\pi\right\}\\&=\frac{1}{2\times 3.14\times 10000}\int_{\frac{\pi}{2}}^{\frac{3}{2}\pi}\mathrm{d}\theta\int_0^{50}r\mathrm{d}r\int_{\frac{x}{4}}^{\frac{7}{4}\pi}\mathrm{d}\Phi_H\\&=0.29\end{aligned}$$

**2. 目标位置的正态分布**

下面讨论如下的二次搜索中的位置问题

假设某时刻搜索者发现了目标，且以某种误差确定了其位置，设其位置点为 $E$，其离目标的实际位置 $H$ 的距离为 $r_0$；但它发现目标后，立刻又与其失去接触，为此必须利用原先发现过的目标位置数据来组织搜索，以便再次发现目标。

对这样的搜索问题，便需要确定目标在原先被发现位置附近的各点概率密度的变化规律。

现在设目标以等速 $V_H$ 离开原先被先发现过的位置，其运动方向在 $0\sim 2\pi$ 之间是均匀分布的。

对此问题，可认为原先发现目标时测定其位置的误差服从平面上的圆正态分布，即有如下的分布密度函数：

$$f(r_0)=\frac{1}{2\pi\sigma}\exp(-\frac{r_0^2}{2\sigma^2})$$

其中，$r_0$ 为所测目标位置对实际位置的距离；$\sigma$ 是目标位置误差的均方根差，它与观察者的位置精度和测定目标相对的坐标精度有关。

从原发现目标时刻起，经时间 $t$ 后，设目标离开发现点的距离为 $V_Ht$，而距离实际位置 $H$ 的距离为 $r$，设其位置为 $A$。

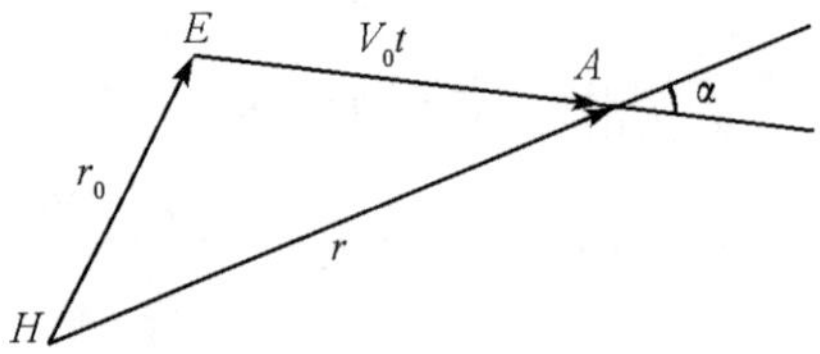


图 3－3

由图 3－3 可以看出

$$r_0^2=r^2+(V_Ht)^2-2rV_Ht\cdot\cos\alpha$$

故

$$f(r_0)=\frac{1}{2\pi\sigma^2}\exp\left(-\frac{r^2+(V_Ht)^2-2rV_Ht\cdot\cos\alpha}{2\sigma^2}\right)$$

利用概率论中关于随机变量函数变换的方法，不难求得经过时间 $t$ 后，目标距 $H$ 的距离为 $r$，方向差为 $\alpha$ 的概率密度函数为

$$f(r,\alpha)=\frac{1}{2\pi}\cdot\frac{1}{2\pi\sigma^2}\cdot\exp\left(-\frac{r^2+v_H^2t^2-2rV_Ht\cdot\cos\alpha}{2\sigma^2}\right)$$

将上式对 $\alpha$ 积分，可得时间 $t$ 时目标距 $H$ 的距离为 $r$ 的概率密度为

$$\begin{aligned}f_t(r)&=\int_0^{2\pi}f(r,\alpha)\mathrm{d}\alpha\\&=\frac{1}{2\pi\sigma^2}\exp\left(-\frac{r^2+V_H^2t^2}{2\sigma^2}\right)\cdot\frac{1}{2\pi}\int_0^{2\pi}\exp\left(\frac{rV_Ht\cdot\cos\alpha}{\sigma^2}\right)\mathrm{d}\alpha\end{aligned}$$

## 3.3.2 观察者和目标的运动轨迹

通常在搜索过程中目标与搜索者都在运动，故它们有相对运动，只在个别情况下，观察者与目标作单方面的运动。当然，实际的搜索经常是三维空间中的问题，不过讨论二维空间中的搜索还是非常有意义的。在最简单的情况下，目标和搜索者都是匀速直线运动的(即具有不变的速度和不变的航向)，较常见的情况是观察者和目标的轨迹是能划分成一系列具有等速直线运动的线段，只在特殊情况下，观察者和目标才以加速度沿着曲线轨迹进行运动。

习惯上，常把搜索当作是静止的，而把目标当作是具有相对速度和相对运动方向的，即把双方的运动转化为相对运动来讨论。

**1.极坐标表示法**

设观察者的速度为 $V_H$,目标的速度为 $V_0$,则它可以合成(相对速度)为 $V_P$,如图3-4所示。

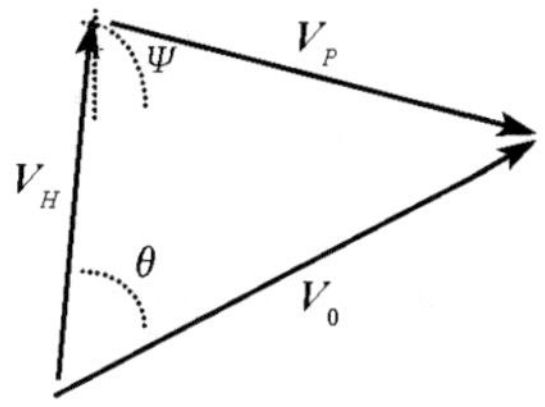


图3-4

即

$$V_0 = V_P + V_H \Rightarrow V_P = V_0 - V_H$$

其中,$V_P = \sqrt{V_H^2 + V_0^2 - 2V_HV_0\cos\theta}$

设观察者与目标从 $t_0$ 时刻起作等速直线运动,并设搜索者在 $t_0$ 时的位置为原点 $O$,观察者的航向 $OV_H$ 作为极轴。从观察者到目标的距离矢量 $r$ 作半径,从 $V_H$ 到 $r$ 的观察舷角作为极角 $\Phi_H$。

当 $t$ 增加时,$V_0, V_H, V_P, \theta, \Psi$ 均不变,只有 $r$ 和 $\Phi_n$ 变化。如在 $t_0$ 时有 $r_0$ 和 $\Phi_{H0}$,则 $t$ 时刻有

$$r = r_0 + (t - t_0)V_p$$

由图3-5中的△$OP_0P$ 可知

$$V_P^2(t - t_0)^2 = r^2 + r_0^2 - 2rr_0\cos(\Phi_H - \Phi_{H0})$$

且

$$(V_H^2 + V_0^2 - 2V_HV_0\cos\theta)(t - t_0)^2 = r^2 + r_0^2 - 2rr_0\cos(\Phi_H - \Phi_{H0})$$

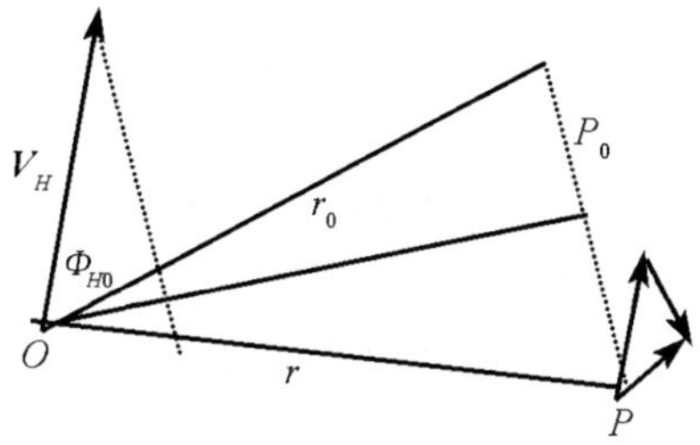


图3-5

除去 $V_H = V_0$ 目标相对航向线观察者之的最少距离为

$$r_{\min} = r_0\sin(\Psi - \Phi_{H0})$$

其中,$r_{\min}$称为正横(距离)点 $H$ 为正横点。

**2.直角坐标系**

可以如下建立一个直角坐标系,把目标相对航向作为 $x$ 轴,正横方向作为 $y$ 轴,观察

者的位置为原点,在此直角坐标系中,目标的运动轨迹为

$$x = V_p(t - T_0)$$

$$y = r_{\min} \text{为常数}$$

其中,$T_0$ 为搜索者与目标最接近的时刻,即

$$\phi_M = \Psi - \arctan\frac{y}{x}, \qquad r^2 = x^2 + y^2$$

## 3.3.3 目标观察作一般运动时的发现势

这里讨论观察者和目标沿着一般的曲线作变速运动的情况,此时双方的相对位置在不断变化,因而发现概率也在不断地变化。

设平面直角坐标系的横轴与纵轴为 $\xi$ 和 $\eta$,搜索者所在点为原点,目标的相对运动轨迹为 $C$(如图 3-6 所示)。

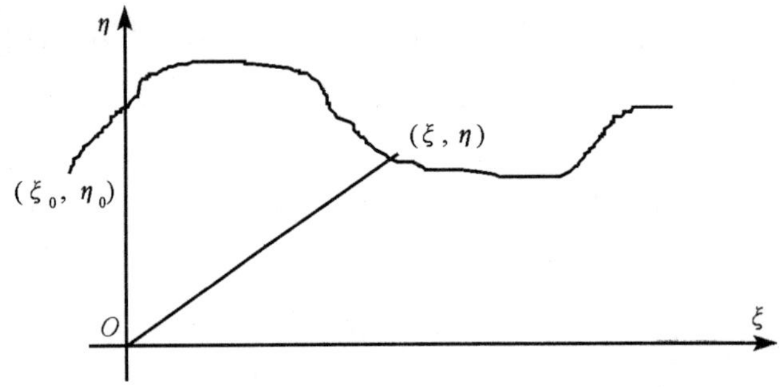


图 3-6

$C$ 的时间参数方程为

$$\xi = \xi(t), \qquad \eta = \eta(t)$$

$$t_1 \leqslant t \leqslant t_2$$

故

$$r = \sqrt{\xi^2(t) + \eta^2(t)}$$

我们知道,在其他条件不变的情况下,目标的发现率 $g_i$ 与 $\gamma$ 两者是距离 $r$ 的函数,即

$$g_i = g(r), \qquad \gamma = \gamma(r)$$

因而可有

$$\gamma(r) = \gamma[\sqrt{\xi^2(t) + \eta^2(t)}] = \gamma(t)$$

当运动轨迹已知时,便可得出目标的发现概率。

如在离散观察时,发现概率:

$$P_0(c) = 1 - \prod_{i=1}^{n}(1 - g_i)$$

在连续观察时,目标的发现概率为

$$P_0(c) = 1 - \exp\left\{-\int_{t_2}^{t_2} \gamma(t)\mathrm{d}t\right\}$$

$P_0(t)$ 的发现势为

$$F(c) = \int_{t_1}^{t_2} \gamma[\sqrt{\xi^2(t) + \eta^2(t)}]\mathrm{d}t$$

令 $S$ 表示曲线 $C$ 的弧长,则有 $\mathrm{d}S = V_p\mathrm{d}t$,故

$$F(C) = \int_C \frac{\gamma(t)}{V_p}\mathrm{d}S$$

即发现势可表示成 $C$ 上的曲线积分

**性质**　发现势 $F(C)$具有可力加性,即设 $C_1$ 和 $C_2$ 两条轨迹,$C = C_1 + C_2$ 表示轨迹运动之和,则

$$F(C) = F(C_1 + C_2) = F(C_1) + F(C_2)$$

事实上,因为

$$\begin{aligned} P_0(C) &= 1 - \mathrm{e}^{-F(C)} \\ &= 1 - \mathrm{e}^{-F(C_1+C_2)} \end{aligned}$$

而由概率的定义可知,又有

$$\begin{aligned} p_0(C) &= 1 - [1 - P_0(C_1)][1 - P_0(C_2)] \\ &= 1 - [1 - (1 - \mathrm{e}^{-F(C_1)})][1 - (1 - \mathrm{e}^{F(C_2)})] \\ &= 1 - \mathrm{e}^{-[F(C_1)+F(C_2)]} \end{aligned}$$

故

$$F(C) = F(C_1) + F(C_2)$$

一般地,如

$$C = C_1 + C_2 + \cdots + C_n$$

则有

$$F(C) = F(C_1) + F(C_2) + \cdots + F(C_n)$$

## 3.3.4　有效发现宽度

设搜索者与目标均作等速直线运动,此时设直角坐标系为 $X$,$Y$ 坐标系,其中 $X$ 轴为正横方向,$Y$ 轴与目标的相对运动方向(即 $V_P$ 的方向)平行,见图 3－7。

当设 $t = 0$ 时,目标正位于正横点 $H$,则目标运动方程为

$$x = \mathrm{const} = r_{\min}$$

$$y = V_P t$$

此时,连续观察的发现势力为

$$\begin{aligned} F(C) &= \int_{t_1}^{t_2} \gamma(\sqrt{x^2 + y^2})\mathrm{d}t \\ &= \frac{1}{V_P}\int_C \gamma(\sqrt{x^2 + y^2})\mathrm{d}s \end{aligned}$$

$$= \frac{1}{V_P}\int_C \gamma(\sqrt{x^2+y^2})\mathrm{d}y$$
$$= F(x)$$

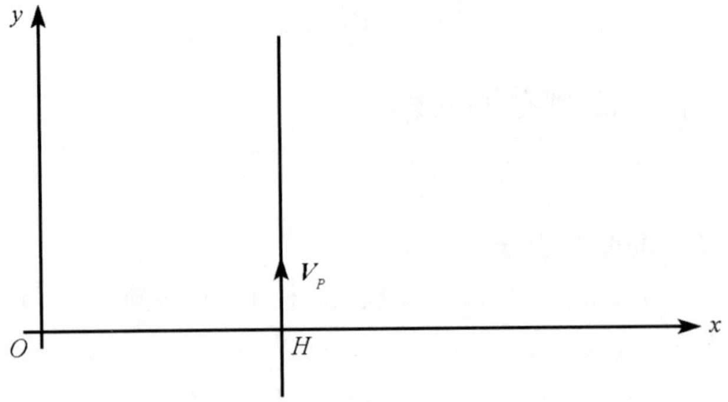


图 3-7

从而

$$P_0(C) = 1 - \mathrm{e}^{-F(C)} = P_{OC}(x)$$

即发现目标的概率只是正横 $x$ 的函数，因为此时曲线 $C$ 的位置由 $x$ 所确定，只要 $C$ 的长度确定，发现目标的概率只是 $x$ 的函数。

现设相对运动直线 $C_x$ 是无限长的，其距观察者最近的距离为 $x$(横距)，则发现目标的概率为(连续观察)

$$P_0(x) = 1 - \mathrm{e}^{-F(x)}$$

其中

$$F(x) = \int_{-\infty}^{+\infty} \frac{1}{V_p}\gamma(\sqrt{x^2+y^2})\mathrm{d}y$$

设 $N_0$ 是单位面积中的目标数，称为目标的密度，$t$ 是一个相当长的时间间隔，它远远大于目标处在可能被发现距离范围内的时间，则在单位时间内，从相对正横 $x$ 和 $x+\mathrm{d}x$ 之间通过的目标数为

$$\mathrm{d}M = N_0 \cdot y\mathrm{d}x = N_0 V_P \mathrm{d}x$$

则发现的目标数(单位时间内)期望数为

$$\mathrm{d}M_0 = P_0(x) \cdot N_0 V_P \mathrm{d}x$$

上式对 $x$ 积分，便得到单位时间观察者平均发现的目标数：

$$M_0 = \int_{-\infty}^{+\infty} P_0(x) \cdot N_0 V_P \mathrm{d}x$$

或得

$$\frac{M_0}{N_0 V_P} = \int_{-\infty}^{+\infty} P_0(x) \cdot \mathrm{d}x$$

称 $\int_{-\infty}^{+\infty} P_0(x)\mathrm{d}x$ 有效发现宽度，记为 $M_K$。$M_K$ 指的是这样一段区域，在此区域中，单位时间平均发现 $M_0$ 个目标，而这些目标在搜索区域内以密度 $N_0$ 均匀分布，且具有相同的相对速

度 $V_P$。

所以有效发现宽度表示了观察者在搜索时的有效路径宽度,此宽度指标表明了搜索观察设备的使用效果。

根据定义, $M_K$ 的确定方法有两种:

(1) 实验方法

如对搜索地面目标或海面目标的飞机雷达的有效宽度可作如下实验,设在面积为 $S$ 的某区域中,每平方千米配置有 $N_0$ 个目标,目标的配置和飞机的航线应是随机的,如飞机的速度为 $V_H$(此时可不考虑目标运动速度,故视 $V_P = V_H$)。它的雷达在单位时间内发现 $M_0$ 个目标,则 $M_K$ 可作如下计算:

$$M_K = \frac{M_0}{N_0 V_H}$$

(2) 直接计算

对连续观察可用下式直接计算

$$M_K = \int_{-\infty}^{+\infty}\left\{1 - \exp\left[\frac{1}{V_P}\int_{y_1}^{y_2}\gamma(\sqrt{x^2 + y^2})\mathrm{d}y\right]\right\}\mathrm{d}x$$

**例** 3.15　飞机上目力观察者寻找海面船只的情况,如图 3 – 8 所示。

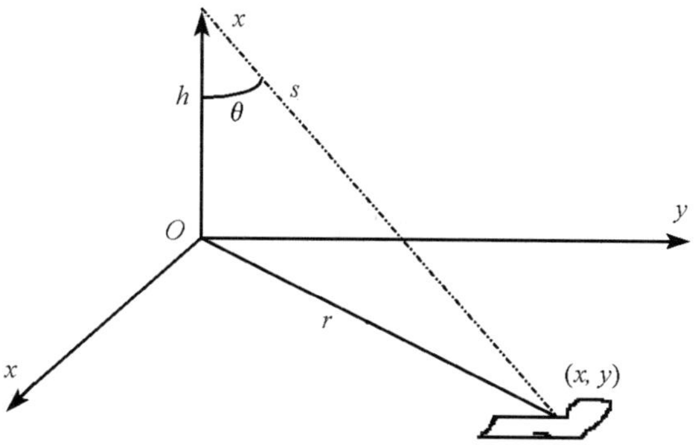


图 3 – 8

发现率为

$$\gamma(t) = k'\frac{h}{(r^2 + h^2)^{3/2}}$$

设飞机速度为 $V_0$,则发现势为

$$\begin{aligned} F(C) &= \int\gamma(r)\mathrm{d}t \\ &= k'h\int\frac{\mathrm{d}t}{(x^2 + y^2 + h^2)^{3/2}} \\ &= \frac{k'h}{V_0}\int_{y_0}^{\infty}\frac{\mathrm{d}y}{(x^2 + y^2 + h^2)^{3/2}} \end{aligned}$$

$y_0$ 表示观察者扫描区域的后方限,设 $y_0 = 0$, $x$ 称为横距(正横),则发现目标的概率为

$$P(x)=1-\exp(-\frac{k'h}{V(h^2+x^2)})$$
$$\approx 1-\exp(-\frac{kh}{Vx^2}) \qquad (h \ll x)$$

$h \ll x$ 表示低高度探测。

此时有效发现宽度为

$$\begin{aligned} M_K &= \int_{-\infty}^{+\infty} P_0(x)\mathrm{d}x \\ &= \int_{-\infty}^{+\infty}[1-\exp(-\frac{k'h}{Vx^2})\mathrm{d}x] \\ &= 2[x(1-\mathrm{e}^{-k'h/Vx^2})]_0^{\infty} + 2\int_0^{+\infty}\frac{2k'h}{Vx^2}\exp(-\frac{k'h}{Vx^2})\mathrm{d}x \\ &= 2\sqrt{\frac{\pi k'h}{V}} \qquad h < M_k/10 \end{aligned}$$

## 3.3.5 观察者舷角上发现静止目标的概率

如图 3－9 所示，设目标是静止的，其速度为 0，另设观者者 $V_H$ 固定，即速度 $V_H = \mathrm{const}$ 方向 $K_H$ 固定设观察器材的作用距离为 $R_0$，则只要目标进入以 $R_0$ 为半径的圆，就必能被发现。

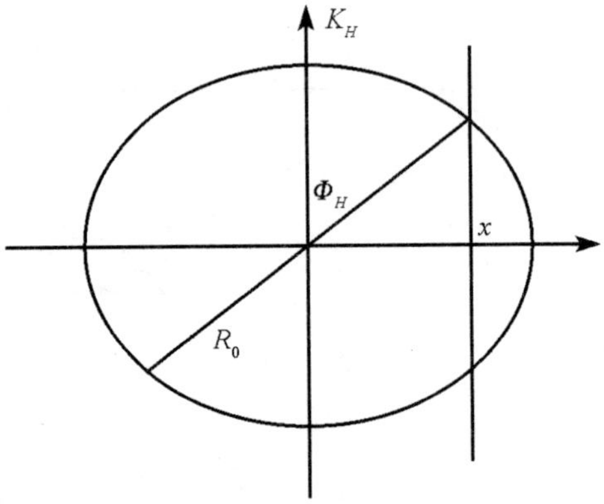


图 3－9

由假设可知，目标的相对运动曲线是一条离观察者最近为 $x$ 的直线。

如目标是在充分大的且是均匀分布的，则 $x$ 是一个随机变量。因 $x = R_0\sin\Phi_H(-\pi/2 \leqslant \Phi_H \leqslant \pi/2)$，故 $\Phi_H$ 也是随机变量，$\Phi_H$ 的分布表示了从左舷 90°到舷角 $\Phi_H$ 内出现目标的概率，即有

$$P(\Phi_H)=\frac{R_0+x}{R_0+R_0}=\frac{1}{2}(1+\sin\Phi_H)$$

**例 3.16** 计算下列条件下的发现目标概率：

(1)从左舷 90°到左舷 45°内；

(2)从左舷 45°到右舷 45°内。

**解**　(1) $P(45°) = 1/2[1 + \sin(\pi/4)] = 0.86$

(2) $P(45° + 45°) = 0.71 = P(45°) - P(-45°)$

### 3.3.6　在观察者(舷角上)发现运动目标的概率

如图 3－10 所示，设观察者 $H$ 的航速为 $V_H$，且在给定时间 $t$ 内，运动被限制在一给定区域内，在该区域内，平均有 $N_k$ 个具有同一速度 $V_0$ 的目标，现在先来研究目标进入观察者的发现区域内的可能性。该区域是一个以观测器材作用距离 $R_0$ 为半径的圆。

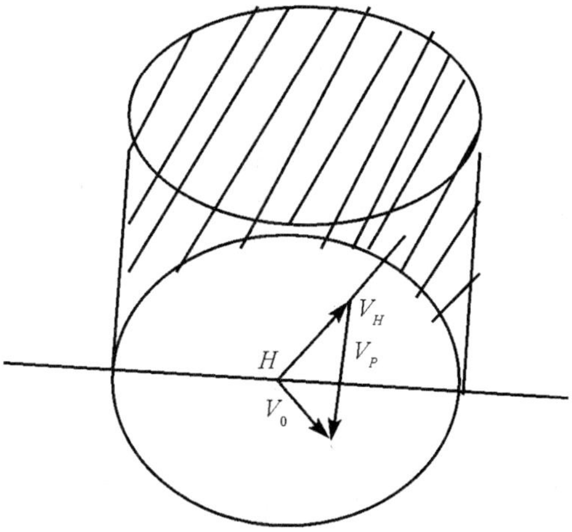


图 3－10

假设所有目标采用相同的航向，且与观察者的方向差为 $\theta$，然后通过点 $H$，作平行于 $V_P$ 的直线，这直线便是在上述给定条件下观察者的相对航向，在时间 $t$ 内，观察者观察了图中的阴影面积，其面积为

$$2R_0 \cdot S_P = 2R_0 \cdot V_P \cdot t$$

(这里假设，在运动开始前以 $H$ 为圆心半径为 $S_n$ 的圆域已搜索过目标)

如果目标的分布密度为 $N_k/S_p$，其中 $S_P$ 是包含 $N_k$ 个目标的区域面积，则单位时间内发现目标的期望数为

$$N_0 = 2R_0 \cdot V_P \cdot N_k / S_p$$

现设目标航向在 0～2π 内均匀分布，那么观察者和目标之间的航向差在 $\theta$ 到 $\theta + \Delta\theta$ 内的概率为 $\dfrac{\Delta\theta}{2\pi}$，因而，在此航向差范围内目标进入观察者的发现区域内的期望次数是

$$\Delta N_0 = \frac{2R_0 V_P N_k}{2\pi S_P} \cdot \Delta\theta$$

故观察者发现以任意航向运动的目标数为

$$N_0 = \frac{2R_0 N_h}{2\pi S_P}\int_0^{2\pi} V_P \mathrm{d}V$$

其中，$V_{PC} = \frac{1}{2\pi}\int_0^{2\pi} V_P \mathrm{d}\theta$ 是相对平均速度，并可写成

$$V_{PC} = \frac{1}{2\pi}\int_0^{2\pi} \sqrt{V_H + V_0 - 2V_H V_0 \cos\theta \mathrm{d}\theta}$$

其有如下误差不超过 2% ~3% 的近似公式：

$$V_{PC} = \frac{V_0^2 + V_H^2}{V_0 + V_H} + 0.3\sqrt{V_0 V_H}$$

由此可得结论：

(1)不论目标采取什么航向，进入发现区域内部期望目标数不仅与目标速度有关，而且与观察者的速度有关。

(2)进入观察者发现区域内的目标数随着目标速度或观察者速度的增加而增加，也即发现概率增大。

**例 3.17** 假设搜索区域的面积 $S_P = 10000\text{km}^2$，其中随机分布有 $N_K = 20$ 个目标，目标速度 $V_0 = 10\text{km/h}$，观察者速度 $V_H = 15\text{km/h}$，观察器材作用距离 $S_0 = 25\text{km}$，试求观察者在单位时间内(1h)发现目标的期望数 $N_0$。

**解** 由近似公式，可得

$$V_{PC} \approx 16.7\text{km/h}$$

从而

$$N_0 = 2 \times 25 \times \frac{20}{104} \times 16.7 = 16.7(\text{目标/h})$$

如果目标的航向假设是在 $K_1$ 到 $K_2(K_1 < K_2)$的扇面内均匀分布的，也即航向差 $\theta$ 是在 $\theta_1$ 到 $\theta_2$ 之间均匀分布的，则单位时间内进入半径为 $S_0$ 的圆内目标期望数为

$$N_0 = \frac{2S_0 N_K}{(\theta_2 - \theta_1) S_P}\int_{\theta_1}^{\theta_2} V_P \mathrm{d}\theta$$

## 3.4 搜索概率的计算模型

### 3.4.1 雷达搜索模型

#### 3.4.1.1 雷达发现概率的计算

发现概率是以发现目标为目的各种雷达的最主要的效能指标。在雷达波束扫描过程中，当目标落入雷达波瓣时，雷达与目标发生能量接触，在雷达荧光屏上能否检测出目标

信号，取决于信号能量与噪声能量之比的大小。在无干扰时，噪声是指雷达接收系统内部的热噪声；在有干扰时，噪声便是指干扰信号和雷达接收系统内部的热噪声。目标回波在雷达检测器上表现为一系列脉冲信号。雷达对信号的检测一般根据聂曼－皮尔逊准则：在虚警概率一定的情况下（一般设为 $10^{-6}$），定出检测门限，再据此门限计算发现概率。

**1.单脉冲检测时发现概率的计算**

根据噪声和信号通过雷达接收机的统计特性，我们可以给出单脉冲检测时雷达平均发现概率的计算公式：

当 $P_F = 10^{-6}$时（下同），有

$$P_d = \exp\left(-\frac{6\ln 10}{1+S_N}\right)$$

式中　$S_N$ 为单个脉冲的信噪比，有

$$S_N = \frac{P_t G_t^2 \lambda^2 \sigma}{(4\pi)^3 10^{12} K_b T_0 \Delta f_r F_n L R_t^4}$$

式中　$P_t$——雷达发射功率（单位：W）；

$G_t$——雷达发射天线增益（倍）；

$\lambda$——雷达波长（m）；

$\sigma$——目标有效反射面积（$m^2$）；

$K_b$——波尔兹曼常数，取 $1.38 \times 10^{-23}$ J/K；

$T_0$——以绝对温度表示的接收机噪声温度，取 $T_0 = 290°K$ 时，$K_b T_0 = 4 \times 10^{-21}$ W/Hz；

$\Delta f_r$——雷达接收机带宽（Hz）；

$F_n$——噪声系数（倍）；

$L$——系统损耗因子（倍）；

$R_t$——目标到雷达的距离（$K_m$）。

**2.多脉冲检测时发现概率的计算**

（1）当雷达对固定目标进行搜索，经平方律检波后再进行视频积累时的雷达平均发现概率为

$$P_d = 1 - \Phi\left(\frac{4.75 - \sqrt{n S_N}}{\sqrt{1+2S_N}}\right)$$

式中，$\Phi(x) = \frac{1}{\sqrt{2\pi}}\int_{-\infty}^{x} \exp(-t^2/2)\mathrm{d}t$。

$S_N$ 为单个脉冲的信噪比，有

$$S_N = \frac{P_t G_t^2 \lambda^2 \sigma}{(4\pi)^3 10^{12} K_b T_0 \Delta f_r F_n L R_t^4}$$

其中，各参数的含义同上；

$n$ 是一次扫描中的雷达视频脉冲积累数，有

$$n = \frac{\theta_a f_r}{\Omega}$$

式中 $\theta_\alpha$——雷达水平波瓣宽度(度);

$f_r$——雷达脉冲重复频率(Hz);

$\Omega$——雷达天线扫描角速度(°/s)。

(2)当雷达对运动目标进行搜索,经平方律检波后再进行视频积累时的雷达平均发现概率为:

快起伏情形下(适用于雷达用不同的频率照射运动目标,如捷变频雷达、频率分集雷达探测运动目标)有

$$P_d = 1 - \Phi\left(\frac{4.75 - \sqrt{n}S_N}{1 + S_N}\right)$$

式中,$S_N$ 为单个脉冲的信噪比,$n$ 是一次扫描中的雷达视频脉冲积累数,它们的计算含义同(1)中的参数计算,$\Phi(x)$是标准正态分布函数。

慢起伏情形下(适用于雷达用一种频率照射运动目标,如常规雷达探测运动目标)有

$$P_d = \exp\left(-\frac{4.75}{\sqrt{nS_N}}\right)$$

式中各符号的含义同上式。

### 3.4.1.2 雷达探测区域的计算

雷达最大探测距离是衡量雷达探测能力的重要效能指标,通常表征为在确定的观测环境及规定的虚警概率和发现概率条件下雷达在天线波束最大增益方向上探测目标的距离,其大小主要取决于雷达向空间发射的射频能量、雷达接收机的灵敏度、雷达天线有效面积和目标的雷达截面积等。

对空警戒雷达对空中目标的最大探测距离可由雷达方程算出:

$$R_{\max} = 0.01 \times \left[\frac{P_t G_t^2 \lambda^2 \sigma}{(4\pi)^3 K_b T_0 \Delta f_r F_n L S_{N\cdot\min}}\right]^{1/4}$$

式中 $P_t$——雷达发射功率(单位:W);

$G_t$——雷达发射天线增益(倍);

$\lambda$——雷达波长(m);

$\sigma$——目标有效反射面积($m^2$);

$K_b$——波尔兹曼常数,取 $1.38 \times 10^{-23}$ J/K;

$T_0$——以绝对温度表示的接收机噪声温度,取 $T_0 = 290°K$ 时,$K_b T_0 = 4 \times 10^{-21}$ W/Hz;

$\Delta f_r$——雷达接收机带宽(Hz);

$F_n$——噪声系数(倍);

$L$——系统损耗因子(倍);

$S_{N\cdot\min}$——雷达最小检测信噪比;

$R_{\max}$——雷达最大探测距离(km)。

我们把 $S_{N\cdot\min}$定义为雷达发现概率等于 0.1 时雷达接收机端内的功率信噪比,当虚警

概率 $P_F = 10^{-6}$时，由公式 $P_d = \exp\left(-\frac{4.75}{\sqrt{nS_N}}\right)$，可以算出

$$S_{N \cdot \min} = \frac{2.06}{\sqrt{n}}$$

式中，$n$ 是一次扫描中的雷达视频脉冲积累数，有

$$n = \frac{\theta_a f_r}{\Omega}$$

其中，$\theta_a$——雷达水平波瓣宽度（度）；

$f_r$——雷达脉冲重复频率（Hz）；

$\Omega$——雷达天线扫描角速度（°/s）。

由于雷达一般工作在微波频段上，电波近似直线传播，故地球表面的弯曲会使雷达对目标的直视距离受到限制。雷达受地球曲率影响的直视距离为

$$R_s = 4.12(\sqrt{H_a} + \sqrt{H_t})$$

式中　$R_s$——直视距离（km）；

$H_a$——雷达标高 + 天线高度（m）；

$H_t$——目标高度（m）。

综合上面作用距离计算公式可知，无干扰条件下对空警戒雷达对截面积为 $\sigma$ 的目标的实际探测距离（单位：km）为

$$\bar{R} = \min(R_{\max}, R_s)$$

因此，单部对空警戒雷达的探测区域一般是以雷达为中心，$\bar{R}$ 为半径的圆。

对具体的空中目标，在模拟警戒雷达对它的发现时，应按其真实高度计算 $R_s$ 和 $\bar{R}$，以便决定该目标是否落入单部对空警戒雷达的探测区域而被发现。

下面再考虑一下对空警戒雷达在探测低仰角目标时作用距离的计算。

若由 $R_{\max} = 0.001 \times \left[\frac{P_t G_t^2 \lambda^2 \sigma}{(4\pi)^3 K_b T_0 \Delta f_r F_n L S_{N \cdot \min}}\right]^{1/4}$ 所求出的雷达最大探测距离 $R_{\max}$ 满足

$$R_{\max} \leqslant \frac{\pi H_a H_t}{50\lambda}$$

式中　$\lambda$——雷达波长（m）；

$R_{\max}$——雷达最大探测距离（km）；

$H_a$——雷达标高 + 天线高度（m）；

$H_t$——目标高度（m）。

此时，对空警戒雷达探测低仰角目标时的实际探测距离仍由式 $\bar{R} = \min(R_{\max}, R_s)$ 确定。

若由　$R_{\max} = 0.001 \times \left[\frac{P_t G_t^2 \lambda^2 \sigma}{(4\pi)^3 K_b T_0 \Delta f_r F_n L S_{N \cdot \min}}\right]^{1/4}$ 求出的 $R_{\max}$ 满足

$$R_{\max} > \frac{\pi H_a H_t}{50\lambda}$$

则此时对空警戒雷达的最大探测距离 $R'_{\max}$ 应由下式求出：

$$R'_{\max} = 0.001 \times \left[ \frac{P_t G_t^2 \lambda^2 \sigma}{(4\pi)^3 K_b T_0 \Delta f_r F_n L S_{N\cdot\min}} \right]^{1/8} \left( \frac{4\pi H_a H_t}{\lambda} \right)^{1/2}$$

式中各符号含义同前。

因此,此时对空警戒雷达对截面积为 $\sigma$ 的目标的实际探测距离(单位:km)应是

$$\bar{R} = \min(R'_{\max}, R_s)$$

单部对空警戒雷达在探测低仰角目标时的探测区域也是以雷达为中心,$\bar{R}$ 为半径的圆。

### 3.4.1.3 雷达网发现概率的计算

地面雷达网的目标探测概率是雷达网作战效能的一个重要指标,雷达网的探测概率取决于雷达的数量及其配置。整个地面雷达网对给定的空间某点上目标的一次扫描发现概率为

$$P_{网} = 1 - \prod_{i=1}^{N} (1 - P_i)$$

式中 $N$——地面雷达网中的雷达数量;

$P_i$——第 $i$ 部雷达在某时间间隔内对位于空间某点处的目标的探测概率($i = 1,2,\cdots,N$),它取决于目标的等效反射面积 $\sigma$、目标的高度 $H_i$ 和距离 $R_t$、雷达的技术特性($R_{\max}, F(\theta)$)等。

我们定义能够同时观察到空间一点上目标的雷达数量为雷达网的重叠系数,记作 $K$,有 $K \leqslant N$,则上式等价于

$$P_{网} = 1 - \prod_{i=1}^{K} (1 - P_i)$$

如再假设对每部雷达来说回波信号的起伏在扫描之间不相关,则相继的两次检测是独立事件。在网中雷达同时开机工作并假设都扫描 $m$ 次的情况下,雷达网对处于某点的目标之总探测概率为

$$P_{网} = 1 - \prod_{i=1}^{K} (1 - P_i)^m$$

其中,$K$ 为能同时观察到该点处目标的雷达数量。

假定,无干扰条件下一次扫描中地面雷达网中第 $i$ 部警戒雷达对位于 $A(x,y)$ 处的目标的探测概率为

$$P_i(A) = \exp\left( -\frac{4.75}{\sqrt{nS_N}} \right)$$

式中,$n$ 是一次扫描中的雷达视频脉冲积累数,有

$$n = \frac{\theta_a f_r}{\Omega}$$

其中,$\theta_a$——雷达水平波瓣宽度(度);

$f_r$——雷达脉冲重复频率(Hz);

$\Omega$——雷达天线扫描角速度(°/s)。

$S_N$ 为单个脉冲的信噪比，有

$$S_N=\frac{P_tG_t^2\lambda^2\sigma}{(4\pi)^3 10^{12}K_bT_0\Delta f_rF_nLR_t^4}$$

其中，$R_t$ 为雷达到目标的距离（单位：km），其余各量含义同前。

假定 $A(x,y)$ 是空间 $H_t$ 高度层平面内的任意一点，于是第 $i$ 部雷达与 $A$ 点的水平距离 $R_t$ 为

$$R_t\triangleq d_i(A)=\sqrt{(x-x_i)^2+(y-y_i)^2}\qquad i=1,2,\cdots,N$$

### 3.4.1.4　雷达网探测区域的计算

对于地面雷达网，其作战能力可由探测区域的大小来形象地表示。合成探测区大，则表明雷达网的探测能力强；合成探测区域小，则表明雷达网的探测能力弱。而合成探测区则就是地面雷达网所有雷达的探测区域的并集。

在对地面雷达网的作战效能进行定量分析时，为了模拟雷达网的性能，我们可求出雷达网的合成探测概率和雷达网内等探测概率曲线图。等概率曲线图所覆盖的范围的大小反映了雷达网探测能力的大小，覆盖的范围大，则雷达网的探测能力强；覆盖的范围小，则雷达网的探测能力弱。

上面讨论了多部雷达在某点处的合成探测概率。雷达网要实现对部署覆盖空域的有效探测，必须保证空域内各点处的探测概率达到一定的要求值。我们称这一规定的最低探测概率为雷达网探测概率，用 $P_N$ 表示。对于一个确定的高度层，由不低于雷达网探测概率 $P_N$ 的各探测点所构成的空域，我们称为雷达网对该高度层目标的有效探测范围，简称为网探测范围。下面来考虑网探测范围的求法。

假设参加组网的 $N$ 部雷达的部署阵地的平面位置坐标分别为 $(x_i,y_i)$，$i=1,2,\cdots,N$，$A(x,y)$ 是空间 $h$ 高度层平面内的任意一点，于是第 $i$ 部雷达与 $A$ 点的水平距离为

$$d_i(A)=\sqrt{(x-x_i)^2+(y-y_i)^2}\qquad i=1,2,\cdots,N$$

每一部雷达按其对目标的探测性能都可用一个函数 $P_i[d_i,h,F_i(\theta)]$ 来表示（即作用距离波瓣图）。利用信噪比与发现概率关系式以及雷达作用距离波瓣图可以近似地将 $P_i[d_i,h,F_i(\theta)]$ 转换成 $P_i(d_i)$。通常单部雷达的探测范围的外包络线是按照发现概率为 0.5 时的值绘制的，可以推出第 $i$ 部雷达对给定空间 $h$ 高度层平面内的 $A$ 点处目标的发现概率计算公式为

$$P_i(A)=\exp\left[-0.69\left(\frac{d_i(A)}{d_{io}(0.5)}\right)^4\right]$$

其中，$d_{io}(0.5)$ 为第 $i$ 部雷达发现概率为 0.5 时的作用距离。

若记 $d_{io}(0.1)$ 为第 $i$ 部雷达发现概率为 0.1 时的作用距离（单位：km），即信噪比 $S_N$ 为 1 时的雷达作用距离，有

$$d_{io}(0.1)=\left\{\frac{P_tG_t^2\lambda^2\sigma}{(4\pi)^3 10^{12}K_bT_0\Delta f_rF_nL}\right\}^{\frac{1}{4}}$$

这样就可以得到想定中敌方目标每一点的雷达网一次扫描发现概率：

$$P_{网}(A) = 1 - \prod_{i=1}^{N}[1 - P_i(A)]$$

由 $A$ 点的任意性，我们可以计算出部署地域所有各点的雷达网的合成探测概率，它们是坐标的连续函数。将网中合成探测概率相等的点连接起来构成一条闭合曲线，我们称之为等探测概率线。

当规定雷达网探测概率为 $P_N$ 时，雷达网的探测范围就是雷达组网后等探测概率 $P_N$ 曲线的闭集，即是$\{(x,y) \mid P_{网}(A) \geqslant P_N, A(x,y)\}$。

## 3.4.2 面搜索模型

面搜索的特点是在给定区域内任意点上发现目标都是等概率的，目标在 0～360°航向上也是均匀分布的，这时，目标可从任意方向上通过给定区域，而搜索者不了解目标位置及运动要素的任何具体情况，所以搜索的任务便是在给定区域内发现目标或确定该区域内有无目标。

### 3.4.2.1 规则搜索

规则搜索指的是这样进行的搜索，当搜索完整个区域后，其中每一点至多只有一次(不重复)落入观察者的观察区域(发现区域)。

平行航向的搜索就是规则搜索的例子，当需搜索的区域面积相当大时，采用一系列相距 $S$ 的平行航线搜索是保证均匀搜索的方法，这里我们来讨论这样的情况。

实行平行搜索的方法，可以是单个观察者的螺旋线式或 $Z$ 字式航线搜索，或多个观察者的相距的平行搜索等。

设区域为矩形区域，面积为 $S_P = A \cdot B$，如果时间与能力允许，可在 $n$ 条航线上进行搜索，每条长度为 $A$，相距为 $R_1 = B/n$，则整个搜索路线长为 $L = nA$。设 $R_0$ 为发现距离，则总的搜索面积为

$$S_B = 2R_0 \cdot L = 2R_0 \cdot nA = 2\frac{R_0 \cdot A \cdot B}{R_1} = 2\frac{R_0 \cdot S_P}{R_1}$$

从而得到总的搜索覆盖率(或称为总观察势)：

$$U(L) = \frac{S_b}{S_P} = 2\frac{R_0}{R_1}$$

即可作为发现目标的概率。

实际上，可假设目标在 $S_P$ 中是均匀分布的，故这种规则搜索的发现率为

$$\gamma(t) = \frac{\gamma_c}{1 - \gamma_c t} \qquad \gamma_c = 2\frac{R_0 \cdot V_H}{S_P}$$

设 $T$ 是搜索完成时所需的时间，故发生目标的概率为

$$P_0(t) = \gamma_C T = 2\frac{R_0 \cdot V_H T}{S_P} = 2\frac{R_0 \cdot L}{S_P} = 2\frac{R_0}{R_1}$$

如果已知发现率为 $V_0(r)$，我们设坐标如图 3 - 11 所示，目标的坐标为 $(x_0, y_0)$ 则发现目标的概率为

$$P(X) = 1 - \mathrm{e}^{-F(X)}$$

其中

$$F(X) = \sum_{k=1}^{n} F_k(X)$$

$$\begin{aligned} F_k(X) &= \int_0^A \gamma \sqrt{[(k - \frac{1}{2})R_1 - x]^2 + (y - y_0)^2}\,\mathrm{d}y \\ &= \int_0^A \gamma \sqrt{[(k - \frac{1}{2})\frac{B}{n} - x]^2 + (y - y_0)^2}\,\mathrm{d}y \\ &= F[\,|\,(k - \frac{1}{2})\frac{B}{n} - x\,|\,] \end{aligned}$$

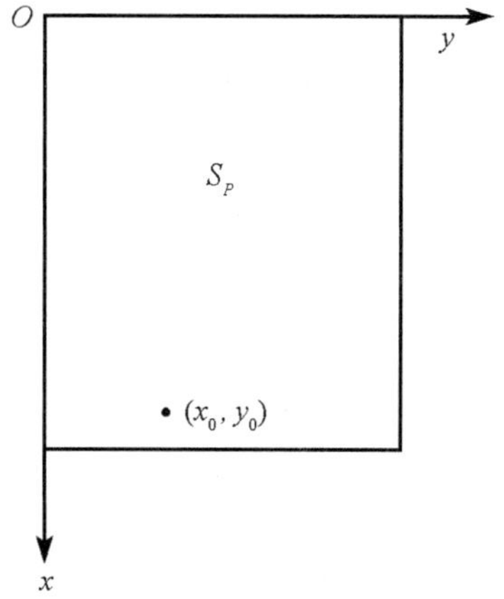


图 3 - 11

### 3.4.2.2　随机搜索

随机搜索是指这样的搜索，观察者在区域中航线是均匀分布的，其航向是随机的，所以随机搜索结束时，区域中有些部分可能被重复搜索，此时实际上是常发现率的搜索，故

$$\gamma = 2R_0 \cdot V_H / S_P$$

搜索结束时的发现势：

$$F(T) = \int_0^T \frac{2R_0 \cdot V_H}{S_P}\mathrm{d}t = \int 2\frac{R_0}{S_p}\mathrm{d}s = \frac{2R_0 \cdot L}{S_P}$$

其中，$L$ 是搜索路径的长度。

发现概率为

$$P_0(T) = 1 - \mathrm{e}^{-\frac{2R_0 L}{S_P}}$$

### 3.4.3 线搜索模型

线搜索的首要任务是发现并防止被搜索目标从给定的边界上通过。作为观察者可能具有,也可能不具有目标运动要素和地段的信息,当已知目标的可能航向或预测它正在向给定的边界接近时,往往要采用这样的搜索。此时,观察者的采取的方法,一般是往返巡逻。例如,如图 3－12 所示。讨论飞机要搜索发现必经海峡中通过的军舰的问题,设海峡的航道宽度为 $D$,如果舰的航速已知为 $V_0$,则可把往返式封锁巡逻从实际坐标变换为相对运动坐标系,此时的坐标系中军舰的位置是固定的。这样,搜索的航线将很方便描述。可以预见,在相对坐标系中,最有效的搜索航线是一串平行的搜索航线,这样的航线在实际的相对于地球的坐标系中 8 字形航线。

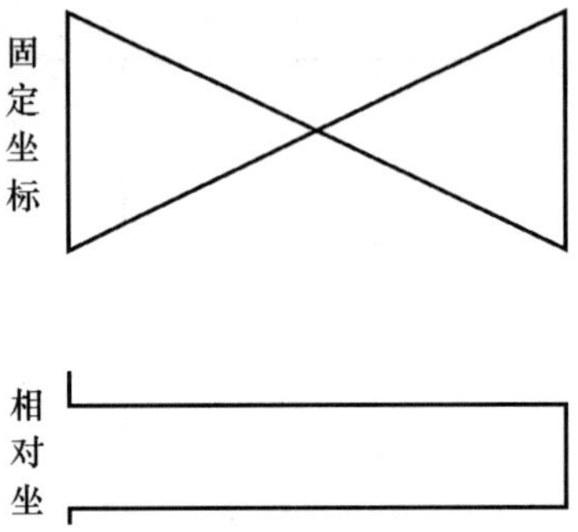


图 3－12

设飞机的航速为 $V_H$,因为 $V_H \gg V_0$,故实际航程可以认为与 $D$ 相差不大,飞机往返一趟的时间 $T$ 为

$$T = 2D/V_H$$

它必相等于相对坐标中平行搜索时经过两个间距的时间:

$$T = 2R_1/V_0$$

即

$$R_1 = D(V_0/V_H)$$

如果搜索者不知道目标将从海峡宽度线 $D$ 上何处和在时间 $T = 2D/V_H$ 内的何时通过,则可认为目标可以在相对坐标系中位于面积为 $S'_P = 2R_1 D$ 的区域内。

则相对航线为平行时,发现目标的概率为

$$P_0 = 2\frac{R_0 D}{D \cdot 2R_1} = \frac{R_0}{R_1} = R_0 \cdot \frac{V_H}{DV_0}$$

如相对航线看做是随机时,则发现目标的概率为

$$\begin{aligned} P_0 &= 1 - e^{-\frac{2R_0 D}{2R_1 D}} \\ &= 1 - e^{-\frac{R_0}{R_1}} \end{aligned}$$

$$= 1 - e^{-\frac{R_0 V_H}{D \cdot V_0}}$$

对这样的搜索,通过增加飞机进行同样的搜索可提高发现概率。

### 3.4.4　应召搜索模型

应召搜索的任务就是对已经发现过而又失去了接触的目标再进行搜索,把原先发现过的目标的位置和时间定为再搜索的初态。这种搜索,观察者可以认为拥有目标位置和速度方面的一些信息,但没有目标的运动方面和某个扇面航向的信息,此时的搜索一般可分为两种情况,在目标航向可能的扇面内的搜索和在发现目标区域内的搜索。

**1.在目标航向的可能扇面内的搜索**

在这种搜索中的一种方法就是观察者提前进入目标可能航向的前方,然后输入与目标的通向运动,所以此时观察者需解决如下一些问题:

(1)目标航向的可能扇面;

(2)观察者到达目标航向前方的距离;

(3)进入目标前方所需的航向和时间;

(4)与目标相通的量线;

(5)在迎着这目标运动时观察者之间的距离。

**2.在发现目标区域的搜索**

现假设在开始时已确定了目标位置,在经过时间 $T_0$ 后,才开始对它进行搜索,在 $T_0$ 这段时间内,只能认为目标已经离开了原来被测定位置,观察者知道目标的最大航速为 $U$,因此在 $T_0$ 时刻,目标可能位于半径为 $UT_0$ 的圆内。随着搜索的推进,说圆将不断推广。此时,按照搜索中的机动方法,可分为螺旋线航向搜索或平行航向搜索。

此时目标的可能位置分布密度值从中心逐渐向外减少,被搜索目标的最可能位置从开始被发现点,沿径向逐渐向外移动。因而在发现区域内的搜索最好在目标所在概率最大的位置上进行。由于分布概率密度最大值是沿径向移动的,所以观察者应该在一系列半径不断增大的圆上进行连续搜索,从而观察者的轨迹是一条曲线,即从初始发现目标位置开始,按照目标位置分布密度值的移动速度,向外移动且能围住目标所有可能位置的环状地段。

一般地,可以用下列对数螺旋线来描述上述曲线:

$$r = r_0 e^{\rho\varphi}$$

式中　$r$——螺旋线半径失经(螺旋线上的系列初始发现目标点的距离);

$\varphi$——旋线的转角;

$\rho$——确定螺旋线形状和打量增加速度的参数;

$r_0$——$\varphi = 0$ 时的螺旋失经。

当 $t = T_0$ 时,目标距 $O$ 最远距离为 $V_0 T_0$,故可取 $r_0 = V_0 T_0$,即搜索从 $\varphi = 0$, $r_0 = V_0 T_0$ 开始。设目标的运动方向为 $\varphi = \varphi_0$,则在 $T = T + T_0$ 时,目标在

$$\begin{cases}\gamma_0 = V_0 T_0 + V_0 t \\ \varphi = \varphi_0\end{cases}$$

则观察者搜索的螺旋曲线应满足对任意的 $\varphi$，当观察者运动到 $\varphi_0$ 角时，均有

$$r_2 \geqslant r_1$$

其中 $r_2$ 为观察者的失径。由 $ds = V_H dt$

即：

$$\begin{aligned} ds &= \sqrt{r^2 + r^2}\, d\varphi = r\sqrt{1+\rho^2}\, d\varphi \\ &\Rightarrow r\sqrt{1+\rho^2}\, d\varphi = V_H dt \\ &\Rightarrow \frac{r_0\sqrt{1+\rho^2}}{p}(e^{\rho\varphi} - 1) = V_H t \\ &\Rightarrow \varphi = \ln\left(1 + \frac{\rho V_H t}{r_0\sqrt{1+\rho^2}}\right) \end{aligned}$$

从而观察者的运动曲线为

$$\begin{aligned} r_1 &= r_0 e^{\rho \ln\left(1 + \frac{\rho V_H t}{r_0\sqrt{1+\rho^2}}\right)} \\ &= r_0\left(1 + \frac{\rho V_H t}{r_0\sqrt{1+\rho^2}}\right)^{\rho} \end{aligned}$$

当 $\varphi = \varphi_0$ 时，有

$$r_1 = r_2 \Rightarrow t_0 = \frac{r_0(e^{\varphi_0} - 1)\sqrt{1+\rho^2}}{V_H \rho}, \quad \begin{cases} r_1 = V_0 + r_0(e^{\varphi_0} - 1) = r_0 e^{\rho\varphi_0} \\ r_2 = r_0 + V_0 t_0 \end{cases}$$

则

$$\begin{aligned} r_0 e^{\rho\varphi_0} &\geqslant r_0 + V_0 \frac{r_0(e^{\phi_0} - 1)\sqrt{1+\rho^2}}{\rho V_H} \\ &\Rightarrow \frac{\rho V_H}{\sqrt{1+P^2}} \geqslant V_0 \\ &\Rightarrow (e^{\rho\varphi_0} - 1) \geqslant \frac{V_0}{V_H}(e^{\phi_0} - 1)\frac{\sqrt{1+\rho^2}}{\rho} \end{aligned}$$

给出满足上式的 $\rho$，便能确定具体的螺旋线形状。

取

$$\rho^2 V_H^2 = (1+\rho^2) V_0^2$$

$$\rho^2 (V_H^2 - V_0^2) = V_0^2$$

$$\rho^2 = \frac{V_0^2}{V_H^2 - V_0^2}$$

故只要取

$$\rho = \sqrt{\frac{V_0}{V_H^2 - V_0^2}}$$

则总可使搜索在可控制条件下进行。

# 习 题 三

1. 搜索论的定义是什么？

2. 简要叙述搜索和发现的概念。

3. 搜索目标有哪些规律？

4. 搜索的数学模型有哪些？他们的特点是什么？

5. 一种搜索器材搜索到目标的次数服从几何分布，搜索一次发现目标的概率为 1/5。求：

(1)搜索 6 次发现目标的概率；

(2)搜索次数的期望值(即搜索目标所需要的期望搜索次数)。

6. 一种搜索器材对目标的搜索时间服从指数分布 $f(t)=\frac{1}{3}e^{-\frac{1}{3}t}$。

(1)求搜索的目标所需要的期望搜索时间？

(2)求 $t=8s$ 时发现目标的概率？

7. 红方一步兵团在 6km 正面上组织了野战防御。蓝方以加强坦克团准备从行进间向红方发起进攻。红方有 $a_1, a_2, a_3$ 防御策略；蓝方有 $b_1, b_2, b_3$ 三个进攻策略。红方赢得矩阵如下，找出红方的最优纯策略和最小赢得？

$$A=\begin{array}{c|ccc} & b_1 & b_2 & b_3 \\ a_1 & 52 & 39.6 & 33 \\ a_2 & 40.2 & 72 & 40.2 \\ a_3 & 51 & 60 & 51 \end{array}$$

8. 设观察者的速度为 $V_{H1}=45km/h, M_{K1}=3km/h$ 或为 $V_{H2}=34km/h, M_{K2}=2km$。试确定这两个速度中哪个最好？

9. 设在面积 $S_P=80000km^2$ 的区域内进行搜索已知该区域内有 20 个目标，有 30 个观察者经过 2 个月(60 天)的搜索，总共发现目标 300 次，试求实际(有效)搜索率 $W_R$？若 $V_P=300km/d, M_K=15km$，请确定搜索效果指标 $\eta$。

# 第4章　作战行动的定量分析方法

## 4.1　概　述

直到20世纪纪初，人们一直把战争和作战的问题当作一种计谋或权术来研究，并称之为战争艺术。此期间论述战争的著作，虽然也提到了诸如运筹学方法的数学物理方法的应用，但主要还是把战争当作一种社会现象，用历史的方法和逻辑的方法加以研究和推断。

古语云："运筹于帷幄之中，决胜于千里之外。""运筹帷幄"就是对军事对抗局势的预先的智力推演。古代军事首领常常用小石块或其他标记把自己和敌人的军队布置在地面上或粗糙原始的地图上，用符号表示军队的运动，然后针对敌人可能的对抗行动把战术轮廓画出来，以此来推断战事的进程并考虑其结果。这种辅助军事首领进行智力推演的活动模型，成为设计战术的最初模型。

在人类认识客观世界的过程中，由于种种限制，许多现象人们很难用直接观察的方式进行，或者，即使能直接观察，但由于这些现象不常发生或难以复现，因而也不容易抓住研究的机会。对于这些不能或难于直接进行观察与研究的事物，人们早已应用模拟方法先构造一个与该事物相似的模型，然后通过模型来间接地研究这个事物。这种间接认识事物的方式极大地增强了人们认识客观事物的能力。美国科学家贝塔郎菲曾指出每一门科学在广泛的含义上都可以看做是建立模型。

从历史上看，军事人员很早就应用模拟方法分析作战活动。指挥员根据所拥有的情报资料，凭借自己的经验和观察力，在参谋人员的帮助下，利用沙盘、地图和简单计算，设想双方行动的可能方案，制定出可以获胜的战斗计划，这就是作战模拟。然而，传统的作战模拟难以在短时间内周密考虑各种因素对现代作战的影响，并预测和比较不同作战行动的结果。这种要求只有在把军事运筹学理论与电子计算机技术紧密结合，应用于作战模拟后，才有可能达到。

现代作战模拟应用的模型，主要有3种基本形式，包括实物模型、类比模型、符号模型。符号模型又分为数学模型和文字模型。数学模型是通过一组数学关系、逻辑规则和数据描述战斗中军事对象的相互关系和演变过程。军事运筹学中，作为基本实验手段的作战模拟主要应用数学模型。与其他类型模型相比，数学模型能给出明确的定量结果，可在计算机上简单实现，并利用计算机在有限时间内，在不同原始数据和初始条件下，研究大量方案。在这些数学模型中，主要有四类模型：Lanchester方程、随机格斗模型、马尔科夫模型和作战指数。

这四类数学模型中，Lanchester 方程、随机格斗模型和马尔科夫模型是对作战行动的定量描述，作战指数是对作战单元作战能力的定量描述，这种作战能力既包括作战单元固有的能力，也包括作战行动中表现出来的能力。Lanchester 方程把战场状态的变化抽象成为连续函数，适合大兵团作战的情况；随机格斗模型把战场状态的变化抽象成为随机变化过程，适合小规模兵力对抗；而马尔科夫模型把战场状态空间变化抽象成离散状态集合。

## 4.2　兰彻斯特方程

### 4.2.1　兰彻斯特和作战毁伤理论

兰彻斯特是著名的英国汽车工程师、流体力学家和运筹学家。他是第一个对战斗过程中对双方力量关系进行系统地数学分析的科学家。他分析：在什么环境下一支数量居于劣势的军队能击败一支数量居于优势的军队；能否给予兵力或火力集中的效应一个数学测度；如果能的话，是否可以建立包含这一测度的数学方程以描述和预测战斗过程的发展趋势。他用简明而优美的兰彻斯特方程回答了这些问题。后来投身运筹学和作战模拟研究的科学家，从兰彻斯特方程引出了更多的结论。到了 20 世纪 50 年代末，这一理论又被应用于经济贸易领域，成为一个非常有用的商品市场策略方面的风险决策工具。

兰彻斯特研究分析了历史上的战争，发现原始时代的防御方法与近代战争的防御方法有重要差别。

在冷兵器时代，战斗的主要形式是士兵与士兵面对面的格斗，他们用盾挡开对方剑和战斧的攻击，防御行动是直接的。一般情况下，一个士兵会发现自己是在与对方的一个士兵对阵。如果假设每个士兵的战斗力相等，其他条件也相等，那么在平均的意义上，作为组成整个战斗的许多格斗，将按一种方式进行。即使一个部落首领在特定的战场上集中比敌人数量多两倍的士兵来对付敌人。但在给定时刻，双方实际挥动手中武器进行战斗的士兵数量是大体相当的，双方被杀伤的士兵数量也大体相当。一方的指挥员不可能通过任何形式的战略计划或战术机动，把多余对方数量的兵力投入实际战斗。在一次对阵战中，问一支 1000 人的蓝军能否对付得了一支 1000 人的红军，或者问蓝军能否集中全部兵力先对付红军中的 500 人，在歼灭他们之后再转过来对付红军的另一半，这样的问题是没有多大意义的。因为如果红军坚守阵地至最后，那么，在第一场格斗中，歼灭了头一半红军的蓝军也将损失一半兵力；在第二场格斗战中，双方以同等兵力开始战斗，即 500 人对抗 500 人。

在近代战争的情况下，所有这些都改变了。这时是用步枪火力抵抗步兵火力的攻击，用大炮防御大炮。防御行动不是直接的，而本质上是集中合作的，一方通过以合作方式首先杀伤敌人来阻止敌人对己方的攻击。因此，在使用远射程火器的近代战争情况下，集中优势兵力会带来直接的好处，而数量居于劣势的一方军队处于远远比自己可以回击的火力更强的攻击之下,从而限制了火力的发挥。

兰彻斯特抓住了这种差别,提出了著名的集中原则:在其他因素相同的情况下,兵较强的一方将引起对方较大的毁伤。

因此,在近代战争条件下,战略的一个最大问题是"集中",即集中交战一方所有手段于一个单独的目的或目标。"集中"并不仅仅是战略原则,也在战术行动中起着重要作用。兰彻斯特用数学方法分析了近代战争中集中原则的重要性,并找出在对抗过程中可以支配的一些因素。需要指出的是,在上面的分析中,兰彻斯特是以极端的形式来对原始战争方式与近代战争方式进行比较的。实际上,在原始条件下集中兵力也还是有些效果的,只是不是主要因素。例如,一方的任何数量优势,无疑在交战开始时能对另一方施加心理影响;在另一方被打败溃兵逃散时能得到有利的结果。此外,弓、箭以及石头在较小程度上也具有火器的一些特性,因为它们也能集中一定的数量攻击对方。

兰彻斯特战斗理论主要内容是基于古代冷兵器战斗和近代运用枪炮进行热兵器战斗的不同特点,在一些简化假设的前提下,建立的一系列描述交战过程中双方兵力变化数量关系的微分方程组(一般简称兰彻斯特方程),以及由此得到关于兵力运用的一些原则。兰彻斯特战斗模型被公认为现代战争理论的经典基础,引起人们普遍重视。

但兰彻斯特方程是在高技术武器系统出现之前的时代提出的,它所基于的假设条件是

(1)双方兵力互相暴露,瞄准目标不成问题;

(2)双方兵力都可完全利用他们的数量优势;

(3)只考虑可量化的因素,忽略了不可量化的因素,如心理素质等。

注意到兰彻斯特方程讨论的是较理想的状况,而现代实战却是千变万化的,并且现代战争又出现了许多新特点,所以要利用兰彻斯特方程来描述现代战争的动态特性,必须结合现代战争出现的许多新特点,对传统的兰彻斯特方程进行补充和扩展。二战后,许多专家学者根据现代战争的实际情况,从不同角度对兰彻斯特方程进行了改进和扩展。其中包括多兵种多武器协调作战的战斗模型、斯赖伯模型和 Moose 模型。就兰彻斯特的战斗数学理论来说,它的主要兴趣是在集中兵力打赢战斗的重要意义上。我们在这里引述兰彻斯特的几段话,用作研究集中兵力的某些背景材料:

"……古时候,兵器和兵器直接对打,防御的动作是积极而直接的,剑和盾遮挡刺来之剑或劈来之斧。在现代条件下,防御则是枪对枪,炮对炮。用现代武器所进行的防御是间接的。简单地讲,你要不被敌人杀死,就要首先杀死敌人,而且,战斗实际上是集体进行的。……过去,不可能通过战略计划和战术机动把数量不等的人员运到实际战线上,通常是一个人对一个人。即使是一个将军在战场上任何特定的地方集中了两倍于敌人的兵力,但是,只要战线没有被突破,在任何特定时刻,双方实际使用武器去作战的人数仍然是大致相同的。"

于是,就会出现这样一种形势,即假定战斗是一对一的,胜兵继续打败兵。单兵战斗的结局,取决于交战双方的武艺,而且每一方都有着对另一方的有效平均消耗率。不存在一方集中相当大的兵力去对付另一方相当小的兵力这样一种情况,即只要集中兵力的原则无效,战线就仍然不能被突破。由这种类型的假定引出了"线性定律"。

## 4.2.2　兰彻斯特第一线性定律

第一线性律是以古代战斗模型为基础的，是一种“擂台赛”式的对抗方式，并且假定对抗双方都暴露于对方的攻击范围之内，蓝军与红军在擂台上单兵战斗，输了的一方则重新派人上擂台，这种对抗方式类似于古代主将们之间的对抗，在这种战斗形式下假设如下：

(1)双方兵力为同一类型，战斗连续进行；

(2)双方都完成暴露在对方的射程范围之内；

(3)不考虑武器对目标的累积毁伤；

(4)毁伤系数表示概率意义上的毁伤能力；

(5)每一方的损失速率与双方战斗单位数量无关。

兰彻斯特第一线性定律的参数定义如下：

$B = B(t)$——蓝军部队、武器或系统等数量，即在任意时间 $t$ 时蓝军的兵力；

$R = R(t)$——红军部队、武器或系统等数量，即在任意时间 $t$ 时红军的兵力；

$B_0 = B(0)$——蓝军的初始兵力，即在时间 $t = 0$ 时蓝军战斗人员（或武器）的数量；

$R_0 = R(0)$——红军的初始兵力，即在时间 $t = 0$ 时红军战斗人员（或武器）的数量；

$\beta$——蓝军战斗成员的平均效能，与时间无关；

$\rho$——红军战斗成员的平均效能，与时间无关；

$\Delta B$——蓝方在一个回合中的损失；

$\Delta R$——红方在一个回合中的损失；

$N$——单位时间内双方的总损失。

于是有

$$\begin{cases} \dfrac{\mathrm{d}R}{\mathrm{d}t} = \beta \\ \dfrac{\mathrm{d}B}{\mathrm{d}t} = \rho \end{cases} \tag{4-1}$$

$\beta, \rho$ 与时间无关，上面的一阶微分方程的解为

$$\begin{cases} R(t) = R_0 - \beta t \\ B(t) = B_0 - \rho t \end{cases} \tag{4-2}$$

若双方实力相等，必然满足

$$\frac{\Delta B}{B_0} = \frac{\Delta R}{R_0}$$

在极限条件为

$$\frac{1}{R} \times \frac{\mathrm{d}R}{\mathrm{d}t} = \frac{1}{B} \times \frac{\mathrm{d}B}{\mathrm{d}t} \tag{4-3}$$

所以，在双方实力对等的条件下有

$$\rho R(t) = \beta B(t)$$

这就是兰彻斯特第一线性定律，它表明在单个战斗成员一对一战斗条件下，若红方数量是蓝方数量的两倍，则为了达到实力对等，蓝方每个成员的效能必须是红方的两倍。

### 4.2.3 兰彻斯特第二线性定律

兰彻斯特第二线性定律是根据远距离战斗的模型得出的,在这种情况下,蓝军与红军在战斗过程中,不能看清对方各个作战单元的具体位置,只知道分布的区域,双方相互隐蔽,双方采用间瞄射击的作战方式,例如双方都是炮兵对抗。在第一线性定律基础上,兰彻斯特第二线性定律的参数定义如下:

$g$——蓝军每一战斗成员单位时间毁伤对方集结地区的相对面积,与时间无关;

$h$——红军每一战斗成员单位时间毁伤对方集结地区的相对面积,与时间无关;

$A_1$——蓝方集结地区面积;

$A_2$——红方集结地区面积。

在这种情况下,每一蓝方成员使得红方战斗成员的减少率=红方面积密度×每一蓝方成员的毁伤对方集结地区的相对面积×红方集结地区面积,即有

$$\frac{1}{B}\cdot\frac{\mathrm{d}R}{\mathrm{d}t}=-\frac{R}{A_2}\cdot gA_2,\quad 亦即\frac{\mathrm{d}R}{\mathrm{d}t}=-RgB \tag{4-4}$$

类似得

$$\frac{\mathrm{d}B}{\mathrm{d}t}=-RhB \tag{4-5}$$

由上面两个微分方程有

$$h\frac{\mathrm{d}R}{\mathrm{d}t}=g\frac{\mathrm{d}B}{\mathrm{d}t},\quad 即\frac{\mathrm{d}R}{\mathrm{d}B}=\frac{h}{g} \tag{4-6}$$

根据上式,因为 $g,h$ 与时间无关,是常量,所以求解微分方程,可以得到描述交战过程双方兵力变化的状态方程:

$$g[B_0-B(t)]=h[R_0-R(t)] \tag{4-7}$$

在双方实力相等的条件下,可以得到如下等式

$$hR(t)=gB(t),\quad 亦即\ gB_0=hR_0 \tag{4-8}$$

这就是兰彻斯特第二线性定律,他说明,在间接瞄准并向面目标进行射击的情况下,每一方的实力等于其他战斗成员与战斗成员平均面积杀伤效能的乘积。

### 4.2.4 兰彻斯特方程平方定律

与线性定律相比,兰彻斯特平方定律似乎更符合“现代”战斗条件。兰彻斯特曾这样说过:“在使用现代远射程武器(简单讲就是火炮)的条件下,集中数量上占优势的火炮,就会以主动进攻的战斗形式造成直接优势,使数量上占劣势的部队处于猛烈炮火压制之下,而不能还击。这种差别的重要意义比随意假定的意义还要大。因为这是整个问题的核心,所以要进行详细研究。”

兰彻斯特的确是对这个问题进行了非常详细的研究。就现代战争而言,兰彻斯特说,“按平均数计算,每一个人在特定时间内都会有效地命中一定数量的目标,因此,在单位时

间内消灭敌人的数目就与我军人数成正比，反之亦然。”

这里描述的作战是双方直接瞄准射击的作战。我们假设一方兵力的消耗率取决于某一时刻对方参加战斗的人数和武器数，这样的假设更符合“现代”战争集中兵力的原则。依此假设我们可得到如下的方程。

在线性定律的假定中，由于总是一对一地进行战斗，因此，双方的消耗率都是常数。然而，现在就不同了，指挥官可以用大部队去打小部队，或是攻打战线的薄弱部分，可以说是集中兵力。这样消耗率就直接取决于在某一时刻对方参加战斗的人数和武器。考虑到这一点，假设：

$\beta$——蓝军战斗成员的平均效能，与时间无关；

$\rho$——红军战斗成员的平均效能，与时间无关。

我们就得到了与方程(4－1)和方程(4－2)相似的两个战斗损耗方程：

$$\frac{dB}{dt} = -\rho R \qquad t,\beta,\rho \geqslant 0, B_0 \geqslant B, R_0 \geqslant R \tag{4-9}$$

和

$$\frac{dR}{dt} = -\beta B \tag{4-10}$$

或者

$$\beta B dB = \rho R dR \tag{4-11}$$

由于变量是独立的，因此，解这些平方定律的微分方程仍然是比较简单的。实际上，使用方程(4－9)和方程(4－10)，就可以得到

$$\beta(B_0^2 - B^2) = \rho(R_0^2 - R^2) \tag{4-12}$$

特别地，在双方实力相等的情况，根据下面实力相等条件等式：

$$\frac{1}{R} \times \frac{dR}{dt} = \frac{1}{B}\frac{dB}{dt} \tag{4-13}$$

从而有

$$\beta B^2 = \rho R^2 \tag{4-14}$$

这就是兰彻斯特平方定律，它说明在直接瞄准射击条件下，若交战双方每一方战斗成员数的平方与其战斗成员效能平均效能的乘积彼此相等，那么双方兵力作战实力相当。在平方律下，若红方数量是蓝方的 3 倍，则为了保持实力相等，蓝方战斗成员的平均效能必须是红方的 9 倍。平方律揭示出了集中兵力的重要性。

蓝军和红军最初的所谓“战斗力”，现在都取决于蓝军和红军兵力数量的“平方”。蓝军的战斗力是 $\beta B_0^2$，红军的战斗力为 $\rho R_0^2$，同线性定律相比，双方的战斗力都有一个相当大的增量。如果蓝军占优势，就是说，蓝军胜时，那么，为求出蓝军在战斗结束时剩余的兵力 $B_e$，我们可以得到

$$\beta(B_0^2 - B_e^2) = \rho R_0^2 \tag{4-15}$$

即

$$B_e^2 = (\beta B_0^2 - \rho R_0^2)/\beta \tag{4-16}$$

得出战斗结束时蓝军剩余的兵力。

同样，若 $\rho R_0^2 > \beta B_0^2$，则红军占优势，而且

$$\beta B_0^2 = \rho(R_0^2 - R_e^2)$$

得出战斗结束时红军剩余的兵力：

$$R_e^2 = R_0^2 - (\beta/\rho)B_0^2$$

在 $\beta R_0^2 = \rho B_0^2$ 时，双方势均力敌则有公式(4-14)。

开方就得 $B\sqrt{\beta} = \pm R\sqrt{\rho}$。在这里我们必须取"+"号，因为 $\beta, R, \rho, B$ 均为正，而且战斗是沿"均势"线一直进行到原点的，如图 4-1 所示。

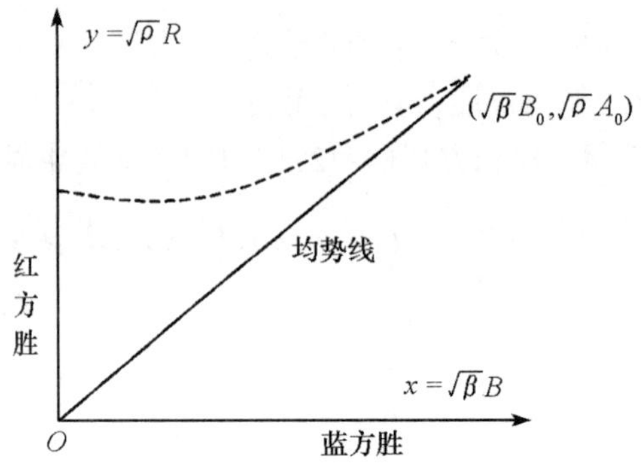


**图 4-1　平方定律曲线图**

如果战斗一开始就偏离均势线，则一方具有较大的战斗力，将要取胜，于是战斗就顺着双曲线的一条曲线进行。

现在让我们就第一象限作个概括：如果战斗在均势线上方的一点上开始，则红军占优势；如果开始战斗时战斗力条件是在均势线下方，则蓝军取胜。而且，一方所占的优势越大，消灭另一方就越快。

$\beta=\rho$ 也许是一个合理的假定。根据这个假定，就可以说，双方的兵力在技术上是相等的，战斗仅取决于双方的兵力，即

$$(B_0^2 - B^2) = (R_0^2 - R^2)$$

或者总是

$$B^2 - R^2 = B_0^2 - R_0^2$$

**例 4.1**　如果令红军的最初兵力 $R_0 = 1000$。用这 1000 人的兵力接连对蓝军进行了两次战斗，每一次蓝军的兵力均为 500 人。那么，当 $\beta=\rho$ 时，分别计算每次战斗红军剩余的兵力，和蓝军的伤亡人数。

**解**　第一次战斗红军剩余 866 人，而蓝军的 500 人全部伤亡；

第二次战斗红军剩余 707 人，而蓝军的 500 人全部伤亡；

这样，根据集中兵力的原则，红军消灭了 1000 名蓝军(每次 500 名，一共两次)，而自己只伤亡 293 名。因此，根据兰彻斯特平方定律的假定，"分割歼灭"的原则是非常有效的。

若令红军的最初兵力为 1001 人，蓝军的最初兵力为 1000 人，仍然假定 $\beta=\rho$，在这种情况下，尽管红军只多一人，但根据平方定律，结果却是，红军剩余的兵力约 45 人。但这

种战斗对任何一方都是没有价值的。

### 4.2.5　多兵种作战的兰彻斯特方程

兰切斯特第一线性律、第二线性律和平方律都是各种单兵种对抗形式下呈现出来的特征。实际的作战一般都是多兵种之间的作战，所谓多兵种，指的是某一方“综合”使用不同类型的武器去完成各种不同的射击任务。由于每一种武器都有自己所适合的攻击目标，故现代战争的结局很大程度上取决于是否能最广泛地使用诸兵种合成部队或不同兵种的部队，在战斗中夺取并保持对敌人的优势，即利用体系对抗的优势。

在由多兵种联合作战的情况下，双方显然都有一个给武器分配目标的问题，即在给定的限制条件下，“最佳”地进行武器 - 目标分配，使作战的效果最好。在这里，我们假定已给出双方目标分配的情况下，来建立作战损耗方程。

设交战的双方甲、乙方各有 $m$ 和 $n$ 类武器装备（作战单位），分别用向量 $X$ 和 $Y$ 表示：

$$X=(x_1,x_2,\cdots,x_m)^{\mathrm{T}}$$

$$Y=(y_1,y_2,\cdots,y_n)^{\mathrm{T}}$$

其中，$x_i$ 表甲方第 $i$ 类作战单位的数量，$y_j$ 表示乙方第 $j$ 类作战单位的数量。

设 $a_{ji}$ 为 $x_i$ 对 $y_j$ 的损耗系数，$\beta_{ij}$ 是 $y_j$ 对 $x_i$ 的损耗系数，通常有

$$\alpha_{ji}>0,\beta_{ij}>0 \qquad i=1,2,\cdots,m;j=1,2,\cdots,n$$

设 $\phi_{ji}$ 表示 $x_i$ 用于攻击 $y_j$ 的比例，（或 $x_i$ 攻击 $y_j$ 的概率）；$\psi_{ij}$ 表示 $y_j$ 用于攻击 $x_i$ 的比例。

此时，$m$ 对 $n$ 的多兵种作战的兰彻斯特方程为

$$\begin{aligned}\frac{\mathrm{d}x_i}{\mathrm{d}t}&=-\sum_{j=1}^{n}\beta_{ij}\psi_{ij}y_j \qquad i=1,2,\cdots,m\\ \frac{\mathrm{d}y_i}{\mathrm{d}t}&=-\sum_{i=1}^{m}\alpha_{ji}\phi_{ji}x_i \qquad j=1,2,\cdots,n\end{aligned} \tag{4-17}$$

记

$$A=\begin{pmatrix}\alpha_{11} & \alpha_{12} & \cdots & \alpha_{1m}\\ \alpha_{21} & \alpha_{22} & \cdots & \alpha_{2m}\\ \vdots & \vdots & & \vdots\\ \alpha_{n1} & \alpha_{n2} & \cdots & \alpha_{nm}\end{pmatrix}$$

$$B=\begin{pmatrix}\beta_{11} & \beta_{12} & \cdots & \beta_{1n}\\ \beta_{21} & \beta_{22} & \cdots & \beta_{2n}\\ \vdots & \vdots & & \vdots\\ \beta_{m1} & \beta_{m2} & \cdots & \beta_{mn}\end{pmatrix}$$

$$\Phi=\begin{pmatrix}\phi_{11} & \phi_{12} & \cdots & \phi_{1m}\\ \phi_{21} & \phi_{22} & \cdots & \phi_{2m}\\ \vdots & \vdots & & \vdots\\ \phi_{n1} & \phi_{n2} & \cdots & \alpha_{nm}\end{pmatrix}$$

$$\Psi = \begin{pmatrix} \psi_{11} & \psi_{12} & \cdots & \psi_{1n} \\ \psi_{21} & \psi_{22} & \cdots & \psi_{2n} \\ \vdots & \vdots & & \vdots \\ \psi_{m1} & \psi_{m2} & \cdots & \psi_{mn} \end{pmatrix}$$

则矩阵形式可表示为

$$\begin{cases} \dfrac{\mathrm{d}X}{\mathrm{d}t} = -(B * \Psi) \cdot Y \\ \dfrac{\mathrm{d}Y}{\mathrm{d}t} = -(A * \Phi) \cdot X \end{cases} \tag{4-18}$$

矩阵 $A * \Phi$ 表示两个同阶矩阵的对应元素相乘组成的一个同阶矩阵，即

$$A * \Phi = \begin{pmatrix} \alpha_{11}\phi_{11} & \alpha_{12}\phi_{12} & \cdots & \alpha_{1m}\phi_{1m} \\ \alpha_{21}\phi_{21} & \alpha_{22}\phi_{22} & \cdots & \alpha_{2m}\phi_{2m} \\ \vdots & \vdots & & \vdots \\ \alpha_{n1}\phi_{n1} & \alpha_{n2}\phi_{n2} & \cdots & \alpha_{nm}\phi_{nm} \end{pmatrix}$$

$B * \Psi$ 的定义与 $A * \Phi$ 的相同。为讨论方便，记

$$F = A * \Phi = (f_{ji}), \qquad G = B * \Psi = (g_{ij})$$

则多兵种兰彻斯特方程可表示为

$$\begin{cases} \dfrac{\mathrm{d}x}{\mathrm{d}t} = -Gy \\ \dfrac{\mathrm{d}y}{\mathrm{d}t} = -Fx \end{cases} \tag{4-19}$$

若在多兵种多武器协调作战的条件下，再考虑兵力补充因素，则兰彻斯特方程可表示为

$$\begin{cases} \dfrac{\mathrm{d}B_i(t)}{\mathrm{d}t} = -\sum_j^J K_{rji}\gamma_{ji}R_j + Q_i \\ \dfrac{\mathrm{d}R_j}{\mathrm{d}t} = -\sum_i^I K_{bij}\delta_{ij}B_i + Q_j \end{cases} \tag{4-20}$$

式中 $B_i(R_j)$——蓝(红)方第 $i(j)$ 种参战单位在 $t$ 时刻的剩余战斗单位；

$K_{rji}$——红方第 $j$ 种战斗单位对蓝方第 $i$ 种战斗单位的平均战力或损耗系数；

$K_{bij}$——蓝方第 $i$ 种战斗单位对红方第 $j$ 种战斗单位的平均战力或损耗系数；

$\gamma_{ji}$——红方第 $j$ 种战斗单位分配用于对付蓝方第 $i$ 种战斗单位的概率；

$\delta_{ij}$——蓝方第 $i$ 种战斗单位分配用于对付红方第 $j$ 种战斗单位的概率；

$Q_i$——蓝方兵力补充系数；

$Q_j$——红方兵力补充系数。

该模型考虑了现代战争的多兵种、多武器协调作战的特点，但忽略了有关现代战争中的 $C^3I$ 对抗、电子战等因素对作战效能的影响。关于利用兰彻斯特方程研究 $C^3I$ 系统等因素对作战效能的影响，我们将在以后讨论。

从以上所有兰彻斯特方程战斗律中可以看出，战斗效能指标取决于多个效能参数，其

中主要是：

(1)战斗成员的数量 $R$ 和 $B$。

(2)平均数量利用效能 $\gamma_{ji}$ 和 $\delta_{ij}$。这里 $\gamma_{ji}$ 和 $\delta_{ij}$ 分别度量红、蓝方可利用其数量并集中火力于对方兵力的程度，它们分别表示了红、蓝方的战术和指挥效能。

(3)每个战斗成员的平均效能 $\beta$ 和 $\rho$，它们只能相对对方来评估，且都与一对一格斗中战斗成员的平均效能有关。

有理由认为，如果是一对一格斗，则不存在火力分配问题，此时所有战术和指挥的优势在武器系统的平均效能中考虑。在多兵种多武器协调作战的条件下，则战术和指挥的优势在火力分配问题就完全显示出来。虽然现代战争所包含的各种复杂因素远远超出建立兰彻斯特方程所作的简化假设，但在考虑各种主要实际战斗条件下，我们仍可利用兰彻斯特方程的基本结构，对作战效能指标进行基本分析。

兰彻斯特方程，成为广泛用于研究战争、分析战争的重要的定量工具，成为现代作战模拟建模的基本工具之一。兰彻斯特方程本身也有了许多新的发展。

## 4.2.6　兰彻斯特方程的扩展型

### 4.2.6.1　游击战模型

1962 年，戴奇曼(S.J.Deitchman)提出了 Lanchester 方程的游击战模型。游击战模型假定蓝方暴露，红方隐蔽。蓝方不知道红方的战斗单位的准确位置，蓝方从开阔地带向在掩体内的红方发动攻击，因为蓝方对红方进行面开火；而蓝方暴露在红方的视线内，红方对蓝方进行直接开火，使用点火力投入战斗。所谓面开火是指使用间瞄武器射击时，所有炮弹能炸毁对方多少作战单位，不仅与己方共发射多少炮弹有关，而且与炮弹弹着点地域的对方兵力的密集程度有关。设蓝方判断红方兵力分布区域面积为 $S$，则

$$\dot{x} = -\lambda y \frac{x}{s} = -bxy$$

其中，$\lambda$ 为单位时间每个蓝方作战单位的打击效率，而 $b = \lambda / s$。

游击战模型的微分方程组为

$$\begin{cases} \dot{x} = -bxy \\ \dot{y} = -ax \end{cases} \tag{4-21}$$

初始条件为 $x(0) = x_0$，$y(0) = y_0$。

由上式可以得到

$$by\mathrm{d}y = a\mathrm{d}x \tag{4-22}$$

直接积分可得到游击战模型的状态解：

$$\frac{1}{2}b(y_0^2 - y^2) = a(x_0 - x) \tag{4-23}$$

游击战模型的状态解服从混合律，上式表明战斗实力与战斗单位数量之间的关系，表明蓝方进攻时需要投入的兵力对红方防御的兵力，这样才能保持实力平衡。

游击战模型的时间解可以通过求解二阶常数齐次非线性常微分方程：

$$\ddot{y} = -by\dot{y} \tag{4-24}$$

获得，也可以通过数值计算获得。

#### 4.2.6.2 兵力补充增援模型

在实际作战中增援是常见的，特别是持续时间较长的战役以上的作战更是如此。考虑增援情况下的 Lanchester 方程可表示为

$$\begin{cases} \dot{x} = -by + f(t) \\ \dot{y} = -ax + g(t) \end{cases} \tag{4-25}$$

其中，$f(t)$与 $g(t)$分别为红蓝双方的增援率。

如果考虑到增援是一批批来的，那么 Lanchester 方程(4-25)就会有更复杂的形式。

对于在恶劣环境，如疾病、饥渴等因素造成的红方非战斗减员，可以令 $f(t) = -r_x x$，其中 $r_x$ 为常数，表示红方的非战斗减员率；令 $g(t) = -r_y y$，其中 $r_y$ 为常数，表示蓝方的非战斗减员率。此时兵力补充增援模型变为了 Lanchester 方程的非战斗减员模型。

为了确定兵力补充增援模型对陆战的适用性，恩格尔(J.H.Engl)对第二次世界大战美军从日军手中夺取硫磺岛战斗进行分析。硫磺岛战斗历时 36 天，美军第一天投入兵力 54000 人，开始登岛作战，第三天补充 6000 人，第六天补充 13000 人。日军守岛战斗，初始兵力为 21500 人，没有兵力补充。硫磺岛战斗的 Lanchester 方程为

$$\begin{cases} \dot{x} = -0.0106y \\ \dot{y} = -0.0543x + g(t) \end{cases} \tag{4-26}$$

$$x(0) = 21500,\ y(0) = 54000$$

其中

$$g(t) = \begin{cases} 6000 & t = 3 \\ 13000 & t = 6 \\ 0 & t \neq 3 \text{ 或 } t \neq 6 \end{cases}$$

在硫磺岛战斗的 Lanchester 方程中，$x$ 表示日军，$y$ 表示美军。所得计算结果和战地记录数据相比较，相当一致。

#### 4.2.6.3 自主开火模型

1967 年彼得森(R.H.Peterson)提出自主开火模型。自主开火模型，假设战斗中每一方的损耗仅与本身的数量有关，这一假设在以下两种情况下可能发生：

(1)小规模部队战斗的早期阶段，兵力易损性超出了其捕获敌方目标的能力；

(2)使用自主武器，当敌方兵力出现在它的射程范围时，自主武器自动发射。

自主开火模型的常微分方程组为

$$\begin{cases} \dot{x} = -bx \\ \dot{y} = -ay \end{cases} \tag{4-27}$$

初始条件为

$$x(0) = x_0, \qquad y(0) = y_0 \tag{4-28}$$

根据自主开火模型的微分方程组有

$$b\frac{\mathrm{d}y}{y}=a\frac{\mathrm{d}x}{x} \tag{4-29}$$

直接积分得到自主开火模型的状态解,其状态方程为

$$b\ln\frac{y}{y_0}=a\ln\frac{x}{x_0} \tag{4-30}$$

这个状态方程服从对数律,服从对数律的参战双方在作战过程中的数量比例保持不变。

自主开火模型的时间解为

$$\begin{cases}x(t)=x_0\mathrm{e}^{-bt}\\y(t)=y_0\mathrm{e}^{-at}\end{cases} \tag{4-31}$$

#### 4.2.6.4　士气模型

对 Lanchester 方程(4-9)和(4-10)的批评之一就是它没有反映军队士气与作战进程的关系。沙基昌教授提出了带有士气的 Lanchester 方程。通过 $\beta,\rho$ 的取值来反映士气因素,例如,当乙方士气较高时就将 $\beta$ 值取大些,乙方士气较低时就将 $\beta$ 值取小些。但这种处理方式还不够理想。因为它没有考虑到随着战斗过程的进行,士气本身也在变化。粗略地说,有如下三个影响士气的因素:

(1) 训练和养成。包括士兵的政治思想素质,战争的正义性与非正义性等。

(2) 环境的影响。如环境艰苦与给养不足对士气的销蚀,屡打胜仗或败仗对士气的影响等。

(3) 战斗损耗。交战过程中战友的牺牲,对军队的行为表现可以有决然不同的影响。有的是同仇敌忾,斗志倍增,越战越勇,战斗到最后一个人;有的则能坚持战斗,不受战斗损耗影响;有的则经不起损耗,纷纷退缩,甚至兵败如山倒。

该方程的形式与 Lanchester 方程(4-9)和(4-10)一样,但是不再认为 $\beta,\rho$ 是常数。而令

$$\beta=\beta_0\left(1-\lambda\frac{y_0-y}{y_0}\right) \tag{4-32}$$

式中　$\beta_0$——乙方在战斗开始时对甲方的毁伤系数;

$y_0$——乙方初始战斗单位数;

$\frac{y_0-y}{y_0}$——乙方损失的兵力比例;

$\lambda$——乙方军队由于战斗损耗引起的行为特征参数。

$\beta_0$ 与训练和养成有关,也与战斗开始前环境的影响有关。由于战术战斗通常只有较短的时间周期,故可以不考虑环境变化的影响。

对 $\rho$ 也作类似的处理。因战斗损耗引起的威力系数的变化体现在(4-32)右端第二个因子中,其中 $\lambda$ 主要决定于训练和养成。$\lambda<0$ 时表示同仇敌忾;$\lambda=0$ 为坚持战斗,不受影响,这时与基本 Lanchester 方程一致;而 $\lambda>0$ 时则表示随着战斗减员,士气有所下降。

利用这种方式对不同的参数进行计算,可以看到不同的 $\lambda$ 值确实会影响作战的效

果。特别是当 $\lambda>1$ 时可能出现溃败现象。当乙方的损失率达到 $\frac{1}{\lambda}$ 时,乙方就会完全失去战斗力,发生溃败。

#### 4.2.6.5 指挥系统参与的模型

对于有指挥自动化系统参加战斗的情况,有一种基于直瞄武器与间瞄武器之间比例变化以建立杀伤过程模型的方法。其理论基础认为,如果完全没有指挥自动化系统,则不知道敌人的具体位置,所有对敌的攻击都具有盲目性,只是向敌方的一定区域内射击,从而等价于间瞄武器交战。如果指挥自动化系统很强,则对敌人的具体位置了如指掌,相当于全部是直瞄武器交战。而一般情况下则表现为直瞄武器与间瞄武器的比例上。于是 Lanchester 方程可改造为

$$\begin{cases}\dot{x}=-g(t)by-[1-g(t)]dxy\\ \dot{y}=-f(t)ax-[1-f(t)]cxy\end{cases} \tag{4-33}$$

其中,$f(t)$,$g(t)$在 0 与 1 之间分别表示红蓝双方指挥自动化系统的能力。能力越强,$f(t)$,$g(t)$的值越接近于 1。

这种描述方法比较简单,但是如何选择或测定 $f(t)$, $g(t)$的具体数值,以及 $f(t)$,$g(t)$与指挥自动化系统的结构、性能如何联系都是难点,并且这种描述是否能反映指挥自动化系统对作战的全部或主要的影响也值得探讨。

因此 Lanchester 方程(4-33)是有争议的,但毕竟是一种比较简单的描述指挥自动化系统作用的 Lanchester 方程。

#### 4.2.6.6 信息战模型

20 世纪 80 年代,穆斯(Paul. H. Moose)在总结研究 Lanchester 方程的基础上,提出了 Lanchester 方程的信息战模型。他把 Lanchester 方程的直接开火模型、面开火模型(又称为间接开火模型)、有指挥系统参与的模型、兵力补充增援模型综合起来,得到兵力损耗的混合模型。混合模型的战斗微分方程为

$$\begin{cases}\dot{x}=-F_x(X,Y,c)+V_x\\ \dot{y}=-F_y(X,Y,c)+V_y\end{cases} \tag{4-34}$$

式中 $x,y$——双方的兵力;

$V_x,V_y$——双方兵力补充增速率;

$c$——常数;

$F_x,F_y$——损耗函数。

把损耗函数展开,混合模型的战斗微分方程为

$$\begin{cases}\dot{x}=-b_xx-a_y\mu_yy-a_y(1-\mu_y)xy+V_x\\ \dot{y}=-b_yy-a_x\mu_xx-a_x(1-\mu_x)xy+V_y\end{cases} \tag{4-35}$$

式中 $b_x,b_y$——双方兵力的非战斗减员损失率;

$a_x,a_y$——双方损耗效率系数;

$\mu_x,\mu_y$——双方指挥系统的能力，0至1之间的数。

当 $b_x=0, b_y=0, V_x=0, V_y=0, \mu_x=1, \mu_y=1$ 时，就是 Lanchester 方程直接开火模型，直接开火模型表明己方对对方完全了解，表明己方信息系统完成发挥了作用。

当 $b_x=0, b_y=0, V_x=0, V_y=0, \mu_x=0, \mu_y=0$ 时，就是 Lanchester 方程面开火模型（间接开火模型），己方信息系统几乎不能探明对方各作战单元具体位置，只能以面杀伤进行作战。

当 $b_x=0, b_y=0, \mu_x=1, \mu_y=1$ 时，就是 Lanchester 方程的兵力补充增援模型。

当 $V_x=0, V_y=0, \mu_x=1, \mu_y=1$ 时，就是 Lanchester 方程的非战斗减员模型。

当 $b_x=0, b_y=0, V_x=0, V_y=0$ 时，就是指挥信息系统参与的 Lanchester 方程。

穆斯把混合模型的战斗微分方程应用在信息战上，得到了如下信息战模型。

(1)反 $C^3I$ 模型Ⅰ

$$\begin{cases}\dot{x}=-b_x x-\rho_y(x_0-x)y+V_x\\ \dot{y}=-b_y y-\rho_x(y_0-y)x+V_y\end{cases}\tag{4-36}$$

(2)反 $C^3I$ 模型Ⅱ

$$\begin{cases}\dot{x}=-b_x x-a_y y+V_x\\ \dot{y}=-b_y y-a_x x+V_y\end{cases}\tag{4-37}$$

(3)反 $C^3I$ 模型Ⅲ

$$\begin{cases}\dot{x}=-b_x x-\mu_y xy+V_x\\ \dot{y}=-b_y y-\mu_x xy+V_y\end{cases}\tag{4-38}$$

(4)情报战模型

$$\begin{cases}\dot{x}=-b_x x-\mu_x(y_0-y)x+V_x\\ \dot{y}=-b_y y-\mu_x(x_0-x)y+V_y\end{cases}\tag{4-39}$$

式中 $x,y$——战斗环境中双方拥有的平均信息量；

$x_0,y_0$——双方最大可能拥有的信息量；

$\rho_x,\rho_y$——由于对方的反 $C^3I$ 作战行动引起的信息损耗系数；

$a_x,a_y$——由于对方的反 $C^3I$ 作战行动引起的信息损耗系数；

$\mu_x,\mu_y$——由于对方的反 $C^3I$ 作战行动引起的信息损耗系数；

$V_x,V_y$——从其他渠道获取的信息补充速率；

$b_x,b_y$——由于动态环境引起的信息自然损失速率。

在反 $C^3I$ 模型Ⅰ中，$x_0-x$ 和 $y_0-y$ 表示双方不知道的信息量，由于对方采用了反 $C^3I$ 作战行动，引起己方的信息损耗，所以一方的信息量损耗率与己方不知道的信息量和对方采用反 $C^3I$ 行动引起的己方信息损耗率之积成比例，也与己方的信息补充速率和信息自然损失速率有关。此信息战模型是线性微分方程。

在反 $C^3I$ 模型Ⅱ中，一方的信息损耗效率与对方采取反 $C^3I$ 引起的信息损耗率成比例，也与己方的信息补充速率和信息自然损失速率有关。此信息战模型是线性微分方程。

在反 $C^3I$ 模型Ⅲ中，一方的信息损耗效率与己方拥有的信息量和对方采取反 $C^3I$ 行动引起的己方信息损耗率之积成比例，也与己方的信息补充速率和信息自然损失速率有关。此信息战模型是非线性微分方程。

在情报战模型中，一方的信息损耗效率与对方不知道的信息量和己方的信息损耗之积成比例，也与己方的信息补充速率和信息自然损失速率有关。此信息战模型是非线性微分方程。

在信息战模型的基础上，穆斯还给出了兵力损耗和信息损耗的耦合微分方程如下

$$\begin{cases} \dot{I}_x = -I_x(a_{xy}I_y + \gamma_{xy}M_y) - (a_xI_x - c_{xx}M_x) + Q_x \\ \dot{M}_x = -M_x(\delta_{xy}I_y + \beta_{xy}M_y) - (b_xM_x + d_{xx}I_x + d_{xy}I_y + b_{xy}M_y) + R_x \\ \dot{I}_y = -I_y(a_{yx}I_x + \gamma_{yx}M_x) - (a_yI_y - c_{yy}M_y) + Q_y \\ \dot{M}_y = -M_{yx}(\delta_xI_x + \beta_{yx}M_x) - (b_yM_y + d_{yy}I_y + d_{yx}I_x + b_{yx}M_x) + R_y \end{cases} \tag{4-40}$$

式中 $I_x, I_y$——双方的所拥有的信息量；

$M_x, M_y$——双方的兵力数量；

$a_{xy}, a_{yx}$——$y$ 方信息设备对 $x$ 方的信息系统和 $x$ 方信息设备对 $y$ 方信息系统采取信息作战行动引起的信息损失率系数；

$\gamma_{xy}, \gamma_{yx}$——$y$ 方兵力设备对 $x$ 方信息设备和 $x$ 方兵力设备对 $y$ 方信息设备采取作战行动引起的信息损失率系数；

$a_x, a_y$——双方各自的单位信息的自然损失速率；

$Q_x, Q_y$——双方的信息输入速率；

$c_{xx}, c_{yy}$——双方各自产生信息活动的每单位兵力的信息增加速率；

$\delta_{xy}, \delta_{yx}$——由于己方信息的掌握引起对方兵力损失速率增加部分，是二次项 $C^3I$ 系统效能系数；

$\beta_{xy}, \beta_{yx}$——$y$ 方对 $x$ 方和 $x$ 方对 $y$ 方的兵力毁伤系数，即 Lanchester 面开火模型中的损耗系数；

$b_x, b_y$——双方各自的兵力的自然损失速率；

$d_{xx}, d_{yy}$——双方由于情报和 $C^3I$ 产生活动的变动对己方兵力损失速率；

$d_{xy}, d_{yx}$——双方由于对方消息了解情况引起的己方兵力损失速率增加部分，是线性 $C^3I$ 系统效能系数；

$R_x, R_y$——双方兵力补给速率。

信息量一般用比特(bit)表示，实际工作中，如何确定信息损耗中的相互作用系数是非常困难的工作。穆斯详细讨论了兵力损耗与信息损耗耦合微分方程的稳定性问题。

# 4.3 随机格斗模型

## 4.3.1 随机格斗描述

Lanchester 方程适合于双方作战单位数量很多的情形。在这种情况下，将双方作战单位数量看作为连续变化且可导的实函数才不会导致太大的误差。

在许多战斗中，作战单位数量甚少，这种假定就不成立。特别是在现代高技术局部战争条件下，武器装备的集成度越来越高，单件装备的功能越来越强，价格也越来越高。不仅航空母舰这样的装备总数非常有限，甚至不少作为作战平台的战斗飞机、预警机、战略导弹……的数量均甚少。适合描述这种战斗情形的作战模型就是随机格斗模型。

随机格斗模型将双方作战实力（作战单位数量）的变化看作一个随机过程，在一个时间区间内双方实力是否由于被对方击中而受损是一个随机事件。通常认为一个小的时间间隔 $\Delta t$ 内，任何一类作战单位损失一个的可能性近似于与 $\Delta t$ 成正比。而同时损失两个以上作战单位，或同时有两类以上作战单位受损的概率是 $\Delta t$ 的高级无穷小，因而可以忽略。从而我们可以认为作战单位是一个、一个地被消灭，而不会同时消灭两个或更多个作战单位。如果我们不是非常关心双方实力随实际时间变化的进程，而只关心双方力量对比的变化，那么我们可以只关心在下一个时刻，哪一类作战单位被消灭了一个，而不关心这个时刻的具体数值。于是可将时间看作为离散的。这些时刻组成的序列 $t_0, t_1, \cdots, t_n$，$\cdots$有时就干脆记作 $t=0, t=1, \cdots, t=n, \cdots$

进而言之，如果我们考虑双方均只有单一兵种参战，红、蓝双方的作战单位数分别记作 $x$，$y$，$x_0$，$y_0$ 为双方初始作战单位数，$x_t$，$y_t$ 分别表示第 $t$ 次作战单位受损后双方剩余的作战单位数，其中 $t$ 为正整数。则对于每一个时刻 $t$ 有两种可能性：

$$\begin{cases} x_{t+1}=x_t,\ y_{t+1}=y_t-1 \\ x_{t+1}=x_t-1,\ y_{t+1}=y_t \end{cases} \tag{4-41}$$

这两种可能性出现的概率分别记为 $P$，$Q$：

$$\begin{cases} P\{x_{t+1}=x_t, y_{t+1}=y_t-1\}=P \\ P\{x_{t+1}=x_t-1, y_{t+1}=y_t\}=Q \end{cases} \quad x>0,\ y>0 \tag{4-42}$$

其中，$0\leqslant P$，$Q\leqslant 1$，$P+Q=1$，即 $P$，$Q$ 分别为在第 $t$ 次毁损时，蓝方作战单位被毁的概率与红方作战单位被毁的概率。

一般而言，$P$，$Q$ 取决于双方作战单位的武器装备、部队训练、作战环境等因素，$P$，$Q$ 还可能与 $x_t$，$y_t$ 的数值有关。如果已知 $P$，$Q$ 随 $x_t$，$y_t$ 的变化规律，并已知红、蓝双方的初始实力（作战单位数）$x_0$，$y_0$，则就可分析双方实力演变的随机过程。若 $y_t$ 首先等于 0，我们称这时甲方获胜；若 $x_t$ 首先等于 0，则称乙方获胜。在随机格斗情况下不可能出现甲、乙双方同时被消灭的情形。因此，如同连续情形下的“同归于尽”在这里是不可能发生的。

### 4.3.2 随机格斗模型的解——$P,Q$ 为常数的情形

求解随机格斗模型就是求出在给定初值条件与一定的 $P$, $Q$ 之下,双方实力演变的结果与甲乙双方获胜的概率。

初始条件 $x_0=m$, $y_0=n$ 下甲方获胜的概率记为 $f(m,n)$。则易知 $f(m,n)$ 满足递归关系

$$\begin{cases} f(m,n)=Pf(m,n-1)+Qf(m-1,n) & m>0,n>0 \\ f(m,0)=1 & m>0 \\ f(0,n)+0 & n>0 \end{cases} \tag{4-43}$$

其中,$P>0$, $Q>0$ 且 $P+Q=1$。

若 $P$, $Q$ 为常数,不依赖于 $m$, $n$,则有

**定理** 4.3.1　当 $P$, $Q$ 为常数时,甲方获胜的概率为

$$\begin{aligned} f(m,n) &= P^n\left\{Q^{m-1}\binom{m+n-2}{n-1}+Q^{m-2}\binom{m+n-3}{n-1}+\cdots+Q\binom{n}{n-1}+1\right\} \\ &= 1-Q^m\left\{P^{n-1}\binom{m+n-2}{m-1}+P^{n-2}\binom{m+n-3}{m-1}+\cdots+P\binom{m}{m-1}+1\right\} \end{aligned} \tag{4-44}$$

**定理** 4.3.2　设 $P,Q$ 为正常数且其和为 1,又常数 $\eta,\eta'$ 满足

$$0<\eta<Q<\eta'<1$$

在定理 4.3.1 的条件下,有

(1)若保持 $\frac{m}{n}<\frac{\eta}{1-\eta}$,则 $\lim\limits_{m\to+\infty}f(m,\ n)=0$;

(2)若保持 $\frac{m}{n}>\frac{\eta'}{1-\eta'}$,则 $\lim\limits_{m\to+\infty}f(m,\ n)=1$。

定理 4.1 和 4.2 的证明可以参见沙基昌教授的专著《数理战术学》。

### 4.3.3 直瞄武器交战的情形——$P,Q$ 非常数

通常而言 $P$, $Q$ 应与 $x_t$, $y_t$ 有关。在直瞄武器战斗的情况下可以认为在一个小的时间间隔 $\Delta t$ 中,甲方损失一个作战单位的概率与乙方作战单位数 $n$ 成正比,比例系数为 $q\Delta t$,即这一概率为 $qy_t\Delta t$,而乙方损失一个作战单位的概率与甲方作战单位数 $m$ 成正比,比例系数为 $p\Delta t$,即这一概率为 $px_t\Delta t$。于是在双方实力分别为 $x_t$, $y_t$ 时,甲方损失一个作战单位的概率与乙方损失一个作战单位的概率分别为

$$\begin{cases} Q=\dfrac{qy_t\Delta t}{qy_t\Delta t+px_t\Delta t}=\dfrac{qy_t}{qy_t+px_t} \\ P=\dfrac{px_t\Delta t}{qy_t\Delta t+px_t\Delta t}=\dfrac{px_t}{qy_t+px_t} \end{cases} \tag{4-45}$$

其中，$p$，$q$ 是常数，反映甲乙双方每个作战单位对对方的毁伤能力。

方程组(4-45)就是直瞄武器交战情况下的离散格斗模型。

如果双方的作战单位数甚多，这时相应于连续情况下，满足相应 Lanchester 方程的平衡条件为

$$\sqrt{p}x_0 = \sqrt{q}y_0 \tag{4-46}$$

在作战单位数较少的随机格斗的情况下，式(4-46)是否继续成立？"平衡条件"的概念是什么？这些就是我们在本节中所要解决的问题。

我们来计算 $x_0 = m$，$y_0 = n$ 时甲方将乙方完全消灭而获胜的概率 $f(m,n)$。对于满足式(4-46)的较小的 $m$，$n$ 值的计算结果见表 4-1，其中取 $q = 4p$。

**表 4-1　随机格斗中双方获胜概率与平均剩余作战单位数(参战单位数甚少的情形)**

| | 甲方获胜概率 $f(m,n)$ | 乙方获胜概率 $1-f(m,n)$ | 甲方平均剩余作战单位数 | 乙方平均剩余作战单位数 |
|---|---|---|---|---|
| $q=4p$<br>$m=2$<br>$n=1$ | 0.4667 | 0.5333 | 0.8 | 0.533 |
| $q=4p$<br>$m=4$<br>$n=2$ | 0.4628 | 0.5372 | 1.360 | 0.882 |
| $q=4p$<br>$m=6$<br>$n=3$ | 0.4661 | 0.5339 | 1.882 | 1.187 |

我们在表 4-1 中看到，在 Lanchester 方程中的平衡条件，并不能保证红、蓝双方获胜概率相等。事实上毁伤系数小而数量较多的一方获胜的概率要小些。平均剩余作战单位数与其(在连续情况下)单个作战单位的作战指数的乘积也要小些。这个现象可以解释为离散情况更有利于"精兵良将"。

对于 $m$，$n$ 更大一些的情况，会导致计算非常困难。但是我们将证明，当 $m$，$n \to \infty$ 时，随机格斗模型的解将接近于 Lanchester 方程的情况。

**定理** 4.3.3　$f(m,n)$对 $m$ 是不减函数，对 $n$ 是不增函数。

**定理** 4.3.4　设 $B$ 是 $G$ 的基，$f(m,n)$与 $g(m,n)$为满足式(4-42)的两个递归关系，其中

$$\begin{cases} f(m,n) = P_1(m,n)f(m,n-1) + Q_1(m,n)f(m-1,n) \\ g(m,n) = P_2(m,n)g(m,n-1) + Q_2(m,n)g(m-1,n) \end{cases} \quad m>1, n>1 \tag{4-47}$$

如果 $f$ 与 $g$ 还满足条件：

$$\begin{cases} f(m,n) \geqslant g(m,n) & m,n \in B \\ P_1(m,n) \geqslant P(m,n) & m,n \in G \setminus B \end{cases} \tag{4-48}$$

则

$$f(m,n) \geqslant g(m,n) \qquad m,n \in G \tag{4-49}$$

**定理** 4.3.5　记 $\mu = \sqrt{\dfrac{q}{p}}$，设 $\eta$ 与 $\zeta$ 为满足如下条件的两个常数：

$$0<\eta<\mu<\zeta$$

则

(1)在保持$\frac{m}{n}\geqslant\zeta$的情况下,有

$$\lim_{n\to+\infty}f(m,n)=1$$

(2)在保持$\frac{m}{n}\leqslant\eta$的情况下,有

$$\lim_{n\to+\infty}f(m,n)=0$$

在随机格斗情形下,我们可以将$\frac{m}{n}=\mu=\sqrt{\frac{q}{p}}$作为双方势均力敌的条件,这一条件:

$$pm^2=qn^2 \tag{4-50}$$

这与连续情形下的 Lanchester 平方律完全一致。这就说明,当战斗单位数量甚多时,将战斗单位数看作随时间变化的连续可导函数的误差是甚少的,两者互相印证。这时双方每个作战单位的作战指数仍与其对对方的毁伤系数平方根成正比。定理 4.3.3,4.3.4 和 4.3.5 的证明都可以参考《数理战术学》。

# 4.4 战场状态空间的马尔科夫过程模型

## 4.4.1 概 述

4.3 节介绍了作战过程的随机格斗模型,在随机格斗模型中,作战系统(包括对抗双方各作战单元)各作战单元数量变化是逐一递减的,作战单位是一个一个地被消灭,而不会同时消灭两个或更多个作战单位。作战系统演变中时间是离散的,但时间之间的间隔也是随机的,不是固定的。

下面介绍另外一种作战过程的随机模型——马尔科夫模型。在作战过程的马尔科夫模型中,各作战单元的数量变化不一定是逐一递减的,可以根据需要确定系统的演化,根据需要确定时间间隔,便于仿真实现。

一个随机过程,如果对于每一时刻 $t_0$ 后的时刻 $t(t>t_0)$的系统的任何状态的概率当且仅当与时刻 $t_0$ 的状态有关,而与 $t_0$ 之前的系统状态无关(即:与如何进入 $t_0$ 时刻的状态过程无关),这种过程具有无后效性特征,我们称这种无后效性的随机过程为马尔科夫随机过程。马尔科夫随机过程表明系统状态无“后效性”,这一点和系统动态规划的基本要求是一致的。

## 4.4.2　状态和时间都离散的马尔科夫过程模型(马尔科夫链)

状态和时间都离散的马尔科夫过程模型又被称为马尔科夫链。

### 4.4.2.1　齐次马尔科夫链

设系统 $S$ 有 $n$ 个可能的状态：$S_1,S_2,\cdots,S_n$，系统状态转移的时间 $t$ 也是离散的，可以记为 $t_1,t_2,t_{m-1},t_m$，表示系统状态转移次数序号，$t_1$ 表示系统由初始状态进行第一次系统状态转移，$t_2$ 表示第二次转移，所以为了方便起见可以把系统状态转移时间记为 1，2，$\cdots$，$m-1$，$m$。如果在系统状态转移过程的任何一步上，系统由状态 $S_i$ 转移到系统状态 $S_j$ 的概率都是一样的，即矩阵 $P$ 中各元素都是唯一确定的，则称这种的马尔科夫过程模型为齐次马尔科夫过程模型。

对于齐次马尔科夫过程模型，令 $p_{ij}$ 为系统状态 $S_i$ 一步转移到状态 $S_j$ 的概率。系统由状态 $S_i$ 经过 $k$ 步转移到状态 $S_j$ 的概率为 $p_{ij}(k)$，一步转移概率可以排成一个转移概率矩阵 $P$：

$$P=(p_{ij})_{n\times n}=\begin{Bmatrix} p_{11} & p_{12} & \cdots & p_{1j} & \cdots & p_{1n} \\ p_{21} & p_{22} & \cdots & p_{2j} & \cdots & p_{2n} \\ \vdots & \vdots & & \vdots & & \vdots \\ p_{i1} & p_{i2} & \cdots & p_{ij} & \cdots & p_{in} \\ \vdots & \vdots & & \vdots & & \vdots \\ p_{n1} & p_{n2} & \cdots & p_{nj} & \cdots & p_{nn} \end{Bmatrix}$$

矩阵中每一行的元素之和等于 1，某些情况下，系统状态 $S_i$ 无法转移到系统状态 $S_j$，这时候 $p_{ij}=0$。还有些情况下，系统状态 $S_i$ 不能转移到其他任何状态，这种状态是状态稳定状态，这时候 $p_{ij}=1$。例如，在图 4-2 中，$p_{32}=0$，$p_{31}=0$，$p_{33}=1$。系统的状态转移还可以采用图 4-2 所示的状态转移图表示。在图 4-2 中，只标注了概率不为零的矩阵元素。

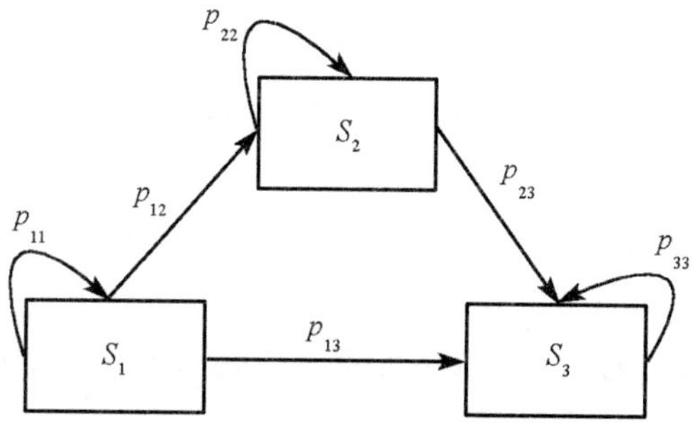


**图 4-2　马尔科夫过程的图形描述**

第 $k$ 步后系统所处状态的概率 $p_i^{(k)}$ 由以下推断公式确定：

$$p_i^{(k)} = \sum_{j=1}^{n} p_{ij} p_j^{k-1} \qquad i = 1,2,\cdots,n \tag{4-51}$$

式中 $p_j^{k-1}$——第 $k-1$ 步后系统状态 $S_j$ 的概率。

**例 4.2** 由4架飞机组成的飞机编队遭到三次连续的防空火力的攻击。飞机编队(系统 $S$)的可能状态是 $S_1, S_2, S_3, S_4, S_5$，这五个状态表示的含义分别为：所有的飞机都没有被击落、一架飞机被击落、2架飞机被击落、3架飞机被击落、4架飞机全被击落。一步转移矩阵可以表示为

$$(p_{ij}) = \begin{Bmatrix} 0.40 & 0.25 & 0.20 & 0.10 & 0.05 \\ 0 & 0.35 & 0.30 & 0.25 & 0.10 \\ 0 & 0 & 0.45 & 0.40 & 0.15 \\ 0 & 0 & 0 & 0.40 & 0.60 \\ 0 & 0 & 0 & 0 & 1 \end{Bmatrix}$$

试求三次突击后飞机编队状态的概率。

**解** 显然 $p_1^{(0)} = 1$，第一次突击后的系统各状态的概率为矩阵 $(p_{ij})$ 的第一行元素，即有如下结果：

$$p_1^{(1)} = 0.4,\ p_2^{(1)} = 0.25,\ p_3^{(1)} = 0.20,\ p_4^{(1)} = 0.10,\ p_4^{(1)} = 0.05$$

利用公式(4-51)，求第二次突击后的状态概率：

$p_1^{(2)} = p_1^{(1)} p_{11} = 0.4 \times 0.4 = 0.16$

$p_2^{(2)} = p_1^{(1)} p_{12} + p_2^{(1)} p_{22} = 0.4 \times 0.25 + 0.25 \times 0.35 = 0.1875$

$p_3^{(2)} = p_1^{(1)} p_{13} + p_2^{(1)} p_{23} + p_3^{(1)} p_{33} = 0.4 \times 0.20 + 0.25 \times 0.30 + 0.20 \times 0.45 = 0.2450$

$p_4^{(2)} = p_1^{(1)} p_{14} + p_2^{(1)} p_{24} + p_3^{(1)} p_{34} + p_4^{(1)} p_{44}$

$= 0.4 \times 0.10 + 0.25 \times 0.25 + 0.20 \times 0.40 + 0.10 \times 0.40 = 0.2225$

$p_5^{(2)} = p_1^{(1)} p_{15} + p_2^{(1)} p_{25} + p_3^{(1)} p_{35} + p_4^{(1)} p_{45} + p_5^{(1)} p_{55}$

$= 0.4 \times 0.05 + 0.25 \times 0.10 + 0.20 \times 0.15 + 0.10 \times 0.40 + 0.05 \times 1.0 = 0.1850$

以此类推，求第三次突击后的状态概率：

$p_1^{(3)} = p_1^{(2)} p_{11} = 0.16 \times 0.4 = 0.064$

$p_2^{(3)} = p_1^{(2)} p_{12} + p_2^{(2)} p_{22} = 0.16 \times 0.25 + 0.1875 \times 0.35 = 0.1058$

$p_3^{(3)} = p_1^{(2)} p_{13} + p_2^{(2)} p_{23} + p_3^{(2)} p_{33} = 0.16 \times 0.20 + 0.1875 \times 0.30 + 0.245 \times 0.45 = 0.1986$

$p_4^{(3)} = p_1^{(2)} p_{14} + p_2^{(2)} p_{24} + p_3^{(2)} p_{34} + p_4^{(2)} p_{44}$

$= 0.16 \times 0.10 + 0.1875 \times 0.25 + 0.245 \times 0.40 + 0.2225 \times 0.40 = 0.2498$

$p_5^{(3)} = p_1^{(2)} p_{15} + p_2^{(2)} p_{25} + p_3^{(2)} p_{35} + p_4^{(2)} p_{45} + p_5^{(2)} p_{55}$

$= 0.16 \times 0.05 + 0.1875 \times 0.10 + 0.245 \times 0.15 + 0.2225 \times 0.40 + 0.185 \times 1.0$

$= 0.3818$

经过三次攻击后，没有飞机被击落的概率、1架飞机被击落的概率、2架飞机被击落的概率、3架飞机被击落的概率、4架飞机都被击落的概率分别为0.064、0.1058、0.1986、0.2498、0.3818。

### 4.4.2.2 非齐次马尔科夫链

非齐次马尔科夫过程模型和齐次马尔科夫不同之点在于：转移概率 $p_{ij}$ 随转移步骤的不同而改变，即 $p_{ij}$ 随时间变化而变化。在这种情况下，第 $k$ 步后系统状态概率按以下公式计算：

$$p_i^{(k)} = \sum_{j=1}^{n} p_{ij}^{k} p_j^{k-1} \qquad i = 1,2,\cdots,n \tag{4-52}$$

在公式(4-52)中，$p_{ji}^{k} = p[S_i^{(k)}/S_j^{(k-1)}]$是第 $k$ 步上系统由状态 $S_j$ 转移到系统状态 $S_i$ 的概率。

**例 4.3**　在例 4.2 中 $p_{ij}$ 是固定的，如果 $p_{ij}$ 在三次突击后的转移概率各不相同，分别由以下矩阵描述：

$$(p_{ij}^{(1)}) = \begin{bmatrix} 0.40 & 0.25 & 0.20 & 0.10 & 0.05 \\ 0 & 0.35 & 0.30 & 0.25 & 0.10 \\ 0 & 0 & 0.45 & 0.40 & 0.15 \\ 0 & 0 & 0 & 0.40 & 0.60 \\ 0 & 0 & 0 & 0 & 1 \end{bmatrix}$$

$$(p_{ij}^{(2)}) = \begin{bmatrix} 0.20 & 0.25 & 0.30 & 0.15 & 0.10 \\ 0 & 0.20 & 0.40 & 0.25 & 0.15 \\ 0 & 0 & 0.10 & 0.50 & 0.40 \\ 0 & 0 & 0 & 0.30 & 0.70 \\ 0 & 0 & 0 & 0 & 1 \end{bmatrix}$$

$$(p_{ij}^{(3)}) = \begin{bmatrix} 0.50 & 0.10 & 0.40 & 0.25 & 0.20 \\ 0 & 0.05 & 0.45 & 0.30 & 0.20 \\ 0 & 0 & 0.05 & 0.55 & 0.40 \\ 0 & 0 & 0 & 0.20 & 0.80 \\ 0 & 0 & 0 & 0 & 1 \end{bmatrix}$$

试求三次突击后飞机编队的状态概率。

**解**　和齐次马尔科夫过程模型一样，第一次突击后的状态概率可以表示为

$$p_1^{(1)} = 0.4,\quad p_2^{(1)} = 0.25,\quad p_3^{(1)} = 0.20,\quad p_4^{(1)} = 0.01,\quad p_4^{(1)} = 0.05$$

按照公式求第二次攻击后的状态概率：

$$p_1^{(2)} = p_1^{(1)} p_{11}^{(2)} = 0.4 \times 0.2 = 0.08$$

$$p_2^{(2)} = p_1^{(1)} p_{12}^{(2)} + p_2^{(1)} p_{22}^{(2)} = 0.4 \times 0.25 + 0.25 \times 0.20 = 0.15$$

$$p_3^{(2)} = p_1^{(1)} p_{13}^{(2)} + p_2^{(1)} p_{23}^{(2)} + p_3^{(1)} p_{33}^{(2)} = 0.4 \times 0.30 + 0.25 \times 0.40 + 0.20 \times 0.10 = 0.24$$

$$p_4^{(2)} = p_1^{(1)} p_{14}^{(2)} + p_2^{(1)} p_{24}^{(2)} + p_3^{(1)} p_{34}^{(2)} + p_4^{(1)} p_{44}^{(2)}$$
$$= 0.4 \times 0.15 + 0.25 \times 0.25 + 0.20 \times 0.50 + 0.10 \times 0.30 = 0.2525$$

$$p_5^{(2)} = p_1^{(1)} p_{15}^{(2)} + p_2^{(1)} p_{25}^{(2)} + p_3^{(1)} p_{35}^{(2)} + p_4^{(1)} p_{45}^{(2)} + p_5^{(1)} p_{55}^{(2)}$$
$$= 0.4 \times 0.10 + 0.25 \times 0.15 + 0.20 \times 0.40 + 0.10 \times 0.70 + 0.05 \times 1.0 = 0.02775$$

类似地可以计算第三次攻击后飞机编队的状态概率：

$$p_1^{(3)} = p_1^{(2)} p_{11}^{(3)} = 0.08 \times 0.05 = 0.004$$

$$p_2^{(3)} = p_1^{(2)} p_{12}^{(3)} + p_2^{(2)} p_{22}^{(3)} = 0.08 \times 0.10 + 0.15 \times 0.05 = 0.0155$$

$$p_3^{(3)} = p_1^{(2)} p_{13}^{(3)} + p_2^{(2)} p_{23}^{(3)} + p_3^{(2)} p_{33}^{(3)} = 0.08 \times 0.4 + 0.15 \times 0.45 + 0.24 \times 0.05 = 0.1115$$

$$\begin{aligned} p_4^{(3)} &= p_1^{(2)} p_{14}^{(3)} + p_2^{(2)} p_{24}^{(3)} + p_3^{(2)} p_{34}^{(3)} + p_4^{(2)} p_{44}^{(3)} \\ &= 0.08 \times 0.25 + 0.15 \times 0.30 + 0.24 \times 0.55 + 0.2525 \times 0.20 = 0.2474 \end{aligned}$$

$$\begin{aligned} p_5^{(3)} &= p_1^{(2)} p_{15}^{(3)} + p_2^{(2)} p_{25}^{(3)} + p_3^{(2)} p_{35}^{(3)} + p_4^{(2)} p_{45}^{(3)} + p_5^{(2)} p_{55}^{(3)} \\ &= 0.08 \times 0.20 + 0.15 \times 0.2 + 0.24 \times 0.40 + 0.2525 \times 0.8 + 0.2775 \times 1.0 \\ &= 0.6216 \end{aligned}$$

经过三次攻击后，没有飞机被击落的概率、1 架飞机被击落的概率、2 架飞机被击落的概率、3 架飞机被击落的概率、4 架飞机都被击落的概率分别为 0.004、0.0155、0.1115、0.2474、0.6216。

## 4.4.3 状态离散而时间连续的马尔科夫过程模型(连续马尔科夫链)

状态离散而时间连续的马尔科夫过程模型又被称为连续马尔科夫链。

### 4.4.3.1 连续马尔科夫过程模型的描述

状态离散而时间连续的马尔科夫过程模型也称为连续马尔科夫链。与状态和时间都离散的马尔科夫过程模型相比，在状态离散而时间连续的马尔科夫过程模型中用概率密度 $\lambda_{ij}$ 代替矩阵 $P$ 中的 $p_{ij}$。概率密度 $\lambda_{ij}$ 表示为

$$\lambda_{ij} = \lim_{\Delta t \to 0} \frac{p_{ij}(\Delta t)}{\Delta t} \tag{4-53}$$

式中，$p_{ij}(\Delta t)$ 是系统在 $t$ 时刻处于状态 $S_i$ 经过 $\Delta t$ 后转移到状态 $S_j$ 的概率。

如果所有的概率密度 $\lambda_{ij}$ 均与 $t$ 无关，这种马尔科夫过程被称为齐次的马尔科夫过程；如果概率密度 $\lambda_{ij}$ 是时间的非常值函数，这种马尔科夫过程被称为非齐次的马尔科夫过程。系统的状态概率可以通过微分方程组积分而求出，这些微分方程被称为柯尔莫哥洛夫方程。和马尔科夫链一样，连续马尔科夫链也可运用状态转移图表示。图 4－3 就是表示一个连续马尔科链。

根据连续马尔科夫状态转移图可以写出相应的柯尔莫哥洛夫方程，其规则如下：每一个方程等号的左边是状态概率的微分形式，右边包含的项数正好等于与该状态有联系的箭头数量；如果箭头从状态出来则在相应的项前使用减法，如果箭头是指向状态则在相应的项前使用加法；每一项等于相应箭头的转移的概率密度与箭头从其引出的状态概率的乘积。初始条件根据系统的初始状态确定。例如，根据图 4－3 所示的状态转移图可以写出如下的柯尔莫哥洛夫方程组：

$$\frac{dp_1(t)}{dt} = -(\lambda_{12} + \lambda_{13} + \lambda_{14}) p_1(t) + \lambda_{41} p_4(t)$$

$$\frac{\mathrm{d}p_2(t)}{\mathrm{d}t} = -\lambda_{24}p_2(t) + \lambda_{12}p_1(t)$$

$$\frac{\mathrm{d}p_3(t)}{\mathrm{d}t} = -\lambda_{34}p_3(t) + \lambda_{13}p_1(t)$$

$$\frac{\mathrm{d}p_4(t)}{\mathrm{d}t} = \lambda_{14}p_1(t) + \lambda_{24}p_2(t) + \lambda_{34}p_3(t) - \lambda_{41}p_4(t)$$

当 $t=0$ 时，$p_1(0)=1$，$p_2(0)=p_3(0)=p_4(0)=0$。

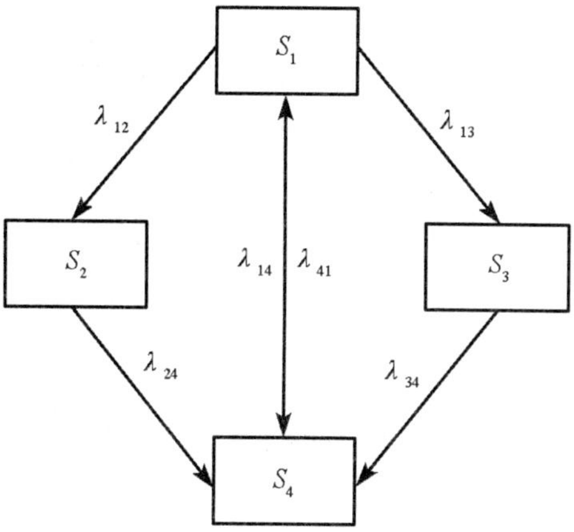


**图 4－3　一个连续马尔科夫链的状态转移图**

上述微分方程组中 $p_i(t)$表示系统在 $t$ 时刻状态 $S_i$ 的概率，为了书写简单起见，在以后的柯尔莫哥洛夫方程组中函数 $p_i(t)$省略自变量 $t$。因为 $p_1+p_2+p_3+p_4=1$，所以上述四个微分方法可以只写任意三个。

柯尔莫哥洛夫方程组是线性微分方程组，通常采用数值计算的方式求解。

### 4.4.3.2　连续马尔科夫过程模型的状态极限概率

对于连续马尔科夫过程模型而言，如果系统 $S$ 的可能状态有限，每一状态经过一步或者数步均可转移到另一状态，那么系统 $S$ 的状态极限概率存在并且不依赖于系统的初始状态。例如，对于状态转移图 4－4 所示的系统，从任何状态都可以转移到任何其他状态。在图 4－4 所示的同类系统中，当 $t\to\infty$ 和 $\lambda$ 为定值时，会形成某种平稳状况：系统随机地改变自己的状态，但每种状态的概率与时间无关——每种状态以某一固定的概率实现，此时，各种状态的极限概率关于时间的倒数等于零，即柯尔莫哥洛夫方程的左边等于零。所以在极限条件下柯尔莫哥洛夫方程组变为线性代数方程组，可以方便地求解。

例如，图 4－4 中事件流强度取值为：$\lambda_{12}=2$，$\lambda_{24}=1$，$\lambda_{14}=1$，$\lambda_{31}=3$，$\lambda_{41}=2$，$\lambda_{43}=2$。

其柯尔莫哥洛夫方程组为

$$\frac{\mathrm{d}p_1(t)}{\mathrm{d}t} = -(\lambda_{12}+\lambda_{14})p_1 + \lambda_{31}p_3 + \lambda_{41}p_4$$

$$\frac{\mathrm{d}p_2(t)}{\mathrm{d}t} = -\lambda_{24}p_2 + \lambda_{12}p_1$$

$$\frac{\mathrm{d}p_3(t)}{\mathrm{d}t} = -\lambda_{31}p_3 + \lambda_{43}p_4$$

$$\frac{\mathrm{d}p_4(t)}{\mathrm{d}t} = \lambda_{14}p_1 + \lambda_{24}p_2 - (\lambda_{41} + \lambda_{43})p_4$$

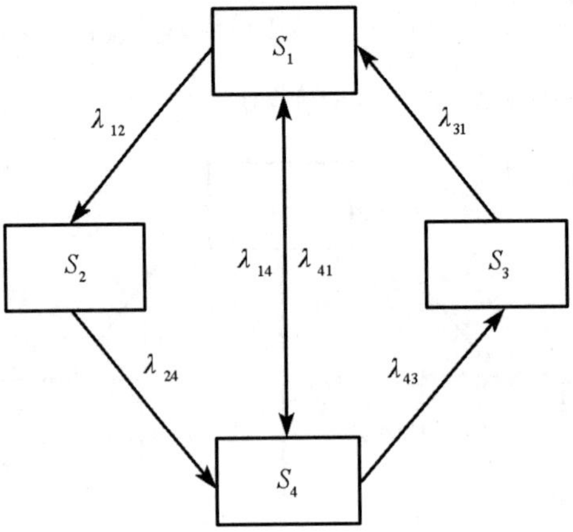


**图 4－4 具有状态极限稳定概率的连续马尔科夫链的状态转移图**

因为进入稳定态后柯尔莫哥洛夫方程的左边等于零，所以有

$$\begin{cases} 0 = -(2+1)p_1 + 3p_3 + 2p_4 \\ 0 = -p_2 + 2p_1 \\ 0 = -3p_3 + 2p_4 \\ 0 = p_1 + p_2 - (2+2)p_4 \end{cases}$$

另外有 $p_1 + p_2 + p_3 + p_4 = 1$，所以解相应的方程组可以求出以下结果：

$$p_1 = 4/17,\quad p_2 = 8/17,\quad p_3 = 2/17,\quad p_4 = 3/17$$

这就意味着，在极限平稳状况中，系统 $S$ 处于状态 $S_1$ 的概率为 4/17，处于状态 $S_2$ 的概率为 8/17，处于状态 $S_3$ 的概率为 2/17，处于状态 $S_4$ 的概率为 3/17。

## 4.4.4 三种典型的连续马尔科夫链

连续马尔科夫链有多种形式，从链的结构特征进行分类，连续马尔科夫链的结构具有三大类结构：单向链条结构、双向链条结构、封闭链环结构。

### 4.4.4.1 具有泊松流的连续马尔科夫链

如果系统从一个状态转移到另一状态的全部事件流是泊松流（奇次的或者非奇次的），则系统进行的过程是马尔科夫过程。马尔科夫链中的转移概率密度 $\lambda_{ij}$ 就是事件流的强度。具有泊松流的连续马尔科夫链是一个典型的单向链条结构，如图 4－5 所示。

**例 4.4** 用防空导弹打击四架飞机，其中一架是长机。毁伤射击流（毁伤箭头的射击流）的强度随时间变化，记为 $\lambda(t)$，火力首先集中打击长机，歼灭长机后，导弹火力平均分别打击剩余三架僚机。试绘制此作战过程的状态图。

**解**　状态概率的柯尔莫哥洛夫方程可以表示为

$$\frac{\mathrm{d}p_4(t)}{\mathrm{d}t} = -\lambda_{43}(t)p_4$$

$$\frac{\mathrm{d}p_3(t)}{\mathrm{d}t} = -\lambda_{32}(t)p_3 + \lambda_{43}(t)p_4$$

$$\frac{\mathrm{d}p_2(t)}{\mathrm{d}t} = -\lambda_{21}(t)p_2 + \lambda_{32}(t)p_3$$

$$\frac{\mathrm{d}p_1(t)}{\mathrm{d}t} = -\lambda_{10}(t)p_1 + \lambda_{21}(t)p_2$$

$$\frac{\mathrm{d}p_0(t)}{\mathrm{d}t} = \lambda_{10}(t)p_1$$

其中，$p_4, p_3, p_2, p_1, p_0$ 分别表示五个状态的概率：飞机全部完好（状态 $S_4$）、歼灭长机（状态 $S_3$）、歼灭长机和一架僚机（状态 $S_2$）、歼灭长机和两架僚机（状态 $S_1$）、歼灭全部飞机（状态 $S_0$），初始条件为状态 $p_4 = 1, p_3 = p_2 = p_1 = p_0 = 0$，如图所示。

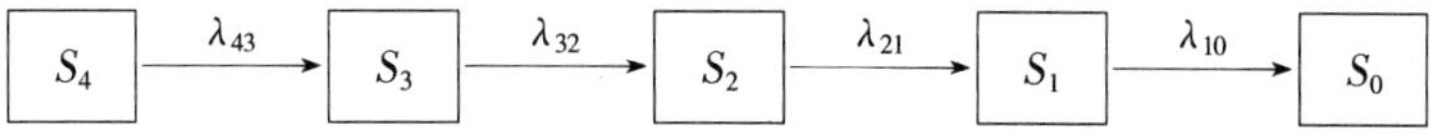


**例 4.4 图　具有泊松流的连续马尔科夫链**

**例 4.5**　三艘舰艇编成单横队通过水雷区，水雷区的密度是：舰艇通常速度行驶时，遭遇水雷的事件流的强度是 $\lambda$，各舰艇遭水雷攻击后被击沉的概率是 $p$，每艘舰艇遭遇水雷的强度相同并且独立，试写出系统状态概率的柯尔莫哥洛夫方程。

**解**　系统状态可以表示为：全部舰艇完好（状态 $S_3$）、一艘舰艇被击沉（状态 $S_2$）、两艘舰艇被击沉（状态 $S_1$）、三艘舰艇全部被击沉（状态 $S_0$），并且分别用 $p_3, p_2, p_1, p_0$ 表示上述系统状态的概率。

系统状态转移分析：从状态 $S_3$ 到状态 $S_2$ 过程中，三艘舰艇每一艘遭遇水雷攻击的事件流为 $\lambda$，而且攻击后被击沉的概率为 $p$，所以每艘舰艇都受到了强度为 $\lambda p$ 的毁伤流的作用，所以整个系统受到的毁伤流为 $3\lambda p$；以此类推，从状态 $S_2$ 到状态 $S_1$ 过程中，整个系统受到的毁伤流为 $2\lambda p$；从状态 $S_1$ 到状态 $S_0$ 过程中，整个系统受到的毁伤流为 $\lambda p$。

状态概率的柯尔莫哥洛夫方程如下：

$$\frac{\mathrm{d}p_3(t)}{\mathrm{d}t} = -3\lambda(t)p \times p_3$$

$$\frac{\mathrm{d}p_2(t)}{\mathrm{d}t} = -2\lambda(t)p \times p_2 + 3\lambda(t)p \times p_3$$

$$\frac{\mathrm{d}p_1(t)}{\mathrm{d}t} = -\lambda(t)p \times p_1 + 2\lambda(t)p \times p_2$$

$$\frac{\mathrm{d}p_0(t)}{\mathrm{d}t} = \lambda(t)p \times p_1$$

初始条件为 $p_3 = 1, p_2 = p_1 = p_0 = 0$。

#### 4.4.4.2 生灭过程模型

一个生灭过程的模型结构如图 4 – 5 所示。生灭过程模型源于讨论生物群体数量的变化过程。

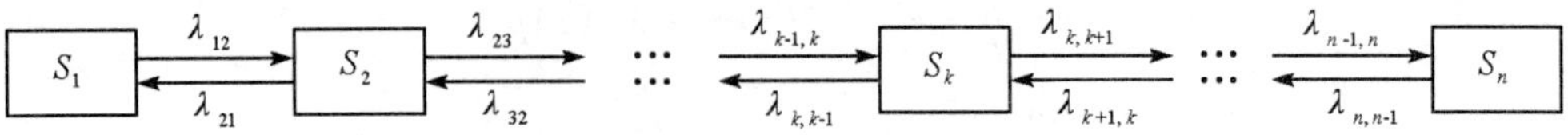


**图 4 – 5 生灭过程模型结构**

每一个状态都或正或逆的与相邻的状态相关，在这种情况下各状态的极限概率可以标表示为

$$p_1 = \frac{1}{\left(1 + \frac{\lambda_{12}}{\lambda_{21}} + \frac{\lambda_{12}\lambda_{23}}{\lambda_{21}\lambda_{32}} + \cdots + \frac{\lambda_{12}\lambda_{23}\cdots\lambda_{n-2,n-1}\lambda_{n-1,n}}{\lambda_{21}\lambda_{32}\cdots\lambda_{n-1,n-2}\lambda_{n,n-1}}\right)} \tag{4-54}$$

$$p_i = \frac{\lambda_{i-1,i}}{\lambda_{i,i-1}} p_{i-1} \qquad i = 2,3,\cdots,n$$

公式(4 – 54)的证明如下：

生灭过程的柯尔莫哥洛夫方程如下：

$$\frac{\mathrm{d}p_1}{\mathrm{d}t} = -\lambda_{12} p_1 + \lambda_{21} p_n$$

$$\frac{\mathrm{d}p_i}{\mathrm{d}t} = -\lambda_{i,i+1} p_i + \lambda_{i+1,i} p_{i+1} \qquad i = 2,3,\cdots,n-1$$

$$\frac{\mathrm{d}p_n}{\mathrm{d}t} = -\lambda_{n,n-1} p_n + \lambda_{n-1,n} p_{n-1}$$

当处于稳定状态条件下，系统处于各种状态的概率不再发生变化，这时候上式柯尔莫哥洛夫方程的左边为零，所以有如下线性方程组：

$$0 = -\lambda_{12} p_1 + \lambda_{21} p_n$$

$$0 = -\lambda_{i,i+1} p_i + \lambda_{i+1,i} p_{i+1} \qquad i = 2,3,\cdots,n-1$$

$$0 = -\lambda_{n,n-1} p_n + \lambda_{n-1,n} p_{n-1}$$

$$\sum_{j=1}^{n} p_j = 1$$

解上述线性方程组，可以得到公式 4 – 54 所示的结果。

**例 4.6** 三辆运兵车在复杂的道路条件下完成运输物资的任务。每辆卡车都可能损坏。每辆运兵车的平均无故障时间 $\bar{t}_0 = 10$ 昼夜，故障分布规律服从指数分布。运兵车一旦损坏就立即开始修理，平均修理时间 $\bar{t}_r = 2$ 昼夜，修理时间的分布规律服从指数分布。试求三辆运兵车组成的系统处于每种可能状态的平均时间。

**解** 系统的可能状态为——三辆车均正常（状态 $S_1$）、二辆车均正常一辆车在维修（状态 $S_2$）、一辆车正常两辆车在修理（状态 $S_3$）、三辆车均在修理（状态 $S_4$），并且分别用 $p_3, p_2, p_1, p_0$ 表示上述系统状态的概率。系统状态转移图如图所示，向右的箭头表示故障流强度，向左的箭头表示修复流的强度。每辆车正常情况下受到强度为 $\lambda_0$ 的故障流，且 $\lambda_0 = 1/\bar{t}_0 = 0.1$，而每辆正在维修的车辆受到强度为 $\lambda_r$ 的维修流，且 $\lambda_r = 1/\bar{t}_t = 0.5$。

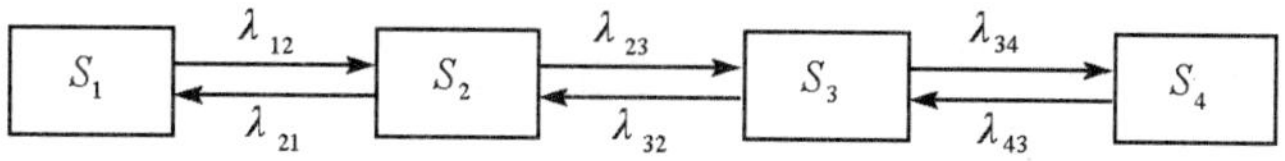


例 4.6

如果系统处于状态 $S_1$，三辆车都正常工作，每一辆车都受到强度为 $\lambda_0$ 故障流，因此整个系统受到强度为 $\lambda_{12} = 3\lambda_0 = 0.3$ 的故障流的作用。类似地，若系统处于 $S_2$ 状态，整个系统处于受到强度为 $\lambda_{23} = 2\lambda_0 = 0.2$ 的故障流的作用，并且受到强度 $\lambda_{32} = \lambda_r = 0.5$ 的维修恢复流的作用；若系统处于 $S_3$ 状态，整个系统受到强度为 $\lambda_{34} = \lambda_0 = 0.1$ 的故障流，同时受到强度为 $\lambda_{32} = 2\lambda_r = 1.0$ 的维修恢复流；若系统处于 $S_4$ 状态，整个系统受到强度为 $\lambda_{43} = 3\lambda_r = 1.5$ 的维修恢复流。

根据生灭过程的各状态的概率极限公式，四个状态的极限概率为

$$p_1 = \frac{1}{\left(1 + \frac{\lambda_{12}}{\lambda_{21}} + \frac{\lambda_{12}\lambda_{23}}{\lambda_{21}\lambda_{32}} + \frac{\lambda_{12}\lambda_{23}\lambda_{34}}{\lambda_{21}\lambda_{32}\lambda_{43}}\right)} = 0.579$$

$$p_2 = \frac{\lambda_{12}}{\lambda_{21}} p_1 = 0.347$$

$$p_3 = \frac{\lambda_{23}}{\lambda_{32}} p_2 = 0.069$$

$$p_4 = \frac{\lambda_{34}}{\lambda_{43}} p_3 = 0.005$$

所以，三辆车均正常工作的状态的时间占整个时间的 57.9%；两辆车正常工作的状态的时间占整个时间的 34.7%；一辆车正常为 6.9%；三辆车都不正常工作的状态占 0.5% 时间。

### 4.4.4.3　循环过程模型

如果系统的状态单向转移并且形成一个环，这时候的连续马尔科夫链被称为循环过程。系统状态转移关系如图 4－6 所示。

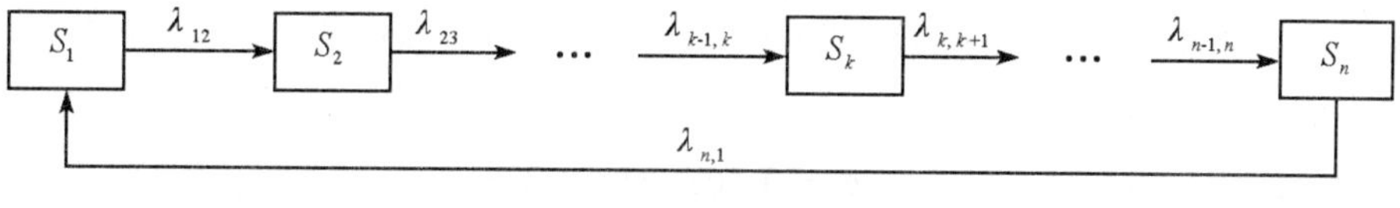


**图 4－6　循环过程的状态转移关系图**

循环过程的系统的各状态的极限概率可以按如下公式求得：

$$\begin{cases} p_1 = \dfrac{1}{\left[1 + \lambda_{12}\left(\dfrac{1}{\lambda_{23}} + \dfrac{1}{\lambda_{34}} + \cdots + \dfrac{1}{\lambda_{n-1,n}} + \dfrac{1}{\lambda_{n,1}}\right)\right]} \\ p_i = \dfrac{\lambda_{12}}{\lambda_{k,k+1}} p_1 \qquad i = 2,3,\cdots,n-1 \\ p_n = \dfrac{\lambda_{12}}{\lambda_{n,1}} p_1 \end{cases} \tag{4-55}$$

公式(4-55)的证明如下：

对于图4-6所示的循环过程，系统的柯尔莫哥洛夫方程为

$$\begin{cases} \dfrac{\mathrm{d}p_1}{\mathrm{d}t} = -\lambda_{12} p_1 + \lambda_{n,1} p_n \\ \dfrac{\mathrm{d}p_i}{\mathrm{d}t} = -\lambda_{i,i+1} p_i + \lambda_{i-1,i} p_{i-1} \qquad i = 2,3,\cdots,n-1 \\ \dfrac{\mathrm{d}p_n}{\mathrm{d}t} = -\lambda_{n,1} p_n + \lambda_{n-1,n} p_{n-1} \end{cases} \tag{4-56}$$

当系统处于极限平衡状态是，系统处于各种状态的概率不再变化，即公式(4-57)的左边为零，因此有：

$$\begin{cases} 0 = -\lambda_{12} p_1 + \lambda_{n,1} p_n \\ 0 = -\lambda_{i,i+1} p_i + \lambda_{i-1,i} p_{i-1} \qquad i = 2,3,\cdots,n-1 \\ 0 = -\lambda_{n,1} p_n + \lambda_{n-1,n} p_{n-1} \\ \sum_{j=1}^{n} p_j = 1 \end{cases} \tag{4-57}$$

解 $n$ 元线性方程组(4-57)，有公式(4-55)所示的结果。

对于循环过程，如果给定不是事件流的强度，而是系统处于各种状态 $S_1, S_2, \cdots, S_n$ 的平均时间 $\bar{t}_1, \bar{t}_2, \cdots, \bar{t}_n$，则循环过程中系统处于各种状态的极限概率为

$$p_i = \frac{\bar{t}_i}{\sum_{j=1}^{n} \bar{t}_j} \tag{4-58}$$

**例4.7** 直升机搜索潜艇的作战活动包括：搜索潜艇、搜索到后攻击潜艇、攻击潜艇后侦查打击效果，然后重复进行这样的作业步骤。直升机进行三项作业的平均时间为30min、10min和20min，求直升机处于三种工作状态下的极限概率。

**解** 直升机所处的状态：搜索状态($S_1$)、攻击状态($S_2$)和评估状态($S_3$)，直升机所处三种状态的概率分别为 $p_1, p_2, p_3$。

根据公式(4-58)，有 $p_1 = 0.5, p_2 = 0.167, p_3 = 0.333$。

# 4.5　作战指数

现代作战指数的求解方法很多,主要分为下面三类:杜派的经验统计指数求法,幂指数法,与 Lanchester 方程相关作战指数。这三类方法各有其适应范围,各有优缺点,不能互相取代。

## 4.5.1　杜派的经验统计指数求法

美国陆军上校杜派(Trevor N. Dupuy)提出了一种经验方法,通过对军事历史经验结果的分析,将各种类型的武器毁伤效能仔细分等定值。从 1964 年开始,杜派和他的同事们在军事历史评估和研究组织内,为美国陆军 Combat Development Command 进行了一项题为关于武器毁伤效能的历史发展趋势的研究计划。杜派提出的作战指数理论,是一种基于经验统计的方法,他首先根据毁伤敌方战斗人员为主要标准建立理论的毁伤指数,然后利用一系列的修正系数进行修正,得出最后的结果。

### 4.5.1.1　武器装备的理论毁伤效能指数

杜派从军事历史的发展,提出了一种武器内在毁伤效能的计算程序。从古代的剑到今天的导弹,对不同武器毁伤效能进行了比较研究。杜派考虑了武器的全部物理属性和能力,并且把它们结合在一个经验公式中。从这个公式产生出一个名叫"理论毁伤效能指数"的计算尺度,用它来比较军事历史上所有武器的毁伤效能。这个计算方法假设:目标是一个宽度和深度无限的阵列队形,每平方米一个士兵。考虑在这个假设的队形中,每小时内有多少士兵失去战斗能力,就可比较出各种武器对人员杀伤的相对能力。

杜派提出的计算武器理论毁伤效能指数的基本公式如下:

$$TLI = RF \cdot R \cdot A \cdot C \cdot RN \tag{4-59}$$

式中　$RF$——射击速度(次/小时);

$R$——可靠性(击发数/次);

$A$——精度(击中数/击发数);

$C$——毁伤效能(伤亡数/击中数);

$RN$——射程因子(无量纲);

$TLI$——$TLI$ = (次/h)(击发数/次)(击中数/击发数)(伤亡数/击中数) = 伤亡数/h。

射击速度($RF$)是定义一种武器每小时所能达到的实际射击次数。这个数据可以使用靶场试验或作战演习得到的持续射击速度。如果武器的持续射击速率不能确定,则建议使用经验来大致确定武器的射击速度。估计时,要注意单件武器和战车的射击速率的确定方法与战斗直升机和战斗飞机的确定方法有很大的差别。对于单件武器和战车,可以认为射击速率不受弹药量的约束。然而,一辆战车在一个战斗任务的开始时携带一个弹药基数,当用完这个基数时战车需重新装填才能再开始射击。在考虑射击速度时需要考虑这个重新装填的时间。战车供应因子就是专为考虑这个因素而设置的。对于战斗直升机和战斗飞机,由于在飞行中不能补充弹药。射击速率是执行战斗飞机时所携带的弹药基数值。如一次飞行持续1个小时,而且所有弹药基数在飞行中全部发射。这种处理考虑了离开基地,飞往目标区,然后返回基地重新装弹药的情况。

表4-2是在口径(mm)已知情况下非自动武器的大致射速(次/$h$)。

**表4-2 非自动武器的大致射速**

| 口径(mm) | 射速 | 口径(mm) | 射速 |
|---|---|---|---|
| 20 | 295 | 275 | 18 |
| 30 | 295 | 300 | 16 |
| 40 | 295 | 325 | 15 |
| 60 | 295 | 350 | 13 |
| 75 | 295 | 375 | 12 |
| 81 | 295 | 400 | 10 |
| 90 | 295 | 450 | 8 |
| 105 | 295 | 500 | 7 |
| 120 | 295 | 550 | 5 |
| 130 | 295 | 600 | 3 |
| 155 | 295 | 650 | 2 |
| 175 | 295 | 700 | 2 |
| 203 | 295 | 800 | 2 |
| 225 | 295 | 900 | 2 |
| 250 | 295 | 1000 | 2 |

非自动轻武器的射速完全由操纵者决定。所以任何估算应依据武器类型确定,例如,半自动步枪是20发/min。

表4-3和表4-4是根据经验对自动武器持续射速修正值的大致估计。

**表4-3 在射击周期率(次/min)已知情况下对射击持续率估计的经验**

| 武器类型 | 周期因子(次/min) | 与相同口径非自动武器射速的比 |
|---|---|---|
| 自动轻武器 | 2 | >1.5 |
| 集体操作或车载式自动武器 | 4 | >2.0 |

**表 4-4　在只知道武器口径(直径)情况下对射击持续率估计的经验**

| 武器类型 | 上表 *RF* 的倍数 |
| --- | --- |
| 自动轻武器 | 1.5 |
| 集体操作或车载式自动武器 | 2.0 |
| 投掷式武器 | 1.0(但最大为 61 次/h) |
| 迫击炮 | 1.2 |

精度(*A*)定义为在操作者正确瞄准情况下,大量击发后发射物(弹头、炮弹、火箭、导弹或炸弹)击中(触及)预定目标或目标地区的平均次数。在此,精度是每次击发的击中可能性的一种描述。如果已知一种武器靶场试验的准确度,则应该使用此值。如果不知,则应给出一个推断值。表 4-5 是估计精度的一些经验:

**表 4-5　对准确度的估计经验**

| 武器类型 | 大致准确度 |
| --- | --- |
| 轻武器 | 0.9 |
| 自动武器 | 0.7 |
| 迫击炮 | 0.75 |
| 火箭(不制导) | 0.5 |
| 炸弹(不制导) | 0.4 |
| 标准来复式压制武器 | 0.85 |
| 标准滑膛武器 | 0.6 |
| 高速炮 | 0.9 |
| 有线或集束式制导① | 0.95 |
| 雷达或指挥制导② | 0.95 |

注:①有线或集束式制导武器的估计经验在目前需重新调整。

②这是一种笼统的定义,它只是粗略地反映了诸如偏差射程效果等弹道考虑。

伤亡效能 *C* 定义了大量击中目标区后每次击中的平均伤亡数。伤亡是指人员目标失去作战能力(伤或亡)。伤亡效能是每次打击的伤亡可能性的一种描述。*C* 值是基于 *OLI* 的基本假定,即目标数组是在每平方米 1 人的密度下人员站立在开阔地带,均匀分布,并且进一步假定炮弹、导弹或炸弹的分布使得击中地区内的所有目标均被击中。基于以上假设,一种武器造成的伤亡数取决于它的爆炸范围(以平方米计)。因此,*OLI* 系统中的所有 *C* 值均是由高爆炮弹、导弹或炸弹的爆炸范围决定的。如果某种高爆武器的爆炸范围已被确定,则就以此为 *C* 值。即使是点火力武器(见 *C* 段)也如此。如果不知道爆炸范围,则根据表 4-6、表 4-7 用口径进行估计。

**表 4－6　用口径估计爆炸范围 $C$**

| 口径(mm) | $C$ | 口径(mm) | $C$ |
|---|---|---|---|
| 20 | 40 | 275 | 6570 |
| 30 | 100 | 300 | 6985 |
| 40 | 170 | 325 | 7250 |
| 60 | 344 | 350 | 7500 |
| 75 | 625 | 375 | 7810 |
| 81 | 752 | 400 | 8000 |
| 90 | 985 | 450 | 8560 |
| 106 | 1485 | 500 | 9000 |
| 120 | 2002 | 550 | 9400 |
| 130 | 2437 | 600 | 9680 |
| 155 | 3594 | 650 | 9938 |
| 175 | 4375 | 700 | 10187 |
| 203 | 5000 | 800 | 10500 |
| 225 | 5560 | 900 | 10750 |
| 250 | 6125 | 1000 | 10900 |

注:①如果必须考虑其他因素,请参考表 4－3 的修正值。

②如果不知道武器的口径但可估计加权系数,则可按表 4－4 推算口径。

③对点火力武器和其他武器的伤亡效能估计经验见表 4－7。

**表 4－7　伤亡效能估计经验**

| 武器类型 | $C$ 值 |
|---|---|
| 轻武器和自动武器(口径 < 10mm) | 1.00 |
| 自动武器(10mm < 口径 < 15mm) | 2.00 |
| 无后坐力炮(口径 > 15mm) | 相同口径高爆炮弹的爆炸范围 |
| 火炮 | 相同口径高爆炮弹的爆炸范围 |
| 炸弹 | 相同口径高爆炮弹的爆炸范围 |
| 火箭 | 相同口径高爆炮弹的爆炸范围 |
| 导弹 | 相同口径高爆炮弹的爆炸范围 |

射程因子($RN$)定义了武器击中目标的有效射程。通常,射程越大,武器所覆盖的区域就越大,击中的目标就越多。射程因子是一个无量纲系统,它表示射程增加的效果并归范为 1 米,1 米是肉搏战中的最小距离。射程因子按下面公式根据历史数据得到:

$$RN = \sqrt{1 + \text{有效射程(km)}}$$

对枪炮来说,炮管内的推动力将弹药射向目标区,因此炮弹初速直接决定射程的远近。下面基于初速得到的等式是和基于枪炮的有效射程得到的原始 $RN$ 公式是一致的。

$$RN = 0.18\sqrt{0.01 \cdot \text{初始(m/s)} \cdot \text{口径(mm)}}$$

武器有效射程的确定往往是任意而不统一的,有时与最大射程相混淆。在我们的毁伤指数系统中,有效射程定义为产生最大杀伤力的最大范围。距离增大,精度下降。坦克炮的射程受坦克行驶速度的影响,为了能在炮兵火炮与坦克炮间建立一个有用的关系,除了迫击炮以外,所有火炮均按初速公式计算有效射程。火箭和导弹不存在初速问题,因此必须用有效射程公式。炸弹既没有初速又没有一个有效射程的概念,为了与其他弹药相联系,假定炸弹的初速等于飞机施放炸弹时速度的水平分量。为简单起见,将其估计成 720km/h,即 200m/s。表 4-8 用于估算射程因子。

**表 4-8　对射程因子的估计经验**

| 武器类型 | 公式 |
|---|---|
| 火炮 | 初速公式① |
| 迫击炮 | 有效射程公式 |
| 火箭 | 有效射程公式 |
| 导弹 | 有效射程公式 |
| 炸弹 | 初速公式② |

注:①如果不知初速,则用有效射程公式。

②可以取初速为 200m/s。

机动战斗平台和单件武器的 $TLI$ 的计算过程是不同的。对于单件武器,首先确定或估算 $TLI$ 的 5 个基本因子值,然后将它们相乘就得到了武器的 $TLI$ 值。但对于机动战斗平台,首先确定或估算安装在机动战斗平台上的每种武器的 5 个基本 $TLI$ 因子值,然后将它们相乘得到每种武器的 $TLI$ 值。将所有武器的 $TLI$ 值相加,就是机动战斗平台的 $TLI$ 值。

因此,得到历史上的一些武器的理论毁伤效能指数如表 4-9 所示:

表 4-9 各类武器的理论毁伤效能指数(*TLI*)

| 武器类型 | *TLI* 值 |
|---|---|
| 徒手对徒手 | 23 |
| 标枪 | 19 |
| 普通石弩 | 21 |
| 长弓 | 36 |
| 石弓 | 33 |
| 火绳枪 | 10 |
| 17 世纪滑膛枪 | 19 |
| 18 世纪燧发枪 | 43 |
| 19 世纪初来复枪 | 36 |
| 19 世纪中来复枪 | 102 |
| 19 世纪末来复枪 | 153 |
| Springfield 1903 来复枪 | 495 |
| 第一次世界大战机关枪 | 3463 |
| 第二次世界大战机关枪 | 4973 |
| 16 世纪发射 12 磅炮弹的加农炮 | 43 |
| 17 世纪发射 12 磅炮弹的加农炮 | 224 |
| 发射 12 磅炮弹的 Gribeauval 炮 | 940 |
| 法国 75 毫米炮 | 386530 |
| 155 毫米火炮 | 912428 |
| 105 毫米榴弹炮 | 657215 |
| 155 毫米“Long Tom”远程炮 | 1180681 |
| 第一次世界大战坦克 | 34636 |
| 第二次世界大战中型坦克 | 935458 |
| 第一次世界大战战斗轰炸机 | 31909 |
| 第二次世界大战战斗轰炸机 | 1245789 |
| V-2 导弹 | 3338370 |
| 2 万吨 TNT 当量空中核爆炸 | 49086000 |
| 100 万吨 TNT 当量空中核爆炸 | 695385000 |

#### 4.5.1.2 作战毁伤效能指数

杜派作战指数求解的第二步就是对理论毁伤效能指数进行一系列的修正,修正后的理论毁伤指数就是作战毁伤效能指数。

1960 年,陆军少校威廉·斯图阿特(William G.Stewart)在美国《Military Review》杂志上,发表了论文“火力、机动性和疏散之间的相互作用”。他提出了火力、机动性和疏散之间存在着某种联系。后来，杜派通过对历史上的战争数据的研究，认为这是由于随着武器装备的现代化，部队的机动性的增加和战术的改进，战斗人员在战场上的密度大大降低了。一个拥有 10 万士兵的陆军军团在历史上的典型布置情况如表 4－10 所示。而平均伤亡百分比下降的趋势（如表 4－11），是由于作战部队疏散展开趋势发展比武器威力增加更快造成的。随着武器威力的增长，队形的疏散更显著。其中最末一行是疏散因子，反比于配置密度。

**表 4－10　历史上部队的分散性**

| 历史时期 | 10 万人部队的占据面积（$km^2$） | 每个士兵的占据面积（$m^2$） |
|---|---|---|
| 古代 | 1 | 10 |
| 拿破仑时代 | 20 | 200 |
| 美国南北战争 | 26 | 260 |
| 第一次世界大战 | 250 | 500 |
| 1973 年阿以战争 | 4000 | 40000 |

**表 4－11　伤亡百分比下降趋势**

| 战争年代 | 胜者伤亡率（%） | 负者伤亡率（%） |
|---|---|---|
| 30 年战争（17 世纪上半叶） | 15 | 30 |
| 法国大革命（18 世纪末） | 9 | 16 |
| 拿破仑战争（1812） | 15 | 20 |
| 墨西哥战争 | 8 | 15 |
| 美国国内战争（1861—1865） | 12 | 16 |
| 第一次世界大战 | 3～5 | 4～7 |
| 第二次世界大战 | 1～2 | 2～3 |
| 1973 年中东战争 | 1～2 | 2～3 |

据此，杜派把斯图阿特的研究推进了一步，提出需要把一个疏散因子应用到 *TLI* 中，来确定现代武器实际的作战毁伤效能指数。这种经过修改的 *TLI* 值，代表了给定作战方式所规定的疏散形式下武器的潜在作战效能，称为 Operational Lethality Index 或 OLI（作战毁伤效能指数）。

杜派提出，为了确定武器的实际作战毁伤效能 *OLI*，需要将 *TLI* 值除以疏散因子，它真正代表的是武器效能的“靶场”值，表示在武器得到最有效使用的理想条件下，每种武器的最大毁伤效能。杜派提出的疏散因子的值如表 4－12 所示。

**表 4－12　散因子（*DI*）**

| 历史时期 | 疏散因子 |
| --- | --- |
| 古代 | 1 |
| 拿破仑时代 | 20 |
| 美国南北战争 | 25 |
| 第一次世界大战 | 250 |
| 第二次世界大战 | 3000 |
| 20 世 70 年代 | 4000 |
| 20 世 80—90 年代 | 5000 |

对于有些武器，还具有一些特殊的性质和应用环境，如机动性能等，会影响武器的射击作战毁伤系数，需要进一步的调整。这些特殊的性能包括自行机动特性、多管特性、多药特性和舰载特性。对于有影响效能的特殊性能的武器，应首先计算理论毁伤效能指数 *TLI* 值，然后除以相应的疏散因子得到 *OLI* 初值，再用武器的性能因子对 *TLI* 初值进行调整。这些特殊的武器性能因子包括自行因子、多管因子、多药因子和舰载因子。

标准自行火炮和安装在车辆上的防空武器通常具备穿越乡野的机动性，有时被覆以轻装甲。自行武器在正常情况下被用来向目标发射直接火力，同突击炮和坦克杀伤武器有差别，后两者均是战车类武器。自行式武器比便携式或牵引式武器的机动性能要强得多。例如，在敌方火力下自行炮的转移能力使其生存能力较牵引式炮增大很多，这时可以乘以 1.05 的自行因子。另外，如果为操作人员提供了装甲保护，自行式武器的性能会进一步增加。这时，乘的自行因子 *SPF* 为 1.10。

多管武器连发或齐射时爆炸区域的相互覆盖。由于这种覆盖或集束效果，所有炮管的总杀伤力比每个炮管单独计算再简单累加的杀伤力小。所以对于多管武器，如果可能，在计算 *TLI* 值时，应使用靶场试验得到的多管武器轰击区域的实际值来计算它的 *TLI* 值。否则，应先计算单管武器的 *OLI* 值，然后用表 4－13 给出的 *MBF* 因子值进行调整。*MBF* 因子应用于具有一个以上炮管的武器，几乎同时向同一目标区域开火的情况。在一些情况下，单件武器的集体发射和机动武器平台也应适当地考虑这个因子。

**表 4-13　多管因子(*MBF*)**

| 管数 | 因子值 | 管数 | 因子值 |
|---|---|---|---|
| 1 | 1.00 | 14 | 3.63 |
| 2 | 1.50 | 15 | 3.73 |
| 3 | 1.83 | 16 | 3.82 |
| 4 | 2.08 | 17 | 3.90 |
| 5 | 2.28 | 18 | 3.97 |
| 6 | 2.47 | 19 | 4.03 |
| 7 | 2.65 | 20 | 4.08 |
| 8 | 2.82 | 21 | 4.12 |
| 9 | 2.98 | 22 | 4.15 |
| 10 | 3.13 | 23 | 4.17 |
| 11 | 3.27 | 24 | 4.18 |
| 12 | 3.40 | >24 | 4.18 |
| 13 | 3.52 | | |

使用半固定或分填式弹药的炮兵炮、防空炮和海军舰艇,其中弹药可能有几种不同类型的助推火药。武器可以通过改变装药量来改变助推火药的强度,这就增加了武器在射程和弹头选择上的灵活性。一般来说,具备三种以上弹药,武器的性能就会增加,对这种增加的计算是将 *OLI* 的初始值乘以 1.05 的因子值。

舰载火炮对陆地上目标较难观测、控制和发射。因此从舰上提供的海军炮火支援效果比陆上炮兵的支援相对要小。所以在考虑海军炮火用作支援炮兵时,应乘以舰载因子 0.8。

机动战斗平台的杀伤力比单件武器要大得多,因为它们可以在战场四处移动,捕获更多的目标。所有现代武器(除了刺刀以外)都是在距离目标很远的地方通过发射投掷物来击毁目标的。在计算 *OLI* 公式中,这种灵活性是用在计算 *TLI* 中加进射程因子来表达的。机动战斗平台执行任务或出击的典型情况是从一个作战基地出动,运动到目标区域的附近,然后在武器的射程范围内对目标进行杀伤。与此同时,机动战斗平台有一个自己的"射程",它由机动战斗平台的速度以及机动战斗平台在不返回基地重新加油和补充的情况下所能到达的距离决定。这个机动战斗平台的附加的"射程"能力是由两个机动战斗平台因子表示的。考虑两种机动战斗平台因子:战场机动性因子和活动半径因子。根据速度和活动半径将机动战斗平台分为三类:战斗车辆、战斗直升机和战斗飞机。

机动战斗平台的 *OLI* 是这样得到的:先计算机动战斗平台上所有单件武器的 *TLI* 值,随后将这些 *TLI* 值相加并除以疏散因子,最后用武器使用性能因子进行调整。分别从速度和范围两方面对战车、战斗直升机和战斗飞机进行调整。

战场机动因子(*BMF*)由下列公式定义:

$$BMF = 0.15\sqrt{\text{作战速度(km/h)}}。$$

*BMF* 表达了战车、直升机或飞机到达、或穿越战场的能力。它是机动战斗平台作战

速度平方根的一个函数。当机动战斗平台的作战速度为 40km/h，其 *BMF* 值为1.00。作战速度是指机动战斗平台从基地向目标区移动时的正常速度，而不是最高速度或攻击速度。机动战斗平台的作战速度大于 40km/h，就要增加它的原始 *OLI* 值。

活动半径因子（*RAF*）由下列公式定义：

$$RAF = 0.15\sqrt{\text{作战半径(km)}}$$

*RAF* 表达了机动战斗平台为一次战斗任务在不返回基地补充燃料或供给情况下游弋于战场的活动能力。该因子值是作战半径平方根的函数。当机动战斗平台的作战半径为 50km 时，其 *RAF* 值为 1.00。作战半径是指机动战斗平台在不得不返回基地补充燃料前所走的单程距离，或（对直升机或飞机）油量减小到承载装备所容许限重量时机动战斗平台所走的距离。机动战斗平台的作战半径大于 50km，其 *OLI* 值就要增加。

用于三种机动战斗平台因子中的每一类的特定武器使用性能因子列于表 4－14。

**表 4－14　机动战斗平台使用性能因子**

| | | |
|---|---|---|
| 战斗车辆 | 车辆打击因子 | *VPF* |
| | 车辆补充因子 | *VSF* |
| | 车辆攻击因子 | *VAF* |
| | 车辆运行因子 | *VMF* |
| 战斗直升机 | 直升机易损性因子 | *HVF* |
| 战斗飞机 | 飞机进攻因子 | *AAF* |
| | 飞机易损性因子 | *AVF* |

战车打击因子（*VPF*）表达战车承受打击后仍有发射火力的能力。决定战车承受打击能力的主要特性是它的重量，它是战车装甲强度与厚度的直接表示。装甲越多，车的重量越大。战车重量为 20 吨时，其 *VPF* 值为 1.00。表 4－15 所列的因子值对于使用标准装甲的车辆有效。根据表 4－15 可得 *VPF* 的值。用户在打分时，应根据战车的重量得到 *VPF* 值。配备改进装甲或主动反应装甲的战车，相应的 *VPF* 值应增加 10%。

**表 4－15　战车打击因子（*VPF*）**

| 战车重量（吨） | 标准装甲因子值 |
|---|---|
| 60 或更大 | 1.30 |
| 50 | 1.25 |
| 40 | 1.20 |
| 30 | 1.10 |
| 20 | 1.00 |
| 10 | 0.85 |
| 5 | 0.70 |
| 2 或更小 | 0.50 |

战车供应因子（*VSF*）表达战车由于在战斗中需补充物资而造成的杀伤能力的限制。战车不可能带足 1 小时射击所需的全部弹药。战车携带的弹药基数和补充弹药所需的时间决定了其杀伤能力。假定弹药的补充由战斗辎重部队完成，而且只有弹药的补充操作才造成射击的拖延。战车使用基数进行射击，弹药用完后，只有在补充完毕时才能再开始射击。虽然 *VSF* 最初是用于战车的，但它对其他所有武器也适用，这些武器在补充弹药期间不能做射击操作。假定一辆战车的补充时间是 10min，*VSF* 的基本关系如下：

*VSF* = 射击时间/总时间

射击时间 = 60 × 基数/*RF*（min）

补充时间 = 10min

总时间 = 射击时间 + 补充时间

战车攻击因子（*VAF*）表达战车发现目标，将武器瞄准目标、测量距离、开火、观察打击效果、调整瞄准后重新开火这一系列动作的执行速率。战车战斗和生存能力取决于对敌人的第一次打击和/或进行第二次射击。这些取决于目标瞄准系统、液压传动系统、测距仪和重装、重填能力，对运动目标的射击能力是非常需要的。M60A1 坦克的 *VAF* 定为 1.00。其他武器的因子值则由分析人员依据武器的火控系统特性进行判定。

战车运动因子（*VMF*）描述了影响战车在战场上穿行能力的两个特性：摩擦效能和两栖效能。无两栖能力的全履带式战车的 *VMF* 值为 1.00。表 4 - 16 是 *VMF* 值表。

**表 4 - 16　战车运动因子（*VMF*）**

| 摩擦类型 | | 无 | | 两栖能力<br>通气管式 | | 全潜式 |
|---|---|---|---|---|---|---|
| 全履带式 | 1 | | 1.05 | | 1.1 | |
| 半履带式 | 0.95 | | 1 | | 1.05 | |
| 车轮式 | 0.9 | | 0.95 | | 1 | |

当机动战斗平台的 *TLI* 计算值小于单一武器的理论值时，机动战斗平台 *TLI* 值自动取为单件武器值。

直升机易损性（*HVF*）表述战斗直升机对敌方地面火力和战斗飞机的固有易损性。直升机比战斗飞机速度慢，盘旋能力也较差，这很易于受到火器攻击，因此直升机相对而言是一个较易受攻击的目标，直升机的易损性取决于直升机在目标地区上空机动飞行速度。*HVF* 的因子值见表 4 - 17。

表 4－17　直升机易损性因子(*HVF*)

| 攻击速度(km/h) | 因子值 |
|---|---|
| 400 | 0.80 |
| 300 | 0.75 |
| 200 | 0.70 |
| 小于 200 | 0.65 |

飞机攻击因子(*AAF*)描述了战斗飞机执行近距离空中支援任务的能力。这种能力是飞机攻击地面目标时速度的函数,这种飞机攻击速度的优化值为 500～600km/h。飞机在这个速度范围内攻击地面目标的效果要比不具备这种减速或加速性能的飞机攻击效果大很多。飞行员利用飞机的这个特性减速或加速,执行近距离的空中支援,它决定了飞机的近距离空中支援的相对值。*AAF* 的值在表 4－18 中给出。

飞机易损性因子(*AVF*)描述战斗飞机执行近距离空中支援任务时受到攻击后的生存能力。飞机易损性取决于飞机的灵活性和飞机配备的电子战能力。近距离空中支援常常要求飞机携带大量的外挂弹药,这就降低了飞机的灵活性。将 *F*－16 飞机的 *AVF* 设为 1.00,其他飞机的易损性是由分析人员对应 *F*－16 飞机判定得出,例如,*F*－4 为 1.1,*F*－10 为 0.90。

表 4－18　飞机攻击因子(*AAF*)

| 攻击速度(km/h) | 因子值 |
|---|---|
| 大于 700 | 0.80 |
| 600～700 | 0.90 |
| 500～600 | 1.00 |
| 400～500 | 0.90 |
| 300～400 | 0.80 |
| 小于 200 | 0.60 |

杜派计算了交战双方在 Salerno、Volturno、Anzio 和罗马战役中使用的德国、英国和美国武器的 *OLI* 值。第二次世界大战中曾在炮兵、步兵、装甲兵、陆军航空队和海军陆战队服役的一组退休军官,对这 10 个月意大利战争各种环境下战斗变数的效应,提供了假设数值,然后试图用多种方法把这些可变的数值应用到交战双方的武器清单中。对从参战的美国、英国和德国部队的详细记录辨识和整理了这些可变的因素。杜派提供了两个基本的美军坦克师和 20 世纪 80 年代前苏联合成军的 *OLI* 值,如表 4－19 所示。

表 4-19　美军装甲师的 OLI 值

| 组　成 | 数　量 | OLI 值 |
|---|---|---|
| 人员 | 15 949 | |
| M16 来复枪 | 14731 | 5072 |
| 口径 11.4 毫米手枪 | 2007 | 60 |
| 口径 11.4 毫米冲锋枪 | 951 | 238 |
| M203 枪榴弹发射装置 | 909 | 7272 |
| M60 型 7.6 毫米机枪 | 702 | 913 |
| M2 型 12.7 毫米口径机枪 | 362 | 941 |
| 81 毫米自行迫击炮 | 45 | 3240 |
| 107 毫米自行迫击炮 | 71 | 5394 |
| M113 装甲运兵车 | 580 | 7908 |
| 中型反坦克导弹 | 138 | 15870 |
| “陶”式反坦克导弹 | 90 | 19260 |
| M72 轻型反坦克武器发射器 | 900 | 11700 |
| M110 型 203 毫米自行榴弹炮 | 12 | 2484 |
| M109A1 型 155 毫米自行榴弹炮 | 54 | 10746 |
| “火神”自动数据获取加农炮 | 24 | 7416 |
| “小獬树”地空导弹 | 24 | 2976 |
| “红眼”地空导弹 | 432 | 28512 |
| M60 型坦克(A1 型和 A2 型) | 324 | 296460 |
| M551 武装搜索车 | 54 | 28 026 |
| Ah-IG 直升机 | 9 | 2763 |
| 总计 | | 457 251 |

#### 4.5.1.3　杜派作战指数评价

杜派的经验作战指数法没有考虑各种不同的武器对抗时的各自的降服关系。把所有武器的效能都参照对人员的毁伤是不合适的。所以后来很多人都在这方面进行进一步研究,不再以毁伤敌方战斗人员为衡量作战能力的高低,而是按照毁伤某一种作战单元的作战能力(人员、武器或者其组合)计算毁伤指数,然后进行修正,然而这种深入性研究还是没有考虑各种武器(作战力量)之间的制约关系、降服关系,这些指数不能用来作为求解整个作战系统的最优火力分配策略。另一方面杜派的经验作战指数完全基于杜派研究的主观经验,许多修正参数其他研究者难以准确确定,使用不方便。但这方面的研究却是很有价值的,尤其是单兵种对单兵种作战时的作战指数的研究,是多兵种对多兵种作战指数研究的基础。

## 4.5.2 幂指数法

徐瑞恩等提出了计算武器装备效能指数的幂函数方法，幂指数法把武器的效能看作是武器各个技术性能指标的函数，它本质上也是基于经验的方法，和杜派的方法相比主要改进的地方是：对经验统计的依赖程度比较低，使用方便。

武器系统效能指数的幂指数法基本假设：武器的效能和它的各项技术性能指标之间存在某种数量关系。即把武器的效能当作其技术性能的函数，用向量 $X=(x_1,x_2,\cdots,x_k)$ 表示某项武器的 $k$ 项性能指标，用 $Q$ 表示该武器的作战效能，则有：$Q=F(X)$。

$F(X)$应该满足以下公设：

**1.度量的一致性要求**

由于武器系统的性能是由多种指标组成的，有不同的量纲，而效能指数是一个无量纲的值，需要一个度量的一致性指标，例如，如果在某个度量单位下计算出来的武器系统效能增加了30%，则在另一个度量单位下计算出来的效能指数值也应该增加30%，用数学语言描述如下：

设 $\Omega_1,\Omega_2$ 是武器系统的两个 $k$ 维线性度量空间，且有 $k$ 维正向量 $E=(\varepsilon_1,\varepsilon_2,\cdots,\varepsilon_k)$，满足 $\Omega_2=E\Omega_1$。$X=(x_1,x_2,\cdots,x_k)$和 $X^*=(x_1^*,x_2^*,\cdots,x_k^*)$是该武器系统在度量空间 $\Omega_1$ 上的两个不同的性能指标，$Y=(y_1,y_2,\cdots,y_k)=(\varepsilon_1x_1,\varepsilon_2x_2,\cdots,\varepsilon_kx_k)$和 $Y^*=(y_1^*,y_2^*,\cdots,y_k^*)=(\varepsilon_1x_1^*,\varepsilon_2x_2^*,\cdots,\varepsilon_3x_k^*)$是该武器系统在度量空间 $\Omega_2$ 上的两个不同的性能指标。则满足

$$\frac{F(X)}{F(X^*)}=\frac{F(Y)}{F(Y^*)}$$

**2.连续性假设**

武器系统效能指数的变化是随武器性能变化而连续变化的，$F(X)$是连续函数，而且武器性能改进则效能指数增加，$F(X)$是增函数，而且可微。

**3.边际效益递减假设**

显然武器的效能不能无限地增加，随着武器性能的增加，武器效能指数增加速度越来越小，在数学上表达为：$F(X)-F(X^*)\leqslant \mathrm{d}F(X)(X-X^*)$。

**定理 4.5.1** 符合上述三大假设的 $F(X)$是指数函数，$F(X)$具体形式为

$$F(X)=\mu\times x_1^{w_1}\times x_2^{w_2}\times\cdots\times x_k^{w_2}$$

其中

$$w_i\leqslant 1$$

$$\sum_{i=1}^{k}w_i=1$$

$\mu$ 是一个武器系统效能指数的量级的调整参数，由于效能指数是无量纲的相对值，在单独讨论某种武器的效能指数时，它并没有明显的意义，此时为了简单起见可以令 $\mu=1$。

幂指数 $w_i$ 被称为武器系统的第 $i$ 项性能指标在武器效能指数中的“权重”，反应了武器系统的第 $i$ 项性能指标对该武器系统效能指数的贡献。定理4.5.1的证明可以参考徐学文和王寿云的“现代作战模拟”。

由定理4.5.1可知，计算武器系统效能指数的关键在于确定 $F(X)$ 中的幂指数，而幂指数是一种“权重”，因此可以借鉴以权重确定的方法确定幂指数，最常用的方式有AHP法，最小二乘法等。

用幂指数法构造武器系统效能指数的一般步骤如下：

(1)分析并找出影响武器作战能力的基本性能参数；

(2)对基本性能参数，用两两比较法确定他们的相对重要性，得到性能参数相对重要性的判断矩阵；

(3)检验判断矩阵的相容性，如果达不到相容性要求，重做(2)；

(4)根据判断矩阵求解幂指数，确定幂函数。

**例** 4.8　防空导弹的主要性能指标有射程、最大速度、可用过载、射高、反应时间和制导能力，分别用 $x_1, x_2, \cdots, x_6$ 表示，各个性能指标两两比较的判断矩阵为

$$\begin{bmatrix} 1 & 3 & 5 & 4 & 2 & 1/2 \\ 1/3 & 1 & 1/3 & 1/2 & 1/6 & 1/7 \\ 1/5 & 3 & 1 & 2 & 1/9 & 1/6 \\ 1/4 & 2 & 1/2 & 1 & 1/8 & 1/8 \\ 1/2 & 6 & 9 & 9 & 1 & 1 \\ 2 & 7 & 6 & 8 & 1 & 1 \end{bmatrix}$$

根据判断矩阵可以获取

$$W = (w_1, w_2, \cdots, w_6) = (0.259, 0.033, 0.043, 0.043, 0.257, 0.363)$$

所以防空导弹的作战效能指数公式为

$$I_m = x_1^{0.259} x_2^{0.033} x_3^{0.043} x_4^{0.043} x_5^{0.257} x_6^{0.362}$$

## 4.5.3　基于Lanchester方程的作战指数

美国退役陆军上校Duppy引入“作战指数”的概念，Dupuy把武器的杀伤能力定义为“the inherent capability of a given weapon to kill personal, in a given period of time”，翻译成中文，即“一件武器在给定时间内杀伤对方人员的固有能力”。这个定义存在两个问题。首先，因为在攻击不同类型的目标时，各类作战单位发挥的效能可以大不一样。攻击一类目标时，这种作战单位的相对作战指数可能较低，而在攻击另一类目标时，这种作战单位的相对作战指数可能很高。也正是这个原因造成了火力分配战术运用的千变万化。而Duppy选用“人”作为攻击目标过于特殊，缺乏一般性和实用性。同时，Duppy的方法只考虑了作战单位的攻击效果，没有考虑到作战单位的生存能力，即在敌火力攻击下免遭杀伤的能力。而生存能力对于作战效能的发挥也是至关重要的因素。

如果考虑到对于各种不同攻击目标作战效能以及生存能力的综合评价，也许会使相对作战指数的确定更为合理。综合评价的简单方法有加权平均等。但这样的方法在权值

确定时如何尽量避免人为因素,这就是重要的问题。一种比较科学的方法就是将各类作战单位统一放到作战环境中去,从它们相互之间的攻击效果来综合评定。多兵种作战的 Lanchester 方程恰好提供了这种可能。沙基昌教授在《数理战术学》中分析了多兵种交战中的作战指数的求解方法。

下面回到多兵种 Lanchester 方程(4-17),记

$$G = A * \Phi \qquad H = B * \Psi$$

则式(4-17)可改写为

$$\begin{cases} \dot{x} = -Hy \\ \dot{y} = -Gx \end{cases} \tag{4-60}$$

**定理** 4.5.2 设 $\lambda^2(\lambda>0)$是矩阵 $GH$ 与 $HG$ 的特征值,$u^{\mathrm{T}}>0$ 为 $HG$ 关于$\lambda$ 的左特征向量,$v^{\mathrm{T}}=\frac{1}{\lambda}u^{\mathrm{T}}H$,

$$\begin{cases} U = u^{\mathrm{T}}x \\ V = v^{\mathrm{T}}y \end{cases} \tag{4-61}$$

则 $X,Y$ 满足微分方程

$$\begin{cases} \dot{U} = -\lambda V \\ \dot{V} = -\lambda U \end{cases} \tag{4-62}$$

**定理** 4.5.3 对于多兵种 Lanchester 方程(4-17),通常矩阵 $HG$ 与 $GH$ 有相同的正特征值$\lambda^2(\lambda>0)$,与此相应的 $HG$ 与 $GH$ 的左特征向量 $u^{\mathrm{T}}=(u_1,u_2,\cdots,u_m)$与 $v^{\mathrm{T}}=(v_1,v_2,\cdots,v_n)$均为正向量。且它们满足

$$\begin{cases} v^{\mathrm{T}} = \frac{1}{\lambda}u^{T}H \\ u^{\mathrm{T}} = \frac{1}{\lambda}v^{\mathrm{T}}G \end{cases} \tag{4-63}$$

双方的总作战指数 $U=u^{\mathrm{T}}x$ 与 $V=v^{\mathrm{T}}y$ 满足作战指数的 Lanchester 方程。

定理 4.5.2 和 4.5.3 的证明可以参考《数理战术学》。

**例** 4.9 设甲方只有一类作战单位,乙方有二类作战单位,双方的毁伤系数矩阵为

$$A=\begin{bmatrix}1\\7\end{bmatrix},\qquad B=[1\quad 7]$$

双方实力向量初值为

$$x_1(0)=200,\qquad y_1(0)=100,\qquad y_2(0)=100$$

从 $Y_1$ 与 $X_1$ 单独交战来看,100 个 $Y_1$ 类作战单位恰好与 100 个 $X_1$ 类作战单位打成平局。同时,100 个 $Y_2$ 类作战单位恰好与另 100 个 $X_1$ 类作战单位打成平局。因此,似乎在这种战斗格局下,甲、乙双方应打成平局。实际是否如此呢?下面我们来分析这一情况,我们将会发现结局严重地依赖于火力分配矩阵。

(1)如果甲方分配一半的力量用于攻击 $Y_1$,另一半力量用于攻击 $Y_2$,即令

$$\Phi=\begin{pmatrix}1/2\\1/2\end{pmatrix}$$

同时,假定乙方二类作战单位均全力以赴攻击甲方,即

$$\Psi=[1\quad 1]$$

于是

$$G=A*\Phi=\begin{bmatrix}1/2\\7/2\end{bmatrix}$$

$$H=B*\Psi=[1\quad 7]$$

$$HG=\left[\frac{1}{2}+\frac{49}{2}\right]=[25]$$

其特征值为

$$\lambda^2=25$$

即 $\lambda=5$。令 $u=(1)$,则

$$v^{\mathrm{T}}=\frac{1}{\lambda}u^TH=\frac{1}{5}\times(1)\times[1\quad 7]=(1/5,7/5)$$

于是

$$\begin{cases}U(0)=u^{\mathrm{T}}x(0)=(1)(200)=200\\V(0)=v^{\mathrm{T}}y(0)=(1/5,7/5)\times\begin{pmatrix}100\\100\end{pmatrix}=160\end{cases}$$

因此

$$U(0)>V(0)$$

从作战指数来看,甲方占有优势。根据 Lanchester 方程推算,且当将乙方第一类作战单位 $Y_1$ 全部消灭时,甲方剩余实力为$\frac{600}{7}$。这一结论与双方总作战指数的对比是相吻合的。

(2) 如果甲方采用另外的火力分配策略,取

$$\Phi=\begin{bmatrix}0\\1\end{bmatrix}$$

即甲方首先集中力量攻击乙方第二类作战单位,而乙方仍取

$$\Psi=[1\quad 1]$$

则

$$G=A*\Phi=\begin{bmatrix}0\\7\end{bmatrix}$$

$$H=B*\Psi=[1\quad 7]$$

$$HG=[49]$$

其特征值为

$$\lambda^2=49$$

即 $\lambda=7$。令 $u=(1)$,则

$$v^{\mathrm{T}}=\frac{1}{\lambda}u^{\mathrm{T}}H=(1/7,1)$$

于是

$$\begin{cases} U(0) = u^{\mathrm{T}} x(0) = 200 \\ V(0) = v^{\mathrm{T}} y(0) = (1/7,1) \times \begin{pmatrix} 100 \\ 100 \end{pmatrix} = \dfrac{800}{7} \end{cases}$$

我们看到，甲、乙双方的总作战指数初始值相差更为悬殊了，按照 Lanchester 方程的推算，且当将乙方第一类作战单位 $Y_1$ 全部消灭时甲方剩余实力为。

# 习题四

1. 简述运用 Lanchester 方程、随机格斗模型和马尔科夫模型描述作战行动的异同？

2. Lanchester 线性律和平方律各自适合描述的战争特点是什么？

3. 在一对一的古代战争的条件下，蓝军的兵力总数为 1000，红军的兵力总数为 800，蓝军被红军消耗的不变速率为 30，红军被蓝军消耗的不变速率为 20，求：

(1)在红军还剩 400 的时候，蓝军还有多少兵力？

(2)哪一方会获胜，获胜的一方还会剩多少兵力？

4. 在集中兵力的条件下，蓝军兵力的总数为 1000，红军的兵力总数为 800，蓝军被红军消耗的不变速率为 30，红军被蓝军消耗的不变速率为 20，求：

(1)在红军还剩 400 的时候，蓝军好有多少兵力？

(2)哪一方会获胜，获胜的一方还会剩多少兵力？

5. 由四架无人机遭到三次连续的防空火力的攻击，飞机编队（系统 $S$）的可能状态是 $S_1, S_2, S_3, S_4, S_5$，这五个状态表示的含义分别为：所有的飞机都没有被击落、一架飞机被击落、2 架飞机被击落、3 架飞机被击落、4 架飞机全被击落，一步转移矩阵可以表示为

$$(p_{ij}) = \begin{Bmatrix} 0.35 & 0.3 & 0.20 & 0.10 & 0.05 \\ 0 & 0.4 & 0.25 & 0.25 & 0.10 \\ 0 & 0 & 0.45 & 0.40 & 0.15 \\ 0 & 0 & 0 & 0.40 & 0.60 \\ 0 & 0 & 0 & 0 & 1 \end{Bmatrix}$$

试求三次突击后飞机编队状态的概率？

6. 请简述随机格斗模型中的平局条件？与 Lanchester 平方律中的平局条件的关系是什么？

7. 请简述三类作战指数求解方法的优缺点？及其适用条件？

8. 请叙述基于 Lanchester 方程作战指数的求解方法？

# 第 5 章　决策优化基础

决策问题普遍存在于人类的社会活动之中，大到国家战略的制定和规划、政策方针的制定，小到军人个人日常用品的采购、部队行军路线制定等，都需要进行决策。可以说，决策普遍存在于政治、军事、经济、科技、文化等社会的各个领域。

从决策的发展历史来看，大致可以划分为三个阶段。第一阶段是经验决策阶段，决策者主要依据自身的经验，即根据自己曾经亲身经历过的情况或听到的、见到的类似的情况所得到的知识，对决策的对象进行判断和分析，进而做出决定。第二阶段是知识决策阶段，辅助决策者在决策的过程中发挥重大的作用，这些辅助决策者本身并不能对决策问题进行决定，却可以对决策者施加影响，从而影响问题的结果。在古代，这些人是谋士、幕僚等，军事上为参谋，近现代则把这样的人或集团称为智囊团。第三阶段是科学决策阶段，决策工作是通过一套比较规范化的机制、程序和方法做出的，一些重大问题的决策通常是由信息系统、智囊系统和决策系统三部分共同完成的。由此逐渐形成了一门新兴科学——决策科学。

决策科学研究的内容很广泛，包括决策思想、决策理论原理、决策方法和决策支持环境等。对不同的领域来说，研究决策问题的具体内容有所不同。例如，在作战指挥领域，决策既包括定向决心，也包括制定作战方案。在作战中，一切指挥要素都必须以决心作为依据和出发点，决心错了，将付出高昂的代价。此外，在具体实现决心的过程，比如拟制作战计划、部署兵力兵器、任务分工和协同动作等全过程中，也都离不开决策。

随着决策问题的日益复杂，人们逐步认识到单纯依靠直觉的定性思维或者纯粹的数学定量分析方法都远不能满足实际问题的决策需要，定量分析和定性分析的手段必须结合起来才能有效地解决问题。同样，人们也认识到在实际中追求最优或最佳决策是不现实的，很多情况下只能得到问题的满意解。自从 1939 年统计决策理论和方法诞生以来，到 20 世纪 60 年代，涌现了许多决策问题的科学分析方法，它们在决策领域中得到了广泛的应用。

# 5.1 概 述

## 5.1.1 基本概念

关于决策的概念，不同的人有不同的说法，争论很多。目前，世界上比较流行的看法有两种：一种是由现代管理科学创始人之一、世界著名经济学家赫·阿·西蒙（H.A.Simon）提出的“管理就是决策”；另一种是由中国社会科学副院长、著名学者于光远提出的“决策就是作决定”。这两种不同的定义，从不同角度深刻揭示了决策的基本内容。

从军事上来说，“指挥”作为行为或者工作，其最核心的内容就是“分析情况，定下决心”——也就是“决策”。这一项工作是指挥员的工作，因此指挥员是行为的主体，但同时也是整个指挥机构和指挥系统的主要工作之一。由于指挥的中心工作是分析判断情况、定下决心——也就是进行决策，那么决策的核心内容是什么呢。在实际作战的指挥中，是需要有多方面的决策。如部队机动决策（日本袭击珍珠港选择北航线、美机空袭利比亚选择经直布罗托海峡和地中海）、战场选择决策（平型关大捷选择平型关、仁川登陆）、时间选择（诺曼底登陆、赤壁之战、第四次中东战争、仁川登陆）、后勤保障决策等，这些决策最终产生的是关系兵力兵器的运用方法，它是决策的核心，决策是一个指挥员和指挥机构的行为过程，也是谋略的表现形式，兵力兵器运用的“谋略”，才是决策的内涵与核心，这样就把两者从根本上区别开来。

我们形容某一类指挥员行动鲁莽时用“有勇无谋”，也形容另一类指挥员“技高一筹”，并不是说前者没有决策，而后者进行了决策，而是说前者的决策水平远不如后者高明罢了。因此，“谋略”是指挥行为的特点之一。

决策作为一个过程，通常是通过调查研究，在了解客观实际和预测今后发展的基础上，明确提出各种可供选择的方案，以及各种方案的效应，然后从中选定某个最优方案。整个过程分为下列程序：

(1)明确问题

根据提出的问题，找出症结点，明确对问题的认识。

(2)确定目标

目标是决策所要达到的结果。如果目标不明确，往往会造成决策失误。当有多个目标时应分清主次，统筹兼顾。明确目标时，要注意目标的先进性与可靠性。

(3)制订方案

确定目标后，应对状态进行分析，收集信息，建立模型，提出实现目标的各种可行方案。如果只提一个方案，就无从选择，也就谈不上决策了。

(4)方案评估

对各种方案的效果进行评价，尽可能通过科学计算，用数量分析的方法比较其优劣和得失。

(5)选择方案

决策者从总体角度对各种方案的目的性、可行性和时效性进行综合的系统分析,选取使目标最优的方案。

(6)组织实施

为了保证最优方案的实施,需要制定实施措施,落实执行单位,明确具体责任。

(7)反馈调整

在决策实施过程中可能会产生这样或那样偏离目标的情况,因此必须及时收集决策执行中的信息,分析既定决策是否可以实现预定目标。

## 5.1.2　决策问题的要素

这里,讨论诸葛亮“草船借箭”的故事:曹操大军逼近江东之时,孙权与刘备形成同盟,诸葛亮只身出访江东,并协助孙权的大将周瑜对曹军作战,周瑜忌诸葛亮之才,欲除之而后快,于是命令诸葛亮于 10 日内提供 10 万只箭(后来诸葛亮自己提出只要 3 天),若不能按时完成,将对诸葛亮按军法从事。此时,诸葛亮有几种选择:

(1)准备充足的材料(箭竹、翎毛、胶漆等)和召集足够的工匠,日夜赶工造箭。但诸葛亮身在江东,并不在自己的大本营中,而若向周瑜索要这些物品,必遭拖延而不能按时完工。

(2)诸葛亮观天象得知三天后江面必起大雾,趁着雾起之时,向曹操大张旗鼓地发起佯攻。由于敌情不明,曹操必然不敢贸然出战迎敌而使用弓箭防御,这样诸葛亮便可轻易获得大量箭只。但该方案严重依赖于天气,若判断失误,则不仅不能取到箭只,还可能会被曹操生擒活捉。

(3)诸葛亮可以赶紧向自己的主公刘备求救,请刘备运来十万只箭,但首先刘备处是否有足够的箭,其次要派人向刘备传递消息以及箭只准备和运送都要花不少时间。更何况这样一来,刘备的军事实力必然因此受到削弱,因此这种方案不在诸葛亮的考虑之列。

(4)坐以待毙。

通过这个例子,可以看到,一个决策问题是由三个方面来表达的。第一方面是决策者(诸葛亮)可能采取的措施——称为行动。第二方面是决策者不能确定的事实——称为状态(例如江面起大雾),这些状态中哪一个出现,与决策者将要采取的行动无关(虽然采取不同的行动,要考察的状态也不同,但这些状态的出现并不以决策者的意志为转移),但这些状态将对决策者所采取行动的后果将产生影响。第三方面是由行动和状态共同决定的结果。我们将由状态空间 $\Theta$、行动空间 $A$ 和结果空间 $X$ 组成的三元总体 $G=\{\Theta,A,X\}$,称为决策域。

假设决策者在某一时刻具有可供选择的一系列行动(也称方案)$a_1,a_2,\cdots,a_m$ 的集合

$$A=\{a_1,a_2,\cdots,a_m\}$$

称为行动空间,它是决策域中受决策者影响的部分。当然,这个空间也可以由无数多个行动组成。

对于行动空间有两个要求:

(1)决策者必须采取行动空间中的一个行动。这就是说,行动空间必须把决策者根据已知信息可能设想的全部行动包括在内,没有遗漏。不采取任何行动的方案也应列为所考虑的行动之一。

(2)决策者只能实行行动空间中的一个行动,不能同时实行两个行动。这就是说,每一行动都排斥所有其他的行动。

一般说来,决策者不能对各个行动直接估计出它们的结果,他首先必须知道关于环境的信息,这些环境因素影响行动的结果。其本身则不依赖于决策者的行动。一切可以想象到的重要环境因素的综合叫做状态,也称为环境。每一种状态代表一切重要的环境数据,比如生产结构、市场结构、国民经济政策、资金来源、可能出现的竞争等综合。

所有重要的环境状态 $\theta_1,\theta_2,\cdots,\theta_n$ 的集合

$$\theta=\{\theta_1,\theta_2,\cdots,\theta_n\}$$

称为状态空间。当然,状态空间也可以是连续的、无限的。

在一个决策模型中把环境的哪些因素作为重要的数据看待,要由当时的决策局势而定。例如,在决定接受或拒绝一批采购的货物时,疵料的比例是重要的环境数据。又如,为了增加利润而决定推销政策和价格政策的措施时,市场的最大销售量、推销的有效性、需求和价格的关系、生产费用函数的构成等,是重要的环境数据。

在模型中怎样把重要的环境数据综合起来作为环境状态看待,同样取决于决策的局势。对于接受或拒绝一批货物,只要知道疵料的比例超过或不超过一定比例(例如5%)就够了。这样,状态空间只包括两种重要的状态 $\theta_1$(疵料的比例超过5%)和 $\theta_2$(疵料的比例不超过5%)。对于决定推销政策和价格政策的情况,出于需求函数和生产费用函数两者的参数在一定的范围内可以采取任意的数值,因此状态空间包括无限多的状态。

在一般的决策问题中,为了使求解过程不至于太复杂,通常在决策前尽量减少状态的数目,即将不重要的状态去掉。如果估计某一状态出现的可能性非常小,小到微不足道,则可以认为这一状态是不重要的,可以将它排除出状态空间。另外,如果每一个行动在不同的两个状态的影响下都取得相同的结果,则这两个状态可以视为一个状态。

一般的,一个决策问题应当具有如下五个要素:

(1)决策者

决策者指在考虑的决策问题中,有权利有责任做出最终选择的个人或集体(具有决定权)。

(2)分析者

分析者亦称分析师,指受决策者委托,对方案借助于定性定量分析和综合评价技术,对方案进行评价和排队的人。

分析者的产生主要是由于现代决策问题十分复杂,单凭决策者的直觉和经验难以做出正确的决策,分析者根据科学的理论与方法,提出决策建议(具有建议权)。

(3)决策变量

决策变量是表示候选方案(可行方案)的变量,通常决策变量可用一个 $n$ 维实数来表示。由于一些条件的约束,决策变量的取值范围受到限制,一切可供选择的决策变量的集合称为可行域。

(4)品性

品性是决策变量的品质和特性的表征,(每个)品性应具有可理解性和可度量性。

① 可理解性——品性的值能充分表达该候选方案在这一方面所达到的水平。

② 可度量性——有相当可行的方法来确定该品性的数值。

在多目标决策中采用哪些品性,对决策者来说具有一定的主观性,反映了决策者的价值观念,全部品性的集合应满足以下四个条件:

① 完备的:候选方案的有关性质和面貌均可通过其中某品性表现。

② 可使用的:每一品性的值均可用来进行决策分析。

③ 可分解的:评价过程可以把决策问题分解为若干部分从而简化。

④ 极小的:品性集合的任何真子集都是不完备的。

(5)目标

各品性希望达到状态的一种描述。

从某种意义上讲,目标往往可划分为若干个等级(即目标有递阶结构),如图 5-1 所示。

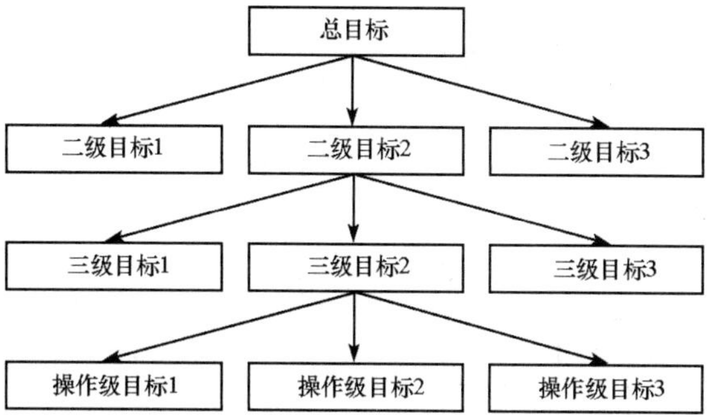


**图 5-1　目标层次图**

(6)结局

每个方案选择之后可能发生的 1 个或 $n$ 个自然状态。

(7)效用

每一个方案各个结局的价值评估称之为效用,应根据各个方案的效用值大小来评价方案的优劣。

## 5.1.3　决策模型的分类

按照不同的观点,决策模型可以作不同的分类。

(1)按照目的的数目不同,可以分为单目标决策模型和多目标决策模型。

(2)按照决策者所掌握的关于实际环境状态的信息水平可以划分为确定型决策模型、风险型决策模型和非确定型决策模型。

(3)按照决策域中不受决策者影响的部分不同,决策问题可以分为两类:一类是决策者以客观环境作为假想的对手;另一类是决策者面对着合理行动的一个或几个对手。

(4)决策者可以是个人,也可以是一个集体。因此,决策可以划分为个人决策和集体决策两类。在集体决策中,如果每个成员的偏爱不统一,则成为多目的决策,对于决策集体,主要的问题是如何统一意见,达成一个公认的行动。

(5)按照所要执行的决策在时间上是否相互依赖,可以划分为静态决策和动态决策,静态决策是单阶段决策,在决策时不考虑以后采取的决策。动态决策是多阶段决策,几个阶段的决策相互有关,先后执行。例如,假设某工厂计划把一种新产品向市场推销,预计其经济寿命为10年。现在要进行决策,是建设大工厂,或是建设小工厂,哪一个方案有利。可能是前几年销路好而以后变差,如果现在决定建设大工厂,以后就必须决定当销路变差时是否缩减生产能力;也可能是前几年销路好而以后变得更好,如果现在决定建设小工厂,以后就会出现工厂是否扩建以及扩建到怎样的规模问题。这两种情况都属于动态决策问题。

按照目的、信息水平、静态动态的观点,决策模型的分类可以用图5-2表示。

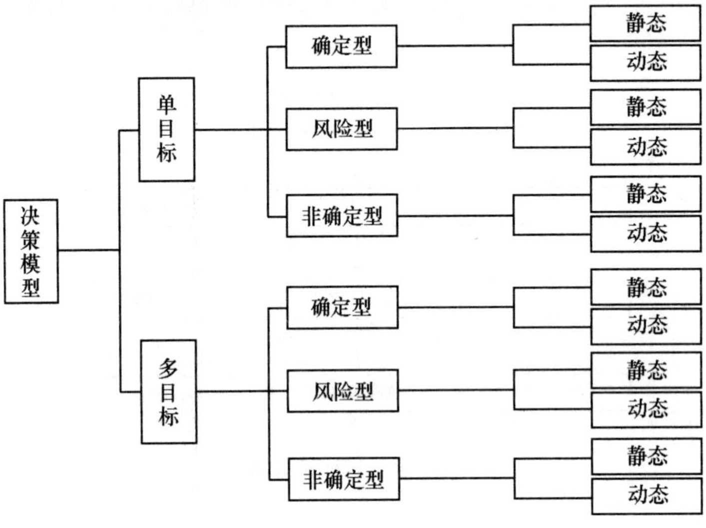


**图5-2 决策模型的分类**

## 5.1.4 Kuhn-Tucker 条件

### 5.1.4.1 单目标规划问题的 Kuhn-Tucker 条件

单目标非线性规划问题一般可写成如下形式:

$$
(\mathrm{SOP})\begin{cases} \max f(x) \\ \text{s.t. } h_i(x)=0 & i=1,2,\cdots,l \\ g_j(x)\leqslant 0 & j=1,2,\cdots,m \end{cases} \tag{5-1}
$$

其中 $f,g_j,h_i(j=1,2,\cdots,m;i=1,2,\cdots,l)$ 具有一阶连续导数,记

$$
X=\{x\in R^n \mid h_i(x)=0,g_j(x)\leqslant 0,i=1,2,\cdots,l;j=1,2,\cdots,m\}
$$

称 $X$ 为SOP的可行域。

**定义 5.1.1**　考虑问题 SOP 的某个 $x^0 \in X$,若对某个 $j$ 有 $g_j(x^0)=0$,称 $g_j(x^0)$ 为该点处的作用约束;若 $g_j(x^0)<0$,则称 $g_j(x^0)$ 在点 $x^0$ 处是不起作用的约束。

**定义 5.1.2(正则点)**　设 $x^*$ 满足约束条件

$$\begin{cases} h_i(x)=0 & i=1,2,\cdots,l \\ g_j(x)\leqslant 0 & j=1,2,\cdots,m \end{cases} \tag{$*$}$$

令

$$J=\{j\mid 1\leqslant j\leqslant m \text{ 且 } g_j(x^*)=0\}$$

若梯度向量 $\nabla h_i(x^*)$,$\nabla g_j(x^*)$ $(1\leqslant i\leqslant l, j\in J)$ 线性无关,则称点 $x^*$ 是约束条件($*$)下的正则点。其中

$$\nabla g_j=\left(\frac{\partial g_j}{\partial x_1},\frac{\partial g_j}{\partial x_2},\cdots,\frac{\partial g_j}{\partial x_p}\right)^{\mathrm T}$$

$$\nabla h_i=\left(\frac{\partial h_i}{\partial x_1},\frac{\partial h_i}{\partial x_2},\cdots,\frac{\partial h_i}{\partial x_p}\right)^{\mathrm T}$$

则有:

单目标非线性规划的 Kuhn-Tucker 最优性必要条件(一阶必要条件):

设 $f(x)$, $g_i(x)$ 和 $h_j(x)$ 在欧氏空间某一开集上一阶连续可微,若 $x^*$ 是(SOP)全局(或局部)极大点,且 $x^*$ 为约束($*$)的正则点,则存在向量 $\gamma=(\gamma_1, \gamma_2, \cdots,\gamma_l)^{\mathrm T}$ 和 $\mu=(\mu_1, \mu_2, \cdots,\mu_m)^{\mathrm T}\geqslant 0$,使

$$\begin{cases} \nabla f(x^*)-\sum\limits_{i=1}^{l}\gamma_i\nabla h_i(x^*)-\sum\limits_{j=1}^{m}\mu_j\nabla g_j(x^*)=0 \\ \mu_j g_j(x^*)=0 \end{cases} \tag{5-2}$$

注:

(1)只有当 $g_j(x)$ 在 $x^*$ 为作用约束时,$\mu_j$ 才可能不为 0,否则 $\mu_j=0$。

(2)Kuhn-Tucker 条件仅为必要条件,还存在二阶充分条件(对单目标规划而言)。

(3)若目标函数 $f(x)$,约束函数 $h_i(x)$ 和 $g_j(x)$ $(i=1,2,\cdots,l;j=1,2,\cdots,m)$ 满足一定的凸性条件,则 Kuhn-Tucker 条件亦可成为充分条件。

### 5.1.4.2　多目标规划的 Kuhn-Tuker 条件

设多目标非线性规划问题

$$(\mathrm{MOP})\begin{cases} \max\ F(x)=[f_1(x),f_2(x),\cdots,f_n(x)] \\ \text{s.t. } h_i(x)=0 \qquad i=1,2,\cdots,l \\ \qquad g_j(x)\leqslant 0 \qquad j=1,2,\cdots,m \end{cases} \tag{5-3}$$

设 MOP 的可行解集为 $X$,则有:

对于 $x^*\in X$,$x^*$ 是 $X$ 中的正则点,设 $f_k$,$h_i$ 和 $g_j$ $(k=1,2,\cdots,n;i=1,2,\cdots,l;j=1,2,\cdots,m)$ 为连续可微函数,若 $x^*$ 是 MOP 的非劣解,则必然存在向量 $\gamma=(\gamma_1,\gamma_2,\cdots,\gamma_l)^{\mathrm T}$,$\mu=(\mu_1, \mu_2, \cdots, \mu_m)^{\mathrm T}$,$\lambda=(\lambda_1, \lambda_2,\cdots, \lambda_n)^{\mathrm T}$,且 $\gamma_i\geqslant 0$,$\mu_j\geqslant 0$,$\lambda_k\geqslant 0$ $(i=1,2,\cdots,l;j=$

$1,2,\cdots,m,k=1,2,\cdots,n)$, $\sum_{k=1}^{n}\lambda_k > 0$。

使得:

$$\begin{cases}\mu_j g_j(x^*) = 0 \qquad j = 1,2,\cdots,m \\ \sum_{k=1}^{n}\lambda_k \nabla f_k(x^*) = \sum_{i=1}^{l}\gamma_i \nabla h_i(x^*) + \sum_{j=1}^{m}\mu_j \nabla g_j(x^*)\end{cases} \tag{5-4}$$

称定义在$[a,b]$上的函数$f(x)$是凸函数,如果对任意$x_1,x_2\in[a,b]$及任何$\lambda:0<\lambda<1$,有

$$f[\lambda x_1+(1-\lambda)x_2]\geqslant \lambda f(x_1)+(1-\lambda)f(x_2)$$

如果有

$$f[\lambda x_1+(1-\lambda)x_2]< \lambda f(x_1)+(1-\lambda)f(x_2)$$

则称$f(x)$为$[a,b]$上的严格凸函数。

若不等式反向恒成立,则称$f(x)$为$[a,b]$上的凹函数或严格凹函数。

从而有:若目标函数$f_k(x)(k=1,2,\cdots,n)$是凹函数,且所有的$\lambda_k>0$,$X$是凸域,则Kuhn-Tucker条件也是$x^*$为非劣解的充分条件。

下面举例说明如何用Kuhn-Tucker条件求多目标规划问题的非劣解集。

当再附加一些较强的条件时,库恩－塔克条件对于$x^*$是非劣解时是充分的,有:

**定理 5.1.1** 假设$f_i(x)$和$g_j(x)(i=1,2,\cdots,m;j=1,2,\cdots,l)$都是连续可微函数,$f_i(x)$ $(i=1,2,\cdots,m)$都是凹函数,并且至少有一个$f_k(x)$是严格凹的,可行域$F=\{x\mid x\in R^n, g_j(x)<0, j=1,2,\cdots,l\}$是$R^n$中凸集。如果$x^*\in F$满足库恩－塔克条件,则$x^*$是问题(5－3)的一个非劣解。

定理5.1.1以及下面的定理5.1.2的证明,其基本思想都是把多目标规划问题转化为单目标规划来处理,因占用篇幅比较大,这里就不详细论证了。值得说明的是定理5.1.1中的假设是很严的。若假设改为所有$f_i(x)$都是凹的,而对所有$i$,$f_i(x)$非严格凹,则不能保证$x$是非劣解。因此,对于某些目标函数严格凹的假设是不可少的。

当附加一些不太严格的条件时,库恩－塔克条件对于$x^*$是非劣解是必要的。

**定理 5.1.2** 假设$f_i(x)$和$g_j(x)(i=1,2,\cdots,m;j=1,2,\cdots,l)$都是连续可微的,并且存在一个$k,1\leqslant k\leqslant m$,由向量组构成的矩阵

$$\{\nabla f_i(x^*),\nabla g_j(x^*)\mid i=1,2,\cdots,m,i\neq k;g_j(x^*)=0,j=1,2,\cdots,l\}$$

满秩。若$x^*\in F$是问题(5－3)的一个非劣解,则$x^*$必满足库恩－塔克条件(5－4)。

**例 5.1** 用库恩－塔克条件求多目标规划问题的非劣解集,有

$$\begin{aligned}\max\quad & f(x)=(-x_1^2+4x_2,4x_1+3x_2)^{\mathrm{T}}\\ \text{s.t.}\quad & g_1(x)=x_1+2x_2-11\leqslant 0\\ & g_2(x)=-x_1+4x_2-10\leqslant 0\\ & g_3(x)=2x_1-x_2-7\leqslant 0\\ & g_4(x)=x_1-3x_2-1\leqslant 0\\ & g_5(x)=-x_1\leqslant 0\end{aligned}$$

$$g_6(x) = -x_2 \leqslant 0$$

**解**　先求出可行域中全部满足库恩－塔克条件的点集合,以下分步进行。可行域如图所示。

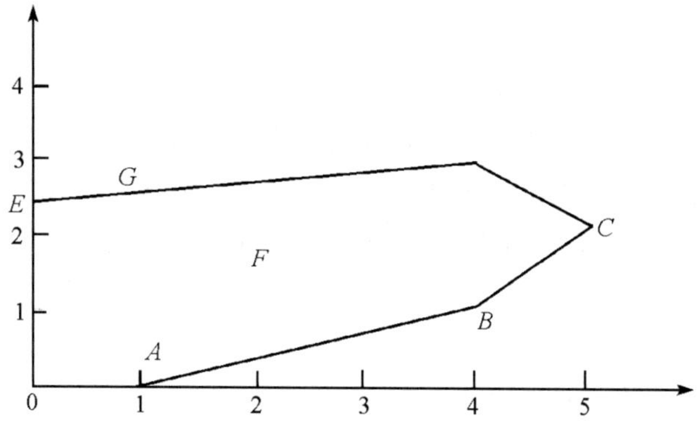


**例 5.1 图　非劣解集的确定**

由简单计算得出:

$$\nabla f_1 = (-2x_1, 4)^{\mathrm{T}}$$

$$\nabla f_2 = (4, 3)^{\mathrm{T}}$$

$$\nabla g_1 = (1, 2)^{\mathrm{T}}$$

$$\nabla g_2 = (-1, 4)^{\mathrm{T}}$$

$$\nabla g_3 = (2, -1)^{\mathrm{T}}$$

$$\nabla g_4 = (1, -3)^{\mathrm{T}}$$

$$\nabla g_5 = (-1, 0)^{\mathrm{T}}$$

$$\nabla g_6 = (0, -1)^{\mathrm{T}}$$

然后在可行域 $F$ 内逐点鉴别是否满足库恩－塔克条件。

首先考虑可行域 $F$ 的内点 $x$,即满足 $g_j(x) < 0, j = 1, 2, \cdots, 6$ 的点。若 $x$ 满足库恩－塔克条件,则必定满足

$$\lambda_1 \nabla f_1(x) + \lambda_2 \nabla f_2(x) = (-2\lambda_1 x_1 + 4\lambda_2, 4\lambda_1 + 3\lambda_2)^{\mathrm{T}} = 0$$

由于 $\lambda_1$、$\lambda_2 \geqslant 0$,上式中第二分量 $4\lambda_1 + 3\lambda_2 = 0$ 导致 $\lambda_1 = \lambda_2 = 0$。这不满足条件(5－4)中 $\sum \lambda_l > 0$。于是证明了对于可行域 $F$ 的任何内点,均不满足库恩－塔克条件。

其次逐条考虑边界上的点。

当 $x^*$ 属于边界①时,即当 $g_1(x^*) = 0, g_i(x^*) < 0,\ i = 2, 3, \cdots, 6$ 时,则令 $\mu_2 = \cdots = \mu_6 = 0$,若 $x^*$ 满足库恩－塔克条件(5－4),则成立等式

$$\lambda_1 \nabla f_1(x^*) + \lambda_2 \nabla f_2(x^*) = \mu_1 \nabla g_1(x^*)$$

即

$$(-2\lambda_1 x_1 + 4\lambda_2, 4\lambda_1 + 3\lambda_2)^{\mathrm{T}} = \mu_1 (1, 2)^{\mathrm{T}}$$

有满足式(5－4)和 $\mu_1 \geqslant 0$ 的解。因上方程是齐次式,故不妨设 $\mu_1 = 1$,可求出解

$$\begin{cases}\lambda_1=\dfrac{5}{6x_1+16}>0 & x_1\in[4,5]\\ \lambda_2=\dfrac{2-4\lambda_1}{3}>0\\ \mu_1=1\\ \mu_2=\cdots=\mu_6=0\end{cases}$$

即可行域的边界①上的所有点均满足库恩-塔克条件。

当 $x^*$ 属于可行域 $F$ 的边界②时，即当 $g_2(x^*)=0, g_j(x^*)<0,\ j=1,\ 3,\ 4,\cdots,6$ 时，应有 $\mu_1=\mu_3=\cdots=\mu_6=0$，$x^*$ 满足库恩-塔克条件，式(5-4)等价于方程

$$\lambda_1\nabla f_1(x^*)+\lambda_2\nabla f_2(x^*)=\mu_2\nabla g_2(x^*)$$

即

$$(-2\lambda_1x_1+4\lambda_2, 4\lambda_1+3\lambda_2)^{\mathrm{T}}=\mu_2(-1,4)^{\mathrm{T}}$$

有满足式(5-4)和 $\mu_2\geqslant0$ 的解。

仍令 $\mu_2=1$，解出 $\lambda_2=4(1-\lambda_1)/3\geqslant0$，故必 $0\leqslant\lambda_1\leqslant1$，于是当且仅当 $x_1\geqslant1/2$ 时上方程有解：

$$\lambda_1=\frac{19}{6x_1+16}>0$$

满足 $\lambda_1\leqslant1$，有

$$\lambda_2=4(1-\lambda_1)/3\geqslant0$$

$$\mu_2=1, \mu_1=\mu_3=\cdots=\mu_6=0$$

即边界②上不是全部点，而只是 $1/2\leqslant x_1\leqslant4$ 部分上的点 $x^*$ 满足库恩-塔克条件。

然后考虑可行域 $F$ 边界③上的点 $x^*$，即当 $g_3(x^*)=0, g_l(x^*)<0,\ l=1,2,\ 4,\ 5,6$ 时的情况。若 $x^*$ 满足库恩-塔克条件，应有 $\mu_1=\mu_2=\mu_4=\mu_5=\mu_6=0$，$x^*$ 满足库恩-塔克条件式(5-4)等价于方程

$$\lambda_1\nabla f_1(x^*)+\lambda_2\nabla f_2(x^*)=\mu_3\nabla g^3(x^*)$$

即

$$(-2\lambda_1x_1+4\lambda_2, 4\lambda_1+3\lambda_2)^{\mathrm{T}}=\mu_3(2,-1)^{\mathrm{T}}$$

有满足式(5-4)和 $\mu_3\geqslant0$ 的解。若 $\mu_3=0$，导致 $\lambda_1=\lambda_2=0$，与 $\lambda_1+\lambda_2>0$ 矛盾。仍不妨令 $\mu_3=1$，于是 $4\lambda_1+3\lambda_2=-1$，故以上方程无解，即 $x^*$ 不满足库恩-塔克条件。

同理可以验证，当 $x^*$ 是 $F$ 的其余边界点时也不满足库恩-塔克条件。

综上所述，可以得出以下结论：可行域 $F$ 边界①中全部点和边界②中 $x_1\geqslant1/2$ 的点构成满足库恩-塔克条件的点集合，我们把这个集合记作 $K$。$K$ 中每个点都满足定理5.1.2中的假设，故由定理5.1.2知非劣解集必是上述集合的子集；反过来，由于函数 $f_1(x)$ 是严格凹的，定理5.1.1的结论也成立，即上述集合必是非劣解集，于是非劣解集 $N$ 就等于上述集合，即非劣解 $N$ 由可行域 $F$ 的边界①上的点的全部和边界②上满足 $x_1\geqslant1/2$ 的点组成。

# 5.2 单目标决策基础

## 5.2.1 风险型决策

本节只考虑如下问题：

(1)只有 1 个决策者和 1 个目标(单目标决策)。

(2)有 $m$ 个明确的方案 $A_1,A_2,\cdots,A_m$,即

$$A=\{A_1,\ A_2,\ \cdots,\ A_m\}$$

(3)有 $n$ 个可能的结局 $R_1,\ R_2,\ \cdots,\ R_n$,即

$$R=\{R_1,\ R_2,\ \cdots,\ R_n\}$$

(4)$m\times n$ 个效用值集合 $U=\{u_{ij}\}_{m\times n}$。

采用方案 $A_i$,结局 $R_j$ 时,效用值为

$$u_{ij}=u(A_i,R_j)\qquad 1\leqslant i\leqslant m;1\leqslant j\leqslant n$$

### 5.2.1.1 风险型决策的基本模型

以下 4 条假设和效益矩阵表以及决策准则函数构成风险性决策的基本模型：

(1)有 $m$ 个明确的方案,$A=\{A_1,A_2,\cdots,A_m\}$。

(2)每个方案都有 $n$ 个可能的结局,$R=\{R_1,R_2,\cdots,R_n\}$。

(3)采用方案 $A_i$,结局为 $R_j$ 时的效用值为

$$u_{ij}=u(A_i,R_j)\qquad 1\leqslant i\leqslant m;1\leqslant j\leqslant n$$

其中,$u=u(A,R)$称为效用函数(支付函数)。

(4)选择某个方案后,结局 $R_j(1\leqslant j\leqslant n)$的发生概率为 $P_j=P(R_j)$,且 $P_1+P_2+\cdots+P_n=1$。

在以上假设的基础上,构造如下效益矩阵表(支付矩阵表、决策表)。

**表 5-1 效益矩阵表**

| 方案 \ 结局 | $R_1$ | $\cdots$ | $R_j$ | $\cdots$ | $R_n$ |
|---|---|---|---|---|---|
| $A_1$ | $u_{11}$ | $\cdots$ | $u_{1j}$ | $\cdots$ | $u_{1n}$ |
| $\vdots$ | $\vdots$ | | $\vdots$ | | $\vdots$ |
| $A_m$ | $u_{m1}$ | $\cdots$ | $u_{mj}$ | $\cdots$ | $u_{mn}$ |

定义一个在 $A$ 上的决策准则函数$f(A_i)$,$A_i\in A$,$f(*)$为实值函数,然后通过适当方式求出方案 $A^*\in A$,使得

$$f(A^*)=\max_{1\leqslant i\leqslant n}f(A_i)\qquad (极大化)$$

注：(1)对于决策准则函数 $f(*)$，有多种选择的可能性，不同的决策函数可能导致不同的最优方案。

(2)若不用效用函数而采用损失函数，则决策准则为极小化决策函数，即

$$f(A^*) = \min_{1 \leq i \leq n} f(A_i)$$

综上所述，可以看出风险型决策是指这样的单目标决策：决策者事先知道结局发生的概率分布：

$$p_1, p_2, \cdots, p_n \qquad p_j \geqslant 0, \quad \sum p_j = 1$$

$p_j$ 是结局 $R_j$ 发生的概率，它可以客观地通过大量统计资料得出，也可能是主观的，在这种情况下，决策的风险量是可以定量分析的。

### 5.2.1.2　期望型效益值决策(Bayes 决策)

由于对每个方案 $A_i$，结局 $R$ 是随机变量，故其收益也是一个随机变量 $\mu(A_i, R)$，因为可能发生的结局是有限的，故 $\mu(A_i, R)$ 的数学期望必定存在：

$$E[\mu(A_i)] = \sum p_j(R_j) * \mu(A_i, R_j)$$

$$= \sum p_j * \mu_{ij} = \mathrm{EMV}_i \qquad 1 \leqslant i \leqslant m; 1 \leqslant j \leqslant n \qquad (5-5)$$

**1.期望值准则**

选择由式(5－5)定义的数学期望值(决策准则函数)达到最大值的行动方案为最优行动方案 $A^*$，即

$$E[\mu(A^*)] = \max \mathrm{E}[\mu(A_i)] = \mathrm{EMV}^*$$

**2.最大概率准则(最可能结局准则)**

从所有可能的结局 $R_1, R_2, \cdots, R_n$ 中，选择发生概率 $p_j$ 最大的一个，记为 $R_{j0}$，即

$$p(R_{j0}) = \max p(R_j)$$

然后规定决策函数

$$f(A_i) = \mu(A_i, R_{j0})$$

记 $A^*$ 为

$$f(A^*) = \max f(A_i)$$

则选择 $A^*$ 为最优决策。

注：一般说来，比较适宜采用最大概率准则的情形是：某一个可能结局的概率远大于其他结局的概率时，且在每种结局发生的情况下，效用值(支付)不存在巨大悬殊。

**3.全情报价值**

在风险型决策的条件下，如战时的作战指挥，在人员不是很充分的情况下，指挥员可以通过组织和部署人员和装备对行动区域进行侦察和判断，并对敌方行动进行预测，通过所得到的情报，调整行动方案，做到既能达到作战任务的要求，又能尽量减少派出的人员和装备。如果预测情报准确，能得到的最大收益就称为全情报最大期望效益值：

$$E_{ppl} = \sum_{j=1}^{n} p_j \cdot (\max_{1 \leqslant i \leqslant m} \mu_{ij})$$

显然

$$E_{ppI} \geqslant \mathrm{EMV}^*$$

定义全情报价值：

$$E_{vpI} = E_{ppI} - \mathrm{EMV}^*$$

$E_{vpI}$代表了通过情报所获得的最大期望效益值，如果情报开支小于 $E_{vpI}$，则说明是合算的，而情报工作是成功的；反之，则说明情报工作尚未收到效果。

**4.边际分析法**

在风险型决策的问题中，通过计算盈亏转折点（盈亏平衡上）所对应的概率来进行决策的方法称为边际分析法。假设企业采取方案 $A_i$，售出产品的概率为 $p_i$，盈利为 $M_p$，过剩产品的概率为 $1-p_i$，损失为 $M_L$，则盈亏平衡的边际条件为

$$p_i \cdot M_p = (1-p_i)M_L \qquad 1 \leqslant i \leqslant m$$

解此方程，即得盈亏转折点的边际概率 $p_L$，即

$$p_L = \frac{M_L}{M_L + M_p}$$

取 $A^*$ 满足

$$p(A^*) = p^* = \min_{1 \leqslant i \leqslant m}(p_i \geqslant p_L)$$

则 $A^*$ 即为最优方案。

**例 5.2**　有一报童以每份 0.5 元的价格从报社（批发）买来报纸，然后以每份 1 元的价格再（零售）卖出去，自负盈亏，报童为决定每天批发多少份报纸最为有利，将以往 100 天出售报纸的记录整理成下表：

**例 5.2(a)表**

| 日需求量 | 发生天数 | 相对频率 |
|---|---|---|
| < 140 | 0 | 0.00 |
| 140 | 8 | 0.08 |
| 150 | 22 | 0.22 |
| 160 | 20 | 0.20 |
| 170 | 14 | 0.14 |
| 180 | 14 | 0.14 |
| 190 | 12 | 0.12 |
| 200 | 10 | 0.10 |
| > 200 | 0 | 0.00 |

从表可以看出，根据以往的经验，报童可能的行动方案有 7 个，可能结局也有 7 个，且每个结局的发生概率也可估算出来，则按风险型决策的基本步骤，先建立效益矩阵（如例 5.2(b)表）：

例 5.2(b)表

| 方案 \ $\mu_{ij}$ \ 结局 | $R_1$ 140 | $R_2$ 150 | $R_3$ 160 | $R_4$ 170 | $R_5$ 180 | $R_6$ 190 | $R_7$ 200 | $E[\mu(A_i)]$ |
|---|---|---|---|---|---|---|---|---|
| $A_1=140$ | 70 | 70 | 70 | 70 | 70 | 70 | 70 | 70.0 |
| $A_2=150$ | 65 | 75 | 75 | 75 | 75 | 75 | 75 | 74.2 |
| $A_3=160$ | 60 | 70 | 80 | 80 | 80 | 80 | 80 | 76.2 |
| $A_4=170$ | 55 | 65 | 75 | 85 | 85 | 85 | 85 | 76.2 |
| $A_5=180$ | 50 | 60 | 70 | 80 | 90 | 90 | 90 | 74.8 |
| $A_6=190$ | 45 | 55 | 65 | 75 | 85 | 95 | 95 | 72.0 |
| $A_7=200$ | 40 | 50 | 60 | 70 | 80 | 90 | 100 | 68.0 |
| 发生概率 | 0.08 | 0.22 | 0.20 | 0.14 | 0.14 | 0.12 | 0.10 | |

**解法 1 （EMV 决策，期望值准则）**

$$E[\mu(A^*)] = \max E[\mu(A_i)] = 76.2$$

$$A^* = A_3 \quad 或 \quad A^* = A_4$$

**解法 2 （最大概率准则）**

由于

$$p(R_2) = \max_{1\leqslant j\leqslant n} p(R_j) = 0.22$$

$$\mu(A_2) = \max_{1\leqslant i\leqslant m} \mu(A_{12}) = 75$$

故

$$A^* = A_2$$

**解法 3 （全情报价值）**

$$\begin{aligned} E_{ppl} &= 0.08\times 70 + 0.22\times 75 + 0.20\times 80 + 0.14\times 85 + 0.14\times 90 \\ &\quad + 0.12\times 95 + 0.10\times 100 \\ &= 84 \end{aligned}$$

$$E_{vpl} = E_{ppl} - \mathrm{EMV}^* = 84 - 76.2 = 7.8$$

说明：全情报价值说明在情报准确的条件下，决策者一般能预计到某种结局的发生，从而采用相应方案。

**解法 4 （边际分析法）**

盈利：$M_p = 1 - 0.5 = 0.5$ 元

亏本：$M_L = 0.5$ 元

计算报纸售出概率：

$$p_L = \frac{M_L}{M_L + M_p} = \frac{0.5}{0.5+0.5} = 0.5$$

（份数）140 150 160 170 180 190 200

(概率)1.00　0.92　0.70　0.50　0.36　0.22　0.10

$$p^{*}=\min(P_i \geqslant 0.5)=0.5$$

即　$$A^{*}=A_4=\text{EMV}^{*}$$

注:可以证明,边际分析法的决策结果与 EMV 决策结果相同,且边际分析法可避免计算效益矩阵,可减少计算工作量。

### 5.2.1.3　序列决策(决策树方法)

序列决策也是风险型决策的一种,其特点是各种方案及可能结局不是一个层次的简单决策,而是具有多个层次,能够分枝的多级决策,难以用一个效益矩阵表达,但可用一个树形结构图来表示,这种树称之为决策树。决策树法是能表示出不同的决策方案在不同自然状态下的结果,显示出决策的过程,内容形象、思路清晰,是辅助决策者进行决策的有用工具。

**1.决策树的构成(图 5-3)**

决策树由若干点和弧构成:

(1)"——"弧(枝干)

弧表示可供选择的行动方案以及各种可能出现的自然状态,旁边标注着方案,状态及发生的概率。

(2)"□"决策点(树根)

由决策点引出若干条弧,每一条弧表示一个方案,在弧上标明 $A_i$,显然,有几个可供选择的方案就有几条弧。

(3)"○"状态点(枝节点)

由状态点引出若干条弧,每条弧表示一个结局,在弧上标明发生事件 $R_j$ 及发生概率 $p_j$。

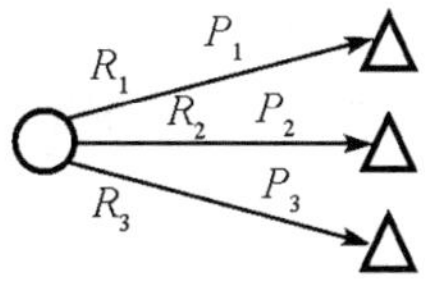


**图 5-3　决策树示意图**

(4)"△"终点(树叶),终点旁边的数字表示其效益值。

**2.决策树方法**

(1)根据决策问题,由树根出发,到树叶为止,画出决策树。

(2)由树叶向树根方向,逐步计算各节点(状态点和决策点)的期望效益值,并将其数值标在各点上方。

(3)从树叶到树根的方向上,在每一层次上的决策点上对各种可行方案进行优选,保留这一层次的最优方案,对其他方案进行"剪树"(如标以"×"号),直到树根为止,就选出了最优多级决策方案。

决策树法遵循的准则是支付期望值准则。决策过程从“树叶”向“树根”方向进行,在决策点,比较由它引出状态弧的期望支付(如果某个方案需付出额外费用,该期望支付费要扣除此费用),具有最大期望的方案弧保留,其余砍去,直到最后的树根,保留一条路径。

**3.单级决策问题**

所要决策的问题,只需要进行一次决策就可解决,叫做单级决策问题。

**例 5.3** 某军工企业为了适应市场经济的需要,拟生产摩托车来提高企业利润。现有两种方案可供选择:一个是引进一条大的生产线,另一个是引进一条小的生产线,两者使用期都是十年。引进大生产线需要投资 600 万元,引进小生产线要 460 万元,两方案每年的损益值(单位:万元)及自然状态见下表:

例 5.3 表

| 概率 | 自然状态 | 大生产线年收益 | 小生产线年收益 |
|---|---|---|---|
| 0.7 | 销路好 | 200 | 80 |
| 0.3 | 销路差 | -40 | 60 |

**解** 画出本问题的决策树,如下图所示。

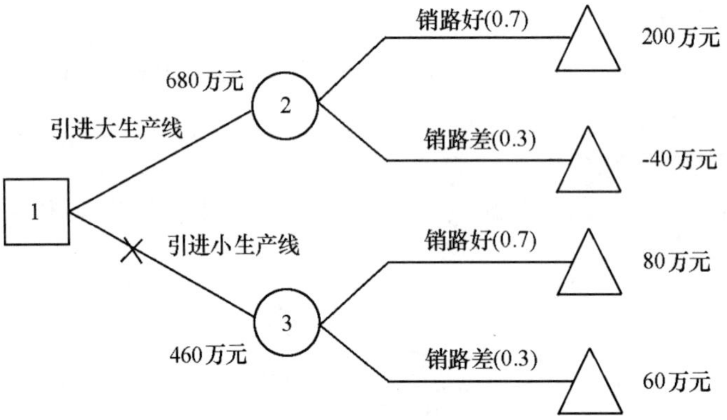


例 5.3 图

计算各点期望值:

点② $0.7\times200\times10+0.3\times(-40)\times10-600=680$ 万元

点③ $0.7\times80\times10+0.3\times60\times10-280=460$ 万元

由此可知,合理的方案是引进大生产线。

**4.多级决策问题**

多级决策问题指的是在决策过程中需要逐级进行 $n$ 次($n>1$)行动方案的选择才能解决问题。决策树法主要用于多级决策问题。

**例 5.4** 例 5.2 中如果增加一个考虑方案,即引进小生产线,如销路好,三年以后再扩大生产。根据计算,扩大生产需要投资 400 万元,可使用七年,每年盈利 190 万元。那么此方案与前两方案比较,优劣如何?

**解**　此问题可以分为前三年和后七年两期来考虑,其决策树见下图。

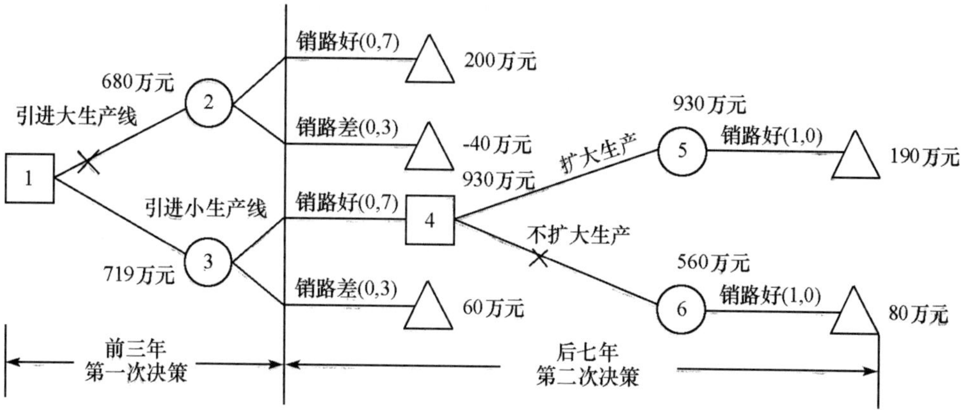


例5.4图

各点的期望利润如下:

点②　$0.7\times200\times10+0.3\times(-40)\times10-600=680$ 万元

点⑤　$1.0\times190\times7-400=930$ 万元

点⑥　$1.0\times80\times7=560$ 万元

比较决策节点4的情况可以看到,由于点⑤(930万元)与点⑥(560万元)相比,点⑤的期望利润较大,因此采用扩大生产的方案。将点⑤的930万元移到决策节点4来,就可计算出点③的期望利润值:

点③　$0.7\times80\times3+0.7\times930+0.3\times60\times(3+7)-280=719$ 万元

最后比较决策节点1的情况。由于点③(719万元)与点②(680万元)相比,点③的期望利润值较大,因此取点③而舍点②。这样,相比之下,引进大生产线的方案不是最优方案,合理的策略应采用前三年引进小生产线,如销路好,后七年再扩大生产。

### 5.2.1.4　风险估计

事实上,无论是军事决策,还是经济决策,"效益"往往伴随着"风险"。这里,介绍风险型决策中的风险估计,考虑风险型决策的基本模型。

(1)有 $m$ 个明确的方案,$A^*=\{A_1,A_2,\cdots,A_m\}$。

(2)每个方案都有 $n$ 个可能的结局,$R^*=\{R_1,R_2,\cdots,R_n\}$。

(3)采用方案 $A_i$,结局为 $R_j$ 时的效用值为 $\mu_{ij}$。

(4)选择某个方案后,结局 $R_j(1\leqslant j\leqslant n)$ 的发生概率为 $p_j$,且 $\sum_j p_j=1$。

对某个方案 $A_i$,其期望效益值 $\bar{\mu}_i$ 为

$$\bar{\mu}_i=\sum_{j=1}^{k}p_j\mu_{ij}=\mathrm{EMV}_i\qquad 1\leqslant i\leqslant m$$

方差为 $\sigma_i^2=\sum_{j=1}^{k}p_j(\mu_{ij}-\bar{\mu}_i)^2$,标准差为 $\sigma_i=\sqrt{\sigma^2}$,风险函数为 $\nu=\dfrac{\sigma_i}{\bar{\mu}_i}$。

显然,$\nu$ 越小,风险越小。

**例 5.5** 对例 5.2 进行风险估计,可以得到如下结果:

$$\bar{\mu}_1 = 70.0 \quad \bar{\mu}_2 = 74.2 \quad \bar{\mu}_3 = 76.2$$
$$\bar{\mu}_4 = 76.2 \quad \bar{\mu}_5 = 74.8 \quad \bar{\mu}_6 = 72.0$$
$$\bar{\mu}_7 = 68.0$$
$$\sigma_1^2 = 0 \qquad\qquad \nu = 0$$
$$\sigma_2^2 = 7.36 \quad \sigma_2 = 2.71 \quad \nu = 0.036$$
$$\sigma_3^2 = 39.6 \quad \sigma_3 = 6.29 \quad \nu = 0.08$$
$$\sigma_4^2 = 71.1 \quad \sigma_4 = 8.4 \quad \nu = 0.11$$
$$\sigma_5^2 = 189 \quad \sigma_5 = 13.7 \quad \nu = 0.18$$
$$\sigma_6^2 = 273.1 \quad \sigma_6 = 16.5 \quad \nu = 0.23$$
$$\sigma_7^2 = 337.8 \quad \sigma_7 = 18.4 \quad \nu = 0.27$$

从该结果中,可以发现:期望效益好的方案,往往伴随着一定的风险;风险越大,不一定效益越好。

目前人们往往有这种概念,即"高风险,高效益"。其实问题是出在对效益的估算上面,关于这个问题,将在下节"不确定型决策"中具体进行分析。

## 5.2.2 不确定型决策

在风险型决策的基本模型中,如果假设(4)不成立,即 $n$ 个可能结局 $R_j(1\leqslant j\leqslant n)$发生的概率事先不知道,则称这样的决策问题为不确定型决策。

有 $m$ 个可行方案 $A_1,A_2,\cdots,A_m$。每个方案均有 $n$ 种可能的结局 $R_1,R_2,\cdots,R_n$。决策的效益函数为

$$\mu(A_i,R_j)=\mu_{ij} \qquad 1\leqslant i\leqslant m;1\leqslant j\leqslant n$$

对于这样的不确定型的决策问题,人们可以通过适当选取决策的原则确定选取何种方案,目前使用较多的原则有以下几种。

**1.悲观决策(Wald 原则)**

对每一方案取最坏结局,然后再从这些最坏结局中挑选出一个最好的作为最佳方案,该原则又称为"最大最小原则",即若假设最优方案为 $A^*$,最优的决策效益值为 $F(A^*)$,则

$$F(A^*)=\max_{1\leqslant i\leqslant m}\left[\min_{1\leqslant j\leqslant n}\mu_{ij}\right]$$

悲观决策采取最安全、最保守的作法,由 Wald 提出,采取该原则所选择的方案,在实施过程中只会比预期的好,不会比预期的差,决策者心理准备比较充分,当然,出现意料之外的结局除外。

例如,例 5.2 中的问题,悲观决策的最优方案是 $A_1$,也是风险最小的。

**2. 乐观决策(Hurwicy 原则)**

与悲观决策相反,乐观决策是冒险型决策,由 Hurwicz 提出。该原则认为决策者敢于冒风险,总是认为每个方案都能取得最好结局,然后再“好中求好”,故又称为“最大最大原则”,即

$$F(A^*) = \max_{1 \leqslant i \leqslant m} [\max_{1 \leqslant j \leqslant n} \mu_{ij}]$$

显然,对于例 5.2,乐观决策的最优方案为 $A_7$。采用 Hurwicy 原则所确定的方案,对决策者来说,在实施过程中,往往得不到满意的结果,这是因为决策者对方案的期望值过高。但在我国的一些项目可行性分析中,则往往采用这种方法。

**3. 等可能性决策(Laplace 原则)**

Laplace 不充分理由原则:如果认为没有理由使概率不同,就应该认为概率是相同的。

等可能性决策是根据 Laplace 原则假定 $n$ 个结局发生的概率相同,即

$$p_j = \frac{1}{n} \qquad (1 \leqslant j \leqslant n)$$

则

$$E(A_i) = \sum_{j=1}^{n} p_j \mu_{ij} = \frac{1}{n}(\sum_{j=1}^{n} \mu_{ij})$$

取最优方案 $A^*$,使

$$E(A^*) = \max_i E(A_i)$$

**例 5.6**　对例 5.2 进行等可能性决策,可得

$$E(A_1) = \frac{1}{7}(\sum_{j=1}^{7} \mu_{ij}) = 70$$

$$E(A_2) = 73.57$$

$$E(A_3) = 75.71$$

$$E(A_4) = 76.42$$

$$E(A_5) = 75.71$$

$$E(A_6) = 73.57$$

$$E(A_7) = 70$$

则最优方案为 $A_4$。

**4. 乐观系数法**

乐观决策太冒险,悲观决策又太保守,如果将两者折衷平衡一下,用一系数 $\alpha$ 表示乐观程度($0 \leqslant \alpha \leqslant 1$),称 $\alpha$ 为乐观系数,就是所谓的乐观系数法。

令

$$c_i = \alpha[\max_{1 \leqslant j \leqslant n}(\mu_{ij})] + (1-\alpha)[\min_{1 \leqslant j \leqslant n}(\mu_{ij})] \qquad i = 1,2,\cdots,m$$

取 $A^*$,使得

$$F(A^*) = \max_{1 \leq i \leq m} C$$

则 $A^*$ 即为最优方案

显然，当 $\alpha=0$，即为悲观决策，$\alpha=1$，则为乐观决策。

**例 5.7** 使用乐观系数法对例 5.2 重新进行分析，可得下表：

**例 5.7 表 乐观系数法**

| | $\max\mu_{ij}$ | $\min\mu_{ij}$ | $\alpha=0.2$ | $\alpha=0.5$ | $\alpha=0.7$ |
|---|---|---|---|---|---|
| $A_1$ | 70 | 70 | 70 | 70 | 70 |
| $A_2$ | 75 | 65 | 67 | 70 | 72 |
| $A_3$ | 80 | 60 | 64 | 70 | 74 |
| $A_4$ | 85 | 55 | 61 | 70 | 76 |
| $A_5$ | 90 | 50 | 58 | 70 | 78 |
| $A_6$ | 95 | 45 | 55 | 70 | 80 |
| $A_7$ | 100 | 45 | 52 | 70 | 82 |

**5.最小机会损失原则(Savage 原则)**

该原则又称最小最大后悔值准则。在日常生活中，当人们选择了某个行动方案后，往往都期盼着能取得最好的效果，如果发生的结局出乎人的期望，人们往往会后悔："早知如此，当初就该……"

假如决策者知道结局 $R_j$ 将发生，则应采取方案 $A^*$，使得

$$\mu(A^*, R_j) = \max_{1 \leq i \leq m} \mu_{ij}$$

但若没有信息提供哪个结局会发生，而决策者采取了方案 $A_i$，导致收益为 $\mu_{ij}$，他将感到后悔，用

$$b_{ij} = \max_{1 \leq i \leq m} (\mu_{ij}) - \mu_{ij} \qquad 1 \leq j \leq n$$

表示后悔值，又称机会损失或遗憾值，每个方案 $A_i$ 均可导致一个最大的后悔 $\max\limits_{1 \leq j \leq n}(b_{ij})$，挑选使最大的后悔最小的方案为最优方案，这就是最小机会损失原则，即

$$F(A^*) = \min_{1 \leq i \leq m} [\max_{1 \leq j \leq n} b_{ij}]$$

**例 5.8** 使用最小机会损失原则对例 5.2 进行分析可得下表：

**例 5.8 表　最小机会损失原则**

| $b_{ij}$ \ $R_j$ / $A_i$ | $R_1$ | $R_2$ | $R_3$ | $R_4$ | $R_5$ | $R_6$ | $R_7$ | $\max b_{ij}$ |
|---|---|---|---|---|---|---|---|---|
| $A_1$ | 0 | 5 | 10 | 15 | 20 | 25 | 30 | 30 |
| $A_2$ | 5 | 0 | 5 | 10 | 15 | 20 | 25 | 25 |
| $A_3$ | 10 | 5 | 00 | 5 | 10 | 15 | 20 | 20 |
| $A_4$ | 15 | 10 | 5 | 0 | 5 | 10 | 15 | 15* |
| $A_5$ | 20 | 15 | 10 | 5 | 0 | 5 | 10 | 20 |
| $A_6$ | 25 | 20 | 15 | 10 | 5 | 0 | 5 | 25 |
| $A_7$ | 30 | 25 | 20 | 15 | 10 | 5 | 5 | 30 |

在实际决策时人们往往并非只按一个原则，而是纵观多种决策原则的结果，综合分析，再提建议，例如，对例 5.2，$A_4$ 成为最优方案的次数较多，故可建议 $A_4$ 作为“好方案”。

## 5.2.3　Bayes 决策

在前面介绍风险型决策时，对于某个结局 $R_j$ 的发生概率 $p_j$，往往是根据历史经验或统计资料由决策者估计的，故 $p_j$ 又称为“先验概率”，它反映的是以往的历史事实，并不能完全反映客观规律，因此，人们往往通过一些措施来掌握更多的信息，逐步修正先验概率，从而使它们更能正确地反映客观规律，更有利于进行正确决策。在已知先验概率的基础上，如何通过抽样概率来修正先验概率呢？下面，先介绍 Bayes 公式：

设 $S$ 为随机试验区的样本空间，$B_1, B_2, \cdots, B_n$ 为取的一组事件，且

(1) $B_i \cap B_j = \varnothing \quad (i \neq j)$；

(2) $B_1 \cup B_2 \cup \cdots \cup B_n = S$。

则对任一事件 $A$，$P(A) > 0$，有

$$P(B_i/A) = \frac{P(A/B_i)P(B_i)}{\sum_{j=1}^{n} P(A/B_j)P(B_j)}$$

其中，$P(B_i/A)$为后验概率，$P(B_i)$为先验概率

**例 5.9(石油公司油田开发问题)**　某石油公司拥有一块可能有开采价值的油田，以一口井的原油产量为标准，公司将油田分为四个等级：50 万桶级($R_1$)，20 万桶级($R_2$)，5 万桶级($R_3$)，干井级($R_4$)，该公司可供选择的方案有三个：

(1)公司自行钻井开采($A_1$)：钻一口产油井的费用为 10 万元，打一口干井的费用为 7.5 万元，每桶原油可获利 1.5 元(未计入钻井成本)；

(2)无条件出租这块油田给其他公司($A_2$)：以 4.5 万元的租金将油田出租，而不管油田开采的结果如何；

(3)有条件地出租这块油田($A_3$):若是 50 万桶或 20 万桶级的油田,则每开采一桶原油,该公司抽成 0.5 元,若是 5 万桶级油田或干井油田,该公司不收分文。

则该问题的支付矩阵为

$$\begin{array}{c} \\ A_1 \\ A_2 \\ A_3 \end{array}\begin{array}{c} \begin{array}{cccc} R_1 & R_2 & R_3 & R_4 \end{array} \\ \begin{pmatrix} 65 & 20 & -2.5 & -7.5 \\ 4.5 & 4.5 & 4.5 & 4.5 \\ 25 & 10 & 0 & 0 \end{pmatrix} \end{array}$$

依据以往类似地质结构油田的开发结果的数据,其 $R_1$、$R_2$、$R_3$ 和 $R_4$ 的发生概率分别为 $p_1=0.1,p_2=0.15,p_3=0.25,p_4=0.5$。

期望收益(万元为单位)分别为

$$E[\mu(A_1)]=5.125,\ E[\mu(A_2)]=4.5,\ E[\mu(A_3)]=4.0$$

若按期望值准则进行选取,则最优方案为 $A_1$。

为了知道这块油田是哪种油田的进一步信息,可以进行附加实验,如地震法探测,以提高决策的准确性。当然,进行实验是需要费用的,如地震法测量,每次费用约为 1.2 万元,地震实验的结果可划分为以下四类:

(1)类:非常有利的地质报告;

(2)类:有利的地质报告;

(3)类:不太有利的地质报告;

(4)类:不利的地质报告。

基于以往 100 次类似地质结构区域的实验数据与钻井结果,可得下列结果,即在 100 次实验中,后经钻井证实,有 12 次属于 50 万桶级油田,而对于这 12 次,地震报告为(1)类的有 7 次,(2)类的有 4 次,(3)类的有 1 次,(4)类的有 0 次,从而,我们可认为,当油田为 50 万桶级油田时,得出(1)类实验报告的概率为 7/12,(2)类为 4/12,(3)类为1/12,(4)类为 0。

**例 5.9(a)表　以往的实验数据**

| | $R_1$(50 万) | $R_2$(20 万) | $R_3$(5 万) | $R_4$(干井) |
|---|---|---|---|---|
| (1)类 $x_1$ | 7 | 9 | 11 | 9 |
| (2)类 $x_2$ | 4 | 3 | 6 | 13 |
| (3)类 $x_3$ | 1 | 2 | 3 | 15 |
| (4)类 $x_4$ | 0 | 2 | 4 | 11 |
| 总计 | 12 | 16 | 24 | 48 |

注:表中所算出的 $R_j$ 的发生频率分别为 0.12,0.16,0.24 和 0.48,与 $R_j$ 的先验概率 $p_j$(分别为 0.10, 0.15,0.25 和 0.50)有些出入,这是由于先验概率是由大量统计数字得出的,并经过多次验证。

把计算过程及结果用表格的形式来表示(如例 5.9(b)表),整个表格分成四大块,第三块是 $P(x_k)$,各行由前一块中同行元素相加而得,第四块的整个元素是依 Bayes 公式而得,即由第二块相应元素被第三块同行元素所除而得。

例 5.9(b)表　后验概率表格算式——石油公司的例子

| | $\{P(x_k \mid R_j)\}$ | | | | $\{P(x_k \mid \theta_j)P(R_j)\}$ | | | | $\{P(x_k)\}$ | $\{P(R_j \mid x_k)\}$ | | | |
|---|---|---|---|---|---|---|---|---|---|---|---|---|---|
| | $R_1$ | $R_2$ | $R_3$ | $R_4$ | $R_1$ | $R_2$ | $R_3$ | $R_4$ | | $R_1$ | $R_2$ | $R_3$ | $R_4$ |
| $x_1$ | 7/12 | 9/16 | 11/24 | 9/48 | 0.0583 | 0.0844 | 0.1146 | 0.0938 | 0.3511 | 0.166 | 0.240 | 0.327 | 0.267 |
| $x_2$ | 4/12 | 3/16 | 6/24 | 13/48 | 0.0333 | 0.0281 | 0.0625 | 0.1354 | 0.2593 | 0.129 | 0.108 | 0.241 | 0.522 |
| $x_3$ | 1/12 | 2/16 | 3/24 | 15/48 | 0.0083 | 0.0188 | 0.0313 | 0.1563 | 0.2147 | 0.039 | 0.037 | 0.146 | 0.728 |
| $x_4$ | 0 | 2/16 | 4/24 | 11/48 | 0 | 0.0188 | 0.0417 | 0.1146 | 0.1751 | 0 | 0.107 | 0.238 | 0.655 |

若该公司用地震法对该块油田进行了一次试验,其结果为 $x_3$(不大有利的地质结构),则如何求后验概率下的最优行动方案呢?

后验概率期望值准则 在已知试验后果为 $x$ 的情况下,收益的后验概率期望值最大的所对应的方案为最优方案,即若设

$$f(A_i \mid x) = \sum_{j=1}^{n}[\mu_{ij} - C(x)]P(R_j \mid x)$$
$$= \sum_{j=1}^{n}[\mu_{ij}P(R_j \mid x)] - c(x)$$

其中,$C(x)$表示为当实验结果为 $x$ 时的实验费用,对于最优方案 $A^*$ 而言,满足以下条件:

$$f(A^* \mid x) = \max_{1 \leq i \leq m} f(A_i \mid x)$$

对于石油公司的例子来说,我们有

$$f(A_1 \mid x_3) = -2.750(\text{万元})$$
$$f(A_2 \mid x_3) = 3.30(\text{万元})$$
$$f(A_3 \mid x_3) = 0.645(\text{万元})$$

故 $A^* = A_2$,即最优方案是 $A_2$。

当实验结果为 $x_1$,$x_2$ 和 $x_4$,最优行动方案分别为 $a_1$,$a_1$ 和 $a_2$,这里就不再详细计算了。现把结果列于下表。

例 5.9(c)表　后验概率期望值准则下的最优行动——石油公司的例子

| 实验结果 $x$ | 最优行动 $a_i(x)$ | 最优收益条件期望值 $f(a_i^*(x) \mid x)$ |
|---|---|---|
| $x_1$ | $a_1$ | 11.57 |
| $x_2$ | $a_1$ | 4.828 |
| $x_3$ | $a_2$ | 3.3 |
| $x_4$ | $a_2$ | 3.3 |

事实上,从表中可以看到,对结局 $R_1$ 来说,若实验结果为 $x_1$,则 $R_1$ 的发生概率由 0.1 上升为 0.166。若实验结果为 $x_3$,则 $R_1$ 的发生概率由 0.1 下降到 0.039。而 $R_4$ 的发生概

率则由 0.5 上升到 0.728,这说明实验结果对结局的发生概率有着重大影响。

虽然在一般情况下,后验概率总能比先验概率提高决策的准确性,但我们还是要考虑抽样试验费用是否合算的问题。

回顾前面所介绍的全情报价值方法,以石油公司问题为例,在无附加信息时,最大期望效益值为

$$\text{EMV} = 5.125(\text{万元})$$

而全情报最大期望效益值为

$$\begin{aligned} E_{ppl} &= \sum_{j=1}^{n} [(\max_i \mu_{ij}) p_j] \\ &= 12.875(\text{万元}) \end{aligned}$$

则完全信息的价值为

$$E_{vpl} = 12.875 - 5.125 = 7.750(\text{万元})$$

这意味着公司为了购买完全信息,费用在 7.750 万元以内都是合算的。

## 5.2.4 Markov 决策

Markov 过程是研究复杂系统的一个数学模型,它的基本概念是系统的"状态"和状态的转移,Markov 决策方法是一种概率统计决策方法,它不需要连续不断的大量的历史资料,只需最近或现在的动态资料就可以预测将来从而做出决策。Markov 决策在设备更新、选择服务地点、市场占有率预测、广告方案选择、财务风险估计等方面均有显著成效。

### 5.2.4.1 基本概念

**1.概率向量**

对一个行向量 $P = (p_1, p_2, \cdots, p_n)$,若满足:$p_i \geqslant 0 (i = 1,2,\cdots,n)$,且 $\sum_{i=1}^{n} p_i = 1$,则称 $P$ 为概率向量。

**2.概率矩阵**

一个 $n$ 阶方阵 $A = (a_{ij})_{n \times n}$,若满足:

(1) $a_{ij} \geqslant 0 \quad (1 \leqslant i \leqslant n; 1 \leqslant j \leqslant n)$;

(2) $\sum_{j=1}^{n} a_{ij} = 1 \quad (1 \leqslant i \leqslant n)$。

则称 $A$ 为概率矩阵。

显然,概念矩阵的每个行向量是一个概率向量。

按矩阵的运算法则,概率矩阵满足以下性质:

**定理 5.2.1** 若 $A$ 和 $B$ 均为概率矩阵,则 $AB$ 也是概率矩阵。

**定理 5.2.2** 若 $A$ 为概率矩阵,$k$ 为正整数,则 $A^k$ 也是概率矩阵。

**3.正规概率矩阵**

若 $A$ 为概率矩阵,且存在某个正整数 $k$,使 $A^k$ 没有 0 元素,则称 $A$ 为正规概率矩阵。

**4.不变向量**

设 $u$ 是 $n$ 维非 0 向量,$A$ 是一个 $n$ 阶方阵,若有 $uA=u$,则称 $u$ 是 $A$ 的不变向量。

设 $P$ 是一个正规概率矩阵,则有

**定理 5.2.3**　$P$ 有且仅有一个不变概率向量 $t$,且 $t$ 的所有元素均为正数($t>0$)。

**定理 5.2.4**　矩阵序列 $P,P^2,P^3,\cdots$趋近于方阵 $T$,且 $T$ 每一行均为不变概率向量 $t$。

**定理 5.2.5**　设 $u$ 为任一概率向量,则向量序列 $uP,uP^2,\cdots$趋近于不变概率向量 $t$。

**例 5.10**　设

$$P=\begin{pmatrix}0 & 1\\ 1/2 & 1/2\end{pmatrix}$$

则

$$P^2=\begin{pmatrix}1/2 & 1/2\\ 1/4 & 3/4\end{pmatrix}$$

故 $P$ 是正规概率矩阵,设 $P$ 的不变概率向量 $t=(x,1-x)$,则有

$$(x,1-x)\begin{pmatrix}0 & 1\\ 1/2 & 1/2\end{pmatrix}=(x,1-x)$$

得

$$\begin{cases}\dfrac{1}{2}(1-x)=x\\ x+\dfrac{1}{2}(1-x)=1-x\end{cases}\Rightarrow x=\frac{1}{3}$$

故 $t=(1/3,2/3)$是 $P$ 的唯一的不变概率向量,且有

$$P^2=\begin{pmatrix}0.50 & 0.50\\ 0.25 & 0.75\end{pmatrix}\qquad P^3=\begin{pmatrix}0.25 & 0.75\\ 0.37 & 0.63\end{pmatrix}$$

$$P^4=\begin{pmatrix}0.37 & 0.63\\ 0.31 & 0.69\end{pmatrix}\qquad P^5=\begin{pmatrix}0.34 & 0.66\\ 0.325 & 0.675\end{pmatrix}$$

$$\lim_{n\to+\infty}P^n=T=\begin{pmatrix}1/3 & 2/3\\ 1/3 & 2/3\end{pmatrix}$$

**5.状态转移矩阵**

设有一个具有 $n$ 个可能状态 $S_1,S_2,\cdots,S_n$ 的系统,如果系统由状态 $S_i$ 变化成状态 $S_j$,就称为系统的状态转移,其概率 $p_{ij}$就称为状态转移概率。由状态转移概率 $p_{ij}(1\leqslant i\leqslant n;1\leqslant j\leqslant n)$构成的矩阵 $P=(p_{ij})_{n\times n}$就称为状态转移矩阵。

$$P=\begin{matrix} & S_1 & S_2 & \cdots & S_n\\ S_1 & p_{11} & p_{12} & \cdots & p_{1n}\\ S_2 & p_{21} & p_{22} & \cdots & p_{2n}\\ \vdots & \vdots & \vdots & & \vdots\\ S_n & p_{n1} & p_{n2} & \cdots & p_{nn}\end{matrix}$$

$P$ 的第 $i$ 行表示系统现处于状态 $S_i$,下一步转移到 $S_1,S_2,\cdots,S_n$ 状态的概率,故有

$$p_{i1}+p_{i2}+\cdots+p_{in}=1 \qquad 1\leqslant i\leqslant n$$

所以,状态转移矩阵 $P$ 是一个概率矩阵。

若系统由状态 $S_i$ 出发,经过 $r$ 步状态转移到达状态 $S_j$,称其转移概率 $p_{ij}^{(r)}$ 为 $r$ 步状态转移概率($r=1,2,\cdots$)。

由 $r$ 步状态转移概率 $\{p_{ij}^{(r)}\}$ 构成的矩阵

$$P^{(r)}=(p_{ij}^{(r)})_{n\times n}$$

称为 $r$ 步状态转移矩阵,其中 $P^{(r)}$ 是一个概率矩阵。

### 5.2.4.2 Markov 过程

如果一个系统在状态转移过程中,下一步处于什么状态与且仅与现在的状态有关,而与以前的状态无关,这种过程就称为 Markov 过程。

Markov 过程的状态转移关系,完全由它的状态转移矩阵 $P$ 决定,它有下述性质:

(1) $P^{(r)}=P^{(r-1)}\cdot P$;

(2) $P^{(r)}=P^r$。

若一个 Markov 过程是正规的,即它的状态转移矩阵 $P$ 是正规概率矩阵,设 $u$ 为系统的初始状态概率向量,由定理 5.2.5 知:$uP$, $uP^2$, $uP^3$, $\cdots$,趋近于 $P$ 的不变概率向量 $T$。也就是说,系统能通过状态转移达到某一稳定状态。设在稳定状态下,系统处于状态 $S_i$ 的概率为 $x_i(1\leqslant i\leqslant n)$。记 $X=(x_1,x_2,\cdots,x_n)$,求解联立方程。

$$\begin{cases} XP = X \\ \sum x_i = 1 \end{cases}$$

即可求出系统处于稳定状态的不变向量 $X$。

这里稳定状态的含义是:系统从初始状态出发,经过一定的时间,它处于某一状态的概率稳定于某一个极限值。

**例 5.11** 市场占有率的预测。

某报亭从事电视节目报的订购业务,主要有三类:

A:中国广播电视报; B:湖南广播电视报; C:空中之友。

经过一年营业后发现:

订 $A$ 报的 200 名顾客中有 160 名继续订 $A$ 报,有 20 名转订 $B$ 报,20 名转订 $C$ 报。

订 $B$ 报的 500 名顾客中有 450 名继续订 $B$ 报,35 名转订 $A$ 报,15 名转订 $C$ 报。

订 $C$ 报的 300 名顾客中有 255 名继续订 $C$ 报,有 25 名转订 $A$ 报,20 名转订 $B$ 报。

若这三类报纸均不改变风格和版面,问

(1)明年和后年三类报纸在此地区的市场占有率如何?

(2)稳定状态下,三类报纸的市场占有率。

**解** 依题意,该问题的状态转移矩阵为

$$P=\begin{bmatrix} 160/200 & 20/200 & 20/200 \\ 35/500 & 450/500 & 15/500 \\ 25/300 & 20/300 & 255/300 \end{bmatrix}=\begin{bmatrix} 0.80 & 0.10 & 0.10 \\ 0.07 & 0.90 & 0.03 \\ 0.083 & 0.067 & 0.85 \end{bmatrix}$$

今年的市场占有率

$$u = (0.22 \quad 0.49 \quad 0.29)$$

明年三类报纸的市场占有率将为 $uP$,即

$$uP = (0.234 \quad 0.483 \quad 0.283)$$

后年,三类报纸的市场占有率将为

$$(uP)P = uP^2 = (0.245 \quad 0.477 \quad 0.278)$$

稳定状态下,市场占有率将是

$$(x, y, z)P = (x, y, z)$$

即:

$$\begin{cases} 0.8x + 0.07y + 0.083z = x \\ 0.1x + 0.9x + 0.067z = y \\ 0.1x + 0.03y + 0.85z = z \\ x + y + z = 1 \end{cases}$$

解得:

$$x = 0.273$$
$$y = 0.454$$
$$z = 0.273$$

### 5.2.4.3　吸收 Markov 链

称时间离散和状态离散的 Markov 过程为 Markov 链(Markov Chains)。

Markov 链的状态按照是否能从一个特定状态转移到另一个特定状态可分成两类:

(1)不返回状态:一旦离开了这种状态,就不再返回。

(2)吸收状态(又称遍历状态):一旦进入了这种状态,就不会再出来。

为了方便起见,一个具有 $n$ 个不返回状态和 $m$ 个吸收状态的马尔可夫链可以用转移矩阵 $P$ 表示为

$$P = \begin{array}{c} \begin{matrix} n & & m \end{matrix} \\ \left[\begin{array}{c:c} Q & R \\ \hdashline 0 & I \end{array}\right] \end{array} \begin{matrix} n \\ m \end{matrix}$$

式中　$n \times n$ 子矩阵 $Q$——系统的不返回状态之间的关系;

子矩阵 $R$——不返回状态和吸收状态之间的关系;

子矩阵 $I$——$m$ 阶单位矩阵;

子矩阵 0——$m \times n$ 零矩阵。

容易验证,矩阵 $Q = (q_{ij})_{m \times n}$具有下列性质:

(1)$0 \leqslant q_{ij} < 1$,对所有 $i, j$;

(2) $\sum_{i=1}^{n} q_{ij} < 1 \qquad 1 \leqslant j \leqslant n$。

所以$(I - Q)^{-1}$存在。

吸收马尔可夫链具有如下基本性质:

(1)矩阵 $F=(f_{ij})_{n\times n}$称为基本矩阵。$f_{ij}$是已知已进入状态 $i$ 中的系统,在吸收前到达不返回状态 $j$ 中的平均次数。

(2)矩阵 $B=(b_{ij})_{n\times m}$称为吸收矩阵。$b_{ij}$是系统在状态 $i$ 开始而在状态 $j$ 中被吸收的概率。

**定理** 5.2.6　$F=(I-Q)^{-1}$。

**定理** 5.2.7　$B=FR$。

**例** 5.12　新兵合格率预测。

如图所示,某部队招收新兵,报名后经过初选、体检、复试、面试等几个过程,全部合格之后才能入伍参军。据以往的数据统计,每个过程都要淘汰一定比例的人员,问招收新兵的合格率为多少?

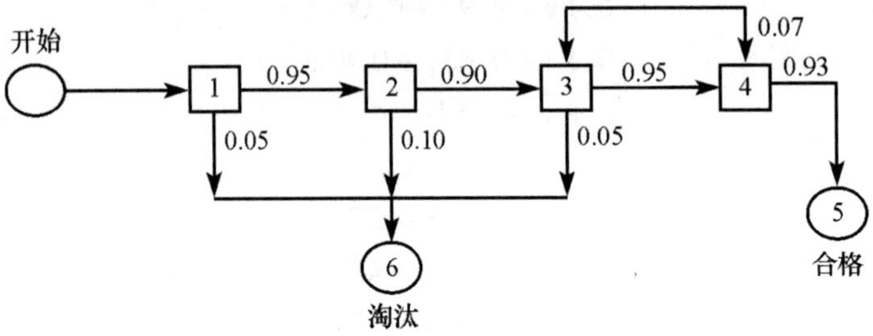


**例 5.12 图　序列生产系统**

**解**　把这个过程看成一个序列产出系统,则这个系统一共有 6 个状态,其中 4 个不返回状态(即初选、体检、复试、面试 4 个过程),2 个吸收状态:淘汰 5 和合格 6。

写出这个序列产出系统的状态转移矩阵 $P$ 为

$$
P=\begin{array}{c} \\ 1\\2\\3\\4\\ \\5\\6\end{array}
\begin{array}{c}
\begin{array}{cccccc}1&2&3&4&5&6\end{array}\\
\left[\begin{array}{cccc:cc}
0&0.95&0&0&0&0.05\\
0&0&0.90&0&0&0.10\\
0&0&0&0.95&0&0.05\\
0&0&0.07&0&0.93&0\\
\hdashline
0&0&0&0&1&0\\
0&0&0&0&0&1
\end{array}\right]
\end{array}
$$

即:

$$
P=\left[\begin{array}{c:c} Q & B\\ \hdashline 0 & I\end{array}\right]
$$

由定理 5.2.6 可知:$F=(I-Q)^{-1}$

因为 $I-Q=\begin{pmatrix}1 & -0.95 & 0 & 0\\0 & 1 & -0.90 & 0\\0 & 0 & 1 & -0.95\\0 & 0 & -0.07 & 1\end{pmatrix}$

所以 $F=(I-Q)^{-1}=\begin{pmatrix}1 & 0.950 & 0.916 & 0.870\\0 & 1 & 0.964 & 0.916\\0 & 0 & 1.071 & 1.018\\0 & 0 & 0.075 & 1.071\end{pmatrix}$

故 $B=FR=\begin{bmatrix}0.809 & 0.191\\0.852 & 0.149\\0.874 & 0.953\\0.996 & 0.004\end{bmatrix}\begin{matrix}\leftarrow 状态1\\\leftarrow 状态2\\\leftarrow 状态3\\\leftarrow 状态4\end{matrix}$

状态 5　　状态 6

由矩阵 $B$ 可知，$b_{11}=0.809$，即产品由初选(状态 1)开始，到达合格(状态 5)的概率为 0.809。假定每年 1000 人报名，将有 809 人可以入伍参军，其余 191 人将被淘汰。

由此可以预测新兵的合格率为 80.9%。

## 5.3　多目标决策基础

多目标决策是多学科交叉的新研究领域，它主要起源于运筹学、经济学和心理学。1896 年，法国经济学家 V. Pareto 从政治经济学的角度，把很多本质上不可比较的目标转化成一个单一的最优目标，提出了多目标最优化问题。1944 年，Von Neumann 和 Morgenstern 又从对策论角度提出了有多个决策者，彼此之间有相互矛盾的多目标决策问题。1951 年，T.C.Koopmans 提出了有效向量的概念，从而引出了多目标决策中最重要的概念——非劣解(或称为有效解)。1953 年，Kuhn 和 Tucker 又从数学规划角度提出了向量权值问题，给出了向量优化问题的最优条件，即著名的鞍点定理。还有其他许多学者对多目标决策的早期发展都作出了贡献，如 Erik Johsen 在《Studies in Multi-objective Decision Models》一书中，从经济学角度，对如何分析和处理矛盾目标进行了深入严格的研究。1972 年 10 月在美国召开了第一次多目标决策方面的国际会议，开始了多目标决策比较集中的研究和应用。20 世纪 70 年代多目标决策是运筹学和管理科学中发展最快、最活跃、应用最广泛的领域。

多目标决策得以飞速发展，其原因主要有 3 点：

**1. 从“经济人”到“管理人”**

起初，西方经济学者的一个基本假设就是认为企业决策者是“经济人”，以“利润最大化”作为行为准则，只以追求最大经济利益为目标，由此而产生的数学工具就是单目标最优化模型，如单目标线性规划等。

随着社会的发展，这种“经济人”假设根本不适合现代管理的需要，H. A. Simon 根据现代企业的管理职能，提出了“管理人”概念和“令人满意”行为准则，现代管理决策的基本假设是：

(1)决策者必须考虑决策环境，希望达到一个满意的目标水平；

(2)各种经济组织（企业、商场、银行等）是一个合作系统，组成它的各个团体或许会有不同的甚至矛盾的目标，但是它们必须相互协调，共同对策。

**2. 从“最优解”到“满意解”**

由于“经济人”追求的是最大经济利益，所以单目标优化模型追求的是“最优解”，为得到最优解，决策者必须知道全部的决策方案及后果，然后将其逐一比较，才能从中获得最优解。

事实上，决策者由于认识上的限制，也由于决策环境的日益复杂，更由于决策因素的日益增多，一般无法了解全部的决策方案，也不可能预知他们的决策所产生的全部后果，因此，得到真正的最优解几乎是不可能的，也是不必要的。然而，决策者可以预先规定一个满足原定目标的最低要求，然后寻找满足这些要求的最优方案，这样就把决策过程大大简化了。

**3. 从“唯一解” 到“一组解”**

用单目标最优化模型求解实际的管理和决策问题时，总是假定在目标和约束条件都不变化的情况下，寻求绝对意义的最优解，而且这个最优解如果存在，常常是唯一的，这就意味着，作为分析者（通常是下级）提供给决策者（上级）的可行方案只有一个，决策者毫无考虑和选择的余地。《哈佛企业管理百科全书》中明确指出：“只会提出一个方案的下级是不称职的，必须坚决撤换。”现代管理科学有一条著名的原则：“为了达到预定的目标，下级给上级提出的策略（行动方案）必须至少有两个以上，而且必须说明各自的优劣和得失，可供上级考虑和选择。”

## 5.3.1 非劣性、非劣解和非劣解集

### 5.3.1.1 非劣性

**1. 向量序**

设两个 $n$ 维向量

$$\alpha=(\alpha_1,\alpha_2,\cdots,\alpha_n)$$
$$\beta=(\beta_1,\beta_2,\cdots,\beta_n)$$

(1) $\alpha=\beta \Leftrightarrow \alpha_i=\beta_i \quad (1\leqslant i\leqslant n)$；

(2) $\alpha\geqslant\beta \Leftrightarrow \alpha_i\geqslant\beta_i$，且至少有一个分量 $\alpha_i>\beta_i$；

(3) $\alpha>\beta \Leftrightarrow \alpha_i>\beta_i \quad (1\leqslant i\leqslant n)$；

(4) $\alpha<>\beta \Leftrightarrow$ 存在两个分量，使得 $\alpha_s>\beta_s$，$\alpha_t<\beta_t$（称 $\alpha$ 和 $\beta$ 不可比较）。

**2. 多目标决策的基本表达式**

$$(\text{MOP})\begin{cases}\max & Z = F(x)\\ \text{s.t.} & x\in X\end{cases}$$

其中：

$$F(x)=[f_1(x),f_2(x),\cdots,f_n(x)]$$

$$X=\{x\in R^k \mid g_i(x)\leqslant 0,i=1,2,\cdots,m\}$$

这个决策问题有 $n$ 个目标，$m$ 个约束条件，$k$ 个决策变量。

**3. 非劣性**

在单目标优化问题中，方案集 $A$ 中的各个方案之间存在全序性，即对任意两个方案 $A_i,A_j\in A$，下述三式必有一个成立：

(1) $A_i > A_j \Leftrightarrow f(A_i) > f(A_j)$；

(2) $A_i < A_j \Leftrightarrow f(A_i) < f(A_j)$；

(3) $A_i \sim A_j$（等价）$\Leftrightarrow f(A_i) = f(A_j)$。

这就意味着给定一个固定的方案集 $A$ 和目标函数 $f$，则至少存在一个最优解 $A^*$，使得对任意 $A_i\in A$。

$$A_i < A^* \quad 或 \quad A_i \sim A^*$$

对多目标决策问题而言，可行方案集中的各方案只有部分序而非全序，且一般不存在满足最优性的可行解。若多目标问题的可行解集为 $X$，目标函数为 $F(x)=[f_1(x),f_2(x),\cdots,f_n(x)]$，则可行解集可按如下定义部分序（偏序）：

(1) $x^1 > x^2 \Leftrightarrow F(x^1) \geqslant F(x^2)$；

(2) $x^1 < x^2 \Leftrightarrow F(x^1) \leqslant F(x^2)$；

(3) $x^1 \sim x^2$（等价）$\Leftrightarrow F(x^1) = F(x^2)$；

(4) $x^1 <> x^2 \Leftrightarrow F(x^1) <> F(x^2)$。

其中 $F(x)$ 是按向量序定义的。

多目标问题一般没有最优性，而只有矛盾性，即可能某个可行解能使 $p$ 个目标中的某个目标最优，但无法使其他 $p-1$ 个目标同时最优。

可行解的非劣性是指：设某一可行解 $x_0$ 对应的目标函数值为 $F(x_0)$，若不存在其他可行解 $x$ 使得 $F(x)$ 既能在 $F(x_0)$ 的基础上改进某一目标的值，同时又不至于使别的目标值变差。

### 5.3.1.2　非劣解

设多目标决策问题：

$$(\text{MOP})=\begin{cases}\max \quad Z=F(x)=[f_1(x),f_2(x),\cdots,f_n(x)]\\ \qquad \text{s.t.} \quad x\in X\end{cases}$$

**定义 5.3.1（劣解）**　设 $x^0\in X$，若至少存在一个 $x^1\in X$，使 $F(x^1)\geqslant F(x^0)$，则称 $x^0$ 是劣解。

**定义 5.3.2(非劣解,有效解)**　设 $x^0 \in X$,如果不存在 $x \in X$,使 $F(x) \geqslant F(x^0)$成立,则称 $x^0$ 是非劣解(有效解),称全体非劣解的集合为非劣解集,记为 $X^*$。

**定义 5.3.3(弱非劣解)**　设 $x^0 \in X$,如果不存在 $x \in X$,使 $F(x) > F(x^0)$成立,则称 $x^0$ 是弱非劣解,称全体弱劣解的集合为弱非劣解集,记为 $X_w^*$。

显然,非劣解一定是弱非劣解,反之不然,一般说来,非劣性的条件比较严格,有相当部分的多目标优化算法不能保证得到非劣解,而只能得到弱非劣解。

为了研究问题方便,称可行集 $X$ 为多目标决策问题 MOP 的决策集或决策空间。

与决策集相对应,有

**定义 5.3.4**　称 $G = F(X) = \{[f_1(x), f_2(x), \cdots, f_n(x)] \mid x \in X\}$为 MOP 的目标集,或目标空间。

若对于 $k = 1, 2, \cdots, n$,记 $f_k^* = \max\limits_{x \in X} f_k(x)$,则有:

**定义 5.3.5(理想点)**　记 $Z^* = (f_1^*, f_2^*, \cdots, f_n^*)$,称 $Z^*$ 为问题 MOP 在目标空间中的理想点。

**定义 5.3.6(绝对最优解)**　若有一 $x_0^*$,使 $F(x_0^*) = Z^*$,则称 $x_0^*$ 为绝对最优解。

一般来讲,单目标最优化研究的重点是决策集 $X$,即研究如何在 $X$ 中尽快找到最优解,而多目标最优化研究的重点则是目标集,研究怎样在 $G$ 中寻找一个满意点。

为了说明多目标最优化的研究方法,举例说明:假设某个决策问题有 2 个目标 $f_1$ 和 $f_2$,决策者希望这 2 个目标都是越大越好,现有 5 个方案可供选择,如图 5-4 所示。

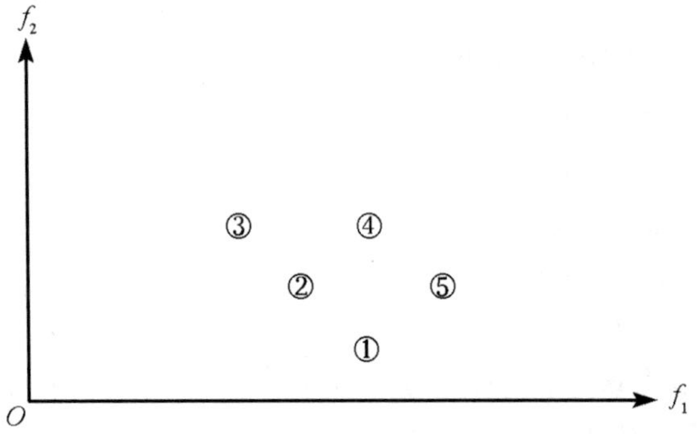


**图 5-4　多目标的决策问题**

从单项指标来看:

目标 $f_1$:$f_1(5) > f_1(4) > f_1(1) > f_1(2) > f_1(3)$;

目标 $f_2$:$f_2(4) > f_2(5) \geqslant f_2(3) > f_2(2) > f_2(1)$。

从两个目标综合考虑,方案①、②、③难以判断优劣,但由于

$$F(4) \geqslant F(1), F(2), F(3); F(5) \geqslant F(1), F(2), F(3)$$

故可淘汰方案①、②、③,即方案①、②、③是劣解,而方案④、⑤是非劣解。

至于方案④、⑤的舍取,则只有另辟途径,或从中任选一个实施,或将两者进行综合,或另外再制定某种意义上的优化原则进行筛选等。

在上述例子中,不难发现以下事实:非劣解和弱非劣解均处于目标空间的边界。

#### 5.3.1.3　折衷率

多目标决策的任务是从决策集中寻找非劣解，并在非劣解之间进行折衷决策分析，以确定满足解，由于目标间的相互矛盾性，改进某个目标值必然以牺牲别的目标值为代价，对于这种情况，我们通常用“折衷因子”来做定量化描述。

**定义 5.3.7（折衷因子）**　为改善目标 $f_i(x)$，改善量为 $\Delta f_i(x)$，必须以损失另一目标 $f_j(x)(j \neq i)$ 为代价，设损失量为 $\Delta f_j(x)$，令

$$t_{ij} = \frac{\Delta f_i(x)}{\Delta f_j(x)}$$

则称 $t_{ij}$ 为目标函数 $f_i(x)$ 和 $f_j(x)$ 之间的折衷因子。

所谓折衷决策分析是指这种折衷是否值得。

### 5.3.2　加权方法

关于多目标规划问题（MOP）非劣解的求法，人们最初是通过某种转换，将多目标问题转化为某类单目标规划问题的。

#### 5.3.2.1　加权问题

考虑多目标规划问题：

$$(\text{MOP})\begin{cases} \max & F(x) \\ \text{s.t.} & G(x) \leqslant 0 \\ & x \in X \end{cases}$$

其中，$F(x) = [f_1(x), f_2(x), \cdots, f_n(x)]$，$G(x) = [g_1(x), g_2(x), \cdots, g_m(x)]$

注：对于 s.t. $g(x) \leqslant 0$，有

$$h(x) = 0$$

及

$$\text{s.t.} \ g(x) \leqslant 0$$

由于 $h(x) = 0$ 在向量不等式中一般亦可表示为 $h(x) \leqslant 0$，从而在一般的讨论中两者不加区分。

对 $n$ 个目标 $f_1(x), f_2(x), \cdots, f_n(x)$，如果能衡量每个目标的重要性，并把该重要性的程度用一组实数 $\omega_i(i = 1,2,\cdots,n)$ 来表示，则 $\sum \omega_i f_i(x)$ 就是可行解 $x \in X$ 优劣程度的一种表示，当然并非对所有情况都是如此，因为不同目标是不可公度的，不过在一定条件下，加权问题的最优解，会使决策者得到最大限度的满足。

从而，定义 MOP 的加权问题为

设 $W = \{w \mid w = (w_1, w_2, \cdots, w_n) \in R^n, w_j \geqslant 0, \sum_{j=1}^{n} w_j = 1\}$

为 $R^n$ 中非负加权向量的集合，对某加权向量 $w = (w_1, w_2, \cdots, w_n)$，加权问题定义为

$$p(w)=\begin{cases}\max \quad f(w_1,w_2,\cdots,w_n)=\sum_{i=1}^{n}w_if_i(x)\\ \text{s.t.} \quad g(x)\leqslant 0\\ \qquad x\in X\end{cases}$$

注:加权 $w$ 满足条件 $\sum \omega_j=1$ 称为标准加权。显然,该条件是非本质的,因为对任何加权 $w$,均可通过变换 $w/\sum \omega_j$ 化为等价的标准加权。因此,我们在以后的讨论中,对这两者一般并不给予严格区别。

### 5.3.2.2 双目标决策问题

双目标决策问题是经常遇到的一类问题,如企业生产中产值 $f_1$(或利润)与污染问题 $f_2$(或能源消耗问题)等,决策者往往希望 $f_1$ 越大越好,$f_2$ 越小越好,若令 $f_2^1=-f_2$,则 $f_2^1$ 越大,就表示 $f_2$ 越小,一般地考虑:

$$(\text{MOP})=\begin{cases}\max \quad f(x)=[f_1(x),f_2(x),\cdots,f_n(x)]\\ \text{s.t.} \quad x\in X\end{cases}$$

通常 $f_1$、$f_2$ 的度量单位并不一致,如产值利润为元,污染为污染函数,能源为卡等。如果决策者做出一种公度判断,如污染系数每减少一个单位,相当于增加利润 $w$ 元,则 MOP 可转化为 $p(w)$来处理,$w$ 的值等价于给定 $f_1$ 和 $f_2$ 之间符合决策者偏好的折衷率,$w$ 一经给出,MOP 就可写成

$$p(w)=\begin{cases}\max \quad f(x)=f_1(x)+wf_2(x)\\ \text{s.t.} \quad x\in X\end{cases}$$

如图 5-5 所示。

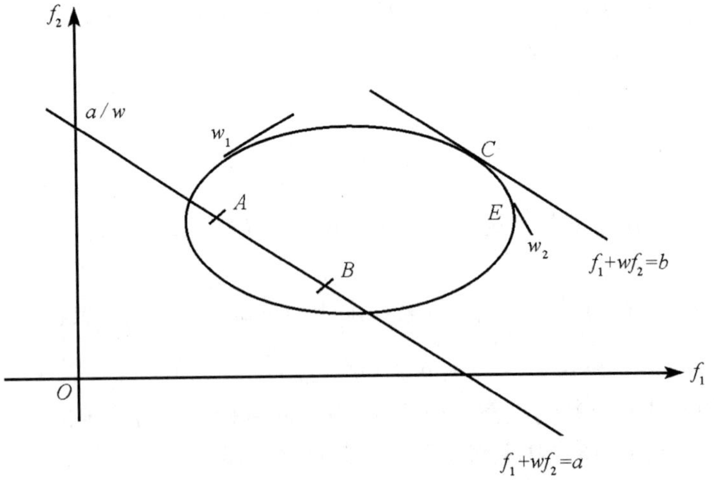


**图 5-5 双目标决策问题**

考虑 MOP 的目标空间 $G$,则 $p(w)$在目标空间的轨迹由下列方程定义:

$$f_1+wf_2=a$$

直线方程与纵轴的截距为 $a/w$，斜率为 $-1/w$。

对图中 $A$、$B$ 两点有相同的加权目标函数值 $a$，因而这两点所代表的方案是无差异的（有相同的总体效用），$C$ 点是 $G$ 中加权值最大的点，即其所对应的方案具有最大的总体效用值，故称之为最优折衷解，或叫满意解。

改变 $w$ 的值，相当于改变决策者的偏好，从而导致 $p(w)$ 中的目标函数发生变化，从而其最优解也将随着变化。

(1)取 $w_1$，使 $\infty > w_1 > w > 0$，则最优折衷解将为 $D$。意味着决策者优先考虑 $f_2$，其后果导致 $f_1$ 降低。

(2)取 $w_2$，使 $w > w_2 > 0$，则满意解将变为 $E$ 点，意味着决策者将优先考虑 $f_1$，而不惜降低 $f_2$。

若取 $w=\infty$，直线与 $f_1$ 平行，相当于不考虑 $f_1$，而仅对 $f_2$ 进行单目标优化，这种情况下只能保证解的弱非劣性。

若取 $w=0$，直线与 $f_2$ 平行，相当于不考虑 $f_2$ 而只对 $f_1$ 进行优化。同样，这只能保证弱非劣性。

### 5.3.2.3　加权问题的最优解与非劣解之间的关系

**定理 5.3.1**　如果加权向量 $w$ 是正的，即 $w_j>0, j=1,2,\cdots,n$，则加权问题的每个最优解必是 MOP 的非劣解。

证明：若对 $w\in W$，$w=(w_1,w_2,\cdots,w_n)$，$w_j>0, j=1,2,\cdots,n$，设 $x^*\in X$ 是 $p(w)$ 的一个最优解（不一定唯一），则对任意 $x\in X$，有

$$\sum_{j=1}^{n} w_j[f_j(x^*)-f_j(x)] \geqslant 0$$

若 $x^*$ 不是 MOP 的非劣解，则存在一个 $x^0\in X$，使 $f(x^*)\leqslant f(x^0)$，从而有

$$f_j(x^*)\leqslant f_j(x^0) \qquad j=1,2,\cdots,n$$

且存在 $j_0$，使得：$f_{j0}(x^*)<f_{j0}(x^0)$。

因 $w_{j0}>0$，故

$$\sum_{j=1}^{n} w_j[f_j(x^*)-f_j(x^0)] < 0$$

矛盾。

**定理 5.3.2**　若 $x^*\in X$ 是加权问题 $p(w)$ 的唯一最优解，则 $x^*$ 必是多目标规划问题 MOP 的一个非劣解。

（证略，可使用反证法。）

**定理 5.3.3**　对已给加权向量 $w\in W$，若加权问题 $p(w)$ 的最优解不唯一，则其中至少有一个是 MOP 的非劣解。

（证略）

**定理 5.3.4**　设 $f_1,f_2,\cdots,f_n$ 是 $X$ 上的凹函数，$X$ 是欧氏空间中的凸集。若 $x^*\in X$ 是 MOP 的一个非劣解，则必定存在一个加权向量 $w\in W$，$x^*$ 是加权问题 $p(w)$ 的一个最

优解。

### 5.3.2.4 α-法

当难以权衡各目标的相对重要程度时采用。步骤如下：

(1)求解 $n$ 个单目标优化问题

$$\max_{x\in X} f_k(x) \qquad k=1,2,\cdots,n$$

得出最优解，记为 $x^k, k=1,2,\cdots,n$。

(2)算出 $n^2$ 个函数值

$$f_{ij}=f_j(x^i) \qquad i,j=1,2,\cdots,n$$

(3)求解线性方程组

$$\begin{cases}\sum_{j=1}^{n} f_{ij}w_j = \alpha \qquad i=1,2,\cdots,n \\ \sum_{j=1}^{n} w_j = 1\end{cases}$$

(4)表为矩阵形式

$$\begin{cases}Mw=\alpha e & (1)\\ e^{\mathrm{T}}w=1 & (2)\end{cases}$$

其中，$M=(f_{ij})_{n\times n}, w=(w_1,w_2,\cdots,w_n)^{\mathrm{T}}, e=(1,1,\cdots,1)^{\mathrm{T}}$。

若 $M$ 可逆，由(1) $w=\alpha M^{-1}e$ 代入式(2)得：

$$e^{\mathrm{T}}w=\alpha e^{\mathrm{T}}M^{-1}e=1 \Rightarrow \alpha=1/e^{\mathrm{T}}M^{-1}e$$

即得方程的唯一解：$w=M^{-1}e/e^{\mathrm{T}}M^{-1}e$。

若 $w\geqslant 0$，则可作为 $p(w)$ 的权系数。

$n=2$，可作一直观解释：

$$\begin{cases}\left.\begin{matrix}f_{11}w_1+f_{12}w_2=\alpha\\ f_{21}w_1+f_{22}w_2=\alpha\end{matrix}\right\} \Rightarrow \dfrac{w_2}{w_1}=\dfrac{f_{21}-f_{11}}{f_{12}-f_{22}}\\ w_1+w_2=1\end{cases}$$

解得：$w_1=\dfrac{f_{12}-f_{22}}{f_{12}-f_{22}+f_{21}-f_{11}}, w_2=\dfrac{f_{21}-f_{11}}{f_{12}-f_{22}+f_{21}-f_{11}}$

$$p(w):\begin{cases}\max f(x)=w_1f_1(x)+w_2f_2(x)\\ \text{s.t.}\quad x\in X\end{cases} \Leftrightarrow \begin{cases}\max f=w_1f_1+w_2f_2\\ \text{s.t.}\quad (f_1,f_2)\in G\end{cases}$$

等值线族 $w_1f_1+w_2f_2=f$ 的斜率为 $-\dfrac{w_1}{w_2}=\dfrac{f_{22}-f_{12}}{f_{21}-f_{11}}$ 等于 $\overline{AB}$ 的斜率，如图 5-6 所示。

可见 α-法所确定的权系数是兼顾两者，且使目标值倾向于均衡。

### 5.3.2.5 环比评分法

当决策者能对 $n$ 个目标依次比较其重要程度时采用。步骤如下：

(1)对 $f_1,f_2,\cdots,f_n$ 依次比较，得出重要性比率(将目标依次一对一进行比较，先确定

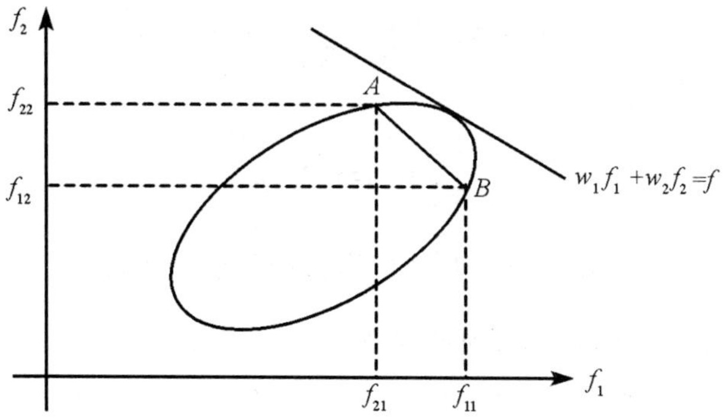


图 5-6　α-法

两个目标之间重要性的比率)。

$$\eta_k = \frac{\lambda_k}{\lambda_{k+1}} \qquad k = 1,2,\cdots,n-1$$

其中,$\lambda_k$ 表示第 $k$ 个目标 $f_k$ 的重要性程度。

(2)令 $\lambda_n = 1$,逆推得出

$$\lambda_k = \eta_k \cdot \lambda_{k+1} \qquad k = n-1, n-2, \cdots, 1$$

(3)将 $\{\lambda_k\}$ 归一化,而令

$$w_i = \frac{\lambda_i}{\sum_{k=1}^{n} \lambda_k} \qquad i = 1,2,\cdots,n$$

所得 $w$ 即可作为 $p(w)$ 的权系数,实际操作时可列表进行,如表 5-2 所示。

表 5-2　环比评分法操作表

| $f_i$ | $\eta_i$ | $\lambda_i$ | $w_i$ |
|---|---|---|---|
| $f_1$ | 2 | 7.5 | 0.4286 |
| $f_2$ | 1 | 3.75 | 0.2143 |
| $f_3$ | 3 | 3.75 | 0.2143 |
| $f_4$ | 5 | 1.25 | 0.0714 |
| $f_5$ | 0.25 | 0.25 | 0.0143 |
| $f_6$ | | 1 | 0.0571 |

$$\sum = 17.5$$

### 5.3.2.6　二项系数法

当 $n$ 较大,决策者能对 $n$ 个目标的重要性排序时采用(排序往往是通过专家组进行的)。

不妨设 $f_1 < f_2 < \cdots < f_{n-1} < f_n$,采用二项式系数赋权。

$$(a+b)^{n-1}=\sum_{i=0}^{n-1}C_{n-1}^{i}a^{i}b^{n-1-i}$$

令 $a=b=1$,可得:

$$2^{n-1}=\sum_{i=0}^{n-1}C_{n-1}^{i}\Rightarrow\sum_{i=0}^{n-1}\frac{C_{n-1}^{i}}{2^{n-1}}=1$$

由于集合$\left\{\frac{C_{n-1}^{i}}{2^{n-1}}\middle| i=0,1,\cdots,n-1\right\}$中的数据两头小中间大。

当 $n$ 为偶数时,设 $n=2k$,将目标重排为

$$f_1<f_3<\cdots<f_{2k-1}<f_{2k}>f_{2k-2}>\cdots>f_4>f_2$$

$$\frac{C_{n-1}^{0}}{2^{n-1}}\quad\frac{C_{n-1}^{1}}{2^{n-1}}\quad\frac{C_{n-1}^{2}}{2^{n-1}}\quad\cdots\quad\frac{C_{n-1}^{k-1}}{2^{n-1}}\quad\frac{C_{n-1}^{k}}{2^{n-1}}\quad\frac{C_{n-1}^{k+1}}{2^{n-1}}\quad\cdots\quad\frac{C_{n-1}^{n-2}}{2^{n-1}}\quad\frac{C_{n-1}^{n-1}}{2^{n-1}}$$

注意:$C_{n-1}^{n-1-i}=C_{n-1}^{i}$。

取权值如下:

$$w_{2i-1}=w_{2i}=\frac{C_{n-1}^{i-1}}{2^{n-1}}\qquad i=1,2,\cdots,k$$

当 $n$ 为奇数时,设 $n=2k+1$,将目标重排为

$$f_1<f_3<\cdots<f_{2k-1}<f_{2k}>f_{2k-2}>\cdots>f_4>f_2$$

$$\frac{C_{n-1}^{0}}{2^{n-1}}\quad\frac{C_{n-1}^{1}}{2^{n-1}}\quad\cdots\quad\frac{C_{n-1}^{k-1}}{2^{n-1}}\quad\frac{C_{n-1}^{k}}{2^{n-1}}\quad\frac{C_{n-1}^{k+1}}{2^{n-1}}\quad\cdots\quad\frac{C_{n-1}^{n-2}}{2^{n-1}}\quad\frac{C_{n-1}^{n-1}}{2^{n-1}}$$

取权值如下:

$$w_{2i-1}=w_{2i}=\frac{C_{n-1}^{i-1}}{2^{n-1}}\qquad i=1,2,\cdots,k;w_{2k+1}=\frac{C_{n-1}^{k}}{2^{n-1}}$$

**例 5.13** $n=9$,先按从轻到重排列目标

$$f_1<f_2<\cdots<f_8<f_9$$

取对应权值为

$$w_1=w_2=1/256=0.00391$$
$$w_3=w_4=1/32=0.03125$$
$$w_5=w_6=7/64=0.10937$$
$$w_7=w_8=7/32=0.21875$$
$$w_9=35/128=0.27344$$

#### 5.3.2.7 其他方法

(1)专家法(Delphi 法)

当决策者难于提出偏好信息时,可借助于群体智慧,由 $n$ 名专家(专家)独立提出权系数方案。设第 $k$ 名专家提出的权系数为$(w_1^k,w_2^k,\cdots,w_n^k)$,$k=1,2,\cdots,n$,计算平均值。

$$\bar{w}_j=\frac{1}{l}\sum_{k=1}^{l}w_j^k\qquad j=1,2,\cdots,n$$

则以$(\bar{w}_1,\bar{w}_2,\cdots,\bar{w}_n)$作为权系数。如果各位专家所提出的权系数相差太大,则还可

以将结果向专家反馈再进行多次调整。

另外，在计算平均值的时候，还可以使用加权平均。

(2)变动系数法

若难于确定权值，可将 $w_j(j=1,2,\cdots,n)$视为参数，求解 $p(w)$，得出最优解是 $p(w)$ 的函数，然后让 $w$ 按一定规则变动，得出若干(或全部)非劣解，再直接比较非劣解(或对应非劣点)，以确定满意解。

当 $n$ 很小时，可以采用如下方法。

**例 5.14** $\begin{cases}\min & F(x)=(x^2,2-x)\\ \text{s.t.} & -2\leqslant x\leqslant 2\end{cases}$

$$p(w):\begin{cases}\min & f(x)=wx^2+(1-w)(2-x)\\ \text{s.t.} & -2\leqslant x\leqslant 2\end{cases}$$

求解 $p(x)$。

**解**　令

$$\frac{\mathrm{d}f}{\mathrm{d}x}=2wx-(1-w)=0 \quad\Rightarrow\quad x(w)=(1-w)/2w \qquad 0<w\leqslant 1$$

当 $w$ 由 1 递减到 1/5，$x(w)$由 0 递增到 2 时，当 $w$ 由 1/5 递减到 0，$x(w)$由 2 递增到 $\infty$时，$X^*=[0,2]$。对应的曲线为下图的抛物线弧段$\overset{\frown}{AB}$。

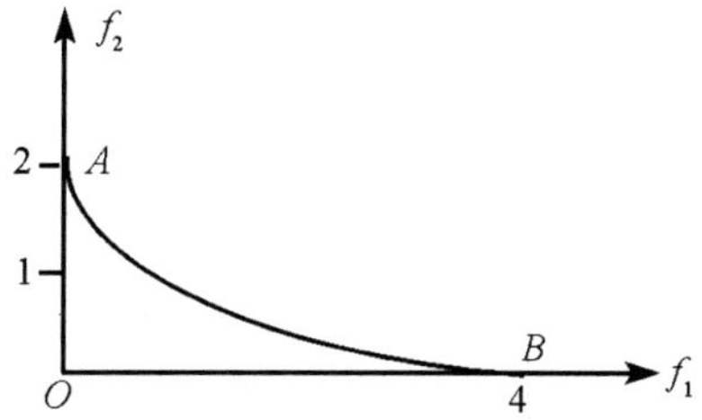


**例 5.14 图　变动系数法**

尽管方法各异，且都以满足决策者为标准，但原则不能丢，即一定是 MOP 的非劣解。

## 5.3.3　约束方法(目标限制法，分量优化法)

### 1. 目标限制问题

考虑多目标规划问题

$$(\text{MOP})\begin{cases}\max & F(x)=[f_1(x),f_2(x),\cdots,f_n(x)]\\ \text{s.t.} & x\in X\end{cases}$$

设 $k$ 是某个固定下标，$1\leqslant k\leqslant n$，令

$$\varepsilon=(\varepsilon_1,\cdots,\varepsilon_{k-1},\varepsilon_{k+1},\cdots,\varepsilon_n)^{\mathrm{T}}$$

是给定的 $n-1$ 维列向量，考虑单目标规划问题：

$$p_k(\varepsilon):\begin{cases}\max & f_k(x)\\ \text{s.t.} & f_i(x)\geqslant\varepsilon_i \quad (i\neq k)\\ & x\in X\end{cases}$$

称 $p_k(\varepsilon)$为第 $k$ 目标$\varepsilon$ 限制问题。

**2.非劣解与第 $k$ 目标$\varepsilon$ 限制问题最优解的关系**

**定理 5.3.5** $x^*\in X$ 是 MOP 的一个非劣解的充分必要条件是:对所有 $k=1,2,\cdots,n$ 和$\varepsilon_i=f_i(x^*)$, $i=1,2,\cdots,n$, $x^*$ 是 $p_k(\varepsilon)$的最优解。

注:此定理可以用来辨别已知点是否为 MOP 的非劣解。

**定理 5.3.6** 给定可行解 $x^*\in X$,令 $\varepsilon_i=f_i(x^*)$, $i=1,2,\cdots,n$,若对某个 $k$, $1\leqslant k\leqslant n$, $x^*$ 是 $p_k(\varepsilon)$的唯一最优解,则 $x^*$ 是 MOP 的非劣解。

注:该定理表明,若 $x^*\in X$ 是某个$p_k(\varepsilon^*)$的唯一最优解,即可断言 $x^*$ 是 MOP 的非劣解。

若对于 $p_k(\varepsilon)$,记 $\bar{Y}_k=\{\varepsilon\mid\{x\mid f_i(x)\geqslant\varepsilon_i, i\neq k\}\cap X\neq\varnothing\}$。

**定理 5.3.7** 设 $x^*\in X$ 是$p_k(\varepsilon^*)$的一个最优解,其中 $\varepsilon_i=f_i(x^*)$, $i\neq k$,则可行解 $x^*$ 是 MOP 的非劣解$\Leftrightarrow$对任意 $\varepsilon\in\bar{Y}_k$, $\varepsilon\geqslant\varepsilon^*$(即 $\varepsilon_i\geqslant\varepsilon_i^*$ 且至少一严格不等式成立),只要

$$p_k(\varepsilon):\begin{cases}f_k^{\varepsilon}=\max f_k(x)\\ \text{s.t.} \quad f_i(x)\geqslant\varepsilon_i \quad (i\neq k)\\ \qquad x\in X\end{cases}$$

的最优解 $f_k^{\varepsilon}$ 存在,就有 $f_k^{\varepsilon}<f_k^{\varepsilon^*}=f_k(x^*)$。

**3.约束方法应用**

约束方法适用于当 $n$ 个目标中有一个重要性特别突出。

只要$\varepsilon$ 选取适当,就可认为 $p_k(\varepsilon)$(与$\varepsilon$ 的选取有关)的最优解是 MOP 的满意解。开始,取 $\varepsilon_i$ 满足下列条件:

$$\min_{x\in X}f_i(x)\leqslant\varepsilon_i\leqslant\max_{x\in X}f_i(x)\quad (i\neq k)$$

即可。若不恰当,可多次调整。选取的 $\varepsilon_i$ 不同,所得的满意解也不同。

在实际应用中,往往令

$$\Delta\varepsilon_i=\frac{\max f_i-\min f_i}{r-1}$$

其中,$r$ 是某一正整数且 $r\geqslant 2$。

记 $\varepsilon_i^0=\min_{x\in X}f_i(x)$,然后,分别取 $\varepsilon_i^k=\varepsilon_i^0+k\cdot\Delta\varepsilon_i$, $k=0,1,\cdots,r-1$。解 $p_i(\varepsilon_i^k)$问题。

求解的一般步骤为

(1)对 $j=1,2,\cdots,n$,分别求解如下单目标决策问题:

$$(\text{SOP})\begin{cases}\max\ f_j(x)=\varepsilon_{j\cdot\max}\\ \text{s.t.}\ x\in X\end{cases}$$

设其最优解分别为 $x^j$,再对所有的 $j$ 求解

$$\min_j f_i(x^j)=\varepsilon_{i\cdot\min}\qquad i=1,2,\cdots,n$$

(2)取 $\varepsilon_j$ 的变化范围为$[\varepsilon_{j\cdot\min},\varepsilon_{j\cdot\max}]$,并规定 $r\geqslant 2$ 为 $\varepsilon_j$ 的个数。

(3)对 $\varepsilon_j$ 取如下各值

$$\varepsilon_j=\varepsilon_{j\cdot\min}+k\cdot\Delta\varepsilon_j$$
$$\Delta\varepsilon_j=(\varepsilon_{j\cdot\max}-\varepsilon_{j\cdot\min})/(r-1)$$
$$k=0,1,\cdots,r-1$$

解第 $i$ 目标 $\varepsilon$ 限制问题。

**例 5.15**　求解多目标规划问题:

$$(\text{MOP})\begin{cases}\max f(x)=(x_2-x_1,x_1+x_2)^{\mathrm{T}}\\ \text{s.t. } x_2-x_1\leqslant 1\\ x_2\leqslant 2\\ 2x_1+x_2\leqslant 6\\ x_1\geqslant 0\\ x_2\geqslant 0\end{cases}$$

**解**　MOP 的可行解集 $X$ 为如图所示五边形 $OABCD$。

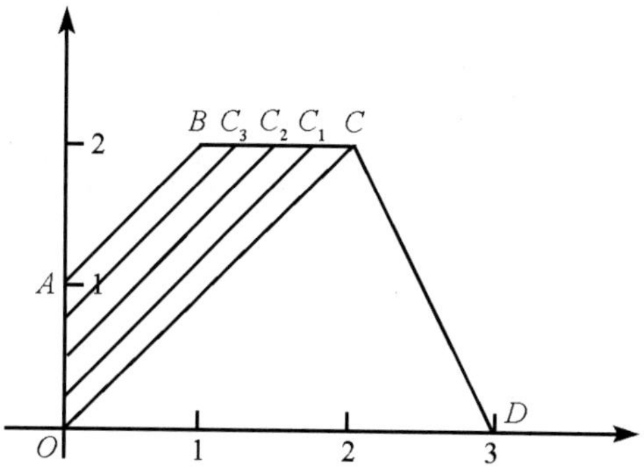


**例 5.15 图　可行解集**

求解

$$\begin{cases}\max f_1(x)=x_2-x_1\\ \text{s.t. } x\in X\end{cases}$$

得最优解 $x^1$ 的集合为线段 $AB$,$\varepsilon_{1\cdot\max}=f_1(x^1)=1$。

$$\begin{cases}\max f_2(x)=x_1+x_2\\ \text{s.t. } x\in X\end{cases}$$

设 $x^2=(2,2)$($C$ 点),$\varepsilon_{2\cdot\max}=f_2(x^2)=4$,再求解

$$\varepsilon_{1\cdot\min}=\min_{x\in AB\cup C}f_1(x)=0$$
$$\varepsilon_{2\cdot\min}=\min_{x\in AB\cup C}f_2(x)=1$$

则 $\varepsilon_1$ 和 $\varepsilon_2$ 的变化范围为 $0\leqslant\varepsilon_1\leqslant 1,1\leqslant\varepsilon_2\leqslant 4$。

取 $r=5$,则 $\varepsilon_1$ 为 $\varepsilon_1=0+k(1-0)/(5-1)=k/4$。

解第 2 目标 $\varepsilon$ 限制问题:

$$p_2(\varepsilon):\begin{cases}\max f_2(x)=x_2+x_1\\ \text{s.t.}\, x_2-x_1\geqslant\varepsilon_1\\ \quad x\in X\end{cases}$$

其中,$\varepsilon_1=k/4,k=0,1,\cdots,4$。

其最优解依次为图中 $C,C_1,C_2,C_3,B$,其坐标依次为

$$(2,2),(1.75,2),(1.5,2),(1.25,2),\ (1,2)$$

由于上述各解都是唯一解,故都是 MOP 的非劣解。

事实上,若让参数 $\varepsilon_1$ 在[0,1]上连续变化,不难得出其最优解为

$$x^*(\varepsilon_1)=(\alpha-\varepsilon_1,2)$$

这亦是非劣解的通解公式,亦即线段 $BC$。

## 5.3.4 其他方法

### 5.3.4.1 分量排序法

如果能够对多目标函数 $F(x)$的 $n$ 个分量按其重要程度排出优先次序,则可以按照这个优先次序,分为 $n$ 个层次逐层优化,最后求出满意解或满意解集。该方法又称"层次序列法"。

不失一般性,为方便起见,假定 $F(x)$中的 $n$ 个分量重要性排序为:

$$f_1>f_2>\cdots>f_{n-1}>f_n$$

对于多目标决策模型:

$$\text{MOP}:\begin{cases}\max f(x)\\ \text{s.t.}\, x\in X\end{cases}$$

首先求解:

$$(p_1):\begin{cases}\max f_1(x)\\ \text{s.t.}\, x\in X\end{cases}$$

设 $x^1$ 为$(p_1)$的最优解,再解:

$$(p_2):\begin{cases}\max f_2(x)\\ \text{s.t.}\, f_1(x)=f_1(x^1)\\ x\in X\end{cases}$$

设 $x^2$ 为$(p_2)$的最优解。

一般的:

$$(p_1):\begin{cases}\max f_l(x)\\ \text{s.t.}\ f_j(x)=f_j(x^j) & j=1,2,\cdots,l-1\\ x\in X\end{cases}$$

设 $x^l$ 为$(p_l)$的最优解,$l=2,3,\cdots,n$。

**结论** 若 $x^n$ 为$(p_n)$的最优解,则 $x^n$ 为(MOP)的非劣解(证略)。

**例 5.16**　MOP: $\begin{cases}\min f(x)=[f_1(x),f_2(x),f_3(x)]\\ \text{s.t. } x\in X\end{cases}$

其中: $f_1(x)=(x_1^2+2x_2)(x_3-1)$

$f_2(x)=(x_1^2+3x_2)x_3$

$f_3(x)=x_1(3x_1x_2-x_3)$

$X=\{x\in R^3\mid x_1^2+2x_2\geqslant 1, x_2\geqslant 0, x_3\geqslant 2\}$

**解**　$(p_1)$: $\begin{cases}\min f_1(x)=(x_1^2+2x_2)(x_3-1)\\ \text{s.t. } x_1^2+2x_2\geqslant 1, x_2\geqslant 0, x_3\geqslant 2\end{cases}$

当 $x\in X$ 时, $f_1(x)\geqslant 1$, $\min\limits_{x\in X} f_1(x)=1$。

其最优解 $x^1=(x_1,x_2,x_3)$ 满足

$$x_3=2 \qquad x_1^2+2x_2=1 \quad \Rightarrow x_2=(1-x_1^2)/2$$

又由 $x_2\geqslant 0$, 可知 $|x_1|\leqslant 1$。故 $(p_1)$ 的全部最优解为

$$x^1(x_1)=[x_1,(1-x_1^2)/2,2] \qquad -1\leqslant x_1\leqslant 1$$

$$(p_2):\begin{cases}\min f_2(x)=(x_1^2+3x_2)x_3\\ \text{s.t. } (x_1^2+2x_2)(x_3-1)=1\\ \qquad x_1^2+2x_2\geqslant 1, x_2\geqslant 0, x_3\geqslant 2\end{cases}$$

等价于:

$$\begin{cases}\min f_2(x)=(x_1^2+3x_2)x_3\\ \text{s.t. } -1\leqslant x_1\leqslant 1, x_2=\dfrac{(1-x_1^2)}{2}, x_3=2\end{cases}$$

等价于:

$$\min_{-1\leqslant x_1\leqslant 1} 2\cdot\left(x_1^2+3\cdot\frac{1-x_1^2}{2}\right)=\min_{|x_1|\leqslant 1}(3-x_1^2)=2$$

其最优解为 $x^2=(1,0,2)$。

$$(p_3):\begin{cases}\min f_3(x)=x_1(3x_1x_2-x_3)\\ \text{s.t. } f_1(x)=1\\ \qquad f_2(x)=2\\ \qquad x\in X\end{cases}$$

等价于

$$\begin{cases}\min f_3(x)=x_1(3x_1x_2-x_3)\\ \text{s.t. } x_1=\pm 1, x_2=0, x_3=2\end{cases} \Rightarrow (p_3)\text{的最优解为 } x^3=(1,0,2)$$

$x^3$ 可取为满意解, $F(x^3)=(1,2,-2)$。此时 $f_1$, $f_2$ 都达到了 $X$ 上的最小值。

### 5.3.4.2　宽容排序法

在分量排序中,若 $(p_l)$ 只有唯一最优解,则 $f_{l+1}, f_{l+2}, \cdots, f_n$ 等目标就不能兼顾了,为兼顾次要目标,考虑放宽 $(p_l)$ 的限制,即将 $(p_l)$($l=2,3,\cdots,n$, $(p_1)$ 不变)改为

$$(\tilde{p}_l):\begin{cases}\min f_l(x)\\ \text{s.t. } f_j(x)\leqslant f_j(x^j)+\delta_j & j=1,2,\cdots,l-1\\ x\in X\end{cases}$$

其中，$x_j$ 为 $\tilde{p}_j$ 的最优解，$\delta_j>0$ 称为宽容度，$\tilde{p}_l$ 的最优值和最优解与 $\delta_j$ 有关。

**结论** 若 $x^n$ 为 $\tilde{p}_n$ 的最优解，则 $x^p\in X_w^*$。

## 5.4 离散多目标问题的决策方法

本节将重点介绍离散多目标决策问题(有时简称离散问题)，这类问题是指决策变量只取有限或至多可列个离散数值的多目标决策问题(主要介绍有限情况)。

在现实生活中，我们遇到的绝大多数问题均为离散问题，如武器作战效能的评价、作战方案的选择、武器装备数量的确定等。

对于离散多目标决策问题，一般可以表述如下：

(1)明确这一决策问题总的目的；

(2)开发并确定可供选择的方案；

(3)确立候选方案的各个属性(品性)，并对各品性给以适当的表示(可以是文字的，也可是数值的)；

(4)选定决策方法。

(5)根据决策者意图进行合理的选择，即决策。

### 5.4.1 离散多目标问题的规范化

所谓规范化包括：

(1)表达一般离散多目标问题的决策矩阵(支付矩阵)的构造；

(2)属性(品性)的无量纲化和归一化；

(3)方案的筛选。

#### 5.4.1.1 决策矩阵

这里的决策矩阵与第2章中的决策矩阵有所区别，第2章中决策矩阵中的元素是单个目标在不同状态下的收益值，本章讨论的是确定型离散多目标决策问题，因此决策矩阵的内容就与第2章略有不同。

设 $X$ 为可行方案集，为离散集，至多可列，一般为有限，设

$$X=\{X_1,X_2,\cdots,X_m\}$$

又设所考虑的目标属性有 $n$ 个($n\geqslant 2$)，分别用 $Y_1,Y_2,\cdots,Y_n$ 表示，第 $i$ 个方案 $X_i$ 的第 $j$ 个属性的值用 $y_{ij}$ 表示，如表5-3所示。这样一个离散多目标决策问题便可用一个决

策矩阵(支付矩阵)来表示。

**表** 5-3

| 可选方案 | 属性(目标的值域) | | | |
|---|---|---|---|---|
| | $Y_1$ | $Y_2$ | … | $Y_n$ |
| $X_1$ | $y_{11}$ | $y_{12}$ | … | $y_{1n}$ |
| $X_2$ | $y_{21}$ | $y_{22}$ | … | $y_{2n}$ |
| ⋮ | ⋮ | ⋮ | | ⋮ |
| $X_m$ | $y_{m1}$ | $y_{m2}$ | … | $y_{mn}$ |

决策矩阵的作用是为决策分析提供基本信息。

### 5.4.1.2　属性的规范化

不同的目标函数一般具有不同的量纲,从而难以对各目标的相对重要性作横向比较,为便于对具有不同量纲的多目标问题作决策分析,往往将各目标(各属性)作无量纲化和归一化处理,这就是所谓的属性的规范化。这里,所谓的归一化是指把各属性的值都映射到[0,1]区间。

(1)向量规范化方法

令

$$z_{ij} = \frac{y_{ij}}{\sqrt{\sum_{i=1}^{m} y_{ij}^2}} \qquad i = 1,2,\cdots,m;j = 1,2,\cdots,n$$

显然,该变换满足无量纲和归一化要求,但变化是非线性的,且未达到极值。

(2)比例变换法

令

$$z_{ij} = \frac{y_{ij}}{\max\limits_{1\leqslant i\leqslant m} y_{ij}} \quad \text{(效益型,即属性值越大越好)}$$

或

$$z_{ij} = \frac{\min\limits_{1\leqslant i\leqslant m} y_{ij}}{y_{ij}} \quad \text{(成本型,属性值越小越好)}$$

该变换满足无量纲化和归一化,且

$$\max_i z_{ij} = 1$$

但$\min\limits_i z_{ij}$却不一定为 0。

(3)非比例变换法

令

$$z_{ij} = \frac{y_{ij} - (\min\limits_i y_{ij})}{(\max\limits_i y_{ij}) - (\min\limits_i y_{ij})} \quad \text{(效益型)}$$

或

$$z_{ij}=\frac{(\max_i y_{ij})-y_{ij}}{(\max_i y_{ij})-(\min_i y_{ij})} \quad (成本型)$$

该变换满足归一化和无量纲化，且

$$\max_i z_{ij}=1 \quad \min_i z_{ij}=0$$

但变换不是按比例(放大或缩小)进行的。

#### 5.4.1.3 方案初选

对于离散多目标决策问题而言，方案是已知的。这些方案并非都是非劣的。在应用决策方法求取满意方案之前，应剔除那些明显劣的方案，以减轻决策分析的负担。

在这里，介绍基于属性的限制和比较方法。

(1)属性限制法

部队选择士兵进入军事院校深造的时候，往往要考虑士兵的军龄、政治素养、军事素质、文化基础、所受的奖励和处分等方面，且均有限制性条件，如军龄 1 年以上，在军事训练比武中获得奖励，具有高中以上学历等。这样的选择方法，就称为属性限制法。

具体实施的步骤为

对每一属性(目标) $Y_i$，$(i=1,2,\cdots,n)$设置一个可接受水平 $l_i(i=1,2,\cdots,n)$。设对所有属性均为值越大越好，令 $X_0=\{X_i \mid y_{ij}\geqslant l_j \quad j=1,2,\cdots,n\}$，则 $X_0$ 是可接受候选方案的集合。

如果可接受水平选择适当，则 $X^0$ 中候选方案的个数很少，其中每一个都有资格作为合理的选择。

(2)改进的属性限制法

改进的属性限制法在一点上与属性限制法不同：不是对所有 $n$ 个属性，而是对第 $k$ 个属性以外的 $n-1$ 个属性设置可接受水平 $l_j, j\neq k$，此时候选方案集为

$$X^k=\{X_i \mid y_{ij}\geqslant l_j \quad j\neq k\}$$

### 5.4.2 层次分析法

层次分析法(Analytical Hierarchy Process，AHP)是美国 A.L.Seaty 教授于 20 世纪 70 年代初提出的，特别适合于具有复杂层次结构的多指标决策问题，已在各国得到广泛应用。

层次分析法具有如下几个特点：

(1)可以将复杂问题中的各种因素通过划分相互联系的有序层次使之条理化；

(2)根据对一定客观现实的主观判断(两两比较)，将每一层次因素的相对重要性进行定量描述；

(3)利用数学方法确定反映每一层次全部因素的相对重要性次序的权值；

(4)通过所有层次之间的总排序，确定所有方案的排序。

### 5.4.2.1　AHP 的基本原理

**1. 比较矩阵**

设有 $n$ 个球，顺序编号为 $1,2,\cdots,n$，其中每 $i$ 号球的重量为 $w_i$ 单位，则每两只球重量之比的全体可构成一个矩阵，即

$$B=\begin{bmatrix} b_{11} & \cdots & b_{1n} \\ \vdots & & \vdots \\ b_{n1} & \cdots & b_{nn} \end{bmatrix}$$

其中

$$b_{ij}=w_i/w_j \qquad i,j=1,2,\cdots,n$$

矩阵 $A$ 称之为比较矩阵，显然有性质：

(1) $b_{ii}=1,\ b_{ij}=1/b_{ji}$　　(5-6)

(2) $b_{ij}=b_{ik}*b_{kj}\quad (i,j,k=1,2,\cdots,n)$　　(5-7)

(3) $BW=nW$　　(5-8)

其中 $W=(w_1,w_2,\cdots,w_n)^{\mathrm{T}}$，即 $n$ 是比较矩阵 $B$ 的一个特征值，$w$ 是相应的特征向量。

**2. 判断矩阵**

比较矩阵是在已知每只球的重量的情况下，将球两两比较之后得到的。

反之，若不知道每只球的重量，而只知道每两球之间的重量之比，能否在假设全部球的重量为一个单位的前提下，求每个球的相对重量呢？

设 $a_{ij}$ 为每 $i$ 号球与每 $j$ 号球重量之比的比值，则令

$$A=\begin{bmatrix} a_{11} & \cdots & a_{1n} \\ \vdots & & \vdots \\ a_{n1} & \cdots & a_{nn} \end{bmatrix}=(a_{ij})_{n\times n}$$

称 $A$ 为判断矩阵。一般说来，$A$ 满足

$$a_{ii}=1,\ a_{ij}=1/a_{ji} \qquad (A\text{ 不一定满足}) \tag{5-9}$$

$$a_{ij}=a_{ik}*a_{kj} \tag{5-10}$$

若 $a_{ij}$ 满足式(5-10)，则称判断矩阵 $A$ 具有完全一致性。

**定理** 5.4.1　若判断矩阵 $A$ 具有完全一致性，则 $A$ 的最大特征根为 $n$，其余特征根均为 0。

在完全一致性条件下，通过求解特征向量问题：

$$AW=nW$$

可求出正规化特征向量 $W$（正规化是指向量 $W$ 的所有分量之和为 1）。

在一般情况下，$A$ 不具有完全一致性，此时，可以证明，$A$ 的最大特征根 $\lambda_{\max}$ 为单根，且 $\lambda_{\max}\geqslant n$。

$\lambda_{\max}$ 与 $n$ 的差值越大，说明 $A$ 的一致性越差，只有当 $A$ 的一致性达到一定的需求时，运用层次分析法得出的结论才是基本合理的。因此，需对 $A$ 进行一致性的检验。

定义

$$C \cdot I = \frac{\lambda_{max} - n}{n - 1} = CI$$

则 $C \cdot I = 0 \Leftrightarrow A$ 具有一致性。

### 5.4.2.2 AHP 的基本步骤

AHP 大体分为 6 个步骤：明确问题；建立层次结构；构造判断矩阵；层次单排序；层次总排序；一致性检验。其中后三个步骤在整个过程中需要逐层进行。

**1.明确问题**

明确问题即对系统进行分析，为了运用 AHP 进行系统分析，首先要对问题有明确的认识，弄清问题范围，所包含的因素、因素之间的相互关系，目标（需要得到的解答），可行方案，对使用 AHP 来说所掌握的信息是否充分。

**2.建立层次结构**

根据对问题的初步分析，将系统所包含的因素，按其特点分组，每一组作为一个层次，按照最高层、若干有关的中间层和最底层的形式排列起来。

最高层：表示解决问题的目的，即 AHP 所要达到的目标。

中间层：表示采用某种措施或方案实现预定目标所涉及的中间环节。根据问题的复杂程度，中间层又可分为策略层、约束层、准则层等多个层次。

最低层：表示解决问题的措施或方案。

标明上一层次与下一层次之间联系，并用层次结构图 5－7 表示。

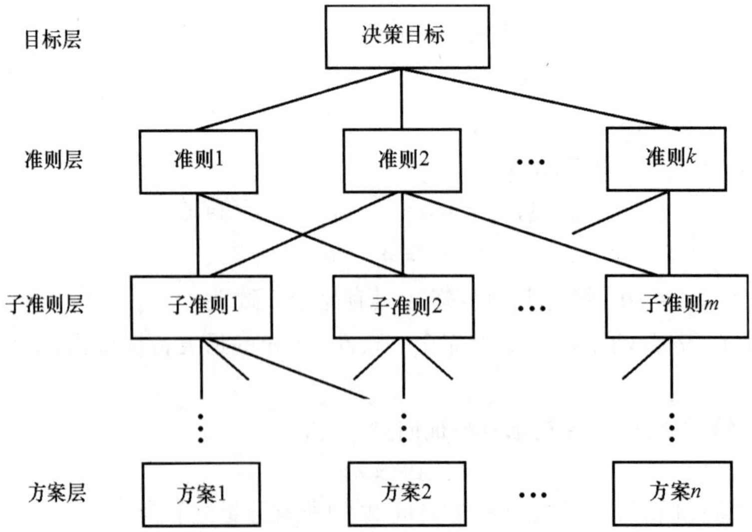


图 5－7 层次结构图

相邻层次之间，一般各元素只有部分发生联系，即并非某一层次的一元素与相邻层次的所有元素都发生联系。

**3.构造判断矩阵**

任何系统分析都以一定的信息为基础。因素的两两比较是用来获取决策者的偏好信息的一种比较实际的手段。AHP 的信息基础主要是决策者对每一层次各元素的相对重要性做出判断。这些判断用数值表示出来,组成矩阵形式就构成判断矩阵。判断矩阵是 AHP 的出发点,构造判断矩阵是运用 AHP 的关键。

判断矩阵表示针对上一层次的某一元素,本层次有关元素之间相对重要性的情况。

设 $B$ 层次元素 $B_k$ 与下一层次 $P$ 的元素的 $P_1, P_2, \cdots, P_n$ 有联系,则可构造如下判断矩阵:

$$\begin{matrix} B_k & P_1 & P_2 & \cdots & P_n \\ P_1 & p_{11} & p_{12} & \cdots & p_{1n} \\ P_2 & p_{21} & p_{22} & \cdots & p_{2n} \\ \vdots & \vdots & \vdots & & \vdots \\ P_n & p_{n1} & p_{n2} & \cdots & p_{nn} \end{matrix}$$

其中,$p_{ij}$ 表示对于 $B_k$ 而言,$P_i$ 对 $P_j$ 相对重要性的数值。

对于 $p_{ij}$,Saaty 给出所谓的 Saaty 标度来衡量两部分之间的倍数关系。Saaty 标度说明如表 5－4。

**表 5－4　Saaty 标度说明**

| $P_i$ 与 $P_j$ 比较的定性结果 | $p_{ij}$ 的 Saaty 标度 | 意义 |
|---|---|---|
| $P_i$ 与 $P_j$ 同样重要 | 1 | $P_i = P_j$ |
| $P_i$ 比 $P_j$ 稍微重要 | 3 | $P_i = 3P_j$ |
| $P_i$ 比 $P_j$ 相当重要 | 5 | $P_i = 5P_j$ |
| $P_i$ 比 $P_j$ 强烈重要 | 7 | $P_i = 7P_j$ |
| $P_i$ 比 $P_j$ 极端重要 | 9 | $P_i = 9P_j$ |
| $P_i$ 比 $P_j$ 的重要性在上述描述之间 | 2 或 4 或 6 或 8 | |
| $P_i$ 比 $P_j$ 不重要的上述描述 | 相应上述数的倒数 | |

由于对任何判断矩阵都应满足:

$$p_{ii} = 1, p_{ij} = 1/p_{ji} \qquad i, j = 1, 2, \cdots, n$$

故对 $n$ 阶判断矩阵,仅需对 $n(n-1)/2$ 个元素给出比较值。

判断矩阵中的数值一般是根据经验和数据资料得到的。判断不可能做到完全一致。特别是对因素多、规模大的问题更是如此。为考察 AHP 得到的结果是否基本合理,需对判断矩阵作一致性检验,这种检验通常是结合排序步骤进行的。

**4.层次单排序**

所谓层次单排序是指:根据判断矩阵计算对于上一层某元素而言本层次与之有联系的元素重要性次序的权值。这些权重反映了这些互有联系的元素的相对重要性。它是对层次所有元素针对上一层次而言的重要性进行排序的基础。

层次单排序的基本思想是首先根据判断矩阵计算各元素的权值,然后检验判断矩阵的一致性,计算权值就是求解判断矩阵的最大特征值和相应的特征向量,即求解:

$$PW=\lambda_{\max}W$$

若 $\lambda_{\max}$ 为判断矩阵 $P$ 的最大特征值,$W$ 是对于 $\lambda_{\max}$ 的规范化特征向量,则 $W$ 的分量 $W_i$ 便是相应元素单排序的权值。这样,根据同一层次元素之间的成对比较结果,求出各元素在本层次的相对重要性。

定义一致性指标 $CI$ 为

$$CI=\frac{\lambda_{\max}-n}{n-1}$$

当判断矩阵具有完全一致性时,$CI=0$。$CI$ 越大,则 $\lambda_{\max}-n$ 越大,即判断矩阵的一致性越差。

为了检验判断矩阵的一致性是否满意,需将 $CI$ 与平均随机一致性指标 $RI$ 进行比较。

注意:对于 1,2 阶判断矩阵,$RI$ 只是形式上的,因为按照我们对判断矩阵所下的定义,1、2 阶判断矩阵总是完全一致的。

记

$$CR=\frac{CI}{RI}$$

称为判断矩阵的随机一致性比例。

当 $CR<0.1$ 时,我们认为判断矩阵具有满意的一致性,否则就需要调整,判断矩阵,使之具有满意的一致性。

**5.层次总排序**

层次单排序:针对上层的某一元素而言,本层次有关元素之间的相对重要性。

层次总排序:(利用同一层次中所有元素的单排序结果)计算针对上一层所有元素而言本层次所有元素的权值(这些权值反映同一层各元素之间的相对重要性)。

思路:层次总排序的思路从上到下按顺序逐层进行排序。

步骤:

(1)对于最高层下面的一层(次最高层),其总排序即为该层次单排次序。

(2)对于某一层次,设上一层次所有元素 $B_1,B_2,\cdots,B_m$ 的总排序已完成,得到的权值分别为 $w_{B1},w_{B2},\cdots,w_{Bm}$。

(3)设与 $B_i(1\leqslant i\leqslant m)$对应的本层次元素 $P_1,P_2,\cdots,P_n$ 单排序结果为

$$w_{p1}^{i},w_{p2}^{i},\cdots,w_{pn}^{i}$$

(4)其中,若 $P_j$ 与 $B_i$ 无关,则令 $w_{pj}^{i}=0$。

则 $P$ 层元素的总排序按表 5-5 进行。

**表 5-5　$P$ 层元素的总排序**

| 层次 $B$ / 层次 $P$ | $B_1$ | $B_2$ | … | $B_m$ | $P$ 层总排序 |
|---|---|---|---|---|---|
| | $w_{B1}$ | $w_{B2}$ | … | $w_{Bm}$ | |
| $P_1$ | $w_{p1}^1$ | $w_{p1}^2$ | … | $w_{p1}^m$ | $w_{p1}=\sum_{i=1}^{m} w_{B_i} w_{p1}^i$ |
| $P_2$ | $w_{p2}^1$ | $w_{p2}^2$ | … | $w_{p2}^m$ | $w_{p2}=\sum_{i=1}^{m} w_{B_i} w_{p2}^i$ |
| ⋮ | ⋮ | ⋮ | | ⋮ | ⋮ |
| $P_n$ | $w_{pn}^1$ | $w_{pn}^2$ | … | $w_{pn}^m$ | $w_{pn}=\sum_{i=1}^{m} w_{B_i} w_{pn}^i$ |

显然有

$$\sum_{j=1}^{n} w_{P_j} = \sum_{j=1}^{n}\sum_{i=1}^{m} w_{B_i}\cdot w_{P_j}^{i} = \sum_{i=1}^{m} w_{B_i}\left(\sum_{j=1}^{n} w_{P_j}^{i}\right) = \sum_{i=1}^{m} w_{B_i} = 1$$

**6.一致性检验**

由于层次总排序的结果是综合层次单排序的结果而得的,故层次单排序中的不一致性必然反映到层次总排序中。

类似层次单排序的一致性检验,记

$$CI = \sum_{i=1}^{m} w_{B_i} CI_i \qquad \text{(层次总排序的一致性指标)}$$

$$RI = \sum_{i=1}^{m} w_{B_i} RI_i \qquad \text{(层次总排序的随机一致性指标)}$$

$$CR = CI/RI \qquad \text{(层次总排序的随机一致性比例)}$$

其中,$CI_i$ 是对应于 $w_{Bi}$ 的 $P$ 层次判断矩阵的一致性指标,$RI_i$ 是对应于 $w_{Bi}$ 的 $P$ 层次中判断矩阵的随机一致性指标。

与层次单排序的要求相类似,当 $CR\leqslant 0.1$ 时,就认为层次总排序的计算结果具有满意的一致性,否则需要对本层次的各判断矩阵进行调整,使层次总排序具有满意的一致性。

### 5.4.2.3　权的计算法

AHP 法计算的根本问题是如何计算矩阵的最大特征根及其对应的特征向量。由于判断矩阵本身具有相当的误差范围,因此,计算判断矩阵的最大特征根及其对应的特征向量并不需要追求较高的精确度,可采用近似算法。

**例** 5.17　某部队在确定野战机动防空雷达型号的时候,提出了 6 个方面的要求(目标属性),如例 5.17(a)表所示:

例 5.17(a)表　目标属性

| 雷达型号 | 目标属性 | | | | | |
|---|---|---|---|---|---|---|
| | (*RS*) 目标探测能力 | (*GR*) 目标识别能力 | (*BE*) 抗干扰能力 | (*CO*) 信息共享能力 | (*LO*) 生存能力 | (*RP*) 机动能力 |
| *A* | | | | | | |
| *B* | | | | | | |
| *C* | | | | | | |

(1)建立如下层次结构

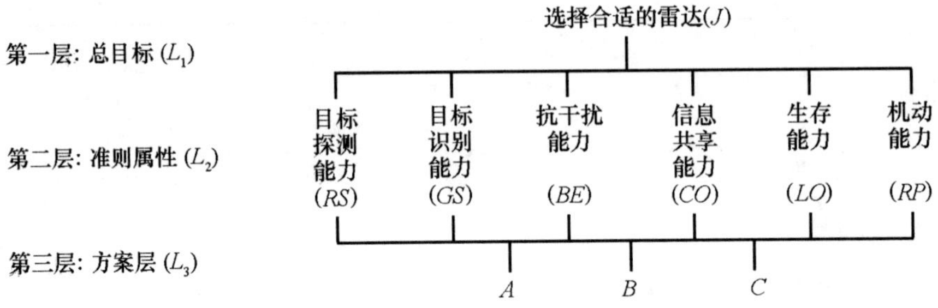


例 5.17 图　雷达定型层次结构图

(2)构造判断矩阵

对于各层上的元素可以依次相对于与之有关的上一层元素，进行两两比较，从而建立一系列的判断矩阵。如对上图中的第二层各目标属性，相对于上一层的总目标 *J*，可建立如例 5.17(b)表所示的判断矩阵。

例 5.17(b)表　$L_2$ 层判断矩阵

| *J* | *RS* | *GR* | *BE* | *CO* | *LO* | *RP* |
|---|---|---|---|---|---|---|
| *RS* | 1 | 1 | 1 | 4 | 1 | 1/2 |
| *GR* | 1 | 1 | 2 | 4 | 1 | 1/2 |
| *BE* | 1 | 1/2 | 1 | 5 | 3 | 1/2 |
| *CO* | 1/4 | 1/4 | 1/5 | 1 | 1/3 | 1/3 |
| *LO* | 1 | 1 | 1/3 | 3 | 1 | 1 |
| *RP* | 2 | 2 | 2 | 3 | 1 | 1 |

对于第三层上各方案(备选各型号雷达)依次相对于上一层的六个目标属性，给出了六个判断矩阵，如例 5.17(c)表所示。

例 5.17(c)表　$L_2$—$L_3$ 层判断矩阵

| RS | A | B | C | GR | A | B | C |
|---|---|---|---|---|---|---|---|
| A | 1 | 1/4 | 1/2 | A | 1 | 1/4 | 1/5 |
| B | 4 | 1 | 3 | B | 4 | 1 | 1/2 |
| C | 2 | 1/3 | 1 | C | 5 | 2 | 1 |
| **BE** | **A** | **B** | **C** | **CO** | **A** | **B** | **C** |
| A | 1 | 3 | 1/3 | A | 1 | 1/3 | 5 |
| B | 1/3 | 1 | 1 | B | 3 | 1 | 7 |
| C | 3 | 1 | 1 | C | 1/5 | 1/7 | 1 |
| **LO** | **A** | **B** | **C** | **RP** | **A** | **B** | **C** |
| A | 1 | 1 | 7 | A | 1 | 7 | 9 |
| B | 1 | 1 | 7 | B | 1/7 | 1 | 5 |
| C | 1/7 | 1/7 | 1 | C | 1/9 | 1/5 | 1 |

(3)各个判断矩阵对应的元素排序(权重计算)及其一致性检验

对于所建立的各个判断矩阵,分别计算其中相应元素的权重,并检验判断矩阵的一致性。对于第二层的各元素,经计算可得如下权重向量:

$$W_2 = (0.16, 0.19, 0.19, 0.05, 0.12, 0.30)^{\mathrm{T}}$$

对于第三层有

$$W_3 = \begin{matrix} A \\ B \\ C \end{matrix}\left[\overset{RS}{\begin{pmatrix} 0.14 \\ 0.63 \\ 0.24 \end{pmatrix}} \overset{GR}{\begin{pmatrix} 0.10 \\ 0.33 \\ 0.57 \end{pmatrix}} \overset{BE}{\begin{pmatrix} 0.32 \\ 0.22 \\ 0.46 \end{pmatrix}} \overset{CO}{\begin{pmatrix} 0.28 \\ 0.65 \\ 0.07 \end{pmatrix}} \overset{LO}{\begin{pmatrix} 0.47 \\ 0.47 \\ 0.07 \end{pmatrix}} \overset{RP}{\begin{pmatrix} 0.77 \\ 0.17 \\ 0.05 \end{pmatrix}}\right]$$

检验各判断矩阵的一致性:对 $L_1$—$L_2$ 的判断矩阵有:$\lambda_{\max} = 6.35$, $CI = (6.35 - 6)/5 = 0.07$, $CR = 0.07/1.24 = 0.056$,满足一致性要求;对于 $L_2$—$L_3$ 的判断矩阵如例 5.17(d)表所示。

例 5.17(d)表　$L_2$—$L_3$ 层判断矩阵一致性

| | RS | GR | BE | CO | LO | RP |
|---|---|---|---|---|---|---|
| $\lambda_{\max}$ | 3.02 | 3.02 | 3.56 | 3.05 | 3.0 | 3.21 |
| CI | 0.01 | 0.01 | 0.28 | 0.025 | 0 | 0.105 |
| CR | 0.017 | 0.017 | 0.48 | 0.043 | 0 | 0.181 |

基本都满足一致性要求(*BE* 下与 *RP* 下的判断矩阵不满足一致性要求,读者可试作分析与调整,这里就不修正了)。

(4)总层次排序及一致性检验

如果假设层次结构有 $h$ 层：$L_1, L_2, \cdots, L_h$，其中 $L_1$ 为最高层，$L_h$ 为最低层，则相应各层都可用由判断矩阵所求得的权重向量(或矩阵)表示(如前例)。若设各层的权重矩阵或向量分别为 $W_1, W_2, \cdots, W_h$，则总层次排序(或最底层的最终权重向量)可由下式求得：

$$W = W_h \cdot W_{h-1} \cdot \cdots \cdot W_2 \cdot W_1 \tag{5-11}$$

一般来说第一层只有一个总目标，因而有 $W_1 = 1$。上例中利用式(5-11)计算得：

$$W = W_3 \cdot W_2 = \begin{matrix} A \\ B \\ C \end{matrix}\begin{pmatrix} 0.14 & 0.10 & 0.32 & 0.28 & 0.47 & 0.77 \\ 0.63 & 0.33 & 0.22 & 0.65 & 0.47 & 0.17 \\ 0.24 & 0.57 & 0.47 & 0.07 & 0.07 & 0.05 \end{pmatrix}\begin{pmatrix} 0.16 \\ 0.19 \\ 0.19 \\ 0.05 \\ 0.12 \\ 0.30 \end{pmatrix} = \begin{pmatrix} 0.40 \\ 0.34 \\ 0.26 \end{pmatrix}$$

对总层次排序的一致性检验，这里仅考虑只有如例5.17图所示的三层情况。设第三层相对于第二层的各判断矩阵的一致性指标向量为

$$\overline{CI} = (CI_1, CI_2, \cdots, CI_n)\text{(设有 } n \text{ 判断矩阵)}$$

$$\overline{RI} = (RI_1, RI_2, \cdots, RI_n)$$

则总层次的一致性指标 $CI$ 和 $RI$ 为

$$CI = \overline{CI} \cdot W_2 = \sum_{j=1}^{n} CI_j \cdot W_j^2$$

$$RI = \overline{RI} \cdot W_2 = \sum_{j=1}^{n} RI_j \cdot W_j^2$$

这样相对一致判别指标 $CR$ 为 $CR = CI/RI$。

对于多层次的，则可两层一次地逐次计算(消除)，直到整个层次全考虑完毕为止，得出总层次的 $CI$ 和 $RI$，进而计算 $CR$。有：

$$\overline{CI} = (0.01, 0.01, 0.28, 0.025, 0, 0.105)$$

$$\overline{RI} = (0.58, 0.58, 0.58, 0.58, 0.58, 0.58)$$

所以 $CI = \overline{CI} \cdot W_2 = 0.089$，$RI = \overline{RI} \cdot W_2 = 0.58$，$CR = CI/RI = 0.089/0.58 = 0.153$。

总层次中的所有判断矩阵勉强满足一致性要求。

(5)结论分析

根据最终的 $W$ 就可对各方案进行排序。如上例，就可认为三种型号雷达中雷达 $A$ 综合情况最好，其次是 $B$，再次是 $C$，因此就可考虑选用雷达 $A$。

#### 5.4.2.4 利用 AHP 法对 $C^3I$ 系统进行静态评价

$C^3I$ 系统的效能评价必须要有广泛性和灵活性，因而对 $C^3I$ 系统的效能进行评价，在对系统完成使命要求评价的同时，不能忽略对系统本身的评价。所以对 $C^3I$ 系统效能的评价应该是系统动态评估和静态评估相结合，在 SEA 的基础上，增加对系统本身的静态评价，将对系统的动态评价和静态评价相结合，最终得到对系统效能总的评价。

结合 $C^3I$ 系统的特点，可以利用层次分析法（AHP）对 $C^3I$ 系统进行静态评估。因为 $C^3I$ 系统是一个复杂的人机系统，由于系统结构和组成较复杂，再加上人的行为的复杂性，使得系统中大量的因素无法准确地定量表示出来，因此追求一个完全精确的数学模型很困难，定性和定量相结合的方法是评价 $C^3I$ 系统的一种有效途径。AHP 方法正好能解决这些问题。它将有形和无形，可定量和不可定量的众多因素形成统一测度。

运用 AHP 方法对 $C^3I$ 系统进行静态评价的步骤是：

（1）分析影响 $C^3I$ 系统效能的各元素之间的关系，建立它们的递阶层次结构。将 $C^3I$ 系统中的元素按属性分成若干组，形成不同的层次。中间层次上的元素对下一层次的某些元素起支配作用，同时它受上层元素的支配。这样将一个复杂的系统表示为一个递阶的层次结构。一般上层元素支配的下层元素不超过 9 个。

（2）对属于同一层次上的不同元素关于上层中的某一准则的重要程度进行两两比较，确定判断矩阵 $\{a_{ij}\}$。建立层次结构后，上下层次元素之间的隶属关系就确定了。由于直接得到各元素的权重有困难，所以在上层的准则下，对本层元素进行两两比较，根据相互的重要性，按 1～9 对各自的重要程度赋值，这样得到判断矩阵。1～9 值表示元素之间的重要程度，可参照表 5－4 给出。

（3）由判断矩阵计算被比较元素对于该准则的相对权重，并计算各层元素对系统目标的相对权重 $W_i$。利用得到的判断矩阵，根据权重计算方法：

$$W_i = \frac{1}{n}\sum_{j=1}^{n}\frac{a_{ij}}{\sum\limits_{k=1}^{n} a_{kj}}$$

计算在上一层的准则下本层各元素的相对权重，同时要对判断矩阵进行一致性检验，计算一致性比例 $CR$：

$$CR = \frac{CI}{RI}$$

若 $CR<0.1$，认为判断矩阵的一致性是可以接受的，否则，应对判断矩阵进行适当修改。其中，$CI$ 是一致性指标，$CI = \dfrac{\lambda_{\max} - n}{n-1}$，$\lambda_{\max} = \dfrac{1}{n}\sum\limits_{i=1}^{n}\dfrac{\sum\limits_{j=1}^{n} a_{ij}W_j}{W_i}$，$n$ 为矩阵的阶数。$RI$ 是平均随机一致性指标，它可以通过查表 5－6 得到。

**表 5－6　平均随机一致性指标**

| 阶数 | 1 | 2 | 3 | 4 | 5 | 6 | 7 | 8 | 9 |
|---|---|---|---|---|---|---|---|---|---|
| $RI$ | 0.00 | 0.00 | 0.58 | 0.90 | 1.12 | 1.24 | 1.32 | 1.41 | 1.45 |

在得到各元素相对其上层的权重基础上，最终得到各元素对于总目标的相对权重 $w_1, w_2, \cdots, w_n$。这一过程是从上至下依次计算的，并且逐层都要进行一致性检验。

假设得到第 $k-1$ 层上 $n_{k-1}$ 个元素相对与顶层的权值：

$$w^{(k-1)} = (w_1^{(k-1)}, w_2^{(k-1)}, \cdots, w_{n_k-1}^{(k-1)})^{\mathrm{T}}$$

第 $k$ 层上 $n_k$ 个元素对第 $k-1$ 层上第 $j$ 个元素的权值为

$$p_j^{(k)}=(p_{1j}^{(k)},p_{2j}^{(k)},\cdots,p_{n_kj}^{(k)})^{\mathrm{T}}$$

其中不受 $j$ 支配的元素的权值为 0，令 $P^{(k)}=(p_1^{(k)},p_2^{(k)},\cdots,p_{n_k-1}^{(k)})$，$P^{(k)}$ 表示 $k$ 层上元素对 $k-1$ 层上各元素的权值，第 $k$ 层上的元素对顶层元素的权值为

$$w^{(k)}=P^{(k)}P^{(k-1)}\cdots w^{(2)}$$

(4)计算系统的静态效能。设评价的 $C^3I$ 系统对各元素的满意程度为 $r_1,r_2,\cdots,r_n$，则系统的静态效能 $U$ 为

$$U=\sum_{i=1}^{n}w_ir_i$$

满意程度 $r_1,r_2,\cdots r_n$ 是利用各元素与标准值或期望值比较得到。

### 5.4.2.5 实例分析

下面以美国防空系统中敌、我、中立飞机识别测试床（Indentification Friend, Foe or Neutral Testbed）系统（简称 IFFN）为例，讨论 AHP 评价方法的应用。

这里将 IFFN 系统作为一个防空 $C^3I$ 系统来研究。

**1．IFFN 测试床说明**

IFFN 系统是美国为解决北约防空问题而建立的一个联合测试床。在未来的空战中，战术防空系统必须具备识别敌机并识别出敌人进攻的功能，这样才能及时有效地利用武器消灭敌人。美国在欧洲的防空系统所处的环境复杂，环境中大量美国自己的飞机，还有中立的和敌人的飞机在环境中共存，因此建立能准确、快速地确定敌、我或中立飞机的系统就显得尤为重要。IFFN 测试床主要解决的问题就是评价美国在北约防空指挥控制系统内执行 IFFN 功能的基本能力，找出它在功能上的不足，建议进一步测试所需的方法与设备方面的近期修正方案，研究间接识别过程以及间接识别信息如何改进防空指挥系统的性能。

(1)IFFN 测试床的组成

IFFN 测试床的关键部件如图 5－8 所示。

IFFN 的结构可以描述为硬件、软件、方法和条令的组合，它的地理范围是美国陆军和空军联合作战的北约环境及北约防空地面环境（NADGE）系统有关单元控制下的北约地域。

① 指挥控制单元是指控制超视距（BVR）武器系统执行积极防空任务的那些有代表性的单元，它们包括执行防空功能的战区指挥中心（SOC）、控制报告中心（CRC）、旅火力指挥中心（BDE FDC）和营火力指挥中心（BN FDC）。

② 信息源，信息源包括北约机载预警系统（NAFW）、特殊情报系统（SIS）和其他信息源（如飞行计划）。

③ IFFN 测试床的武器系统有 F－15 战斗机、霍克（Hawk）和爱国者（PATRIOT）地空导弹。

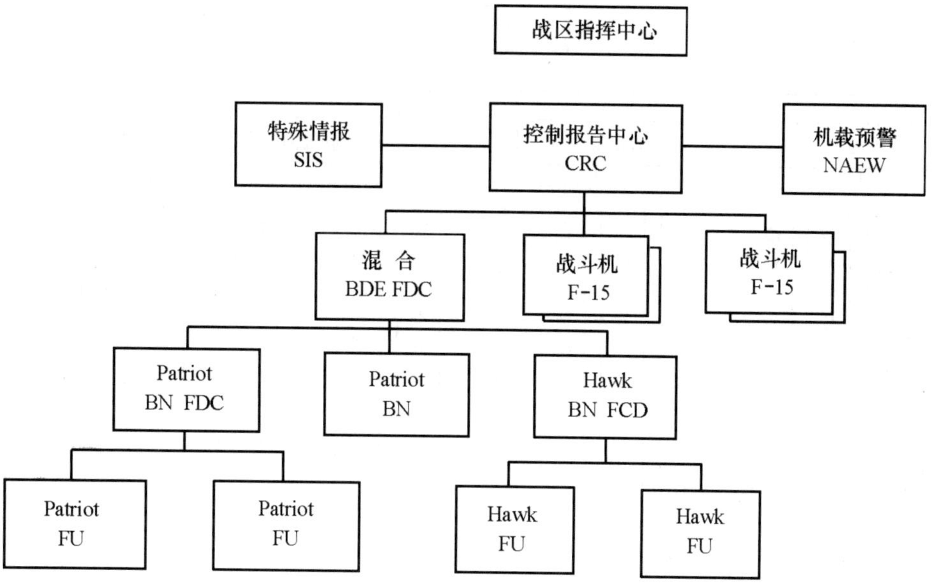


图 5-8　IFFN 系统的防空结构

(2)IFFN 测试床研究的问题

由 IFFN 测试床产生并记录分析 IFFN 问题所必需的数据,它主要研究以下三个问题:

① 间接识别信息对美国在北约的空军指挥控制系统正确识别机载目标、执行目标分配、帮助下属武器系统截获目标能力中发挥的作用。所谓间接识别信息就是非 IFFN 直接电子回波信号,间接识别信息通常是指从飞行计划、作战、情报报告等方面获得的识别信息。直接识别信息一旦传递给其他单元也变成间接识别信息。

② 防空系统在收集、构成、分发和利用间接识别信息方面所存在的不足。这个问题主要是发现识别过程中的缺陷,并将测试期间发现的缺陷加以定性地比较。

③ 为克服这些缺陷推荐近期的方法和设备的修改方案。

IFFN 测试床是模拟测试床,它利用实时计算机模型模拟防空系统的各单元及它们的工作负荷。这样避免对系统进行实测。另外为了研究各单元之间的相互关系及交互作用,在各单元之间引入数据链路。IFFN 测试床是分布式系统。测试床的中心设施建在新墨西哥的 Kritland 空军基地。在该基地的测试床产生、分发战术剧情,控制测试的执行,监视地理上分布的位于得克萨斯的 Fort Bliss 陆军防空中心模拟的 Hawk 和 Patriot。

有关 IFFN 测试床的其他问题请参阅有关文献。

2.分　析

根据 IFFN 系统的结构和性能,建立它的递阶层次结构如图 5-9 所示。

计算各层元素之间的相对权重和最大特征根,并根据特征根作一致性判断。各层中元素相对上层的权重计算如表 5-7 至表 5-11 所示。

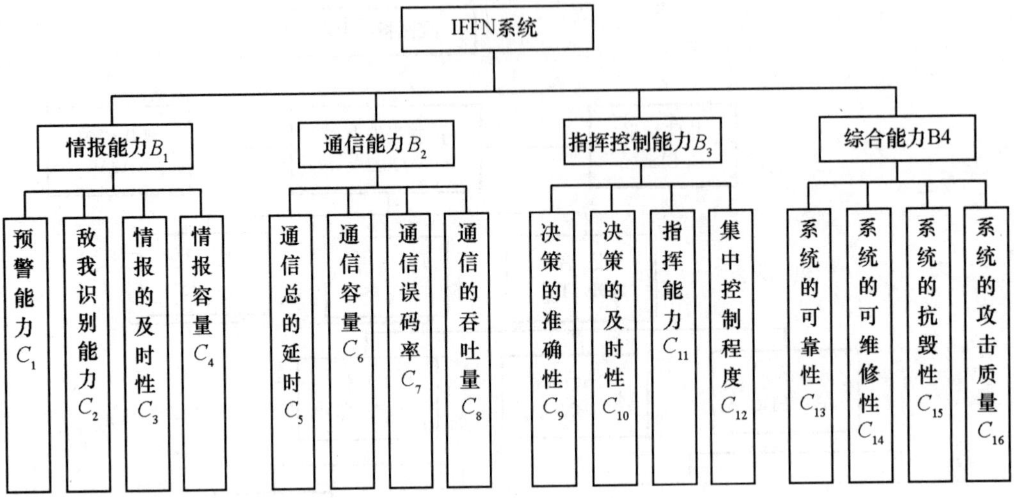


**图 5-9　IFFN 系统的层次结构**

**表 5-7　各层权重 1**

| $A$ | $B_1$ | $B_2$ | $B_3$ | $B_4$ | $W_1$ |
|---|---|---|---|---|---|
| $B_1$ | 1 | 4 | 2 | 1 | 0.36 |
| $B_2$ | 1/4 | 1 | 1/3 | 1/3 | 0.1 |
| $B_3$ | 1/2 | 3 | 1 | 1/2 | 0.2 |
| $B_4$ | 1 | 3 | 2 | 1 | 0.34 |

$$\lambda_{max}=4.06<4.267$$

**表 5-8　各层权重 2**

| $B_1$ | $C_1$ | $C_2$ | $C_3$ | $C_4$ | $P_1$ |
|---|---|---|---|---|---|
| $C_1$ | 1 | 1 | 1/2 | 2 | 0.22 |
| $C_2$ | 1 | 1 | 1/3 | 2 | 0.20 |
| $C_3$ | 2 | 3 | 1 | 4 | 0.48 |
| $C_4$ | 1/2 | 1/3 | 1/4 | 1 | 0.1 |

$$\lambda_{max}=4.157<4.267$$

**表 5-9　各层权重 3**

| $B_2$ | $C_5$ | $C_6$ | $C_7$ | $C_8$ | $P_2$ |
|---|---|---|---|---|---|
| $C_5$ | 1 | 2 | 1 | 3 | 0.36 |
| $C_6$ | 1/2 | 1 | 1 | 2 | 0.26 |
| $C_7$ | 1 | 1 | 1 | 2 | 0.3 |
| $C_8$ | 1/3 | 1/2 | 1/2 | 1 | 0.08 |

$$\lambda_{max} = 4 < 4.267$$

**表 5 - 10　各层权重 4**

| $B_3$ | $C_9$ | $C_{10}$ | $C_{11}$ | $C_{12}$ | $P_3$ |
|---|---|---|---|---|---|
| $C_9$ | 1 | 2 | 3 | 3 | 0.45 |
| $C_{10}$ | 1/2 | 1 | 2 | 2 | 0.26 |
| $C_{11}$ | 1/3 | 1/2 | 1 | 2 | 0.17 |
| $C_{12}$ | 1/3 | 1/2 | 1/2 | 1 | 0.12 |

$$\lambda_{max} = 4.251 < 4.267$$

**表 5 - 11　各层权重 5**

| $B_4$ | $C_{13}$ | $C_{14}$ | $C_{15}$ | $C_{16}$ | $P_4$ |
|---|---|---|---|---|---|
| $C_{13}$ | 1 | 2 | 1 | 2 | 1/3 |
| $C_{14}$ | 1/2 | 1 | 1/2 | 1 | 1/6 |
| $C_{15}$ | 1 | 2 | 1 | 2 | 1/3 |
| $C_{16}$ | 1/2 | 1 | 1/2 | 1 | 1/6 |

$$\lambda_{max} = 4.071 < 4.267$$

表 5 - 7 ~ 表 5 - 11 都满足一致性检验，最后计算各元素相对总目标的权重 $W$。

$$W = \begin{pmatrix} P1 & 0 & 0 & 0 \\ 0 & P2 & 0 & 0 \\ 0 & 0 & P3 & 0 \\ 0 & 0 & 0 & P4 \end{pmatrix} \times \begin{pmatrix} 0.36 \\ 0.1 \\ 0.2 \\ 0.34 \end{pmatrix}$$

$$= (0.079 \quad 0.072 \quad 0.173 \quad 0.036 \quad 0.036 \quad 0.026 \quad 0.03 \quad 0.008 \quad 0.09 \quad 0.052 \quad 0.034 \quad 0.024 \quad 0.113 \quad 0.057 \quad 0.113 \quad 0.057)^{T}$$

设各元素的满意度分别为

$R(C_1)=0.8$，$R(C_2)=0.95$，$R(C_3)=0.8$，$R(C_4)=0.85$，$R(C_5)=0.95$，
$R(C_6)=0.85$，$R(C_7)=0.99$，$R(C_8)=0.9$，$R(C_9)=0.75$，$R(C_{10})=0.85$，
$R(C_{11})=0.8$，$R(C_{12})=0.6$，$R(C_{13})=0.7$，$R(C_{14})=0.75$，$R(C_{15})=0.6$，
$R(C_{16})=0.5$

则该系统的静态效能值为

$$\sum_{i=1}^{16} W_i \cdot R(C_i) = 0.882$$

IFFN 系统的动态效能经过计算为 0.292，0.071，IFFN 系统总的效能为(0.292，0.071，0.882)。

### 5.4.2.6 利用 AHP 法计算权值的若干问题

利用层次分析法进行 $C^3I$ 系统的静态效能评价，在建立判断矩阵时，会碰到信息不完全或信息不准确的情况。因为建立判断矩阵通常采用专家打分或统计方法，由于层次太多或因素太复杂，要求每位专家对层次结构中两两因素都做出正确的评价有一定的困难，这样得到的判断矩阵的某些因素会出现空缺或不准确，因此研究在不确定性矩阵下的计算是 $C^3I$ 系统评价的一个重要问题。

**1.在不完全信息下求相对权重**

在不完全信息下求相对权重的方法有特征根方法、对数最小二乘法及最小偏差法等，这里介绍最一般的方法特征根法。

设 $A$ 是一个逆互反矩阵，其排序向量为 $(w_1, w_2, \cdots, w_n)$，若当人的判断完全一致时，对矩阵 $A$ 中的任何元素均有 $a_{ij}=\frac{w_i}{w_j}$。若矩阵 $A$ 是残缺矩阵，即若 $a_{ij}=0$，则用 $\frac{w_i}{w_j}$ 代替它。对 $A$ 构造一个辅助矩阵 $C$，$C$ 中的元素定义为

$$c_{ij}=\begin{cases}a_{ij}, & a_{ij}\neq 0\\ \dfrac{w_i}{w_j}, & a_{ij}=0\end{cases}$$

可以证明对于有残缺元素的矩阵 $A$ 来说，存在等价矩阵 $\bar{A}$，其元素满足

$$\bar{a}_{ij}=\begin{cases}a_{ij} & i\neq j\\ m_i+1, & i=j\end{cases}$$

式中，$m_i$ 为第 $i$ 行中零元素的个数。

辅助矩阵和等价矩阵有如下关系：$Cw=\lambda_{\max}w$，$\bar{A}w=\lambda_{\max}w$。

这样，对于等价矩阵 $\bar{A}$ 有

$$\bar{\mu}=\frac{\lambda_{\max}-n}{n-1-\dfrac{1}{n}\sum\limits_{i=1}^{n}m_i}$$

式中，$\bar{\mu}$ 为一致性指标。

**2.不完备性判断矩阵求相对权重**

按照 AHP 方法，层次结构中的各层上的元素不能重复出现，而且要求上层元素所控制的所有元素都应该在下层出现。不能满足这两个条件的得到的结构就是不完备的。完备与否是相对的，特别是对于 $C^3I$ 这样复杂的系统来说，要得到完备的模型较困难，即使得到具有完备性的层次模型，也必然是庞大的，利用 AHP 原理来处理也非常困难，因此应在保证原有特性不变的前提下，对指标进行简化。

设第 $j$ 层上有元素 $s_1, s_2, \cdots, s_m$，元素 $s_i$ 在层次结构中支配的下层元素有 $n_i$ 个，而元素 $s_i$ 实际支配的元素为 $r_i$ 个，且 $n_i \geqslant r_i$。这样根据判断矩阵得到的相对权重比实际的权重大。可以通过下面的方法对权重进行调整来解决这个问题。

设 $S_i$ 支配的因素为 $S_1, S_2, \cdots, S_m$，方案 $M_j$ 未调整前的权重为 $w_{ij}$，则各方案在各指标

下的权重矩阵 $A$ 定义为

$$A=\begin{pmatrix} w_{11} & w_{12} & \cdots & w_{1m} \\ w_{21} & w_{22} & \cdots & w_{2m} \\ \vdots & \vdots & & \vdots \\ w_{n1} & w_{n2} & \cdots & w_{nm} \end{pmatrix}$$

令 $T_1=\begin{pmatrix} 1/w_1 & 0 & \cdots & 0 \\ 0 & 1/w_2 & \cdots & 0 \\ \vdots & \vdots & & \vdots \\ 0 & 0 & \cdots & 1/w_m \end{pmatrix}$，其中 $w_i = \sum_{j=1}^{n} w_{ji}, i = 1,2,\cdots,m$

$C=(\lambda_1,\lambda_2,\cdots,\lambda_m)^T$ 为支配者 $S_1,S_2,\cdots,S_m$ 相对于目标层的权重，设

$T = \begin{pmatrix} f_1 & 0 & \cdots & 0 \\ 0 & f_2 & \cdots & 0 \\ \vdots & \vdots & & \vdots \\ 0 & 0 & \cdots & f_m \end{pmatrix}$，其中 $f_i = k_i \dfrac{r_i}{n_i}, k = \dfrac{1}{r_i}\sum_{j=1}^{r_i} C_j$，$C_j$ 是当前 $r_I$ 个方案在 $S_i$ 下的比较值，$C_j$ 的确定同 AHP 方法的 1 ~ 9 的标度法。

调整后的权重为 $W=A\cdot T_1\cdot T\cdot C$。

**3.指标分组处理**

根据 AHP 方法，以上层元素 $C$ 为准则支配的下层元素的数目不能太大，一般要求小于 9。而实际上，这个要求难以满足。为保证 AHP 方法能够正常的使用，可以采用分组的方法解决上述矛盾。

设下层被支配的元素的个数为 $n(n>9)$，将其分为 $m$ 组，每组有 $n_i$ 个元素，$i=1,2,\cdots,m$，且满足 $n_i$ 小于等于 9，$\sum_{i=1}^{m} n_i = n$。

分组时，首先确定一个"标准"元素，并将此元素分配到每一组中，设 $n$ 个元素中，取第 1 个元素为标准元素，各组元素设为

第 1 组　$M_1,M_2,\cdots,M_m$

第 2 组　$M_1,M_{n_1+1},\cdots,M_{n_2}$

$\vdots$

第 $m$ 组　$M_1,M_{n_{m-1}+1},\cdots,M_{n_m}$

分组完成后，分别对每一组元素按 AHP 方法求出各组元素的相对权值，由于在处理每组元素时是不完备的，所以要对得到的各元素的权值根据前面介绍的方法进行修正。设计算得到的各组元素权重为

第 1 组　$w_1^1,w_2,\cdots,w_{n_1}$

第 2 组　$w_1^2,w_{n_1+1},\cdots,w_{n_2}$

$\vdots$

第 $m$ 组　$w_1^m, w_{n_{m-1}+1}, \cdots, w_{n_m}$

上面的权值是相对本组内的元素得到的，而组与组之间的权值不一定是等价的。为得到 $n$ 个元素的相对权值，需进行以下变换：第 $i$ 组中的元素的相对权值分别乘以系数 $\frac{w_1^1}{w_1^i}(i=2,3,\cdots,m)$，得到一个新的权值。这样得到的权值保证了组与组元素之间权值是等价的，即得到在所求准则 $C$ 下的 $n$ 个元素相对于准则 $C$ 的权值。

## 5.4.3 多属性效用函数法

### 5.4.3.1 效用与效用曲线

"效用"这一概念出自于经济学，表示人们对某种事物的主观感受或偏爱。

**1.单目标决策问题的效用函数**

设单目标决策问题

$$\text{SOP}:\begin{cases}\max f(x)\\ \text{s.t. } x\in X\end{cases}$$

记 $f^* = \max\limits_{x\in X} f(x), f^{\Delta} = \min\limits_{x\in X} f(x)$，则称表示决策者偏好的函数 $u[f(x)]$ 是该问题的效用函数，如果 $u$ 满足以下条件：

(1) $u(f^*)=1,\ u(f^{\Delta})=0$；

(2) $u[f(x)]$ 是 $x$ 的单调函数，$x\in X$；

(3) $0\leqslant u[f(x)]\leqslant 1, x\in X$。

**2.多目标决策问题的效用函数**

设多目标决策问题

$$\text{MOP}:\begin{cases}\max\ F(x)=[f_1(x),f_2(x),\cdots,f_n(x)]\\ \text{s.t. } x\in X\end{cases}$$

已知 $n$ 个目标的单目标效用函数为

$$u_1(f_1(x))\triangleq u_1(x),\cdots,u_n(f_n(x))\triangleq u_n(x)$$

则由函数 $u_1(x),u_2(x),\cdots,u_n(x)$ 按某种规则合成的复合函数 $u(x)=u[u_1(x),u_2(x),\cdots,u_n(x)]$，称为多目标问题的效用函数，如果 $u(x)$ 满足：

(1)对最优方案 $x^*(X,u(x^*))=1$，对最劣方案 $x^{\Delta}\in X, u(x^{\Delta})=0$；

(2)对一切 $x\in X$，有 $0\leqslant u(x)\leqslant 1$；

(3) $u(x)$ 是 $x$ 的单调函数，$x\in X$。

为了进一步说明效用的含意，再看一个例子。

设有一个投资机会，有两个方案可供选择。方案一是投资 10 万元，有 50% 的可能获得 20 万元利润，50% 的可能损失 10 万元；方案二是投资 10 万元，有 100% 的可能获得 3 万元利润。

方案一的利润期望值为：$20\times 50\% + 10\times 50\% = 5$(万元)

方案二的利润期望值为：$3 \times 100\% = 3$（万元）

如用期望值准则，最优方案为方案一。如果是两个不同的投资者面临这种情况，一个是资本雄厚的投资者甲，另一个是资金单薄的投资者乙。对于甲来说：一旦失误，损失掉的 10 万元投资对他来说后果不算严重，很可能他会选择方案一；而对于乙来说，选择方案一风险太大。一旦失误，后果非常严重。这样他只能采取方案二进行投资。

由此可见，不同的决策者，由于他的处境、条件、个人气质等因素的不同，对于相同的期望值会有不同的反应和估价。随着处境和条件等变化，即使是同一决策者，对同一期望值的反应和估价也会变化。这种决策者对于利益或损失的反应和估价称为效用（Utility）。"效用"是决策者的一种"主观价值"，它对决策的选取有着重大的影响。

效用的数量用效用值 $u$ 来表示。效用值是一个相对量，无量纲。它的大小可规定在 0 与 1 之间，也可规定在 0 与 100 之间。在一个决策问题中，通常将决策者可能得到的最大收益值相应的效应值定为1 或 100，而把可能得到的最小收益值（或最大的损失值）相应的效用值定为 0。如在上面提到的例子中，有

$$u(20\text{ 万元}) = 1, \quad u(-10\text{ 万元}) = 0$$

最大收益值与最小收益值之间的收益值对应的效用值如何确定呢？即上例中 20 万元与 10 万元之间的收益效应值如何确定呢？我们可以利用两个已知点的效用值，并借助于确定事件与随机事件的等效关系来实现，如图 5 - 10 所示。

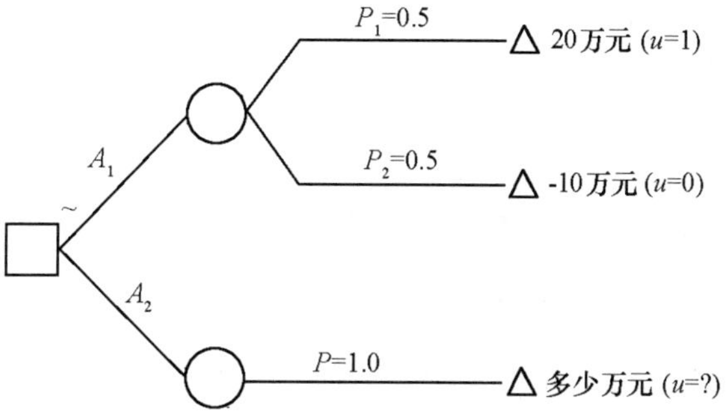


**图 5 - 10　效用值的确定 1**

图中节点□表示其右面的方案分枝都是等效的。然后，让决策分析人员向决策者提出一系列的询问，根据决策者的回答来确定不同收益值的效用值。下面以上例提到的投资者乙为例，询问他：以 50% 的概率获得 20 万元收益和以 50% 的概率获得 - 10 万元的收益的方案 $A_1$ 与多少万元收益的确定事件 $A_2$ 等效。如果投资者乙回答为 2 万元，则可计算出收益值为 2 万元相应的效用值：

$$u(2\text{ 万元}) = 0.5 \times 1 + 0.5 \times 0 = 0.5$$

把图 5 - 10 中的 - 10 万元换成 2 万元，如图 5 - 11 所示，继续询问：

以 50% 的概率获得 20 万元收益、以 50% 的概率获得 2 万元收益的方案 $A_1$，与多少万元的确定事件 $A_2$ 等效。若回答为相当于 9 万元收益，则可计算出收益值为 9 万元相应的效应值：

$$u(9\text{ 万元}) = 0.5 \times 1 + 0.5 \times 0.5 = 0.75$$

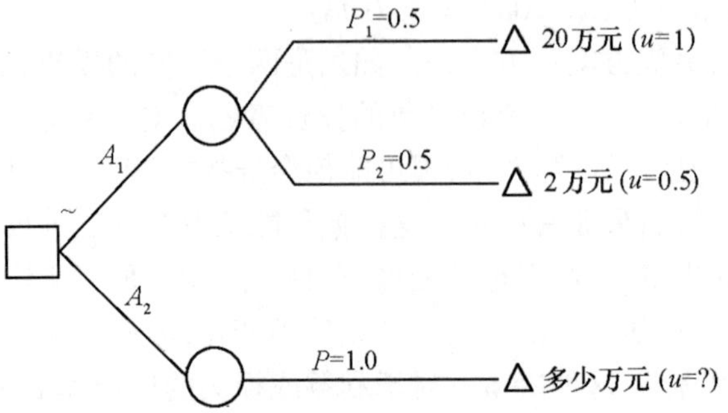


**图 5-11 效用值的确定 2**

再进一步将图 5-11 中的 20 万元换成 2 万元,如图 5-12 所示,询问投资者乙:以 0.5% 的概率获得 2 万元和以 50% 的概率亏损 10 万元的方案 $A_1$ 与多少万元收益的,确定性事件 $A_2$ 等效。若回答为相当于损失 5 万元,则:

$$u(-5\text{万元}) = 0.5 \times 0.5 + 0.5 \times 0 = 0.25$$

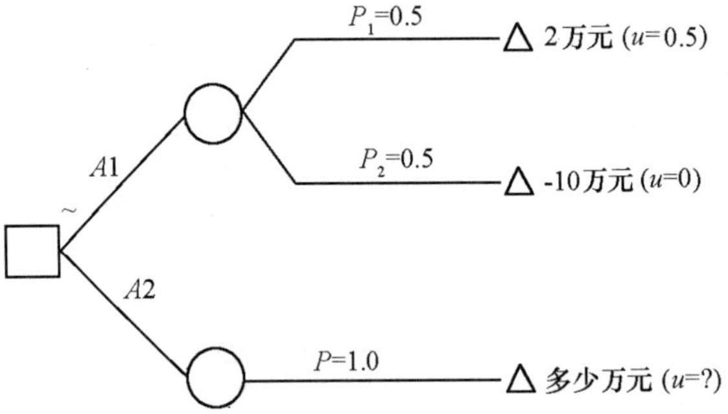


**图 5-12 效用值的确定 3**

为了求得其他没有进行询问的收益的效用值,以便作进一步的决策分析,可以以收益值为横坐标,效用值为纵坐标,根据已取得的效用值进行曲线拟合,画出效用曲线。简单地用光滑曲线将收益值和效用值的坐标点连接也可得效用曲线。

在本例中,在坐标系中标出点(-10,0)、(-5,0.25)、(2,0.5)、(9,0.75)和(20,1),并连以光滑曲线,就得到决策者(投资者乙)的效应曲线,如图 5-13 所示。这条效用曲线是向下凹的。

一般说来,图 5-14 中的甲、乙、丙三条线代表三种不同类型决策者的效用曲线。

曲线甲代表的是一种谨慎小心、不求大利、避免风险的保守型决策。其效用曲线开始时的斜率较大,以后逐渐减小。这表明每增加单位收益时效用的增加量递减。这种决策者对损失比较敏感,而对收益的反应比较迟钝。曲线甲属于凹函数。

曲线乙代表中间型决策者。他们完全根据期望益损值来决定自己的行动。曲线乙属于线性函数。

曲线丙代表的决策者的特点与曲线甲决策者相反。这种人对收益反应敏感,是一种不怕风险,谋求大利的冒险型决策者。曲线丙属于凸函数。

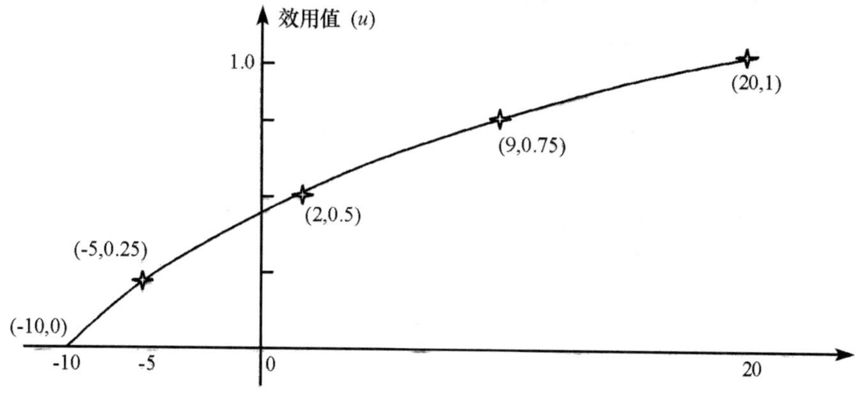


图 5－13　效用曲线

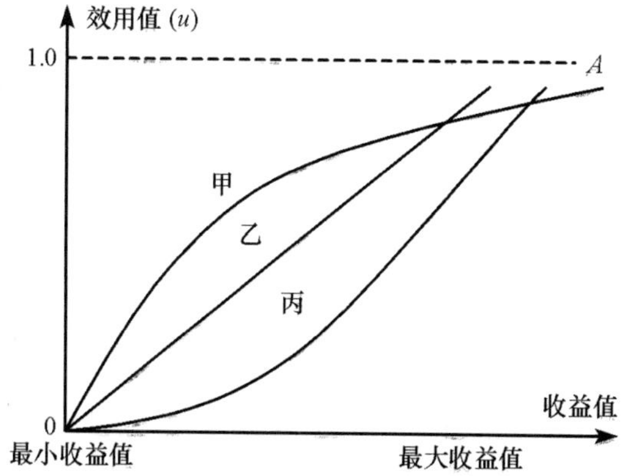


图 5－14　三类效用曲线

### 5.4.3.2　最大期望效用值决策准则

最大期望效用值决策准则，就是根据效用理论，算出各个策略的期望效用值，以期望效用值最大的策略为选定策略。

**例 5.18**　某企业考虑两种可能的改革方案 $d_1$ 与 $d_2$，有关数据见下表。表中损益值的单位为万元。

例 5.18 表

| | 产品销路好<br>$P=0.2$ | 产品销路一般<br>$P=0.5$ | 产品销路差<br>$P=0.3$ |
|---|---|---|---|
| 改革方案 $d_1$ | 10 | 8 | －1 |
| 改革方案 $d_2$ | 8 | 6 | 1 |

已知反映该企业决策者的效用观念的资料如下：

(1)肯定得到 8 万元等效于：以 0.9 概率得到 10 万元和以 0.1 概率损失 1 万元。

(2)肯定得到 6 万元等效于：以 0.8 概率得到 10 万元和以 0.2 概率损失 1 万元。

(3)肯定得到 1 万元等效于:以 0.25 概率得到 10 万元和以 0.75 概率损失 1 万元。

试用最大期望效用值准则进行决策。

**解**　令 $U(10\text{万元})=100, U(-1\text{万元})=0$

则　$U(8\text{万元})=U(10\text{万元})\times 0.9+U(-1\text{万元})\times 0.1=100\times 0.9+0=90$

$U(6\text{万元})=U(10\text{万元})\times 0.8+U(-1\text{万元})\times 0.2=100\times 0.8+0=80$

$U(1\text{万元})=U(10\text{万元})\times 0.25+U(-1\text{万元})\times 0.75=100\times 0.25+0=25$

因此,方案 $d_1$ 的期望效用值为

$$100\times 0.2+90\times 0.5+0\times 0.3=65$$

方案 $d_2$ 的期望效用值为

$$100\times 0.2+80\times 0.5+25\times 0.3=65.5$$

由以上分析可知,按最大期望效用值准则决策的结果是:选择改革方案 $d_2$。

### 5.4.3.3　多维效用的合成原则

设多目标决策问题

$$(\text{MOP})\begin{cases}\max\ F(x)=[f_1(x),f_2(x),\cdots,f_n(x)]\\ \text{s.t.}\ x\in X\end{cases}$$

假定已知第 $k$ 个目标的效用函数为 $u_k(x)$, $k=1,2,\cdots,n$, MOP 的多维效用函数为 $u(x)$。

**1.加法规则**

前提:各个目标的效用对于总体效用的贡献是相互独立的,且它们之间可以线性补偿即某一目标效用的下降可以由其余目标效用的增益来补偿。

总体的系统效用是各个单目标效用的线性加权之和:

$$u(x)=w_1u_1(x)+w_2u_2(x)+\cdots+w_nu_n(x)$$

其中,$0\leqslant w_k\leqslant 1, k=1,2,\cdots,n$,且 $\sum_{k=1}^{n}w_k=1$。

**2.乘法规则**

前提:各个单目标的效用对于总体效用而言,具有同等重要的利害关系,只要其中任意一个目标的效用值为 0,总体效用值就为 0(无论其余目标的效用值多大都无济于事)。

则有

$$u(x)=[u_1(x)]^{w_1}[u_2(x)]^{w_2}\cdots[u_n(x)]^{w_n}$$

或对数形式:

$$\ln u(x)=\sum_{k=1}^{n}w_k\ln u_k(x)$$

其中,$0\leqslant w_k\leqslant 1, k=1,2,\cdots,n$,且 $\sum_{k=1}^{n}w_k=1$。

例如,武器装备作战能力指数在某种意义上来说是其基本战术技术性能幂指数函数的乘积,一般可表为

$$I = I(x) = kx^{\alpha}y^{\beta}\cdots z^{\gamma}$$

其中,$k,\alpha,\beta,\gamma$ 是给定正常数,$x,y,z$ 是基本战术技术性能数据。

如舰舰导弹,其基本战术技术性能是射程 $R$,战斗部(装药量)$Y$,制导能力 $G$,(火力)突防能力 $P$,电子战能力 $E$,其作战能力指数为

$$I_{ssm} = kR^{0.2778}Y^{0.0355}G^{0.1020}P^{0.1172}E^{0.4675}$$

**3.代换规则**

前提:各个单目标对于决策总体而言,具有同等的重要性,且至少有一个目标的效用值达到了最大值,就认为总体效用值也达到了最大值(不管其余目标的效用函数取何值)。

则有

$$u(x) = 1 - \prod_{k=1}^{n}[1 - u_k(x)]$$

注:在加法规则中,若每个效用函数 $u_k[f_k(x^i)], k = 1,2,\cdots,n$,$n$ 是线性函数,则用规范化的 $z_{ij}$ 代替 $f_j(x^i)$,则 $u_j[z_{ij}]$ 可写成

$$u_j(z_{ij}) = u_j z_{ij}$$

则效用函数

$$u(z_{i1}, z_{i2},\cdots, z_{in}) = \sum_{j=1}^{n}(w_j u_j)z_{ij} = \sum_{j=1}^{n}W_j z_{ij}$$

这意味着第 1 章讨论的加权法是多属性效用函数的一个特殊形式,但应注意到应用加权法时实际上包括了两点重要假设:

(1)属性集满足效用函数加法规则的独立性条件;

(2)要求各目标效用函数都是线性的。

## 5.4.4　基于权重的决策方法

基于权重的决策方法其特点是假定各目标的权重是已知的,根据这些权重和决策矩阵所提供的信息进行决策分析,给方案排序。

权重是指各目标的相对重要性,主要有两方面的内容:价值权重和影响权重。价值权重是指通过主观价值判断确定的权重;影响权重是指根据各目标相互影响的大小来确定的权重,它反映一个目标对其他所有目标影响的大小。

在层次分析法中,介绍了一种根据判断矩阵确定权重的方法,得到的权重是一个价值权重。

### 5.4.4.1　线性分配法

线性分配法(Linear Assignment Method)所需要(决策者提供)的信息形式为:基数形式的目标属性间重要程度(权重)和序数形式的方案属性关系(即某目标属性下各方案的排序信息)。

思路:利用上述信息构造所谓排序优势度矩阵 $\pi$,再以 $\pi$ 为系数矩阵建立整数规划模

型(背包问题),来求得排序优势度大的方案(用所谓转换矩阵 $P$ 表示)。

**1.排序贡献矩阵**

通过实例来说明。

设有三个方案和三个目标的决策问题,其决策矩阵如表 5-12 所示:

**表 5-12 基-序型决策例**

| 方案排序 \ 属性与权重 | $X_1$ (0.2) | $X_2$ (0.3) | $X_3$ (0.5) |
|---|---|---|---|
| 第 1 | $A_1$ | $A_1$ | $A_2$ |
| 第 2 | $A_2$ | $A_3$ | $A_1$ |
| 第 3 | $A_3$ | $A_2$ | $A_3$ |

其中,在 $X_2$ 属性下 $A_1$ 排第 1,$A_3$ 排第 2,$A_2$ 排在第 3,……

由上面的信息,可得如下形式的矩阵:

$$\Pi = \begin{matrix} A_1 \\ A_2 \\ A_3 \end{matrix}\overset{\begin{matrix}\text{第1} & \text{第2} & \text{第3}\end{matrix}}{\begin{bmatrix} 2 & 1 & 0 \\ 1 & 1 & 1 \\ 0 & 2 & 2 \end{bmatrix}}$$

其中,元素 $\Pi'_{ik}$表示第 $i$ 方案 $A_i$ 排在第 $k$ 位的次数,如 $\Pi'_{11}=2$ 表示第 1 方案 $A_1$ 排在第 1 位的次数为 2($X_1$ 下一次,$X_2$ 下一次),$\Pi'_{31}=0$ 表示了第 3 方案 $A_3$ 排在第 1 位的次数为 0。

如果将权重因素考虑进去,也即对 $A_i$ 方案的 $\Pi'_{ik}$次排第 $k$ 位(相应属性下)用相应属性的权重代入。如对于 $\Pi'_{11}=2$ 的二次第 1($X_1$ 下一次权重 0.2,$X_2$ 下一次权重 0.3)相应的属性权重和代入,可得 $\Pi'_{11}=0.2+0.3=0.5$,又如对 $\Pi'_{33}=2$ 的二次第 3($X_1$ 下一次权重 0.2,$X_3$ 下一次权重 0.5)可用相应属性权重和代入,可得 $\Pi_{33}=0.2+0.5=0.7$,这样就可得出如下的矩阵:

$$\Pi = \begin{matrix} A_1 \\ A_2 \\ A_3 \end{matrix}\overset{\begin{matrix}\text{第1} & \quad\text{第2} & \quad\text{第3}\end{matrix}}{\begin{bmatrix} 0.2+0.3 & 0.5 & 0 \\ 0.5 & 0.2 & 0.3 \\ 0 & 0.3 & 0.2+0.5 \end{bmatrix}}$$

上述矩阵即为所谓排序优势矩阵,其中的元素 $\Pi_{ik}$说明第 1 方案排在第 $k$ 位的优势程度,如对 $A_1$ 方案而言其排第 1 的优势度为 0.5($\pi_{11}=0.5$),排第 2 的优势度为 0.5($\pi_{12}=0.5$),排第 3 的优势度为 0($\pi_{13}=0$)。

但是有时候,会有两个方案(或更多的方案)在某个目标属性下的排序位数是一样的。表 5-13 为多目标属性决策问题。

**表 5－13　多目标属性决策问题**

| 属性与权重 / 方案排序 | $X_1$ (0.2) | $X_2$ (0.3) | $X_3$ (0.5) |
|---|---|---|---|
| 第 1 | $A_1, A_2$ | $A_2$ | $A_2$ |
| 第 2 | | $A_3$ | |
| 第 3 | $A_3$ | $A_2$ | $A_1, A_3$ |

从上表可知，$A_1$ 和 $A_2$ 同排在 $X_1$ 属性下的第 1，$A_1$ 和 $A_3$ 同排在 $X_3$ 属性下的第 3。这又称“相持”现象。

对这类问题可以进行如表 5－14 所示形式的处理，也即将具有“相持”现象的目标属性分解两个子属性 $X_{11}$ 和 $X_{12}$、$X_{31}$ 和 $X_{32}$，同时将原属性权重一分为二给分解后的子属性，然后把两个“相持”方案的排序“遍历”：在 $X_{11}$ 下 $A_1$ 排第 1、$A_2$ 排第 2；在 $X_{12}$ 下 $A_2$ 排第 1、$A_1$ 排第 2；在 $X_{31}$ 下 $A_1$ 排第 2、$A_3$ 排第 3；在 $X_{32}$ 下 $A_3$ 排第 2、$A_1$ 排第 3。

**表 5－14　目标属性分解**

| 属性与权重 / 方案排序 | $X_{11}$ (0.1) | $X_{12}$ (0.1) | $X_2$ (0.3) | $X_{31}$ (0.25) | $X_{32}$ (0.25) |
|---|---|---|---|---|---|
| 第 1 | $A_1$ | $A_2$ | $A_1$ | $A_2$ | $A_2$ |
| 第 2 | $A_2$ | $A_1$ | $A_3$ | $A_1$ | $A_3$ |
| 第 3 | $A_3$ | $A_3$ | $A_2$ | $A_3$ | $A_1$ |

由变换后的形式即可得如下的排序优势度矩阵：

$$\Pi = \begin{matrix} & \text{第 1} & \text{第 2} & \text{第 3} \\ A_1 & 0.1+0.3 & 0.1+0.25 & 0.25 \\ A_2 & 0.1+0.25+0.25 & 0.1 & 0.3 \\ A_3 & 0 & 0.3+0.25 & 0.1+0.1+0.25 \end{matrix}$$

$$= \begin{bmatrix} 0.4 & 0.35 & 0.25 \\ 0.6 & 0.1 & 0.3 \\ 0 & 0.55 & 0.45 \end{bmatrix}$$

（列依次为第 1、第 2、第 3）

方案的排序优势度矩阵的元素具有以下性质：

$$\sum_{i=1}^{m} \Pi_{ik} = 1 \tag{5－12}$$

$$\sum_{k=1}^{m} \Pi_{ik} = 1 \tag{5－13}$$

式(5－12)说明 $\Pi$ 的列和为 1，式(5－13)说明 $\Pi$ 的行和也为 1。利用这两式，可检验矩阵的正确性。

**2.整数规划模型建立及其置换矩阵意义**

当方案的排序优势度矩阵给出后，就可以对应于第 1 方案找到一个最大的元素值 $\Pi_{ik}$。如果每个方案的最大优势度 $\Pi_{ik}$ 都各自对应于各个不同的排序位数 $k$，则各方案的排序以此为依据。如果某两个(或更多)方案的最大优势度所对应的排序位数重在一起，就得再比较这几个最大优势度的大小，留下较大的方案排在该位上而另一方案(或其他方案)再对应找次大的优势度值来定排序位数，若还有重(与已排好序的方案重)则再找次次大的优势度值，如此直至各个方案都找到相应的排序位数。

对于比较简单的问题，可以在 $\Pi$ 矩阵上进行上述工作，然而对于这类比较复杂的多目标属性决策问题，则可采用整数规划模型来进行方案排序(对简单的问题也可用此法)。下述 0 - 1 整数规划模型即为所谓方案排序模型：

$$\max \sum_{i=1}^{m} \sum_{k=1}^{m} \Pi_{ik} p_{ik} \tag{5-14}$$

$$\text{s.t.} \quad \sum_{k=1}^{m} p_{ik} = 1 \qquad i = 1,2,\cdots,m \tag{5-15}$$

$$\sum_{i=1}^{m} p_{ik} = 1 \qquad k = 1,2,\cdots,m \tag{5-16}$$

$$p_{ik} = 0 \text{ 或 } 1 \qquad i = 1,2,\cdots,m; k = 1,2,\cdots,m$$

其中，$p_{ik}$ 构成 $m \times m$ 维的方阵，为所谓的排序矩阵，当 $p_{ik} = 1$ 时说明第 $i$ 方案排在第 $k$ 位，由于式(5 - 15)和(5 - 16)的约束，因而不会发生重叠排序的现象。

对于上述整数规划模型(也称背包问题模型)，可用比较成熟的匈牙利法求解，其解题步骤也就是在排序优势度矩阵(即系统矩阵)上进行的。

当排序矩阵 $P$ 求得后，还可用一个方案向量 $A = (A_1, A_2, \cdots, A_m)$ 乘以 $P_1$ 即可得方案的排序向量 $A^*$，因而有时又称 $P$ 为所谓转换矩阵。

**3.举例说明**

**例 5.19(战斗机购买问题)** 某国空军准备购买一批喷气式战斗机。面对各种机型，他们将飞机的最高速度，继航能力，最大有效负荷，可靠性、灵活性及购买成本作为考虑的目标因素。设有四种机型可供选择，这四种方案的各自目标值如表所示：

**例 5.19(a)表 可供选择的战斗机机型**

| 指标 / 机型 | 最大速度(马赫数) | 越海续航能力(海里) | 最大有效负荷(磅) | 购买成本(百万美元) | 可靠性 | 灵活性 |
|---|---|---|---|---|---|---|
| $A_1$ | 2.0 | 1500 | 20000 | 5.5 | 中 | 非常高 |
| $A_2$ | 2.5 | 2700 | 18000 | 6.5 | 低 | 中 |
| $A_3$ | 1.8 | 2000 | 21000 | 4.5 | 高 | 高 |
| $A_4$ | 2.2 | 1800 | 20000 | 5.0 | 中 | 中 |

从购买飞机例的原始决策矩阵可看出得如下表所示形式的矩阵。

例5.19(b)表 方案排序表

| 方案排序＼属性与权重 | $X_1$ | $X_2$ | $X_3$ | $X_4$ | $X_5$ | $X_6$ |
|---|---|---|---|---|---|---|
| 第1 | $A_2$ | $A_2$ | $A_3$ | $A_3$ | $A_3$ | $A_1$ |
| 第2 | $A_4$ | $A_3$ | $A_1,A_4$ | $A_4$ | $A_1,A_4$ | $A_3$ |
| 第3 | $A_1$ | $A_4$ | | $A_1$ | | $A_2,A_4$ |
| 第4 | $A_3$ | $A_1$ | $A_2$ | $A_2$ | $A_2$ | |

由于有三个目标属性($X_3,X_5,X_6$)下存在"相持"现象,因而对上述矩阵作变换得所示矩阵,其中设原始目标属性权重为 $W=(0.2,0.1,0.1,0.1,0.2,0.3)$,如下表所示。

例5.19(c)表 变换后的矩阵

| 排序＼属性 | $X_1$ (0.2) | $X_2$ (0.1) | $X_{31}$ (0.05) | $X_{32}$ (0.05) | $X_4$ (0.1) | $X_{51}$ (0.1) | $X_{52}$ (0.1) | $X_{61}$ (0.15) | $X_{62}$ (0.15) |
|---|---|---|---|---|---|---|---|---|---|
| 第1 | $A_2$ | $A_2$ | $A_3$ | $A_3$ | $A_3$ | $A_3$ | $A_3$ | $A_1$ | $A_1$ |
| 第2 | $A_4$ | $A_3$ | $A_1$ | $A_4$ | $A_4$ | $A_1$ | $A_4$ | $A_3$ | $A_3$ |
| 第3 | $A_1$ | $A_4$ | $A_4$ | $A_1$ | $A_1$ | $A_4$ | $A_1$ | $A_2$ | $A_4$ |
| 第4 | $A_3$ | $A_1$ | $A_2$ | $A_2$ | $A_2$ | $A_2$ | $A_2$ | $A_4$ | $A_2$ |

由上要得出如下的方案排序优势度矩阵

$$
\begin{array}{c} \\ A_1 \\ A_2 \\ A_3 \\ A_4 \end{array}
\begin{array}{c} \begin{array}{cccc} \text{第1} & \text{第2} & \text{第3} & \text{第4} \end{array} \\
\begin{bmatrix} 0.30 & 0.15 & 0.45 & 0.10 \\ 0.30 & 0 & 0.15 & 0.55 \\ 0.40 & 0.40 & 0 & 0.20 \\ 0 & 0.45 & 0.40 & 0.15 \end{bmatrix} \end{array}
$$

如果在矩阵上分析,其过程见矩阵的下划线变化,其结果为:$A_1$ 排第3,$A_2$ 排第4,$A_3$ 排第1,$A_4$ 排第2。

如果采用整数规划求解,则可建立如下模型

$$\max \sum_{i=1}^{4}\sum_{k=1}^{4} \Pi_{ik} p_{ik}$$

$$\text{s.t.} \quad \sum_{k=1}^{4} p_{ik} = 1 \qquad i = 1,2,3,4$$

$$\sum_{i=1}^{4} p_{ik} = 1 \qquad k = 1,2,3,4$$

$$p_{ik} = 0 \text{ 或 } 1 \qquad i,k = 1,2,3,4$$

利用匈牙利算法求解上述模型后,得最优排序矩阵 $P$ 为

$$P=\begin{bmatrix}0&0&1&0\\0&0&0&1\\1&0&0&0\\0&1&0&0\end{bmatrix}$$

最优排序向量为

$$A^{*}=A\cdot P=(A_1,A_2,A_3,A_4)\cdot P=(A_3,A_4,A_1,A_2)$$

也即排第 1 为 $A_3$,排第 2 为 $A_4$,排第 3 为 $A_1$,排第 4 为 $A_2$。

说明:线性分配法的最大优点是只需要序数形式的方案属性信息,这种弱信息要求无疑为处理含有大量定性目标属性的多目标属性决策问题带来了便利,这样就可避免定性属性的量化工作,也可减少属性值的规范化工作。

### 5.4.4.2 方案成对比较法

前提:事先不能完整地给出决策矩阵,只知各目标的权重和决策者对方案的部分偏好,即方案成对比较的结果。

基本思路:

(1)将方案成对比较,尽可能使方案集中每一方案 $x_i$ 与其他所有方案比较,则对于 $x_i\in X$ 其余方案可分为 4 个集合:

$$P(x_i)=\{x_j\mid x_j\in X,x_j\neq x_i,\text{且 }x_i>x_j\}$$
$$Q(x_i)=\{x_j\mid x_j\in X,x_j\neq x_i,\text{且 }x_i<x_j\}$$
$$I(x_i)=\{x_j\mid x_j\in X,x_j\neq x_i,\text{且 }x_i\sim x_j\}$$
$$U(x_i)=\{x_j\mid x_j\in X,x_j\neq x_i,\text{且 }x_i<>x_j\}$$

设这四个集合的元素数目分别为 $P(x_i)$,$Q(x_i)$,$I(x_i)$和 $U(x_i)$。

(2)对所有 $x_i\in X$,计算指示值:

$$V(x_i)=P(x_i)-Q(x_i)$$

(3)根据指示值的大小给所有方案排队。

### 5.4.4.3 ELECTRE 方法

ELECTRE 方法(Elimination and (et) Choice Translating Algorithm)是解决具有有限个候选方案的确定性的多目标决策问题的一种强有力的算法。其特点是重新定义了优先关系,并用这种优先关系给出了一套可用来对所有方案排队的系统方法。

ELECTRE 方法的关键是利用了所谓"超序关系"(Outranking Relationship)概念,即当 $A_i$ 和 $A_j$ 在数学意义上没有相互占优势,决策者也可以某种风险程度认为 $A_i$ 优于 $A_j$,这样通过一系列超序关系评估,就可去掉那些超序关系意义上的劣方案。

ELECTRE 方法最早由 Benayou(法)等于 1969 年提出的,经过几十年的研究,作了许多改进和完善,至今已派生出 ELECTRE Ⅰ,ELECTRE Ⅱ,ELECTRE Ⅲ及 ELECTRE Ⅳ等若干变型。

**1.优先关系**

设 $X$ 为方案集。在 $X$ 上依照向量序定义一种半序:对 $x_1, x_2 \in X, x_1 > x_2$ 是指 $f_k(x_1) \geqslant f_k(x_2), k=1,2,\cdots,n$ 且至少 $\exists\, k_0$,使下式成立:$f_{k0}(x_1) \geqslant f_{k0}(x_2)$,并依此导出了“非劣”概念,这种半序客观地反映了目标空间上元素各分量之间的大小关系,不为决策者的偏好所左右。由于 $X$ 中非劣解往往包含许多乃至无穷个元素,因此单凭上述半序关系往往不足以做出多目标决策,因而就需引进决策者的偏好关系。

在决策者愿意承担由于其假定的优先关系所产生的一定风险的前提下,在 $X$ 上定义一种“级别高于”关系 $S$:$\forall\, x_i, x_j \in X$,若 $x_i\, S\, x_j$,则称 $x_i$ 的级别高于或无差异于 $x_j$。关系 $S$ 满足下列条件。

(1)$S$ 反映了决策者的偏好结构;

(2)合理性:若 $x_i \geqslant x_j$,则必有 $x_i\, S\, x_j$。

(3)弱传递性:若 $x_i\, S\, x_k$ 且 $x_k \geqslant x_j \Rightarrow x_i\, S\, x_j$ 或 $x_i \geqslant x_k$ 且 $x_k\, S\, x_j \Rightarrow x_i\, S\, x_j$。

(4)自反性:$\forall\, x \in X, x\, S\, x$。

对 $x_i, x_j \in X$,若存在 $u_1, u_2, \cdots, u_k \in X$ 及 $v_1, v_2, \cdots, v_l \in X$,使得 $x_i\, S\, x_j$ 或 $x_i\, S\, u_1$, $u_1\, S\, u_2$, $\cdots$ $u_k\, S\, x_j$ 且 $x_j\, S\, x_i$ 或 $x_j\, S\, v_1$, $v_1\, S\, v_2$, $\cdots$, $v_l\, S\, x_i$,则称 $x_i$ 级别无差异于 $x_j$,记作 $x_i\, \tilde{S}\, x_j$(亦称 $x_i$ 等价于 $x_j$)。

关系 $\tilde{S}$ 满足自反性,对称性和传递性(属等价关系)

注:(1)关系 $S$ 不一定满足(通常意义下)传递性,即若 $x_i\, S\, x_k$, $x_k\, S\, x_j$,未必 $x_i\, S\, x_j$,主要是因为决策者主观认识上的某些限制。

(2)$x_i, x_j \in X$ 不一定有 $x_i\, S\, x_j$,或 $x_j\, S\, x_i$,这是因为在许多实际问题中,由于决策者认识和分辨上的限制,或由于缺乏充分的信心,往往不能断定某些方案是否存在级别高于关系。

(3)$x_i\, S\, x_j$,有些书上亦称为 $x_i$ 级别(地位)不低于 $x_j$。

可以通过指向图来表示方案间的“级别不低于”关系,用节点表示方案,用有向弧表示关系 $S$,若 $x_i\, S\, x_j$,则可如图 5-15 所示:

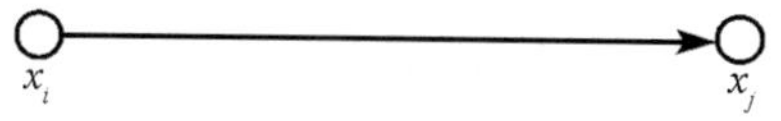


**图 5-15　“级别不低于”关系**

例如,设 $X=\{x_1, x_2, x_3, x_4, x_5, x_6, x_7\}$ 定义了如下“级别高于”关系:$x_1\, S\, x_2$, $x_2\, S\, x_3$, $x_3\, S\, x_1$, $x_2\, S\, x_4$, $x_4\, S\, x_5$, $x_5\, S\, x_4$, $x_6\, S\, x_7$,用图 5-16 表示为:

图 5-16 中 $x_1$, $x_2$, $x_3$ 构成了一个环 $J$(闭回路),从而有 $x_1\, \tilde{S}\, x_2$, $x_2\, \tilde{S}\, x_3$, $x_3\, \tilde{S}\, x_1$ 同样有 $x_4\, \tilde{S}\, x_5$。

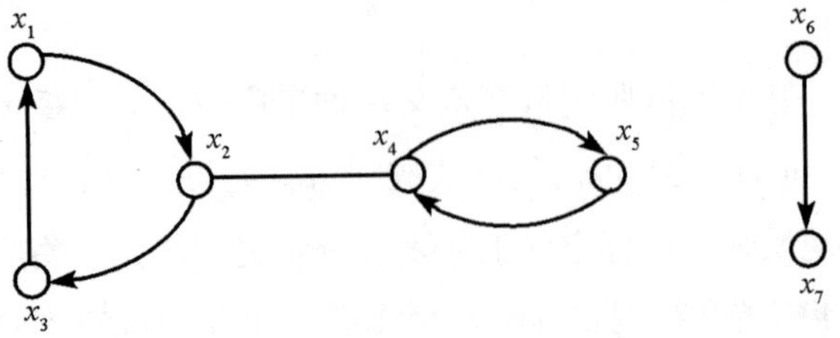


图 5－16 “级别高于”关系

**2.级别高于关系的建立**

步骤：

(1)设目标函数为 $F(x)=[f_1(x),f_2(x),\cdots,f_m(x)]$，确定各目标的权重 $w_1,w_2,\cdots,w_m$(应反映决策者的偏好)。

(2)对 $X$ 中每对元素(方案)$x_i$ 和 $x_j(i\neq j)$，构造以下指标集：

$$I^>(x_i,x_j)=\{k|1\leqslant k\leqslant m,f_k(x_i)>f_k(x_j)\}，记作\ I^>(i,j)$$

$$I^\sim(x_i,x_j)=\{k|1\leqslant k\leqslant m,f_k(x_i)>f_k(x_j)\}，记作\ I^\sim(i,j)$$

$$I^<(x_i,x_j)=\{k|1\leqslant k\leqslant m,f_k(x_i)>f_k(x_j)\}，记作\ I^<(i,j)$$

由于 $x_i$ 和 $x_j$ 均为非劣解，$F(x_i)\neq F(x_j)$，故 $I^>$ 和 $I^<$ 均为非空集。

(3)然后定义：

$$w^>(i,j)=\sum_{k\in I^>(x_i,x_j)}w_k=\sum_{k\in I^>(i,j)}w_k$$

$$w^\sim(i,j)=\sum_{k\in I^\sim(x_i,x_j)}w_k=\sum_{k\in I^\sim(i,j)}w_k$$

$$w^<(i,j)=\sum_{k\in I^<(x_i,x_j)}w_k=\sum_{k\in I^<(i,j)}w_k$$

(4)定义 $x_i$ 和 $x_j$ 的和谐性指数(协调性指数)：

$$I_{ij}=[w^>(i,j)+w^\sim(i,j)]/\sum_{k=1}^{m}w_k=w^>(i,j)+w^\sim(i,j)$$

$$\hat{I}_{ij}=w^>(i,j)/w^<(i,j)$$

(5)选择和谐性检验参数 $\alpha$，若

$$I_{ij}\geqslant\alpha,\quad \hat{I}_{ij}\geqslant 1$$

则认为通过了 $x_i$ 级别高于 $x_j$ 的和谐性检验。

注：①和谐性指标是根据权重之和定义的，从而其中隐含着属性间的相互补偿是允许的，而且对被补偿的值没有任何限制。意思是说即使某个属性值比 $x_j$ 差较多，若其他目标高于 $x_j$，则仍有可能 $x_i\,S\,x_j$，但由于多目标决策中每个目标的利益都应加以考虑和保证。这种不加限制的补偿的是片面的，为了消除这种片面性，还要对 $x_i$ 和 $x_j$ 进行不和谐性检验。

②$\hat{I}_{ij}$不是必须的，而和谐性检验可以不需要 $\hat{I}_{ij}$。

(6)不和谐性检验(不协调性检验)。对 $k=1,2,\cdots,m$,规定一阈值 $d_k$:

若对某一 $k\in I^{<}(x_i,x_j)$,有 $f_k(x_j)-f_k(x_i)\geqslant d_k$,则认为没能通过 $x_i\,S\,x_j$ 的不和谐性检验,否则,就说明通过了 $x_i\,S\,x_j$ 的不和谐性检验。

注:亦可定义一阈值 $d$,若 $\forall\, k\in I^{<}(x_i,x_j)$,均有 $f_k(x_j)-f_k(x_i)<d$,则认为通过了 $x_i\,S\,x_j$ 的不和谐性检验。

**3.级别关系优势集**

根据级别等价关系 $\tilde{S}$,可建立级别等价关系等价类,即 $\forall\, x_i,x_j\in X$,若 $x_i\,\tilde{S}\,x_j$,则称 $x_i$ 和 $x_j$ 处于同一类。记

$$\tilde{x}_i=\{x_j\in X\mid x_i\,\tilde{S}\,x_j\}$$

为与 $x_i$ 等价的元素(方案)全体,称为 $x_i$ 的等价类。

设 $\tilde{X}$ 为 $X$ 上关于关系 $\tilde{S}$ 等价类的全体,即 $\tilde{X}=X/\tilde{S}$,则有 $\forall\,\tilde{x}_i,\ \tilde{x}_j\in\tilde{X}$,$\tilde{x}_i=\tilde{x}_j\Leftrightarrow x_i\,\tilde{S}\,x_j$。

在 $\tilde{X}$ 上可以由 $S$ 导出级别高于关系 $R$:$\tilde{x}_i\,R\,\tilde{x}_j\Leftrightarrow\exists\, x\in\tilde{x}_i,y\in\tilde{x}_j$,使得 $x\,R\,y$。

例如,对上例 $\tilde{x}_1=\{x_1,x_2,x_3\}$,$\tilde{x}_4=\{x_4,x_5\}$,$\tilde{x}_6=\{x_6\}$,$\tilde{x}=\{x_7\}$,$\tilde{x}_1\ R\,\tilde{x}_4$,$\tilde{x}_6\ R\,\tilde{x}_7$。

显然,在 $\tilde{Z}$ 中是肯定不存在环的。

设 $\tilde{X}$ 是 $X$ 全体等价类的集合,$R$ 是定义在 $\tilde{X}$ 的级别高于关系,称 $\tilde{X}$ 的子集 $K$ 为集合 $\tilde{X}$ 的核,如果

(1) $\forall\,\tilde{x}\in\tilde{X}$,且 $\tilde{x}\notin k$,必 $\exists\,\tilde{y}\in k$ 使得 $\tilde{y}\,R\,\tilde{x}$。

(2) $\forall\,\tilde{x},\tilde{y}\in k$,均不可能有 $\tilde{x}\,R\,\tilde{y}$。

若 $K$ 是 $\tilde{X}$ 的核,则称 $X_1=\bigcup\limits_{\tilde{x}\in K}\tilde{x}$ 为 $X$ 的最小优势子集。

**4. ELECTRE 方法的步骤**

(1)构造决策矩阵;

(2)根据和谐性检验和不和谐性检验构造级别高于关系 $S$,并绘出级别高于关系图;

(3)若关系图$(X,S)$是有环的,则求 $X$ 的等价类 $\tilde{X}$,并定义 $\tilde{X}$ 上的级别高于关系 $R$,否则,就令$(\tilde{X},R)=(X,S)$;

(4)求出$(\tilde{X},R)$的核 $K$;

(5)通过 $K$ 求出 $X$ 的最小优势子集 $X_1$;

(6)若 $X_1$ 只包含 1 个方案,或方案数目少到可以用价值判断去选择最满意的方案,则过程结束,否则继续。

(7)适当放宽和谐性参数 $\alpha$(变小)和不和谐参数 $d_k(k=1,2,\cdots,m)$(放大),重复(2)~(7)。

**5.讨　论**

(1)ELECTRE 法的一个难点是和谐性指数 $\alpha$ 与不和谐性指数 $d$ 的确定,因为 $\alpha$ 和 $d$ 的大小将最终影响劣方案的剔除数量,特别是当 $\alpha$ 和 $d$ 取两个极端值 $\alpha=1$,$d=0$ 时,将没有一个方案被剔除。

(2)逐渐将 $\alpha$ 变小,$d$ 变大时,就可以逐渐减少非劣方案的数目,最终减少到只有一个非劣方案。

(3)Hwang 和 Yoon 于 1981 年认为 ELECTRE 法是最好的多目标属性决策方法之一,具有简单的逻辑,充分利用了决策矩阵中的信息,以及精炼的计算过程等优点。

(4)ELECTRE 法的发展,在如何剔除劣方案上提出了许多方法,有关文献上介绍了强、弱级别高于关系的建立和应用。

### 5.4.5 基于理想点的决策方法

设多目标决策问题

$$\text{MOP}:\begin{cases}\max\ F(x)=[f_1(x),f_2(x),\cdots,f_m(x)]\\ \text{s.t.}\ x\in X\end{cases}$$

定义

$$f_k^* = \max_{x\in X} f_k(x)$$

$$Z^* = (f_1^*,f_2^*,\cdots,f_m^*)$$

称 $Z^*$ 为 MOP 在目标空间中的理想点。

定义

$$f_k^- = \min_{x\in X} f_k(x)$$

记

$$Z^- = (f_1^-,f_2^-,\cdots,f_m^-)$$

称 $Z^-$ 为问题 MOP 在目标空间中的负理想点。

基于理想点的决策方法就是决策者定义一理想方案 $x^*$(如 $F(x^*)=Z^*$),该方案不一定可行。在定义一距离测度,度量方案集。根据 $X$ 的每一方案 $x$ 与理想方案 $x^*$ 距离最近(或最远距离负理想方案)的可行方案作为最终决策。

那么这样的距离该如何定义呢?

例如,$n$ 维空间 $R^n$ 中点 $Z$ 与 $Z^*$ 的距离可以定义为

$$d_\alpha = \left[\sum_{j=1}^{m} |z_j - z_j^*|^\alpha\right]^{1/\alpha} \qquad 1\leqslant \alpha \leqslant +\infty$$

实际应用中,有以下几种常用的距离定义:

$$d_1 = \sum_{j=1}^{m} |z_j - z_j^*|$$

$$d_2 = \left[\sum_{j=1}^{m} |z_j - z_j^*|^2\right]^{1/2}$$

$$d_\infty = \max_{1\leqslant j\leqslant m} |z_j - z_j^*|$$

**例 5.20** 计算 $R^2$ 中点 $z^*=(2,1)$与 $z=(6,4)$的各种距离:

$$d_1 = 4 + 3 = 7$$

$$d_2 = \sqrt{4^2 + 3^2} = 5$$

$$d_\infty = \max\{4, 3\} = 4$$

可以看到,距离 $d_\alpha$ 是关于 $\alpha$ 的单调递减函数。

更一般地,可将距离定义为:

$$d_\alpha = \left[\sum_{j=1}^{m} w_j \left| z_j - z_j^* \right|^\alpha\right]^{1/\alpha} \qquad 1 \leqslant \alpha \leqslant +\infty$$

其中,$0 \leqslant w_j \leqslant 1, \sum w_j = 1$。此时,决策者认为 $m$ 个目标具有不同的优先权重。

对于一个任意集 $X$,$X$ 上的距离 $d$ 是指满足以下条件的函数:

(1) $\forall x, y \in X, d(x, y) \geqslant 0$;

(2) $d(x, y) = 0 \Leftrightarrow x = y$;

(3) $\forall x, y \in X, d(x, y) = d(y, x)$;

(4) $\forall x, y \in X, d(x, y) + d(y, z) \geqslant d(x, z)$。

其中,条件(4)又称为三角不等式。

#### 5.4.5.1　TOPSIS 法

TOPSIS 法(Technique for Order Preference by Similarity to Indeed Solution,逼近于理想的技术)的基本思路是:定义决策问题的理想解与负理想解,然后在可行的方案集中寻求一个方案,使其既离理想点的距离最近又离负理想点的距离最远。

一般来说,要找一个与理想方案最近而又与负理想方案距离最远的方案是比较困难的。为此,TOPSIS 法引入了相对接近度的概念来权衡两种距离的大小。

TOPSIS 法基本步骤:

**1. 构造标准的决策矩阵**

设多目标决策问题 MOP 的决策矩阵为 $A$:

$$A = \begin{bmatrix} f_{11} & f_{12} & \cdots & f_{1m} \\ f_{21} & f_{22} & \cdots & f_{2m} \\ \vdots & \vdots & & \vdots \\ f_{n1} & f_{n2} & \cdots & f_{nm} \end{bmatrix} \begin{matrix} X_1 \\ X_2 \\ \vdots \\ X_n \end{matrix}$$

通过 $A$ 构造规范的决策矩阵 $R = (r_{ij})_{n \times n}$:

$$r_{ij} = f_{ij} \Big/ \sqrt{\sum_{i=1}^{n} f_{ij}^2} \qquad i = 1, 2, \cdots, n; j = 1, 2, \cdots, m$$

**2. 构造规范的加权决策矩阵**

设加权向量为 $W = (w_1, w_2, \cdots, w_m)$

令

$$z_{ij} = w_j r_{ij} \qquad i = 1, 2, \cdots, n; j = 1, 2, \cdots, m$$

称 $Z = (z_{ij})$ 为加权规范的矩阵。

**3.确定理想点和负理想点**

设

$$J^{+} = \{效益型指标子集\}$$
$$J^{-} = \{成本型指标子集\}$$

定义

$$Z^{*} = \{(\max_{i} z_{ij} \mid j \in J^{+}), (\min_{i} z_{ij} \mid j \in J^{-}) \mid 1 \leqslant j \leqslant m\} = (z_1^{*}, z_2^{*}, \cdots, z_m^{*})$$

$$Z^{-} = \{(\max_{i} z_{ij} \mid j \in J^{-}), (\min_{i} z_{ij} \mid j \in J^{+}) \mid 1 \leqslant j \leqslant m\} = (z_1^{-}, z_2^{-}, \cdots, z_m^{-})$$

**4.计算距离**

对 $z_i = (z_{i1}, z_{i2}, \cdots, z_{im})$,令

$$S_i^{*} = \sqrt{\sum_{j=1}^{m} (z_{ij} - z_i^{*})^2} \qquad i = 1,2,\cdots,n$$
$$S_i^{-} = \sqrt{\sum_{j=1}^{m} (z_{ij} - z_i^{-})^2}$$

**5.计算相对接近度**

定义方案 $Z_i$ 到理想点 $Z^{*}$ 的相对接近度为

$$C_i^{*} = \frac{S_i^{-}}{S_i^{*} + S_i^{-}} \qquad (i = 1,2,\cdots,n)$$

显然:

(1)$0 \leqslant C_i^{*} \leqslant 1$;

(2)若 $Z_i = Z^{*}$,则 $C_i^{*} = 1$;

(3)若 $Z_i = Z^{-}$,则 $C_i^{*} = 0$;

(4)若 $C_i^{*} \to 1$,则 $Z_i \to Z^{*}$。

根据每个方案的相对接近度 $C_i^{*}$ 的大小,给方案排队。

**例 5.21** 购买战斗机问题。

在线性分配法中,已举了该例,现假定相同,将可靠性与灵活性等非量化指标进行量化处理。令

非常高:9

高:7

中:5

低:3

得原始决策矩阵为

$$D = \begin{bmatrix} f_1 & f_2 & f_3 & f_4 & f_5 & f_6 \\ 2.0 & 1500 & 20000 & 5.5 & 5 & 9 \\ 2.5 & 2700 & 18000 & 6.5 & 3 & 5 \\ 1.8 & 2000 & 21000 & 4.5 & 7 & 7 \\ 2.2 & 1800 & 20000 & 5.0 & 5 & 5 \end{bmatrix} \begin{matrix} \\ A_1 \\ A_2 \\ A_3 \\ A_4 \end{matrix}$$

第一步:计算标准化矩阵:

$$R=\begin{bmatrix}0.4671&0.3662&0.5056&0.5063&0.4811&0.6708\\0.5839&0.6591&0.4550&0.5983&0.2887&0.3727\\0.4204&0.4882&0.5308&0.4143&0.6736&0.5217\\0.5139&0.4392&0.5056&0.4603&0.4811&0.3727\end{bmatrix}$$

第二步:计算加权标准化矩阵。

假定决策者认为 6 个指标的优先权量为

$$W=(0.2,0.1,0.1,0.1,0.2,0.3)$$

$$V=\begin{bmatrix}0.0934&0.0366&0.0506&0.0506&0.0962&0.2012\\0.1168&0.0659&0.0455&0.0598&0.0577&0.1118\\0.0841&0.0488&0.0531&0.0414&0.1347&0.1565\\0.1028&0.0439&0.0506&0.0460&0.0962&0.1118\end{bmatrix}$$

第三步:求出理想解 $A^*$ 和负理想解 $A^-$。

$$A^*=(0.1168,0.0659,0.0531,0.0414,0.1347,0.2012)$$

$$A^-=(0.0841,0.0366,0.0455,0.0598,0.0577,0.1118)$$

第四步:计算距离。

$$S_i^*=\sqrt{\sum_{i=1}^{6}(V_{ij}-V_j^*)^2}\qquad i=1,2,3,4$$

$$S_1^*=0.0545\qquad S_2^*=0.1197$$

$$S_3^*=0.0580\qquad S_4^*=0.1009$$

$$S_i^-=\sqrt{\sum_{i=1}^{6}(V_{ij}-V_j^-)^2}\qquad i=1,2,3,4$$

$$S_1^-=0.0983\qquad S_2^-=0.0439$$

$$S_3^-=0.0920\qquad S_4^-=0.0458$$

第五步:计算相对接近度。

$$C_i^*=\frac{S_i^-}{S_i^*+S_i^-}\qquad i=1,2,3,4$$

$$C_1^*=0.643,\ C_2^*=0.268,\ C_3^*=0.613,\ C_4^*=0.312$$

第六步:决策方案排优先序。

因为

$$C_1^*>C_3^*>C_4^*>C_2^*$$

所以

$$A_1>A_3>A_4>A_2$$

两点说明:

(1)可以证明,广泛应用的简单加权法(SAW)只是理想点法(TOPSIS)的一个特例。这时,计算两点将距离不采用欧几里得距离,而采用“偏差距离”(又称“城市街区距离”)。我们已知简单加权法选择最优方案 $A^+$ 的准则是

$$A^+ = \left\{A_i \mid \max_{1 \leqslant i \leqslant m}\left(\sum_{j=1}^{n} V_{ij}\right)\right\} \tag{5-17}$$

假定我们在理想点法中,采用“偏差距离”,定义两个方案 $A_i$ 与 $A_k$ 的距离为

$$S_{ik} = \sum_{j=1}^{n} \mid V_{ij} - V_{kj} \mid \qquad i,k = 1,2,\cdots,m; i \neq k$$

这个距离有如下的特殊性质:

$$S_i^* + S_i^- = S_{*-} = C(\text{正常数}) \qquad i = 1,2,\cdots,m$$

这时,方案 $A_i$ 的相对接近度公式可以简化为

$$C_i^* = \frac{S_i^-}{S_i^* + S_i^-} = \frac{S_i^-}{C} \qquad i = 1,2,\cdots,m$$

这时,根据最大相对接近度求出的最优方案 $A^+$ 满足:

$$A^+ = \{A_i \mid \max_{1 \leqslant i \leqslant m}(C_i^*)\} = \{A_i \mid \max_{1 \leqslant i \leqslant m}(S_i^-)\} \tag{5-18}$$

容易看出,在偏差距离的定义下,式(5-17)和式(5-18)是等价的。因此,简单加权法只是理想点法取偏差距离似的特例。

(2)在理想点法中,采用不同的距离定义,决策方案的排序结果可能会不同。例如购买战斗机问题中,有如下结果:

| 方案 | $C_i^*$(欧氏距离) | $C_i^*$(偏差距离) |
|---|---|---|
| $A_1$ | 0.643 | 0.596 |
| $A_2$ | 0.268 | 0.244 |
| $A_3$ | 0.614 | 0.629 |
| $A_4$ | 0.312 | 0.328 |

取欧氏距离时,优先序为($A_1, A_2, A_3, A_4$);

取偏差距离时,优先序为($A_3, A_1, A_4, A_2$)。

### 5.4.5.2 LINMAP 法

“多维偏好分析的线性规划方法”(Linear Programming Techniques for Multidimensional Analysis of Preference)最初是由 Srinivasan 和 Shocker 于 1973 年提出的,其目的是确定评估多目标决策问题中的权重和理想解(或理想方案),其手段是在多维偏好分析基础上建立线性规划模型来求解权重和理想方案,其结果(可以说是副产品)是可得出各方案和理想方案的距离,从而以此排序各方案。

LINMAP 法基本步骤:

**1.多维偏好分析**

设有多目标决策问题,由 $m$ 个目标

$$f_1, f_2, \cdots, f_m$$

$n$ 个方案

$$x_1, x_2, \cdots, x_n$$

第Ⅰ个方案 $x_i$ 对应于第$j$ 个目标$f_j$ 的值为$f_{ij}$,其规范化值为 $z_{ij}$($i = 1,2,\cdots,n; j = 1,$

$2,\cdots,m$)。

决策者综合考虑各个目标属性(多维偏好分析),两两比较各个方案。若方案 $x_k$ 优于方案 $x_l$,则用有序组$(k,l)$表示,令:

$$\Omega=\{(x_k,x_l)\mid x_k \text{ 优于 } x_l,k,l=1,2,\cdots,n\}$$

显然 $\Omega$ 中元素至多有 $n(n-1)/2$ 个。

**2.各方案与理想方案的距离定义**

任一方案 $x_i$ 在目标空间的规范化坐标为$(z_{i1},z_{i2},\cdots,z_{im})$,理想方案 $x^*$ 在目标空间中的坐标为$(z_1^*,z_2^*,\cdots,z_m^*)$,则方案 $x_i$ 与理想方案 $x^*$ 的加权欧氏距离 $d_i$ 为

$$d_i=\sqrt{\sum_{j=1}^{m}w_j(z_{ij}-z_j^*)^2}$$

式中　$z_j^*$——$x^*$ 中的第 $j$ 目标属性的理想值(未知,待求);

$z_{ij}$——$x_i$ 的第 $j$ 坐标(已知);

$w_j$——第 $j$ 目标属性权重(未知,待求)。

为便于计算,令

$$s_i=d_i^2=\sum_{j=1}^{m}w_j(z_{ij}-z_j^*)^2$$

现在的问题是求权重向量 $W=(w_1,w_2,\cdots,w_m)$和理想点向量 $x^*$。

**3.利用多为偏好分析结果建立求($W,x^*$)的优化模型**

对于每一序对$(k,l\in\Omega)$,$(W,x^*)$的结果应使 $s_k$ 和 $s_l$ 满足 $s_l\geqslant s_k$。而较优方案 $x_k$ 与理想点 $x^*$ 的距离 $s_k$ 应不大于较劣方案 $x_l$ 与理想点 $x^*$ 的距离 $s_l$。若 $s_k>s_l$,则意味着决策者对有序对$(k,l)$的判断有误,或者还需调整$(W,x^*)$。为反映这种有序对与决策者偏好不一致的程度,定义:

$$(s_l-s_k)^-=\begin{cases}0 & s_l\geqslant s_k\\ s_k-s_l & s_l<s_k\end{cases}=\max\{0,(s_k-s_l)\}$$

为这种误差的度量。

将所有有序对可能的误差相加后得到拟合劣度(总的不一致程度)$B$:

$$B=\sum_{(k,l)\in\Omega}(s_l-s_k)^-$$

因此,$(W,x^*)$地确定应使 $B$ 达到最小值,但是,由于$(s_l-s_k)^-$是非负的,从而在求解$(W,x^*)$时会出现 $W=0$ 的情况。因此还必须加一些约束条件,以避免得到平凡解 $W=0$。

与 $B$ 类似,定义拟合优度(决策者偏好与加权距离模型的一致性程度)$G$:

$$G=\sum_{(k,l)\in\Omega}(s_l-s_k)^+$$

其中:

$$(s_l-s_k)^+=\begin{cases}s_l-s_k & s_l\geqslant s_k\\ 0 & s_l<s_k\end{cases}$$

从而,可构造一优化问题:

$$\begin{cases}\min B = \sum\limits_{(k,l)\in\Omega}(s_l - s_k)^- \\ \text{s.t.}\ G > B\end{cases}$$

其中,约束条件 $G > B$ 是要求决策者的偏好与加权距离模型的一致性程度总大于不一致性程度(而拟合优度大于拟合劣度)。

亦可将约束 $G > B$ 变成等式约束:

$$G - B = h$$

其中,$h$ 是由某个决策者给出的正数。

另外,根据$(s_l - s_k)^-$和$(s_l - s_k)^+$的定义,有

$$(s_l - s_k)^+ - (s_l - s_k)^- = s_l - s_k$$

从而有

$$G - B = \sum_{(k,l)\in\Omega}(s_l - s_k) = h$$

因此,$(W, x^*)$可通过求解下述优化问题而得:

$$P(B)_1:\begin{cases}\min B = \sum\limits_{(k,l)\in\Omega}\max\{0,(s_k - s_l)\} \\ \text{s.t.}\ \sum\limits_{(k,l)\in\Omega}(s_l - s_k) = h\end{cases}$$

**4.优化模型的求解过程及其解**

对优化问题 $P(B)$,引入变量 $\lambda_{kl}$,得

$$\text{s.t.}\begin{cases}\lambda_{kl} \geqslant 0 \\ \lambda_{kl} \geqslant s_k - s_l\end{cases}$$

即

$$\lambda_{kl} \geqslant \max\{0,(s_k - s_l)\}$$

对上式取极小,可得:

$$\lambda_{kl} = \max\{0, s_k - s_l\}$$

从而 $P(B)_1$ 可转换成

$$P(B)_2:\begin{cases}\min \sum\limits_{(k,l)\in\Omega}\lambda_{kl} \\ \text{s.t.}(s_l - s_k) + \lambda_{kl} \geqslant 0(k,l)\in\Omega \\ \sum\limits_{(k,l)\in\Omega}(s_l - s_k) = h\end{cases}$$

由于

$$\begin{aligned}s_l - s_k &= \sum_{j=1}^{m} w_j(z_{lj} - z_j^*)^2 - \sum_{j=1}^{m} w_j(z_{kj} - z_j^*)^2 \\ &= \sum_{j=1}^{m} w_j(z_{lj}^2 - z_{kj}^2) - 2\sum_{j=1}^{m} w_j z_j^*(z_{lj} - z_{kj}) \\ &\quad i = 1,2,\cdots,n; j = 1,2,\cdots,m\end{aligned}$$

其中，$z_{ij}$ 是已知的，$w_j$ 和 $z_j^*$ 是未知的，令 $v_j = w_j z_j^*$，则 $P(B)_2$ 变成

$$P(B):\begin{cases}\min \sum\limits_{(k,l)\in\Omega} \lambda_{kl} \\ \text{s.t.} \sum\limits_{j=1}^{m} w_j(z_{ij}^2 - z_{kj}^2) - 2\sum\limits_{j=1}^{m} v_j(z_{ij} - z_{kj}) + \lambda_{kl} \geqslant 0 \\ \sum\limits_{j=1}^{m} w_j \sum\limits_{(k,l)\in\Omega} (z_{ij}^2 - z_{kj}^2) - 2\sum\limits_{j=1}^{m} \sum\limits_{(k,l)\in\Omega} (z_{ij} - z_{kj}) = h \\ w_j \geqslant 0 \qquad j = 1,2,\cdots,m \\ v_j \text{ 无限制} \\ \lambda_{kl} \geqslant 0 \qquad (k,l)\in\Omega \end{cases}$$

上述 LP 问题（线性规划问题）的未知量为 $w_j$，$v_j$ 和 $\lambda_{kl}$（约有 $2m + n(n+1)/2$ 个），约束方程共有 $n(n-1)/2+1$ 个。

解 LP 问题 $P(B)$，可得最优解 $w_j$ 和 $v_j$，从而理想方案的属性值有以下几种情形。

(1) 若 $w_j > 0$，则 $z_j^* = v_j/w_j$；

(2) 若 $w_j = 0$，且 $v_j = 0$，则 $z_j^* = 0$；

(3) 若 $w_j = 0$ 且 $v_j > 0$，则 $z_j^* = +\infty$；

(4) 若 $w_j = 0$ 且 $v_j < 0$，则 $z_j^* = -\infty$。

上面所求的 $w_j$ 应为多维偏好的分析结果加上原决策矩阵中的数值的综合权重，它既反映了决策者对各方案两两比较的“主观”信息，又考虑了决策矩阵中的“客观”信息。

# 习题五

1. 简述决策问题有哪些基本要素。

2. 某工厂生产某种装备，先要对装备的某个部件进行改进。改进的方法与技术可以自行研究（成功可能为 0.6），也可以购买专利（成功可能为 0.8）。如果改进成功，则有两种方案可选，1 是产量不变，2 是增产；如果失败，则按原方案生产。根据以下数据，使用决策树选择最优方案。

**题 2 表**

| 咨询意见＼实施结果 | 投资成功 | 投资失败 | 合计(次) |
| --- | --- | --- | --- |
| 可以投资 | 154 | 2 | 156 |
| 不宜投资 | 38 | 6 | 44 |
| 合　　计 | 192 | 8 | 200 |

3. 某公司有 500 万元资金，先需要决定是否用于某个项目的开发，如果投资，则估计成功率为 96%，一年可以获得利润 12%；如果失败则丧失全部资金；如果把资金全部存入

银行,可获得年利率6%。决策时也可以求助于咨询公司,咨询费用为5万元。咨询公司以进行近200例类型项目,见下表。用决策树方法分析该公司是否应该咨询?资金该如何使用?

题3表

| 市场价格 | 可能性 | 按原方案生产 | 购买专利(0.8) | | 自行研究(0.6) | |
|---|---|---|---|---|---|---|
| | | | 产量不变 | 增产 | 产量不变 | 增产 |
| 低 | 0.1 | -100 | -200 | -300 | -200 | -300 |
| 中 | 0.5 | 0 | 50 | 50 | 0 | -250 |
| 高 | 0.4 | 100 | 150 | 250 | 200 | 600 |

4. 某部队要配发三类武器装备,现已知这三类武器装备的机动力指数、防护力指数和火力指数分别为(见题4表):

题4表

| | 武器一 | 武器二 | 武器三 | 最小需求量 |
|---|---|---|---|---|
| 机动力指数 | 1 | 1 | 10 | 1 |
| 防护力指数 | 100 | 10 | 10 | 30 |
| 火力指数 | 10 | 100 | 10 | 10 |
| 所需操作人员数 | 70 | 50 | 120 | |
| 费用(万元) | 1.5 | 3.0 | 1.0 | |

假设机动力指数、防护力指数和火力指数都是可以累加的,现有下面三个目标:

(1)满足机动力指数、防护力指数和火力指数的最小需求量;

(2)总的操作人员数量最少;

(3)所需的费用最少。

建立这个问题的多目标决策模型,并求解。

5. 考虑一个决策问题,它有4个求极大的效益指标,已知有6个方案,指标值见下表。如果决策者认为4个指标的优先权重为 $W=(0.3,0.2,0.4,0.1)$,则应当选择哪个方案。

题5表

| 方案 \ 指标 | $f_1$ | $f_2$ | $f_3$ | $f_4$ |
|---|---|---|---|---|
| $A_1$ | 2 | 30 | 130 | 3 |
| $A_2$ | 1.3 | 50 | 400 | 3 |
| $A_3$ | 1.5 | 10 | 220 | 5 |
| $A_4$ | 3 | 70 | 100 | 2 |
| $A_5$ | 0.5 | 90 | 400 | 7 |
| $A_6$ | 4 | 0 | 100 | 1 |

# 第 6 章　武器装备寿命期的管理方法

所谓武器装备全寿命期,是指武器装备从开始研制到退役的全过程。它可划分为研制、生产、使用和退役等四个阶段。每一阶段又包括多个环节,如研制阶段包括预先研究、型号论证、设计研制和试验鉴定等环节,使用阶段包括采购、部署、列装训练、作战使用、维护修理等环节。长期以来,人们对于武器装备的管理工作,往往着重于个别阶段的局部管理,而忽视全寿命期的系统管理,因而出现许多疏漏、脱节和互不协调的现象,致使新型武器装备迟迟不能转化为部队的作战能力,浪费大量资源,严重影响武器装备现代化的进程。

从武器装备全寿命期整体考虑出发,使各个阶段、环节的管理相互衔接、有机结合,才能达到最大限度地提高有限国防经费的使用效益,确保武器装备发展规划的实现。武器装备管理的运筹研究贯穿于武器装备全寿命期的各个不同阶段,其任务是通过定量研究武器装备的发展、部署和使用等方面的问题,为各阶段和全寿命期管理决策的优化提供支持。

## 6.1　费效分析

在系统设计、研制、生产和使用过程中,总希望尽可能少地消耗资源并取得尽可能高的效能,人们经常使用“费用 - 效能”(简称“费效分析”)这个术语去衡量或评价各个系统方案的优劣。在各个阶段、各个环节,都要进行“费用 - 效能分析”,然后再作出选择或决策。所以,费用 - 效能分析在武器系统的发展研制与装备(采购)过程中具有决定性意义。

### 6.1.1　费效分析的基本概念

费用 - 效能分析或费用 - 效能研究,是根据武器系统所达到的效能(所获得的价值)与其消耗的资源(费用),在满足战术技术要求的各个方案中进行比较的过程。

所谓费用 - 效能,是取得能够达到预定目标(效能)的能力与所消耗的资源(费用)之间的关系。费用 - 效能分析是以这样一个经济概念为基础的,即所有的一切决策都涉及任务要求与最有效地使用(分配)有限的资源。既要达到规定的目标和任务要求,又要充分发挥有限资源的作用。

费用 - 效能分析的目标通常是在完成既定任务的效能水平一定的前提下,把费用(资

源)消耗减少到最低限度。进行费效分析的途径基本有两种:

**1.提出一组相同费用的待选武器装备方案,然后比较它们的效能**

在武器装备费效分析中经常采用这种途径,因为效能比较通常更为决策者所关心。例如,新、旧两种型号的战斗机,经效能评估知,在同样作战条件下新型战斗机击落敌机6架,而旧型战斗机击落敌机2架。虽然,决策者可能不相信战时会真出现这个结果,但他们可大致地认为新型比旧型有3:1的改进。然而,如果在可比而合理的假定下,新型战斗机费用比旧型战斗机费用多几倍,则决策者可能会认为用3倍于新型机数目的旧型战斗机更为可取。

**2.提出一组达到同样效能的武器装备方案,然后估计并比较它们的费用**

费用-效能分析方法所能做到的是:当把效能保持在可以接受的最低水平上时,使系统费用达到极小值;当把费用保持在可以接受的最高水平上时,使效能达到极大值。

从概念上分析,“费效分析”与“系统分析”是有区别的。系统分析是通过一定的步骤帮助决策者选择方案的一种系统工程方法,它研究的范围大,所涉及的问题广泛,是在能够达到特定目标的不同类型的系统之间,通过适当的方法进行分析比较,或者对各大系统的方案进行比较和可行性研究,帮助决策者进行系统概念方案的决策。费用-效能分析是针对各个方案达到一定的效能所需的费用(资源),以及改变费用或效能对费用-效能及对任务目标所带来的影响而进行的研究,其研究目的是确定能够达到特定目标的类似系统的费用,是在同类系统之间进行比较与权衡,但系统分析中可以包括费用分析和效能分析。因此,这两个术语既有区别又有联系,在运用这两个术语时要进行严格的区分。

## 6.1.2 费效分析的主要内容

费效分析的基本内容应当包括:目标、任务分析;系统方案分析;费用资源分析;模型的建立;准则确定及最优方案选择。

**1.目标、任务分析**

确定目标、任务应当和武器系统的功能分析结合起来,并且把功能要求作为系统分析与设计的基础。在充分了解功能要求的基础上,才有可能设计出达到目标,保证完成任务的系统方案。在系统分析过程中常出现这样的情况,即仅根据规定系统的目标和任务,并不一定需要研制一种新的武器系统,只要对现有装备作适当的改装就能达到目标。因此,目标任务的确定和功能分析是紧密相关的,不能有片面性。同时,在确定目标时,不能对系统实现目标的途径加以过多的限制,目标的定义和界限不能模糊不清。确定目标时,不应当把目标同速度、质量、毁伤概率等性能指标混为一谈。

**2.系统方案分析**

系统方案分析是指对有可能达到目标、任务要求的各个备选方案进行分析比较。通过费效分析选择最优方案,是费效分析的重要任务之一。确定方案之前应对现有系统、正在研制的系统、改进的系统和探索中的系统,甚至包括国外的系统逐个加以分析研究。特别是方案论证阶段进行费效分析时,应在方案分析方面多做些工作。

**3.费用资源分析**

每个方案的费用都应当经过仔细的分析计算。在确定一个方案的费用时,要研究其所有的资源,不仅要涉及系统本身的费用,还应当考虑到操作人员的训练、维修保养、装运贮藏等各方面所要消耗的费用。费用估计应尽可能力求精确。对难于估计准确的部分费用,可以采用各种合适的量值进行比较分析。对费用的估算值,一般都要通过灵敏度分析予以检验。灵敏度分析可用不同的量值进行反复的分析,以便判定所得结果的可靠程度。

**4.建立模型**

费效分析中,要用模型去研究系统中有关问题的许多变量。一个模型是用于描述系统的实际状态或预计系统的未来状态的,其目的是在有限范围内表示方案的结果。所有模型都是客观实体的抽象,其有效性取决于简化假设的合理性。在建立费效分析模型的过程中,重要的问题在于正确处理那些难于量化的因素。在这种情况下,可以采取定量分析和定性分析相结合的方法,但要尽可能将各种因素反映到模型中去,包括不能量化的变量和所有不确定性的变量都必须给予考虑,除非能够通过推理或分析证明这些因素是无关紧要的。

费效分析的模型一般都应具有其他模型所具备的共同要素,即问题的定义、主要因素及目标、约束条件、验证与决策过程中应用的准则。费效分析中使用的模型多数为抽象的概念模型和近似数学模型。这些模型的准确性与有效性,只能根据它的实用性进行检验。

**5.准　则**

费效分析中广泛应用的准则有三种:等费用准则、等效能准则和费用 – 效能递增准则。

等费用准则是假定各方案消耗的费用相等的情况下,分析确定哪一个方案能达到最大的效能。

等效能准则是以各方案所能取得的效益(达到的效能)相等(或相同)为基础,分析确定哪一个方案所需(消耗)的费用(资源)为最少。

费用 – 效能递增准则是将所达到的效能增加的程度与所消耗的费用(资源)增加的速率结合在一起进行分析。这种准则只有当系统各方案的费用和效能都无法作为等同的分析基础时,最后才使用它,例如,对于两种不同方案的导弹系统,由于采用的技术先进程度和复杂程度各不相同,无法用同一个费用标准或效能准则去评定,这时可利用费用 – 效能递增准则进行分析比较。

### 6.1.3　费效分析的一般原理

随着武器系统的组成结构、功能、任务、使用条件等不同,费效分析的方法、步骤有相当大的差别。到目前为止,还没有形成标准的或通用的费效分析方法。

各部门、各行业都根据本身的任务和特定的系统在进行费效分析时,创立了一些分析方法,但都有一定局限性。例如,使用比较广泛的两种方法——单参数分析法和概率分析法——表现出来的局限性是:大多数系统(例如导弹武器系统)都不那么简单,不可能用一个参数去表示它们的效能，费效分析也就不可能很简单。即便是把系统的各个效能指标综合成了一个单一的“品质因素”作为效能指标的分析方法，这也是很不严格的。可用具有性能因素 $A$、$B$ 和 $C$ 的两个系统来分析说明这种局限性，如表 6-1 所示。

表 6-1 效能指标分析示例

| 系统 | 因素取值 | | | 品质因素的值 $Q$ | |
|---|---|---|---|---|---|
| | $A$ | $B$ | $C$ | 取和 | 取积 |
| Ⅰ | 4 | 1 | 5 | 10 | 20 |
| Ⅱ | 3 | 4 | 2 | 9 | 24 |

$A$、$B$、$C$ 三个因素在 1~5 的范围内取值，具有相同重要性(权数)。若品质因素 $Q=A+B+C$，则系统Ⅰ具有较大的 $Q$ 值($Q_{\text{I}}=10$)；若品质因素 $Q=A\times B\times C$，则系统Ⅱ的 $Q_{\text{II}}=24$，具有较大的 $Q$ 值，这样就无法断定选择哪一个 $Q$ 值更合理(假设两个中有一个是合理值)。若运用 $Q$ 的乘积形式，则进行加权不会影响比值 $Q_{\text{I}}/Q_{\text{II}}$。但若用 $Q$ 的和式，给因素 $B$ 以相对权数 2，则 $Q_{\text{II}}=3+8+2=13$，而 $Q_{\text{I}}=4+2+5=11$。若给因素 $C$ 以相对权数 2，则 $Q_{\text{I}}=4+1+10=15$，$Q_{\text{II}}=3+4+4=11$。即提高因素 $B$ 的重要性时，系统Ⅱ以 13:11 领先，而提高因素 $C$ 的重要性时，系统Ⅰ却以 15:11 领先。由此可知，要确定性能因素的相对重要性是一个复杂的随机过程，并且系统品质因素对性能因素值的微小变化都很敏感。

概率分析法的局限性表现在单环节问题的分析中。因为单环节问题用概率无法进行分析比较，所以单环节问题不能用概率表示，而应该用物理参数来表示。

大多数系统比较适用的分析方法是综合分析法，该方法的原理如图 6-1 所示。此框图表示了费效分析的一般原理和方法，对一般武器系统的费效分析是适用的，其中信息输入和结果输出，随各系统的任务、目标和结构组成而定。

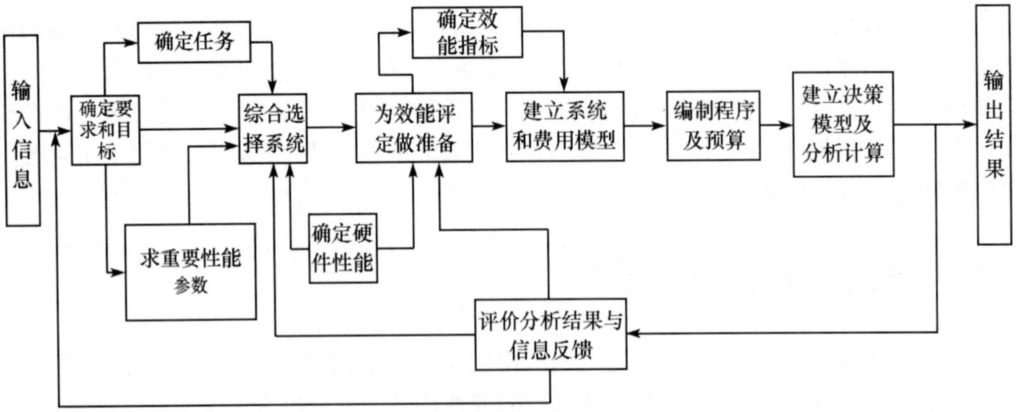


图 6-1 系统费效分析原理框图

对于一次使用的导弹武器系统，不但是由若干子系统组成的大型复杂系统，而且其费用限制更严、效能要求更高,因此最合适的方法是优化方法。利用优化方法进行费效分析的原理如图 6-2 所示。采用优化方法对导弹武器系统进行费效分析时,首先从一组拟定的战术技术要求开始,根据这些要求去明确规定任务和目标,在任务目标中要选定达到的最优化准则,即在资源费用一定的条件下,求达到最高效能的系统;或是在效能一定的条件下,求得费用资源消耗最少的系统。这种目标准则也要反应在优化程序中,通过约束条件和目标函数的确定来体现。建立系统模型时,要把系统的性能参数和所确定的目标任务紧密地联系起来。系统性能可以按子系统分类,分别建立子模型,在整个大系统中各子模型可以通过费用资源模型作为接口,给每个子模型所描述的性能、费用指标加以标志,并将各子模型联系起来。子模型的费用表达式可以作为准则或约束条件的表达式。在优化程序中,还要对结果进行分析,即除了优化费用-效能结构外,还要分析系统的费用或效能对系统性能变化的灵敏度。

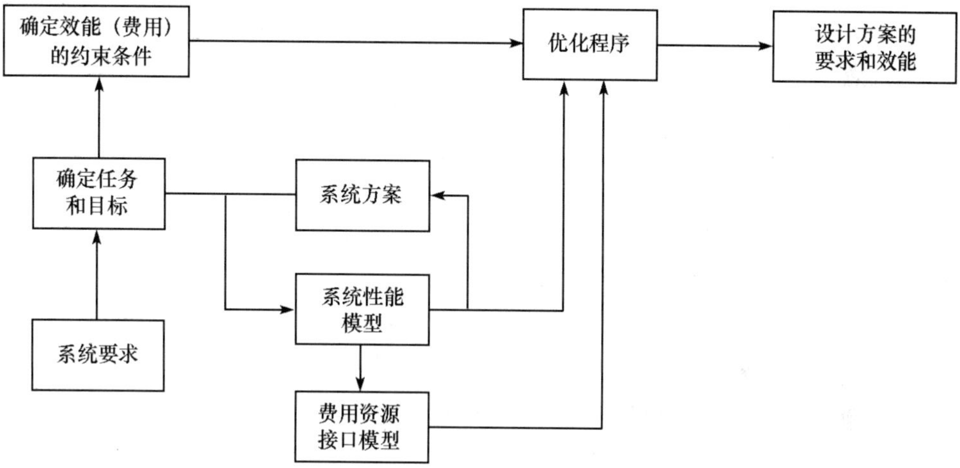


图 6-2　导弹武器系统费效分析优化原理框图

使用优化方法进行导弹武器系统的费效分析时,重要的一环就在于把费用因素同系统的性能因素联系起来建立模型并求解,即:将性能因素表示为费用因素的函数,根据规定的性能目标要求,使用优化方法,求消耗费用最低的武器系统。反之,根据限定的费用水平,使用优化方法来确定性能最优的武器系统。

建立性能因素和费用因素的关系模型时,可以将直接影响武器系统总目标的那些主要子系统的性能因素及其相应的费用因素逐个列出,并综合在一起,利用解析表达式构造费用-效能(性能)分析的模型。例如,导弹武器系统由战斗部、动力装置、制导系统(包括探测装置、伺服系统等)、发射装置等若干子系统构成。战斗部子系统的性能因素是威力,对反装甲导弹战斗部可用穿(破)甲厚度 $L$ 表征,对反飞机的导弹战斗部可用杀伤半径 $R$,或破片动能 $E_i$ 表征,它们的费用因素分别为炸药能量 $E$、炸药质量 $m_c$、壳体质量 $m_s$ 等。于是,可将战斗部子系统性能因素与费用因素的关系模型表示为 $L(R)=f(m_c, m_s, E, \cdots)$。同样,可推导其他子系统的性能因素与费用因素的关系模型如表 6-2 所示。

表6-2 导弹系统各子系统的性能因素与费用因素的关系模型

| 系 统 | 性能因素 | 费用因素 | 模型示例 |
|---|---|---|---|
| 战斗部 | 威力<br>破甲厚度 $L$<br>杀伤半径 $R$<br>破片动能 $E_i$ | 炸药质量 $m_c$<br>壳体质量 $m_s$<br>炸药能量 $E$ | $L=f(m_c,m_s,E,\cdots)$<br>$R=f'(m_c,m_s,E,\cdots)$ |
| 动力装置 | 总冲 $I$<br>推力 $P$<br>有效速度 $V_e$ | 推进剂质量 $m_p$<br>结构质量 $m_k$<br>推进剂比冲 $I_s$ | $I=f(m_p,m_k,I_s,\cdots)$ |
| 探测装置 | 作用距离 $X$<br>控测精度 $A_c$ | 每个探测元件的单价 $C_i$<br>探测元件数 $n$<br>功率 $W$ | $X(A_c)=f(C_i,n,W,\cdots)$ |
| 伺服系统 | 响应时间 $T$<br>品质因素 $Q$<br>效率 $E_A$ | 通道数 $N$<br>能源 $W_p$<br>元组件数 $a$ | $E_A=f(N,W_p,a,\cdots)$ |
| 发射装置 | 方向界 $Z$<br>俯仰界 $Y$<br>射带 $R_e$ | 零部件数 $B$<br>能源 $E_p$<br>总质量 $m$ | $Y(z)=f(B,E_p,m,\cdots)$ |

将表中各子系统综合起来可建立费用-性能模型：

$$C=F(L,I,X,E_A,Y,\cdots)$$

再根据单价或总价估计出来的各费用因素则可建立优化模型：

$$\min C=F(L,I,X,E_A,Y,\cdots)$$

性能关系模型在系统设计的各学科中，可以具体表示出来。费用模型需要根据费用因素，通过各种方法进行估算。

## 6.1.4 费用类别

在对不同的方案进行费用估算时，应该采用统一的费用计算标准，这样各方案费用才具有可比性，因此，在费用分析时需对系统的各项费用进行划分，给出统一的标准，而费用类别是首先要确定的。按武器系统费用的发生情况，可将费用进行如下划分：

**1.研究与研制费用**

这些费用用于应用研究、工程设计、分析、研制、试验、鉴定，以及与具体的武器系统有关的研制工作的管理费用，其中主要的几类用途：

(1)研制工程费用；

(2)工艺性工程与规划费用；

(3)样机制造费用；

(4)系统试验与鉴定费用；

(5)设备安装费用;

(6)系统项目的管理费用;

(7)研究与研制设施的建筑费用;

(8)训练工作与训练设备费用。

**2. 投　资**

按投资(生产费用)在生产过程发生的特点,可把投资(生产费用)分为非周转性投资和周转性投资。

一些费用在武器系统或辅助系统的生产周期中一般只使用一次,如主要的费用类别有:

(1)最初的生产设备购置费用;

(2)工业设备或生产基地的支持费用。

在武器系统、辅助系统或部件的生产过程,一些费用反复出现,例如:

(1)制造费用;

(2)工程修改费用;

(3)系统试验与鉴定费用;

(4)备件和配件费用;

(5)运输费用;

(6)训练工作及训练设备费用;

(7)系统或项目管理费用。

**3. 使用与支援费用**

一些费用是在武器系统或辅助系统经过验收,纳入军队装备之后,使用、维修以及材料和供应点的消耗方面所需的直接费用,如:

(1)军事人员的费用;

(2)工厂维修费用;

(3)更换部件的训练费用;

(4)备件和配件的费用;

(5)部队训练费用,弹药与导弹的费用;

(6)油料费用。

## 6.2.5　费用的相关性

在费用分析中,需要确定哪些费用在每一个方案的价值比较中是有效的,还需确定哪些费用是相关的,而这些相关的费用又取决于费用估值的范围和等级以及为确定各个方案所规定的准则,费用的相关性可能还涉及如何区别可变费用部分与不变费用部分的问题,涉及固定费用中的哪些部分是总费用中的决定因素。在费用的比较中,只应该包括随两个方案间投资之差而变化的那一部分不变费用,对每一个方案相同,或者说,不随可变费用变化而发生明显变化的不变费用,对所作的决策不会发生实质性的影响。

### 1.外部费用和内部费用

费用估算中需要确定哪些费用项目应当在费用估算中,即把内部费用与外部费加以区别,也就确定了费用估算的范围。外部费用是指“超出决策者所在部门的界限之外的那些费用,或超出费用分析人员为之服务的用户的利益范围的那些费用”。究竟哪些费用属于外部费用,取决于所要求的费用估算类型,例如,单个武器系统的费用对比,或是合成部队的费用估算,还是整个部队结构的费用估算。如果费用分析的目的是要建立单个武器系统(比如一种坦克)的比较费用估算值,则同时进行其他武器系统研制时对决策很可能会产生限制的影响,另一方面,如果费用分析的目的是确定一个武器系统对整个部队结构的影响,则过去和未来的武器系统研究计划都将被划入分析范围之内。

### 2.直接费用和间接费用

在一个武器系统的费用估算中,究竟应当包括哪些具体的费用,这是需要在这里考虑的问题,一般来说,凡能追溯到硬件、材料的直接消耗或直接使用和维修系统人员的全部费用都属于系统的直接费用。费用估算的一个难点往往是要确定间接费用(例如维修费,共同资产产品的后勤管理费)中的多大一部分应包括在费用的估算值中,这有时应由级别更高的部门来确定。

### 3.费用的时间因素

要准确地估算各个武器系统方案之间费用数量的差额,往往需要考虑资源(费用)的时间价值,即考虑每一个方案寿命周期中消耗的资源(资金)的数量和消耗速率,这个概念涉及到资源(资金)的折扣和通货膨胀的影响。考虑时间因素的目的是要保证武器系统费用在静态和动态条件下是可比的,所谓静态条件指的是按照货币的绝对值计算所消耗的资源,所谓动态条件指的是把资源的价值看成是随时间变化的。

设当前年份为 $k$,第 $k+i$ 年的年度实际支出费用为 $C_{k+i}$,则其现时的费用 $C'_{k+i}$ 与 $C_{k+i}$ 的关系为

$$C'_{k+i} = \frac{C_{k+i}}{(1+r)^i}$$

式中 $r$——第 $k$ 年到第 $k+i$ 年期间的平均年利率(即贴现率或折扣率)。

设当前的费用需求为 $C_1$,如考虑通货膨胀的影响,则 $n$ 年后费用的需求 $C_{n+1}$ 应为

$$C_{n+1} = C_1(1+\beta)^n$$

式中 $\beta$——几年中平均通货膨胀系数。

一个武器系统投资决策的机会费用,是把一个方案的资金先用在其他的武器系统研制计划而获得的收益,由于这个原因,能延期使用资源的方案要最大限度地延期,等到下一最后时机再把资源拿出来立即使用,这就能部分地弥补要在未来使用的系统费用的现时价值。因此,未来的系统费用的现时价值实际上应等于未折扣的费用减去在系统要求的某个最晚日期以前及时使用此资源所得到的利润。

## 6.1.6　费用的不定性

不定性是系统分析和费用分析的一种固有的特性,对于研制周期长(八年至十年)的大型武器系统的研制计划来说尤其如此。变化着的各种威胁、不断发展的技术、变动的经济条件(工资和价格)、研制周期的不定性、为适应新要求或者为克服预料不到的困难而必须作的设计修改等,这些都将使分析人员难于准确地预测系统的最终费用。此外,能够得到的历史上的费用数据中,有很多是不完整的和不一致的,而这些数据对于新的武器系统的费用估算又是有重要意义和影响的,因此关于一个武器系统所需的实际费用,往往相当于在研制它以前确定的估算费用的十倍或十倍以上,这就是由于当初费用估算时存在着技术上的不定性。

费用的不定性通常可分为两大类:要求的不定性和费用估算的不定性。

### 6.1.6.1　要求的不定性

要求的不定性对费用估算值的准确度影响最大,历史资料表明,武器系统的最初费用估算与实际费用之差的大部分可能是由系统结构上的变化而引起的,系统结构的变化会导致费用增加。这类不定性的几个例子如下:

(1)最初的硬件设计也许不能满足要求的工作特性,因此必须改变硬件的结构。

(2)根据变化着的威胁,可能要改变工作特性,结果就得修改硬件规格。

(3)可能作出了决定,要求比原计划更快的速度得到规定的系统,也就是要用资源来换取时间。

(4)由于系统某一部分提出的最初要求有错误或疏忽,可能要改变系统规格。

(5)规格的变化可能间接影响系统的其他部分,比如可能要求改变对人的要求。

(6)战略地位可能发生变化,其结果必然是,或者是导致工作性能变化,或者是导致系统使用方法或部署方法的变化,或者是导致部队人数或系统使用年限的变化。

对于一般情况下的这种不定性产生的后果的分析是很难处理的,但对如下的两类不定性,是可以直接对其处理的:

**1.在相关的数据范围内能进行概率量化的不定性**

这类要求的不定性可以用费用的系数估算来处理,即一些费用的说明性变量,如产量、工时等,可以在一定数据范围内(离散的或连续的)进行分析,确定费用对这些变量变化的灵敏度,这样可以给出费用不定性的概率,同时还能给出费用与要求变化的变化速度。

**2.在已知的置信界限内不能进行预测的不定性**

这类要求的不定性具有这样一个特点,即它们随环境变化而发生不可预测的变化。这里所说的环境变化包括预算变化、安全性变化或后勤变化、威胁变化或技术变化、管理上的耽误、延期等,过去的经验表明,这些都会明显导致费用增加,研制周期长的系统更是如此。但是,要想以合理的置信度去预估这些费用的概值,几乎是不可能的,对于这些不定性,通常只能根据前一代系统的经验导出一个费用调整参数,利用这个多参数来做一般的处理。

#### 6.1.6.2 费用估算的不定性

费用估算的不定性是指费用估算本身的偏差,这些偏差产生的原因可能是:

(1)建立费用估算关系所使用的费用数据的变化性或误差;

(2)在选作费用有效预测值的那些数值上存在的缺点,或说明性变量数据采样中的变化性给费用估算关系带来的偏差或误差;

(3)当需要在历史数据的采样范围之外得到估算值时产生的外推误差;

(4)由于忽视系统间的重要依赖关系而在较高的级别集合费用时所产生的误差;

(5)价格变化给费用估算带来的误差,尤其是当要求用未来年代的预期价格去估算费用时更是如此。

即便对系统的要求是清楚而确定的,根据过去类似系统的经验去估算或外推出的未来武器系统的费用,也必然会具有费用估算的不定性,这种不定性之所以是必然的,是因为未来武器系统的费用通常是根据相似系统的历史数据采样或总体估算出来的,而普遍使用统计估算技术能够给出数据变化性的量度,如估算值标准偏差和置信区间的运用,这些量度可以把费用估算范围误差保持在数据采样的范围之内,同时在采样范围之外进行的外推将导致关于采样特性是否依然保持不定性。

### 6.1.7 系统寿命周期费用估算

寿命周期费用(LCC)是指在武器系统整个寿命周期内,政府为采购它、拥有它和处理它所花费的总费用。寿命周期一般要根据系统的状态分为若干个阶段,不同的国家和武器类型对阶段会有不同的划分方法。美国把重要武器系统的阶段划分为任务范围分析与项目开始、方案探索、论证与确定、全尺寸研制、生产、使用和保障,共6个阶段。

费用分析、估算的任务在不同阶段有所不同。在方案探索阶段,有关寿命周期费用的工作重点在于确认影响费用的主导因素,评价各备选竞争方案间有关的寿命周期费用的差异。在论证确认阶段,工作重点是为每一个备选方案制订一个寿命周期费用的估算值。在全尺寸研制阶段,必须进一步推算在论证与确认阶段所确定的寿命周期费用的估算值,在这一阶段开始时,寿命周期费用主要是从设计要素向作为项目的控制要素的转移。在使用与保障阶段,寿命周期费用的工作要考虑改型工作、价值工程建议和产品性能协议的影响。

要使全寿命周期费用最低,在方案阶段和设计阶段早期进行最有效,因为此时正在确定各种备选方案,并从中进行选择,在方案探索阶段到来之前大约70%的系统寿命周期费用已被设计决策所“锁定”,而实际上已花费的经费还不到其寿命周期费用的5%。

#### 6.2.1.1　一般的费用估算方法

一般的费用估算方法主要有参数估算法、工程估算法、类推法及专家判断估算法四种。

**1. 参数估算法**

参数估算法又称“自上而下”估算法，它是利用同类武器系统的历史统计数据导出的数字关系式来估算新武器系统费用的方法。根据历史上同类武器系统的性能参数或其他重要的设计特性、工作特性和使用特性与费用间关系的统计资料，用回归分析等方法建立起费用因素之间的函数关系，然后将一系列的关系式有机地编排和组合，构成费用分析的实体，通过估算处理即可得出相应的费用。通常假定费用变量与各参数之间具有如下的函数关系：

$$C = b_0 + \sum_{i=1}^{n} b_i f_i(x_{1i}, x_{2i}, \cdots, x_{ri})$$

式中　$C$——费用变量；

$x_{ji}$——费用参数（$j = 1,2,\cdots,r; i = 1,2,\cdots,n$）；

$f_i$——$x_{1i}$，$x_{2i}$，$\cdots$，$x_{ri}$的函数，$i = 1,2,\cdots,n$；

$b_0$，$b_1$，$\cdots$，$b_n$——回归系数。

对于导弹武器系统来说，其飞行性能参数与结构性能参数中的飞行速度、射程、质量、体积等均可与费用相联系，并用其与统计曲线相拟合。

参数估算法要求输入的参数少、方法简单、比较经济，已经越来越普遍地被采用，特别适用于系统早期阶段的全寿命周期费用分析，该方法可以很方便地用来估计武器系统性能要求的改变对费用的影响，有助于识别高费用项目。该方法利用了统计回归分析技术，如果在回归分析中增大采样量有可能提高估算的精度。参数费用估算法的缺点是不能反映技术上的变化对费用的影响。

例如，对于卫星的整个研制费用，具有如下的参数模型：

$$C_r = 3539M^{0.678}$$

式中　$C_r$——卫星的研制费用；

$M$——卫星重量（单位 kg）。

用此模型由卫星重量可方便地估算出卫星的研制费用。

**2. 工程估算法**

工程估算法也称为自下而上法，是一种最普通且最详细的估算方法，这种方法将全寿命周期费用按完成各阶段任务所要求的各项活动和（或）武器装备的各个组成子系统进行逐层分解，画出费用细目结构图（费用树形图），逐个估算单项子系统或活动的费用，将结果累计起来，最后得到总费用估算值。

由于工程估算法需要自下而上地按任务要求、工程进程等逐次进行估算，因而工作繁重，且十分复杂，所以该方法主要用于工业中，估算工程项目或产品的费用。工程费用估算法的缺点是不能用于估算未考虑到的将要进行的那些工作的费用。

### 3.类推估算法

类推估算法是根据已知费用的某个系统，去推断被估算的系统的费用，即将待估武器系统与以前某个类似的系统进行比较，根据新旧系统间某些参数间的差异对费用作针对性的修改，给出两系统的费用关系，以此来得到待估系统的费用，常用的公式为

$$Y_2 = K(X_2/X_1)^n Y_1$$

式中 $Y_2$——新系统的费用；

$Y_1$——类似旧系统的费用；

$X_1, X_2$——新、旧系统的某一参数；

$n$——根据实际情况而得到的指数；

$K$——修正系数。

有时，还可用每千克(或每吨)产品的费用为标准，进行简单的类推。例如，已知某导弹战斗部的总费用，算出每千克战斗部的单价，再利用此单价去类推另一个新研制(或准备研制)的导弹战斗部的费用，用已知动力装置每千克平均费用，去推断待估算的导弹动力装置的费用，或用已知弹上制导装置每千克的平均费用，去类推待估算的制导装置的费用等，尽管这种方法不够准确，但作为一种近似计算，仍然可用，而且这种方法简单，使用方便，且不必对系统(或子系统)中的产品或部件进行过分详细的费用估算。

### 4.专家判断估算法

此方法又称德尔菲法，该方法是利用有经验的领域专家对要研制开发的系统的费用进行主观的预测，然后进行归纳、统计和分析得出结论。

设系统的费用为 $C$，选定 $k$ 个专家，各专家主观预测的费用值分别为 $C_1, C_2, \cdots, C_k$，专家权重分别为 $w_1, w_2, \cdots, w_k$，则德尔菲法模型为

$$C = w_1 C_1 + w_2 C_2 + \cdots + w_k C_k = \sum_{i=1}^{k} w_i C_i$$

上面给出的各种方法各有优劣，在费用估算时选用哪种方法要根据估算的目的、可用数据质量和可用时间而确定。一般来说，在全寿命周期的前期如研究与研制阶段，多采用参数估算法和类推法，而在全寿命周期的后期，则多采用工程估算法，见表 6－3，对于大型项目，为给出比较准确的费用估算值，可能会同时用到这几种方法。

**表 6－3 费用估算方法在寿命周期中的应用**

| 阶段<br>估算法 | 方案探索阶段 | 论证与确认阶段 | 全尺寸研制阶段早期 | 全尺寸研制阶段后期 | 生产阶段 |
|---|---|---|---|---|---|
| 参数估算法 | P | S | S | NA | NA |
| 类推法 | S | P | S | S | NA |
| 工程估算法 | NA | S | P | P | P |

注：P 表示主要方法，S 表示次要方法，NA 表示通常不用。

### 6.2.1.2　研究与研制费用估算

估算研究与研制费用的目的，是为了节省研制阶段的资源和劳力，以便在武器系统的寿命周期各阶段进行权衡，在各武器系统之间进行比较，从而判定进行研制的必要性。

研究与研制费用通常是指与该类武器系统有关的应用研究、预先研究、工程设计、分析、试验、鉴定、试制、研究及研制管理等各项工作所需的全部费用之和。研究与研制费用总额中的主要部分（甚至绝大部分），应是为开展研究与研制工作所需的实际业务费用。

研究与研制费用的估算，可以根据参与工作人员，每人每年按要求的平均投资所取得的总费用因素进行计算。参与工作的管理和研究人员，同等计算研究研制费用外，还应包括他们的平均工资、各种津贴和酬金等。把按合同定价的各部分费用累加起来，再用参数费用估算方法进行核算。

在研制工作费用估算中，应当根据固有费用的不定性，考虑到费用由于各种不定因素的影响，估计费用时给出一定的范围，即进行范围费用估算；如果完全不考虑各种不定因素引起费用的变化范围，而给出一个非常确定的估算值，这种方法称为点估算的方法，不能反映与估算有关的任何不定性。用统计值通过回归分析方法估算出的费用值，往往都是范围估算，具有较高的置信度。

确切地说，“研究与研制费用估算”主要是指研制费用的估算，而研制费用又主要是运用智力和专用设备（往往是贵重仪器设备）费用。研究费用（特别是基础研究的费用），严格地讲，它是不属于某个型号的，因为，研究成果常常可以广泛用于各种型号，因此费用估计中，对于一个特定系统（型号）主要应当估算的是研制阶段的各种费用的总和。

若总研制费用以 $C$ 表示，按人年总投资费用计算可得

$$C = C_D + C_l + kC_D$$

式中　$C_D = \sum_{i=1}^{n} T_i C_E$——直接研制费用；

$C_E$——每人时的平均费用，即每个直接劳动小时的平均费用；

$T_i$——每年的人时数，即每人每年用于直接研制工作的有效总时数，$i = 1, 2, \cdots, n$，$n$ 参与研制工作的总人数；

$C_l$——间接费用的总和；

$k$——考虑利润，物价上涨及其他各种不定因素的修正系数。

每项费用的估算可用参数费用估算法。研制费用的估算是一件相当复杂的任务，而且，到目前为止没有比较可靠的分析估算方法。尽管国内外现在采用的方法有十余种之多，诸如部件组合法（工程方法）、修正因素法、风险分析 - 网络理论法、类推法、复杂因素分析法等，但都不能得到准确的估计值，往往需要用各种方法进行交叉校正。即便如此，对于大型复杂系统的研制费用，估算值与实际研制费用之差可能达到 200% ~ 300% 。因此，像导弹系统这样的大型复杂系统，研究研制费用的估算，应根据具体类型、型号、性能等进行具体分析。

#### 6.2.1.3 生产投资费用估算

生产投资费用是指生产某个武器系统，并将其装备到该武器使用部队之前所需的全部资源费用。它包括：

**1.用于把研究与研制成果变成作战系统所需之产品和工作费用的总和**

所谓作战系统是指通过硬件、软件、训练以及为形成作战能力所必需的各种物资与活动所构成的系统。

**2.非周转费用和周转费用**

非周转费用和周转费用，前者是指形成生产能力所需的费用，如最初的生产设备投资、工业设备或生产地建设；后者是指生产中和把产品运往使用单位的过程中，反复需要的费用，制造所需投资、工具投资、质量检测及控制所需的投资、运费等。

**3.全部产品消耗及有关的管理与辅助工作的消耗**

生产费用估算中，同样存在着不定性和偏差。不过，可能出现的偏差较小，通常估算值与实际费用之差在 20% 的范围之内。

生产费用的估算，利用参数费用估算技术比较好，对减小估算偏差特别有效。估算单件生产成本的大部分偏差，实际上是由于资源分配不当造成的，这种分配不当主要归结为对计划量或计划的生产率本身的处理不当。自上而下的参数费用估算的一种典型应用，就是用“经验曲线”进行回归分析。经验曲线分析法是利用生产第一件产品的费用和“经验曲线的斜率”表示任意数目产品的累积费用。设 $C_T = C(n)$为生产前 $n$ 件产品的费用，$n$ 为生产的产品数量，$F$ 为生产第一件产品的费用，$b$ 为经验曲线的斜率。

按照“经验曲线分析法”的原理可得

$$C_T = Fn^{(1+b)} \tag{6-1}$$

现将式(6-1)两边取对数，进行线性化，可得

$$\ln C_T = \ln F + (1+b)\ln n \tag{6-2}$$

由此，可以利用生产第一件产品的费用和生产 $n$ 件(任意数目)产品的总累积费用来求“经验曲线斜率”$b$ 。而斜率 $b$ 可在估算未来生产类似产品时使用。也就是说，当指数 $b$ 已知，而且给出了第一发导弹的生产费用 $F$，则可利用方程(6-1)估算出未来生产 $n$ 发导弹的总费用，而方程式(6-2)可用于线性回归分析和确定预估偏差。

考虑到通货膨胀和军品价格的提高，需要对估算的费用进行修正，即在方程(6-1)中乘以修正系数 $k_s$。于是，方程(6-1)变为

$$C_T = Fn^{(1+b)}k_s \tag{6-3}$$

式中　$k_s$——“漂移”系数或“波动系数”。

#### 6.2.1.4 使用与维护费用的估算

使用与维护费用估算的主要目的在于节省使用人员及其费用。因为，使用维护费用中的主要部分是人员的费用，其次才是维修及操作费用。如导弹武器系统装备部队之后，

其使用维护费用的主要组成部分是人员操作费用、维修装备费用、维护管理费用、维护器材消耗的费用及各种人员的费用。对于大型导弹,其使用维护费用中还应包括基地建设、技术阵地配置费用等。

使用维护费用的一般估算方法,是根据各项费用因素不同,独立构造模型或图表,分别计算各因素的费用,最后求各因素的费用之总和,由此得到全武器系统的使用维护费用。例如,求导弹武器系统使用维护过程中需要消耗的运输费用 $C_{V1}$ 的模型为

$$C_{V1} = NL_XMT$$

式中 $N$——运输某个导弹系统需要的车辆总数;

$L_X$——每个运输车辆每年的行程(里程)数;

$M$——单位行程(如每千米)的运输费用;

$T$——导弹系统的"有效寿命"周期(即有效使用年限)。

又如,求一个导弹武器系统的操作人员费用模型为

$$C_{V2} = nC_QWT$$

式中 $n$——一个导弹武器系统所需的操作人员总数;

$C_Q$——每个操作人员每年所需的费用(包括工资);

$W$——操作人员的浮动率(按年计);

$T$——导弹系统的"有效寿命"周期。

求出组成使用维护费用的各组成部分 $C_{vi}$ 后,求其总和,得到系统总的使用维护费用,即

$$C_V = C_{V1} + C_{V2} + \cdots + C_{Vn} = \sum_{i=1}^{n} C_{Vi}$$

为了确定使用与维护费用,进而得出武器系统的全寿命周期费用,必须知道武器系统的"有效寿命"周期(或简称为"有效寿命")。实际上,确定武器系统的"有效寿命"可能是估算寿命周期费用中最难解决的问题之一。因为,武器系统的有效寿命决定于武器系统的种类、类型、设计水平、使用环境、使用条件等多种因素。可以说,武器系统有效寿命本身是随机变化的,难以确定。如对于攻击各种不同目标的战术导弹,不可能规定一个统一的有效寿命的标准,因而应当根据不同类型的导弹,通过实验统计分析确定。由于进行寿命试验是一件不容易的事情,且各种试验条件很难模拟,所以,使用维护费用的估算方法虽然简单,但却很难估计得比较准确。

#### 6.2.1.5 资金贴现与价格上涨的考虑

武器系统的全寿命周期费用估算必须考虑费用随时间的变化。这种变化主要来自以下两个方面:

**1.资金的贴现或折扣**

由于市场经济中存在投资获利的机会,因而现在的钱比未来同等数额的钱更有价值。武器装备的全寿命周期长达 15 ~ 20 年,其费用是按年度分配的。在将各年度费用相加时,应考虑费用的时间因素。

**2.价格上涨或通货膨胀**

价格上涨引起采购费用需求增加,一般用通货膨胀系数反映平均价格上涨程度。

例如,卫星的研制周期很长,所以,必须考虑物价上涨对研制费用的影响。因为财务账上的实际费用数据已经隐含了价格上涨因素,因此必须用国家统计局统计的价格指数将费用调整到所选定的基准年限的价格水平。

以某型号第一颗卫星为例,设开始研制的那年为基准年,该年的实际研制费用为 $C_0$,卫星研制周期为 $n$ 年,每年实际费用分别为 $C_0, C_1, \cdots, C_{n-1}$,从第二年开始,每年价格上涨率为 $k_1, k_2, \cdots, k_{n-1}$,折算成基准年限物价水平的每年费用(即现值)分别为 $C'_0, C'_1, \cdots, C'_{n-1}$,即

| | | | | | |
|---|---|---|---|---|---|
| 实际支出 | $C_0$ | $C_1$ | $C_2$ | $\cdots$ | $C_{n-1}$ |
| 现　　值 | $C'_0$ | $C'_1$ | $C'_2$ | $\cdots$ | $C'_{n-1}$ |
| 物价指数 | 0 | $k_1$ | $k_2$ | $\cdots$ | $k_{n-1}$ |

则它们之间的关系为

$$C_0 = C'_0$$
$$C_1 = (1+k_1)C'_1$$
$$C_2 = (1+k_1)(1+k_2)C'_2$$
$$\vdots$$
$$C_{n-1} = (1+k_1)(1+k_2)\cdots(1+k_{n-1})C'_{n-1}$$

当 $k_1 = k_2 = \cdots = k_{n-1} = k$ 或 $n-1$ 年的平均物价上涨指数为 $k$ 时,有

$$C_{n-1} = (1+k)^{n-1}C'_{n-1}$$

如果已知费用的实际年支出值,那么可将其折算为基准年的现值,即

$$C'_0 = C_0$$
$$C'_1 = \frac{C_1}{1+k_1}$$
$$C'_2 = \frac{C_2}{(1+k_1)(1+k_2)}$$
$$\vdots$$
$$C'_{n-1} = \frac{C_{n-1}}{(1+k_1)(1+k_2)\cdots(1+k_{n-1})}$$

当 $k_1 = k_2 = \cdots = k_{n-1}$ 或 $n-1$ 年的平均物价上涨指数为 $k$ 时,有

$$C'_{n-1} = \frac{C_{n-1}}{(1+k)^{n-1}}$$

利用上述关系式,可以将实际年支付值换算为某一基准年限的现值;同时,也可以将某一年限的费用现值换算为不同年限的实际费用值。

# 6.2　风险分析

## 6.2.1　风险的基本概念

### 6.2.1.1　风险的定义

风险是不希望事件(失败)发生的可能性及发生后果的严重性,可以用失败的概率和失败的后果两个因数来描述。它与不确定性有区别,不确定性仅考虑事件发生的肯定程度(传统的风险定义指不受控制随机事件按已知概率分布发生所导致的结果,而传统术语上的不确定性则指不受控随机事件按未知概率分布发生所导致的结果。如果说这些定义有其统计学上的作用的话,那么它们在工程项目的风险管理领域则作用有限)。虽然风险和不确定性这两个概念经常互换使用,但它们并不是一回事。对工程项目管理部门来说,这就意味着,要真正判断一个项目是否"危险",就要了解事件发生/不发生所包含的潜在影响。

以图 6－3 为参考,要确定风险等级,需要有三种彼此独立的输入。

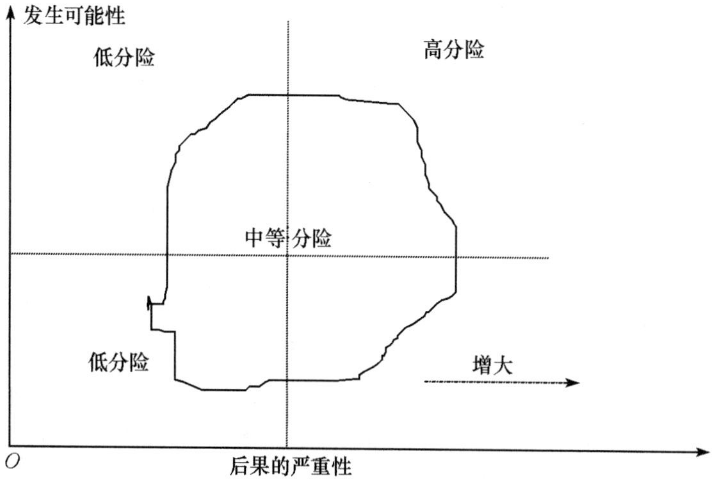


图 6－3　风险概念

第一种输入是"事件发生概率",这个变量常常可以根据历史情况利用统计参考数据进行估算。概率理论在确定该变量时作用很大。

第二种输入是"如果事件发生,其后果的严重性"这个变量要求管理组明确有哪些后果及其影响程度。这里,统计学和概率论在确定影响程度(一旦标识了该影响)方面作用很大。不过要注意,概率的作用有限,而且不是总能适用。

第三种输入是主观判断,它是前两项输入的综合。如果前两个变量为下述情况,那么在风险等级方面就很少会有分歧:

(1)低可能性/轻微后果——低风险;

(2)高可能性/严重后果——高风险;

(3)高可能性/轻微后果——低风险(对工程项目的总体成功而言)。

如果向图6-3中低可能性严重后果的方向运动,风险等级就更依赖于个人的解释并需要进行严格的工程项目指导,以判定风险。在判定风险时,诸参与方之间可能发生分歧。这时,工程项目管理部门一方面在风险管理过程中要依靠许多“技术专家”,但另一方面也必须做好准备对判定风险问题做最后决断。有一点很重要,必须注意到:一个工程项目如果包含许多中等风险项目,有可能事实上成为高风险工程项目。而一个只有极少数高风险项目的工程项目,其总风险判定值反而可能比较低。针对这些情况,通常要建立几种模型,以确定工程项目的风险等级。

### 6.2.1.2 风险种类

在了解风险的性质之后,下一步就要做好风险的管理工作。首先必须把风险划分为若干可管理的区段。而第一步是按风险源将风险划分成若干种类。

对工程项目的管理部门来说,在做出以规定费用按规定时间交付规定产品或达到规定性能水平的决断时,风险是永远存在的。工程项目的管理部门因风险而招致其工作失败有三种方式(分别发生和并发):产品达不到规定的性能水平、实际费用过高、交付过迟。凡是计划周密的工程项目,都是工程项目管理部门预留一些资金和回旋时间,以解决始料未及的问题,使之仍然满足原定的费用、进度和性能指标。当然,原定的费用、进度和性能指标也可能存在达不到、不切实际或自相矛盾等,因此有可能无法全部满足这些指标。

就一个项目而言,要想划分和管理费用、进度和性能问题,必然会面临五个方面的风险:技术(与性能有关)、保障性(与性能有关)、计划(与环境有关)、费用、进度。

费用和进度风险在指标项目状况方面的作用与其他三种存在差异。不过应当注意,费用和进度可能成为主要的工程项目风险源。下面将对此作详细讨论。

要了解一种风险并将它划归上述5种风险之一种或数种,需要对该风险源进行考察。表6-4给出了每类风险的典型示例。

**表6-4 各类风险典型示例**

| 典型技术风险源 | 典型计划风险源 | 典型保障性风险源 | 典型费用风险源 | 典型进度风险源 |
|---|---|---|---|---|
| 物理特性<br>材料特性<br>辐射特性<br>测试/建模<br>综合/接口<br>软件设计<br>安全性<br>需求更改<br>故障检测<br>使用环境<br>成熟/不成熟工艺<br>系统复杂性<br>独特/专用资源 | 材料可用性<br>人员不可用性<br>人员技能<br>安全性<br>保密<br>环境影响<br>通信问题<br>劳动者罢工<br>需求更改<br>政治因素<br>承包商稳定性<br>投资剖面<br>条例更改 | 可靠性和维修性<br>训练<br>使用保障设备<br>人力考虑因素<br>设施考虑因素<br>互用性考虑因素<br>运输性<br>系统安全性<br>技术资料 | 技术风险敏感性<br>计划风险敏感性<br>保障性风险敏感性<br>进度风险敏感性<br>大修/G&A速率估算错误 | 技术风险敏感性<br>计划风险敏感性<br>保障性风险敏感性<br>费用风险敏感性<br>关键路径项目数估算错误 |

1.技术风险

技术风险是发展某项新设计所包含的风险,发展这项新设计的目的是要将性能水平在原有基础上提高一步,但也可能因为受到某些新的约束条件的作用而使性能水平原封未动甚至反而有所下降。技术风险的性质和原因随军用系统的设计而各不相同。许多技术风险往往都是由对新系统和新设备提出前所未有的性能要求造成的。

许多“××性”、“××度”之类的指标,如可靠性、维修性等,必须在系统采办时作明确的规定。其中的每一项都可以看成是对设计人员提出的附加设计要求,而这些附加的设计要求个个都可能成为一个风险源。

对每一项目,都可能有许多设计目标,设计组合都要附有“××性”、“××度”要求以及费用进度约束条件。表 6-4 给出了一份技术风险区间表,该表不是按元件、零件、分组件、组件、分系统和系统来划分风险种类,也未说明性能的所有可能方面。随着给定工程项目的设计结构、性能、其他要求和工程项目约束条件等越来越明确,应根据系统特有情况和信息编制一份详细的风险清单。

2.计划风险

计划风险一般不会与改善技术水平有直接关系。计划风险可按一些因素的性质和来源分类,这些因素有可能中断工程项目实施计划:

(1)与工程项目直接有关的高层权力机构决策造成的中断;

(2)一些影响工程项目的事件或行动(不是专门对着工程项目来的)造成的中断;

(3)主要由于一些不能预见的与生产有关的问题造成的中断;

(4)因能力不足造成的中断;

(5)主要因上述四类以外的不可预见问题造成的中断。

3.保障性风险

保障性风险是与系统(目前正在研制或已研制完成正在部署的系统)的部署和维修有关的风险。需注意,保障性风险包含有技术(风险)和计划(风险)两方面特征。任何设计工作(其中可能包含技术挑战)都要考虑系统部署时可能会出现哪些保障性问题。有十个综合后勤保障要素能构成潜在的风险源,涉及技术和计划两方面问题。这十种要素是:

(1)维修规划;

(2)人力和人员;

(3)保障设备;

(4)技术资料;

(5)训练;

(6)训练保障;

(7)计算机资源保障;

(8)设施;

(9)包装、装卸、贮存和运输;

(10)设计接口。

**4.费用和进度风险**

费用和进度增长指预计工程项目费用和进度与实际费用和进度之间的差异。因此，费用和进度增长会造成两个主要的费用/进度风险区：

(1)预计时定下不合理的低费用/进度目标所造成的风险；

(2)要想满足合理的费用/进度目标,工程项目就有不能审慎而有效地完成的风险。

在这两个风险区中,第二种基本不是与费用/进度分析有关的风险,也就是说,任何费用/进度分析人员或财经分析人员都不能控制。最终的费用/进度主要取决于工程项目管理部门解决技术、保障性和计划风险等方面以外问题的能力。

做出不切实际的低基线费用/进度估计或工程项目目标费用/进度估计,其原因有四种(定价决策前),即：

(1)系统描述不充分；

(2)历史费用/进度数据库不完备；

(3)缺乏正确方法把历史费用/进度与新工程项目费用联系起来；

(4)费用/进度估算不完整。

可以说,费用和进度的不确定性更经常的是技术、计划和保障性风险的反映。

**5.各类风险的相互关系**

技术、计划和保障性风险是起决定作用的因素,它们主宰着费用和进度风险,如图6-4所示。

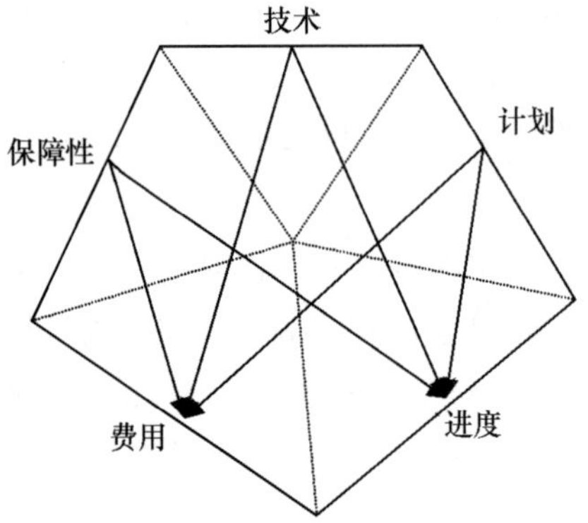


**图6-4 五项风险的相互关系**

## 6.2.2 风险管理方法

从一定意义上来说,工程项目管理就是风险管理。

### 6.2.2.1 风险管理结构

风险管理是一种识别和测算风险(风险评估),开发、选择和管理方案(风险分析)来解决这些风险(风险处理)的有组织的手段。加上计划以后,计划、识别、量化和选择处理风险的方法就是风险管理。为了使风险管理得到最大的收益(成功),必须使之成为一个系统化的过程,完整的风险管理过程可以分为以下四个步骤:

(1)风险识别、检测某种情况,确定潜在风险范围;

(2)风险量化,确定事件发生的概率以及产生的后果;

(3)风险影响评估和方案选择,定量计算发生风险的后果和选择行动方案;

(4)风险处理计划,描述处理风险的各种方法,并推荐具体的处理风险的行动。

因此,风险管理工作具有如图 6-5 的结构。

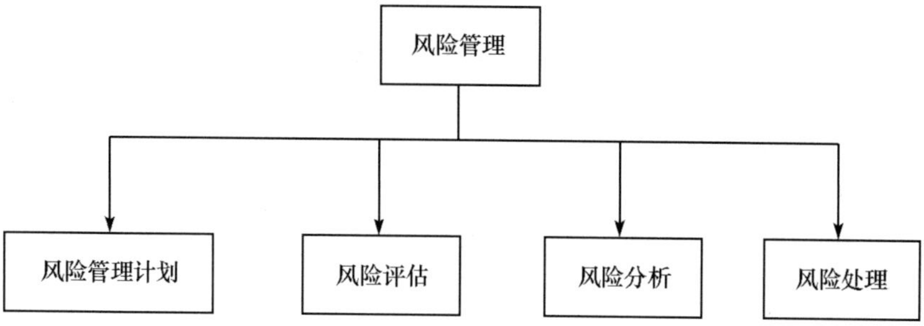


**图 6-5　风险管理结构**

### 6.2.2.2　风险评估

**1.风险的辨识(识别)**

风险辨识(识别)是风险评估过程的第一步。不经过辨识并用明确语言表述,风险是无法评估或管理的。风险辨识是一种结构完整的方法,它能够找出与工程项目有关的风险。风险辨识中有如下因素:

(1)途径

对工程项目的各项计划进行专家访问、类推比较和评价是风险辨识工作的强有力手段。风险辨识工作的目的是对工程项目风险用直截了当的语言作描述性陈述。

(2)基线风险

只有在两种不确定性状态——完全失败(一般用 0% 概率表示)和完全成功(一般用 100% 概率表示)——之间建立关系,才存在风险。风险评估过程就是试图用概率方法来处理风险,如果能够确定完全失败和完全成功,风险评估过程就大大简化。规定一种"基线工程项目"或两种都规定,就能够取得连续基准(如图 6-6)。

(3)检查清单

任何一项工程项目的目的都是实现一组规定的目标。由此可知基本的风险辨识问题就应该是:"有可能发生哪些会妨碍实现工程项目目标的事件?"人们要寻找的是对工程项目有重大影响的事件和因素。表 6-5 给出了一种矩阵,它可以作为组织这个过程的工具。

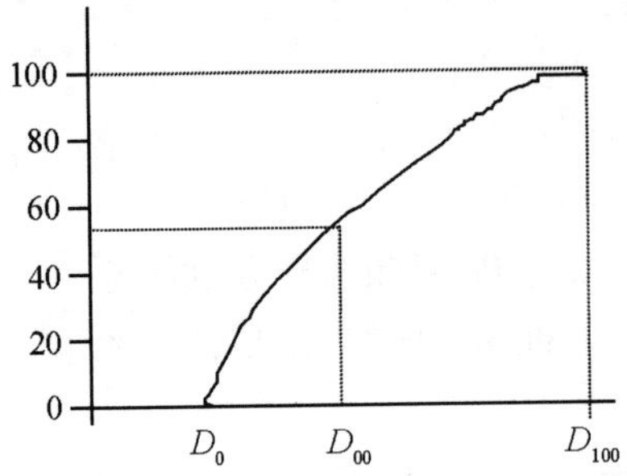


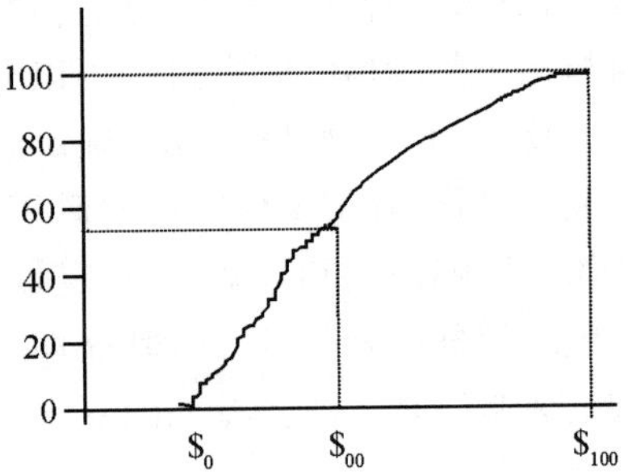


**图 6－6　风险基线**

**表 6－5　顶层风险矩阵**

| 内容 | | 工程项目阶段 | | | |
|---|---|---|---|---|---|
| | | CE/DV | FSD | 生产 | 部署 |
| 技术 | 目标策略风险 | | | | |
| 计划 | 目标策略风险 | | | | |
| 保障 | 目标策略风险 | | | | |
| 进度 | 目标策略风险 | | | | |
| 费用 | 目标策略风险 | | | | |

(4)规定工程项目目标

在 PMD(工程项目管理指令)中规定的要求都要包括在目标之内。

(5)规定工程项目策略

工程项目管理代表如何实现目标的计划。没有能够实现目标计划,会导致所有风险中最大的风险。顶层风险矩阵可以作为一项有力的工具以确保计划中规定的所有目标。

(6)辨识风险

风险辨识的第一步是评价策略对目标的适用性。

**2.初步量化**

(1)判定类别和定义

给定情况下存在的风险程度是风险管理者个人感受的反映。同一种情况由 20 个人考察就可能给出 20 种不同的风险值。风险判定类别是根据一组一致同意的定义建立的,它是一种工作框架以减少某些分歧。这种判定体系可以很简单,如高、中、低。同时要注意,风险程度是一种判断,它反映发生概率和影响的严酷性。图 6－7 是判定机理的概念解释图。

(2)访问专家

访问专家的目的是从有关专家那里获取信息,使分析人员能判定风险。

(3)采用类推法

类推比较法的目的是从其他工程项目或其他情况中学习经验教训。类推比较法可以

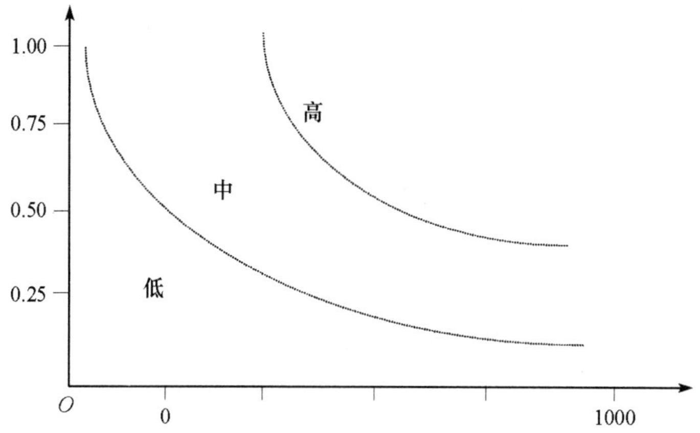


图 6-7　判定机理的概念解释

用于许多工作,如费用估算。需要注意的是区分“相似工程项目”和“风险相似的工程项目”两者的不同之处。

### 6.2.2.3　风险分析

由风险评估活动向风险分析活动转移是逐步进行的。有一些定量的分析活动是在评估过程中发生的。例如,如果在访问某位专家的过程中,某个风险区得以辨识,那么合乎逻辑的下一步行动自然是寻取风险幅度方面的信息,确定一旦风险成为现实将会造成的后果以及可采取的应对办法。这当中的两项行动一般视为风险分析的组成部分,但它们都是在正式风险管理工作的风险辨识活动中发生的,这可以由图 6-8 示意给出。

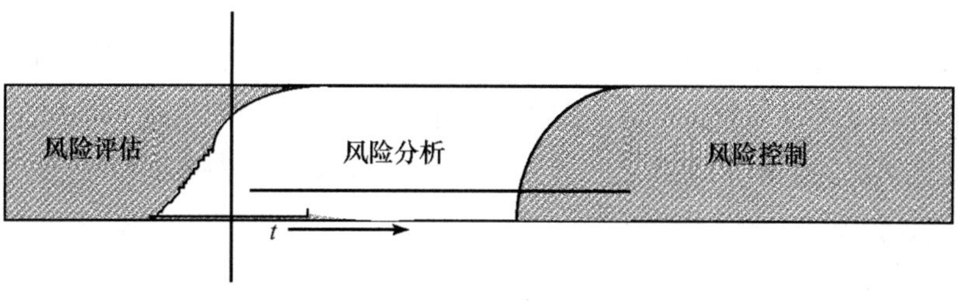


图 6-8　过程的时间阶段划分

在风险管理工作中,随着时间的推移,风险分析将逐渐脱离评估而增强。随着整个项目/工程项目的不断完成或分系统的完成,可以对风险的影响作出评价,这个过程一般就日益向顶层分析方面发展。风险分析涉及考察风险输入变量的变化所造成后果的变化。灵敏性和“如果……则将如何”分析是风险分析过程中的典型活动。

### 6.2.2.4　风险处理

风险处理是风险管理过程的最后一项关键要素。风险处理是针对经过风险评估和风险分析工作而得到辨识和评价的风险问题所采取的措施(或不采取措施)。这些措施一般可归为下述几类之一：

(1)风险避免；

(2)风险控制；

(3)风险承担；

(4)风险转移；

(5)调查和研究。

**1.风险避免**

风险避免可以表述为“我不接受这个选择，因为它有潜在的不利后果。”在许多情况下，都可以从若干个备选方案中做出较低的风险选择。做出低风险选择就是做出了风险避免决策。当然，不是在所有情况下都要避免所有的风险。

**2.风险控制**

风险控制可以表述为：“我承认有风险，但我将尽力减少其发生，减轻其影响。”风险控制是对工程项目的状态进行连续监控和纠正的过程。

**3.风险承担**

风险承担是有意识地决定接受某个事件发生时的后果。在研制、采购工程项目中始终含有一定数量的风险承担，必须针对各种情况设定一个可以接受的风险水平。

**4.风险转移**

工程项目办公室可以选用分摊风险的方法来降低风险。有许多种与承包方分摊风险的方法。风险转移往往对工程项目承包方和管理部门(政府)都有利。

**5.调查和研究**

调查和研究本身不是一种风险控制技术，但是它们能提供一些有价值的信息。这是一个连续不断的过程。它使参与这个过程的人能用其他一些方法进行风险处理，其置信度更高。调查和研究就是要取得进一步信息以便更深入地评估风险并制订应急计划。

### 6.2.2.5 风险的量化

风险可以简单地模型化为与两个变量的关系，这两个变量就是系统研制发生故障的概率($P_f$)和发生故障引起的后果或影响($C_f$)，即风险可表示为 $R=f(P_f, C_f)$。

风险辨识(识别)以后，就要根据这些风险和轻重关系对他们进行量化，按照下面的等级，风险可分为“高风险”、“中等风险”和“低风险”。

(1)高风险：对项目的完成有很大的影响；引起进度长期延迟；造成费用大量超支；极大地影响了用户的关系；或以上几项的组合。

(2)中等风险：对在高风险中提到的几项或所有项(进度、费用、用户关系、项目完成)引起中等后果的风险。

(3)低风险：对上面提到的几个项目元素造成较小的影响。

风险量化的结果是一张按轻重等级排序的风险表。为了消除风险评估中人的主观性，一个项目可以选择应用小组成员一致性同意或数学模型来确定风险等级，而且还可以采用标准小组技术来加强小组成员对某个风险等级的一致性。

设 $P_s$ 是系统研制成功的概率，则有

$$P_f = 1 - P_s$$

一般用系统研制不成功而导致其失去效用的程度来描述 $C_f$，故 $0 \leqslant C_f \leqslant 1$。有 $C_f = 1 - C_s$，式中 $C_s$ 表示系统研制成功所得的效用。

由此可以导出一个定量描述风险的指标——风险因子 $RF$ 的表达式：

$$\begin{aligned} RF &= \text{失效的似然估计} = 1 - \text{成功的似然估计} \\ &= 1 - P_s C_s = 1 - (1 - P_f)(1 - C_f) \end{aligned}$$

$$RF = P_f + C_f - P_f C_f$$

上式表示 $RF$ 是 $P_f$ 和 $C_f$ 两个集合的并。当 $P_f$ 和 $C_f$ 均最大时，$RF$ 达到最大。

在风险的分析、量化、分类中，可通过估算某个部件的硬件和软件的成熟性、复杂性以及与其他部件的依赖性来计算失效的概率 $P_f$。故 $P_f$ 可表示为

$$P_f = aP_{MhW} + bP_{MsW} + cP_{ChW} + dP_{CsW} + eP_D$$

式中　$P_{MhW}$——由于硬件成熟程度造成故障的概率；

$P_{MsW}$——由于软件成熟程度造成故障的概率；

$P_{ChW}$——由于硬件复杂程度造成故障的概率；

$P_{CsW}$——由于软件复杂程度造成故障的概率；

$P_D$——由于对其他部件的依赖性造成故障的概率；

$a,b,c,d,e$——加权系数，且 $a + b + c + d + e = 1.0$。

可用技术性能、费用或进度来度量故障的后果 $C_f$，$C_f$ 可表示为

$$C_f = t \cdot C_t + g \cdot C_g + h \cdot C_h$$

式中　$C_t$——由于技术因素引起的故障的后果；

$C_g$——由于费用改变引起的故障的后果；

$C_h$——由于进度改变引起的故障的后果；

$t,g,h$——加权系数，且 $t + g + h = 1$。

上述各发生故障的概率和后果获得由表6-6和表6-7给出，而加权系数可由专家经验或层次分析法等方法确定。

**表 6-6 故障概率的因素**

| 等级 | 成熟性因素($P_M$) | | 复杂性因素($P_C$) | | 依赖性因素 $P_D$ |
|---|---|---|---|---|---|
| | 硬件 $P_{MbW}$ | 软件 $P_{MsW}$ | 硬件 $P_{ChW}$ | 软件 $P_{CsW}$ | |
| 0.1 | 现有的硬件 | 现有的软件 | 简单设计 | 简单设计 | 不依靠已有的系统、设备和有关承包商 |
| 0.3 | 较小的重新设计 | 较小的重新设计 | 增加了很小的复杂性 | 增加了很小的复杂性 | 对现有的系统、设备和有关承包商依赖性有所增加 |
| 0.5 | 可行的较大改变 | 可行的较大改变 | 中等增加 | 中等增加 | 性能依赖于已有系统、设备和有关的承包商 |
| 0.7 | 技术可获得，但设计复杂 | 重新设计一个新软件，与已的相近 | 增加了很大复杂性 | 程序块数目较大增加 | 进度依赖于新系统的进度、设备和有关的承包商 |
| 0.9 | 新技术，需进行一些研究 | 新技术，以前重未做过 | 极复杂 | 非常复杂和非常大的数据库复杂的操作 | 性能依赖于新系统的进度、设备和有关的承包商 |

**表 6-7 故障后果的因素**

| $C_f$ 的等级 | 技术因素($C_t$) | 费用因素($C_g$) | 进度因素($C_h$) |
|---|---|---|---|
| 0.1(低) | 极小或无影响不重要 | 费用没有超过预算，还剩余一部分经费 | 对计划忽略不计的影响，极小的研制进度改变可由原进度的宽裕来补偿 |
| 0.3(较低) | 技术性能上很小的降低 | 费用超过预算 1% ~ 5% | 进度上很小的推迟(小于 1 个月)，需要对任务做一些调整 |
| 0.5(中等) | 技术性能上有一降低 | 费用比预算增加了 5% ~ 20% | 进度上较小的推迟 |
| 0.7(较高) | 技术性能上有较大降低 | 费用比预算增加了 20% ~ 50% | 研制进度推迟超过了三个月 |
| 0.9(高) | 不能实现技术目标 | 费用比预算增加了 50% 以上 | 进度上较大推迟，影响了部件研制关键节点，或有可能影响系统研制关键节点 |

下面举例说明 $RF$ 的计算，考虑具有下述特性的某部件：

(1)使用现有的硬件，只需对软件数据库略作修改；

(2)以已设计好的简单的硬件为基础；

(3)需略微复杂的软件；

(4)包含一个由转包商研制的新数据库。

部件特性表明存在与该部件软件研制有关的潜在风险，根据表 6-6 和表 6-7 可得到各故障的概率和后果的值如下：

$$P_{MhW}=0.1,\quad a=0.2;$$
$$P_{MsW}=0.3,\quad b=0.1;$$
$$P_{ChW}=0.1,\quad c=0.4;$$
$$P_{CsW}=0.3,\quad d=0.1;$$
$$P_D=0.9,\quad e=0.2;$$
$$C_t=0.3,\quad t=0.4;$$
$$C_g=0.5,\quad g=0.5;$$
$$C_h=0.3,\quad h=0.1;$$

由此得到部件的 $P_f$ 和 $C_f$,即

$$\begin{aligned}P_f &=(0.2\times0.1)+(0.1\times0.3)+(0.4\times0.1)+(0.1\times0.3)+(0.2\times0.9)\\&=0.02+0.03+0.04+0.03+0.18\\&=0.30\end{aligned}$$

$$\begin{aligned}C_f &=(0.4\times0.3)+(0.5\times0.5)+(0.1\times0.3)\\&=0.12+0.25+0.03\\&=0.40\end{aligned}$$

从而得到风险因子 $RF$ 为

$$\begin{aligned}RF &=P_f+C_f-P_fC_f\\&=0.30+0.40-0.30\times0.40=0.58\end{aligned}$$

即与此部件有关的风险是中等的。这里的风险绝大部分都是由于软件变化引起的,特别是因转包商负责软件研制引起的。

## 6.2.3　风险分析技术和方法

目前已有很多适用于风险分析和管理的技术和方法,下面将具体介绍几种方法。

### 6.2.3.1　风险轮廓线法

风险轮廓线法是一种快速风险分析方法。在这个方法中,将风险定义为未实现预期结果的概率($P_f$)与未实现预期的结果导致的后果(超支的费用 $C_f$)的乘积,即 $P_f\cdot C_f$。

概率 $P_f$ 的值在[0,1]之间。以 $P_f$ 为横坐标,$C_f$ 为纵坐标,绘出 $P_f\cdot C_f=\text{Const}$ 的曲线族。令 Const 分别为 $10^4$,$10^5$,$10^6$ 元人民币,得到图 6-9 所示的等风险轮廓线。

图 6-9 中 $\text{Const}=10^4$ 曲线以下的区域称为可忽略风险区;$\text{Const}=10^4$ 与 $\text{Const}=10^5$ 两曲线之间的区域称为低风险区;$\text{Const}=10^5$ 与 $\text{Const}=10^6$ 曲线之间的区域称为中风险区;$\text{Const}=10^6$ 以上的区域称为高风险区。

等风险线 Const 值的选取,即高、中、低及忽略风险区界限的划分,可根据具体型号任务规模大小的不同而确定。

由技术人员和有关专家,就具体的某型号任务进行风险识别,提出在研制过程中可能发生的潜在问题,这些问题发生的概率 $P_i$ 及其造成的后果 $C_i$;$C_i$ 用增加的费用金额(人

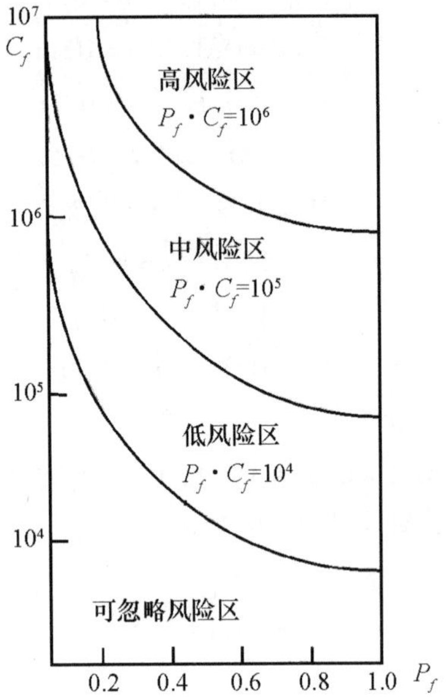


**图 6-9 等风险轮廓线**

民币元)表示,并列出清单,如表 6-8 所示。表 6-8 中各栏目的数据也可以向有关专家进行咨询取得。将结果 $P_i \cdot C_i$ 值用点表示在等风险线图上,由图中可识别潜在问题属于哪一风险,然后,按高、中、低风险分别采取降低以致消除风险的措施。

**表 6-8 潜在问题的概率及后果**

| 序号 $i$ | 潜在问题 | 发生的概率 $P_i$ | 失效后果 $C_i$(元) | $P_i \cdot C_i$ |
|---|---|---|---|---|
| 1 | | | | |
| 2 | | | | |
| ⋮ | | | | |
| $n$ | | | | |

等风险轮廓线法简单易行,非常适合于型号管理人员。应用该分析方法时,工作重点应放在收集完成所需数据(通常通过 Brainstorming 法或 Delphi 法来获得)上。

### 6.2.3.2 风险参数法

风险参数法(Risk Parameter Method,RPM)是美国陆军在 20 世纪 70 年代中期使用的、以费用为对象的风险分析方法,也是一种快速风险分析方法。这种方法将需进行风险分析的系统(这里以航天系统为例)按工作分解结构(Work Breakdown Structure,WBS)分解到分系统级(也可以进一步分到部件级)和主要研制活动,针对每一个分系统和每一项主要研制活动给定一个风险参数,将风险参数乘上该分系统的基本研制费用,便得到该系统的风险评估费用。

风险参数法的具体步骤如下：

(1)按照航天系统的工作分解结构，利用历史数据或工程统计法确定各分系统的基本费用估算，用 $C_B$ 表示。

(2)计算各分系统及各研制活动的风险参数 $\alpha_R$，此风险参数是考虑因分系统自身的不确定性和其他分系统的不确定性引起费用增加而给定的一个大于 1 的系数。这些不确定性或称为“潜在问题”，包括：

- 分系统的性能不符合设计指标，需局部更改设计；
- 因技术上的问题调整进度；
- 设计修改后需补做试验；
- 设计修改后需增加软件；
- 因元器件或部件未按时交付而推迟进度；
- 因拨款拖延或不足而推迟进度；
- 其他因认识不足或缺少经验而造成的设计更改、费用追加和进度推迟。

(3)将分系统费用估算值乘上风险参数，得到该分系统的风险评估费用(Risk Assessing Cost Estimate)；

(4)将所有各分系统和各主要研制活动的风险评估费用相加，即得总的风险评估(Total Risk Assessing Cost Estimates，TRACE)(参见表 6－9，所列数字仅作为举例的参考)。

**表 6－9　总风险评估费用(单位：万元)**

| 工作分解结构 | 基本费用估算 $C_B$ | 风险参数 $\alpha_R$ | 风险评估算 $C_R$ |
|---|---|---|---|
| 有效载荷 | 10000 | 1.15 | 11500 |
| 结　构 | 4000 | 1.10 | 4400 |
| 姿控与轨控 | 8000 | 1.25 | 10000 |
| 热　控 | 1500 | 1.10 | 1650 |
| 电　源 | 5000 | 1.20 | 6000 |
| 测　控 | 1000 | 1.15 | 1150 |
| 数　管 | 500 | 1.10 | 550 |
| 供　配　电 | 500 | 1.15 | 575 |
| 总装测试 | 1000 | 1.20 | 1200 |
| 大型试验 | 3000 | 1.25 | 3750 |
| 环境试验 | 5000 | 1.20 | 6000 |
| 合　计 | 39500 | – | 46775 |

风险参数法不考虑费用、进度与性能三种风险之间的相互影响，容易理解、应用，也不需要高深的分析技巧。此方法的缺点是：不能给出任务的总风险大小；由于不考虑费用与进度之间的关系，因此，未能提供任务进度提前所能节约的费用金额。

应用该方法的关键,也是该方法分析结果的可信度的关键,是确定风险参数 $\alpha_R$ 的值。风险参数可向有经验专家咨询,也可用下述方法定量地给出。

风险参数是由各种不确定性所引起的,而其中以技术上的不确定性为主。技术不确定性用技术风险系数 $\alpha_T$ 来表示,因此,可以用技术风险系数来代替风险参数。参考 NASA 的经验,根据分析对象(系统、分系统或部件)的技术储备状态计算的技术风险系数 $\alpha_T$ 为

$$\alpha_T = 2 - \frac{\ln n}{\ln N}$$

式中 $n$——分析对象已达到的技术储备状态的等级,可从表 6-10 查得;

$N$——技术储备状态划分的等级总数,一般取 $N = 9$。

**表 6-10 技术储备状态的等级**

| 等级 | 技术储备状态 |
|---|---|
| 1 | 基本原理已清楚 |
| 2 | 概念研究已完成 |
| 3 | 方案设计与演示已完成 |
| 4 | 主要功能特性已证实 |
| 5 | 完成模样试验 |
| 6 | 完成工程样机生产 |
| 7 | 工程样机的性能满足要求 |
| 8 | 完成全物理仿真试验 |
| 9 | 经过空间飞行试验考核 |

### 6.2.3.3 概率事件分析法

对一个武器系统,当某一个分系统发生问题,未达到预期的目标时,该分系统要更改设计或重做试验,导致费用增加,同时也可能引起别的分系统修改设计或推迟进度,从而造成更多的费用增加。

概率事件分析法(Probability Event Analysis,PEA)的特点在于:认为某个分系统发生达不到预期结果的失败及其对别的分系统的影响都不是必然的,而是一种概率事件;考虑某个分系统发生的问题对其他系统所带来的不利影响,其后果用费用增加和进度推迟表示。

概率事件分析法中考虑两类潜在问题:$A$ 类问题,仅对本分系统的费用、进度有影响,其发生概率用 $P(A)$表示;$B$ 类问题是指 $A$ 类问题中同时对其他分系统有影响的问题,其发生的概率为 $P(B/A)$。显然有 $P(B) = P(B/A)P(A)$。

类似于风险参数分析法,将需进行风险分析的武器系统按工作分解结构分解成分系统和主要研制活动,利用历史资料、统计数据,通过向专家咨询,获得各分系统、各主要研制活动中 $A$,$B$ 两类问题发生的概率及其后果,后果用费增加的金额和进度推迟的时间表示。

将数据逐一填入表 6 - 11。

**表 6 - 11　两类问题数据统计表格**

| 分系统 | | A 问题概率 | A 问题后果 | | B 问题概率 | | B 问题后果 | | 预计造成的后果 | |
|---|---|---|---|---|---|---|---|---|---|---|
| $i$ | 分系统名称 | $P(A)$ | $\Delta C_A$ | $\Delta T_A$ | $P(B/A)$ | $P(B)$ | $\Delta C_B$ | $\Delta T_B$ | $\Delta C_R$ | $\Delta T_R$ |
| 1<br>2<br>⋮<br>$n-1$<br>$n$ | 各分系统<br>各项大型试验<br><br>总装测试 | | | | | | | | | |
| 合　计 | | | | | | | | | | |

进行如下的简单运算：

$$\Delta C_R = P(A)\Delta C_A + P(B)\Delta C_B$$

$$\Delta T_R = P(A)\Delta T_A + P(B)\Delta T_B$$

求出总的任务风险评估，即由于所有各分系统的研制活动和不确定性可能造成的后果：

$$\text{费用总超支金额} \sum_{i=1}^{n} \Delta C_{Ri}$$

$$\text{进度总推迟时间} \sum_{i=1}^{n} \Delta T_{Ri}$$

概率事件分析法比风险参数法略为繁琐，但其列表计算也是相当简便的。由于考虑了分系统之间的相互影响，因而得出的结果可信度较高。

应用该方法的最大难点是对各分系统及主要研制活动的潜在问题（不确定性）的识别、发生概率及后果的定量描述。取得原始数据需要靠经验积累、历史资料或通过 Brainstorming 法或 Delphi 法向专家咨询。

### 6.2.3.4　决策分析方法

当决策人员面临几个决策备选方案，且未来事件充满不定性或风险时，可以使用决策分析方法来确定、选择策略。在选择具体的决策分析技术时，必须考虑将遇到的决策问题类型。

以决策人员对那些超出决策人员控制范围的未来事件（称为自然状态）的了解情况为基础，可以把决策问题分为两类——确定性决策（已知自然状态的情况下，选择一个决策备选方案的过程）和不确定性决策（不知道自然状态情况下，选择一个决策备选方案的过程）。

在能很好地进行自然状态概率估计的情况下，期望货币值（EMV）方法是进行决策普遍采用的技术。在某些不确定情况下制定决策时，决策人员可以以很小的置信度用其能力去评估各种自然状态的概率。在这种情况下，决策人员可以优先选择不需要了解任何

自然状态概率的决策准则。在使用 EMV 方法表达一个决策理论问题时,有三个步骤:

(1)决策理论方法的初始步骤是定义问题。

(2)对一给定的问题情况,找出决策人员可以考虑的各种备选方案,将决策人员可以使用的备选方案记为 $d_i, i=1,2,\cdots,m$。

(3)找出那些可能发生且超出决策人员控制范围的相关的未来事件,它们称为自然状态且记为 $s_j, j=1,2,\cdots,n$。

由于决策分析模型可以表示为决策树(如例 6.1 图),因而它也适用于网络分析,网络中的概率分枝就是在一个网络分析框架中使用决策分析的示例。

在决策理论中,从某个特定决策和某个特定自然状态发生得到的某个特定输出称之为支付,将与决策备选方案 $d_i$ 和自然状态 $s_j$ 有关的支付记为 $V(d_i, s_j)$。

对 EMV 模型的输入包括所考虑的决策备选方案、有关决策备选方案的自然状态和每个自然状态的发生概率。EMV 方法的输出是所考虑的每个决策备选方案的期望货币值。

EMV 准则要求分析人员计算每个备选方案的期望值,选择产生最佳期望值的备选方案。

设 $P(s_j)$ = 自然状态 $s_j$ 的发生概率,$n$ 是可能的自然状态的个数;由于 $n$ 个自然状态中总有一个发生且仅有一个发生,一般这些给分析人员提供选择的自然状态是不连贯的,有关概率必须满足下列条件:

$$P(s_j) > 0, \quad \text{对所有的自然状态 } j$$

$$\sum_{j=1}^{n} P(s_j) = P(s_1) + P(s_2) + \cdots + P(s_n) = 1$$

决策备选方案 $d_i$ 的期望货币值为

$$\text{EMV}(d_i) = \sum_{j=1}^{n} P(s_j) V(d_i, s_j)$$

换句话说,决策备选方案的期望货币值是支付与其各自概率的乘积之和,支付的百分值是有关自然状态的概率,即为支付发生的概率。下面是一个示例情况,在这种情况下可以用 EMV 模型进行决策。

**例 6.1** 对于一种地基雷达系统,已恢复了 500 套的生产量,考虑是否要进行 100% 的最终系统试验。历史上,一旦雷达投入使用,其故障率一直是 4%,将雷达投入试验则每套需 1 万美元(总和 = 500 万美元)。而且试验后每套受试的雷达都要进行某种程度的修复,历史上,对于通过试验的雷达,平均每套需 2 千美元的重新组装/恢复费。如果不能通过验收试验,则每套雷达需修理费 23000 美元,然而,一旦投入外场,有关修理一个缺陷雷达系统的总费用提高至每套雷达 35 万美元。现在的问题就是实施 100% 的雷达试验和接受在外场 4% 的故障哪一个有更好的费效关系。

**解** 可以构造一个决策表,用有关两个决策备选方案和分别的自然状态来说明本问题,例 6.1 表描述了本问题的决策表及有关分析。根据决策表,分析人员可以以一个决策树的形式说明该问题,该决策树完全说明了该决策(见例 6.1 图)。尽管树本身可能从来没有画出,但必须列出所有相关事件并进行分析,以确定达到决策点的过程中每个阶段期间可能发生的问题以及可以考虑的解决方案,并将概率分配至各种问题和解决方案。

**例6.1表　决策表**

| 决策备选方案 | 自然状态<br>失败<br>$P(s_1)=0.04$ | <br>通过<br>$P(s_j)=0.96$ |
|---|---|---|
| 试验每套雷达 $d_1=500$ 万美元 | 500套雷达(0.04失败)<br>(2.35万美元返工费/套) | 500套雷达(0.96通过)<br>(0.2万美元返工费/套) |
| 不试验 $d_2=0$ | 0.04失败(500套)<br>(35万美元/套) | 0 |

分析：

EVM(试验)=500套雷达(1万美元试验/套)+500套雷达(0.04失败)×(2.35万美元×返工费/套)+500套(0.96通过)×(0.2万美元返工费/套)=6.42万美元

EVM(不试验)=0.04在外场失败(500套雷达)·(35万美元/套)=700万美元

由于目标是使费用最少，所以决策应该是试验雷达

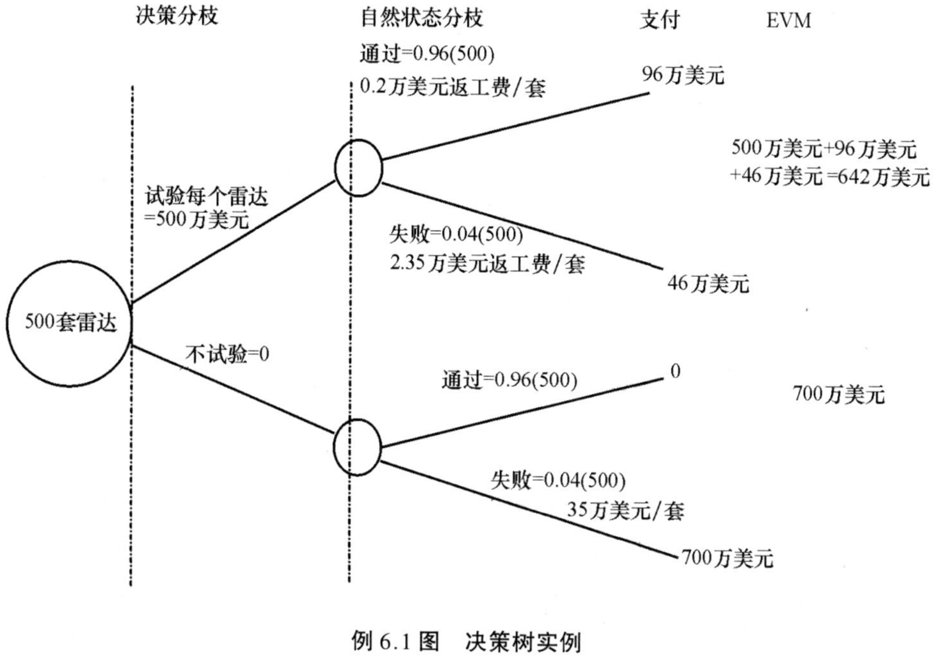


**例6.1图　决策树实例**

### 6.2.3.5　风险评审技术

风险评审技术(Venture Evaluation and Review Technique，VERT)，是一种以管理系统为对象，以随机网络仿真为手段的风险决策的定量分析技术。

风险评审技术是在计划评审技术/关键路线法(PERT/CPM1958)的基础上，经过图示评审技术(GERT1966)和计算机程序模拟技术(MATHNET1970，STATNET1971)逐步加以扩充、改进，于1972年研制出一种风险评审网络分析方法。1979年即完成VERT-2。接着，1981年又完成了VERT-3。VERT-3在国外已受到普遍重视，被认为是唯一充分而同等地衡量处理多个关键性参数及其相互作用的网络技术。

VERT网络模型的主要特点在于面向决策,统筹处理时间、费用、性能与风险等关键性参数,有效地解决多目标最优化问题。因此,具有较大的实用价值。

构成VERT网络的基本元素是节点和箭线(弧)。用长方形符号表示节点,它代表事件或决策点。用箭线(弧)表示活动或工作。描述活动的基本参数有:占用的时间,所担负的费用,以及完成活动所产生的效能(生产水平,投资效益等)。

VERT具有两类节点,即分离逻辑节点与单元逻辑节点。分离逻辑节点是最常用的节点,它具有分离的输入逻辑与输出逻辑。单元逻辑节点同时包括输入与输出两种作用,应用较少。

节点起约束或控制网络流进入弧的作用,而弧则可携带网络流从输出节点到输入节点,通过网络流表示活动和节点的实际完成。

分离节点的输入逻辑共有下列四种:

(1)起始(INITIAL)输入逻辑。用于网络流的起始输入节点。

(2)与(AND)输入逻辑。要求在合成输入流送至输出逻辑进行适当分配前所有输入箭线都必须成功完成。

(3)部分与(PARTIALAND)输入逻辑。除要求流过该节点前至少有一支输入箭线成功完成外,部分与输入逻辑跟与输入逻辑基本相似。不过,前者在处理之前将等待所有输入箭线都进入网络或从网络中消失。

(4)或(OR)输入逻辑。或输入逻辑跟部分与输入逻辑十分相似。它也要求流过该节点前至少有一支输入箭线成功完成,但在处理前不需等待所有输入箭线都进入或从网络消失。

分离节点的输出逻辑有以下六种:

(1)终端(TERMINAL)输出逻辑。供网络终端节点,亦即网络流的收点应用。

(2)全(ALL)输出逻辑。同时启动由该节点引出的全部输出箭线。

(3)蒙特卡洛(MONTECARLO)输出逻辑。应用蒙特卡洛方法每次模拟迭代仅处理一支输出箭线。

(4)滤子1(FILTER1)输出逻辑。根据节点输出箭线上所加的约束条件(时间与/或费用与/或性能值的上、下限)为联合满足或单独满足进行分别处理。若节点的时间与/或费用与/或性能值位于已知输出箭线相应的约束界限之内,则该箭线将予以处理。

(5)滤子2(FILTER2)输出逻辑。跟滤子1的区别在于输出箭线只承担一个约束条件并只能同部分与输入逻辑共用。

(6)滤子3(FILTER3)输出逻辑。约束条件不是界限值而是原先处理过的其他箭线的名称。

VERT的计算机模拟就是创设网络流从起始节点通过网络流向终端节点,产生模拟问题的试验解。为了能取得足够的子样数,此模拟过程可按用户要求重复进行多次。

**1.更换汽车轮胎问题**

假设某国特工驾驶一辆从敌方缴获的一辆小汽车赶往某地。途中发现有一轮胎撒了气。这时他便考虑能否及时到达目的地,并需要估计其可能性和风险度如何。假定此特工不能保证车中存有千斤顶和备用轮胎,他也不能肯定备用轮胎是否具有充足的气压。

有了千斤顶与完好的备胎,才能进行更换轮胎工作。其工序为:取出器具(千斤顶和备胎);顶起汽车,更换轮胎,放下汽车,装好器具(旧胎与千斤顶)。但是,存在着没有千斤顶,没有备胎以及有了备胎而气压不足的可能性,并且各工序的必要操作时间也互不相同。

图6－10为更换汽车轮胎问题的VERT网络图。

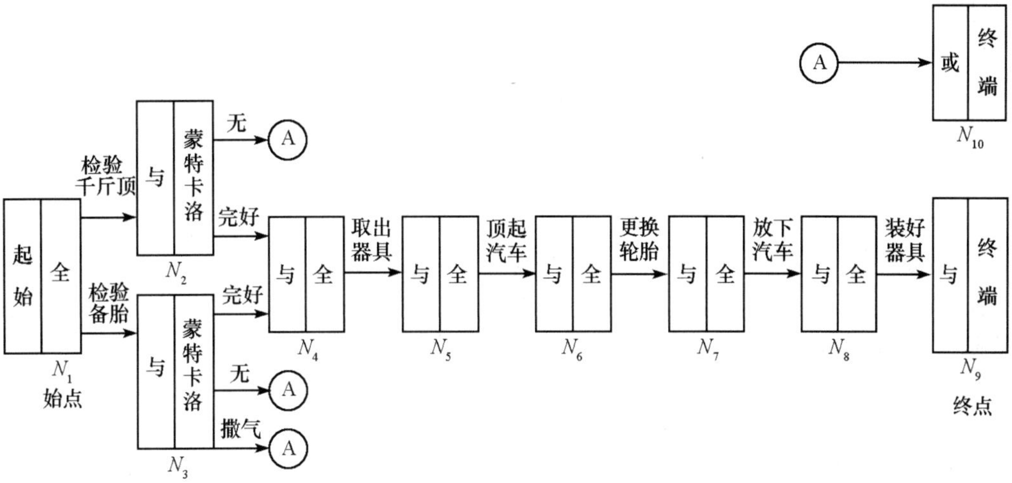


图6－10　更换汽车轮胎问题的VERT网络图

图中节点 $N_1$(START)是网络的起始节点,由起始输入逻辑组成。它的全输出逻辑表示从该节点引出的每一箭线都要进行处理。

节点 $N_2$ 和 $N_3$ 具有蒙特卡洛输出逻辑,表示网络流将依概率分别随机地送至各引出箭线。例如,节点 $N_3$ 同备胎的情况有关,其概率分别如下:

(1)备胎完好的概率0.75%;

(2)无备胎的概率0.05%;

(3)备胎撒了气的概率0.20%。

节点 $N_4$ 的与输入逻辑要求 $N_2$ 和 $N_3$ 都成功完成,然后继续传至节点 $N_9$(FINISH)。这是任务完毕的终端节点。

假如由 $N_2$ 和 $N_3$ 的输出流不是处于成功完成的状态(即没有千斤顶或没有备用胎,或者胎撒了气),这时表明任务失败。网络流即用A标明,并将其送至节点 $N_{10}$。$N_{10}$具有输入逻辑。上述三种不利情况无论发生哪一种都会触发此事件。

进行模拟时,节点 $N_3$ 的蒙特卡洛输出逻辑即依概率随机地输出三种可能的箭线之一。同理,对节点 $N_2$ 亦然。设无千斤顶的概率为0.15%,千斤顶完好的概率为0.85%。经多次模拟后,即可分取成功结果与失败结果的百分数作对比进行风险分析,从而确定能及时到达目的地的可能性和存在的风险度。

**2.研制新型步兵运输车问题**

某步兵运输车制造公司为了竞争必须在短期内迅速投产一种新型步兵运输车。为此，要求在20个月内完成新型步兵运输车的研制，并要求完成路面测试。新型步兵运输车的主要性能指标如表6-12所示，表中的目标值是公司力争达到的目标水平，而要求值是适应国内外兵工行业竞争所必须达到的水平，同时限定预算费用不超过三千万元。

**表6-12 新型步兵运输车的主要性能指标**

| 性能指标 | 单 位 | 目标值 | 要求值 |
|---|---|---|---|
| 最大时速 | km/h | 120 | 120 |
| 加速性 | s | 10 | 13 |
| 经济性 | km/L | 14 | 12.4 |
| 稳定性 | — | 0.75 | 0.65 |

步兵运输车的各项性能指标需在步兵运输车路面测试中测定，任一性能项目达不到要求值，即被认为整个步兵运输车研制失败，从而企业领导部门需估计出步兵运输车研制成功/失败的概率。合格步兵运输车的研制过程的流程如图6-11所示。

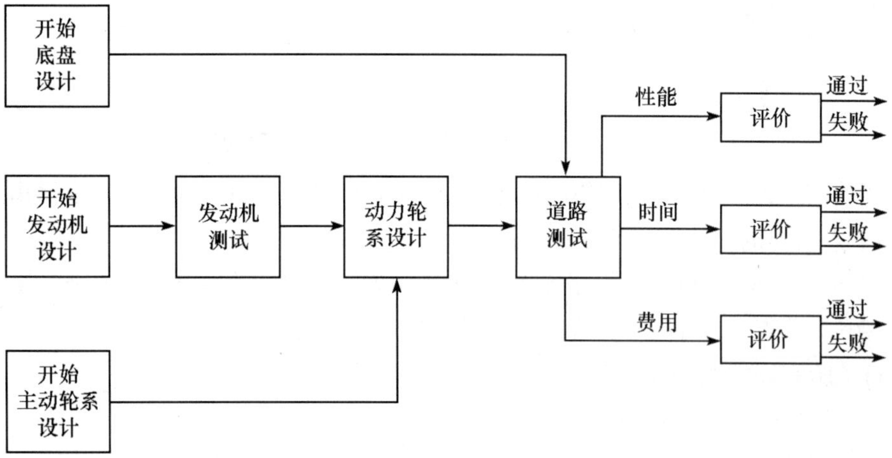


**图6-11 新型步兵运输车研制过程的流程图**

参照此图制成VERT网络图如图6-12所示。

图中节点 $N_1$(START)是网络流各次迭代的起始节点。节点 $N_2$，$N_3$，$N_5$ 是设计与测试的中间节点。节点 $N_6$(SYSTEM)是系统测试节点，携带研制新产品的总时间与费用，同时开始进行速度、加速时间、经济性与稳定度等项性能的计算。

节点 $N_7$(SPCK)是速度检验节点，它对累积至该节点的时间与费用值以及速度测试结果进行检验。它的滤子1输出逻辑将超过20个月和大于3000万元以及小于120km/h的各次流滤出，并将其送至失败点 $N_{12}$(FAIL)。

节点 $N_8$，$N_9$，$N_{10}$ 分别对加速时间、经济性和稳定度进行检验，滤出不合格流并将其送至失败节点。

节点 $N_{11}$(SUCCESS)是成功节点，用于收集所有的不通向失败节点的完成次数。

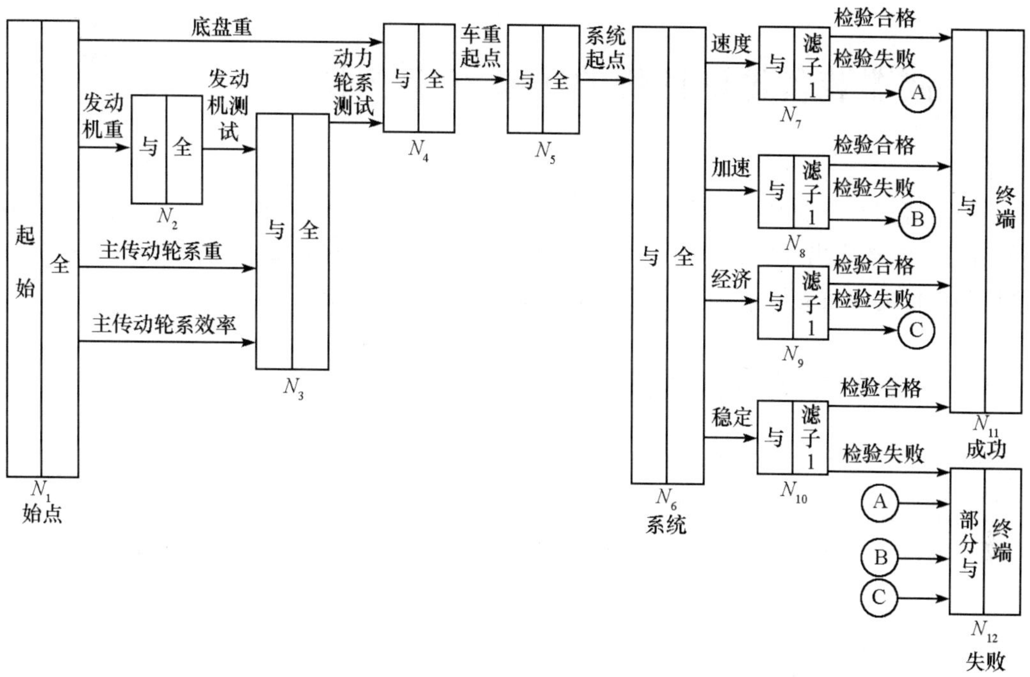


**图 6－12　新型步兵运输车研制的 VERT 网络图**

节点 $N_{12}$(FAIL)是失败节点,用于收集上述各检验节点所滤出的失败次数。

输入数据进行 500 次模拟仿真输出的数字显示结果如下(输入数据及成果报告图表从略):

(1)完成新步兵运输车设计与测试的平均时间约为 17.9 月,低于所规定的 20 个月,不超过此限期的可能性约为 94%,超过限期的风险度即为 6%。

(2)完成新步兵运输车设计与测试的平均值为 2.62 千万元,经费开支不超过 3 千万元的概率为 98.6%,超过 3 千万元的概率仅为 1.4%。

(3)步兵运输车的最高速度可达到 138km/h,加速性为 7s,经济性(耗油率)为 15km/L 汽油,稳定性指标达到 0.77,所以各项指标都能达到要求。

(4)500 次模拟仿真新步兵运输车研制成功的概率是 428/500 = 0.856,而失败的概率是 72/500 = 0.144,即需要冒 14.4%的风险。

综上所述,该项研制工作有较大的把握成功,并且时间周期和总费用也能以 90%以上的概率顺利实现。

# 6.3 武器装备论证评价的决策支持技术

由于武器装备的论证与评价是个复杂的过程,涉及各种专业和大量信息,会遇到许多异常问题,需要作出反应和决策。因此,为了适应科学管理的需要,有必要利用武器装备论证与评价的决策支持技术,从而提高武器装备论证评价的科学水平。

## 6.3.1 系统建模与仿真技术

### 6.3.1.1 系统建模方法

系统的构成复杂,建立模型的方法千变万化。即使同一对象系统,因目的、条件不同,系统模型也有各种不同。因此,没有固定的建立模型的方式,只有通过实践去探索,创造出好的、新的模型。下面介绍几种分析方法,供建立模型的实践过程中参考。

**1.直接分析法**

对内部结构和特性清楚的系统,即所谓的白盒(多数的工程系统都是),可以利用已知的一些基本定律,经过分析和演绎导出系统模型。

**例 6.2** 求面积为定值 $C$ 的长方形中、周长 $L$ 为最小值的长方形。

此问题的目标(求周长 $L$ 为最小的长方形)、条件(长方形的面积为固定值 $C$)都很明显,根据其特性直接可以构造模型。

**解** 设长方形的长、宽分别为 $x$、$y$,则周长 $L=2(x+y)$,根据条件有 $xy=C$,即 $y=C/x$,所以

$$L=2(x+C/x)$$

式中只有一个可控制变量 $x$,$C$ 为不可控制变量。求 $L$ 的最小值,利用数学中的公式有

$$\frac{\mathrm{d}L}{\mathrm{d}x}=2\left(1-\frac{C}{x^2}\right)=0$$

根据方程中,并考虑到 $x>0$ 的条件永存,则可得 $x=\sqrt{C}$,将此结果代入 $y=C/x$ 中,则得 $C/\sqrt{C}=\sqrt{C}$,即 $x=y=\sqrt{C}$。所以,面积为定值 $C$ 的长方形,当周长 $L$ 为最小值时,它是一个正方形,且其边长为$\sqrt{C}$。这个简单而典型的模型,在存储论中很有用。

**2.模拟法**

有些系统其模型的结构性质虽已清楚,但模型的数量描述及求解却很困难。如果能找到一种其结构性质与之相同,模型也与之类似的系统,则可利用后一种系统来模拟前一种系统,并对其模型进行试验分析和求解。这种分析方法可以使前一种系统的处理求解简单得多。

**3.数据分析法**

有的系统结构性质不很清楚，难于确定模型的结构形式时，可通过描述系统功能、特性等的数据分析，或各种统计数据的分析，来确定系统各参量之间的关系，并从数据分析和推理结果，建立模型结构。这些数据可以是本系统具备的，也可以根据同类系统收集整理而得；可以是绝对参数，也可以是无量纲参量或系数。例如，导弹设计中，通过大量同类产品的数据分析，求出系数或常数，而建立的经验或半经验公式就是很好的例子。

**4.概率统计分析法**

利用概率统计的基本知识和方法，分析系统特性、功能等，建立系统的分析模型。分析武器的命中精确性及可靠性时，用到的大量模型都是由概率统计分析法所得出的。

**5.试验分析法**

当系统中有的数据不够完整，或不能确定时，有的因素对系统特性的影响关系不够明确或其指标难于确定时，即可通过试验确定参量及其对系统的影响关系。在导弹系统设计中进行空气动力计算时，有大量的计算公式是通过实验结果经分析整理而构造的模型。

在模型建立中一般应遵循以下一些基本的原则：

(1)清晰性

一个大的系统是由许多子系统组成的，因此对应的系统模型也是由许多子模型组成的。在子模型和子模型之间，除为了研究所必需的信息联系外，相互耦合要尽可能少，结构要尽可能清晰。

(2)切题性

模型只应该包括与研究目的有关的方面，而不是一切方面。对于同一个系统，模型不是唯一的，研究目的不同，模型也不同。例如，对于一个空中调度系统的研究，只需要考虑飞行的方位航向，而无需考虑飞行姿态；在工业管理系统中，研究工艺流程对于生产率的影响时，则无需考虑工人的工资。

(3)精密性

同一系统研究中的模型的精密程度可以分为许多级，对不同的工程，精密度要求也不一样，在模型建立时，精密级的选择要适当。

(4)集合性

对于一个系统实体的分割，可能时要尽量合并为大的实体，即集合性要高，如对反导弹系统的研究，无需分割出每一枚导弹发射的细节，重要的是考虑许多导弹发射成功的概率。

系统模型可以按照基本的数学描述分类，如表6-13所示。

**表 6 – 13 系统模型按照基本数学描述的分类**

| 模型类型 | 静态系统模型 | 动态系统模型 | | | |
|---|---|---|---|---|---|
| | | 连续系统模型 | | 离散系统模型 | |
| | | 集中参数 | 分布参数 | 时间离散 | 离散事件 |
| 数学描述 | 代数方程 | 微分方程传递函数状态方程 | 偏微分方程 | 差分方程 $z$ 变换离散状态方程 | 概率分布排队论 |
| 应用举例 | 系统稳态解 | 工程动力学、系统动力学 | 热传导场 | 计算机数据采样系统 | 交通系统、市场系统、电话系统、计算机分时系统 |

### 6.3.1.2 系统仿真技术

从广义上讲,仿真是模型化的继续。仿真是在已经建立系统模型的基础上,采用一定的仿真方法,对系统模型进行测试和计算,并根据测试和计算结果,反过来对系统模型进行分析研究与改进,如此反复直到取得满意的结果为止。有的学者将仿真称为模拟,即根据建立的系统结构或数学模型,进行测试、实验或在计算机上进行试验与计算分析的方法,并将仿真看作是模型化的延伸。

按照模型的不同,仿真可以分为物理仿真和数字仿真两大类。所谓物理仿真就是用缩小(或放大)且与原系统相同的模型,在与原物理系统变量完全一样的条件下进行实验、测试。导弹及其他飞行器,通过模型进行风洞实验,测量空气动力和力矩系数及气动压力分布等,就是一个很好的例子。所谓数字仿真,按模型不同又可分为符号模型仿真和数学模型仿真两种。前者用框图描述系统信息的流动和信息变量之间的关系;后者是用数学方程式描述系统的运动或过程。在导弹系统分析中,常采用数字仿真,且以数学模型仿真为主。

由于对实际客观系统的客观过程进行仿真实验时,不需要实际过程各环节介入,可以大量减少实物和经济消耗。因此,仿真技术特别适于庞大系统的模拟实验。航天飞行器、洲际导弹系统的飞行试验,都必须在大量仿真模拟实验取得成功的基础上再进行。有的系统庞大复杂,难以对实际过程进行试验,需要通过仿真模拟取得经验和分析资料,如反弹道导弹试验。大规模导弹武器的进攻与反击战、外层空间的战斗等,都通过仿真模拟实验;对未来社会、经济发展的预测,对未来先进武器系统发展的预测等,也只能通过仿真模拟。因此,仿真技术的应用范围极为广泛,特别是近年来,随着系统科学和计算机科学的发展,把仿真技术推向了一个崭新的阶段,使系统仿真成为系统工程、现代大型复杂系统进行系统分析的有力工具。

大型或者复杂的系统(如导弹系统)在计算机上进行仿真需要产生大量的随机数列,并按照一定的步骤进行。仿真的一般步骤可用框图表示,如图 6 – 13 所示。

Step 1:构造仿真模型;

Step 2:编制仿真程序;

Step 3:仿真计算运行;

Step 4:评价仿真结果;

Step 5:判决结果是否满意;

Step 6:分析模型是否正确;

Step 7:修改仿真方案或参数,并重新进行仿真计算;

Step 8:修改模型并进行有效评审;

Step 9:结果处理。

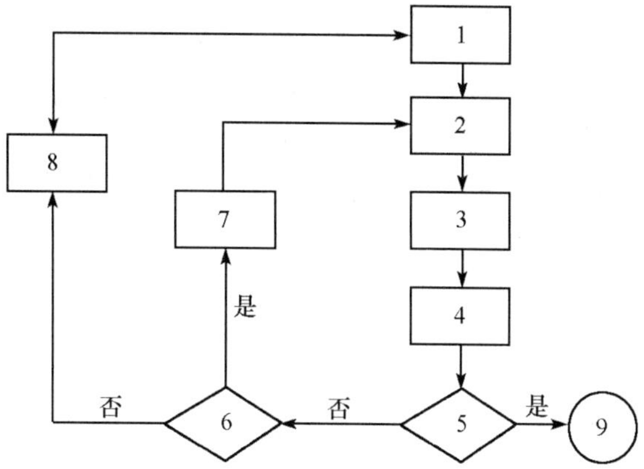


图 6-13　系统仿真步骤

构造仿真模型包括以下几个方面的工作:

(1)对系统进行详尽的了解与分析。这包括系统的范围、工作条件、外部环境、系统的目标等。在实际工作中要与使用单位、上级主管部门等深入讨论协商,并到有关单位和厂、所进行深入的调查研究,才能确定被研究系统的范围、条件、仿真的目标、对仿真结果的具体要求,即仿真输出哪些参数以及输出结果的精度等。

(2)确定模型中包含的变量。系统变量可分为外部变量和内部变量。所谓外部变量就是外部影响系统的因素,建模时表现为输入模型的变量,如弹道仿真模型中大气条件及其特性参量。内部变量是仿真模型内部生成的变量,如导弹飞行时间、导弹质量与推力变化规律等。在确定系统变量时,要注意全面性、准确性和必要性。变量可由少到多,模型由简到繁,逐步完善。

(3)确定模型的结构。模型组成、它们之间的逻辑关系和数学关系必须分析清楚。

(4)收集和分析必要的数据。根据模型要求,收集与分析供仿真运算所必需的各种数据,如弹道仿真需要弹体及动力系统的数据,工艺偏差的统计概率,各种扰动因素的分布函数等。在收集数据时,还必须进行必要的数据处理。

根据构造的仿真模型,编制仿真程序是仿真的一项重要工作。

为了验证所编的程序是否有效,构造的模型是否能代表所要研究的系统,可以采用试算法。试算时,先将模型简化,进行定性运算,证明模型和程序基本正确以后,再加入各种因素(包括随机因素)进行仿真运算。或者将系统过去运行成功的参数及数据输入仿真模型,待运算结果一致时,即可进行正式仿真运算。此外,也可通过对输出变量进行统计分析,对模型分步测试等办法验证程序和模型的有效性和正确性。

当确信所构造的模型是正确的、所编的程序能成功地工作时,才正式开始仿真运行。一般必须经过多次运行,甚至需对输入参数或模型进行必要的调整与变动之后,才能看出实际系统各种特性和趋势。常常为节省机时并能较快地获得所需要的结果,可以选取若干关键点或敏感点进行仿真运行。每次仿真运行过程中,必须注意使系统的输出参数进入稳态值。一般仿真运行由初始状态开始,初始条件输入后,需要经过一定时间的瞬态过程之后,才能进入稳态,之后还需要有足够的时间,才能得到稳态输出参数。由瞬态到稳态的过渡历程,根据具体系统,通过分析而定。

由于仿真过程中,对实际系统经过抽象与简化构造模型,输入的数据也经过分析、推测和处理,这样必然包含了人为的主观因素。因此对仿真所得的结果必须通过全面分析与评审,确认是可靠的、有价值的结果,才能整理提供给决策者作为决策的依据。分析评价过程中,发现结果不可靠或没有参考价值时,可逐步修改模型、仿真方案或修改程序,或者修改参数以后,重新仿真运行。

## 6.3.2 系统优化技术

系统优化技术是从系统所有可能的方案中选择最合理的一个以达到给定目标下最优的科学。从数学上来讲,用于系统优化的是各种数学规划方法。数学规划是研究如何在给定的约束条件下获取一个(或多个)使给定目标函数值达到最优的方法。数学规划可划分为线性规划、整数规划、非线性规划、多目标规划、动态规划等。

**1.线性规划(Linear Programming)**

线性规划在数学上表示为在一组线性约束条件下求线性函数的极值问题。线性规划是运筹学中研究较早、应用最广的一个分枝,所研究的问题可以分为两类:一类是如何以最少的资源完成规定的任务;另一类是如何利用一定量的人力、物力和资金来完成最多的任务。

线性规划问题数学模型的一般形式为

求一组决策变量 $x_1,x_2,\cdots,x_n$ 的值,使满足下列约束条件:

$$\begin{aligned}
&a_{11}x_1+a_{12}x_2+\cdots+a_{1n}x_n\leqslant b_1 \qquad 或\geqslant b_1,或=b_1\\
&a_{21}x_1+a_{22}x_2+\cdots+a_{2b}x_n\leqslant b_2 \qquad 或\geqslant b_2,或=b_2\\
&\qquad\vdots\\
&a_{m1}x_1+a_{m2}x_2+\cdots+a_{mb}x_n\leqslant b_m \qquad 或\geqslant b_m,或=b_m
\end{aligned}$$

并使目标函数

$$f=c_1x_1+c_2x_2+\cdots+c_nx_n$$

取最大值(或最小值)。

其中 $a_{ij},b_i,c_j$ 均为常数,从应用和计算的角度考虑,可以认为它们都是有理数。

为便于讨论一般解法,常将线性规划的约束条件归结为一组线性方程和一组非负性限制条件,并且对目标函数统一成求最小值,称之为线性规划问题的标准形式,即

$$\min f=\sum_{j=1}^{n}c_jx_j$$

$$\text{s.t.} \quad \sum_{j=1}^{n} a_{ij}x_j = b_i \qquad i = 1,2,\cdots,m$$

$$x_j \geqslant 0 \qquad j = 1,2,\cdots,n$$

上述标准形式的线性规划问题,有时简称为问题(LP)。

单纯形法(Simplex Method)是求解线性问题的常用算法,它是 1947 年由 G.B.Dantzing 提出来的,几十年来的应用表明,这是一种行之有效的解法。

对于一般的线性规划问题可以证明,其最优解存在的话,必定可在可行域的顶点中找到。单纯形法的基本思路是:针对顶点可行解,进行一个方便的检验其最优性的准则,然后对可行域的有限个顶点,按照一定的准则加以检验,从中找出最优解。

**2.整数规划**

对某些线性规划问题,变量只有取正整数时才有意义,这时,约束条件还需添上变量取非负整数值的限制,这便是整数线性规划(Integer Propramming)问题。整数线性规划模型的一般形式是

$$\max Z = \sum_{j=1}^{n} c_j x_i$$

$$\text{s.t.} \quad \sum_{j=1}^{n} a_{ij}x_j \leqslant b_i \qquad i = 1,2,\cdots,m$$

$$x_j \text{ 为非负整数} \qquad j = 1,2,\cdots,n$$

上式称为纯整数规划(或完全整数规划)。若只要求部分变量而不是全部变量取整数值,则其称为混合型整数规划问题,若再限定变量只取 0 或 1,则称之为 0 - 1 规划问题。

对整数规划去掉变量的整数约束,得到的线性规划称为原整数规划的伴随问题或松弛问题,求解整数规划一般不能通过对松弛问题的解经舍入归整而得到,而需建立整数规划的专门解法,但常用的整数规划解法都与求解其松弛问题有关系。常用的整数规划求解方法有割平面法、分枝定界法和隐枚举法。

**3.非线性规划(Nonlinear Propramming)**

当目标函数或约束条件中有一个或多个为非线性函数,就称这样的规划问题为非线性规划。在科学研究、工程技术及武器军事应用问题中,所遇到大量优化问题是非线性的,它一般数学形式是

$$\min Z = f(x_1, x_2, \cdots, x_n)$$

$$\text{s.t.} \begin{cases} g_i(x_1, x_2, \cdots, x_n) \leqslant 0 & i = 1,2,\cdots,m \\ h_j(x_1, x_2, \cdots, x_n) = 0 & j = 1,2,\cdots,l \end{cases}$$

非线性规划问题远较线性规划问题复杂,在非线性情况下,问题的几何性质起了根本的变化,最优解一般不在约束多边形的顶点,甚至不在其边界上,可能在约束区域的任何位置,而且非线性规划问题可能只有局部最优解,它不同于全局最优解。

目前用于求解非线性规划的算法很多,但没有哪一类算法对所有的非线性规划问题都有效,而且非线性规划方法求得的结果往往只是局部最优解。

## 6.3.3 系统预测方法

### 6.3.3.1 系统预测概述

所谓系统预测，是指根据系统过去和当前的特性分析推测其未来的特性，根据过去和当前的发展规律，推测其未来的发展结果和趋势。预测学就是根据已知推断未来，它是为人们提供一种事物的发展方向和趋势，并推测事件的进程的学科。按照数学语言，预测问题一般可描述为：根据随机过程 $X(t)$在时间间隔 $t_1-\Delta t \leqslant t \leqslant t_1(\Delta t>0)$上的观察，来估计以后某个时刻 $t_1+\tau$ 时，该过程的量值 $X(t+\tau)$（而 $\tau>0$ 或 $\tau \gg 0$）。

如果 $X(t)$表示时刻 $t$ 时某处的气候，则为天气预测预报问题；如果 $X(t)$表示时刻 $t$ 时敌机的高度，则为高炮（或地空导弹）的瞄准点预测控制问题；如果 $X(t)$表示时刻 $t$ 时坦克、装甲车辆或敌舰船位置，则为反坦克（反舰）武器的命中点预测与射击控制问题，这些预测对提高作战效能都有很大的意义。

由于系统预测在系统分析中起着很重要的作用，因此人们从不同的角度进行探索，试图寻找科学的预测方法。尽管如此，现在还没有比较成熟的方法。目前用于系统预测的方法主要有两类，一类是根据经验，进行直观的分析推断，从而作出结论和判断的方法，如 Delphi 法，这类方法称为直观推断法；另一类方法是利用统计数据和资料进行分析和解析计算，由解析计算结果得出预测的结论，如回归分析法，这类方法称为解析法。

系统预测过程本身是复杂的，并且随着预测的问题性质、系统复杂程度和选用的方法不同，预测过程也有所差别，根据预测过程中各阶段的工作内容和性质可将预测过程大致分为以下几个阶段：

第一阶段，确定预测的目标，进行调查研究，搜集资料和必要的数据。若采用直观推断预测法，第一阶段主要是确定调查对象，下达预测任务。

第二阶段，利用预测技术，进行预测分析。用直观推断法，直接进行分析、推理与判断，或进行研讨，提出结论性意见。采用解析法时，本阶段要通过分析，确定并建立模型，并利用第一阶段取得的资料数据进行计算，经过修正取得合理的结果后，再将计算结果输出，作为分析、判断的依据。建立预测数学模型时，可以根据系统的影响分析、时序列分析、滤波理论、马尔可夫理论等，选择合适的方法建立数学模型。

第三阶段，检查与修正预测结果。对第二阶段的输出和提供的预测结果及结论进行检查和评定，对于不合理、不能被接受的结果和结论，需根据既定的要求进行修正。本阶段的最后输出是为决策者提供决策的依据。

预测工作的基本步骤如图 6－14 所示。

人们在实际工作中提出了许多预测的方法，下面简单介绍几种预测方法的基本原理。

**1. 专家讨论分析推断法**

为了制订长远发展规划，比较常用的一种方法就是邀请一批专家，通过会议或书面形式，分析研究，提出见解并推测 10 年或 20 年以后的前景和奋斗目标，最后利用答卷或投票的方法输出预测结果，再经过主管部门对结果进行评审，之后作出决策。这种方法的基

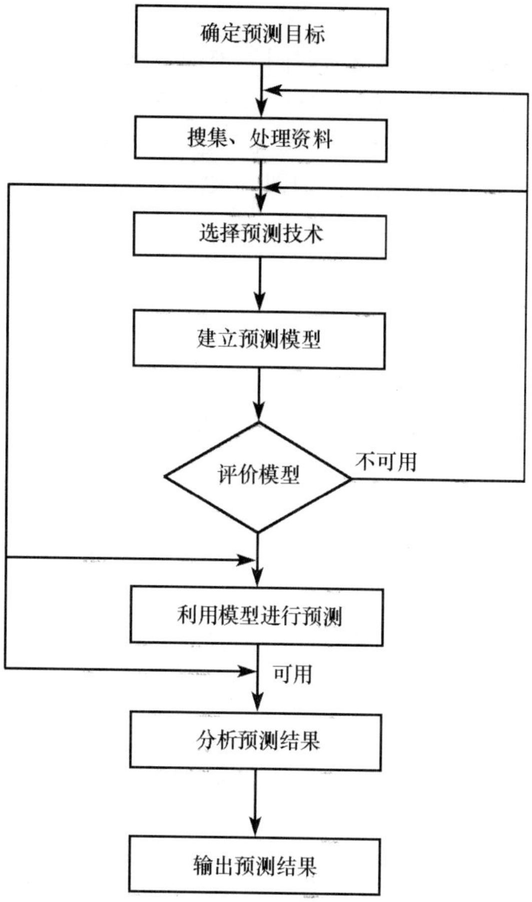


图 6－14　预测的基本步骤

本思想与 Delphi 法相同，具有简单直观的特点。这种方法进行过程中需要注意滤掉"噪声"（即"排除杂念"）。只要专家们认真负责地思考，抓住事物的本质，通过比较科学的分析、推理和判断，就能客观地预测未来。另一方面邀请的专家数量要足够多，对专家们输出的结果要合理地综合，这样就能在一定程度上抵消或降低"噪声"的干扰，使预测结果比较准确。

**2. 结构模型预测法**

根据系统各状态变量之间的关系，建立系统的结构模型（或列出元素的相邻矩阵、可达性矩阵），经过变换和推算之后，求得预测结果。也可通过回归分析，定量地求出系统中某些变量的预测值，再用结构模型推求另一些变量的预测值。例如，要预测一个城市的发展，首先预测城市的人口增长量，而城市中粮食供应、住房发展、水电消耗、商品供应、教育发展、福利事业的增长等均与人口增长量有关，其他事业和行业之间也有相互关系。预测时先将各类人口按照职业、职务等不同分类，并确定各类人口之间的关系，再分析确定人口与其他事业之间的关系，并根据各种关系构造结构模型，当利用解析方法求出人口的预测结果后，即可根据结构模型求得其他事业的预测结果。

3.曲线拟合预测法

将系统状态变量的统计数据在含有时间的坐标中描点绘线,利用某一曲线来拟合统计(实验)数据流的变化状态,并根据拟合曲线的趋向推求系统状态的未来值,从而求得预测结果。如图 6-15 所示,随时间 $t$ 增加,状态变量 $x$ 的统计(实测)数据以"○"表示,变化趋势如图中曲线所示。在确定的时间内即可求得预测结果,在利用这种方法时,要注意对滞后性、波动性(振荡性)的修正。

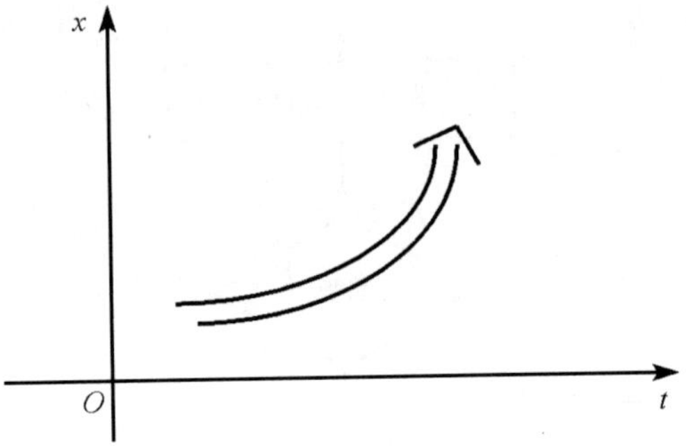


图 6-15 拟合曲线示意图

4.动态模型预测法

根据系统的特性,列出状态模型,利用模型的特征进行分析或计算,逐步推延,最后求得预测结果。例如,分析导弹运动规律,预测弹道式导弹的落点位置时,先列出动态模型为

$$\begin{cases} m\dfrac{\mathrm{d}v}{\mathrm{d}t} = F\cos a - x - mg\sin\theta \\ \dfrac{\mathrm{d}x}{\mathrm{d}t} = V\cos\theta \\ \dfrac{\mathrm{d}y}{\mathrm{d}t} = V\sin\theta \end{cases}$$

利用上式,按照牛顿法,先求出 $t_0$ 时刻的 $x_0, y_0$,再由此求 $x_1, y_1; x_1, y_2; \cdots$ 继续推算下去,即可求出全弹道,并可在发射之前预测弹道式导弹的落点位置。

除上述方法外,实际使用中还可以根据不同的原理研究出许多方法,如幅度预测法、利用卡尔曼滤波理论的预测方法等。这些方法目前都不够成熟、完整,有待进一步发展。

### 6.3.3.2 概率预测法

对于一个随机事件 $A$,用一个数 $P(A)$ 来表示该事件发生的可能性大小,$P(A)$ 就称为随机事件 $A$ 的概率。概率度量了随机事件发生的可能性的大小,而且,理论上可以用发生简单事件的概率来计算发生复杂事件的概率。

在系统分析中,可以利用分系统(或元器件)发生某种概率来计算整个系统发生同类事件的概率,例如两个简单的事件 $A$ 和 $B$ 的发生,可以引起事件 $E$ 的发生,事件发生的概率分别以 $P_A$、$P_B$ 和 $P_E$ 表示,则由上述可得

$$P_E = P_A + P_B - P_A P_B \qquad (E = A \cup B)$$

或

$$P_E = P_A P_B \qquad (E = A \cap B)$$

即当 $E = A \cup B$ 时，无论 $A$、$B$ 两个事件中任何一个事件发生，都会引起事件 $E$ 的发生；而当 $E = A \cap B$ 时，只有当 $A$、$B$ 两个事件同时发生时，才会引起事件 $E$ 的发生。

利用概率论的基本理论，根据分系统的事件发生概率可以预测总体系统的事件发生概率，例如，$A$、$B$ 若分别表示两个子系统的可靠性，则 $E$ 即表示总体系统的可靠性；若 $E$ 表示系统发生的故障率，则 $A$、$B$ 为引起故障原因的事件。

系统的状态发生转变或变化时，其变化或转变发生的概率，即称为转移概率，如系统的状态在瞬时 $t$ 为 $A$，当时间到 $t+1$ 瞬时，状态变成 $B_1$ 或 $B_2$，现将 $B_1$ 出现的概率表示为 $P(B_1|A)$，将 $B_2$ 状态出现的概率表示为 $P(B_2|A)$。其中 $B|A$ 表示由 $A$ 状态向 $B$ 状态转移。显然，$P(B_1|A)$、$P(B_2|A)$ 即为状态转移概率。状态转移现象可用图 6－16 表示。

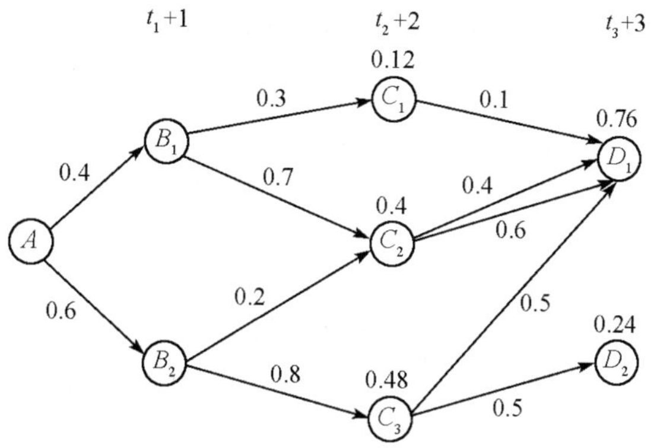


**图 6－16　状态转移现象**

由图可见，当时间至 $t+2$ 瞬时，系统状态转移到 $C_1$、$C_2$、$C_3$ 中之一。由 $B_1$ 转移至 $C_1$ 的概率可写成 $P(C_1|B_1, A)$，它表示由 $A$ 出发，经由 $B_1$ 而转移至 $C_1$；而至 $C_2$ 状态可以经由两个途径，即经由 $B_1$ 或 $B_2$，其转移概率分别可以写成 $P(C_2|B_1,A)$ 或 $P(C_2|B_2,A)$；至 $C_3$ 的转移概率为 $P(C_3|B_2, A)$。

假设给出转移概率的值如图中矢线上所标示，则可计算出在 $t+2$ 瞬时系统状态为 $C_1$、$C_2$ 及 $C_3$ 的概率：

$$\begin{aligned} P(C_1) &= P(C_1|B_1)P(B_1) \\ &= 0.3 \times 0.4 = 0.12 \\ P(C_2) &= P(C_2|B_1)P(B_1) + P(C_2|B_2)P(B_2) \\ &= 0.7 \times 0.4 + 0.2 \times 0.6 = 0.40 \\ P(C_3) &= P(C_3|B_2)P(B_2) \\ &= 0.8 \times 0.6 = 0.48 \end{aligned}$$

根据系统状态的转移过程，若知道转移概率值，则在理论上即可计算出某个瞬时所发生的各种状态的概率。

当考察 $t+3$ 瞬时系统状态 $D_1$、$D_2$ 的概率时，由 $C_1$ 转移至 $D_1$ 的概率与上述同样可得 $P(D_1 \mid C_1, B_1, A)$，经由 $C_3$ 转移至 $D_2$ 的概率为 $P(D_2 \mid C_3, B_2, A)$，它们均与上面的算法相同。可是，经由 $C_2$ 到 $D_1$ 的概率由于有两条路径，即 $P(D_1 \mid C_2, B_1, A)$与 $P(D_1 \mid C_1, B_2, A)$，其中 $C_2$ 至 $D_1$ 段：一为0.4，另一为0.6，由于受到路径上经历的影响，其转移概率不一样，这种现象称为履历现象，在计算中要注意区别，分别计算，因此可得

$$P(D_1) = P(D_1 \mid C_1, B_1, A) + P(D_1 \mid C_2, B_1, A) + P(D_1 \mid C_2, B_2, A) + P(D_1 \mid C_3, B_2, A)$$
$$= 0.12 + 0.6 + 0.24 + 0.24 = 0.76$$

$$P(D_2) = P(D_2 \mid C_3, B_2, A) = 0.5 \times 0.48 = 0.24$$

由此可知，系统运行过程中，因随机因素引起系统状态变化时，根据状态转移过程和转移概率，可以预测未来系统状态的概率和输出。

### 6.3.3.3 德尔菲法

德尔菲(Delphi)法又称为专家评议法或直观推断法。此法是集中一群专家的意见，并通过一系列的质询并进行单独提取，之后将其按集中的意见进行提炼与归纳，得出一个有参考价值的结论，提供决策时参考。

为了说明 Delphi 法的思想和要求，现以研究某项工程发展规划为例简要说明。为了研究某项重要工程的发展周期需要多少年才能实现？曾邀请了一批专家和管理工作者，按照德尔菲法通过四轮征询意见和调查，各轮征询调查按以下方法步骤进行：

第一轮，在没有限制的条件下搜集参加者的意见。将这些意见分布的中间值范围(例如这些意见大部分在 10～15 年之间)，及其左右含有 25% 的意见散布范围(Inter Quartile Range，IQR)提示给参加者，他们可以根据这些提示的范围来修正自己的意见。经提示后仍坚持 IQR 范围以外意见的人，需要陈述其理由。

第二轮，把上一轮意见的征询结果和支持 IQR 范围以外意见的概要理由，分别提供给参加者，令其提出修正意见，各自进一步论述确信自己意见正确的程序，并作自我评价。

第三轮，再将第二轮意见的修正结果通知所有参加者，依然坚持 IQR 范围以外意见的人可以请求支持 IQR 范围内意见的人陈述理由，供其充分考虑。

第四轮，再将第二轮意见的修正，统计分布的中间值作为参加者的预测结果。

由此可知，采用德尔菲法，每位专家可以在各自的立场上进行充分的独立思考，可以避免集体讨论时那种由于关系和心灵压力带来的影响；可以知道其他专家的意见及理由，从书面交换意见和观点过程中，达到意见一致，同时，可使少数不同意见得到充分尊重，在经过申述理由后，若能获得足够的支持，还有获得采纳的可能。

德尔菲法本质上是根据信息反馈，逐次修正，逐步滤除“噪声”，遂取得正确的输出结果，得到正确的答案，这一过程也是一种反馈控制系统的物理过程模拟。采用这种信息反馈的结构由获取信息提出典型质询，在提出典型质询时应充分考虑信息量的分布，信息特征等，选择质询时并应注意以下原则：参加者不知道正确的答案，但具有构成充分背景的信息，可以根据信息进行推断；为了研究参加者个人及专家小组意见的正确程度，要求能取得可以认定的正确答案；一般情况下需要利用数字(或数码)来回答所提示的质询。

德尔菲法的常用形式是四分位数法。所谓四分位数法,实质是利用分段处理,逐步收敛的一种方法,将回答逐步向中位数收敛,最后以中位数作为预测结果。

四分位数法的具体步骤和做法如下:

(1)选定对预测问题具有专长和决策权的人,由任务执行的负责人、有经验的专家及管理人员组成一个预测组。

(2)对每一个人进行质问,并将各人的回答集中起来。

(3)将所有参加人员的回答按数字多少依次序排列,并将回答按数值的大小分段,设按四分位数法划分为 $Q_1$、$Q_2$、$Q_3$,其中 $Q_2$ 为中间值,称为中位数,并以 $M$ 表示,再设某一个特定人的评价(回答)为 $E_i$,各值的分布如图 6-17 所示。

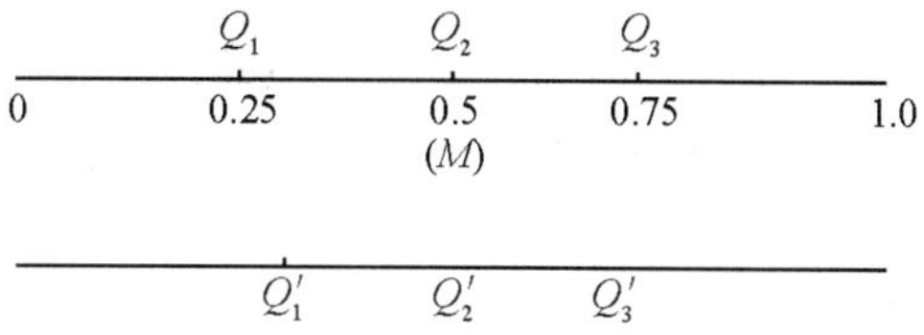


**图 6-17　现象 $E_i$ 的分布**

(4)将 $Q_1$、$Q_2$、$Q_3$ 值分位数各段的意见分布通知给所有参加者,并要求他们再进行推断,重新给出评价,并设特定个人的评价 $E_i$,变为新的评价 $E'_i$。

(5)若 $E'_i < Q_1$,要求回答者简单说明其理由,同样若 $E'_i > Q_3$ 时,亦要求说明理由。

(6)将所有参加者新的评价 $E'_i$ 依大小次序排列,并找出四分位数 $Q'_1$、$Q'_2$(= $M'$ 值)、$Q'_3$,彼此之间原则上应满足关系式 $Q'_3 - Q'_1 < Q_3 - Q_1$。

(7)将 $Q'_1$、$Q'_2$、$Q'_3$ 值分位数各段的意见分布通知所有的参加者,并将推断定于 $Q_1$、$Q_3$ 之外的理由汇集整理后通知所有参加者,要求他们再考虑进行推断,又设新的评价为 $E'_i$。

(8)当 $E''_i < Q'_1$ 或 $E''_i > Q'_3$ 时,要求参加者简单说明理由。

(9)将所有参加者修正后的新评价 $E''_i$ 仍按大小次序排列,找出四分位数 $Q''_1$、$Q''_2$(= $M''$)、$Q''_3$。

(10)将 $Q''_1$、$Q''_2$、$Q''_3$ 值分位数各段的意见分布通知所有的参加者,……

反复地重复上述步骤,直到意见收敛时为止。若意见分布仍无收敛的希望时,亦停止反复,经过四轮循环即可,这时用所得的中位数 $M''$(或 $M'''$)作为集体意见而被采纳,即为所求的预测结果。

德尔菲法的要点可以归结为不记名回答、反馈、修正、用数字推断,根据统计数据作为预测结果,这比以前的会议讨论集中意见进行预测要科学一些。

### 6.3.3.4　回归分析法

回归分析法是以事物发展因果关系为依据,抓住事物发展的主要矛盾或因素和它们之间的相互关系,建立数字模型(分为线性回归和非线性回归)来进行预测的。

线性回归是反映事物变化中一个因变量与一个或多个自变量之间相互关系的,一个因变量与一个自变量的相关关系叫一元线性回归,又叫单回归;一个因变量与多个自变量之间的相关关系叫多元回归,又叫复回归。这两种方法一般比较简单,容易掌握和运用,它们的模型和模型的建立与检验,将在下面介绍。

**1.一元回归模型应用举例**

**例 6.3**　某地商业部门要求预测 1982 年的百货商品销售总额。收集了该地 1970—1980 年间逐年的百货商品销售总额和职工工资总额的数据(见例 6.3(a)表),同时对该地工资总额可能增加的比率作了估算,预计 1982 年比 1980 年将增长 20%,要求应用回归模型进行预测。

**例 6.3(a)表　百货商品销售总额和职工工资总额的数据**

| 年　份 | 1970 | 1971 | 1972 | 1973 | 1974 | 1975 | 1976 | 1977 | 1978 | 1979 | 1980 |
|---|---|---|---|---|---|---|---|---|---|---|---|
| 百货商品销售总额($10^5$ 元) | 19.5 | 22.2 | 24.9 | 25.2 | 29.1 | 34.5 | 41.1 | 46.2 | 53.1 | 61.5 | 66.9 |
| 职工工资总额($10^5$ 元) | 61 | 75 | 94 | 107 | 146 | 174 | 211 | 244 | 298 | 349 | 380 |

预测程序和结果如下:

(1)根据例 6.3 表数据的实际分布绘图(见例 6.3 图)

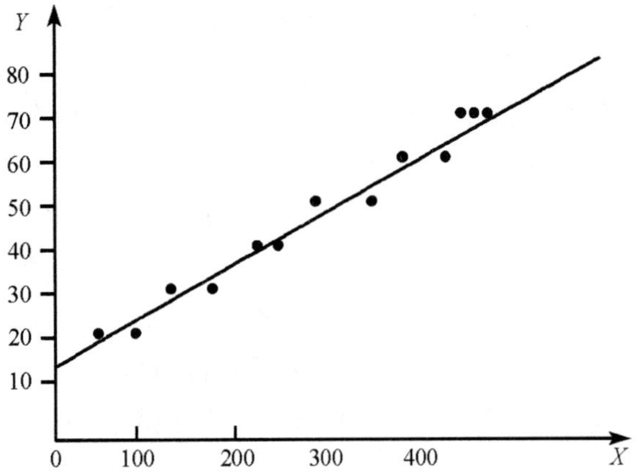


**例 6.3 图　分布数据分布图**

数据点的分布是直线趋势,数据说明了商品销售额是随着职工工资总额的增长而增长,同时也说明两者关系是近似于线性关系,因此,可以用一元回归模型。

(2)建立模型

已知一元回归模型为 $Y = a + bX$,式中:$Y$ 为应变量,表示年百货商品销售总客($10^5$ 元);$X$ 为自变量,表示年工资总额($10^5$ 元);$a$、$b$ 分别为回归系数。

计算公式如下:

$$b=\frac{n\sum X\cdot Y-\sum X\cdot\sum Y}{n\sum X^2-(\sum X)^2}$$

$$a=\frac{\sum Y-b\sum X}{n}$$

式中　$n$——实际数据点数目（$n=11$），利用例 6.3 表中的实际数据计算求得列入例 6.3(b)表。

**例 6.3(b)表　参数计算结果**

| 年份 | 商品销售额（$10^5$ 元） | 工资总额（$10^5$ 元） | $X\cdot Y$ | $X^2$ | $Y^2$ | $X-\bar{X}$ |
|---|---|---|---|---|---|---|
| 1970 | 19.5 | 61 | 1189.5 | 3721 | 380.3 | -133.5 |
| 1971 | 22.2 | 75 | 1665.0 | 5625 | 492.8 | -119.5 |
| 1972 | 24.9 | 94 | 2340.6 | 8836 | 620.0 | -100.5 |
| 1973 | 25.2 | 107 | 2696.4 | 11449 | 636.0 | -87.5 |
| 1974 | 29.1 | 146 | 4248.6 | 21316 | 846.8 | -48.5 |
| 1975 | 34.5 | 174 | 6003.0 | 30276 | 1190.3 | -20.5 |
| 1976 | 41.1 | 211 | 8672.1 | 44521 | 1689.2 | 16.5 |
| 1977 | 46.2 | 244 | 11272.8 | 59536 | 2134.4 | 49.5 |
| 1978 | 53.1 | 298 | 15823.8 | 88804 | 2819.6 | 103.5 |
| 1979 | 61.5 | 349 | 21463.5 | 121801 | 3782.3 | 154.5 |
| 1980 | 66.9 | 380 | 25422.0 | 144400 | 4475.6 | 186.5 |
| | $\sum Y=424.2$ | $\sum X=2139$<br>$\bar{X}=194.5$ | $\sum X\cdot Y$<br>$=100797.3$ | $\sum X^2$<br>$=540285$ | $\sum Y^2$<br>$=19067.3$ | $\sum(X-\bar{X})^2$<br>$=124718.75$ |

$a$、$b$ 值计算结果：

$$b=\frac{11\times 100797.3-424.2\times 2139}{11\times 540285-(2139)^2}=0.147$$

$$a=\frac{424.2-0.147\times 2139}{11}=9.98$$

代入 $a$、$b$ 值，得一元回归模型：

$$Y=9.98+0.147X$$

(3)应用模型进行预测

已知 1982 年度的工资总额为 1980 年度的 120%，则 1982 年度的工资总额应为

$$380\times 120\%=456\times 10^5(\text{元})$$

将 1982 年的工资总额数代入一元回归模型，则可计算出 1982 年百货商品销售总额为

$$Y=9.98+0.147\times 456=77.012\times 10^5(\text{元})$$

(4)确定置信区间，检验预测模型的准确范围

置信区间就是模型预测的准确范围，也可以说成为预测值的可以信任的范围。

计算预测的置信区间，要考虑到两个误差：一是数据单项估算值的标准离差；二是数

据收集抽样时以小样本代表大母体所引起的误差。

① 标准离差的计算

设 $S_{Y,X}$ 表示标准离差，其计算公式如下：

$$S_{Y,X}=\sqrt{\frac{\sum(Y-Y_i)^2}{n-2}}$$

式中　$Y$——每个数据点 $X$ 值对应的实际值；

$Y_i$——每个数据点 $X$ 值对应的预测值(回归直线上的点)；

$Y-Y_i$——距回归直线点 $i$ 的垂直离差；

$n$——数据点数。模型内有 $X$、$Y$ 两个统计量，故统计量的自由度为 $(n-2)$。

为了充分利用表6-14中的数据，上式也可写为

$$S_{Y,X}=\sqrt{\frac{\sum Y^2-a(\sum Y)-b(\sum X\cdot Y)}{n-2}}$$

将表6-14中的 $\sum Y^2$、$\sum Y$、$\sum X\cdot Y$ 的数据代入得

$$S_{Y,X}=\sqrt{\frac{19067.3-9.98\times424.2-0.147\times100797.3}{11-2}}=1.18$$

② 确定置信区间时，抽样误差修正系数的计算

当数据点在回归直线附近大致接近正态分布时，若包括有中间部分95%的点，则预测值的置信区间为

$$Y\pm1.96S_{Y,X}$$

考虑到建立模型时一般都是从所得数据中抽样，数据量少，由于用小样本(30以内)来代表大母体，必然要产生误差，所以需要加以修正，引进一个校正系数，所以

$$Y\pm t(S_{Y,X})\sqrt{1+\frac{1}{N}+\frac{(X-\bar{X})^2}{\sum(X-X)^2}}$$

式中　$\bar{X}$——数据点 $X$ 值的平均数(此例为194.5)；

$t$——$t$ 分布系数。

$t$ 分布系数可根据统计量的自由度与置信区间要求密集的百分数(一般为95%)，查 $t$ 分布表即可，现按95%的要求计算。

不同自由度时的特定 $t$ 值见例6.3(c)表。

**例6.3(c)表　自由度及 $t$ 值**

| 自由度 | 120 | 60 | 40 | 30 | 25 | 20 | 15 | 14 | 10 | 9 | 5 |
|---|---|---|---|---|---|---|---|---|---|---|---|
| $t$ 值 | 1.98 | 2.00 | 2.02 | 2.04 | 2.06 | 2.09 | 2.13 | 2.16 | 2.23 | 2.26 | 2.57 |

利用表6-14和表6-15中的数据，求得经过修正后预测值置信区间的上、下限为

$$置信区间上下限值=77.012\pm2.26\times1.18\times\sqrt{\frac{1}{11}+\frac{(456-194.5)^2}{124718.75}+1}$$

$$=77.012\pm2.26\times1.18\times1.28$$

$$= 77.012 \pm 3.414$$
$$= 80.426 \times 10^6(\text{元})\text{或}73.598 \times 10^5(\text{元})$$

(5)预测结果

如果 1982 年度职工工资总额在 1980 年基础上增长 20% 时，该年百货商品销售总额预测范围为 7359800 元到 8042600 元之间。

**2. 二元回归模型预测简介**

一般来说，事物的变化比较复杂，有时为了突出主要矛盾，抓住主要因素，运用一元回归方程模型进行预测是可以的，但是多数情况下要考虑到多因素的因果关系。其中二元回归就是反映两个自变量($X_1$，$X_2$)与一个应变量($Y$)的线性关系。由于多考虑了一个变量，有可能使预测更能符合实际，当然，在计算程序上也就复杂一些。

下面将二元回归模型的预测程序和计算公式简要列举如下。

(1)建立模型

已知二元回归模型

$$Y = a + b_1 X_1 + b_2 X_2$$

式中　$Y$——应变量；

$X_1$——自变量 1；

$X_2$——自变量 2；

$a$——回归系数(由于二元回归有三个变量，因此点的分布是三度空间，虽然仍是线性分布，但已经不是一条直线，而是一个回归平面，$a$ 是回归平面的 $Y$ 轴上的截距)；

$b_1$、$b_2$——偏回系数($b_1$ 的含义是当 $X_2$ 保持不变时，在 $X_1$ 的每一变化下的预测值 $Y$ 的净变化；$b_2$ 的含义是当 $X_1$ 保持不变时，在 $X_2$ 的每一变化下的预测值 $Y$ 的净变化。$b_1$ 或 $b_2$ 仅仅部分地揭示出因 $X_1$ 或 $X_2$ 的变化所引起的 $Y$ 的变化，称为偏回归系数)。

(2)计算回归系数 $a$、$b_1$ 和 $b_2$ 的公式

同一元回归模型回归系数求法一样，仍然利用最小二乘法的原理，使全部数据回归平面上下的垂直离差平方之和最小，推导出联立方程来求解三个系数：

$$\sum Y = na + b_1 \sum X_1 + b_2 \sum X_2$$
$$\sum X_1 Y = a \sum X_1 + b_1 \sum X_1^2 + b_2 \sum X_1 X_2$$
$$\sum X_2 Y = a \sum X_2 + b_1 \sum X_1 X_2 + b_2 \sum X_2^2$$

三个方程中其他常数值均可通过所收集数据点的值列表计算得到。如果数据点多，计算数据量大，则解联立方程就比较麻烦，为此，也可以选用另一组公式：

$$b_1 = \frac{\sum X_2^2 \sum X_1 Y - \sum X_1 X_2 \sum X_2 Y}{\sum X_1^2 \sum X_2^2 - (\sum X_1 X_2)^2}$$

$$b_2 = \frac{\sum X_1^2 \sum X_2 Y - \sum X_1 X_2 \sum X_1 Y}{\sum X_1^2 \sum X_2^2 - (\sum X_1 X_2)^2}$$

(3)利用模型进行

将预测的基础数据 $X_1$、$X_2$ 值代入预测模型中,就可算出所需要的预测值 $Y$。

(4)确定置信区间

① 标准误差

$$S_{Y,12}=\sqrt{\frac{\sum(Y-Y_i)^2}{n-K}}$$

式中 $Y$——数据点 $X_1$、$X_2$ 对应的值;

$Y_i$——与 $X_1$、$X_2$ 相对应的预测值(回归平面上的点);

$n$——数据点数目;

$K$——回归方程变量的数目(二元回归为 3)。

为了简化上式中($Y-Y_i$)值的额外计算,也可以利用下式计算:

$$S_{Y,12}=\sqrt{\frac{\sum Y^2-b_1\sum X_1Y-b_2\sum X_2Y}{n-K}}$$

② 置信区间的上下限(30 个数据以内小样本的修正系数):

$$\text{置信区间}=Y(\text{预测值})\pm t\cdot S_{Y,1}\left(\frac{1}{\sqrt{n}}\right)$$

## 6.3.4 探索性分析方法

探索性分析是复杂系统理论与计算机技术发展的产物,计算机运算速度的提高使得我们可以采用系统抽象模型进行快速计算,提高了对系统不确定性因素的探索速度,扩大了系统分析的探索空间,使得探索性分析成为可能。

### 6.3.4.1 探索性分析概述

所谓探索性分析,简单地说,就是对各种不确定性要素所产生的结果进行整体研究。

探索性分析是面向高层策略分析的方法,它的主要特征是处理大量的不确定性,它面向战略的权衡和论证问题,回答何时、在何种环境下采用何种策略。

探索性分析方法是兰德公司 20 世纪 90 年代在联合一体化应急模型(Joint Integrated Contingency Model,JICM)和战略评估系统 RSAS(Rand Strategy Assessment System)的开发中逐步总结出来的一种定量系统分析方法,该方法支持了兰德公司的多项战略分析和评价项目的定量化分析工作,如恐怖的海峡、大规模装甲部队入侵的空中打击问题以及地形、机动能力、战术和 $C^4$ISR 对远距离精确打击的影响评估等。

探索性分析的历史可以追溯到兰德公司早期在策略评估中使用的多想定分析的思想。这些概念在 1985—1993 年间进一步成熟,并且逐渐成为自适应规划中的一项必须采用的方法。这一期间兰德公司发表了很多有关应用的文献资料,主要研究人员以 Davis 为主,包括 Howe、Hillestad、Crawford、McEver、Wilson 等人。Davis 同事 Daniel Fox 和 Carl Jones 在使用 JICM 战役模型对陆军、空军的研究中广泛采用了探索性分析方法,后来以

Davis 为首的兰德研究人员重点研究使用个人计算机对使命层次的问题进行探索性分析。另外一个比较独立但非常相关的研究方向是兰德的 Steve Bankes 提出的探索性建模。探索性建模与一般的预测建模不同,它基于推理进行建模,通过基于模型的实验研究来获取新的、潜在的系统信息。Bankes 和其同事 Robert Lempert 随后开发了相关的工具软件,在很多感兴趣的问题中进行了策略分析,其中包括气候变化等策略问题的分析。

探索性分析应用领域的主要特征是在高层策略分析中面临大量的不确定性,要综合运用定量和定性分析方法、专家知识和历史数据等进行建模和分析,通过全面探索不确定性因素对结果的影响来获取鲁棒策略。总体上看,探索性分析的应用领域具有下面几个特征:

(1)问题具有明确的边界。

(2)问题中包含大量的不确定性,同时也拥有对问题一些定量和定性知识。

(3)问题构造以因果关系为基础。因果关系是追溯问题根本原因的线索,人类依靠追溯因果关系的能力分析问题,探索性分析也以因果关系作为研究基础。

(4)原因和结果在时间和空间上可能有很大的跨度。该特征使得这些领域的问题具有直观不可知性,因此难以确定问题因与果之间的对应关系。在这些领域中单凭人的直觉和经验难以得出比较理想的分析结果。

(5)问题复杂,很多情况涉及多个学科领域,对问题建立的高分辨率仿真模型系统规模大、参数多、运行分析时间长,单独依赖高分辨率仿真系统很难全面分析问题。

(6)面向高层策略问题,并且要求能对选择的策略进行合理的解释。

探索性分析方法在高层策略分析中具有很大的优势,但也有其局限性,主要体现在两个方面。一是探索性分析方法不能有效构建问题本身的过程概念,但基于过程进行分析;二是探索性分析方法是一种采用近似的分析方法,其分辨率比解析模型高,但比实体建模低,其有效度通常通过与分辨率较高的实体模型仿真进行相互校准完成或通过一般性原理来校准。探索性分析方法的局限性可以通过与分辨率较高的仿真系统一起来解决,通过对实体级建模系统和探索性分析系统一起研究,可以相互补充和相互校准,探索性分析的特点在于广度探索和不确定性处理,实体级建模系统在于能给出清晰的系统概念,适合对问题进行深度研究和对包含关联关系紧密、难以分解的子系统的系统进行研究。

#### 6.3.4.2　探索性分析原理

探索性分析与灵敏度分析相关,灵敏度分析往往假定一个或几个所谓的“典型”想定,利用带有部分猜测性的模型和数据进行实验得出结果数据,然后对其中的某个因素加以变化,观察实验结果对该因素的敏感程度,这种方法在深入理解系统方面具有很大的优势,但在系统影响因素变化复杂的情况下很难进行全面的权衡。

灵敏度分析主要是通过单独改变想定变量与决策变量来查看其对输出结果的影响。而在探索性分析中,首先通过对模型的抽象和聚合来实现对想定变量、决策变量和输出结果的聚合,在聚合的基础上再进行全面探索,确定其相互影响。

图 6-18 是灵敏度分析与探索性分析的区别。

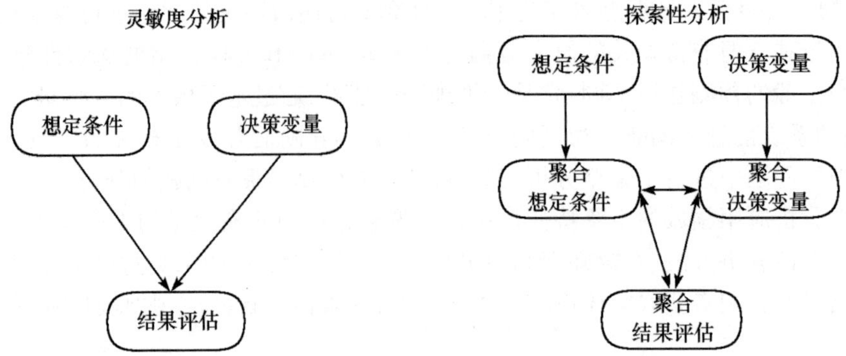


图 6-18 灵敏度分析与探索性分析区别

与灵敏度分析不同,探索性分析方法是从另外一个视角来处理问题的。灵敏度分析是"从内到外"的方式处理问题,即首先在找到解决方案的情况下在方案区域附近进行扰动研究,而探索性分析是采用"从外到内"的方式来处理问题的。探索性分析面对的是具有高度不确定性、层次特性和复杂特性的问题。由于高度不确定性因素和问题较高复杂度使得在一般情况下很难获取问题的解决方案,但结合先验知识、基本性原理等可以给出感兴趣的想定变量、决策变量和期望输出结果的大致取值区间。由于该取值区间是感兴趣因素的一个全面组合,使得该输入情况非常巨大。探索性分析方法在高层采用高度聚合的分析模型,一方面使得在高层只分析数量有限的十多个聚合参数,符合人们的认知特性,分析者能比较全面地把握和理解这些聚合参数;另一方面高层聚合参数是对感兴趣因素的聚合,缩小了在高层想定空间的维度。高度聚合的低分辨率分析模型运行效率高,使得对高层聚合参数取值空间的探索成为可能。探索性分析方法采用层次化分析建模,高层的聚合参数在一般情况下都有低层模型的支撑,这样在对高层聚合参数探索的基础上,可以进一步探索分析因素聚合前的影响效果。探索性分析可以对大量的想定变量、决策变量和结果集进行探索分析,在此基础上获取可行方案,使获取的方案具有鲁棒性、灵活性和自适应性。

灵敏度分析主要面向分辨率较高的仿真模型,而探索性分析主要面向分辨率较低的分析模型。对一般灵敏度分析方法,首先选择一个方案集,考察想定变量和决策变量的变化对结果产生的影响,找出输入变化的情况下对输出结果不灵敏的方案。假设想定变量由 $s_1, s_2, \cdots, s_m$ 构成,其中每个想定变量又有不同数目的水平值,其描述为

$$s_1 = \{ s_{1i} \mid i = 1,2,\cdots,n_1 \} \qquad n_1 \text{ 为想定变量 } s_1 \text{ 的水平值数目}$$

$$s_2 = \{ s_{2i} \mid i = 1,2,\cdots,n_2 \} \qquad n_2 \text{ 为想定变量 } s_2 \text{ 的水平值数目}$$

$$\vdots$$

$$s_m = \{ s_{mi} \mid i = 1,2,\cdots,n_m \} \qquad n_m \text{ 为想定变量 } s_m \text{ 的水平值数目}$$

假设想定空间为 $S$,想定空间中的每个点由想定变量取不同的水平值构成,这样想定空间 $S$ 描述为

$$S = \{ (s_{1i}, s_{2i}, \cdots, s_{mi})_l \mid s_{1i} \in s_1, s_{2i} \in s_2, \cdots, s_{mi} \in s_m,$$

$$l=1,2,\cdots,n_1\times n_2\times\cdots\times n_m\}$$

对决策变量的描述与想定变量类似,假设决策变量由 $d_1,d_2,d_3,\cdots,d_n$ 构成,其中每个决策变量又有不同数目的水平值,其描述为

$d_1=\{d_{1i}\mid i=1,2,\cdots,m_1\}$　　$m_1$ 为决策变量 $d_1$ 的水平值数目

$d_2=\{d_{2i}\mid i=1,2,\cdots,m_2\}$　　$m_2$ 为决策变量 $d_2$ 的水平值数目

⋮

$d_n=\{d_{ni}\mid i=1,2,\cdots,m_n\}$　　$m_n$ 为决策变量 $d_n$ 的水平值数目

假设决策空间为 $D$,决策空间中的每个点由决策变量取不同的水平值构成,这样决策空间 $D$ 描述为

$$D=\{(d_{1i},d_{2i},\cdots,d_{ni})_k\mid d_{1i}\in d_1,d_{2i}\in d_2,\cdots,d_{ni}\in d_n,$$
$$k=1,2,\cdots,m_1\times m_2\times\cdots\times m_n\}$$

由想定空间和决策空间一起构成了系统的想定输入空间,不同的输入产生不同的输出,假设输出的结果为 $R$,$\Psi$ 为结果输出函数,这样可以描述为

$$\Psi:\underset{i\in m_1\times m_2\times\cdots\times m_n}{\times}D_i\underset{j\in n_1\times n_2\times\cdots\times n_m}{\times}S_j\rightarrow R$$

对一般的灵敏度分析,由于没有对模型进行聚合和抽象,在分析中有较大的局限性。主要体现在模型中变量多,变量相互之间产生交叉效应,模型描述程度精细而人的认知把握能力以及计算机计算能力有限,想定空间本身范围大使得分析中关注的空间相对较小,并且带有随意性。一般分析方法是在想定空间和决策空间中先给出典型的空间点,即典型情况和方案,再以上述空间点为基准,变化到邻居的空间点进行灵敏度分析,查看对输出结果的影响。假设典型的想定空间点为 $S_m$,决策空间点为 $D_n$,则 $S_m$ 的邻近的想定空间点可以描述为 $S_{m-k},S_{m-k+1},\cdots,S_{m-1},S_m,S_{m+1},\cdots,S_{m+k}$,$k\in N$,为整数,$D_n$ 的邻近的决策空间点可以描述为 $D_{n-l},D_{n-l+1},\cdots,D_{n-1},D_n,D_{n+1},\cdots,D_{n+l}$,$l\in N$,为整数,$k$ 和 $l$ 一般为 3～5 这样的小整数,即进行分析的方案数目非常有限。这样灵敏度输出的结果可以描述为

$$\Psi:\underset{i\in 2k}{\times}D_i\underset{j\in 2l}{\times}S_j\rightarrow R$$

在分析模型中,与灵敏度分析的仿真模型类似,假设 $s'_1,s'_2,\cdots,s'_{m'}$ 为分析模型的想定变量,$d'_1,d'_2,\cdots,d'_{n'}$ 为分析模型的决策变量,描述分析模型的想定变量:

$s'_1=\{s'_{1i}\mid i=1,2,\cdots,n'_1\}$　　$n'_1$ 为想定变量 $s'_1$ 的水平值数目

$s'_2=\{s'_{2i}\mid i=1,2,\cdots,n'_2\}$　　$n'_2$ 为想定变量 $s'_2$ 的水平值数目

⋮

$s'_{m'}=\{s'_{m'i}\mid i=1,2,\cdots,n'_{m'}\}$　　$n'_{m'}$ 为想定变量 $s'_{m'}$ 的水平值数目

假设分析模型的想定空间为 $S'$,想定空间中的每个点由想定变量取不同的水平值构成,想定空间 $S'$ 描述为

$$S'=\{(s'_{1i},s'_{2i},\cdots,s'_{m'i})_{l'}\mid s'_{1i}\in s'_1,s'_{2i}\in s'_2,\cdots,s'_{m'i}\in s'_{m'},$$

$$l' = 1,2,\cdots,n'_1 \times n'_2 \times \cdots \times n'_{m'}\}$$

分析模型的决策变量描述为

$d'_1 = \{d'_{1i} \mid i = 1,2,\cdots,m'_1\}$ $m'_1$ 为决策变量 $d'_1$ 的水平值数目

$d'_2 = \{d'_{2i} \mid i = 1,2,\cdots,m'_2\}$ $m'_2$ 为决策变量 $d'_2$ 的水平值数目

$\vdots$

$d'_n = \{d'_{n'i} \mid i = 1,2,\cdots,m'_{n'}\}$ $m'_{n'}$ 为决策变量 $d'_{n'}$ 的水平值数目

假设分析模型的决策空间为 $D'$,决策空间中的每个点由决策变量取不同的水平值构成,这样决策空间 $D'$ 描述为

$$D' = \{(d'_{1i}, d'_{2i}, \cdots, d'_{n'i})_k \mid d'_{1i} \in d'_1, d'_{2i} \in d'_2, \cdots, d'_{n'i} \in d'_{n'},$$
$$k' = 1,2,\cdots,m'_1 \times m'_2 \times \cdots \times m'_{n'}\}$$

在分析模型中,也是由想定空间和决策空间一起构成了分析系统的输入空间,不同的输入产生不同的输出,假设输出的结果为变量 $R'$ 的值,$\Psi'$ 为分析结果输出函数,这样可以描述为

$$\Psi': \underset{i \in n'_1 \times n'_2 \times \cdots \times n'_{m'}}{\times} D'_i \underset{j \in m'_1 \times m'_2 \times \cdots \times m'_{n'}}{\times} S'_j \to R'$$

在探索性分析方法中,主要基于分辨率较低的分析模型进行分析,分析模型是经过对仿真模型和数据进行聚合和抽象、描述的层次相对比较高。分析模型系统的想定空间和决策空间是前面灵敏度分析的想定空间和决策空间的一个聚合映射,即几个想定变量聚合映射到一个或两个想定变量,决策变量也类似,这样其映射描述为

$$\varphi_s:(s_1, s_2, \cdots, s_m) \to (s'_1, s'_2, \cdots, s'_{m'}) \qquad m' \ll m$$
$$\varphi_d:(d_1, d_2, \cdots, d_m) \to (d'_1, d'_2, \cdots, d'_{n'}) \qquad n' \ll n$$

在探索性分析中,由于分析模型采用低分辨率聚合模型,虽然变量数量大为减少,但由于是在更高层次对问题进行描述,其表达的想定空间和策略空间是一个更广的范围空间,空间中的点之间的距离比聚合抽象之前大了很多。另外在分析模型中,想定变量和决策变量的水平值一般情况下与聚合前相当或有一定的减少。与灵敏度分析选取典型的想定空间点和决策空间点不同,探索性分析强调的是对全部想定空间和决策空间的分析。也正是由于探索性分析模型采用的是分辨率较低的聚合模型,只有有限数目的想定变量和决策变量(一般控制在 8~10 个),这样全面组合的想定数目 $n'_1 \times n'_2 \times \cdots \times n'_{m'}$(想定变量的组合)和方案数目 $m'_1 \times m'_2 \times \cdots \times m'_{n'}$(决策变量的组合)并不是很大,并且分析模型运行速度快,一般在几秒到十几秒的时间内能完成一次仿真计算,使得对想定空间和决策空间的全面分析成为可能。由于探索性分析方法采用的是对所有可能的想定空间 $S'$ 和决策空间 $D'$ 进行全面采样仿真,即对输入的想定空间和决策空间进行全面探索计算,来获取输出结果。现在假设对结果在区间 $[R'_1, R'_2]$ 的输出感兴趣,即希望获得的结果。通过进行探索性分析后,能获取全部的输入空间与结果输出的映射关系,这样就很容易通过反向查找到的方法,获取关注输出结果区间的输入想定空间的子空间 $n''(n'' < n')$ 和决策空间的子空间 $m''(m'' < m')$,其描述为

$$\Psi': \underset{i\in n''}{\times} D'_i \underset{j\in m}{\times} S'_j \rightarrow [R'_1, R'_2]$$

从探索性分析原理可以看出,探索性分析通过分析建模方法比较好地解决了传统分析方法中遇到的维度灾难问题。通过对分析模型的输入空间的全面探索,可以获取感兴趣输出的输入子空间,通过这样的方法获取的方案由于是基于全空间计算的结果,使得这样的方案具有鲁棒性,即在各种条件极大改变的情况下,方案仍然具有较好的输出结果。

### 6.3.4.3　探索性分析典型应用

兰德公司在探索性分析研究上更多注重其应用研究,探索性分析方法在应用上的两个典型实例就是"恐怖海峡"和"阻断大规模装甲部队入侵"。

"恐怖海峡"利用定性分析和定量分析详细论述了关于大陆和台湾的军事能力的研究结果。分析目标有两个:一是帮助台湾找出防御中至关重要的问题;二是为美国协助台湾处理这些问题采取措施,并提出了一套建议。在"恐怖海峡"研究中采用的主要分析工具是兰德公司的 JICM 分析模型,JICM 是为美国国防部开发的,可以根据预先准备的方案,设计剧情式的战役模拟,以支持对该方案的探索、研究和分析。在准备好来自公开资料的数据后,设置好基本战役模式,把对台海战役结果具有决定性影响的因素考虑进去,对其进行 1728 次组合运行的探索性分析(不同因素不同水平数的全面组合,即 $3\times4\times2\times2\times3\times2\times6=1728$ 次,见表 6-14),以验证分析七个关键性变量对台海战役结果的影响。

**表 6-14　恐怖海峡探索性分析因子**

| 变　量 | 变量值 | 水平数 |
|---|---|---|
| 中国发动空中进攻的力量 | 基准模式,大规模模式,先进模式 | 3 |
| 双方各自拥有的超视距、发射后不用管的中程空对空导弹的数量 | 都没有,台湾拥有,大陆拥有,都有 | 4 |
| 中国用于进攻的中短程弹道导弹的数量 | 310,620 | 2 |
| 中国拥有的先进的精确制导武器的数量,如:激光制导炸弹,卫星制导武器等。 | 300,3000 | 2 |
| 台湾空军的战斗能力 | 100%,75%,50% | 3 |
| 台湾空军飞行员的质量 | 80%,60% | 2 |
| 美国海空力量支持台湾防御的程度 | 没有,1 航母编队,1 飞行中队,1 航母编队 +1 飞行中队,2 航母编队,2 航母编队 +1 飞行中队 | 6 |

"阻断大规模装甲部队入侵"的研究背景是伊拉克大规模装甲部队入侵科威特或朝鲜大规模装甲部队进攻韩国,美国依靠远程精确打击武器阻止其入侵。研究的目标包括:评估不同因素对使用飞机和导弹成功打击装甲部队的效果(考虑的影响因素有平台和武器、压制防空效率、入侵和阻断策略、空中和导弹对装甲进攻部队的 $C^4ISR$ 效能);通过阻断能力的度量(好、一般、差)来特征化探索的想定空间;确定在战争中使用新系统、条例和行动

带来的打击能力的改进；演示论证推动探索性分析的层次化和多分辨率建模的原则；支持国防部的兵力改革，规划未来兵力构成。

在阻断大规模装甲部队入侵研究中，兰德公司在不同级别建立了相应的模型（多分辨率模型族），主要包括 JANUS 模型、JICM 模型、PEM（PGM Effectiveness Modifier）模型和 EXHALT 模型。JANUS 模型，在战术级采用 JANUS 进行人在回路的仿真，获取相关武器的打击效果数据；JICM 模型，在战役级采用 JICM 战役模型进行仿真，积累战役级有关知识；Spreadsheets 数据表，在战术实体级数据的基础上采用 Spreadsheets 进行分析研究；PEM 模型，在对 Spreadsheets 的分析结果的基础上针对远程精确武器打击效能进行二次建模，即在 Analytica 分析软件环境下建立 PEM 模型，PEM 是中间层次模型，在某些方面要比兰德公司的实体模型分辨率要低，但比战役（战区）级别的分析模型要高。PEM 聚焦在使用远程精确打击武器阻断特定地形中的装甲部队的效能这个很小部分的全局问题上。PEM 是比较详细的随机模型，它根据高分辨率仿真的结果构建，并且由高分辨率仿真进行校准；EXHALT 模型是在 Analytica 软件环境下建立的针对战役级的分析模型，考虑问题层次和 JICM 模型相同，是在 JICM 模型、JANUS 模型、PEM 模型等基础上建立的分析模型，建立的目的是为了对战役级进行探索性分析研究；RPEM 模型是 PEM 复制模型，RPEM 没有直接与 EXHALT 连接，但可以生成在特定想定下地形散布对不同武器系统影响的估计，这样用户就可以在 EXHALT 中输入一定可信度的地形散布影响因子值，考察地形对分析结果的影响。

兰德公司通过对“阻断大规模装甲部队入侵”模型族的研究，在不同层次、不同视角研究了“阻断大规模装甲部队入侵”问题，特别通过战役层次的探索性分析研究（表 6－15 中列出了在战役级进行探索性分析的分析因子），对“阻断大规模装甲部队入侵”得出了一些建设性的结论。

**表 6－15 大规模装甲部队入侵探索性分析因子**

| 参 数 | 取 值 |
|---|---|
| 进攻速度 | 20，40，60km/d |
| D-Day 固定翼飞机 | 0，100，200 |
| D-Day 直升机 | 0，50 |
| 压制防空持续时间 | 2，8 天 |
| 固定翼飞机在压制防空前有效性系数 | 0.1，0.5 |
| 直升机在压制防空前有效性系数 | 0.75 |
| 航空器每天击毁装甲数目 | 1，2，10 |
| 直升机每天击毁装甲数目 | 2，4，16 |
| 部署速度 | 3，6，12 反装甲航空器/天 |

# 习 题 六

1. 什么是费效分析？有哪些基本途径？

2. 费效分析中广泛应用的准则有三种，分别是什么？

3. 什么是寿命周期费用？一般的费用估算方法有哪些？

4. 什么是风险？一般有哪些种类？

5. 什么是风险管理？完整的风险管理过程一般包括哪些步骤？

6. 探索性分析主要特征是什么？探索性分析应用领域有哪些主要特征？

7. 某型防空系统每套单价高达 1000 万美元，已生产 100 套，考虑是否要进行 100% 的最终系统试验。同类防空系统投入使用的故障率是 3%，投入试验则每套需 6 万美元(总和为 600 万美元)，而且试验后每套受试的雷达都要进行某种程度的修复，历史上，对于通过试验的雷达，平均每套需 1 万美元的重新组装/恢复费。如果不能通过验收试验，则每套雷达需修理费 10 万美元。投入使用后，一套防空系统修理的总费用提高至 200 万美元。从费效关系考虑权衡实施 100% 的雷达试验还是直接投入使用。

# 第 7 章　军事系统优化方法

优化是运筹学方法的基本目标之一。数学规划是最重要的优化工具，也是最基本的优化工具，数学规划从数学方法论的视角出发，通过对优化问题中各种因素之间的数学关系的研究，构造出数学模型并进行求解。优化方法广泛应用于军事系统分析的各个领域，其中主要包括战场火力分配的最优化问题、军事后勤的最优化问题、人力资源规划问题、指挥组织的最优化问题、军事指挥的排队论问题等。

## 7.1　战场火力分配的优化

所谓火力分配主要是指火力单位对攻击目标的分配。实际作战中，通常是多个火力单位（武器系统或武器系统群）对多个目标（或目标群）进行火力攻击的，这就需要确定各火力单位在给定时间的攻击目标，即把火力单位分配给各个目标，这种火力单位对目标的分配即通常所说的目标分配或火力分配。但严格地讲，火力分配的含义更为广泛，除了指明火力单位的射击目标外，它还指明火力单位对目标射击的弹药量或射击次数，这就存在一个效率问题，即最小的战场消耗换取最大的射击效果。由于各火力单位对目标的毁伤效能以及目标本身价值及威胁性等的不同，火力单位对目标的分配存在多种方案。为了发挥诸火力单位的整体协调优势，寻求在给定约束条件下总的射击效果最好的分配方案，这就是火力最优分配。这个寻求最佳值的过程就是火力分配的最优化过程。

战场火力分配的优化过程就是在一些数学等式或者不等式的约束下，控制一些控制变量，求一个或者一组函数的极值的过程。从数学模型上分析，战场火力分配模型有两大要素——约束条件和目标函数（价值函数）。根据两大要素的不同特征战场火力分配的优化问题可以抽象为三大类模型：数学规划类模型，最优控制类模型，微分对策类模型。数学规划类模型的约束条件不包含微分方程，价值函数不包含积分项；最优控制类模型的约束条件是一组微分方程及其初值条件（敌方火力分配方案是已知量），价值函数可能包含积分项；微分对策类模型的约束条件也是一组微分方程及其初值条件（敌方火力分配方案是未知的），价值函数可能包含积分项。

## 7.1.1　战场火力分配的数学规划模型

火力最优分配的四个基本要素：

(1)火力单位特性：主要有类别、型号(单一型号或者多种型号)、数量、位置，对各种目标的毁伤效能及可用弹药量；

(2)目标单位特性：目标类别、数量、位置、运动特性、价值、威胁程度、易损性以及目标几何特性(点目标、面目标、群目标)等；

(3)最优准则：毁伤程度最大原则，火力单位占用和消耗最小原则，耗时最短原则；

(4)射击条件：主要是火力分配所依据的目标特性不确定性程度。

地面炮兵火力最优分配和制导武器的火力分配是战场中最典型的火力分配问题，以炮兵火力和制导武器的最优分配为例分析火力最优分配的数学规划模型。另外现在战场中对敌方的时间敏感目标(Time Critical Target)的打击具有很大的挑战，本节介绍了一种时间优化的模型可以用于打击 TCT 作战中的最优化火力分配问题。

### 7.1.1.1　炮兵火力最优化的数学规划模型

**1.优化准则是对敌毁伤程度最大**

假设已知 $m$ 个火力单位要射击 $n$ 个目标，第 $i$ 个火力单位对敌 $j$ 个目标的射击效能指标为 $C_{ij}$，用 $x_{ij}$ 表示火力单位对目标的分配方案，即

$$x_{ij}=\begin{cases}1 & \text{当第 } i \text{ 个火力单位被分配给第 } j \text{ 个目标时}\\ 0 & \text{当第 } i \text{ 个火力单位没有被分配给第 } j \text{ 个目标时}\end{cases}$$

于是得到射击效率函数 $F$。火力分配的最优化就是求射击效率函数 $F$ 的最大值，即

$$\max F=\sum_{i=1}^{m}\sum_{j=1}^{n}C_{ij}x_{ij} \tag{7-1}$$

约束条件为

$$\sum_{j=1}^{n}x_{ij}=1 \qquad i=1,2,\cdots,n \tag{7-2}$$

$$\sum_{i=1}^{m}x_{ij}\leqslant=m_0 \qquad j=1,2,\cdots,m \tag{7-3}$$

式(7－2)表示所有火力用来攻击目标，式(7－2)表示攻击一个目标的火力单位不得超过 $m_0$。这就是问题的数学描述，该模型是一个 0－1 整数规划模型，用隐枚举法或者其他计算数学计算软件很容易求解。

**2.优化准则是弹药消耗最小的分配**

假设 $m$ 个火力单位射击 $n$ 个目标。现在已知的条件是第 $m$ 个火力单位对第 $n$ 个目标造成给定毁伤所需要的弹药量 $C_{ij}$($i=1,2,\cdots,m$；$j=1,2,\cdots,n$)，因而可以得到弹药的消耗函数 $G$，目标就是这个函数的最小值，即

$$\min G=\sum_{i=1}^{m}\sum_{j=1}^{n}C_{ij}x_{ij} \tag{7-4}$$

约束条件相同,即式(7-2)和式(7-3),它的求解过程与前一个模型的求解过程基本相同。

**3.高炮群火力单位对目标的最优分配**

考虑一个分配周期内 $m$ 个火力单位对 $n$ 个敌机编队的分配问题。假定 $m$ 个敌机编队中的每一编队都能被 $m$ 个火力单位中的任一个单位所毁伤。每个火力单位只能射击一个编队,而一个编队可以分配给一个或者数个火力单位。第 $i$ 个火力单位对第 $j$ 个飞机编队的毁伤效能指标 $C_{ij}$ 应反映飞机编队的威胁程度及第 $i$ 个火力单位对它的有效射击程度。$C_{ij}$ 的计算公式可用半经验半理论的方法建立,即:

$$C_{ij} = \omega_j \left(1 + \frac{1}{a_{ij}}\right) \frac{s_i}{J_{ij} b_i} \tag{7-5}$$

式中 $\omega_j$——由编队机型、机数以及是否特指等因素决定的威胁量;

$a_{ij}$——穿越第 $i$ 个火力单位杀伤区的诸编队中,$j$ 编队射击效能;

$s_i$——取决于高炮武器射速、口径、装药量等的设计有效程度;

$J_{ij}$——$i$ 火力单位对 $j$ 飞机编队航线的航路捷径;

$b_i$——取决于高炮类型的常数。

令:

$$x_{ij} = \begin{cases} 1 & \text{当第 } j \text{ 个目标被分配给第 } i \text{ 个火力单位时} \\ 0 & \text{当第 } j \text{ 个目标没有被分配给第 } i \text{ 火力单位时} \end{cases}$$

根据以前的方法,同样可以得到它的射击效能函数 $F$,现在的问题是求解 $F$ 的最大值,即

$$\max F = \sum_{i=1}^{m} \sum_{j=1}^{n} C_{ij} x_{ij} \tag{7-6}$$

约束条件是

$$\begin{cases} \sum_{j=1}^{n} x_{ij} = 1 & i = 1,2,\cdots,n \\ \sum_{i=1}^{m} x_{ij} \leqslant m_0 & j = 1,2,\cdots,m \\ x_{ij} \in \{0,1\} \end{cases} \tag{7-7}$$

式(7-7)中是攻击一个飞机编队所容许的最大火力单位数,一般根据战术条件事先选定解上述的0-1整数规划问题,既可得到高炮群单个火力单位对进袭敌机编队的最优分配。

### 7.1.1.2 制导武器火力最优化的数学规划模型

制导武器的火力分配和地面高炮的火力分配不同。对于制导武器的特点是:高精度、远射程、大威力、机动性。我们建立模型时要考虑到每个发控中心的攻击目标和该发控中心的用来攻击给定目标的导弹枚数。

我们给定的假设条件:设 $m$ 组不同类型的武器系统(可以理解为 $m$ 个导弹发射中

心)用来毁伤 $n$ 个目标。目标特征用威胁性(重要性)系数 $\omega_j$ 和易损性系数 $e_{ij}$(也就是 $i$ 武器系统对 $j$ 目标的毁伤概率)描述。

制导武器的火力分配用矩阵 $X_{ij}=[x_{ij}]$来描述,这里 $x_{ij}$是用于第 $j$ 个目标的得第 $i$ 类制导武器的数量。最优分配的目标是求得最大的毁伤效能,该效能以毁伤目标数的数学期望为基础。通常,用一定数量第 $i$ 类武器毁伤第 $j$ 类目标的概率可表示为

$$P_{ij}=1-(1-e_{ij})^{x_{ij}} \tag{7-8}$$

因而,所有 $i$ 类武器对目标 $j$ 的毁伤概率 $P_{ij}$ 为

$$P_{ij}=1-\prod_{i=1}^{m}(1-e_{ij})^{x_{ij}} \tag{7-9}$$

毁伤目标数的数学期望 $M$ 就等于所有目标的毁伤总和,即

$$M=\sum_{j=1}^{n}P_{ij}=\sum_{j=1}^{n}\left[1-\prod_{i=1}^{m}(1-e_{ij})^{x_{ij}}\right] \tag{7-10}$$

最优化的目标函数为

$$\max F=\sum_{j=1}^{n}\omega_j\left[1-\prod_{i=1}^{m}(1-e_{ij})^{x_{ij}}\right] \tag{7-11}$$

约束条件

$$\begin{cases}\sum\limits_{j=1}^{n}x_{ij}\leqslant m_i & i=1,2,\cdots,m\\ x_{ij}\geqslant 0 & i=1,2,\cdots,n\end{cases} \tag{7-12}$$

**例** 7.1　有两种不同的导弹,射击 3 个空中目标,第 1 种导弹的数量为 6 个单位,第 2 种导弹的数量为 10 个单位。目标的重要(危险)程度系数及每种导弹毁伤各个目标的概率如下表所示:

**例 7.1 表**

| 目　标 | | | $B_1$ | $B_2$ | $B_3$ |
|---|---|---|---|---|---|
| 重要程度 $\omega_j$ | | | 0.3 | 0.2 | 0.5 |
| 毁伤概率 $e_{ij}$ | 导弹类型 | $A_1$ | 0.40 | 0.10 | 0.50 |
| | | $A_2$ | 0.20 | 0.40 | 0.20 |

要求能使目标毁伤效能达到最大的导弹分配方案。

**解**　设 $x_{ij}$为第 $i$ 中导弹分配给第 $j$ 个目标的数量,于是第 $j$ 个目标的毁伤的概率分别为

$$P_1=1-\prod_{i=1}^{2}(1-e_{i1})^{x_{i1}}=1-(1-0.40)^{x_{11}}\times(1-0.20)^{x_{21}}$$

$$P_2=1-\prod_{i=1}^{2}(1-e_{i2})^{x_{i2}}=1-(1-0.10)^{x_{12}}\times(1-0.40)^{x_{22}}$$

$$P_3=1-\prod_{i=1}^{2}(1-e_{i3})^{x_{i3}}=1-(1-0.50)^{x_{13}}\times(1-0.20)^{x_{23}}$$

目标函数为

$$\max\ F = \sum_{j=1}^{n} \omega_j P_j$$
$$= 1 - 0.3 \times 0.6^{x_{11}} \times 0.8^{x_{21}} - 0.2 \times 0.9^{x_{12}} \times 0.6^{x_{22}} - 0.5 \times 0.5^{x_{13}} \times 0.8^{x_{23}}$$

约束条件为

$$\begin{cases} \sum_{j=1}^{3} x_{1j} = 6 \\ \sum_{j=1}^{3} x_{2j} = 10 \\ x_{ij} \geqslant 0 \quad i = 1,2; j = 1,2,3 \end{cases}$$

通过近似计算,可得出近似最优解,归整后取下列导弹分配方案:

$$x = (x_{11}, x_{12}, x_{13}, x_{21}, x_{22}, x_{23})^{\mathrm{T}} = (3,0,3,3,5,2)^{\mathrm{T}}$$

相应此方案的目标毁伤效能指标值为

$$F = 0.3[1-(1-0.4)^3 \times (1-0.2)^3] + 0.5[1-(1-0.1)^0 \times (1-0.4)^5]$$
$$+0.5[1-(1-0.5)^3 \times (1-0.2)^2]$$
$$= 0.3 \times 0.89 + 0.2 \times 0.922 + 0.5 \times 0.92$$
$$= 0.911$$

#### 7.1.1.3 攻击 TCT 目标过程中火力最优化的数学规划模型

TCT 目标是指相对于敌方具有较重要的军事价值,但暴露时间较短,需要敌方能够快速反应才能对付的目标,为了在有限的时间内最大限度地打击目标,所以在火力分配过程中往往以时间最短为优化目标。

由于作战中的时间也是一个重要因素,当 $m$ 个火力单位对 $n$ 个目标进行攻击总是要用一定的时间完成的,对于战斗来说,这个时间是要控制的,它会影响到战役的全局。因此讨论一下作战中不同的火力分配带来的时间差异及其优化。

假设 $m$ 个火力单位对 $n$ 个目标进行攻击,并且 $m$ 个火力单位同时刻开火。

$g_{ij}$——由火力单位 $i$ 的特性和目标 $j$ 的特性等多因素决定的火力单位 $i$ 对目标 $j$ 进行一次攻击时产生的毁伤基数;

$t_{ij}$——火力单位 $i$ 对目标 $j$ 进行一次攻击的平均时耗;

$n_{ij}$——火力单位 $i$ 对目标 $j$ 的攻击次数;

$N_i$——火力单位 $i$ 能够连续射击的次数;

$A_j$——目标 $j$ 的失效基数。

通过这些参数,这时得出一个火力单位 $i$ 在作战中的时耗函数:

$$t_i = \sum_{j=1}^{n} t_{ij} n_{ij} \qquad i = 1,2,\cdots,m \tag{7-13}$$

要求整个攻击时间最短,即

$$T = \max\{t_1, t_2, \cdots, t_m\} \tag{7-14}$$

约束条件为

$$\begin{cases} \sum_{i=1}^{m} g_{ij}n_{ij} \geqslant A_j & j = 1,2,\cdots,n \\ \sum_{j=1}^{m} n_{ij} \leqslant N_i & i = 1,2,\cdots,m \end{cases} \tag{7-15}$$

可以对上述模型做进一步改进：

假设 $t_{ij}$是火力单位 $i$ 对目标 $j$ 攻击时达到期望效果所用的时间，$x_{ij}$假设火力单位 $i$ 对目标 $j$ 进行攻击时赋值为 1，否则为 0，并假设所有的攻击同时刻开始。

所以我们得到了火力单位 $i$ 在整个攻击过程中的时耗函数：

$$t_i = \sum_{j=1}^{n} t_{ij}x_{ij} \tag{7-16}$$

在假设条件下，整个攻击过程的时间耗费应该是所有 $n$ 类火力单位各自攻击时耗中最大的那一个，因为只有所有的火力单位攻击停止后，才能说整个作战任务完成。所以所要控制的就是让所有火力单位的时耗函数值最小。即，

$$\min\ t_i = \sum_{j=1}^{n} t_{ij}x_{ij} \tag{7-17}$$

约束条件为

$$\begin{cases} \sum_{i=1}^{n} x_{ij} \cdot \sum_{j=1}^{n} x_{ij} > 0 \\ x_{ij} \in \{0,1\} \end{cases} \tag{7-18}$$

## 7.1.2　最优控制模型

### 7.1.2.1　最优控制问题

采取何种火力分配策略对于决战决胜有重要意义。多兵种对抗过程采用 Lanchester 方程描述时，对抗双方组成一个微分动力系统。所谓最优火力分配策略就是在一个微分动力系统（即 Lanchester 方程）中和一定的目标函数（更准确地应称为支付函数）下寻求双方的最佳策略，这就是微分对策问题。

与微分对策相关，稍微简单一些的问题就是最优控制问题。一般的最优控制问题可描述如下：

一个系统的状态变量 $z = (z_1, z_2, \cdots, z_m)^{\mathrm{T}}$ 是 $m$ 维空间中的向量，$z$ 随时间的变化满足一定的微分方程

$$\dot{z}(t) = F(z(t), \phi(t), t) \qquad 0 \leqslant t \leqslant T \tag{7-19}$$

被称为“微分动力系统”。其中 $F$ 是 $m$ 维向量函数，一般而言，$F$ 是连续函数，且通常要求 $F$ 对 $z$ 的偏导数$\frac{\partial F}{\partial z}$也连续。$F$ 不仅取决于状态变量 $z(t)$的值，而且与 $\phi(t)$有关。$\phi(t)$称为控制函数，它是 $r$ 维空间中的向量。人们可以通过适当选取 $\phi(t)$的形式来“控制”状态变量 $z$ 的变化。对控制函数 $\phi(t)$可有一定限制：

$$\phi \in \Phi \tag{7-20}$$

对 $\phi$ 的要求通常是可积,且对 $\phi$ 的取值范围可能有所限制。

微分动力系统(7-19)中的函数 $F$ 可能不明显依赖于时间 $t$,这时称系统(7-19)为时不变系统。$F$ 也可明显地依赖于时间 $t$,这时(7-19)称为时变系统。

如果已知状态变量的初始值

$$z(0) = z_0 \tag{7-21}$$

则当选定控制策略,即确定控制变量 $\phi(t)$后,方程(7-19)将有唯一解 $z(t)$。

我们控制的目标是使一个量 $J$ 取到最大值,这个量 $J$ 就称为目标函数。通常目标函数会与状态函数的终值 $z(T)$(其中 $T$ 是一个事先指定的值)有关,也可能与整个控制过程中的某个积分量有关。因此,一般的目标函数 $J$ 可表示为

$$J = \Theta(z(T)) + \int_0^T L[z(t), \phi(t), t]\mathrm{d}t \tag{7-22}$$

其中 $\Theta, L$ 均为标量函数,它们都是连续函数,且通常要求$\frac{\partial \Theta}{\partial Z}, \frac{\partial L}{\partial Z}$均为连续函数。

归纳之,基本最优控制问题可表示为

$$\max_{\phi \in \Phi} J = \Theta(z(T)) + \int_0^T L[z(t), \phi(t), t]\mathrm{d}t$$

$$\text{s.t.} \begin{cases} \dot{z}(t) = F(z(t), \phi(t), t) \\ z(0) = z_0 \end{cases} \quad 0 \leqslant t \leqslant T \tag{7-23}$$

其中 $z(t) \in R^m$,$\Phi$ 为 $r$ 维可积函数的子集,可以对函数值有所限制;$F, L, \Theta$ 为连续函数,且$\frac{\partial F}{\partial z}, \frac{\partial L}{\partial z}, \frac{\partial \Theta}{\partial z}$均连续。注意到

$$z = (z_1, z_2, \cdots, z_m)^{\mathrm{T}}$$

是列向量,而

$$\frac{\partial L}{\partial z} = \left(\frac{\partial L}{\partial z_1}, \frac{\partial L}{\partial z_2}, \cdots, \frac{\partial L}{\partial z_m}\right)$$

$$\frac{\partial \Theta}{\partial z} = \left(\frac{\partial \Theta}{\partial z_1}, \frac{\partial \Theta}{\partial z_2}, \cdots, \frac{\partial \Theta}{\partial z_m}\right)$$

是行向量,而

$$\frac{\partial F}{\partial z} = \begin{bmatrix} \frac{\partial F_1}{\partial z_1} & \cdots & \frac{\partial F_1}{\partial z_m} \\ \vdots & & \vdots \\ \frac{\partial F_m}{\partial z_1} & \cdots & \frac{\partial F_m}{\partial z_m} \end{bmatrix}$$

是矩阵。

#### 7.1.2.2　最优控制问题的 Pontryagin 极大值原理

Pontryagin 极大值原理是解最优控制问题的基本方法之一,见《数理战术学》。

**定理** 7.1　(Pontryagin 极大值原理,基本形式)最优控制问题(7-23)有最优控制函数

$\phi^*(t)$及相应的状态轨线 $z^*(t)$的充要条件为存在相应的 $m$ 维伴随函数$\lambda^*(t)$及 Hamilton 函数 $H[z(t),\lambda(t),\phi(t),t]$,它们除满足式(7－19),(7－20),(7－21)外,还同时满足式(7－24),(7－25)及(7－26)。

$$\lambda^{\mathrm{T}}(T)=\frac{\partial}{\partial z}\Theta(z(T)) \tag{7-24}$$

$$\dot{\lambda}^{\mathrm{T}}(t)=-\frac{\partial}{\partial z}H[z(t),\lambda(t),\phi(t),t] \tag{7-25}$$

$$H(z^*,\lambda^*,\phi,t)\leqslant H(z^*,\lambda^*,\phi^*,t) \tag{7-26}$$

其中 Hamilton 函数(标量函数)$H$:

$$H[z(t),\lambda(t),\phi(t),t]=\lambda^{\mathrm{T}}(t)\cdot F[z(t),\phi(t),t]+L[z(t),\phi(t),t] \tag{7-27}$$

用 Pontryagin 极大值原理来求解最优控制问题式(7－23)时,将普通函数的极值条件式(7－26)来代替泛函极值条件式(7－22)。

从 Portryagin 极大值原理来看,共需确定 $2m+r$ 个函数$z(t)$,$\lambda(t)$,$\phi(t)$,由式(7－19),(7－21)及式(7－24),(7－25)共$2m$ 个微分方程与$2m$ 个初、终值,应可确定$2m$ 个函数,而极值条件式(7－26)与式(7－20)可用于确定 $r$ 个函数,因此从函数个数与方程个数相等的情况来看也是吻合的。

## 7.1.3　微分对策模型

### 7.1.3.1　微分对策模型

微分对策问题与最优控制问题很相像。不同之处在于有甲、乙两种不同的主体或势力(称为局中人),各自有其不同的手段影响微分动力系统的演变,而且各自的目的很不一样。在“二人零和微分对策”的情况下,两者的目标是决然相反的,一方的“得”就是另一方的“失”。正因为如此,双方的目标可以用一个函数来表示,一方是使这个函数值越大越好,另一方则企图使其越小越好。于是这个函数也就被称为支付函数。

微分对策问题可表述如下:

$$J=\Theta(z(T))+\int_0^T L[z(t),\phi(t),\psi(t),t]\mathrm{d}t \tag{7-28}$$

$$\text{s.t.}\begin{cases}\dot{z}=F(z,\phi,\psi,t)\qquad 0\leqslant t\leqslant T & (7-29)\\ z(0)=z_0 & (7-30)\\ \phi\in\Phi,\psi\in\Psi & (7-31)\end{cases}$$

其中,式(7－28)称为支付函数,$z\in R^m$,$\phi\in R^r$,$\psi\in R^k$,$\Theta$,$L$ 为标量函数,$F$,$\Theta$,$L$ 为连续函数,且$\frac{\partial F}{\partial z}$,$\frac{\partial\Theta}{\partial z}$,$\frac{\partial L}{\partial z}$连续。$\Phi$,$\Psi$ 为可积函数集,对其函数取值范围可有一定限制。若

$$\max_{\phi\in\Phi}\min_{\psi\in\Psi}J=\min_{\psi\in\Psi}\max_{\phi\in\Phi}J=J|_{\phi^*,\psi^*} \tag{7-32}$$

则当甲、乙双方分别取控制策略为 $\phi=\phi^*$,$\psi=\psi^*$ 时能达到某种“平衡”状态。此时,任何一方策略的改变,对方都可以采取相应的策略使其不能进一步获益,甚至蒙受损失。

**定理** 7.2　微分对策问题式(7－28)～(7－31)中,双方有最优控制策略 $\phi=\phi^*$ 与 $\psi=\psi^*$ 及状态轨线 $z=z^*$ 的充要条件为存在相应的伴随函数 $\lambda^*$ 与 Hamilton 函数:

$$H(z,\lambda,\phi,\psi,t)=\lambda^{\mathrm{T}}(t)F(z,\phi,\psi,t)+L(z,\phi,\psi,t) \tag{7-33}$$

它们共同满足式(7-29)～(7-31)以及

$$\lambda^{\mathrm{T}}(T)=\frac{\partial}{\partial z}\Theta[z(T)] \tag{7-34}$$

$$\dot{\lambda}^{\mathrm{T}}(T)=-\frac{\partial}{\partial z}H(z,\lambda,\phi,\psi,t) \tag{7-35}$$

与

$$\begin{aligned}&\max_{\phi\in\Phi}\min_{\psi\in\Psi}H[z^*(t),\lambda^*(t),\phi,\psi,t]=\min_{\psi\in\Psi}\max_{\phi\in\Phi}H[z^*(t),\lambda^*(t),\phi,\psi,t]\\&=H[z^*(t),\lambda^*(t),\phi^*(t),\psi^*(t),t]\qquad 0\leqslant t\leqslant T \text{ 且 } \phi^*,\psi^* \text{ 在 } t \text{ 处连续}\end{aligned} \tag{7-36}$$

### 7.1.3.2 2VS2 对抗过程中的微分对策模型案例

**例 7.2** 假设红方各类作战单位数量为 $x_1,x_2$，其作战指数分别为 $u_1,u_2$，蓝方各类作战单位数量为 $y_1,y_2$，其作战指数分别为 $v_1,v_2$；$x_1$ 对 $y_1$ 的毁伤系数为 $a_{11}$，$x_1$ 对 $y_2$ 的毁伤系数为 $a_{21}$，$x_2$ 对 $y_1$ 的毁伤系数为 $a_{12}$，$x_2$ 对 $y_2$ 的毁伤系数为 $a_{22}$；$y_1$ 对 $x_1$ 的毁伤系数为 $b_{11}$，$y_1$ 对 $x_2$ 的毁伤系数为 $b_{21}$，$y_2$ 对 $x_1$ 的毁伤系数为 $b_{12}$，$y_2$ 对 $x_2$ 的毁伤系数为 $b_{22}$；$x_1$ 用于攻击 $y_1$ 的比例为 $\phi_{11}$，$x_1$ 用于攻击 $y_2$ 的比例为 $\phi_{21}$，$x_2$ 用于攻击 $y_1$ 的比例为 $\phi_{12}$，$x_2$ 用于攻击 $y_2$ 的比例为 $\phi_{22}$；$y_1$ 用于攻击 $x_1$ 的比例为 $\varphi_{11}$，$y_1$ 用于攻击 $x_2$ 的比例为 $\varphi_{21}$，$y_2$ 用于攻击 $x_1$ 的比例为 $\varphi_{12}$，$y_2$ 用于攻击 $x_2$ 的比例为 $\varphi_{22}$。

双方的总实力可表示为

$$\begin{cases}U=u_1x_1+u_2x_2\\V=v_1y_1+v_2y_2\end{cases} \tag{7-37}$$

红方应力求在时刻 $T$ 使 $U-V$ 尽可能正，而乙方应力求在时刻 $T$ 使 $U-V$ 尽可能负，因此可将作为支付函数定义为

$$\Theta(x,y)=U-V \tag{7-38}$$

由此建立 2VS2 交战格局的微分对策模型：

$$\max_{\Phi}\min_{\Psi}\Theta[x(T),y(T)]=\min_{\Psi}\max_{\Phi}\Theta(x(T),y(T))=\Theta[x^*(T),y^*(T)]$$

$$\text{s.t.}\begin{cases}\dot{x}_1=-b_{11}\varphi_{11}y_1-b_{12}\varphi_{12}y_2 & 0\leqslant t\leqslant T\\\dot{x}_2=-b_{21}\varphi_{21}y_1-b_{22}\varphi_{22}y_2 & 0\leqslant t\leqslant T\\\dot{y}_1=-a_{11}\phi_{11}x_1-a_{12}\phi_{12}x_2 & 0\leqslant t\leqslant T\\\dot{y}_2=-a_{21}\phi_{21}x_1-a_{22}\phi_{22}x_2 & 0\leqslant t\leqslant T\\x_1(0)=x_1^0,x_2(0)=x_2^0,y_1(0)=y_1^0,y_2(0)=y_2^0\end{cases} \tag{7-39}$$

其中假定 $T$ 足够小，不论甲、乙双方采取何种允许的火力分配策略，在$[0,T]$时间内，甲、乙双方的任何一类作战单位都不会被彻底消灭。$x^*(t)$，$y^*(t)$表示当甲、乙双方选取各自的最优策略 $\phi^*(t)$，$\psi^*(t)$时的状态轨线。

该微分对策模型的 Hamilton 函数为

$$H(x,y,\lambda,\mu,\phi,\varphi,t) = -\lambda_1(b_{11}\varphi_{11}y_1 + b_{12}\varphi_{12}y_2) - \lambda_2(b_{21}\varphi_{21}y_1 + b_{22}\varphi_{22}y_2) - \mu_1(a_{11}\phi_{11}x_1 + a_{12}\phi_{12}x_2) - \mu_2(a_{21}\phi_{21}x_1 + a_{22}\phi_{22}x_2)$$

相应的伴随函数为

$$\begin{cases} \lambda_1 = \mu_1 a_{11}\phi_{11} + \mu_2 a_{21}\phi_{21} \\ \lambda_2 = \mu_1 a_{12}\phi_{12} + \mu_2 a_{22}\phi_{22} \\ \mu_1 = \lambda_1 b_{11}\varphi_{11} + \lambda_2 b_{21}\varphi_{21} \\ \mu_2 = \lambda_1 b_{12}\varphi_{12} + \lambda_2 b_{22}\varphi_{22} \\ \lambda_1(T) = u_1 \\ \lambda_2(T) = u_2 \\ \mu_1(T) = -v_1 \\ \mu_2(T) = -v_2 \end{cases} \tag{7-40}$$

# 7.2　军事后勤优化

## 7.2.1　库存管理优化

库存管理优化是军事后勤管理中的一个主要工作之一，费用是评价库存控制优劣的主要因素。

库存管理中的主要费用有：

(1)保管费：货物从入库到出库整个阶段内，直接用于保管库存货物而需要的费用，保管费包括：

资本成本——库存货物占用的资金应计的利息；

保险费——为库存货物支付的保险金；

仓库保管费——占用仓库的租金或仓库设施的运行费、维修费、折旧费、管理人员工资等分摊到库存货物上的部分；

损耗费——存储过程中货物降价、陈旧、损耗、变质、所造成的损失。

(2)订货费：是每次订货到货物入库所需的全部费用，订货费又包括：

订购手续费——从订购货物时支付的与订货量无关的固定费用；

购置费——货物的价格、运费、运输过程中的损耗，它与订货量、运输的方式和距离等相关。

(3)缺货费：是指库存货物供不应求时所造成的经济损失。

库存管理优化的目标是：采取什么样的存储策略，存储多少量的货物使各项费用的总和到最小。

### 7.2.1.1 存储系统及其控制策略

一个存储系统可以简化抽象成如图 7－1 所示的系统。

**图 7－1 存储系统简化图**

一个存储系统的基本要素有：

(1)入库：包括入库时间和入库量，这两个因素是可控制变量；

(2)存储；

(3)出库：出库根据需求而定，需求分为可预测需求和不可预测需求，出库需求由服务对象确定，在存储系统中是不可控的要素。

存储系统的控制策略主要是对可控因素的处理策略，主要有如下三种控制策略：

(1) $T$ 循环策略：每经过一个循环时间 $T$ 就补充存储量 $Q$，这一方法也称为经济批量法。

(2)$(\beta, S)$策略：每隔一定的时间检查库存量 $Q$，当库存量 $Q$ 低于某一规定的最低库存量 $\beta$ 时就补充库存量 $S-Q$，从而把库存量提高到 $S$。反之当 $Q>\beta$ 时，就不作补充。

(3)$(\gamma, Q)$策略：$\gamma$ 称为订货点。每当库存量下降到 $\gamma$ 时，就进行订货，要求补充数量为 $Q$ 的货物。但货物要经历一段拖后时间才能进入仓库。

### 7.2.1.2 存储模型

根据具体情况，选择一定的控制策略，建立符合实际的模型。存储模型一般分为确定性和随机性两大类：供需完全可以预测的模型称为确定性模型，否则就是随机性模型。经典的经济订货批量模型具有以下特点：每次订货数量相同，需求量均匀，拖后时间是固定的，当存储量降为零时应立即补充，不准缺货，如图 7－2 所示。

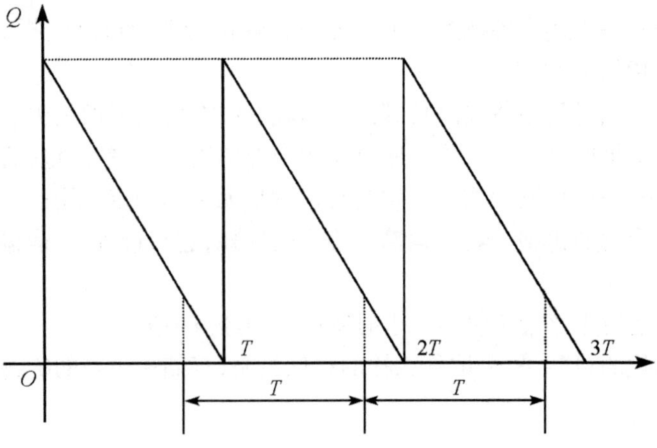


**图 7－2**

确定与本模型有关的参数：

$C_0$——订货手续费；

$C_1$——单位时间内单位货物的保管费；

$E$——单位货物的购置费；

$Q$——每次订货量；

$T$——订货周期；

$V$——单位时间对库存货物的需求量。

现考察单位时间内存储货物所需总费用的平均值 $C_Y$。设存储量 $Q_Y$ 是时间 $t$ 的函数，即 $C_Y = f(t)$。由于单位时间单位货物的保管费为 $C_1$，因而在 $[t, t+\Delta t]$ 时间内的保管费为

$$\Delta C = C_1 f(t)\Delta t \tag{7-41}$$

所以在 $[t, t+\Delta t]$ 时间内的保管费为

$$C = \int_{\alpha}^{\beta} C_1 f(t)\mathrm{d}t = C_1 \bar{Y}(\beta - \alpha) \tag{7-42}$$

其中

$$\bar{Y} = \frac{1}{\beta - \alpha}\int_{\alpha}^{\beta} f(t)\mathrm{d}t \tag{7-43}$$

称为 $[\alpha, \beta]$ 内平均存储量。

由图 7－2 可知，在时间 $[0, T]$ 内货物的平均存储量为

$$\bar{Y} = \frac{1}{2}\frac{QT}{T} = \frac{1}{2}Q \tag{7-44}$$

故在一个周期内所花费的保管费为

$$C = \frac{1}{2}C_1 QT \tag{7-45}$$

又在一个周期 $T$ 内所花费的订货费为 $C_0$，购置费为 $EQ$，因而在一个周期 $T$ 内总费用为

$$\frac{1}{2}C_1 QT + EQ + C_0 \tag{7-46}$$

从而可得其平均值

$$C_Y = \frac{1}{2}C_1 Q + \frac{EQ}{T} + \frac{C_0}{T} \tag{7-47}$$

这里有两个控制变量 $Q$ 和 $T$。但从输出的角度来分析，不难发现 $Q$、$T$ 之间存在下列关系：

$$Q = VT \tag{7-48}$$

于是问题可化成下列形式的条件极值问题：

$$\begin{aligned} \min\ C_Y &= \frac{1}{2}C_1 Q + \frac{EQ}{T} + \frac{C_0}{T} \\ \text{s.t.}\ Q &= VT \\ Q &\geqslant 0, T \geqslant 0 \end{aligned} \tag{7-49}$$

从式(7-49)解得

$$T=\frac{Q}{V}$$

得

$$C_Y=\frac{1}{2}C_1Q+EV+\frac{C_0V}{Q} \tag{7-50}$$

关于控制变量的导数为

$$\frac{\mathrm{d}C_Y}{\mathrm{d}Q}=\frac{1}{2}C_1-\frac{C_0V}{Q^2}$$

令其等于0,即可解得

$$Q=\pm\sqrt{\frac{2C_0V}{C_1}}$$

由于 $Q$ 必须是非负值,且由二阶导数

$$\frac{\mathrm{d}^2C_Y}{\mathrm{d}Q^2}=\frac{2C_0V}{Q^3}$$

可知,当 $Q=\sqrt{\frac{2C_0V}{C_1}}$ 时,$\frac{\mathrm{d}^2C_Y}{\mathrm{d}Q^2}>0$。故最优解为

$$Q^*=\sqrt{\frac{2C_0V}{C_1}},\quad T^*=\frac{Q^*}{V}=\sqrt{\frac{2C_0}{C_1V}} \tag{7-51}$$

最优值为

$$C_Y^*=\sqrt{2C_0C_1V}+EV \tag{7-52}$$

上述结果给出了 $T$ 循环策略的最优待订货周期 $T^*$ 和每批订货的最优批量 $Q^*$。

**例 7.3** 某兵工厂对某种材料的全年需要量为1040吨,其单价为1200元/吨。每次采购该种材料的订货费为2040元,每年保管费为170元/吨。试求工厂对该材料的最优订货批量、每年订货次数及全年的费用。

**解** 现取单位时间为年,则有

$$C_0=2040,\ C_1=170,\ E=1200,\ V=1040$$

由式(7-51)可得

$$Q^*=\sqrt{\frac{2\times2040\times1040}{170}}=\sqrt{24960}\approx158$$

和

$$T^*=\sqrt{\frac{2\times2040}{170\times1040}}=\sqrt{0.023}\approx0.152$$

再由式(7-52)可得

$$C_Y^*=\sqrt{22040\times170\times1040}+1200\times1040\approx1274858$$

于是,每年订货的次数应为

$$\frac{1}{T^*}=\frac{1}{0.152}\approx6.58$$

由于订货次数应为正整数,故可以比较订货次数分别 6 次和 7 次的费用。若每年订货6 次,则订货周期和订货批量分别为

$$T=\frac{1}{6},\quad Q=\frac{1040}{6}$$

代入式(7 - 50),可得每年的总费用为

$$C_Y=\frac{170\times1040}{2\times6}+6\times\frac{1040}{6}\times1200+6\times2040\approx1274973$$

若每年订货 7 次,则订货周期和订货批量分别为

$$T=\frac{1}{7},\quad Q=\frac{1040}{7}$$

代入式(7 - 50),可得每年的总费用为

$$C_Y=\frac{170\times1040}{2\times7}+7\times\frac{1040}{7}\times1200+7\times2040\approx1274908$$

所以,每年应订货 7 次,每次订货批量为$\frac{1040}{7}$吨,每年的总费用为 1274908 元。

## 7.2.2　后勤补给优化

后勤保障是顺利实现现代作战的必要前提。对于现代战争,后勤补给的组织指挥必须加强计划性和预见性,以提高快速反应的能力。后勤补给运筹研究的任务就在于运用军事运筹学理论方法,借助现代计算机技术的支持,定量研究后勤补给问题,并为达到上述要求提供科学方法和优化方案。后勤补给运筹研究的主要有以下四方面的内容:

(1)估计合理的后勤补给需求量;

(2)制定合理的补给方案;

(3)分配恰当的运输工具;

(4)选择优化的运输路线。

下面就从这几方面分别进行讨论。

### 7.2.2.1　后勤补给需求量的估计

为了做好后勤补给工作,首先需要对各种物资的需求进行合理计算。这些物资包括:武器装备、弹药、油料、装备零件、食品及其他日用必需品。一般补给需求量的估计常采用下面三种方法:专家调查法、趋势外推法、模型模拟法。

**1.专家调查法**

专家调查法是根据专家们提供的经验数据,进行处理而得出估计值的方法。因为从事某项后勤补给工作的专家,以他们的经验提供的数据往往具有一定的实际参考价值。

**2.趋势外推预测法**

趋势外推预测法是根据历史估计数据,描绘出一个反映后勤补给需求与相关因素的曲线。趋势外推预测法有两个基本假定:

(1)决定过去后勤补给需求的因素,同样决定着要预测的后勤补给需求;

(2)后勤补给需求随相关因素变化是渐变的而不是突变的。

**3.模型模拟法**

模型模拟法就是构造一个能反映战争特点的模型,通过模拟求出后勤补给需求量的估计值。这些数值对决策者来说有相当高的参考价值。

### 7.2.2.2 补给方案的优化

补给方案的优化问题在于,当有若干后勤供应基地向几个阵地供应物资时,在给定了各基地储存物资量和各阵地所需物资量的条件下,由于从不同基地向不同阵地运送物资的单价不同,有可能确定一个补给方案,使每一供应基地向各阵地运送的物资量,既满足需要,又只需最小代价,解决这类问题最有效的方法是线性规划法。问题的数学描述可按如下方式进行:

(1)设基地 $i$ 储存量为 $a_i$;

(2)阵地 $j$ 所需物资量为 $b_j$;

(3)从基地 $i$ 到阵地 $j$ 的代价为 $c_{ij}$。

当不平衡的运输时:

$$\min Z = \sum_{i=1}^{m} \sum_{j=1}^{n} c_{ij}x_{ij}$$

$$\begin{cases} \sum_{i=1}^{m} x_{ij} = b_j & j = 1,2,\cdots,n \\ \sum_{j=1}^{n} x_{ij} \leqslant a_i & i = 1,2,\cdots,m \\ x_{ij} \geqslant 0 \end{cases} \tag{7-53}$$

当平衡的运输时:

$$\min Z = \sum_{i=1}^{m} \sum_{j=1}^{n} c_{ij}x_{ij}$$

$$\begin{cases} \sum_{i=1}^{m} x_{ij} = b_j & j = 1,2,\cdots,n \\ \sum_{j=1}^{n} x_{ij} = a_i & i = 1,2,\cdots,m \\ x_{ij} \geqslant 0 \end{cases} \tag{7-54}$$

### 7.2.2.3 运输路线的优化

运输路线的优化问题是:当从某基地向某阵地运送物资有多条路线可供选择时,给定每条道路的最大通过能力,即单位时间所通过的最大车辆数目及通过代价(如长度、时间等),要求确定一条运输路线,使得:(1)所走的路程为最短,或者(2)在给定的时间内通过的车辆数目(即运输量)最大,或者(3)在代价最小的条件下,通过的车辆最多。上述三个问题,在图论中分别称之为“最短路”问题、“最大流”问题及“最小消耗最大流”问题。它们的解法都已规范化,且有成熟的软件可用。

**1.最短路问题**

设 $V_1$,$V_2$ 两地,现有一批货物由 $V_1$ 运往 $V_6$,$V_1$ 和 $V_6$ 之间的道路网如图 7-3 所示,图中各边的数字代表每条道路的长度。要选出 $V_1$ 到 $V_6$ 最短路线,由图论中最短路问题的解法可知,最短路线的路程为 500km,路线为

$$P=[V_1,V_4,V_3,V_6]$$

如果把每条路的长度换成一般的指标参数,那么,最短路问题的适用范围还可扩大。例如,若把指标参数看成是走完每段道路所用的时间,则最短路问题的解法可直接用于解决求最短时间路线的问题。

当把指标参数看成是通过每段道路的成功率时,则可用最短路问题解法求解选择最安全路线的问题。不过,这时需要对问题做一些数学处理。

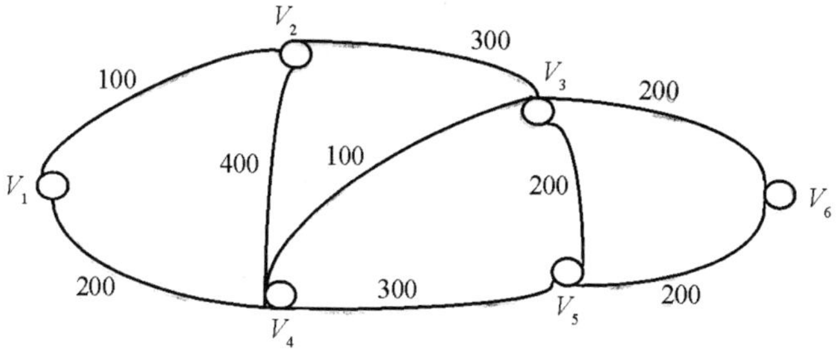


**图 7-3　最短路程问题**

为说明这点,设 $V_i$,$V_j$ 表示任一条道路两端的顶点,从 $V_i$ 到 $V_j$ 的安全通过概率为 $p_{ij}$。由于一条道路的串接,由概率论知,一条路线的安全通过概率应等于组成该路线的各条道路安全通过概率的乘积。例如,若把 $V_1 \to V_4 \to V_5 \to V_6$ 这条道路记为 $\pi$,则有

$$P(\pi)=p_{14}p_{45}p_{56}$$

为应用最短路问题解法,需要使沿路线的指标参数等于各组成道路指标参数的和。对上式两边取对数并乘以负号,得

$$-\lg P(\pi)=-\lg p_{14}-\lg p_{45}-\lg p_{56}$$

由对数函数特性知,使 $P(\pi)$最大,等价于 $-\lg P(\pi)$最小,也就是使上式等号右项诸项和最小。所以,如果我们以 $-\lg p_{ij}$ 作为每条道路的指标参数,那就可用最短路问题解法求解了。图 7-4 给出安全路线问题示例的数据。在图中标示的各条道路安全通过概率下,用最短路方法求得最安全路线为 $V_1 \to V_2 \to V_4 \to V_5 \to V_6$,其安全通过概率为 $P(\pi)=1\times1\times0.95\times0.8=0.76$。

**2.最大流问题**

如图 7-5 所示,$V_1$,$V_6$ 分别表示运输的始点和终点,各条道路标示的方向和数字表示在规定时间内,按所标出的方向所能通过的最大车辆数目(单位:百辆)。在这样的条件下,如果要求安排行车计划,使在给定时间内从 $V_1$ 到 $V_6$ 的通过车辆数最多,那么,这个

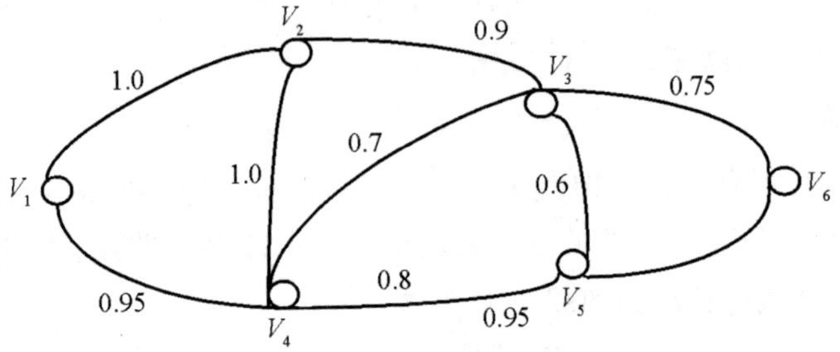


图 7-4 安全路线问题

问题便是图论中的最大流问题。按照图论的算法,可求出如图 7-6 所示的车辆安排图。在给定时间内,从 $V_1$ 到 $V_6$ 的最大通过量为 3500 辆。

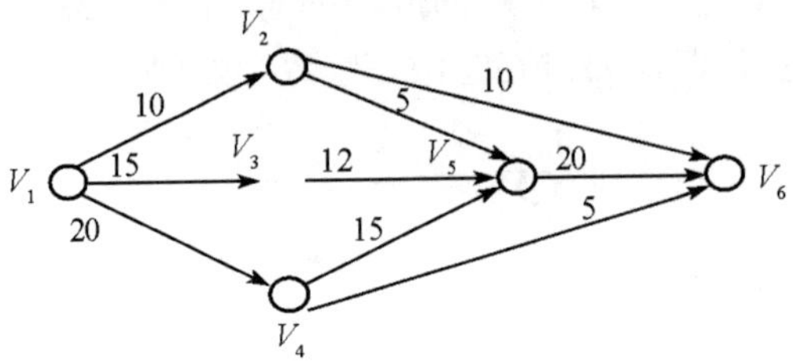


图 7-5 道路网通过能力(单位:百辆)

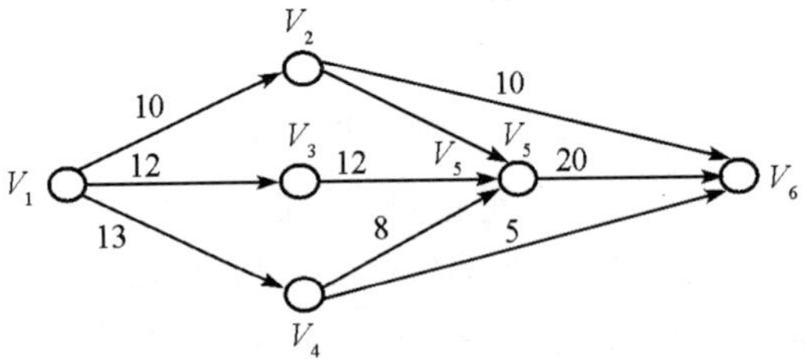


图 7-6 最大流量安排(单位:百辆)

**3.最小消耗最大流问题**

如果要求在一个交通网络中安排一个行车计划,使给定时间内通过的车辆数最多,而所花费的"代价"最小,那么,这个问题便属于图论中的最小消耗最大流问题。这里的"代价"可理解为"资金"、"时间"、"安全概率"等。

考虑图 7-7 所表示的例子,$V_s$,$V_c$ 分别表示运输的始点和终点。每条道路上所标的数字($b_{ij}$,$c_{ij}$)分别代表该条道路每辆汽车的运输费用(单位:百元)和一定时间内所能通过的最大汽车数(单位:10 辆)。我们希望拟定一个运输方案,使得在规定时间内通过的车辆数最多,且要求费用最少。

解决这个问题需要应用图论中的最小消耗最大流算法。这个例子的计算结果是:通过的最大车辆数为 1000 辆,总费用为 116 百元。具体安排如图 7-8 所示(图中每条弧上的数字为安排的车辆数)。

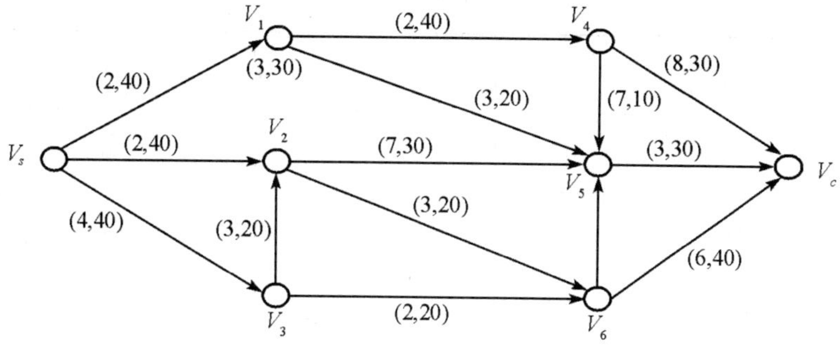


图 7－7　标示运输单价和通过能力的道路网络示意图

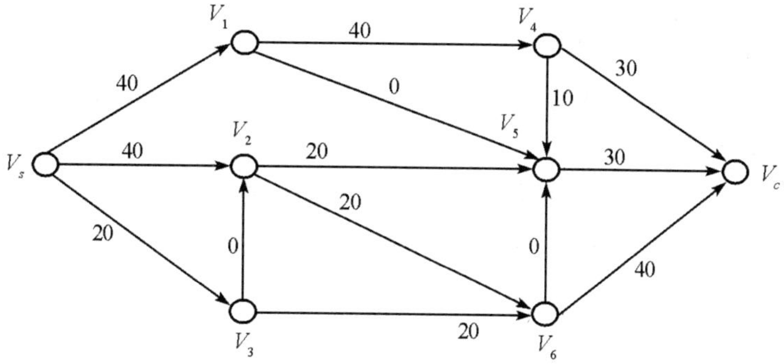


图 7－8　最小消耗最大流安排

如果把“费用”换为“安全概率”，则上述问题就转化为通过车辆最多而安全概率最大的方案问题。若把“费用”换为相应的时间，则问题就变为求通过车辆最多而总时间最少的问题。所有这些问题都可用最小消耗最大流算法求解。

**4.运输车辆的安排**

这类问题的实际背景是：有 $n$ 类不同数量的物资需要用 $m$ 类运输车辆运输，给定每种运输车辆的价值，要求确定每类运输车辆的使用数目，以使“总费用”最小。通常，用线性规划等方法能有效解决这些问题。现考虑下面的例子。

假设有 4 类物资需要运输，其数量为

| | | | | |
|---|---|---|---|---|
| 物资类别： | 1 | 2 | 3 | 4 |
| 数量： | 16 | 10 | 76 | 24(件) |

现有运输车辆的类型及价值：

| | | | | | | |
|---|---|---|---|---|---|---|
| 运输车辆类型： | 1 | 2 | 3 | 4 | 5 | 6 |
| 运输车辆价值： | 3.5 | 2.0 | 5.0 | 6.4 | 2.5 | 3 |

运输车辆的运输能力如表 7－1 所示。

表 7－1

| 物资＼车辆 | 1 | 2 | 3 | 4 | 5 | 6 |
|---|---|---|---|---|---|---|
| 1 | 4 | 0 | 0 | 1 | 0 | |
| 2 | 0 | 2 | 0 | 0 | 1 | |
| 3 | 0 | 0 | 1 | 2 | 6 | |
| 4 | 4 | 3 | 0 | 0 | 0 | 1 |

给定运输车辆在运输过程中的被毁概率：

| 运输车辆类型： | 1 | 2 | 3 | 4 | 5 | 6 |
|---|---|---|---|---|---|---|
| 毁伤概率： | 0.4 | 0.5 | 0.2 | 0.8 | 0.6 | 0.3 |

希望选择每辆运输车辆数目，使运输车辆的总价值损失为最小。

令 $x_j$ 为安排的第 $j$ 类运输车辆的数目，则约束方程为

$$\begin{cases} 4x_1 + x_4 = 16 \\ 2x_2 + x_5 = 10 \\ x_3 + 2x_4 + 6x_5 = 76 \\ x_1 + 3x_2 + x_6 = 24 \\ x_j \geqslant 0 \quad j = 1,2,3,4 \end{cases}$$

目标函数为

$$\min\ y = (0.4 \times 3.5)x_1 + (0.5 \times 2.0)x_2 + (0.2 \times 5.0)x_3 + (0.8 \times 6.4)x_4 + (0.6 \times 2.5)x_5 + (0.3 \times 3)x_6$$

求解上式的线性规划问题，可得到所要求的运输车辆安排方案为

$$x_1 = 4,\ x_2 = 0,\ x_3 = 16,\ x_4 = 0,\ x_5 = 10,\ x_6 = 8$$

各种车辆的总损失数期望值为 13.2 辆。

## 7.3 人力资源规划

军事人员管理的定量分析主要是军事人员系统状态分析。军事人员系统的状态一般用各类人员的数目表示。系统状态随时间的演变主要与系统内外的人员流动有关。系统内部流动有晋升、降级、平调等；系统与外部之间的流动有招募（入伍、调入、提干），离休、退休、转业、复员、调出、其他减员等。对这些人员流动规律的分析是建立状态演变预测模

型的基础,但根据系统的层次和目的,有些人员流动可能因影响不大而被忽略。

## 7.3.1　基本模型

### 1.基本模型的建立

基本模型的任务是为了预测每类人员在等距时间点($t=0,1,2,\cdots$)的数目。为了简单起见,假设人员在给定期间内由一个类别转到另一类别的比例(转移比例)是不变的。如果每个类别当前的实际数、转移比例以及将要招收的人员数都已给定,那么应用马尔可夫方程就可预测各种类别人员的未来数(未来的人员分布)。

定义:

$n_i(t)$——在时刻 $t$ 的 $i$ 类人员数;

$p_{ji}$——在时间间隔$(t-1,t]$中,从 $j$ 类到 $i$ 类的转移比例;

$r_i(t)$——在时间间隔$(t-1,t]$中所招收的 $i$ 类人员数。

那么,有马尔可夫方程:

$$n_i(t)=\sum_{j=1}^{k}n_j(t-1)p_{ji}+r_i(t) \qquad (7-55)$$

$$i,j=1,2,\cdots,k;\quad t=1,2,\cdots$$

这里,$k$ 是类别的数目。

如果有人员从 $i$ 类中离开系统,那么

$$\sum_{j=1}^{k}p_{ij}<1$$

否则

$$\sum_{j=1}^{k}p_{ij}=1$$

这里,当 $i=j$ 时,$p_{ij}$表示留在本类人员所占的比例。

若将各转移比例写成矩阵的形式:

$$p=\begin{bmatrix} p_{11} & p_{12} & \cdots & p_{1k} \\ p_{21} & p_{22} & \cdots & p_{2k} \\ \vdots & \vdots & & \vdots \\ p_{k1} & p_{k2} & \cdots & p_{kk} \end{bmatrix}$$

则公式(7-55)亦可写成简化形式:

$$N(t)=N(t-1)P+R(t)$$

式中　$N(t)$——向量形式:

$$N(t)=[n_1(t),n_2(t),\cdots,n_k(t)];$$

$R(t)$——向量形式:

$$R(t) = [r_1(t), r_2(t), \cdots, r_k(t)];$$

$P$——转移矩阵。

用以上方法定义的马尔可夫模型仅仅是确定型的情况。但一般来说,人员的流动并非都是确定的,有时是随机的。在这种情况下,转移比例可用转移概率来代替,其近似求法是

$$P_{ij} = \frac{\sum_{i=-T+1}^{0} m_{ij}(t)}{\sum_{i=-T+1}^{0} n_i(t-1)} \tag{7-56}$$

式中 $T$——计算转移概率考虑的时间点数;

$m_{ij}(t)$——在区间$(t-1, t]$内 $i$ 类转移到 $j$ 类的人员数;

$p_{i0}$——从 $i$ 类中离开该系统的概率。

**2.基本模型的应用**

由以上的模型方程不难看出,只要我们事先给出系统当前各类人员的数量分布、转移矩阵以及各类人员每年招收数量,便可按公式预测出该系统各年每类人员的数量分布情况。根据马尔可夫过程理论,这样的系统必然能够达到某个稳定状态。

**例 7.4** 考虑一个仅具有 3 类人员的系统,转移矩阵 $P$ 为

$$P = \begin{bmatrix} 0.6 & 0.3 & 0 \\ 0 & 0.4 & 0.3 \\ 0 & 0 & 0.6 \end{bmatrix}$$

当前的人员分布情况如例 7.4 表(a)所示。

**例 7.4 表(a)**

| 时 间 | 类 别 | | | 合 计 |
|---|---|---|---|---|
| | 1 | 2 | 3 | |
| $t=0$ | 140 | 100 | 60 | 300 |

假设每年只招收第一类人员 80 名,则例 7.4 表(b)给出了由模型预测的各类人员分布的结果。当 $t>8$ 以后,系统就稳定在 $t=8$ 时的状态上。其中第一列表示新进入本类的人员数量,第二列表示留在本类的人员数量,第三列表示这类人员当时总的数量。

例 7.4 表(b)

| 时间 | 类别 | | | | | | | | | 合计 |
|---|---|---|---|---|---|---|---|---|---|---|
| | 1 | | | 2 | | | 3 | | | |
| | 进入 | 原有 | 总数 | 进入 | 原有 | 总数 | 进入 | 原有 | 总数 | |
| $t=0$ | 0 | 0 | 140 | 0 | 0 | 100 | 0 | 0 | 60 | 300 |
| $t=1$ | 80 | 84 | 164 | 42 | 40 | 82 | 30 | 36 | 66 | 312 |
| $t=2$ | 80 | 98 | 178 | 49 | 33 | 82 | 25 | 40 | 65 | 325 |
| $t=3$ | 80 | 107 | 187 | 54 | 33 | 87 | 25 | 39 | 64 | 338 |
| $t=4$ | 80 | 112 | 192 | 56 | 35 | 91 | 26 | 38 | 64 | 347 |
| $t=5$ | 80 | 115 | 195 | 58 | 36 | 94 | 27 | 38 | 65 | 354 |
| $t=6$ | 80 | 117 | 197 | 59 | 38 | 97 | 29 | 39 | 68 | 362 |
| $t=7$ | 80 | 118 | 198 | 59 | 39 | 98 | 29 | 40 | 69 | 365 |
| $t=8$ | 80 | 119 | 199 | 59 | 39 | 99 | 29 | 40 | 71 | 369 |

## 7.3.2 人员补充模型

一个军事机构的人员系统,一般总是不断有人从系统中离开,因而要保持给足的各类人员的数量,必须进行各种人员补充,如招收新的人员、晋升等。补充模型的任务就在于根据当前的人员分布、将来希望的人员分布以及离开人员的数量(或比例),计算晋升和招收的各类人员数量。

定义:

$n_i(t)$——在时刻 $t$,$i$ 级的人员数;

$n_i(0)$——当前时刻的 $j$ 级人员数;

$m_{ij}(t)$——在区间$(t-1,t]$内从 $i$ 级转移到$j$ 级的人员数;

$r_i(t)$——在区间$(t-1,t]$内从外部招收到 $i$ 级中的人员数;

其中,$i=1,2,\cdots,k$;$j=0,1,2,\cdots,k$;$t=1,2,\cdots$;$m_{i0}(t)$表示在区间$(t-1,t]$内从 $i$ 级中离开系统的人员数。

考虑一个具有 $k$ 级的严格等级人员系统(如图 7-9)。我们要建立计算各级晋升数量以及第 1 级需要招收的人员数量的公式,这里严格的含义是人员只能逐级晋升。

根据人员流动的平衡关系,从 $k-1$ 级向 $k$ 级晋升的公式为

$$m_{(k-1)k}(t)=n_k(t)-n_k(t-1)+m_{k0}(t)\qquad t=1,2,\cdots$$

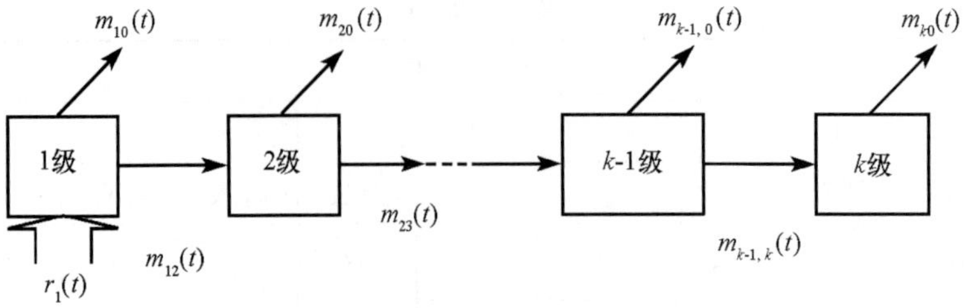


**图 7-9　一个具有 $k$ 级的严格等级人员系统**

如果 $m_{(k-1)k}(t)$计算出来,则在此基础上 $m_{(k-2)(k-1)}(t)$也能够计算出来,依此类推,可得到一系列表达式:

$$
\begin{cases}
m_{(k-1)(k-2)}(t)=n_{k-1}(t)-n_{k-1}(t-1)+m_{(k-1)0}(t)+m_{(k-1)k}(t) \\
\qquad\qquad\vdots \\
m_{12}(t)=n_2(t)-n_2(t-1)+m_{20}(t)+m_{23}(t) \\
r_1(t)=n_1(t)-n_1(t-1)+m_{10}(t)+m_{12}(t) \qquad t=1,2,\cdots
\end{cases}
\tag{7-57}
$$

值得指出的是,当希望减少某一级人员数量,但由该级流出(包括离开机构和向上级晋升)的人员数量仍小于希望减少的数量时,按式(7-57)计算的晋升数 $m_{(i-1)i}(t)$将出现负值,这是无意义的,因此必须用式(7-58)代替式(7-57):

$$
\begin{cases}
m_{(k-1)k}(t)=\max\{0,n_k(t)-n_k(t-1)+m_{k0}(t)\} \\
m_{(k-1)(k-2)}(t)=\max\{0,n_{k-1}(t)-n_{k-1}(t-1)+m_{(k-1)0}(t)+m_{(k-1)k}(t)\} \\
\qquad\qquad\vdots \\
m_{12}(t)=\max\{0,n_2(t)-n_2(t-1)+m_{20}(t)+m_{23}(t)\} \\
r_1(t)=\max\{0,n_1(t)-n_1(t-1)+m_{10}(t)+m_{12}(t)\} \qquad t=1,2,\cdots
\end{cases}
\tag{7-58}
$$

另一方面,当希望增加某一级人员数,而要晋升的数比原有人员数还大时,显然也不能用式(7-57)计算要求晋升数,此时可用式(7-59)来代替式(7-57):

$$
\begin{cases}
m_{(k-1)k}(t)=\min\{n_k(t)-n_k(t-1)+m_{k0}(t),n_{k-1}(t-1)-m_{(k-1)0}(t)\} \\
m_{(k-1)(k-2)}(t)=\min\{n_{k-1}(t)-n_{k-1}(t-1)+m_{(k-1)0}(t)+m_{(k-1)k}(t), \\
\qquad\qquad n_{k-2}(t-1)-m_{(k-2)0}(t)\} \\
\qquad\qquad\vdots \\
m_{12}(t)=\min\{n_2(t)-n_2(t-1)+m_{10}(t)+m_{12}(t),n_1(t-1)-m_{10}(t)\} \\
\qquad\qquad t=1,2,\cdots
\end{cases}
\tag{7-59}
$$

按式(7-59)的办法,就是将本级现有人员都晋升到上一级,而不足部分只有留待下一年或接连几年采取全员晋升来逐步达到。当然,如果认为全员晋升不太合适,也可以滞留一部分本级人员,不过,这样做,达到希望人数的时间会更长些。

如果人员系统达到稳态,各类人员数保持不变,那么,公式可简化为

$$
\begin{cases}
m_{(k-1)k}(t) = m_{k0}(t) \\
m_{i(i+1)}(t) = m_{(i+1)0}(t) + m_{(i+1)(i+2)}(t) \\
r_1(t) = m_{10}(t) + m_{12}(t) \\
i = 1,2,\cdots,k-2; t = 1,2,\cdots
\end{cases}
\tag{7-60}
$$

图 7-9 表示的严格等级系统只允许第 1 级直接从外部招收人员。实际上,等级系统有时也允许在其他级直接招收新的人员。例如平时对特殊人才的招收和战时的紧急动员。这样就意味着进入某级的人员分为两部分,一部分是由下一级晋升来的,另一部分是直接从机构之外招收来的,这时,人员系统就不是严格等级系统了。退休(离休)政策、转业政策等,本节撇开具体政策内容,从一般方法论的角度,讨论有关军事人员管理政策的定量分析和优化问题。

## 7.3.3 军事人员管理政策的定量分析

一项军事人员管理政策在出台前,必须要进行包括定量分析在内的科学论证。定量分析的一般过程是:先将各种政策进行定量化描述,然后将这些定量化的政策代入选用的马尔可夫动态模型中去运算,若预测的结果不符合目标要求,则修改政策再继续进行模型运算,直到得出满意的结果为止。不失一般,下面通过以下两个例子(例 7.5 和例 7.6)说明上述过程。

**例 7.5**　一个军事人员系统,其职务结构如例 7.5 图(a)所示。

在例 7.5 图(a)中每一方框表示一种职务。方框中数字表示职务类别,处于同一水平上的各职务都是相同的级别。系统设置 5 级,假定为排、连、营、团、师。箭头表示晋升方向,旁边带圆括号的数字表示平均晋升时间,带⊕者表示选升,即不是所有的人到时间都能晋升到上一级;大箭头表示从系统外部招收人员,其中从初级军校招收的人员大部分只有希望达到团级,小部分能通过职务 4 进入最高级别(师级);但从高级军校招收的人员相当大的部分有希望进入师级(通过 7 和 8 两类职务)。假设每年从初级军校招收 45 名军官,从高级军校招收 27 名军官,并且晋升比例和流失比例一直保持不变,系统当前的级别人员分布如例 7.5 表(a)所示。

**例 7.5 表(a)　当前军官人员分布**

| 级别 | 排 | | 连 | | 营 | | | | 团 | | | | 师 | 合计 |
|---|---|---|---|---|---|---|---|---|---|---|---|---|---|---|
| | 1 | 2 | 3 | 4 | 5 | 6 | 7 | 8 | 9 | 10 | 11 | 12 | 13 | |
| 当前分布 | 198 | 120 | 239 | 227 | 144 | 98 | 127 | 68 | 36 | 45 | 71 | 85 | 1556 | |
| 各级总数 | 318 | | 466 | | 467 | | | | 220 | | | | 85 | 1556 |

进一步假设与“军官人员职务晋升系统”相适应的状态转移矩阵为

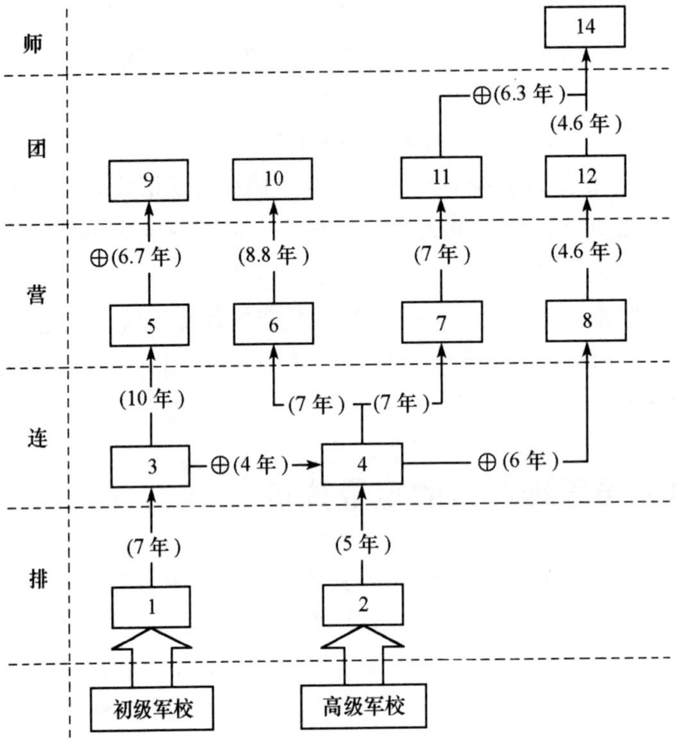


例 7.5 图(a) 军官职务晋升系统

$$
P=\begin{bmatrix}
0.857 & 0 & 0.130 & 0 & 0 & 0 & 0 & 0 & 0 & 0 & 0 & 0 & 0\\
0 & 0.800 & 0 & 0.160 & 0 & 0 & 0 & 0 & 0 & 0 & 0 & 0 & 0\\
0 & 0 & 0.88 & 0.0160 & 0.050 & 0 & 0 & 0 & 0 & 0 & 0 & 0 & 0\\
0 & 0 & 0 & 0.85 & 0 & 0.045 & 0.045 & 0.050 & 0 & 0 & 0 & 0 & 0\\
0 & 0 & 0 & 0 & 0.880 & 0 & 0 & 0 & 0.070 & 0 & 0 & 0 & 0\\
0 & 0 & 0 & 0 & 0 & 0.886 & 0 & 0 & 0 & 0.06 & 0 & 0 & 0\\
0 & 0 & 0 & 0 & 0 & 0 & 0.857 & 0 & 0 & 0 & 0.070 & 0 & 0\\
0 & 0 & 0 & 0 & 0 & 0 & 0 & 0.821 & 0 & 0 & 0 & 0.100 & 0\\
0 & 0 & 0 & 0 & 0 & 0 & 0 & 0 & 0.800 & 0 & 0 & 0 & 0\\
0 & 0 & 0 & 0 & 0 & 0 & 0 & 0 & 0 & 0.0800 & 0 & 0 & 0\\
0 & 0 & 0 & 0 & 0 & 0 & 0 & 0 & 0 & 0 & 0.838 & 0 & 0.05\\
0 & 0 & 0 & 0 & 0 & 0 & 0 & 0 & 0 & 0 & 0 & 0.778 & 0.150\\
0 & 0 & 0 & 0 & 0 & 0 & 0 & 0 & 0 & 0 & 0 & 0 & 0.8
\end{bmatrix}
$$

现在问题是：如何调整军官职务晋升系统，使得系统在稳定状态下的人员分布和初始的人员分布基本一致。

**解** 由马尔可夫模型可以预测系统人员状态分布变化，例 7.5 表(b)描述了系统各类人员状态的变化。

**例 7.5 表(b)　动态预测结果**

| 时间 | | | $t=0$ | $t=1$ | $t=2$ | $t=3$ | $t=4$ | $t=5$ | $t=6$ | $t=7$ | $t=8$ |
|---|---|---|---|---|---|---|---|---|---|---|---|
| 类别 | 1 | 进入 | 0 | 45 | 45 | 45 | 45 | 45 | 45 | 45 | 45 |
| | | 原有 | 198 | 170 | 184 | 196 | 207 | 216 | 224 | 231 | 237 |
| | | 总数 | 198 | 215 | 229 | 241 | 252 | 261 | 269 | 276 | 282 |
| | 2 | 进入 | 0 | 27 | 27 | 27 | 27 | 27 | 27 | 27 | 27 |
| | | 原有 | 120 | 96 | 98 | 100 | 102 | 103 | 104 | 105 | 106 |
| | | 总数 | 120 | 123 | 125 | 127 | 129 | 130 | 131 | 132 | 133 |
| | 3 | 进入 | 0 | 26 | 28 | 30 | 31 | 33 | 34 | 35 | 36 |
| | | 原有 | 239 | 210 | 208 | 208 | 210 | 212 | 216 | 220 | 224 |
| | | 总数 | 239 | 236 | 236 | 238 | 241 | 245 | 250 | 255 | 260 |
| | 4 | 进入 | 0 | 34 | 34 | 34 | 35 | 36 | 36 | 36 | 36 |
| | | 原有 | 227 | 194 | 195 | 196 | 196 | 197 | 199 | 201 | 203 |
| | | 总数 | 227 | 228 | 229 | 230 | 231 | 233 | 235 | 237 | 239 |
| | 5 | 进入 | 0 | 12 | 12 | 12 | 12 | 12 | 12 | 13 | 13 |
| | | 原有 | 144 | 127 | 122 | 118 | 114 | 111 | 108 | 105 | 104 |
| | | 总数 | 144 | 139 | 134 | 130 | 126 | 123 | 120 | 118 | 117 |
| | 6 | 进入 | 0 | 10 | 10 | 10 | 10 | 10 | 10 | 11 | 11 |
| | | 原有 | 98 | 87 | 86 | 85 | 85 | 85 | 85 | 85 | 85 |
| | | 总数 | 98 | 97 | 96 | 95 | 95 | 95 | 95 | 95 | 95 |
| | 7 | 进入 | 0 | 10 | 10 | 10 | 10 | 10 | 10 | 11 | 11 |
| | | 原有 | 98 | 84 | 81 | 78 | 76 | 74 | 72 | 70 | 69 |
| | | 总数 | 98 | 94 | 91 | 88 | 86 | 84 | 82 | 81 | 80 |
| | 8 | 进入 | 0 | 12 | 11 | 11 | 12 | 12 | 12 | 12 | 12 |
| | | 原有 | 127 | 104 | 96 | 88 | 81 | 76 | 72 | 69 | 67 |
| | | 总数 | 127 | 116 | 107 | 99 | 93 | 88 | 84 | 81 | 78 |
| | 9 | 进入 | 0 | 10 | 10 | 9 | 9 | 9 | 9 | 8 | 8 |
| | | 原有 | 68 | 54 | 51 | 49 | 47 | 45 | 43 | 42 | 40 |
| | | 总数 | 68 | 64 | 61 | 58 | 56 | 54 | 52 | 50 | 48 |
| | 10 | 进入 | 0 | 6 | 6 | 6 | 6 | 6 | 6 | 6 | 6 |
| | | 原有 | 36 | 29 | 28 | 27 | 26 | 25 | 25 | 25 | 25 |
| | | 总数 | 36 | 35 | 34 | 33 | 32 | 31 | 31 | 31 | 31 |

（续表）

| | | | | | | | | | | | |
|---|---|---|---|---|---|---|---|---|---|---|---|
| 类别 | 11 | 进入 | 0 | 7 | 7 | 6 | 6 | 6 | 6 | 6 | 6 |
| | | 原有 | 45 | 38 | 37 | 37 | 37 | 35 | 34 | 33 | 32 |
| | | 总数 | 45 | 45 | 44 | 43 | 42 | 41 | 40 | 39 | 38 |
| | 12 | 进入 | 0 | 13 | 12 | 11 | 10 | 9 | 9 | 8 | 8 |
| | | 原有 | 71 | 55 | 53 | 50 | 47 | 45 | 42 | 40 | 37 |
| | | 总数 | 71 | 68 | 65 | 61 | 57 | 54 | 51 | 48 | 45 |
| | 13 | 进入 | 0 | 13 | 12 | 12 | 11 | 11 | 10 | 10 | 9 |
| | | 原有 | 85 | 68 | 65 | 62 | 60 | 56 | 54 | 51 | 49 |
| | | 总数 | 85 | 81 | 77 | 74 | 71 | 67 | 64 | 61 | 58 |
| 人员合计 | | | 1556 | 1541 | 1528 | 1517 | 1511 | 1506 | 1504 | 1504 | 1504 |

例 7.5 表(c)描述了系统人员初始分布和稳态分布对比结果。

**例 7.5 表(c)　系统人员初始分布和稳态分布对比结果**

| 级别 | 排 | | 连 | | 营 | | | | 团 | | | | 师 | 合计 |
|---|---|---|---|---|---|---|---|---|---|---|---|---|---|---|
| | 1 | 2 | 3 | 4 | 5 | 6 | 7 | 8 | 9 | 10 | 11 | 12 | 13 | |
| 当前分布 | 198 | 120 | 239 | 227 | 144 | 98 | 98 | 127 | 68 | 36 | 45 | 71 | 85 | 1556 |
| 各级总数 | 318 | | 466 | | 467 | | | | 220 | | | | 85 | 1556 |
| 稳态分布 | 282 | 133 | 260 | 239 | 117 | 95 | 80 | 78 | 48 | 31 | 38 | 45 | 58 | 1504 |
| | 415 | | 499 | | 370 | | | | 162 | | | | 58 | 1504 |

假设当前人员分布就是所希望的系统人员稳态分布。由例 7.5 表(c)可知，预测的稳态分布与希望的人员分布相差很大，特点是：排级军官人员数比希望的人数大许多，尤其是从初级军校招收进来的排级军官。为达到要求的人员分布，一个可行的办法就是加快晋升速度以调整转移矩阵 $P'$ 得到。假设调整后的状态转移矩阵为

$$
P=\begin{bmatrix}
0.773 & 0 & 0.180 & 0 & 0 & 0 & 0 & 0 & 0 & 0 & 0 & 0 & 0\\
0 & 0.775 & 0 & 0.22 & 0 & 0 & 0 & 0 & 0 & 0 & 0 & 0 & 0\\
0 & 0 & 0.85 & 0.080 & 0.070 & 0 & 0 & 0 & 0 & 0 & 0 & 0 & 0\\
0 & 0 & 0 & 0.80 & 0 & 0.05 & 0.06 & 0.09 & 0 & 0 & 0 & 0 & 0\\
0 & 0 & 0 & 0 & 0.880 & 0 & 0 & 0 & 0.090 & 0 & 0 & 0 & 0\\
0 & 0 & 0 & 0 & 0 & 0.886 & 0 & 0 & 0 & 0.06 & 0 & 0 & 0\\
0 & 0 & 0 & 0 & 0 & 0 & 0.857 & 0 & 0 & 0 & 0.060 & 0 & 0\\
0 & 0 & 0 & 0 & 0 & 0 & 0 & 0.833 & 0 & 0 & 0 & 0.130 & 0\\
0 & 0 & 0 & 0 & 0 & 0 & 0 & 0 & 0.800 & 0 & 0 & 0 & 0\\
0 & 0 & 0 & 0 & 0 & 0 & 0 & 0 & 0 & 0.0800 & 0 & 0 & 0\\
0 & 0 & 0 & 0 & 0 & 0 & 0 & 0 & 0 & 0 & 0.838 & 0 & 0.13\\
0 & 0 & 0 & 0 & 0 & 0 & 0 & 0 & 0 & 0 & 0 & 0.778 & 0.150\\
0 & 0 & 0 & 0 & 0 & 0 & 0 & 0 & 0 & 0 & 0 & 0 & 0.8
\end{bmatrix}
$$

晋升速度调整后，根据重新计算系统人员分布的状态变化，最终的系统人员稳态如例 7.5 表(d)所示。

**例 7.5 表(d)　晋升速度调整后各级人员总数分布**

| 级别 | 排 | | 连 | | 营 | | | | 团 | | | | 师 | 合计 |
|---|---|---|---|---|---|---|---|---|---|---|---|---|---|---|
| | 1 | 2 | 3 | 4 | 5 | 6 | 7 | 8 | 9 | 10 | 11 | 12 | 13 | |
| 当前分布 | 198 | 120 | 239 | 227 | 144 | 98 | 98 | 127 | 68 | 36 | 45 | 71 | 85 | 1556 |
| 各级总数 | 318 | | 466 | | 467 | | | | 220 | | | | 85 | 1556 |
| 稳态分布 | 198 | 120 | 239 | 227 | 144 | 98 | 98 | 125 | 66 | 32 | 40 | 72 | 83 | 1504 |
| 各级总数 | 318 | | 466 | | 465 | | | | 210 | | | | 83 | 1504 |

由例 7.5 表(d)中可明显看出，稳态条件下人员分布与所希望的人员分布是比较接近的，调整晋升年限后的军官职务晋升系统如例 7.5 图(b)所示。

为了达到要求的人员分布，另一个办法是改变退休年龄，如将退休年龄从原来的 55 岁延长到 58 岁，使转移矩阵发生变化，则其预测结果如例 7.5 表(e)所示。由例7.5 表(e)可以看出，稳态分布与希望的分布虽然还有一定的差别，但已明显减小，有的已相当接近了。如果在此基础上对晋升政策再稍加调整，就会得到更理想的结果。

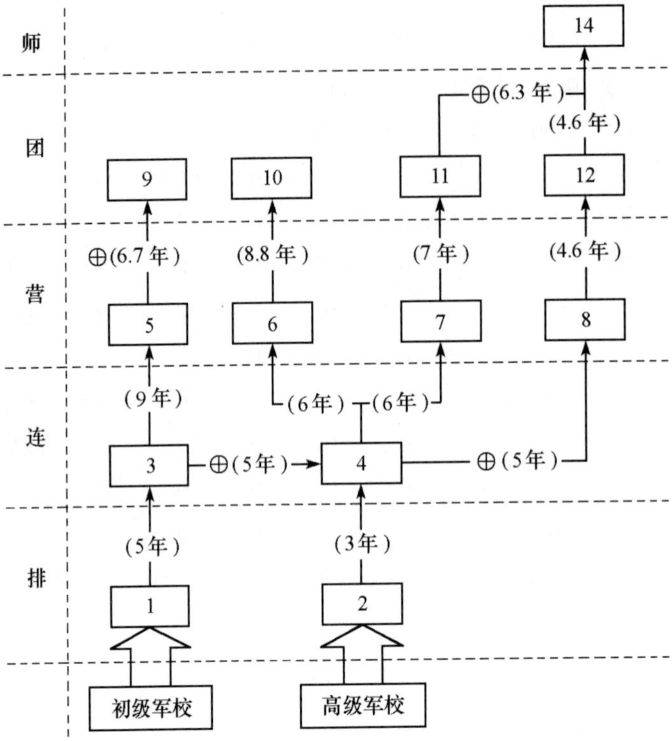


例 7.5 图(b) 晋升年限调整后的军官职务晋升系统

例 7.5 表(e) 当前人员分布和调整退休年龄后的人员稳态分布

| 级别 | 排 | 连 | 营 | 团 | 师 | 合计 |
|---|---|---|---|---|---|---|
| 当前分布 | 318 | 466 | 467 | 220 | 85 | 1556 |
| 稳态分布 | 387 | 4754 | 420 | 200 | 74 | 1556 |

上例中我们仅仅分析了晋升和退休政策改变的影响，实际工作中考虑的因素要复杂得多。这里提出在实际政策定量分析中应当注意把握的以下 4 点：

(1)制定各种政策的目的，归根结底是为了使军事人员系统的可能发展与对军事人员的需求两者相一致。因此，一个正确政策的制定，其基本依据也是需求和可能两个方面。如果两者基本一致，政策就可稳定不变；如果两者之一出现变化，那就要调整有关政策，使两者尽快一致。

(2)响果将军事人员系统看成是一个多连通的流体系统，那么，各种政策就好比是一些控制系统内部流动及内外流动的闸门。为了起到控制流速和流量的作用，各种政策都需要规定一些基本参数。如晋升政策一般要规定任现职年限及晋升的比例等；转业政策要规定各级转业的比例等；退休政策要规定年龄界限；培训政策要规定每年招收学员的数量和质量;招收政策规定年招收量等。

(3)各种人员管理政策的制定、调整是互相关联的,动一牵十。因此,制定政策时,绝不能只片面追求某一单项政策的最优,而应兼顾其他各项政策,考虑多种因素权、衡利弊,最后推出相互配套的一批政策。比如,当机构超编时,往往采取增大转业比例、鼓励提前退休、减缓晋升和招收速度以及增加新的工作、贮备部分人才等等综合措施。

(4)人员系统是一个具有大惯性的动态系统。一项政策实施的后果却常要延迟几年到十几年才显现出来。例如,一个机构在建立初期,由于工作需要,在几年内招收了大量的年轻人员。但过几年,该机构就会形成一个两头小中间大的不合理的年龄分布。因此在军事人员政策的定量分析中,坚持动态分析,加强中长期预测是十分必要的。

对军事人员管理政策的定量分析虽然能为决策提供数量依据,但它不能直接告诉决策者,到底怎样做才是最优或较优的。要解决这个问题,需要建立某种最优化模型。动态优化要应用最优控制理论,而静态优化要用到线性规划和目标规划方法。

**例7.6** 某集团军电子对抗团的军官职位由副连、正连、副营、正营、团五级构成(依次记为等级1、等级2、等级3、等级4、等级5),每年等级之间的转移比例矩阵为

$$P=\begin{bmatrix}0.5 & 0.3 & 0 & 0 & 0\\ 0 & 0.7 & 0.2 & 0 & 0\\ 0 & 0 & 0.6 & 0.3 & 0\\ 0 & 0 & 0 & 0.8 & 0.1\\ 0 & 0 & 0 & 0 & 0.8\end{bmatrix}$$

当前各类人员分布结果如例7.6表(a)。

**例7.6表(a) 各类人员当前的分布**

| 时间 | 类别 | | | | | 合计 |
|---|---|---|---|---|---|---|
| | 1 | 2 | 3 | 4 | 5 | |
| $t=0$ | 285 | 130 | 120 | 100 | 60 | 695 |

假设人员总规模每年递增3%,而各类人员的分布比例保持不变,需要预测以后8年各年应该招收和晋升的人数。

**解** 由转移矩阵可知各类人员离开系统的概率分别为20%,10%,10%,10%,20%。首先应用动态人员补充方程公式(7-57)和(7-58)确定第一年应该招收和晋升的人数。

当 $t=1$ 时,有

$$n_5(1)=60\times(1+3\%)\approx 62$$

$$m_{50}(1)=60\times 20\%=12$$

$$n_5(0)=60$$

所以

$$m_{45}(1)=n_5(1)-n_5(0)+m_{50}(1)=62-60+12=14$$

即 $t=1$ 时团级(5)总人数为62人,由正营级(4)向团级(5)晋升人数为14人。

$$n_4(1) = 100 \times (1 + 3\%) = 103$$

$$m_{40}(1) = 100 \times 10\% = 10$$

$$m_{45}(1) = 14$$

$$n_4(0) = 100$$

所以

$$m_{34}(1) = n_4(1) - n_4(0) + m_{40}(1) + m_{45}(1) = 103 - 100 + 10 + 14 = 27$$

即 $t = 1$ 时正营级(4)总人数为 103 人,由副营级(3)向正营级(4)晋升人数为 27 人。

$$n_3(1) = 120 \times (1 + 3\%) \approx 124$$

$$m_{30}(1) = 120 \times 10\% = 12$$

$$m_{34}(1) = 27$$

$$n_3(0) = 120$$

所以

$$m_{23}(1) = n_3(1) - n_3(0) + m_{30}(1) + m_{34}(1) = 124 - 120 + 12 + 27 = 43$$

即 $t = 1$ 时副营级(3)总人数为 124 人,由正连级(2)向副营级(3)晋升人数为 43 人。

$$n_2(1) = 130 \times (1 + 3\%) \approx 134$$

$$m_{20}(1) = 130 \times 10\% = 13$$

$$m_{23}(1) = 43$$

$$n_2(0) = 130$$

所以

$$m_{12}(1) = n_2(1) - n_2(0) + m_{20}(1) + m_{23}(1) = 134 - 130 + 13 + 43 = 60$$

即 $t = 1$ 时正连级(2)总人数为 134 人,由副连级(1)向正连级(2)晋升人数为 60 人。

$$n_1(1) = 285 \times (1 + 3\%) \approx 294$$

$$m_{10}(1) = 294 \times 10\% \approx 59$$

$$m_{12}(1) = 60$$

$$n_1(0) = 285$$

所以

$$m_{12}(1) = n_1(1) - n_1(0) + m_{10}(1) + m_{12}(1) = 294 - 285 + 59 + 60 = 128$$

即 $t = 1$ 时应招收副连级(1)人数为 128 人。

以此类推,可以确定后续 7 年($t = 2,3,4,5,6,7,8$)应该招收和晋升的人数。从第 1 年到第 8 年,系统各类人员的变化情况(招收与晋升)如例 7.6 表(b)所示。

例 7.6 表(b)　动态情形的预测结果

| 时间 | 级别 | | | | | | | | | | | | | | | 合计 |
|---|---|---|---|---|---|---|---|---|---|---|---|---|---|---|---|---|
| | 副连 | | | 正连 | | | 副营 | | | 正营 | | | 团 | | | |
| | 进入 | 原有 | 总数 | 进入 | 原有 | 总数 | 进入 | 原有 | 总数 | 进入 | 原有 | 总数 | 进入 | 原有 | 总数 | |
| $t=0$ | 0 | 285 | 285 | 0 | 130 | 130 | 0 | 120 | 120 | 0 | 100 | 100 | 0 | 60 | 60 | 695 |
| $t=1$ | 128 | 166 | 294 | 60 | 74 | 134 | 43 | 81 | 124 | 27 | 76 | 103 | 14 | 48 | 62 | 716 |
| $t=2$ | 133 | 170 | 303 | 63 | 75 | 138 | 45 | 83 | 128 | 28 | 78 | 106 | 15 | 49 | 64 | 739 |
| $t=3$ | 134 | 178 | 312 | 64 | 78 | 142 | 46 | 86 | 132 | 29 | 80 | 109 | 15 | 51 | 66 | 761 |
| $t=4$ | 135 | 186 | 321 | 64 | 82 | 146 | 46 | 90 | 136 | 29 | 83 | 112 | 15 | 53 | 68 | 783 |
| $t=5$ | 141 | 190 | 331 | 67 | 83 | 150 | 48 | 92 | 140 | 30 | 85 | 115 | 16 | 54 | 70 | 806 |
| $t=6$ | 145 | 196 | 341 | 69 | 86 | 155 | 49 | 95 | 144 | 31 | 87 | 118 | 16 | 56 | 72 | 830 |
| $t=7$ | 149 | 202 | 351 | 71 | 89 | 160 | 50 | 98 | 148 | 32 | 90 | 122 | 16 | 58 | 74 | 855 |
| $t=8$ | 153 | 209 | 362 | 73 | 92 | 165 | 52 | 100 | 152 | 33 | 93 | 126 | 17 | 59 | 76 | 881 |

# 7.4　指挥组织结构的优化

指挥组织结构的效能与许多不确定性因素有关,这种不确定性是由于信息流在流通过程中受到的结构变量(组织的拓扑结构)的变化而造成的。当我们从信息流的角度看待指挥信息在指挥机构内部和外部的流通时,信息在各个环节上存在着许多不确定性因素。首先,信息在组织体系中运行速度,用“时效性”进行刻画,本质上是信息流通的时间标准;其次,信息流在组织结构的内部和外部的交互作用质量,用“准确性”进行刻画,本质上是信息流通的质量标准。当我们关注组织的结构变量(组织的拓扑结构)时,需要将上述信息流两方面特征综合考虑,信息流在不同组织结构下的时效性和准确性共同组成了指挥组织的结构效能。

## 7.4.1　指挥体制组织结构分类

所谓指挥组织结构是指指挥组织内部分工协作的基本形式或框架。综合考虑影响指挥层次和指挥跨度等各种因素,一般有三种典型的组织结构:垂直式组织结构、扁平式组织结构和矩阵式组织结构。

### 7.4.1.1　垂直式组织结构和扁平式组织结构

垂直式组织结构的特点是:指挥机构内部的指挥层次较多,每一层次所设部门较少;扁平式组织结构的特点是:指挥机构内的指挥层次较少,而每一层次所设部门较多。这两种结构形式的特征不同，前者向垂直方向伸展，呈现“金字塔”形状；后者朝水平方向延伸，呈“扁平”状。

垂直式组织结构的指挥机构“幅度较小”，具有如下特点：

(1)便于上下级间的沟通与指导，由于指挥机构幅度较小，指挥人员有充足的时间和精力对下属进行具体指导，深刻理解上级首长的作战意图；

(2)便于提高决策效率，下属有更多的机会参与决策，更好地理解和分解目标，易于协调和取得一致，决策时间短；

(3)便于锻炼提高指挥员的指挥能力，由于指挥层次多，上下指挥员必然在数量上增加，从而指挥员得到的锻炼机会就多。

但是由于垂直式组织结构指挥层次多，具有如下缺点：

(1)指挥环节多，信息容易失真，由于组织结构层次多，指挥信息流的流动速度和流通连续性必然降低，因此，易造成信息失真；

(2)指挥结构臃肿，易发生扯皮现象，由于指挥部门多、指挥员多，增加了层次间和部门间协调难度，容易发生推诿现象；

(3)计划控制复杂，指挥容易失效，由于每级指挥对象关于顶层作战目标都必须在整体计划的基础上，逐层分解细化，在此过程中可能失去原计划的明确性和协调性，同时使得指挥控制难度增加；

(4)上下层级多，容易滋生官僚作风，对于最高层而言，由于高高在上，很难体验底层真实状况，底层真实状况经过层次汇报后一方面已经失真，另一方面需要很长的时间，真实的状况已经成为“过去式”了，从而使得作战计划很难跟得上情况的动态变化，垂直式组织结构对环境的自适应性差是其最大的缺点。

扁平式组织结构的指挥机构层次相对与垂直式组织结构较少，具有许多优点：

(1)指挥信息流通速度快，流通连续性好，流通环节少使得信息不易失真；

(2)由于结构扁平，高层指挥员容易了解下层情况，便于指导；

(3)由于减少指挥环节，上下容易形成合力，对于复杂的突发性问题便于迅速决策；

(4)下层指挥员职权相应比较大，可以锻炼和提高下级指挥员的指挥能力。

同样，扁平式组织结构具有一些缺点：

(1)扁平式组织机构不利于工作的协调；

(2)扁平式组织结构中的指挥员工作负荷比较重，杂事多，不利于重点工作的展开；

(3)扁平式组织结构对指挥员的素质要求高，如果指挥员自身的素质不具备，则扁平式组织结构的优点就体现不出来。

#### 7.4.1.2 矩阵式组织结构

矩阵式组织结构作为一种组织结构，既包含了纵向指挥，又包含了横向指挥，纵列与横行交叉，犹如矩阵。其结构如图 7－10 所示。

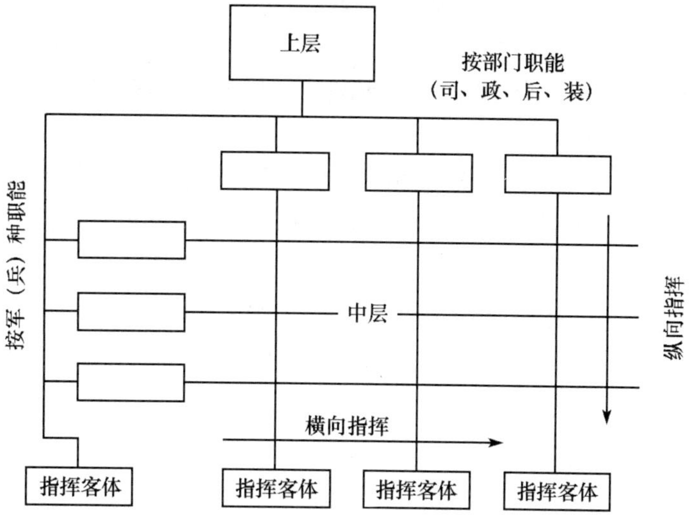


图 7 - 10　矩阵式组织结构图

矩阵式组织结构是垂直式组织结构和扁平式组织结构的一种动态混合，它以各职能部门（司、政、后、装）部门为经线，以按军（兵）种职能系统为纬线。纵向按“指挥 - 职能”的领导关系，横向按“军种 - 效能”的领导关系，组成交叉的矩阵网络形式。

一般而言，矩阵式组织结构是围绕专门的指挥职能部门进行组织的。矩阵式组织结构最显著的特征就是打破了职能式组织结构中垂直命令传递概念，矩阵式组织结构中的下层指挥员有两个上层首长，在专门的作战指挥职能部门构成的层次链上又叠加了一条横向的命令链。

矩阵式组织结构既有垂直式结构注重指挥主体和指挥客体的特点，也保留了扁平式结构分工明确、各司其职，充分发挥其指挥职能特色的特点。垂直式组织结构强调纵向的信息沟通，但缺少彼此间的横向信息沟通，反映很慢，而扁平式组织结构强调横向的信息流动。矩阵式组织结构就是将这两种信息流动在指挥机构内部同时实现。采用纵向与横向相结合的办法，处理指挥部门与作战任务之间的关系，提高指挥效率。纵向是作战职能部门与作战任务之间的关系，横向是诸兵种指挥谋划部门的指挥，纵横交叉形成矩阵。

从组织结构的柔性分析可以看出，矩阵式组织结构最大限度地体现了战时作战指挥组织柔性。设计矩阵式组织结构时，可以将指挥机构分为三个层次，即上层、中层和下层（如图 7 - 10）。在战时，可以在平时的指挥职能机构的基础上，成立诸兵种临时性指挥机构。诸兵种临时性指挥机构中的指挥员由上级任命，指挥机构成员从指挥职能部门中抽调组成，各军种下的指挥客体接受来自于中层职能部门的指挥和该军兵种临时性指挥机构的双重指挥。战时，组成作战指挥机构；平时，诸兵种临时性指挥机构解散，指挥机构成员又回到各自所在的职能部门。

矩阵式组织结构被称为“活着的”立体网，基于任务动态变化。矩阵式组织结构是有机的，既能够保证稳定地发展，又能保证组织内部的变化和创新，从而避免了组织过度横向或纵向变化。当然,在实际应用中应克服双重指挥链的问题,适当明确纵横指挥链的主次关系。

矩阵式组织结构,是一种双重的管理结构,适用于高度不确定的环境。它的优点有:

(1)能够获得适应环境要求所必需的协作;

(2)指挥对象间实现兵力兵器资源的弹性共享,它能使兵力、兵器等指挥资源在不同的指挥方案中进行灵活配置,整合资源适应于不断变化的外界要求;

(3)适于在不确定的环境中进行复杂的决策和经常性变革;

(4)更具有开放性,有利于不同诸兵种指挥机构间协调和信息沟通,加强指挥职能部门间的横向联系,有利于信息共享和协调,加强指挥职能部门间的横向联系,具有灵活、高效、便于资源共享和组织内部沟通等优势;

(5)不是单一的划分,而是多重的组织划分;

(6)增强了组织结构的弹性、灵活性和活力。

矩阵式组织结构的缺点是:

(1)没有一致的命令概念,命令源有两个处理不当,会造成责任不清,相互推诿。另外,面对双重命令链,每个下层指挥员不止一个上层首长,上上下下需要更多的沟通协调,不同中层指挥结构的指挥员及其参谋间需要良好的人际沟通。

(2)经常性的会议和冲突消耗时间,可能使得决策过程放慢。

(3)模糊性大大增加,容易导致混乱和冲突,使组织内部出现争权夺利的倾向。

矩阵式组织结构的实践需要从以下三个方面考察其适应性:

(1)指挥行为方面。与单纯的垂直式和扁平式组织结构不同,矩阵式结构很少能从组织结构图中判断出来,需要根据指挥结构具体的指挥行为加以判断。判断的重要标准是,下层指挥员需要向联合指挥职能机构和军种指挥职能机构汇报工作,而且它可以根据需要做横向和纵向的收缩,当它进行横向收缩的时候类似于扁平式组织的职能,当它向纵向收缩的时候类似于垂直式组织的职能。在指挥行为上,应根据矩阵式组织结构的弹性特点,收缩指挥链,以进一步贴近实战,实现扁平化指挥。

(2)权利划分方面。垂直式、扁平式和矩阵式组织结构是以职能权利的存在为基础对组织结构形态进行的划分。垂直式指挥组织的权利是纵向分布的,扁平式指挥组织的权利是横向分布的,而矩阵式指挥组织的权利是二元权力结构。组织平衡是组织生存、发展的基础。高层指挥员的主要职责是维持下一级指挥结构指挥员之间的权利平衡,同时也必须愿意进行决策委托,鼓励下级指挥机构指挥员直接接触,共同解决问题。下层指挥员接受来自纵向和横向的中层指挥员的双重领导,中层指挥员应注意避免因二重命令而产生的矛盾,调动下层指挥员的积极性,每个下层也应注意沟通协调。

(3)战略需求方面。指挥的组织结构应该服从于战略的需求。当战略发生重大变化时,组织结构也应该做相应的调整,以支持战略的需求和变化。组织结构如不适应战略的需求,不仅不能为军队达成战略目的提供有力的支持,还往往会成为战略推行过程中的阻力。矩阵式组织结构是动态的,可以根据需要尽量避免组织的过度横向化或者过度纵向化。如果组织结构过度横向化，则指挥职能结构的权利过大，往往会使组织膨胀，增加指挥成本；组织结构过于纵向化，则容易滋生官僚作风，在决策时更倾向于集权式决策。

## 7.4.2　指挥组织结构的结构熵

为了描述信息对系统和子系统的组织结构在流通过程中的运行速度和准确性，我们分别以指挥组织结构的时效性和准确性为测评指标，以此反映指挥组织结构的综合效能。下面分别介绍指挥组织结构的时效性和准确性的度量方法。其中，指挥组织结构的时效性用组织结构的时效熵进行度量，指挥组织结构的准确性用组织结构的质量熵进行度量。

### 7.4.2.1　指挥组织结构的时效熵

熵概念来自热力学，1864 年由德国科学家克劳修斯（Classius）提出，1882 年波尔兹曼（Boltsmann）发展了熵理论，并且把熵解释为“失去的信息”。他认为“熵取决于系统内部微观粒子排列的几率”，即一个孤立的系统必定自发回归到熵极大的平衡态。他对热力学系统进行了分析，从而确定了熵是系统微观混乱程度的度量，或是无序的度量。波尔兹曼确定了如下函数，该函数确定系统熵和状态概率的关系：

$$S = k_b \ln P$$

式中　$S$——系统熵；

$k_b$——波尔兹曼常数；

$P$——系统状态概率。

首先，定义指挥信息在指挥组织结构的时效性。指挥信息在指挥组织结构的时效性是指：在某种指挥组织结构中，指挥信息在指挥组织体系结构各拓扑基层元素间的传递过程中，指挥信息流流动的效率，称为指挥组织系统结构的时效性。

为了使问题的描述简单起见，我们将指挥组织结构看着一个系统，简称系统。把反映指挥信息在指挥组织体系结构中，或者拓扑基层元素流通时效性的不确定性的度量用熵来表示，称为系统的时效熵。

不妨设在指挥体制组织体系的拓扑结构中，指挥层次为 $l$ 层，对象为 $n$ 个，第 $i$ 层的元素个数为 $m_i$ 个，$\sum_{i=1}^{l} m_i = n$；最大指挥跨度为 $N$。

系统纵向上、下级任意两个基层要素之间联系的时效熵 $H_{ij}^t$，定义为

$$H_{ij}^t = -p_{ij}^t \ln p_{ij}^t$$

式中　$p_{ij}^t$——系统第 $i,j$ 个基层要素联系时实现转移的概率。

时效的计算方法在表 7－2 中给出。

**表 7-2 指挥组织结构拓扑结构时效熵一览表**

<table>
<tr><td colspan="5">指挥组织拓扑结构方案 $i$</td></tr>
<tr><td>联系长度</td><td>合计数</td><td>微观态</td><td>$p_i^t$</td><td>填表说明</td></tr>
<tr><td>1</td><td>$n_1$</td><td>$1\times n_1$</td><td>$n_1/A_1$</td><td rowspan="5">元素(节点)和元素(节点)之间有一根杆的数量,称为联系度长度为 1;元素(节点)和元素(节点)之间有 2 根杆的数量,称为联系度长度为 2;以此类推,两元素上有 $i$ 根杆的数量,称为联系度长度为 $i$。</td></tr>
<tr><td>2</td><td>$n_2$</td><td>$2\times n_2$</td><td>$n_2/A_1$</td></tr>
<tr><td>⋮</td><td>⋮</td><td>⋮</td><td>⋮</td></tr>
<tr><td>$i$</td><td>$n_i$</td><td>$i\times n_i$</td><td>$n_i/A_1$</td></tr>
<tr><td>总计</td><td>$\sum_{k=1}^{i} n_k$</td><td>$A_1=\sum_{k=1}^{i}(k\times n_k)$</td><td>$R=1-\frac{H^t}{H^t_{max}}$</td></tr>
<tr><td colspan="5">$H^t=\sum_{k=1}^{i}(p_i^t\ln p_i^t)$; $H^t_{max}=\ln A_1$</td></tr>
</table>

按照系统的跨度由上至下,定义:

$$H^t = \sum_{i=1}^{N}\sum_{j=1}^{N} H^t_{ij}$$

为系统总的时效熵,其中 $N$ 为最大的指挥跨度。

把

$$H^t_{max} = \max H^t = \ln A^t$$

定义为系统的最大时效熵,其中

$$A^t = \sum_i \sum_j L_{ij}$$

其中 $L_{ij}$ 为指挥组织结构中指挥层次的联系长度,$L_{ij}$ 的计算由两基层要素($i,j$)间的最短路径来确定。由于效率是单位时间内信息流过的路程,因此,我们将直接连接的长度看着 1,每中转一次长度增加 1,$i,j$ 表示基层要素的编号序数。

**定义** $i,j$ 联系时实现转移的概率:

$$p^t_{ij} = L_{ij}/A^t = L_{ij}\Big/\sum_i\sum_j L_{ij}$$

系统的时效性用 $R$ 表示,且

$$R = 1 - H^t/H^t_{max}$$

式中 $H^t$——系统总的时效熵;

$H^t_{max}$——系统的最大时效熵。

即

$$R = 1 - \left\{\sum_{i=1}^{N}\sum_{j=1}^{N}\left[\left(L_{ij}\Big/\sum_{i=1}^{N}\sum_{j=1}^{N}L_{ij}\right)\times\ln\left(L_{ij}\Big/\sum_{i=1}^{N}\sum_{j=1}^{N}L_{ij}\right)\right]\right\}\Big/\left[\ln\left(L_{ij}\Big/\sum_{i=1}^{N}\sum_{j=1}^{N}L_{ij}\right)\right]$$

$R$ 越大,表示系统有序化程度越高,即组织结构的效率越高。

在图 7-11 中,节点(2)表示系统的第二个节点,它处于第二层,节点($j$)表示系统的第 $j$ 个节点,它处于第三层,以此类推,节点 $n$ 表示第 $n$ 个节点。连线表示要素之间具有直接指挥信息流通通道,称为联系。两个基层要素之间经过联系数称之为两元素的联系长度。这里,图7－11对应的列表如表7－2所示。

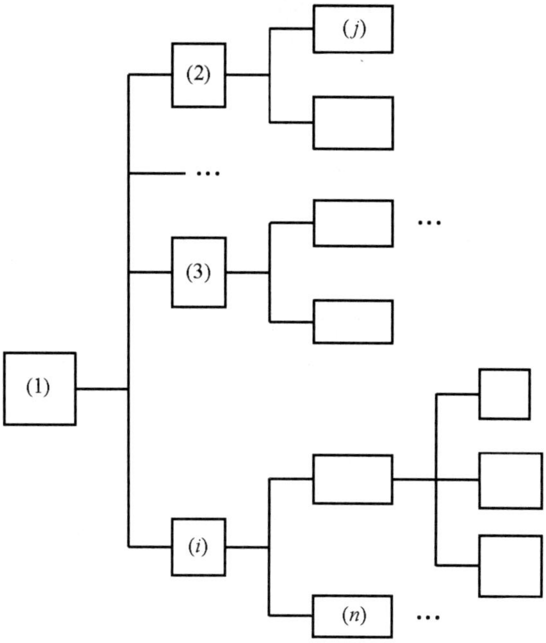


图7－11　组织结构拓扑图

根据以上定义,对于一个指挥组织拓扑结构,根据表7－8中的填表要求,可以比较方便地计算一个指挥组织结构的时效熵。

### 7.4.2.2　指挥组织结构的质量熵

指挥组织结构的质量熵反映的指挥信息在指挥组织结构中流动的准确性。指挥组织结构的质量是排除时间因素的情况下,指挥信息在系统中流通时准确性大小测度。质量熵是对指挥信息质量不确定性的度量。

系统的质量熵的计算如下:

在指挥信息传递过程中,系统任意一个节点出错的机会的不确定性,称为节点要素的质量熵,记为 $H_i^m$,定义为

$$H_i^m = -p_i^m \ln p_i^m$$

式中　$p_i^m$——系统第 $i$ 个节点质量实现的概率,定义为

$$p_i^m = k_i / A^m = k_i \Big/ \sum_i k_i$$

式中　$k_i$——指挥组织拓扑结构中联系跨度数,表示与第 $i$ 个节点有直接联系的元素数量。

指挥组织结构的总质量熵为

$$H^m = \sum_{i=1}^{N} H_i^m = -\sum_i p_i^m \ln p_i^m$$

指挥组织结构的最大质量熵为

$$H_{\max}^{m} = \max H^{m} = \ln A^{m}$$

式中 $A^{m} = \sum_{i} k_{i}$。

指挥组织结构的质量为

$$Q = 1 - \frac{H^{m}}{H_{\max}^{m}}$$

式中 $H^{m}$——指挥组织结构总的质量熵；

$H_{\max}^{m}$——指挥组织结构的最大质量熵。

令 $Q$ 为结构变量质量($M_1$)的测度，记为 $\mu(M_1)$，则

$$\mu(M_1) = 1 - \{\sum_{i}^{l}[(k_i/\sum_{i} k_i) \times \ln(k_i/\sum_{i} k_i)]\}/[\ln(\sum_{i} k_i)]$$

根据以上定义，对于一个指挥组织拓扑结构，可以根据表7-3计算该组织结构的质量熵。

**表7-3 指挥组织结构拓扑结构时效熵一览表**

| 指挥组织拓扑结构方案 $i$ | | | | |
|---|---|---|---|---|
| 联系长度 | 合计数 | 微观态 | $p_i^m$ | 填表说明 |
| 1 | $h_1$ | $1 \times h_1$ | $h_1/A_2$ | 基本元素上有一根杆的数量，称为联系度跨度 $k_i$ 为1；基本元素上有2根杆的数量，称为联系度跨度 $k_i$ 为2；以此类推，基本元素上有 $j$ 根杆的数量，称为联系度跨度 $k_i$ 为 $j$。 |
| 2 | $h_2$ | $2 \times h_2$ | $h_2/A_2$ | |
| ⋮ | ⋮ | ⋮ | ⋮ | |
| $j$ | $h_j$ | $j \times h_j$ | $h_j/A_2$ | |
| 总计 | $\sum_{k=1}^{j} h_k$ | $A_2 = \sum_{k=1}^{j}(k \times h_j)$ | $Q = 1 - \frac{H^m}{H_{\max}^m}$ | |
| $H^m = -\sum_{k=1}^{j}(p_i^m \ln p_i^m)$；$H_{\max}^m = \ln A_2$ | | | | |

## 7.4.3 基于结构熵的指挥组织结构的优化

指挥组织结构熵分为时效熵和质量熵，根据时效熵和质量熵可以评价组织结构的变量的时效性和准确性(指控信息在组织传递过程中的时效性和准确性)。通过修改组织结构各节点之间的链接关系(指控关系)可以获得符合要求的组织结构熵，从而获得较好的指挥组织的拓扑结构。

以垂直式指挥机构和扁平式指挥机构的拓扑结构为例，比较结构变量的时效性和准确性。如图7-12和图7-13所示，从它们的拓扑性质看，都是由7个节点组成的，图7-12是垂直式组织结构，图7-13是扁平式组织结构。由于层次和跨度的不同，信息的流动速度显然是不同的，信息在两种拓扑结构中传递准确性也是不同的，我们用系统时效性

和准确性两个参数进行描述。

图7-12　垂直式组织结构的拓扑结构

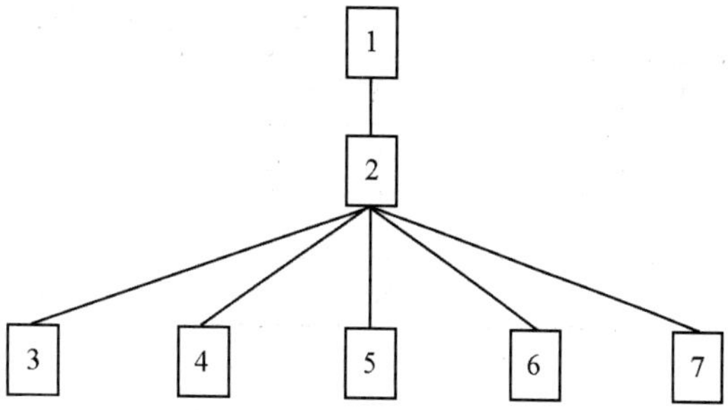


图7-13　扁平式组织结构的拓扑结构

首先计算垂直式组织结构的时效熵，如表7-4所示。

表7-4　垂直式组织结构的时效熵

| 联系长度 | $p_{ij}$ | 联系标号 | 合计 | 微观态 |
|---|---|---|---|---|
| 1 | 1/112 | 2-1，3-2，4-3，5-4，6-5，7-6 | 6 | 6 |
| 2 | 2/112 | 3-1，4-2，5-3，6-4，7-5 | 5 | 10 |
| 3 | 3/112 | 4-1，5-2，6-3，7-4 | 4 | 12 |
| 4 | 4/112 | 5-1，6-2，7-3 | 3 | 12 |
| 5 | 5/112 | 6-1，7-2 | 2 | 10 |
| 6 | 6/112 | 7-1 | 1 | 6 |
| | | $H^t_{max}=\ln112=4.7185$；$H^t=3.5829$；$R=0.2821$ | 21 | $A_1=56$ |

计算扁平式组织结构的时效熵，如表7-5所示。

表7-5　扁平式组织结构的时效熵

| 联系长度 | $p_{ij}$ | 联系标号 | 合计 | 微观态 |
|---|---|---|---|---|
| 1 | 1/32 | 2-1，3-2，4-2，5-2，6-2，7-2 | 12 | 12 |
| 2 | 2/32 | 3-1，4-1，5-1，6-1，7-1 | 10 | 20 |
| | | $H^t_{max}=\ln32=3.4657$；$H^t=3.0325$；$R=0.1250$ | 22 | $A_1=32$ |

然后计算垂直式组织结构的质量熵,如表 7-6 所示。

**表 7-6 垂直式组织结构的质量熵**

| 联系跨度 | 联系标号 | 合计 | $p_i^m$ | 微观态 |
|---|---|---|---|---|
| 1 | 1,7 | 2 | 1/12 | 2 |
| 2 | 2,3,4,5,6,7 | 5 | 2/12 | 10 |
| $A_2=12$; $H^m=1.9073$; $H_{\max}^m=\ln 12=2.4849$; $Q=0.3028$ | | | | |

计算扁平式组织结构的质量熵,如表 7-7 所示。

**表 7-7 扁平式组织结构的质量熵**

| 联系跨度 | 联系标号 | 合计 | $p_i^m$ | 微观态 |
|---|---|---|---|---|
| 1 | 1,3,4,5,6,7 | 6 | 1/12 | 6 |
| 6 | 2 | 1 | 6/12 | 6 |
| $A_2=12$; $H^m=1.5890$; $H_{\max}^m=\ln 12=2.4849$; $Q=0.4191$ | | | | |

两种组织结构的比较如表 7-8 所示。

**表 7-8 两种指挥组织结构的比较**

| 名称 | 系统时效熵 | 系统质量熵 | 系统时效 | 系统质量 | 系统综合值 |
|---|---|---|---|---|---|
| 垂直式组织结构 | 4.0254 | 1.9073 | 0.2407 | 0.3028 | 0.5435 |
| 扁平式组织结构 | 2.7726 | 1.5890 | 0.1250 | 0.4191 | 0.5441 |

从表 7-8 中可以看出,扁平式组织的时效熵比垂直式组织结构的时效熵低,这说明指挥信息在扁平式组织中传递的时效性比信息在垂直式组织中传递的时效性高,这是由于扁平式组织结构节点间的平均传递通道的长度比垂直式结构中的短;在表 7-8 中扁平式组织结构的质量熵比垂直式组织结构的低,这说明信息传输的准确性在扁平式组织结构中比垂直式组织结构中高。当综合考察系统时效性和准确性时,可以运用系统综合值(系统时效与系统质量的和)进行分析,从表 7-8 中可看出,信息在扁平式组织结构中流通的有序性比信息在垂直式组织结构中流动的有序性高。这说明:从指挥信息流通角度而言,系统在基本要素具有相同个数的情况下,指挥层次多(垂直式结构),其指挥效率低,指挥层次少(扁平式结构),指挥效率就高。因此从指挥信息流通角度而言,扁平式组织结构的综合效率要高。

# 7.5　军事指挥中的排队方法

排队论是一门专门研究随机性拥挤现象规律的学科,可以用于科学组织和安排各项军事行动,是提高指挥艺术、提升管理水平的基本手段之一。用排队论方法解决军事问题的范围相当广泛,关系较密切的有:估计各种武器及指挥、通讯系统的效率;研究防御武器的防御能力;对兵力兵器的设置配置提出要求;以最优方式组织武器装备的维修供应及伤员救护等。

## 7.5.1　军事问题中的排队现象

### 7.5.1.1　基本概念

(1)顾客。顾客是在排队问题中要求得到某种服务的对象的统称,如要求使用线路的各战斗分队、要求降落的机群、等待射击的装甲目标及待修的武器装备等。

(2)服务台。服务台是为了满足顾客需要而进行服务工作的人或物,如电话总机、机场跑道、修理所(技工)等。

(3)排队过程。排队过程是从顾客到来要求服务、排队等待、接受服务后离去所经历的整个过程。

(4)排队系统。排队系统是顾客在整个排队过程中与服务机构相结合而构成的系统。

简单排队过程和排队系统如图 7－14 所示。

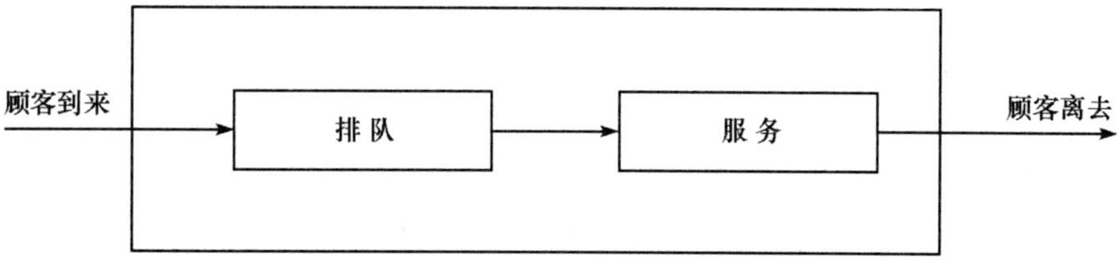


图 7－14　排队过程和排队系统

在服务台前,当陆续到来要求得到某种服务的顾客较频繁,而服务台的数量和服务速度又赶不上需要时,势必造成有些顾客不能立即得到服务而需要等待,这就出现了排队现象。如:在某排防御阵地的一个支撑点,配备有无后坐力炮一门,以对付对方装甲目标,在对出现的第一个目标实施射击的过程中,其余陆续出现的目标,处于排队等待射击的状态,这些正在接受射击和等待射击的装甲目标在排队论中就是“顾客”。

军事行动中常见的排队系统的例子如表 7－9 所示。

表 7-9 军事行动中常见的排队系统

| 到达顾客 | 要求服务内容 | 服务机构 |
|---|---|---|
| 进入我方敌机 | 我方高炮射击 | 我方高炮 |
| 返航机群 | 降落 | 跑道 |
| 损坏武器 | 修理 | 修理所(技工) |
| 敌坦克 | 反坦克兵器射击 | 反坦克兵器 |
| 敌方目标 | 侦察 | 各种侦察工具 |
| 情报 | 处理、翻译 | 处理机、译电员 |
| 伤病员 | 治疗 | 医生、各种器械 |
| 部队装备 | 过河 | 船、桥 |

### 7.5.1.2 排队论所研究的内容

排队论所讨论的内容是多方面的,经常碰到的有以下几个方面。

**1.各种排队系统的概率分布规律性**

由于顾客到达系统的人数和时间是随机的,每个顾客接受服务的时间也不尽相同,随机因素在排队系统中起着根本的作用,因此,各种排队系统的概率分布规律性是排队论所要讨论的主要问题之一,所使用的方法主要是研究随机现象规律的概率论方法。

**2.描述排队系统特征的数量指标**

数量指标是描述随机现象统计规律性的一种重要手段。由于随机因素在排队论中起主导作用,因此,数量指标在排队论的研究中也占有重要地位。常用的数量指标有下面几种:

(1)队长:指排队系统中顾客的总数,包括等待的和正在接受服务的全体顾客。

队列长是等待服务的顾客总数,如图 7-15。

系统中顾客数 = 在队列中等待服务的顾客数 + 正被服务的顾客数

图 7-15 排除系统中顾客数量关系

(2)等待时间:指顾客到达排队系统起至开始接受服务所需要的时间。等待时间是顾客最关心的,只要等待时间短,队长稍长也没关系。

停留时间是一个顾客在系统中需要的全部时间,如图 7-16。

停留时间 = 等待时间 + 服务时间

图 7-16 排队系统中停留时间的组成

若　$\tau_i$——第 $i$ 个顾客的到达时刻；

$W_i$——第 $i$ 个顾客的等待时间；

$S_i$——第 $i$ 个顾客的服务时间；

$t_i=\tau_{i+1}-\tau_i$——第 $i$ 个顾客与第 $i+1$ 个顾客到达的时间间隔。

则它们之间的关系如下：

$$W_{i+1}=\begin{cases}W_i+S_i-t_i & \text{当 } W_i+S_i-t_i>0\\ 0 & \text{当 } W_i+S-t_i>0\end{cases}$$

在等待时间 $W_i$ 的计算中显然有 $W_i=0$。

(3)忙期：单服务台时，忙期是指顾客从到达空闲服务机构起，到服务机构再空闲为止的时间长度，或服务台连续工作的时间段长度。对多服务台，是指所有服务台连续忙的时间间隔。

除此之外还有其他的数量指标。

由于顾客的到达及服务时间都具有随机性，所以队长、等待时间、忙期等都是随机变量，排队论研究的主要内容就是这些随机变量的概率分布及反映它们平均特性的数学期望。

**3.最优化问题**

(1)静态最优：若服务机构规模较大，能使顾客减少排队、迅速得到服务，顾客满意，但这可能造成服务机构的利用率不高，浪费人力、物力，增大开支。反之将会出现排队过长，顾客的需要不能很快得到满足。所以，如何协调顾客同服务机构之间的矛盾，是排队系统设计最优化要解决的问题，称其为静态最优。

(2)动态最优：对给定的排队系统，如何利用现有条件有效运营使其发挥最大的经济效益，称为排队系统的动态最优化问题。

排队论是研究随机服务系统的数学理论和方法，它对服务过程进行定量研究，发现排队模型的统计规律性，计算各种数量指标，优化服务系统。

### 7.5.1.3　排队系统的组成

对任何排队系统，顾客到来要求服务、排队等待服务、接受服务并在结束服务后离去，是一个顾客要经历的三个阶段，分别称其为输入过程、排队规则和服务过程，它们的规律性决定了整个排队系统的特点。

输入过程、排队规则、服务过程称为排队过程的三要素，也是排队过程的三个基本组成部分。

**1.输入过程**

输入过程是指顾客到达排队系统的规律性，也称其为“顾客流”，或“输入流”，或“目标流”。要完全地描述一个输入过程需要掌握以下几个方面：

(1)顾客总体是有限的还是无限的。

(2)顾客到达的方式是一个一个的还是成批的。

(3)顾客到达的时间间隔的分布类型是确定型的还是随机型的。确定型是指顾客相继到达的时间间隔固定为常数,称为定长输入;随机型是指顾客相继到达的时间间隔为一随机变量,在排队论中主要讨论的输入过程是随机型的。

(4)顾客的到达是否独立。主要讨论相互独立的情况。

(5)输入过程是否平稳。如果描述顾客相继到达时间间隔随机变量的分布或数量指标(期望,方差)都与时间无关,则称其为平稳,否则称其为非平稳,只讨论平稳情况。

**2.排队规则**

排队规则是指到达排队系统的顾客是按怎样的规则排队等待准备接受服务的。

(1)损失制排队规则。损失制又称为消失制,若顾客到达时,所有的服务台都已被占用,则后到顾客将不进入排队系统而自动离开消失,不等待接受服务。

(2)等待制排队规则。若所有服务台忙于对顾客服务,则后到顾客将进入系统排队等待,直到服务台有空时才可能接受服务。其接受服务的次序有下面几种:先到先服务;后到先服务;随机服务;有优先权的服务。

(3)系统容量的有限和无限。

(4)队列数目多少,如单列或多列等。

**3.服务过程**

顾客在服务机构接受服务的方式和规律就是服务过程,完全的描述需要掌握以下几方面:

(1)服务台的数量和服务类型:

① 单台-单列型(如图7-17所示)

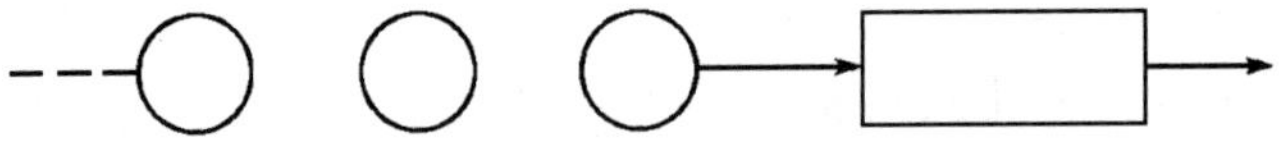

**图7-17 单台-单列型**

② 多台-多列型(如图7-18所示)

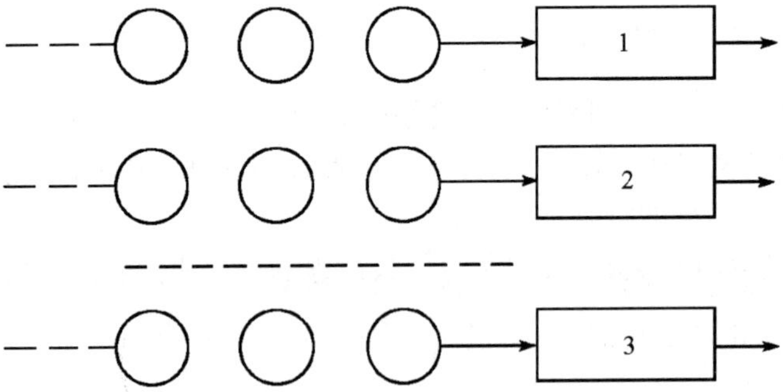


**图7-18 多台-多列型**

③ 多台－串联型(如图 7－19 所示)

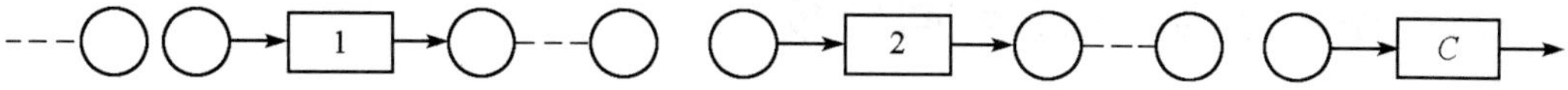


图 7－19　多台－串联型

④ 多台－单列型(如图 7－20 所示)

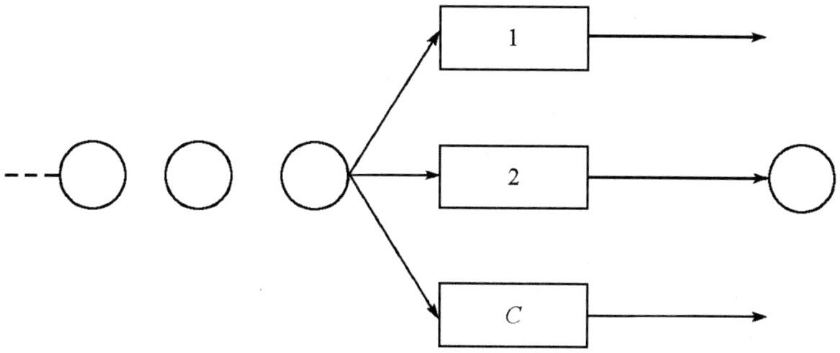


图 7－20　多台－单列型

⑤ 多台－混合型(如图 7－21 所示)

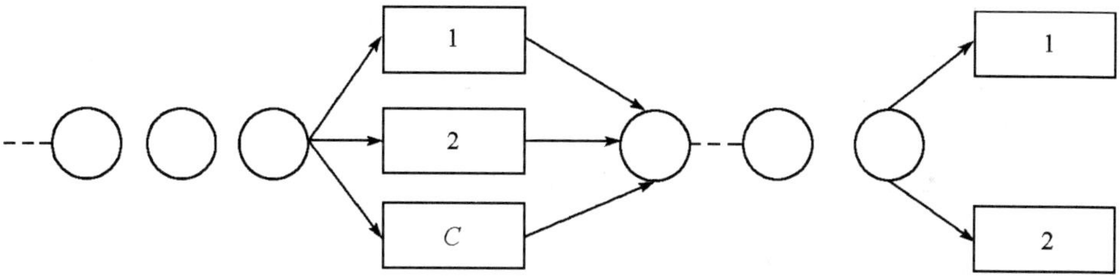


图 7－21　多台－混合型

(2)服务的方式是单个的还是成批的。

(3)服务时间是确定的,还是随机的。

对随机型排队系统同样假定其服务时间的分布是平稳的,且各顾客的服务时间彼此相互独立。

#### 7.5.1.4　排队系统的状态系统

状态是某时刻系统内所含有的顾客数。对一排队系统,由于顾客的到达时刻是随机的,接受服务的时间也是随机的,所以,系统内所含的顾客数也在不断变化且随机取值,还假定到达与服务彼此独立。

当分析各种排队模型时,首先要确定系统处于各种状态的概率,然后再确定用来描述系统特性的参数,其中主要有以下三点:

(1)队长的期望值 $L_s$,队列长的期望值 $L_q$;

(2)停留时间的期望值 $W_s$,等待时间的期望值 $W_q$;

(3)忙期的概率分布和平均忙期长度。

## 7.5.2 输入过程和服务时间分布

### 7.5.2.1 输入过程

输入过程是一种特殊的随机过程，最常见最重要的输入过程是泊松输入过程，其次还有爱尔朗输入过程和定长输入过程。

**1.泊松输入过程**

(1)到达目标数的分布

在甲方某排防御阵地的一个支撑点，配备有无后坐力炮1门，以对付在目标区内出现的乙方装甲目标。

设乙方装甲目标的出现是随机的并且是单个到达，用 $N(t)$表示在时间区间$[0,t)$内到达目标区的装甲目标数($t \geqslant 0$)，则 $N(t)$是个随机过程。

又设 $P_n(t_1,t_2)$为在时间区间$[t_1,t_2)$($t_2>t_1$)内有 $n$ 个装甲目标到达目标区的概率，于是有

$$P_n(t_1,t_2)=P\{N(t_2)-N(t_1)=n\}$$

现假定 $P_n(t_1,t_2)$具有下面三条性质：

① 无后效性。在不相重叠的时间区间内，目标的到达数相互独立，即在某一时间区间内到达一定数量目标的概率与以前到达的目标无关。

② 平稳性与有限性。对于充分小的时间段 $\Delta t$，在时间区间$[t,t+\Delta t)$内有一个目标到达的概率与 $t$ 无关，仅与 $\Delta t$ 有关且约与 $\Delta t$ 成正比，即

$$P_1(t,t+\Delta t)=\lambda\Delta t+o(\Delta t)$$

其中，$o(\Delta t)$是当 $t\to 0$ 时的高阶无穷小，$\lambda>0$ 为一常数。

③ 普遍性。对于充分小的 $\Delta t$，在时间区间$[t,t+\Delta t)$内有两个或两个以上目标到达的概率极小($\Delta t$ 的高阶无穷小量)，因而可表示为

$$\sum_{n=2}^{\infty}P_n(t,t+\Delta t)=o(\Delta t)$$

在上述条件之下，则称到达目标区的目标所形成的输入流为泊松流，也称为最简单流。泊松流在排队问题中的应用广泛，在数学上又易于处理，因而泊松流(最简单流)在排队论中占有十分重要的地位。

现对泊松流，利用其性质，推导出它在一定时间区间内到达的目标数的概率分布，即求 $P_n(t_1,t_2)$。

由条件②，对时间区间$[t_1,t_2)$可以不考虑其起点，仅考虑其区间长度，因而总可取 $t_1=0$，并简记为

$$P_n(0,t)=P_n(t)$$

由条件②和条件③，在$[t,t+\Delta t)$内没有目标到达的概率为

$$P_0(t,t+\Delta t)=1-P_1(t,t+\Delta t)-\sum_{n=2}^{\infty}P_n(t,t+\Delta t)$$

$$= 1 - \lambda\Delta t + o(\Delta t)$$

为了求得 $P_n[t, t+\Delta t)$，把区间 $[0, t+\Delta t)$ 分成两个不相重叠的区间予以考虑，即 $[0,t)$ 和 $[t, t+\Delta t)$。

在 $[0, t+\Delta t)$ 内出现的 $n$ 个目标不外乎三种情况，如表 7-10 所示。

**表 7-10　$[0, t+\Delta t]$ 内出现 $n$ 个目标的情况列表**

| 区间 \ 情况 | $[0,t)$ | | $[t, t+\Delta t)$ | | $[0, t+\Delta t)$ | |
|---|---|---|---|---|---|---|
| | 个数 | 概率 | 个数 | 概率 | 个数 | 概率 |
| $A$ | $n$ | $P_n(t)$ | 0 | $1-\lambda\Delta t+o(\Delta t)$ | $n$ | $P_n(t)(1-\lambda\Delta t)+o(\Delta t)$ |
| $B$ | $n-1$ | $P_{n-1}(t)$ | 1 | $\lambda\Delta t+o(\Delta t)$ | $n$ | $P_{n-1}(t)\lambda\Delta t+o(\Delta t)$ |
| $C$ | $n-2$ | $P_{n-2}(t)$ | 2 | $o(\Delta t)$ | $n$ | $o(\Delta t)$ |
| $D$ | $n-3$ | $P_{n-3}(t)$ | 3 | $o(\Delta t)$ | $n$ | $o(\Delta t)$ |
| | ⋮ | ⋮ | ⋮ | ⋮ | ⋮ | ⋮ |
| | 0 | $P_0(t)$ | $n$ | $o(\Delta t)$ | $n$ | $o(\Delta t)$ |

利用互斥事件概率加法公式有

$$P_n(t, t+\Delta t) = P_n(t)(1-\lambda\Delta t) + P_{n-1}(t)\lambda\Delta t + o(\Delta t)$$

移项整理有

$$\frac{P_n(t+\Delta t) - P_n(t)}{\Delta t} = -\lambda P_n(t) + \lambda P_{n-1}(t) + \frac{o(\Delta t)}{\Delta t}$$

令 $\Delta t \to 0$，并注意到初始条件可得

$$\begin{cases} \dfrac{\mathrm{d}P_n(t)}{\mathrm{d}t} = -\lambda P_n(t) + \lambda P_{n-1}(t) \\ P_0(0) = 1 \end{cases} \qquad n \geqslant 1$$

当 $N=0$ 时，没有 $B$，$C$ 两种情况，可得

$$\begin{cases} \dfrac{\mathrm{d}P_0(t)}{\mathrm{d}t} = -\lambda P_0(t) \\ P_0(0) = 1 \end{cases} \qquad n = 0$$

解上面方程可得

$$P_n(t) = \frac{(\lambda t)^n}{n} \mathrm{e}^{-\lambda t} \qquad n \geqslant 0$$

对任何固定 $t$，这个结果就是概率中著名的泊松分布公式。

上面结果表明：在任何时间段 $[s, t+s)$ 内到达的目标数 $[N(t) = N(s+t) - N(s)]$ 是一个服从泊松分布的随机变量（$t$ 固定），其数学期望和方差分别为

$$E(N(t)) = \lambda\Delta t$$

$$D(N(t)) = \lambda\Delta t$$

(2)间隔时间分布

目标的到达是随机的，因而两目标相继到达的间隔时间 $T$ 也一定是随机的，即 $T$ 是

一个随机变量，对输入过程为泊松流时推导 $T$ 的分布。

用 $F_T$ 表示 $T$ 的分布函数，由定义

$$F_T(t) = P\{T > t\} \qquad t > 0$$

$P\{T > t\}$表示了在时间段$[0, t)$内至少有一个目标到达的概率。

对泊松输入过程：

$$P_0(t) = e^{-\lambda t}$$

所以

$$F_T(t) = P\{T < t\} = 1 - P_0(t) = 1 - e^{-\lambda t} \qquad t > o$$

随机变量 $T$ 的分布密度为

$$f_T(t) = \frac{dF_T(t)}{dt} = \lambda e^{-\lambda t}$$

上面的结果表明：当目标的到达是泊松流时，相邻两目标到达的时间间隔 $T$ 是一个服从负指数分布的随机变量。还可以证明，这些间隔是相互独立的，反之也成立。因而目标相继到达的间隔时间是独立的且同为负指数分布时（密度函数为 $\lambda e^{-\lambda t}$，$t > 0$）与输入过程为泊松流（参数为 $\lambda$）是等价的。

(3)平均时间间隔和平均到达率

平均时间间隔和平均到达率是输入过程为泊松流时两个常用的数量指标。

由于 $T$ 表示相继两目标到达的时间间隔是一个随机变量，因而，平均时间间隔就是 $T$ 的数学期望。由负指数分布的特征：

$$E(T) = \frac{1}{\lambda}$$

所以平均到达的时间间隔（平均时间/目标）就是参数 $\lambda$ 的倒数$\frac{1}{\lambda}$，而平均到达率（平均到达的目标数/单位时间）就是参数 $\lambda$。

(4)无记忆性

无记忆性是当输入过程为泊松流时目标到达的时间间隔的一个有趣性质。

设甲方反坦克兵器的支撑点对乙方装甲目标进行监视，在已等待的时间段$[0, x)$ $(x \geqslant 0)$内未发现有目标出现的条件下，而在未来的时间区间$[x, x + t)$ $(t \geqslant 0)$内发现有目标到达的概率仅与 $t$ 的长短有关而与已等待的时间 $x$ 无关。

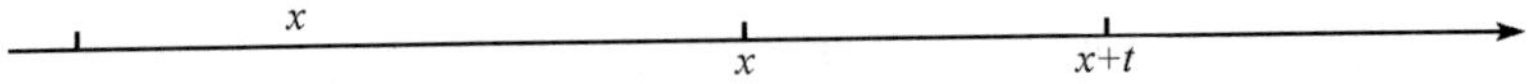


图 7-22

即

$$P\{T < x + t \mid T \geqslant x\} = F_T(t)$$

下面证明这个结果，如图 7-22 所示：

$$P\{T < x + t \mid T \geqslant x\}$$
$$= \frac{P\{T < x + t, T > x\}}{P\{T \geqslant x\}} = \frac{P\{x < T < x + t\}}{1 - P\{T < x\}} = \frac{P\{T < x + t\} - P\{T < x\}}{1 - P\{T < x\}}$$

$$= \frac{F_T(x+t) - F_T(x)}{1 - F_T(x)} = \frac{[1 - e^{-\lambda(x+t)}] - [1 - e^{-\lambda x}]}{1 - [1 - e^{-\lambda x}]}$$

$$= \frac{e^{-\lambda x} - e^{-\lambda x - \lambda t}}{e^{-\lambda x}} = 1 - e^{-\lambda t} = F_T(t)$$

仅与 $t$ 有关而与 $x$ 无关。

**2.爱尔朗输入过程**

爱尔朗输入也是排队模型中常见的一种输入过程。

设 $T$ 表示输入过程中两相继到达顾客的时间间隔，$T$ 是一随机变量。若 $T$ 的密度函数为

$$a(t) = \frac{\lambda(\lambda t)^{k-1}}{(k-1)!} e^{-\lambda t}$$

其中 $k$ 为正整数。则称 $T$ 服从 $k$ 阶爱尔朗分布，输入过程为爱尔朗输入。此时 $T$ 的分布函数可表示为

$$A(t) = 1 - e^{-\lambda t}\left(1 + \frac{\lambda t}{1!} + \frac{(\lambda t)^2}{2!} + \cdots + \frac{(\lambda t)^{k-1}}{(k-1)!}\right)$$

爱尔朗分布的数学期望、方差分别为

$$E(T) = \frac{k}{\lambda}$$

$$D(T) = \frac{k}{\lambda^2}$$

可以证明，爱尔朗分布实为 $k$ 个相互独立、具有相同负指数分布（$\lambda e^{-\lambda t}, t \geqslant 0$）的随机变量之和的分布。

爱尔朗分布是丹麦电话工程师爱尔朗在 20 世纪初所发现，它是 $\Gamma$ 分布的特例。

### 7.5.2.2　服务时间分布

**1.指数分布的服务时间**

(1)分布律及数字特征

当乙方装甲目标出现后，甲方坦克兵器对其依次进行射击。对某一装甲目标从指示时刻算起，经过炮火准备到射击实施完毕为止所花费的时间就是服务时间，用 $V$ 表示。

由于各种因素的作用（目标坐标位置的影响、射击角度的差异、战场情况的变化等），所以每一目标所需要的服务时间也是一个随机变量，此处假定 $v$ 服从参数为 $\mu$ 的负指数分布。

其分布函数为

$$F_v(t) = 1 - e^{-\mu t}$$

其概率密度为

$$f(t) = \mu e^{-\mu t} \qquad \mu > 0 \text{ 为常数}$$

且有

$$E(V) = \frac{1}{\mu}$$

$$D(V)=\frac{1}{\mu^2}$$

(2)效率指标

平均服务率是在单位时间内能被射击完毕的目标数(平均射击完毕的目标数/单位时间),如 $\mu$。

平均服务时间是对一个目标完成射击动作平均所花费的时间(平均花费的时间/目标),如$\frac{1}{\mu}$。对于指数分布的服务时间同样具有无记忆性的性质。

服务强度是排队系统的平均到达率($\lambda$)和平均服务率($\mu$)的比值,常用 $\rho$ 表示,即

$$\rho=\frac{\lambda}{\mu}$$

服务强度($\rho$)实际上是在相同的时间区间内目标到达的平均数与能被射击完毕的目标平均数之比值,或服务时间的期望值与到达时间间隔的期望值的比值。$\rho$ 是刻画服务效率和服务机构利用程度的重要标志,在排队论中具有重要意义。

**2.爱尔朗分布的服务时间**

若表示服务时间的随机变量 $V$ 的概率密度为

$$b(t)=\frac{k\mu(k\mu t)^{k-1}}{(k-1)!}\mathrm{e}^{-k\mu t}$$

则称服务时间 $V$ 服从 $k$ 级爱尔朗分布。其中 $\mu>0$ 为常数,$k$ 为正整数。

对爱尔朗分布其平均服务时间为

$$E(V)=\int_0^{+\infty}tb(t)\mathrm{d}t=\frac{1}{\mu}$$

方差为

$$D(V)=\frac{1}{k\mu^2}$$

如此时 $V$ 的分布函数可写成如下形式:

$$B(t)=1-\mathrm{e}^{-k\mu t}\left(1+\frac{k\mu t}{1!}+\frac{(k\mu t)^2}{2!}+\cdots+\frac{(k\mu t)^{k-1}}{(k-1)!}\right)$$

当某一顾客要经过 $k$ 个相互串联的服务台才能完成服务,每一服务台的服务时间服从相同参数 $k\mu$ 的负指数分布,且相互独立,那么顾客经过 $k$ 个服务台完成服务所花费的时间总和 $V$ 就一定服从 $k$ 级爱尔朗分布。当 $k=1$ 时,爱尔朗分布就是负指数分布。

### 7.5.2.3 表示符号

不同的输入过程、排队规则、服务过程可以构成不同的排队模型,对这些模型可以用一些标准化了的专用符号予以表示,这些符号由 D.G.Kendall 在 1953 年首先提出一个排队模型一般用三个符号予以表示,即:

其中,X 处表示目标到达的时间间隔分布类型;

Y 处表示服务时间的分布类型;

Z 处表示服务台的个数。

若用:$M$ 表示输入过程为泊松流或服务时间为负指数分布;

$D$ 表示定长分布;

$E$ 表示爱尔朗分布;

$G$ 表示一般分布。

则 M/M/1 表示的服务系统类型为:相继到达的时间间隔为负指数分布,服务时间为负指数分布,单服务台。

这些符号还不能表示出一个排队模型的全部特征,有些问题将在讨论各模型时再具体提出。

## 7.5.3　M/M/1 排队模型分析

分析最简单的 M/M/1 排队模型的目的是大致了解如何用排队论的思想和方法来解决实际问题。

### 7.5.3.1　M/M/1 排队模型

**1.基本假设**

假定甲方指挥所或观察所对乙方目标的发现和指示为一泊松过程,甲方火力点消灭乙方已指示目标所用的时间服从负指数分布,按发现和指示的顺序进行射击。当对某一目标实施射击时,其余已发现目标排队等待,且队长不限,直到被消灭为止。为了方便假定目标中的目标数为无限(实际上只要求足够大)。

该系统可视为一个等待制的排队模型,并可用 M/M/1 表示。很显然目标的到达时间间隔和服务时间之间相互独立。

首先计算系统的状态概率 $P_n(t)$,即系统中有一个目标正在被射击,而其余 $n-1$ 个目标排队等待射击概率。

由于队长不限,所以系统内所含的目标数可以是 0,1,2,…即系统有无限多种不同的可能状态。

为了求得系统在时间 $t$ 有 $n$ 个目标的概率,首先假定 $t+\Delta t$ 时刻系统有 $n$ 个目标,以此为基础建立微分方程。

由目标的到达为一泊松过程,设其参数为 $\lambda$,目标的服务时间服从负指数分布,设其参数为 $\mu$,所以在$[\tau,\tau+\Delta\tau]$内:

(1)有一个目标被指示的概率为 $\lambda\Delta\tau+o(\Delta\tau)$,没有目标被指示的概率为 $1-\lambda\Delta\tau+o(\Delta\tau)$。

(2)当有目标被射击时,一个目标被射击完毕的概率是 $\mu\Delta t+o(\Delta t)$,没有被射击完毕的概率为 $1-\mu\Delta t+o(\Delta t)$。

(3)在 $\Delta t$ 内有多于一个目标被指示或被消灭的概率是 $o(\Delta t)$,可忽略不计。

**2.目标数不为零情况**

假定在 $t+\Delta t$ 时刻系统中有 $n(n>0)$个目标的情况不外乎下面四种(发现或消灭 2

个目标以上的情况没被列入,其概率都是 $o(\Delta t)$,如表 7-11 所示。

**表 7-11　系统中有 $n$ 个目标的四种情况**

| 情况 | 在时刻 $t$ 时系统内的目标函数 | 在区间内[$\tau,\tau+\Delta\tau$]内 | | 在时刻 $t+\Delta t$ 时系统内的目标函数 |
|---|---|---|---|---|
| | | 新指示 | 被消灭 | |
| $A$ | $n$ | 0 | 0 | $n$ |
| $B$ | $n+1$ | 0 | 1 | $n$ |
| $C$ | $n-1$ | 1 | 0 | $n$ |
| $D$ | $n$ | 1 | 1 | $n$ |

上述几种情况发生的概率分别为

$A$: $P_n(t)[1-\lambda\Delta t+(\Delta t)][1-\mu\Delta t+o(\Delta t)]=P_n(t)-(\lambda+\mu)P_n(t)\Delta t+o(t)$

$B$: $P_{n+1}(t)[1-\lambda\Delta t+o(\Delta t)][1-\mu\Delta t+o(\Delta t)]=\mu P_{n+1}(t)\Delta t+o(\Delta t)$

$C$: $P_{n-1}(t)[\lambda\Delta t+o(\Delta t)][1-\mu\Delta t+o(\Delta t)]=\lambda P_{n-1}(t)\Delta t+o(\Delta t)$

$D$: $P_n(t)[\lambda\Delta t+o(\Delta t)][\mu\Delta t+o(\Delta t)]=o(\Delta t)$

上面情况都是互斥的,所以有

$$P_{(t+\Delta t)}=P_n(t)-(\lambda+\mu)P_n(t)\Delta t+\lambda P_{n-1}(t)\Delta t+\mu P_{n+1}(t)\Delta t+o(\Delta t)$$

移项,两边同除有

$$\frac{P_n(t+\Delta t)-P_n(t)}{\Delta t}=-(\lambda+\mu)P_n(t)+\lambda P_{n-1}(t)+\mu P_{n+1}(t)+\frac{o(\Delta t)}{\Delta t}$$

取 $\Delta t\to 0$ 时的极限有

$$\frac{\mathrm{d}P_n(t)}{\mathrm{d}t}=\lambda P_{n-1}(t)-(\lambda+\mu)P_n(t)+\mu P_{n+1}(t)\qquad n=1,2,\cdots$$

**3. 目标数为零情况**

当 $n=0$ 时,只可能发生 $A,B,D$ 三种情况,如表 7-12 所示。

**表 7-12　$n=0$ 时的三种情况**

| 情况 | 在时刻 $t$ 时系统内的目标函数 | 在区间[$\tau,\tau+\Delta\tau$]内 | | 在时刻 $t+\Delta t$ 时系统内的目标函数 |
|---|---|---|---|---|
| | | 新指示 | 被消灭 | |
| $A$ | 0 | 0 | 0 | 0 |
| $B$ | 1 | 0 | 1 | 0 |
| $C$ | 0 | 1 | 1 | 0 |

其概率分别为:

$A$: $P_0(t)[1-\lambda\Delta t+o(\Delta t)]=P_0(t)-\lambda P_0(t)\Delta t+o(\Delta t)$

$B$: $P_1(t)[1-\lambda\Delta t+o(\Delta t)][\mu\Delta t+o(\Delta t)]=\mu P_1(t)\Delta t+o(\Delta t)$

$D$: $P_0(t)[\lambda\Delta t+o(\Delta t)][\mu\Delta t+o(\Delta t)]=o(\Delta t)$

所以

$$P_0(t+\Delta t)=P_0(t)-\lambda P_0(t)\Delta t+\mu P_1(t)\Delta t+o(\Delta t)$$

移项，两边同除 $\Delta t$，取 $\Delta t \to o$ 时的极限有

$$\frac{\mathrm{d}P_0(t)}{\mathrm{d}t}=-\lambda P_0(t)+\mu P_1(t) \qquad n=0$$

### 4. M/M/1 模型的方程

综合上面几种情况则可得到描述 M/M/1 模型的微分方程组：

$$\begin{cases}\dfrac{\mathrm{d}P_0(t)}{\mathrm{d}t}=-\lambda P_0(t)+\mu P_1(t)\\ \dfrac{\mathrm{d}P_1(t)}{\mathrm{d}t}=\lambda P_0(t)-(\lambda+\mu)P_1(t)+\mu P_2(t)\\ \qquad\vdots\\ \dfrac{\mathrm{d}P_n(t)}{\mathrm{d}t}=\lambda P_{n-1}(t)-(\lambda+\mu)P_n(t)+\mu P_{n+1}(t)\\ \qquad\vdots\end{cases}$$

解此方程组则可得到系统在瞬间 $t$ 处于状态 $n$ 的概率。凡此方程组是很困难的，其结果也不便于应用，所以只求气稳态解。

### 5. M/M/1 模型方程的稳态解

稳态解就是系统在运行了足够长的时间后，已处于稳定状态，状态概率 $P_n(t)$ 不再随时间变化，也不依赖于初始时刻 $t=0$ 的状态，即状态概率可表示为 $P_0,P_1,P_2,\cdots,P_n$。此时，上述方程组的左端全部为零，得到代数方程组：

$$\begin{cases}-\lambda P_0+\mu P_1=0\\ \lambda P_0-(\lambda+\mu)P_1+\mu P_2=0\\ \qquad\vdots\\ \lambda P_{n-1}-(\lambda+\mu)P_n+\mu P_{n+1}=0\\ \qquad\vdots\end{cases}$$

解此代数方程组即可得模型在稳态时各种状态的概率。

由第一个式子可得

$$P_1=\frac{\lambda}{\mu}P_0$$

代入第二式子有

$$P_2=\frac{\lambda^2}{\mu^2}P_0$$

依次可有

$$P_3=\frac{\lambda^3}{\mu^3}P_0$$

其一般表达式为

$$P_n=\frac{\lambda^n}{\mu^n}P_0$$

上面结果给出了 $P_0$ 与 $P_n$ 之间的关系，要完全确定 $P_n$ 还需确定 $P_0$，当然对 $\sum P_n = 1$ 的情形，即 $\{P_n, n \geqslant 0\}$ 构成一个概率分布时最感兴趣（但这是有条件的）。

在构成概率分布时有：

$$P_0 + \frac{\lambda}{\mu}P_0 + \frac{\lambda^2}{\mu^2}P_0 + \cdots + \frac{\lambda^n}{\mu^n}P_0 + \cdots = 1$$

即

$$P_0\left(1 + \frac{\lambda}{\mu} + \frac{\lambda^2}{\mu^2} + \cdots + \frac{\lambda^n}{\mu^n} + \cdots\right) = 1$$

设 $\frac{\lambda}{\mu} < 1$，可得

$$P_0\left(\frac{1}{1 - \frac{\lambda}{\mu}}\right) = 1$$

所以

$$P_0 = 1 - \frac{\lambda}{\mu}$$

上述无穷级数收敛的充要条件是 $\frac{\lambda}{\mu} < 1$，即 $\lambda$ 必须小于 $\mu$。对于这一点可如此理解，当 $\lambda > \mu$ 时，平均到达率大于平均服务率，系统内的顾客将越积越多，不可能达到稳态情况。可以证明，当 $\lambda = \mu$ 时，系统也达不到稳态情形。所以对 M/M/1 模型当且仅当 $\lambda < \mu$ 时才存在稳态情况，把 $P_0$ 代入有

$$P_n = \frac{\lambda^n}{\mu^n}\left(1 - \frac{\lambda}{\mu}\right)$$

上述结果即为 M/M/1 排队模型处于稳态情况的状态概率公式。

由于

$$\frac{\lambda}{\mu} = \rho(\rho < 1)$$

所以上式又可表示为

$$P_0 = 1 - \frac{\lambda}{\mu} = 1 - \rho$$

$$P_n = \frac{\lambda^n}{\mu^n}\left(1 - \frac{\lambda}{\mu}\right) = \rho^n(1 - \rho) \qquad n \geqslant 1$$

利用这些结果就可算出反映系统特性的各运行指标。

### 7.5.3.2 M/M/1 排队模型的效率指标

**1. 系统中的平均目标数**

(1) 平均队长

队长是指系统中总的目标数，由于系统内的目标数是随机的，因而平均队长就是目标数的数学期望。由离散型随机变量计算数学期望的公式可有

$$\begin{aligned} L_s &= \sum_{n=0}^{\infty} nP_n = \sum_{n=0}^{\infty} n\rho^n(1-\rho) \\ &= (\rho + 2\rho^2 + 3\rho^3 + \cdots) - (\rho^2 + 2\rho^3 + \cdots) \\ &= \rho + \rho^2 + \rho^3 + \cdots \\ &= \frac{\rho}{1-\rho} \qquad 0 < \rho < 1 \end{aligned}$$

或

$$L_s = \frac{\lambda}{\mu - \lambda}$$

(2) 平均队列长

队列长是指系统中总的等待目标数,由 M/M/1 模型的特点,当系统中含有 $n$ 个目标时,一定是一个被射击其余 $n-1$ 个等待,这种状态出现的概率为 $P_n$,因而平均队列长为

$$\begin{aligned} L_q &= \sum_{n=1}^{\infty}(n-1)P_n = \sum_{n-1}^{\infty} nP_n - \sum_{n=1}^{\infty} P_n \\ &= L_s - (1 - P_0) = L_s - \rho = \frac{\rho}{1-\rho} - \rho \\ &= \frac{\rho - \rho + \rho^2}{1-\rho} = \frac{\rho^2}{1-\rho} \\ &= \rho\frac{\lambda}{\mu - \lambda} = \frac{\lambda^2}{\mu^2 - \mu\lambda} \end{aligned}$$

**2. 每一目标在系统中的平均停留时间**

(1) 平均停留时间

目标在系统中的停留时间 $T_s$ 是一个随机变量,因而只能求 $T_s$ 的平均值,即数学期望,为此,首先确定 $T_s$ 的概率分布。

可以证明:$T_s$ 在 M/M/1 模型中,服从参数为 $\mu - \lambda$ 的负指数分布,其分布函数为

$$W(t) = 1 - e^{-(\mu-\lambda)t} \qquad t \geqslant 0$$

密度函数为

$$w(t) = (\mu - \lambda)e^{-(\mu-\lambda)t} \qquad t \geqslant 0$$

因此,平均停留时间 $W_s$ 为

$$W_s = E(T_s) = \int_0^{\infty} t(\mu - \lambda)e^{-(\mu-\lambda)t}dt = \frac{1}{\mu - \lambda}$$

(2) 平均等待时间

利用平均停留时间即能求到目标的平均等待时间,由于平均停留时间 = 平均等待时间 + 平均服务时间,即

$$W_s = W_q + \frac{1}{\mu}$$

所以

$$W_q = W_s - \frac{1}{\mu} = \frac{1}{\mu - \lambda} - \frac{1}{\mu} = \frac{\lambda}{\mu(\mu - \lambda)} = \frac{\rho}{\mu - \lambda}$$

**3.表示系统繁忙程度的参数**

系统的繁忙程度常被人们关心,若系统过多地处于繁忙状态,则系统工作强度大,武器装备易产生疲劳损伤,还有可能贻误战机。若系统过多地处于空闲状态,则武器装备的利用率低,是一种浪费。

对 M/M/1 模型,只要系统中有一个目标,则该系统就一定处于繁忙状态。

若用 $P\{N>0\}$ 表示系统繁忙的概率,则有

$$P\{N>0\}=P_1+P_2+P_3+\cdots+P_n+\cdots$$
$$=1-P_0=1-(1-\rho)=\rho$$

$\rho$ 就是系统的服务强度。则系统处于空闲状态的概率为

$$P\{N=0\}=P_0=(1-\rho)$$

**4.系统的其他效率指标**

对 M/M/1 等待制系统而言,每一个目标一定要受到射击的,问题只在于等待时间的长与短。在实际上,目标通过目标区所需要的时间总是有限的。

若用 $T_s$ 表示目标在系统中的停留时间,$\tau_0$ 表示目标通过目标区所需的时间。$T_s>\tau_0$ 时目标将得不到射击而突破防线。

若用 $W(t)$表示停留时间 $T_s$ 的分布函数,则

$$W(t)=1-e^{-(\mu-\lambda)t} \qquad t\geqslant 0$$

所以

$$P\{T_s>\tau_0\}=1-P\{T_s<\tau_0\}$$

$P\{T_s>\tau_0\}$就是目标通过目标区时没有受到射击的概率,用 $P_u$ 表示,即

$$P_u=P\{T_s>\tau_0\}$$

若用 $P_s$ 表示目标受到射击的概率,则

$$P_s=1-P_u$$

若用 $P_H$ 表示目标被毁伤的概率,则

$$P_H=P_s\cdot P_h$$

其中 $P_h$ 表示目标受到射击时的条件毁伤概率。

若用 $N$ 表示乙方突袭甲方防线的目标总数,则受到射击的目标数的数学期望为

$$M_s=N\cdot P_s$$

被毁伤的目标数的数学期望为

$$M_h=N\cdot P_H$$

突破防线的目标数的数学期望为

$$M_t=N\cdot(1-P_H)$$

$M_t$ 是未被射击和受到射击但未被毁伤的目标数的总和。

**5.各参数之间的关系**

由前面的结果

$$L_s = \frac{\lambda}{\mu - \lambda} \qquad L_q = \rho\frac{\lambda}{\mu - \lambda}$$

$$W_s = \frac{1}{\mu - \lambda} \qquad W_q = \frac{\rho}{\mu - \lambda}$$

$$P\{N > 0\} = \rho \qquad P\{N = 0\} = 1 - \rho$$

因而

$$L_W = \lambda \cdot W_s \qquad L_q = \lambda \cdot W_q$$

$$W_s = W_q + \frac{1}{\mu} \qquad L_s = L_q + \frac{\lambda}{\mu}$$

#### 7.5.3.3　M/M/1 排队模型示例

**例 7.6**　设乙方坦克分队对甲方某防御阵地实施突袭，坦克数量为 $N = 10$ 辆，突袭的规律符合泊松过程，强度为 $\lambda = 0.3$ 辆/min。在甲方防区内配置一架反坦克装置，该装置对一个目标的射击时间平均 2.5min，射击时间服从负指数分布，当目标区内的坦克数多于一辆时，后到目标按顺序处于等待射击的状态，设条件毁伤概率 $P_h = 0.7$。目标通过目标区的时间为 10min。试估计反坦克兵器的效率。

**解**　由假设，问题可作为一个顾客等待的 M/M/1 系统处理。

根据给定条件

$$\lambda = 0.3 \qquad \mu = \frac{1}{2.5} = 0.4$$

$$\rho = \frac{\lambda}{\mu} = \frac{0.3}{0.4} = 0.75 \qquad \rho < 1$$

兵器处于空闲状态的概率为

$$P_0 = 1 - \rho = 1 - 0.75 = 0.25$$

兵器处于繁忙状态的概率为

$$P\{N > 0\} = 1 - P_0 = 0.75$$

这个概率也是目标进人系统后必须等待的概率。

系统中分别有 1,2,3 个目标的概率为

$$P_1 = \rho(1 - \rho) = 0.75 \times 0.25 = 0.186$$

$$P_2 = \rho^2(1 - \rho) = (0.75)^2 \times 0.25 = 0.141$$

$$P_3 = \rho^3(1 - \rho) = (0.75)^3 \times 0.25 = 0.105$$

系统中平均等待射击的目标数为

$$L_q = \rho\frac{\lambda}{\mu - \lambda} = 0.75 \times \frac{0.3}{0.4 - 0.3} = 2.25(\text{辆})$$

系统中平均包含的目标数为

$$L_s = \frac{\lambda}{\mu - \lambda} = \frac{0.3}{0.4 - 0.3} = 3(\text{辆})$$

目标在系统中的平均停留时间为

$$W_s = \frac{1}{\mu - \lambda} = \frac{1}{0.4 - 0.3} = 10(\text{min})$$

目标在系统中的平均等待时间为

$$W_q = \frac{\rho}{\mu - \lambda} = 0.75 \times \frac{1}{0.4 - 0.3} = 7.5(\mathrm{min})$$

由于停留时间 $T$ 服从参数为 $\mu - \lambda$ 的负指数分布,即

$$W(t) = 1 - \mathrm{e}^{-(\mu-\lambda)t} \qquad t \geqslant 0$$

若目标通过目标区的时间 $t_0 = 10\mathrm{min}$

$$\begin{aligned} P\{T_s \leqslant 10\} &= W(10) = 1 - \mathrm{e}^{-(\mu-\lambda)t} \\ &= 1 - \mathrm{e}^{-(0.4-0.3)\times 10} = 1 - \mathrm{e}^{-1} \\ &= 1 - 0.368 = 0.632 \end{aligned}$$

目标在目标区内没有受到射击的概率为

$$P_u = 1 - W(10) = 0.368$$

目标在目标区内受到射击的概率为

$$P_s = 1 - P_u = 0.632$$

目标被毁伤的概率为

$$P_H = P_s \times P_h = 0.632 \times 0.7 = 0.44$$

目标受到射击数的期望值为

$$M_s = N \times P_s = 10 \times 0.632 = 6.32(\text{辆})$$

目标被毁伤数的期望值为

$$M_h = N \times P_H = 10 \times 0.44 = 4.4(\text{辆})$$

突破防线的目标数的期望值为

$$M_\tau = N \times (1 - P_H) = 10 \times 0.56(\text{辆})$$

从上面的各效率指标可看出:在该系统中,等待射击的目标数较多,平均等待的时间长,容易给对方造成喘息和发扬火力的机会,对己方很不利。再者能突破甲方防线的敌目标也较多,除了有毁伤概率的原因外,甲方兵器数量不足也是一个原因,为了更好地打击对方目标,有必要增加兵器的数量。

**例 7.7** 设甲方观察所发现并指示敌 1 个隐蔽目标的平均时间为 3 个单位,且所用时间符合泊松输入过程。甲方只有 1 个火力点,歼灭一个目标的平均时间为 2 个单位,且所用时间为负指数分布,当对其中一个目标实施射击时,其余被发现目标依先后次序排队等待,且队长不限。试求:

(1)系统中有 1,2,3 个目标的概率各多少;多于 3 个目标的概率是多少。

(2)求 $L_s, L_q, W_s, W_q$。

**解** 由问题条件可知

目标的平均发现指示率为

$$\lambda = \frac{1}{3}$$

火力点的平均服务率为

$$\mu = \frac{1}{2}$$

服务强度为

$$\rho = \frac{\lambda}{\mu} = \frac{\frac{1}{3}}{\frac{1}{2}} = \frac{2}{3} = 0.67$$

这是一个 M/M/1 排队模型。

(1)由状态概率公式

$$P_0 = 1 - \rho = 1 - \frac{2}{3} = \frac{1}{3} = 0.333$$

这也是系统处于空闲状态的概率,即

$$P\{N = 0\} = 0.333$$

系统处于繁忙状态的概率为

$$P\{N > 0\} = 1 - P_0 = 1 - \frac{1}{3} = \frac{2}{3} = 0.677$$

系统中分别有 1,2,3 个目标的概率为

$$P_1 = \rho(1 - \rho) = \frac{2}{3} \times \frac{1}{3} = \frac{2}{9}$$

$$P_2 = \rho^2(1 - \rho) = \left(\frac{2}{3}\right)^2 \times \frac{1}{3} = \frac{4}{27} = 0.148$$

$$P_3 = \rho^3(1 - \rho) = \left(\frac{2}{3}\right)^3 \times \frac{1}{3} = \frac{8}{81} = 0.099$$

系统中有目标等待射击的概率为

$$P\{N > 1\} = 1 - P_0 - P_1 = 1 - 0.333 - 0.222 = 0.445$$

系统中有多于 3 个目标的概率为

$$\begin{aligned} P\{N > 3\} &= 1 - (P_0 + P_1 + P_2 + P_3) \\ &= 1 - 0.333 - 0.222 - 0.148 - 0.099 \\ &= 0.198 \end{aligned}$$

(2)求各效率指标

系统中平均含有的目标数为

$$L_s = \frac{\lambda}{\mu - \lambda} = \frac{\frac{1}{3}}{\frac{1}{2} - \frac{1}{3}} = \frac{6}{3} = 2$$

系统中平均排队等待的目标数为

$$L_q = \frac{\lambda^2}{\mu(\mu - \lambda)} = \frac{\left(\frac{1}{3}\right)^2}{\frac{1}{2} \times \left(\frac{1}{2} - \frac{1}{3}\right)} = 1.33$$

系统中目标的平均停留时间为

$$W_s = \frac{1}{\mu - \lambda} = \frac{1}{\frac{1}{2} - \frac{1}{3}} = 6$$

系统中目标的平均等待时间为

$$W_q = \frac{\lambda}{\mu(\mu - \lambda)} = \frac{\left(\frac{1}{3}\right)}{\frac{1}{2} \times \left(\frac{1}{2} - \frac{1}{3}\right)} = 4$$

## 7.5.4 M/M/C 排队模型分析

### 7.5.4.1 M/M/C 消失制系统

在甲方某防御阵地上,设置了由 $C$ 架相同类型的反坦克兵器,每一架反坦克兵器在同一时间内只能射击一个目标,每一架反坦克兵器射击目标所需要的时间服从同一参数的负指数分布,即 $\mu_1 = \mu_2 = \cdots = \mu_C$。乙方装甲目标进入目标区的规律符合泊松流,其强度为 $\lambda$。乙方装甲目标通过目标区所用时间的平均值与反坦克兵器毁伤目标所需要的平均时间大致相等。当一个目标进入目标区后,立即受到某一反坦克兵器的射击,当所有的反坦克兵器射击各自的目标时,后到的装甲目标将突破防线。

这是一个排队模型中的 M/M/C 消失制系统,当 $C$ 个服务台全部被占用时,顾客将自动离去。

由于系统内所含有的目标数最大为 $C$,因而系统共有 $0,1,2,\cdots,C$ 共 $C+1$ 个状态。用:

$A_0$——系统中所有的兵器都不射击;

$A_n$——系统中有 $n$ 架兵器在射击($0 < n < C$);

$A_C$——系统中全部兵器在射击。

下面确定与每一种状态所对应的概率 $P_n(t), n = 0,1,2,\cdots,C$

**1. $n=0$ 时的情况**

当 $n=0$ 时,概率 $P_0(t)$所适合的微分方程与 M/M/1 中的情形相同,即

$$\frac{\mathrm{d}P_0(t)}{\mathrm{d}t} = -\lambda P_0(t) + \mu P_1(t)$$

**2. $0 < n < C$ 时的情况**

当 $0 < n < C$ 时,假定在 $t + \Delta t$ 时系统内有 $n$ 个目标,那么它可由下面几种情况组成:

(1)在时刻 $t$ 有 $n$ 个装置在射击,在 $\Delta t$ 内既无新的目标出现,且正在射击的 $n$ 架兵器也未结束射击,这种事件的概率为

$$\begin{aligned}
&P_n(t)[1 - \lambda\Delta\tau + o(\Delta\tau)][1 - \mu\Delta\tau + o(\Delta t)]^n \\
&= P_n(t)[1 - \lambda\Delta\tau + o(\Delta\tau)][1 - n\mu\Delta\tau + o(\Delta t)] \\
&= P_n(t) - (\lambda + n\mu)P_n(t)\Delta t + o(\Delta t)
\end{aligned}$$

(2)在时刻 $t$ 有 $n$ 个装置在射击,在 $\Delta\tau$ 内有一个新的目标到达,正在射击兵器有一个结束了射击,该情况发生的概率为

$$P_n(t)[\lambda\Delta\tau + o(\Delta\tau)]C_n^1[\mu\Delta\tau + o(\Delta t)][1 - \mu\Delta\tau + o(\Delta t)]^{n-1} = o(\Delta t)$$

(3)在时刻 $t$ 有 $n-1$ 个装置在射击,在 $\Delta\tau$ 内出现了一个新的目标,但已开火的武器都未结束对各自目标的射击,该情况发生的概率为

$$\begin{aligned}&P_{n-1}(t)[\lambda\Delta\tau+o(\Delta\tau)][1-\mu\Delta\tau+o(\Delta t)]^{n-1}\\=&P_{n-1}(t)[\lambda\Delta\tau+o(\Delta\tau)][1-(n-1)\mu\Delta\tau+o(\Delta t)]\\=&P_{n-1}(t)\lambda\Delta\tau+o(\Delta\tau)\end{aligned}$$

(4)在时刻 $t$ 系统内有 $n+1$ 个装置在射击,在 $\Delta\tau$ 内没有新的目标到达,正在射击的 $n+1$ 装置中,有一个结束了射击,该情况的概率为

$$\begin{aligned}&P_{n+1}(t)[1-\lambda\Delta\tau+o(\Delta\tau)]C_{n+1}^{1}[\mu\Delta\tau+o(\Delta t)][1-\mu\Delta\tau+o(\Delta t)]^{n}\\=&P_{n+1}(t)[1-\lambda\Delta\tau+o(\Delta\tau)][(n+1)\mu\Delta\tau+o(\Delta t)][1-n\mu\Delta\tau+o(\Delta t)]\\=&P_{n+1}(t)(n+1)\mu\Delta\tau+o(\Delta t)\end{aligned}$$

(5)其他情形的概率均为 $o(\Delta t)$。

利用互斥事件概率的加法公式有

$$\begin{aligned}P_{n}(t+\Delta t)=&P_{n}(t)-(\lambda+n\mu)P_{n}(t)\Delta t+P_{n-1}(t)\lambda\Delta\tau\\&+P_{n+1}(t)(n+1)\mu\Delta\tau+o(\Delta t)\end{aligned}$$

整理,移项,等式两边同除 $\Delta t$,再令 $\Delta t\to 0$,可得

$$\frac{\mathrm{d}P_{n}(t)}{\mathrm{d}t}=-(\lambda+n\mu)P_{n}(t)+(n+1)\mu P_{n+1}(t)+P_{n-1}(t)\lambda \qquad 0<n<C$$

**3. $n=C$ 时的情况**

当 $n=C$ 时,在 $t+\Delta t$ 的目标数为 $C$,则 $P_C$ 由下面几种情况构成。

(1)在时刻 $t$ 系统中全部 $C$ 个兵器都在射击,而 $\Delta t$ 内没有任一兵器结束射击,其概率为

$$\begin{aligned}&P_{C}(t)[1-\mu\Delta\tau+o(\Delta t)]^{C}\\=&P_{C}(t)[1-C\mu\Delta\tau+o(\Delta t)]\\=&P_{C}(t)-C\mu P_{C}(t)\Delta\tau+o(\Delta t)\end{aligned}$$

(2)在时刻 $t$ 有 $C-1$ 个兵器在射击,在 $\Delta t$ 内有一个新的目标到达,正在射击的 $C-1$ 个兵器没有结束射击,其概率为

$$\begin{aligned}&P_{C-1}(t)[\lambda\Delta\tau+o(\Delta\tau)][1-\mu\Delta\tau+o(\Delta t)]^{C-1}\\=&P_{C-1}(t)[\lambda\Delta\tau+o(\Delta\tau)][1-(C-1)\mu\Delta\tau+o(\Delta t)]\\=&P_{C-1}(t)\lambda\Delta\tau+o(\Delta\tau)\end{aligned}$$

(3)其他情形的概率 $o(\Delta\tau)$

所以

$$P_{C}(t+\Delta t)=P_{C}(t)-C\mu P_{C}(t)\Delta\tau+P_{C-1}(t)\lambda\Delta\tau+o(\Delta\tau)$$

整理,移项,等式两边同除 $\Delta t$,再令 $\Delta t\to 0$,有

$$\frac{\mathrm{d}P_{C}(t)}{\mathrm{d}t}=P_{C-1}(t)\lambda-C\mu P_{C}(t)$$

**4.系统方程组综合上面三种情况可得方程组**

$$\begin{cases}\dfrac{\mathrm{d}P_0(t)}{\mathrm{d}t}=-\lambda P_0(t)+\mu P_1(t) & n=0\\ \dfrac{\mathrm{d}P_n(t)}{\mathrm{d}t}=-\lambda P_{n-1}(t)-(\lambda+n\mu)P_n(t)+(n+1)\mu P_{n+1}(t) & 0<n<C\\ \dfrac{\mathrm{d}P_C(t)}{\mathrm{d}t}=-\lambda P_{C-1}(t)-C\mu P_C(t) & n=C\end{cases}$$

由上述 $C+1$ 个微分方程构成的方程组称为爱尔朗方程组。

**5.系统的稳态解**

在稳态时可得

$$\begin{cases}-\lambda P_0(t)+\mu P_1(t)=0 & n=0\\ -\lambda P_{n-1}(t)-(\lambda+n\mu)P_n(t)+(n+1)\mu P_{n+1}(t)=0 & 0<n<C\\ -\lambda P_{C-1}(t)-C\mu P_C(t)=0 & n=C\end{cases}$$

解方程组

$$\begin{cases}P_1=\dfrac{\lambda}{\mu}P_0\\ P_2=\dfrac{1}{2!}\left(\dfrac{\lambda}{\mu}\right)^2P_0\\ \quad\vdots\\ P_n=\dfrac{1}{n!}\left(\dfrac{\lambda}{\mu}\right)^nP_0\\ \quad\vdots\\ P_C=\dfrac{1}{C!}\left(\dfrac{\lambda}{\mu}\right)^CP_0\end{cases}$$

上述结果可统一为

$$P_n=\frac{1}{n!}\left(\frac{\lambda}{\mu}\right)^nP_0\qquad n=0,1,2,\cdots,C$$

其中 $P_0$ 可通过下式决定:

$$P_0+P_1+P_2+\cdots+P_C=1$$

即

$$P_0+\frac{\lambda}{\mu}P_0+\frac{1}{2!}\left(\frac{\lambda}{\mu}\right)^2P_0+\cdots+\frac{1}{C!}\left(\frac{\lambda}{\mu}\right)^CP_0=1$$

所以

$$P_0=\frac{1}{\sum\limits_{k=0}^{C}\dfrac{1}{k!}\left(\dfrac{\lambda}{\mu}\right)^k}$$

代入前式有

$$P_n = \frac{\frac{1}{n!}\left(\frac{\lambda}{\mu}\right)^n}{\sum_{k=0}^{C}\frac{1}{k!}\left(\frac{\lambda}{\mu}\right)^k}$$

此即为系统中有 $n$ 个兵器在射击的概率。

若仍用 $\rho$ 表示 $\frac{\lambda}{\mu}$，则上式又可表示为

$$P_n = \frac{\frac{1}{n!}(\rho)^n}{\sum_{k=0}^{C}\frac{1}{k!}(\rho)^k}$$

**6.突防概率**

对 M/M/C 消失制系统，全部 $C$ 个兵器都在射击的概率称为突防概率。突防概率是 M/M/C 消失制系统一个非常重要的效率指标，此时在进入目标区的目标将得不到射击而突破防线。突防概率的表达式为

$$P_C = \frac{\frac{1}{n!}(\rho)^C}{\sum_{k=0}^{C}\frac{1}{k!}(\rho)^k}$$

在一般情形下，$P_C$ 也称为消失率或损失率，它表示在 M/M/C 消失制系统中损失顾客的比率。

**7.各效率指标**

若用 $P_s$ 表示目标能够受到射击的概率，则

$$P_s = 1 - P_C$$

若用 $P_H$ 表示目标经过目标区后被毁伤的概率，则

$$P_H = P_s P_h$$

式中　$P_h$——目标受到射击时的条件毁伤概率。

若用 $N$ 表示侵入目标区的目标数，$M_h$ 表示被毁伤目标数的平均值或期望值，则

$$M_h = NP_H$$

而用 $M_i$ 表示能够突破防区的装甲目标数，则

$$M_i = N(1 - P_H)$$

若用 $M$ 表示用于射击的武器数的数学期望，则

$$M = \sum_{n=1}^{C} nP_n = \frac{\rho\sum_{n=0}^{C-1}\frac{1}{n!}(\rho)^n}{\sum_{k=0}^{C}\frac{1}{k!}(\rho)^k}$$

而每一件武器的平均负荷率为

$$F = \frac{100M}{C}\%$$

式中 $C$——系统中全部武器数。

在实际问题中，当目标的侵袭时间超过一架兵器对一个目标的平均射击时间时，即认为系统处于平衡状态，此时，即可用上述诸公式。

由于是消失制系统，所以

$$L_q = 0, \qquad W_q = 0$$

显然

$$W_s = \frac{1}{\mu}$$

而可通过下面公式计算：

$$L_s = \sum_{n=1}^{C} nP_n = \rho(1 - P_C)$$

**例 7.8** 假设在甲方防区内配置有 6 架同类反坦克兵器，每一架兵器对一个目标的平均射击时间为$\frac{1}{\mu}=0.5\text{min}$，同为负指数分布。乙方坦克对甲方防线进行突袭，到达规律符合泊松流，突袭强度为 $\lambda=4$ 辆/min，乙方坦克突破防区所需时间为 0.5min，来袭的坦克数为 24 辆，又设条件毁伤概率 $P_h=0.7$。试估计反坦克系统的效率。

**解** 问题可归结为一个消失制的 M/M/C 系统。

参数

$$\rho = \frac{\lambda}{\mu} = 2$$

(1)系统状态概率 $P_n$ 的计算

$$\begin{aligned}
P_0 &= \left(\sum_{k=0}^{C} \frac{1}{k!}(\rho)^k\right)^{-1} \\
&= \left(2^0 \times \frac{1}{0!} + 2^1 \times \frac{1}{1!} + 2^2 \times \frac{1}{2!} + 2^3 \times \frac{1}{3!} + 2^4 \times \frac{1}{4!} + 2^5 \times \frac{1}{5!} + 2^6 \times \frac{1}{6!}\right)^{-1} \\
&= \left(1 + 2 + 2 + \frac{8}{6} + \frac{16}{24} + \frac{32}{120} + \frac{64}{720}\right)^{-1} \\
&= (1 + 2 + 2 + 1.313 + 0.666 + 0.267 + 0.89)^{-1} \\
&= \frac{1}{7.356} \\
&= 0.136
\end{aligned}$$

而

$$P_n = \rho^n \frac{1}{n!} P_0$$

所以

$$n=1,\quad P_1=2^1\times\frac{1}{1!}P_0=2\times0.136=0.272$$

$$n=2,\quad P_2=2^2\times\frac{1}{2!}P_0=4\times\frac{1}{2}\times0.136=0.272$$

$$n=3,\quad P_3=2^3\times\frac{1}{3!}P_0=8\times\frac{1}{6}\times0.136=0.181$$

$$n=4,\quad P_4=2^4\times\frac{1}{4!}P_0=16\times\frac{1}{24}\times0.136=0.091$$

$$n=5,\quad P_5=2^5\times\frac{1}{5!}P_0=32\times\frac{1}{120}\times0.136=0.036$$

$$n=6,\quad P_6=2^6\times\frac{1}{6!}P_0=64\times\frac{1}{720}\times0.136=0.012$$

(2)各效率指标的计算

反突袭期间,参加射击的武器数的数学期望为

$$\begin{aligned}M &= \sum_{n=0}^{6} nP_n\\ &= 0\times0.136+1\times0.272+2\times0.272+3\times0.181+4\times0.91\\ &\quad +5\times0.036+6\times0.012\\ &= 1.975\end{aligned}$$

目标未被射击就突破防线的概率为

$$P_C=P_6=0.012$$

目标受到射击的概率为

$$P_s=1-P_6=1-0.012=0.988$$

目标被毁伤的概率为

$$P_H=P_s\times P_h=0.0988\times0.7\approx P_h=0.7$$

受到射击的目标数的数学期望为

$$M_s=N\times P_s=24\times0.0988\approx24$$

被毁伤目标数的数学期望为

$$M_h=N\times P_H=24\times0.7=16.8$$

突防的目标数的数学期望为

$$M_\tau=N\times(1-P_H)=24\times0.3=7.2$$

抗突袭期间武器的负荷率为

$$F=\frac{100M}{C}\%=\frac{100\times1.98}{6}\%=33\%$$

即每一架兵器在反突袭期间平均用$\frac{1}{3}$时间进行射击,余下时间用于装填或等待其他目标。

乙方坦克的突袭持续时间为

$$T_\tau=N\times\frac{1}{\lambda}=24\times\frac{1}{4}=6(\text{min})$$

抗突袭期间每一架兵器平均射击的目标数为

$$n_s = \frac{N \times P_s}{C} = \frac{24 \times 0.99}{6} \approx 4(\text{个目标})$$

由假设每一个兵器对每一个目标的平均射击时间为 0.5min，4 个目标共需 2min，其余时间 4min 用于准备。

表 7－13 列举了武器数量变化对系统几个主要效率指标的影响。

**表 7－13 武器数量变化对效率的影响**

| $n$ | $P_s$ | $M$ | $F$ |
|---|---|---|---|
| 2 | 0.60 | 1.2 | 60 |
| 3 | 0.78 | 1.61 | 54 |
| 4 | 0.90 | 1.81 | 45 |
| 5 | 0.96 | 1.93 | 39 |
| 6 | 0.98 | 1.98 | 33 |

从表 7－13 中可以看出，再增加武器数量不但不会使系统的效率指标得到改善，反而会降低武器系统的利用率。而兵器数量从 6 架减少到 5 架时，对系统的效率并无大的影响，因而可以抽出一架兵器用作预备队或支援其他方面。若再减少，则武器系统的效率将显著降低，突防目标数增大，对甲方防线将产生不利影响。

#### 7.5.4.2 M/M/C 等待制系统

若坦克目标通过目标区所需要的平均时间超过反坦克兵器射击目标的平均时间很多，且系统中的全部 $C$ 架兵器都在射击目标时，再进入目标区的目标则处于排队等待射击的状态。其余条件同前，则该问题可归结为一个 M/M/C 等待制模型（即 $C$ 个服务台全部被占时，后到的顾客则按先后次序排队等待服务，且队长不限）。

由于每架兵器的射击效率都为 $\mu$，则系统的平均服务效率为 $C_\mu$。

令
$$\rho_C = \frac{\lambda}{C\mu} \text{且设} \rho_C < 1$$

则 $\rho_C$ 可理解为系统中全部兵器集中对一个目标射击所需要的平均时间内进入目标区的平均目标数。

M/M/1 消失制系统存在稳态情况的充要条件是 $0 < \rho < 1$，而对 M/M/C 等待制系统，存在稳态情况的充要条件是 $0 < \rho_C < 1$。

**1. 状态概率**

对于 M/M/C 等待制模型，其状态概率 $P_n$ 所适合的方程在此不再作详细推导，直接给出结果。

系统中全部兵器都不射击的概率为

$$P_0 = \left[ \sum_{k=0}^{C-1} \frac{1}{k!}\left(\frac{\lambda}{\mu}\right)^k + \frac{1}{C!(1-\rho_C)}\left(\frac{\lambda}{\mu}\right)^C \right]^{-1}$$

系统中有 $n$ 架兵器射击的概率为

$$P_n = \frac{1}{n!} \cdot \left(\frac{\lambda}{\mu}\right) \cdot P_0 \qquad 0 < n < C$$

若系统中全部 $C$ 架兵器都射击的概率用 $P'$ 表示，则：

$$P' = \sum_{n=C}^{\infty} P_n$$

此处

$$P_n = \frac{1}{C!\ C^{n-C}}\left(\frac{\lambda}{\mu}\right)^n P_0$$

为系统状态 $C, C+1, \cdots$ 的概率。所以

$$\begin{aligned}
P' &= \sum_{n=C}^{\infty} P_n = \sum_{n=C}^{\infty} \frac{1}{C!\,C^{n-C}}\left(\frac{\lambda}{\mu}\right)^n P_0 \\
&= \frac{P_0}{C!}\left[\left(\frac{\lambda}{\mu}\right)^C + \frac{1}{C}\left(\frac{\lambda}{\mu}\right)^{C+1} + \frac{1}{C^2}\left(\frac{\lambda}{\mu}\right)^{C+2} + \cdots\right] \\
&= \left(\frac{\lambda}{\mu}\right)^C \frac{P_0}{C!}\left[1 + \frac{\lambda}{C\mu} + \left(\frac{\lambda}{C\mu}\right)^2 + \cdots\right] \\
&= \left(\frac{\lambda}{\mu}\right)^C \frac{P_0}{C!}\left[1 + \rho_C + (\rho_C)^2 + \cdots\right] \\
&= \frac{1}{C!(1-\rho_C)}\left(\frac{\lambda}{\mu}\right)^C P_0
\end{aligned}$$

**2. 各效率指标**

系统中平均等待射击的目数为

$$L_q = \sum_{n=C+1}^{\infty} (n - C) P_n = \frac{(C\rho_C)^C \rho_C}{C!(1-\rho_C)^2} P_0$$

系统中平均包含的数目为

$$L_s = L_q + C\rho_C$$

系统中一个目标的平均等待时间为

$$W_q = \frac{L_q}{\lambda}$$

系统中一个目标的平均停留时间为

$$W_s = W_q + \frac{1}{\mu} = \frac{L_s}{\lambda}$$

从理论上讲每一个目标都可能被射击，只是等待时间长短问题，因而目标能够突破防线的概率就是 $1 - P_h$，其中 $P_h$ 就是目标受到射击时被毁伤的条件概率，但实际上，目标通过目标区所需的时间总是有限的。

若用 $T_s$ 表示目标在系统中的停留时间，$t_0$ 表示目标通过区时所需要的时间（平均值）。当 $T_s > t_0$ 时，目标将突破防线。因此，在实战中计算突防概率 $P_b$ 时，必须考虑到的 $T_s < t_0$ 情况。

若 $W(t)$ 表示的 $T_s$ 分布函数，则

$$W(t)=\begin{cases}1-\left[1+\dfrac{P_C}{(C-1-\rho)(1-\rho_C)}\right]e^{-\mu\tau}+\dfrac{P_C}{(C-1-\rho)(1-\rho)}e^{-C\mu\tau(1-\rho_c)} & \rho\neq C-1\\ 1-\left[1+\dfrac{P_C}{1-\rho_C}\mu\tau\right]e^{-\mu\tau} & \rho=C-1\end{cases}$$

其中，$\rho=\dfrac{\lambda}{\mu}$，$\rho_C=\dfrac{\lambda}{C\mu}$。

因此，目标突防的概率（或顺利通过目标区的概率）为

$$P_b=P\{T_s>t_0\}=1-P\{T_s<t_0\}=1-W(t_0)$$

目标受到射击的概率为

$$P_s=1-P_C$$

目标被毁伤的概率为

$$P_H=P_s\times P_h$$

受到射击的目标数的数学期望为

$$M_s=N\times P_s$$

被毁伤目标数的数学期望为

$$M_h=N\times P_H$$

突破防线的目标数的数学期望为

$$M_t=N\times(1-P_H)$$

用于射击的武器数的数学期望为

$$\begin{aligned}M&=\sum_{n}^{C-1}n\times P_n+C\times P'\\&=\sum_{n}^{C-1}n\times\frac{1}{n!}\times\left(\frac{\lambda}{\mu}\right)^n P_0+C\times\frac{1}{C!(1-\rho_C)}\left(\frac{\lambda}{\mu}\right)^C P_0\\&=\left[\sum_{n}^{C-1}\frac{1}{(n-1)!}\times\left(\frac{\lambda}{\mu}\right)^n+\frac{1}{(C-1)!(1-\rho_C)}\left(\frac{\lambda}{\mu}\right)^C\right]P_0\\&=\frac{\lambda}{\mu}\left[\sum_{n}^{C-1}\frac{1}{(n-1)!}\times\left(\frac{\lambda}{\mu}\right)^{n-1}+\frac{1}{(C-1)!(1-\rho_C)}\left(\frac{\lambda}{\mu}\right)^{C-1}\right]P_0\end{aligned}$$

每一架兵器的平均负荷率为

$$F=\frac{100M}{C}\%$$

**例 7.9** 设乙方坦克群对甲方某防御阵地实施突袭，坦克数量为 30，突袭的强度为 $\lambda=0.9$ 辆/min，服从泊松过程。在甲方防区内配置有 3 架反坦克兵器构成的系统，每一架兵器对一个目标的平均射击时间为 2.5min，且射击时间服从负指数分布，当进入目标区的坦克数量超过 3 辆时，后到目标按顺序处于等待射击的状态，设 $P_h=0.7$。试求：

(1)若目标通过目标区的时间为 5min 时，估计反坦克系统的效率；

(2)若目标通过目标区的时间为 10min 时，估计反坦克系统的效率。

**解** 由假设，问题可归纳为一个 M/M/C 等待制系统。

由 $C=3,\lambda=9,\mu=\dfrac{1}{2.5}=0.4$，得

$$\rho = \frac{\lambda}{\mu} = \frac{0.9}{0.4} = 2.25$$

$$\rho_C = \frac{\lambda}{C\mu} = \frac{0.9}{3 \times 0.4} = 0.75$$

所以 $0 < \rho_C < 1$ 符合要求，不会形成无限队长。

(1)系统状态概率的计算

全部兵器都不射击的概率为

$$P_0 = \left[ \sum_{n=0}^{C-1} \frac{1}{n!} \times \left(\frac{\lambda}{\mu}\right)^n + \frac{1}{C!(1-\rho_C)}\left(\frac{\lambda}{\mu}\right)^C \times \frac{1}{1-0.75} \right]^{-1}$$

$$= \left[ \frac{(2.25)^0}{0!} + \frac{(2.25)^1}{1!} + \frac{(2.25)^2}{2!} + \frac{(2.25)^3}{3!} \right]^{-1}$$

$$= 0.0748$$

单架兵器射击的概率为

$$P_1 = \frac{1}{1!}\left(\frac{\lambda}{\mu}\right)^1 P_0 = (2.25)^1 \times 0.748 = 0.168$$

$$P_2 = \frac{1}{2!}\left(\frac{\lambda}{\mu}\right)^2 P_0 = \frac{(2.25)^2}{2!} \times 0.748 = 0.189$$

$$P_3 = \frac{1}{3!}\left(\frac{\lambda}{\mu}\right)^3 P_0 = \frac{(2.25)^3}{3!} \times 0.748 = 0.142$$

$P_3$ 表示了目标数恰好为 3。

全部兵器都射击的概率为单架兵器全射击的概率。

$$P\{N \geqslant 3\} = P' = \frac{1}{C!} \times \left(\frac{\lambda}{\mu}\right)^C \times P_0 \times \frac{1}{1-\rho_C}$$

$$= \frac{1}{3!} \times (2.25)^3 \times 0.748 \times \frac{1}{1-0.75} = 0.57$$

(2)各效率指标的计算

在系统内平均等待射击的目标数为

$$L_q = \frac{(C\rho_C)^C \rho_C}{C!\,(1-\rho_C)^2} P_0 = \frac{\rho_C^C \rho_C}{C!\,(1-\rho_C)^2} P_0$$

$$= \frac{(2.25)^3 \times 0.75}{3! \times (1-0.75)^2} \times 0.0748$$

$$= 1.70(\text{辆})$$

系统内平均包含的目标数为

$$L_s = L_q + C\rho_C = L_q + \rho = 1.70 + 2.25 = 3.95(\text{辆})$$

目标在系统内的平均等待时间为

$$W_q = \frac{L_q}{\lambda} = \frac{1.70}{0.90} = 1.89(\text{min})$$

目标在系统内的平均停留时

$$W_s = W_q + \frac{1}{\mu} = 1.89 + \frac{1}{0.4} = 4.39(\text{min})$$

对系统的上述效率指标不考虑目标通过目标区所需要的实际时间。

① 在目标通过目标区所需要的时间时,计算其他效率指标。首先计算目标在目标区内停留时间不超过的概率。由于

$$\rho = 2.25, \qquad C = 3, \qquad \rho \neq C - 1$$

所以有

$$\begin{aligned} P\{T \leqslant 5\} &= W(5) \\ &= 1 - \left[1 + \frac{0.142}{(3-1-2.25)(1-0.75)}\right] \times e^{-0.4\times5} \\ &\quad + \frac{0.142}{(3-1-2.25)\times(1-0.75)} \times e^{-3\times0.4\times5\times(1-0.75)} \\ &= 1 - [1 - 2.27] \times e^{-2} + (-2.27) \times e^{-1.5} \\ &= 1 + 1.27 \times \frac{1}{7.39} - 2.27 \times \frac{1}{4.48} \\ &= 1 + 0.17 - 0.51 = 0.66 \end{aligned}$$

目标没受到射击的概率为

$$P_u = 1 - W(5) = 1 - 0.66 = 0.34$$

目标受到射击的概率为

$$P_s = 1 - P_u = W(5) = 0.66$$

由假设条件

$$P_h = 0.70, \quad N = 30$$

目标被毁伤的概率为

$$P_H = P_s \times P_h = 0.66 \times 0.70 = 0.46$$

受到射击的目标数的期望值为

$$M_s = N \times P_s = 30 \times 0.66 = 20(\text{辆})$$

被毁伤的目标数的数学期望为

$$M_h = N \times P_H = 30 \times 0.46 = 14(\text{辆})$$

突破防线的目标数的数学期望为

$$M_t = N \times (1 - P_H) = 30 \times (1 - 0.46) = 30 \times 0.54 = 16(\text{辆})$$

抗突袭期间参加射击的武器架数数学期望值为

$$M = \sum_{n}^{C-1} n \times P_n + C \times P' = 2.25$$

在抗突袭期间每一架兵器的平均负荷率为

$$F = \frac{100M}{C}\% = 75\%$$

突袭持续时间为

$$T_\tau = N \times \frac{1}{\lambda} = 30 \times \frac{1}{0.9} = 33.33(\text{min})$$

抗突袭期间,每架兵器的平均射击目标数为

$$n_s = \frac{N \times P_s}{C} = \frac{30 \times 0.66}{3} = 6.6(\text{辆})$$

每一架兵器对一个目标的平均射击时间为 2.5(min)

一架兵器用于射击的时间为

$$6.6 \times 2.5 = 16.5(\text{min})$$

上面结果表明,武器系统的负荷较大,能突破防线的乙方坦克占全部坦克数的 50%以上,有 16 辆,因此,武器系统的效果不理想,应增加兵器数量或提高毁伤概率

② 在目标通过目标区需要 10min 的条件下,计算效率指标。仍用 $C \neq \rho - 1$ 时的公式:

$$\begin{aligned} P\{T \leqslant 10\} &= W(10) \\ &= 1 + 1.27 \times e^{-4} - 2.27 \times e^{-3} \\ &= 1 + 1.27 \times \frac{1}{54.60} - 2.27 \times \frac{1}{30.08} \\ &= 1 + 0.02 - 0.113 = 0.91 \end{aligned}$$

目标没受到射击的概率为

$$P_u = 1 - P\{T \leqslant 10\} = 1 - W(10) = 1 - 0.91 = 0.09$$

目标受到射击的概率为

$$P_s = 1 - P_u = 0.91$$

目标被毁伤的概率为

$$P_H = P_s \times P_h = 0.91 \times 0.70 = 0.64$$

受到射击的目标数的期望值为

$$M_s = N \times P_s = 30 \times 0.91 = 27(\text{辆})$$

被毁伤的目标数的数学期望为

$$M_h = N \times P_H = 30 \times 0.64 = 19(\text{辆})$$

突破防线的目标数的数学期望为

$$M_t = N \times (1 - P_H) = 30 \times (1 - 0.64) = 30 \times 0.36 = 11(\text{辆})$$

每架兵器的平均射击目标数为

$$n_s = \frac{N \times P_s}{C} = \frac{30 \times 0.91}{3} = 9.1(\text{辆})$$

一架兵器用于射击的时间为

$$2.5 \times 6.6 = 16.5(\text{min})$$

上述结果表明:虽然突破防线的目标数仍较多,但主要是由毁伤概率低的原因所致,因而在给定的条件下,武器系统已基本上可应付需要。

(3)兵器使用方式分析

在上面的问题中,是 3 架反坦克兵器采取协同作战的方式共同对付目标区内的目标,任一架兵器在完成前一目标的射击后,都选择等待射击的目标中的一个进行射击。现假定将目标区划分为 3 个较小的区域,分别由一架反坦克兵器负责按先后顺序对各自负责区域内的目标进行射击,并且假定每一架兵器不射击其他区域内的目标,而目标在进攻期

间，也不横向运动而由一个区域进入另一个区域，目标进入 3 个区域的概率完全相等，其他条件保持不变。

在上述假定之下，原来的 M/M/3 等待制系统，变成了 3 个 M/M/1 等待制系统。

参数 $\mu=0.4$ 辆/min 不变，而每一子系统的到达率为

$$\lambda_1=\lambda_2=\lambda_3=\frac{\lambda}{C}=0.3(\text{辆/min})$$

分别计算它们的效率指标，并依次对它们的优劣进行比较，如表 7－14 所示。

**表 7－14　M/M/3 等待制系统与 3 个 M/M/1 等待制系统比较**

| 指　标 \ 系统类型 | M/M/3 | M/M/1 | 结论 |
|---|---|---|---|
| 全部兵器不射击的概率 | 0.0748 | 0.75<br>（每个子系统） | M/M/3 系统兵器利用率较高 |
| 目标进入目标区后不能立即受到射击的概率表 | $P\{N\geqslant 3\}=0.57$ | 0.75 | M/M/3 系统能较快地对目标实施射击 |
| 平均等待射击的目标数 | 1.70 | 2.25<br>（每个子系统） | M/M/3 系统中平均等待射击的目标少，平均等待时间短，因而不利于敌方坦克火力的发挥 |
| 系统中平均包含的目标数 | 3.95 | 9.00<br>（3 个子系统） | |
| 目标在系统中的平均停留时间 | 4.93min | 10min | |
| 目标在系统中的平均等待时间 | 1.89min | 7.5min | |
| **在 $t_0=10\text{min}$，$N=30$，$N_1=N_2=N_1=10$ 的条件之下** | | | |
| 受到射击的目标数 | 27 | 19 | M/M/3 系统中受到射击的目标多，被毁伤的目标多，能突破防线的目标少 |
| 被毁伤的目标 | 19 | 13 | |
| 能突破防线的目标数 | 11 | 17 | |

从上面的对比中可看出，1 个 M/M/3 等待制系统比 3 个 M/M/1 等待制系统有明显的优越性，因而在可能的情况下一定要把兵力兵器组织起来，形成系统，互相支援，协同作战，这样能在不增加兵力兵器的条件下得到较好的战果。

### 7.5.4.3　反特种作战分队的配置数量及效率指标

在两军对峙时，组织小股特种部队深入敌后，执行一些特殊任务，实行骚扰和破坏，在一定的情况下，会起到相当的作用。当敌方采取这种办法来对付我方时，要采取有力措施来对付敌方小股特种部队的骚扰和破坏。

为了对付敌小股特种部队，我方成立了一些经过专门训练的战斗小分队，采取各种办法消灭入侵之敌。下面就用排队论的方法，对战斗小分队的配置数量及其效率指标进行定量分析。

从我方的角度看，小股敌人的出现是随机的，根据资料可判定敌人的到达符合泊松流，表 7－15 和表 7－16 是某部记录的 180 天的敌情资料。

在180天中实际出现的敌人股数为

$$\sum nf_n = 300$$

每天平均出现的股数为

$$\frac{300}{180} = 1.67(股/天)$$

即为敌人平均到达率 $\lambda = 1.67$。

**表7－15　每股敌人出现天数**

| 观察到的敌人股数($n$) | 出现天数 $f_n$(天) |
|---|---|
| 0 | 37 |
| 1 | 56 |
| 2 | 38 |
| 3 | 32 |
| 4 | 13 |
| 5 | 4 |
| 合计 | 180 |

**表7－16　每股敌人出现天数**

| 每股敌人数($m$) | 出现次数 $f_m$(股) |
|---|---|
| 1 | 4 |
| 2 | 35 |
| 3 | 86 |
| 4 | 76 |
| 5 | 48 |
| 6 | 38 |
| 7 | 9 |
| 8 | 3 |
| 9(含9个以上) | 1 |
| 合计 | 300 |

每股中平均含有的人数为(9个以上按9计)

$$\frac{\sum mf_m}{300} = \frac{1200}{300} = 4(人)$$

由于各种原因,我方战斗小分队在反特种作战中每次完成任务所需要的时间也是随机的,但符合指数分布,表7－17是180天内我方战斗小分队在完成每次任务时所用的时间的纪录。

**表 7－17 完成任务时间的出现次数**

| 完成任务所需时间 $v$(天) | 出现次数 $f_v$ |
|---|---|
| 0.0～0.2 | 96 |
| 0.2～0.4 | 79 |
| 0.4～0.6 | 67 |
| 0.6～0.8 | 35 |
| 0.8～1.0 | 16 |
| 1.0～1.2 | 7 |
| >1.2 | 0 |
| 合计 | 300 |

由此可计算出完成每次任务所需要的平均时间(以小区的右端点计)为

$$\frac{\sum vf_v}{300}=\frac{143.4}{300}=0.478$$

若用表示战斗小分队的平均服务率,则

$$\mu=\frac{1}{0.478}=2.09$$

下面计算战斗小分队的较理想的配置数量及其效率指标。

**1.一个战斗小分队的情况**

由于 $\lambda=1.67,\mu=2.09,\lambda<\mu$,因而设置一个战斗小分队是允许的,此时

$$\rho=\frac{\lambda}{\mu}=\frac{1.67}{2.09}=0.8$$

问题可作为一个 M/M/1 等待制排队模型处理。

分队空闲的概率,即发现敌人后能立即派出部队的概率为

$$P_0=1-\rho=0.2=20\%$$

发现的人后无法派出部队的概率为

$$P=\rho=0.8$$

两项指标都是很不理想的。每天在我防线内平均包含敌人的股数为

$$L_s=\frac{\lambda}{\mu-\lambda}=\frac{1.67}{2.09-1.67}=\frac{1.67}{0.42}=3.98(\text{股/天})$$

入侵我防线后至被围歼前的一段时间内,敌特种小分队可对我方造成威胁,处于这种状态的敌平均股数为

$$L_q=\rho\times\frac{\lambda}{\mu-\lambda}=0.8\times3.98=3.18(\text{股/天})$$

入侵敌特中小分队在我方的平均停留时间为

$$W_s = \frac{1}{\mu - \lambda} = \frac{1}{0.42} = 2.38(天)$$

入侵我方后至被围歼前的一段时间是敌特种小分队的有效活动时间，其平均长度为

$$W_q = \rho \times \frac{1}{\mu - \lambda} = 0.8 \times 2.38 = 1.90(天)$$

由每股敌特种小分队平均包含 4 人，所以平均每天入侵我方的敌方人员数量为

$$4 \times L_s = 4 \times 3.98 = 15.92(人)$$

可以进行骚扰活动的敌方平均人数为

$$4 \times L_q = 4 \times 3.18 = 12.72(人)$$

上述结果表明，平均每天有近 13 名敌方人员对我特种小分队进行骚扰活动，且每人的有效活动时间可以持续 2.238 天，这将对我产生巨大的危害，因而，由一个小分队对付特种小分队是不能完成反特种作战任务的。

**2. 两个战斗小分队的情况**

此时问题可归结为 M/M/2 等待制模型：

$$\lambda = 1.67, \quad \mu = 2.09, \quad C = 2$$

$$\rho = \frac{\lambda}{\mu} = 0.8, \quad \rho_C = \frac{\lambda}{C\mu} = 0.4$$

$$\begin{aligned} P_0 &= \left[ \sum_{k=0}^{C-1} \frac{1}{k!}\left(\frac{\lambda}{\mu}\right)^k + \frac{1}{C!}\frac{1}{1-\rho_C}\left(\frac{\lambda}{\mu}\right)^C \right]^{-1} \\ &= \left[ \sum_{k=0}^{C-1} \frac{\rho^k}{k!} + \frac{1}{C!}\frac{\rho^C}{1-\rho_C} \right]^{-1} \\ &= \left[ \sum_{k=0}^{2-1} \frac{0.8^k}{k!} + \frac{1}{2!} \times \frac{0.8^2}{1-0.4} \right]^{-1} \\ &= (1 + 0.8 + 0.53)^{-1} = 2.33^{-1} = 0.429 \end{aligned}$$

$P_0 = 0.429$ 就是分队空闲的概率。而

$$P_1 = 0.429 \times 0.8 = 0.343$$

发现敌特种小分队后能立即派出分队的概率为

$$P = P_0 + P_1 = 0.429 + 0.343 = 0.772$$

不能立即派出分队的概率为

$$P\{N \geqslant 2\} = \frac{1}{C!}\frac{\rho^C}{1-\rho_C} \times P_0 = 0.53 \times 0.429 = 0.228$$

上述两项效率指标较一个分队的情况已有了很大的改善。

入侵我方后能进行骚扰活动的敌特种小分队平均股数为

$$L_q = \frac{1}{C!}\frac{\rho_C \times \rho^C}{(1-\rho_C)^2} \times P_0 = \frac{0.4 \times 0.8^2}{2 \times 0.6^2} \times 0.429 = \frac{0.11}{0.72} = 0.153(股/每天)$$

入侵我方后能进行骚扰活动的有效时间为

$$W_q = \frac{L_q}{\lambda} = \frac{0.153}{0.67} = 0.092(天) = 2.2(h)$$

由每股敌人的平均人数为 4 人，所以每天平均在我方防区内活动的敌方人员数为

$$4 \times L_q = 4 \times 0.153 = 0.612(\text{人})$$

从各效率指标可看出,有1个战斗分队增为2个战斗分队后的情况有了很大的改善,平均每天只有0.6个敌人在我方活动,每个人的活动时间只有2.2个小时,对我方造成的危害已大为减轻,但是在180天的时间内能在我方进行破坏活动的总人数为

$$0.162 \times 180 = 110(\text{人})$$

这些人的有效活动时间总和为

$$2.2 \times 0.153 \times 180 = 60.59(\text{h})$$

对这些人的活动仍不能轻视。

**3.三个战斗小分队情形**

此时问题可归结为一个M/M/3等待制模型:

$$\lambda = 1.67, \quad \mu = 2.09, \quad C = 3$$

$$\rho = \frac{\lambda}{\mu} = 0.8, \quad \rho_C = \frac{\lambda}{C \times \mu} = 0.267$$

$$P_0 = \left[ \sum_{k=0}^{C-1} \frac{\rho^k}{k!} + \frac{1}{C!} \frac{\rho^C}{1 - \rho_C} \right]^{-1}$$

$$= (1 + 0.8 + 0.32 + 0.116)^{-1} = 2.236^{-1} = 0.447$$

$P_0 = 0.447$ 就是分队空闲的概率。而

$$P_1 = 0.358, \quad P_2 - 0.143$$

发现敌特种小分队后能立即派出分队的概率为

$$P = P_0 + P_1 + P_2 = 0.948$$

不能派出分队的概率为

$$P\{N \geqslant 3\} = \frac{1}{C!} \frac{\rho^C}{1 - \rho_C} \times P_0 = 0.116 \times 0.447 = 0.052$$

与两个战斗小分队的情况相比又有了较大的改善。

入侵我方后能进行骚扰活动的敌特种小分队平均股数为

$$L_q = \frac{1}{C!} \frac{\rho_C \times \rho^C}{(1 - \rho_C)^2} \times P_0 = L_q = \frac{1}{3!} \frac{0.267 \times 0.8^3}{(1 - 0.267)^2} \times 0.447 = 0.019(\text{股/每天})$$

入侵我方后能进行活动的敌平均时间为

$$W_q = \frac{L_q}{\lambda} = \frac{0.019}{1.67} = 0.011(\text{天}) = 0.26(\text{h})$$

以每股平均4人计,每天在我方活动的敌人平均数为

$$4 \times L_q = 4 \times 0.019 = 0.076(\text{人})$$

所以每天平均只有0.076人在我方活动,每股敌人的活动时间平均只有0.26h,能给我方造成危害的可能性已很小。若从180天的总体角度看:

$$0.076 \times 180 = 13.68(\text{人})$$

$$0.019 \times 180 \times 0.26 = 0.89(\text{h})$$

多数情况是敌特种小分队窜入我防区后,很短时间内就将遭到歼灭,为了清楚起见,把三种情形的效率指标列表予以比较(表7-18)。

表 7－18　三种情况效率指标对照表

| 指　标 | 1 个小分队 | 2 个小分队 | 3 个小分队 |
|---|---|---|---|
| 分队空闲概率 | 0.2 | 0.429 | 0.447 |
| 能立即派出分队概率 | 0.2 | 0.772 | 0.948 |
| 不能立即派出分队概率 | 0.8 | 0.228 | 0.052 |
| 每天敌平均活动股数(股/天) | 3.18 | 0.135 | 0.019 |
| 每天敌平均活动人数(人/天) | 12.72 | 0.612 | 0.076 |
| 每天敌平均活动时间 | 1.9 天 | 0.092 天 = 2.2 小时 | 0.011 天 = 0.26 小时 |
| 180 天内敌活动总人数(人) | | 110 | 13.68 |
| 180 天内敌活动总时间(小时) | | 60.59 | 0.89 |
| 结　论 | 效果不好<br>不能完成任务 | 效果一般<br>基本完成任务 | 效果较好<br>较好完成任务 |

常用排队模型计算公式一览表(见表 7－19～表 7－22)

表 7－19　常用排队模型计算公式一览表(单服务台－1)

| 类型 | M/M/1/∞/∞ | M/M/1/N/∞ | M/M/1/∞/m |
|---|---|---|---|
| 顾客源 | ∞ | ∞ | $m$ |
| 系统容量 | ∞ | $N$ | ∞ |
| 服务段数 | 1 | 1 | |
| 到达分布 | 泊松 | 泊松 | 泊松 |
| 服务时间分布 | 负指数 | 负指数 | 负指数 |
| $P_0$ | $1-\rho$ | $\frac{1-\rho}{1-\rho^{N+1}}$ | $\sum_{k=0}^{m}\left[\frac{k!}{(m-k)!}\times\rho^k\right]^{-1}$ |
| $P_n$ | $(1-\rho)\times\rho^n$ | $\rho^n\times P_0$ | $\frac{m!}{(m-n)!}\rho^N P_0$ |
| $L_s$ | $\frac{\rho}{1-\rho}$ | $\frac{\rho}{1-\rho}-\frac{(N+1)\times\rho^{N+1}}{1-\rho^{N+1}}$ | $m-\frac{1-P_0}{\rho}$ |
| $L_q$ | $\frac{\rho^2}{1-\rho}$ | $\frac{\rho}{1-\rho}-\frac{\rho^{N+2}+N\rho^{N+1}}{1-\rho^{N+1}}$ | $m-\frac{\rho+1}{\rho}(1-P_0)$ |
| $W_s$ | $\frac{1}{\mu\times(1-\rho)}$ | $\frac{L_s}{\mu\times(1-P_0)}$ | $\frac{m}{\mu\times(1-P_0)}-\frac{1}{\lambda}$ |
| $W_q$ | $\frac{\rho}{\mu\times(1-\rho)}$ | $W_s-\frac{1}{\mu}$ | $W_s-\frac{1}{\mu}$ |
| 备　注 | $\rho=\frac{\lambda}{\mu}$ 为服务强度($0<\rho<1$),$\lambda$ 为平均到达率,$\mu$ 为平均服务率 | | |

**表 7-20 常用排队模型计算公式一览表(单服务台-2)**

| 类型 | M/E$_k$/1/∞/∞ | M/D/1/N/∞ | M/G/1/∞/m |
|---|---|---|---|
| 顾客源 | ∞ | ∞ | $m$ |
| 系统容量 | ∞ | ∞ | ∞ |
| 服务段数 | $k(k>1)$ | 1 | 1 |
| 到达分布 | 泊松 | 泊松 | 泊松 |
| 服务时间分布 | 爱尔朗 | 常数 | 任意随机平均值为$\frac{1}{\mu}$,方差为 $\sigma^2$ |
| $P_0$ | $1-\rho$ | $1-\rho$ | $1-\rho$ |
| $P_n$ | | | $(1-\rho)\times\rho^n$ |
| $L_s$ | $\rho+\frac{(k+1)\times\rho^2}{2k\times(1-\rho)}$ | $\rho+\frac{\rho^2}{2\times(1-\rho)}$ | $\rho+\frac{\lambda^2\sigma^2+\rho^2}{2\times(1-\rho)}$ |
| $L_q$ | $\frac{(k+1)\times\rho^2}{2k\times(1-\rho)}$ | $\frac{\rho^2}{2\times(1-\rho)}$ | $\frac{\lambda^2\sigma^2+\rho^2}{2\times(1-\rho)}$ |
| $W_s$ | $\frac{L_s}{\lambda}$ | $\frac{L_s}{\lambda}$ | $\frac{L_s}{\lambda}$ |
| $W_q$ | $\frac{L_q}{\lambda}$ | $\frac{L_q}{\lambda}$ | $\frac{L_q}{\lambda}$ |
| 备注 | $\rho=\frac{\lambda}{\mu}$为服务强度$(0<\rho<1)$,$\lambda$ 为平均到达率,$\mu$ 为平均服务率 | | |

**表 7－21　常用排队模型计算公式一览表(服务多台－1)**

| 类　型 | M/M/C/∞/∞ | M/M/C/N/∞ |
|---|---|---|
| 顾客源 | ∞ | ∞ |
| 系统容量 | ∞ | $N$ |
| 服务段数 | 1，$C$ 个服务员 | 1，$C$ 个服务员 |
| 到达分布 | 泊松 | 泊松 |
| 服务时间分布 | 负指数 | 负指数 |
| $P_0$ | $\left[\sum_{k=0}^{C-1}\frac{\rho^k}{k!}+\frac{1}{C!}\frac{\rho^C}{1-\rho_C}\right]^{-1}$ | $\left[\sum_{k=0}^{C}\frac{\rho^k}{k!}+\frac{1}{C!}\frac{C^C\rho_C(\rho_C^C+\rho_C^N)}{1-\rho_C}\right]^{-1}$ |
| $P_n$ | $\frac{\rho^n}{n!}\times P_0(n\leqslant C)$ | $\frac{\rho^n}{n!}\times P_0(0\leqslant n\leqslant C)$ |
| | $\frac{\rho^n}{C!\times C^{n-C}}\times P_0(n>C)$ | $\frac{C^C}{C!}\rho_C^N\times P_0(0\leqslant n\leqslant N)$ |
| $L_s$ | $L_q+C\times\rho^C$ | $L_q+\rho\times(1-P_n)$ |
| $L_q$ | $\frac{\rho^C\rho_C}{C!\times(1-\rho_C)^2}\times P_0$ | $\frac{\rho^C\rho_C}{C!\times(1-\rho_C)^2}\times P_0$ $\times[1-\rho_C^{N-1}-(N-C)\times\rho_C^{N-C}\times(1-\rho_C)]$ |
| $W_s$ | $\frac{L_s}{\lambda}$ | $W_q+\frac{1}{\mu}$ |
| $W_q$ | $\frac{L_q}{\lambda}$ | $\frac{L_q}{\lambda\times(1-P_N)}-\frac{1}{\lambda}$ |
| 备注 | $\rho=\frac{\lambda}{\mu}$，　$\rho_C=\frac{\lambda}{C\mu}$，　$\lambda_C=m-L_s$ 为有效到达率 | |

**表 7－22 常用排队模型计算公式一览表(服务多台－2)**

| 类型 | M/M/C/C/∞ | M/M/C/∞/m |
|---|---|---|
| 顾客源 | ∞ | ∞ |
| 系统容量 | $C$ | ∞ |
| 服务段数 | 1,$C$ 个服务员 | 1,$C$ 个服务员 |
| 到达分布 | 泊松 | 泊松 |
| 服务时间分布 | 负指数 | 负指数 |
| $P_0$ | $\left[\sum\limits_{k=0}^{C}\frac{\rho^k}{k!}\right]^{-1}$ | $\left\{\frac{1}{m!}\left[\sum\limits_{k=0}^{C}\frac{1}{k!(m-k)!}\rho^k+\frac{C^C}{C!}\sum\limits_{k=C+1}^{M}\frac{1}{(m-k)!}\rho_C^k\right]\right\}^{-1}$ |
| $P_n$ | $\frac{\rho^n}{n!}\times P_0(0\leqslant n\leqslant C)$ | $\frac{m!}{(m-n)!\ n!}\rho^n\times P_0(0\leqslant n\leqslant C)$<br>$\frac{m!}{(m-n)!\ C!\ C^{n-1}}\rho^n\times P_0(C+1\leqslant n\leqslant m)$ |
| $L_s$ | $\rho\times(1-\rho_C)$ | $L_q+\rho\times(m-L_s)$ |
| $L_q$ | 0 | $\sum\limits_{n=C+1}^{M}(n-C)\times P_n$ |
| $W_s$ | $\frac{1}{\mu}$ | $\frac{L_s}{\lambda C}$ |
| $W_q$ | 0 | $\frac{L_q}{\lambda C}$ |
| 备注 | $\rho=\frac{\lambda}{\mu}$, $\rho_C=\frac{\lambda}{C\mu}$, $\lambda_C=m-L_s$ 为有效到达率 | |

# 习 题 七

1．简述最优控制问题的极大值原理。

2．写出微分对策问题双方有最优控制策略的充要条件。

3．写出红、蓝双方各有 3 类兵种对抗的多兵种 Lanchester 方程。在此基础上建立双方的微分对策模型。

4．某兵工厂对某种材料的全年需要量为 2000t,其单价为 1000 元/t。每次采购该种材料的订货费为 2000 元,每年保管费为 100 元/t。试求工厂对该材料的最优订货批量、每年订货次数及全年的费用？

5．一个具有 3 类人员的系统，转移矩阵为：$P=\begin{bmatrix}0.5 & 0.3 & 0\\0 & 0.3 & 0.3\\0 & 0 & 0.4\end{bmatrix}$，当前的人员分布情况为：第一类 140 人，第二类 100 人，第三类 60 人，每年第一类人增加 80 人，第二类人增加 40 人，第三类增加 20 人，试分析 6 年后系统各类人员的数量？

6．简述垂直式组织结构和扁平式组织结构的优缺点。

7．简述矩阵式组织结构的特点。

8．计算如图所示的指挥组织拓扑结构的时效熵、质量熵和组织的综合有序性？

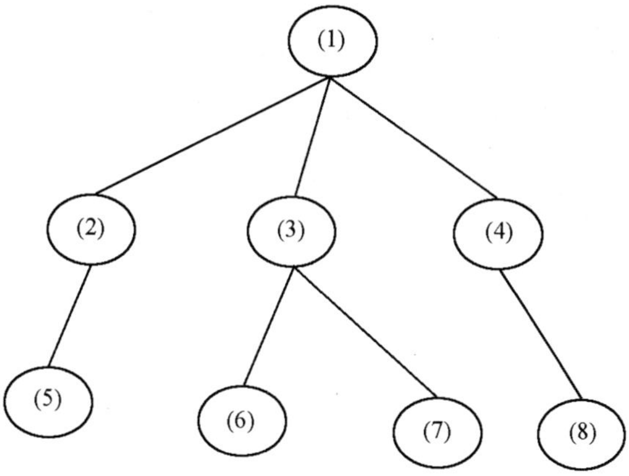


**题 8 图**

9．某机场只有一条跑道，假设飞机的到达符合泊松输入过程，飞机降落所需时间服从负指数分布，机场接收一架飞机降落平均需要 2.5min。试求：

(1)使进场的飞机不需等待的概率达到 0.7，飞机的到达率应为多少？

(2)若只设有一个等待空域，能满足需要的概率为多少？

# 第8章　作战模拟

恩格斯曾经指出:“一旦技术上的进步可以用于军事目的并且已用于军事目的,它们便立刻几乎强制地,而且往往是违反指挥官的意志而引起作战方式上的改变甚至变革。”“每个在战史上因采用新的办法而创造了新纪元的伟大的将领,不是新的物质手段的发明者,便是以正确的方法运用他以前所发明的新手段的第一人。”在当今军事技术急剧变革的过程中,一个突出的不容回避的问题是:军队如何在和平时期紧紧跟上这种变革的步伐,以避免再一次新的战争开始之后,由于不适应这种作战方式的变化而付出大量的生命和物质的损失?发展作战模拟技术是解决这一课题的重要途径。

## 8.1　概　述

钱学森就说过:“作战模拟方法实质上提供了一个‘作战实验室’,在这个实验室里,利用模拟的作战环境,可以进行策略计划的实验,可以检验策略和计划的缺陷,可以预测策略和计划的效果,可以评估武器系统的效能,可以启发新的作战思想。”

从战争中学习战争是人们认识战争、研究战争的最基本的方法,然而面对未来可能的战争,面对我们不熟悉、甚至见都没有见过的战争,我们如何“从战争中学习战争”?现代作战模拟技术开辟了一条“从计算机(作战试验室)中学习战争”的新的途径。

### 8.1.1　概　念

**1.作战模拟**

作战模拟是指运用各种手段,对作战环境、作战行动和作战过程进行模仿的技术、方法和活动。作战模拟是研究军事活动中数量关系的基本方法,它揭示军事活动中的量变过程,发现由量变到质变的界限,与定性研究相辅相成。

**2.现代作战模拟**

现代作战模拟是指建立在数学模型和电子计算机基础上的作战模拟。通常所说的现代作战模拟,是指运用系统工程的观点和运筹学的方法,以计算机为工具,采用现代化的模拟技术来研究现代战争的组织指挥、作战训练,揭示军事活动规律的计算机作战模拟。

### 3.模　型

模型是对客观事物的简化反映和抽象;是对实际原型的仿真;是理解和反映客观事物形态、结构和属性的一种形式。模型的最大特点是对客观实体的相似性,它既反映了实际又高于实际,既具备客观实体的基本特征又不等同于客观实体,是客观实体的缩影。模型不是客观实体的简单克隆。模型的另一个特点是可重复性,通过模型的反复实验,能正确地抽象出客观事物的变化规律。

建立和研究模型的目的,是为了发现或了解客观实体的本质属性和基本规律,研究模型就是为了获得有关客观事物原型的更多信息,模型既是研究对象又是研究手段。模型提供了一种处理或简化复杂问题的方法,但完美无缺的模型是没有的,每一个模型的合理性都是相对的,因此,不能期望模型能反映客观实体的一切方面。

模型具有以下五个基本性质:

(1)相似性。模型是以现实世界的客观实体为基础的,与研究对象充分相似,具备客观实体的基本特征而又不是客观实体本身,具有显著的仿真性。也就是说,我们可以通过研究模型达到研究客观实体的目的。

(2)抽象性。模型舍弃了客观实体中的次要因素,突出本质因素,成为原型的抽象。所谓抽象,就是抓住研究对象的本质特征,用一种结构上类似而又较简单的模型予以代替。用经过加工处理或科学抽象建立起来的模型代替客观实体进行研究,能更充分地发挥人的主观能动性,利用逻辑思维的作用,更正确地揭示客观事物的本质。

(3)简明性。模型能使复杂、庞大的现实系统趋于简化,使人们更容易理解和把握。一个好的模型,必定删繁就简、重点突出。效果相同的模型,越简单越好。

(4)多功能性。一个具有多种功能的模型,将具有更理想的效果和费效比,将更能反映各种因素的综合效应。

(5)可重复性。模型可在相同的条件下被重复使用,通过模型的反复实验,能更好地抽象出客观事物的变化规律。

### 4.模　拟

模拟可以理解为对所研究系统的功能、结构及行为的模仿,也可理解为在特定条件下,对客观实体的形状、工作规律或信息传递规律等的一种相似性复现。模拟是通过模型而实现的一种仿真性实验或一种近似计算技术。模拟就是模型的实验。

模型和模拟的关系在于:

(1)模型是实际事物原型的一种抽象,模拟则是一个实验过程;

(2)模型是文字、符号、方程式的静态结构,模拟则是实现模型的一种动态描述;

(3)模型的建立是为了反映要模拟的事物,模拟就是模型实验的方法和手段。

没有模型就无所谓模拟,没有模拟模型也只能反映客观事物的表面,而不能触及其实质。

### 8.1.2 作战模拟简史

战争的最大特点是它的不可重复性,过去的不能复现,未来的不能预演。因此,战争过程的模拟就成为人们研究战争的重要方法。可以说,自有战争以来,指挥官们便开始了作战过程的模拟,只不过随着时代的不同,采用的模拟方法不同而已。

**1.思维模拟-智力推演模拟**

作战过程的模拟具有悠久的历史。早期的作战过程模拟是通过人们的思维活动来实现的。一些战争的指挥官,运用自己的经验和对情况的判断,针对敌人可能采取的行动和自己的兵力部署,想象出在对抗中的战场画面,从而不断修改完善自己的作战方案,最后定下作战决心,这就是古代作战中,指挥官们对作战过程所进行的思维性模拟形式——智力推演。无论是在古代的小说中,还是在兵书或出土文物中,都能看到古代军事家们在这方面的杰作。

我国是有着光辉文化史的文明古国,在我国历史上曾出现过许多大军事家,其中突出的代表就是孙武。他根据长期的考查和亲身实践,写出了驰名中外的不朽军事哲学著作《孙子兵法》。短短的5000字所体现的军事思想至今仍为世界上许多大军事家所推崇,具有很深刻的现实意义。事实上,他关于战争规律的论述,都是通过对过去战争经验的总结和自己的思维活动,按不同的战争条件推演了作战过程后所得到的。他是军事史上最早运用模拟的思想方法研究战争规律的杰出军事家。孙子用兵主张"十则围之,五则攻之,倍则分之"就强调了量的概念。

与《孙子兵法》齐名的另一部战争巨著是克劳塞维茨所著的《战争论》,它成为19世纪欧洲军事理论的巅峰之作。

克劳塞维茨(1780—1831),普鲁士将军,西方近代著名的军事理论家和军事史家。1780年,他出生于普鲁士的希尔格镇,少年时进入军队,参加过欧洲反法同盟对拿破仑的战争,历任骑兵军参谋长、军团参谋长、柏林军官学校校长等职,获得少将军衔。19世纪初期普法战争中拿破仑取得胜利,克劳塞维茨受到很大震动,他先后研究1566—1815年间的战例130个,写下了著名的《战争论》。1831年11月,他死于霍乱,被葬入军人公墓。

《战争论》对欧洲18、19世纪的战争历史、战争现象、战争理论从宏观到微观进行了全面而细致的考察,使其在军事学的意义不同凡响,达到了他所处的时代的高峰。它被誉为西方近代军事理论的经典之作,对近代西方军事思想的形成和发展起到了重大的作用,作者本人也因此被视为西方近代军事理论的鼻祖,在19、20世纪,《战争论》的流传和影响毋庸置疑,进入21世纪,它的魅力仍持久不衰,当代西方国家军事战略的制定在理论上也大多出自于这部书。

《战争论》全书共8篇124章。第一篇"战争性质",第二篇"战争理论",第三篇"战略概论",第五篇"军队",第六篇"防御",第七篇"进攻",第八篇"战争计划"。该书的基本观点有六点:

(1)战争是政治的延续,军事观点必须服从于政治观点;

(2)战争的目的就是消灭敌人,包括消灭敌人的精神力量和物质力量两方面;

(3)战略包括精神、物质、数学、地理、统计五大要素,影响并贯穿于战争的始终;

(4)战略战术的基本原则是集中优势兵力,挫败敌国交战意志;

(5)战争中的攻防是相互联系、相互转化的;

(6)要积极向历代的战史学习,吸取经验和理论。

作战过程模拟真正成为一门科学,则要归功于普鲁士人冯·莱斯维茨父子。从1811年到1827年的十几年中,正是由于他们父子卓越的工作和努力,作战模拟活动才在军队中获得了稳固的立足点,才真正成为作战训练的一种手段。

1811年,普鲁士宫廷的文职战争顾问冯·莱斯维茨男爵把早期棋盘形式的战争游戏改制成沙盘形式。他按1:2372的比例尺度用胶泥做出地形模型,显示地形的起伏特征,并以色彩表现水源、道路、村庄和树林,用小瓷方块表示军队和武器,进行对阵表演。这种作战模拟游戏引起了普鲁士国王威廉三世的注意。威廉三世推进了其中作战游戏的发展和应用,并引入波茨坦宫中,进行对手之间的比赛表演,供高级官员和来访的外国贵宾欣赏。1816年俄国大公尼古拉访问波茨坦宫时,国王为他表演了作战模拟游戏,激起了俄国大公的热情,他很快把这种游戏引入俄国宫廷。这样,这种兵棋游戏很快扩展到了欧洲。

冯·莱斯维茨的儿子约翰·冯·莱斯维茨是普鲁士近卫部队的炮兵中尉。他在父亲的鼓励下,把军事经验和时间概念引入作战模拟游戏中,从现实的军事经验基础上拟订游戏规则,把这种游戏变成能表现实际战斗的有用形式,从而成为作战模拟(War Game)的真正发明者。

1816年,小莱斯维茨在斯德丁(Stettin)第二炮兵大队发展了这种新形式的作战模拟游戏。他成功地表演了几种实际的对阵形势,并且证明适用于研究营级的军事行动。这种新的作战模拟游戏,很快在普鲁士陆军军官中获得相当的支持。

1824年,普鲁士陆军参谋长冯·穆福林将军应属下力劝,观看了这种作战模拟表演,当描述地图上的战斗展开以后,他一改先前的不感兴趣的态度:“吁!这不是一种游戏,这是名副其实的作战训练学校!把他推荐给整个军队是我的责任。”穆福林将军立刻采取了行动。从此,作战模拟作为军官训练和计划作战的手段,获得了立足点。

同年,小莱斯维茨在柏林出版了《用“克里格斯皮尔”器械进行军事对抗演习的指南》一书,介绍了他的作战模拟方法的详细规则,用这些规则指导,可以在画有地形特征的类似地图的图表上进行作战模拟,这本手册后来在1825年和1828年又进行了两次修订和补充。1824年3月6日,有名望的普鲁士军事专业杂志《军事周刊》(Militair – Wochenblatt)以赞许的评论发表了冯·莱斯维茨中尉的作战模拟方法,50年后,在1874年7月11日和9月9日,同一份杂志报道了冯·莱斯维茨父子对作战模拟作出贡献的这段历史。

“克里格斯皮尔”模拟的主要效果在于:在设计战斗中,当双方的部队非常接近时,事先所做的准备和行动初期所做的部署,往往被战斗过程中的各种各样的偶然因素所破坏。但是模拟能使人通过大量实践,取得在和平时期不易取得的军事知识和经验,并使之完善。运用这种工具,就可能提出具有重大意义的战略问题。

19世纪中期以后,美国陆军工兵少校利弗莫尔发展了“克里格斯皮尔”,他利用美国国内战争和1866年至1870年期间的普鲁士战争的历史数据,完善了战场上部队的运动以及机动时间等细则,简化了模拟过程中繁琐的记录程序,使用了附加设备来简化计算,使模拟更加接近实战条件并加快了模拟的进程。

**2.沙盘模拟**

由于兵器的进步,作战规模的不断扩大,作战地域的开阔复杂,因而无论指挥官们选择的位置多么合适,已难以观察到整个战场上的作战态势。指挥官仅仅靠从逻辑上和几何上进行智力推演已不能满足作战研究和制定作战决心的需要,于是产生了沙盘对抗的模拟方式。

沙盘是根据地形图、航空相片、实地地形,按比例尺用泥沙或其他材料及兵棋制作的一种显示地形和地面目标的模型,具有立体感强,形象直观等特点,主要供指挥员研究地形、敌情、作战方案以及演练战术使用。

应用沙盘研究作战情况在我国有着悠久的历史。《史记·秦始皇本纪》中记载:"以水银为百川大海,相饥灌翰,上具天文、下具地理。"据说,秦在部署灭六国时,秦始皇亲自堆制沙盘研究各国地理形势,在李斯的辅佐下,派大将王翦进行统一战争。后来,秦始皇在修建陵墓时,墓中堆塑了一个大型的地形模型,以地形模型作为殉葬品,这说明秦始皇从统一战争中认识到地形之重要。模型中不仅砌有高山、丘阜、城邑等,而且用水银模拟江河、大海,用机械装置使水银流动循环。可以说这是最早的沙盘雏形,至今已有2200多年历史。

最早的通过沙盘研究战法的例子发生在公元32年。

《后汉书·马援传》中记载:东汉建武8年(公元32年)汉光武帝刘秀征讨陇西(今甘肃东部一带)的隗嚣,进攻天水重镇略阳(今甘肃秦安县东北90里),召名将马援(伏波将军)商讨进军战略。马援对陇西一带的地理情况很熟悉,就用米堆成一个与实际地形相似的模型,说明山川形势,要隘以及各军进出的道路,从战术上做了详尽的分析。汉光武帝刘秀看后很高兴地说:"虏在吾目中矣"(敌人全在我的眼中了)!"这个模型对指挥作战发挥了很大的作用。史书称:"聚米为山谷,指画形势,开示众军所从道径由来,分析曲折,昭然可晓。"

北宋,著名科学家沈括(1031—1095年)发展了沙盘制作方法,把宋朝与契丹辽接壤的沿边地形制成木制地形模型。为方便起见,后来改为石面糊木屑做在木面板上,他所在的定州(今河北定州市),冬天寒冷,容易脱落,又改用熔蜡制作。报送皇上,神宗看后甚为嘉评,并下诏边疆州俱效法制作。因适用于军事,很快得到推广。

由于沙盘使用价值高,所以到第一次世界大战后,在军事上得到了广泛应用。第二次世界大战中,德军每次组织重大战役,都预先在沙盘上予以模拟演练。随着电子计算机技术的发展,出现了电脑模拟战场情况的新技术,促使沙盘向自动化、多样化的方向发展,也为研究作战指挥提供了新的方法和手段。

使用沙盘进行的作战模拟就成为沙盘模拟。沙盘模拟是为了研究和讨论作战过程,制定作战计划,将作战地幅与地貌按一定比例缩小后用沙盘表现出来,用各种标示器代替敌我双方的兵力部署,以人工移动各种模型代替部队的机动,从而使作战过程得到演示的模拟方式。

世界上最早的对阵式沙盘模拟出现于1918年(冯·莱斯维茨发明兵棋时)的普鲁士军

队，这种对阵式沙盘模拟已基本上能实现对实地的复现，开始广泛地应用于军事训练和作战指挥。而测绘技术的出现与发展，使指挥官可以直接在地图上进行分析研究，推演战斗决心、战术思想，这种方式就称为图上作业。

**3. 实兵演习**

在思维模拟和沙盘模拟发展的同时，战争过程的模拟还有另外一种实用形式——实兵演习。实兵演习是对抗双方在实际的地形上，用实际的兵员和装备作对抗演练。

军事训练的另一种形式——实兵演习，由于是用真刀真枪在实际地形上对战争进行更为逼真的模拟，因此自它出现以来，一直是训练指战员、提高部队军事素质的主要方法，并作为一种有效手段保留至今。

实兵演习是十分逼真的战争过程的模拟，逼真性体现在每一个战术企图的实际演练和每个战斗动作的实际操作上。实兵演习是训练部队和指挥员最为接近实战的形式，是部队提高军事素质的主要方法。但实兵演习有两个难以克服的不足，一是耗费巨大(一枚鱼雷造价 300 万。一枚战术导弹造价 1000 万)，二是毁伤难以确定(点到为止)。

**4. 计算机作战模拟**

第二次世界大战以来，系统工程理论的迅速发展，运筹学方法的广泛应用，计算机的问世及技术的快速提高，都为作战过程的定量分析和作战指挥的定量描述在理论上和技术上准备了条件，人们把作战思想、作战行动用数学方法或半经验半理论的方法描述出来，通过计算机的运行，用于作战过程推演和作战方案优选。

这种运用系统工程理论、运筹学的方法，以计算机为工具来定量描述作战过程的形式，就是计算机化的作战模拟，或现代作战模拟。

相比于其他的模拟方法，现代作战模拟具有如下优点：

(1)模拟仅需在可重复执行的模型上运行，其费用远比对实际系统进行试验低；

(2)避免危险性；

(3)可以进行假设检验；

(4)可再现性。

计算机作战模拟使军事模拟活动发生了质的飞跃，使得模拟的质量(相似程度)大为提高。由于现代战争的规模、难度和消耗都越来越大，计算机作战模拟不仅适用于实战活动，同时适用于要反复进行的军事训练本身。计算机作战模拟是作战过程模拟的最新发展阶段和最新形式。

## 8.1.3　作战模拟的分类

由于作战模型和作战模拟间的对应关系，总体上讲，其分类方式与作战模型的划分方式是一致的，作战模拟有多种分类方法。

**1. 按所用模型对现实的抽象程度分类**

按所用模型对现实的抽象程度或所采用的模拟方法，可将作战模拟分为四大类，即解析模拟、计算机仿真、作战对抗模拟和军事演习。依计算机在模拟中所起作用的大小，作战对抗模拟又可分为交互式计算机对抗模拟、计算机辅助作战对抗模拟和人工作战对抗模拟三类。

在这六类作战模拟中，解析模拟、计算机仿真、交互式对抗模拟和计算机辅助对抗模拟都程度不同地应用了现代计算机技术，一般称之为计算机作战模拟。

(1)解析模拟

解析模拟实际上就是求解解析模型。这种模型的特点是模型中的参数、初始条件和其他输入信息以及模拟时间和结果之间的一切关系均以公式、方程式和不等式来表示。兰彻斯特方程可算是最早的作战解析模型了。求解这组方程可以得到在假定条件下战斗双方兵力损失随时间的变化，研究参战兵力数量与质量对战斗胜负的影响。

(2)计算机仿真

计算机仿真的特点是通过运行仿真模型进行作战模拟。仿真模型把所关心的作战过程分解为一系列基本活动和事件，并按逻辑关系将它们组合在一起。例如，把反坦克武器对坦克的战斗过程分解为运动、搜索、发现、目标选择、目标分配、射击、命中或脱靶等一系列活动和事件。人的决策用预先编好的行动规则来描述，有时决策规则也可随机地确定。

(3)作战对抗模拟

作战对抗模拟是利用预先设计的描绘实际或假定作战过程的模型、规则、数据和步骤，由专人充当对抗双方的指挥人员，而对双方作战兵力军事行动进行的仿真。依据计算机在模拟中所起作用的大小，作战对抗模拟又可以分为三类(计算机的作用从大到小排列)：

① 交互式计算机对抗模拟。这种模拟所用模型结构类似于计算机仿真模型，但计算机只描述作战过程，指挥过程(决策过程)由专人(称为局中人)以模拟作战部队指挥员身份实现。模拟过程中，局中人可以根据计算机给出的模拟结果作出判断和决策，通过输入命令实现对作战推演过程的人工干预。

② 人工作战对抗模拟。这种模拟方式类似于下兵棋。充当交战各方指挥员的局中人借助沙盘、地图、标识器等手段按给定想定研究战场态势，定下决心，下达战斗命令。双方一组命令形成的态势结局或者完全由预先描述的规则、数据和简单计算裁决，或者完全由充当仲裁的导演调理人员裁决。在后一种情况下，作战对抗模拟称为自由式的。

③ 计算机辅助作战对抗模拟，这种模拟对抗方式与人工作战对抗模拟相似，只是计算机以简单方式辅助局中人或导演。例如，计算部队前进距离、伤亡，通过计算双方兵力对比和查表决定局部交战结果等。

(4)军事演习

这种方式包括首长司令部演习和实兵野外演习。

六类作战模拟方式在抽象程度、逼真度、结果可重复性以及方便灵活性方面的趋向如图8-1所示。军事演习最接近实战，能逼真地演练作战企图和战术动作，但耗费巨大、周期长、伤亡难以确定，而且有些战争(如核大战)无法试验。计算机作战模拟耗费少，安全，可把较长时间的战斗过程浓缩到较短的时间模拟出来，可进行动态描述推演和定量分析，还可对核大战、信息战等未来对抗过程进行模拟，因此得到广泛的应用。但计算机作战模拟相对比较抽象，只模拟与研究问题有关的主要因素，且对基础数据依赖性很大。

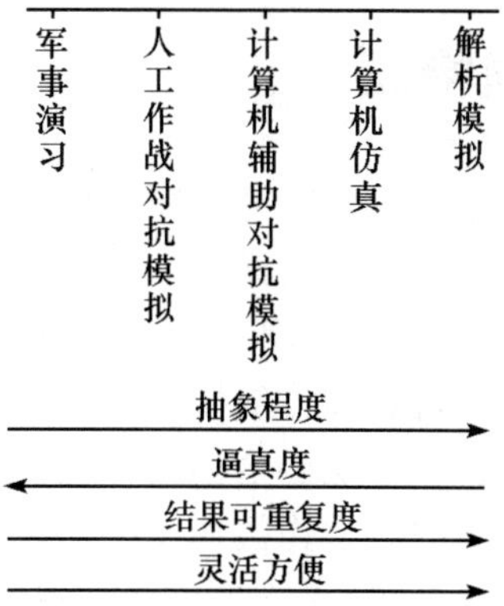


图8-1　作战模拟谱系及特性趋向

**2.按模拟作战的规模或范围分类**

(1)按模拟作战规模分为格斗模拟、战斗模拟和战役模拟三大类

格斗模拟是一种微观模拟，主要模拟双方基本作战单位之间一对一的交战。所用模型描述影响武器作战能力的主要技术特性，可用于武器设计参数选择及武器作战效能评估等研究。

战斗模拟是一种中观模拟，主要描述双方几个基本作战单位之间(少对少)或一定战斗编成部队之间(多对多)进行的交战活动。所用模型(如地面分队模型、师团模型、空中编队交战模型等)面向作战，主要描述兵力运用的战术，因此可用于研究战术，还可用于评估、比较不同武器系统的作战效能。

战役模拟是一种宏观模拟，主要描述双方使用大规模兵力(如几个师、几个军甚至更多兵力)，在一个作战方向或一个战区内进行的战役活动或全球规模的战争活动。所用模型往往是高度聚合的半经验半理论解析模型，输入数据则由评估历史或更详细的作战模拟得到。

(2)按模拟交战兵力范围分为单类武器系统作战模拟、单一兵种作战模拟和合成兵种作战模拟三大类

单类武器系统作战模拟可用于确定新武器的设计目标或设计方案，模拟结果可给更高层模拟提供输入数据。

单一兵种交战模拟常用于研究兵种内部武器本身及其支持系统之间的结构比例关系，如高炮防空模拟可研究不同高炮防空系统的武器数量与直接支援装备如 $C^3I$ 设备、雷达探测系统等之间的恰当比例关系。模拟结果一般用作合成兵种作战模型的输入。

合成兵种作战模拟所用模型应描述可能包含的陆、海、空各种作战兵力间的交战关系和协同作用，可用于研究军兵种兵力或装备之间的结构比例关系。

## 8.1.4 作战模拟的共同特征

无论何种形式的作战模拟，都具有如下的共同特征：

(1)任何一种作战模拟都是军事行动的模拟。军事问题的提出是作战模拟的基础，军事目标的达到是作战模拟的方向。因此，军事问题是作战模拟的核心，任何偏离这个核心的作战模型和作战模拟都将毫无价值，在作战模拟中所有其他的工作，都是为解决军事问题所使用的方法和手段。当然，这些方法的恰当与否也直接影响着军事问题解决的质量。

在这里特别要强调的是，军事问题是作战模拟的出发点、依据和归宿，任何作战模型无论是大还是小，无论是复杂还是简单，无论其作用和目的如何，都一定是从军事问题开始，经过一系列技术和艺术的加工和处理之后，最后达到军事问题的新目标而结束。

(2)有两支或两支以上的对抗力量卷入作战模拟的军事行动。

(3)对军事行动的模拟，必须按照与军事技术和军事经验相符合的数据、规则和程序进行。

(4)所要模拟的军事局势，是事实上已经存在，或者是在一定条件下可能存在的局势。

(5)采用统一的计时系统。时间是军事行动的基本因素，军事行动是随时间而发展的。

作战模拟必须像实战一样，按时间形成一个连续采取行动的序列。统一计时是所有作战模拟系统的基础工作之一。

## 8.1.5 作战模拟的基本条件

作战模拟有四个基本组成：人员；设备；规则；想定（或脚本）。

### 1.人　员

参加作战模拟的人员有管理人员、局中人（即对阵各方）、科学研究人员和辅助人员。

管理人员包括导演、裁判和控制人员，导演是整个管理工作的领导。管理人员的作用，相当于球类比赛的主持人和裁判员。作战模拟的导演必须具有较强的军事指挥能力，熟悉模拟过程所涉及的军事单位和武器情况，掌握作战模拟的技术组成和要求。

扮演蓝、红两军的局中人，分别称为蓝军人员和红军人员。在复杂的作战模拟中，代表蓝、红两军的可以有多个局中人，分别担任不同的角色，如各级地面部队司令官，海、空军部队司令官，后勤参谋，情报参谋，实际参战人员等。蓝、红两军参加模拟的人员必须具有较高的能力和丰富的经验，机智而有见识。如果作战模拟涉及核武器、电子战或化学战这些专门领域，还需要有这方面的军事专家参加。

在作战模拟过程中，从事研究分析工作的科学工作者包括军事运筹学家、军事历史学家、计算机和通讯专家。科学工作者是整个作战模拟工作的核心。在作战模拟开始以前，他们要根据作战模拟的目的和要求收集数据，进行作战模拟的模型设计，为所设计的作战模拟模型配备计算机和网络环境，在给定的计算机和网络环境下进行软件系统的设计、开发和调试。他们要具有运筹学、计算机科学、数学、统计学和有关技术的知识，并有设计作战模拟模型的技能，善于把技术特性和军事行动转变为模型和计算机可以处理的数据，善于按照严格的数学和统计学方式去处理偶然事件及其结果，善于将模拟和分析的结果在现有设备的条件下最恰当、最直观地向局中人表达出来。考虑到假设条件，简化近似和偶然性偏差的影响，在进行作战模拟的处理和分析时，善于打适当的折扣。由于现代作战模拟离不开计算机和通讯，科学工作者中必须有人精通计算和通讯技术，包括计算机处理模型的设计，程序编制和修改，检修故障，在作战模拟的每一回合协助局中人和计算机以及其他局中人通讯。从事研究工作的科学工作者，一般来自工程、物理、运筹学等不同学科。

辅助人员需要熟悉地图读出、军事勤务和计算机使用，还要具有行政办公业务能力，如记录、打字、操作计算机和相关的辅助设备。

**2.设　备**

在早期的封闭式作战模拟中，交战双方指挥官有各自的指挥中心即作战室。作战区域的模型在作战室展开。作战室能显示军队部署情况以及所能获得的情报。通常，裁判和控制人员有一个单独的控制室，在这里显示双方力量部署和战斗情况。传统的用作作战室和控制室的是三个连通的屋子，屋子之间有联系通道，每个屋内装有显示板，以显示军事力量的配置冲突情况。显示板一般是一个大桌子，上面可以钉地图，或者放置模型。有些作战模型宜于用垂直显示板，或者用投影屏幕显示地图和透明图片。无论是垂直的或水平的显示板，都必须能安放标示器。标示器可以有不同类型，用来表示军事单位的相对配置位置。在水平显示板上，标示器可以是坦克、运载车辆和单个士兵的缩比模型或者标示符号。

近年来，由于计算机、网络和多媒体计算机的迅速发展，在作战模拟中，计算机和通讯设备成了不可或缺的设备。作战室和控制室以及它们之间的连接有了很大的变化。由于网络和通讯技术的发展，作战室和控制室的地理位置不再是需要考虑的因素了。计算机和网络技术可以把世界上任何地方的作战室和控制室联系在一起。计算机和通讯技术使得模拟大规模多层次的军事行动成为可能。一次模拟中可以出现数以百计的各级指挥所协调数千辆坦克的作战行动。可以说，计算机和通讯设备是现代作战模拟的主要装备。

计算机技术的发展和普及，使得在许多模拟模型中，通常都安装有大屏幕显示器、计算机局域网、各种计算机工作站和微型计算机设备、打印机、数字化仪(用来输入和标定地图信息)以及图形输入输出设备。这些设备，大大减轻了模拟管理和控制人员的劳动，使得模拟的导演和裁判能更快更好地理解和把握模拟的进程，及时作出判断和控制模拟的进程，使得模拟看起来更真实。

在包含实兵模拟的作战模拟系统中，真实的武器装备也成为模拟的设备。实际上，在大多数作战模拟中使用的电子通讯装备($C^3I$ 系统)都是真实装备。

**3.规　则**

要按实战条件给交战各方部队的军事行动以限制和约束。例如，在不同天气、白天或夜晚、有敌人火力干扰或无敌人火力干扰的情况下，不同类型装备和部队在不同地形上的运动能力，应该和实战情况一样。上述数据、限制和约束，一般体现在作战模拟的规则和数据表中。为了模拟战斗过程的细节，规则和图表越来越详尽。在模拟过程中，这些规则和细节必须为全体参加者充分了解,并严格照此进行。在计算机作战模拟中,这些规则和图表以数据库或计算机程序的形式存储,并在适当的时候通过人机交互的方式展示给局中人。

在现代计算机化的作战模拟中,大量的规则通过计算机程序逻辑的形式反映出来。这种形式的一个优越性是它的客观性;另外,计算机的巨大潜力为制定动态的、复杂的规则提供了条件,在现代计算机作战模拟中,刻板的规则和自由式作战模拟之间得到了完美的统一。

在基于计算机的作战模拟进行过程中,规则是可以随在模拟回路中的人员的行为改变的,这就产生了人机交互的规则。

为了实现不同计算机作战模拟系统之间的交互、互联和互操作,需要制定作战模拟计算机软件方面的规则,这就是计算机作战模拟的体系结构和相关的软件体系结构(如HLA,RTI)等。由此产生了一系列关于作战模拟所使用的数据的标准。

**4.想定(或脚本)**

几乎所有作战模拟都需要一个想定(或称脚本)。脚本是对作战环境和局势的详细陈述。简单地说,脚本是在特定背景下进行作战模拟的故事情节。脚本的英文字是Scenarios,来自电影制片业,1965年被收入美国参谋长联席会议的美国军事术语字典。脚本描述对抗局势的一般情势和专门情势,并说明局中人的使命和目标,它勾画出冲突发生的地理场所,说明冲突发生的原因,可能投入的军事力量和后勤保障,初始战斗水平,局势发展的时间序列。脚本包含两种类型的信息:一般情势的信息是提供给所有局中人和参加者的,通常包括每边部队的配置,导致敌对行动的背景事件,冲突场所和发生时间方面的细节。专门情势的信息是提供给某一方的所有的成员或指定的成员,如某个指挥官所指挥的军队及其位置,卷入冲突的准确时间,冲突发生时他所处的环境,他通过与敌人部队发生接触或冲突以及通过情报活动获得有关对手的信息。

在计算机、网络和多媒体条件下,脚本通常还包含着对环境的形象化描述。

军事常识、作战条令和军事历史知识是编写脚本的基础。成功的脚本相当于一个好的军事历史故事,表现出作者良好的军事素质和军事历史学家的特质。

## 8.1.6 作战模拟的应用

虽然从古代战争到现代战争都有把作战模拟用于战争计划的实例,但只有在现代计算机高速发展条件下出现的现代作战模拟,才使人们对作战过程的研究和分析发生了从定性到定量的质的飞跃,完成了从硬模拟到软模拟的过渡,实现了现代新技术与军事艺术的结合。现代作战模拟使人们可以对各种复杂的军事问题或作战行动获得深刻的定量认识,这种定量分析的结果,不仅能提供好与坏、强与弱、多与少、大与小等相对的定性结论,而且还能进一步提供具体数量指标。

二次大战后,随着计算机时代的到来和作战模拟效率的提高,作战模拟的用途更加广泛,用于分析评估未来战争中武器和战略的作用更加突出。作战模拟已成为国防领域中使用最为广泛的手段。作战模拟是现代条件下研究战争、军事训练、论证武器效能等方面的一种有效方法,是一支现代化军队所必须掌握的技术。作战模拟的应用有以下几个方面。

#### 8.1.6.1　军事训练与指挥

用作战模拟的方法进行军事训练,可大大提高军事训练的水平和指挥员的训练质量。训练模拟是军事领域中收效最为突出的作战模拟形式之一。

**1.作战训练**

作战模拟初期的主要目的是军事训练,而在现代作战模拟出现以后得到了更为广泛的应用。

(1)人员训练

作战模拟可以用来锻炼指挥人员的指挥能力、组织计划能力和对各种情况的处置能力;可以用来考察参谋人员在各种模拟战斗环境中的表现和水平;可以通过模拟多种方案提高对战术原则的掌握程度;可以通过战例的模拟重现,加深对战例中经验教训的理解;可以用作战模拟方法辅助实兵演习,把作战模拟中产生的数据用于正式的实兵演习和其他参谋训练活动,从而使演习更加逼真。

美军广泛使用作战模拟训练指挥和参谋人员,例如,美国国防大学为军官开设了政治-军事模拟课程、联合与合成作战模拟课程等。美各军种的主要作战中心每年都要接待并训练各类高级指挥和参谋人员。设在海军学院的作战模拟训练中心在 1986 年共进行了 50 次作战模拟训练,平均每周一次。

(2)模拟各种作战环境

作战模拟可以通过各种手段模拟各种作战环境,特别是由各种形式的真实装备和模拟计算机组成的人工合成环境;可以不断地向受训者提供各种需要处置的战场情况,迫使受训人员在严格的、近于实战的条件下做出果断决定;作战模拟还能提供战场真实情况的声、光、电综合效果,增加受训者决策的现实感。

**2.辅助指挥决策**

军事活动中的关键问题是指挥决策。而作战模拟的核心和实质是能对军事问题进行定量分析,预测策略的执行结果,为军事指挥提供优化的决策方案。

美国防部、各军种及各军事院校在其各自建立的国防系统分析专业机构中,都广泛地使用作战模拟为战略、战役和战术各层次的决策提供定量分析的依据,还广泛动用了民间的各种思想库和系统分析力量。

美国在中东战争与科索沃战争中,就已将作战模拟嵌入到作战指挥系统中,每次军事行动的决策都是经过作战模拟系统根据当时战场态势和战场环境对作战方案进行优化后进行的。

作战模拟的巨大能力就在于,它可从相同的起点,用不同的规则和各种参数的不同值,反复地模拟实战过程,以使人们看出各种不同策略的运用效果。

**3.作战计划评估**

作战模拟可以用来评估作战计划和作战方案;可以用来描述可能的战斗结局,找到执行作战计划和战术的关键,发现计划和战术的优缺点,推演未来战争在各种不同情况下的可能结果;可以通过模拟结果的分析,比较各种想定方案的优劣,检验每一个想定的周密性和可行性;可以用来评估双方的战斗能力、军队编成、兵力兵器配备的保障程度以及各种决心的优劣程度,可以大大提高预见能力,减少情势的不可测性,提高指挥人员决心的科学性、计划的合理性及指挥的坚定性。

### 8.1.6.2 战争研究

作战模拟技术用于战争研究具有革新意义,能使战争研究从偏重于定性分析到强调定量分析,并使两者紧密结合,把战争问题的研究提高到一个新的水平。

对一些复杂的军事系统及战争过程中人员伤亡等无法实际试验的活动,作战模拟的方法是唯一能够获得近于实际信息的有效方法。在有些国家的军队中,作战模拟方法已代替了大量的靶场试验和实弹射击,代替了部分大规模的军事演习。

**1.战法研究**

战法研究的基本目的是总结吸取过去的战争经验,提出未来战争的基本样式,给出最合适的作战方法。因而,战法研究更重要、更有意义的是面向未来,而未来包含了众多的未知因素,对这些未知因素的模拟和检验恰恰是作战模拟的优长。在战法研究中所设想的未来作战方式,所提出的新的理论原则和作战观点,都可通过作战模拟评价其价值和可行性。作战模拟可以促进战法研究的发展,可以探索新的作战思想和作战方法。

**2.军事理论研究**

作战模拟是作战理论、作战思想的有效检验手段,可大大提高作战理论的说服力,具有广阔的应用前景。例如,美国陆军作战分析中心与兰德公司共同开发的"21 世纪陆军"作战思想筛选模型,通过以作战活动为线索的建模方法,通过可供选择的若干作战思想方案,通过模拟推演,找到了系统描述作战思想的"框架"(即作战思想的研究方法)和最为合理的作战思想。

**3.军事学术研究**

军事学术研究最重要的作用是为军事工作中的决策提供咨询建议,为军事工作的发展发挥先导作用。

作战模拟是检验军事理论和军事思想研究成果真实性的手段之一,可以用它来判定新的作战思想、作战方法和指挥艺术对军事活动进程和结局影响。在军事学术研究中所提出的新理论、原则和观点(包括拟制的条令条例等法规)以及一些颇有争议的学术问题,都可通过作战模拟的方式进行验证。

### 8.1.6.3 武器装备发展规划和论证

作战模拟方法可以根据国家的战略方针和战术原则,提出发展新武器系统的建议,用于武器论证和武器发展趋势的预测;可以根据国家批准的发展新武器系统任务,拟定新系统的性能要求、技术规格;可以根据新武器系统运用的战略和战术环境,预测新武器系统对作战方式带来的影响;可以用来确定一种新武器的研制、管理及在战场上的使用效率,确定成功运用这种武器所需要的训练水平以及它能对战术、技术和战场情况所带来的影响，从而更好地指导战争。

**1.武器装备与虚拟原型技术**

现代作战模拟被广泛地用于武器装备发展的虚拟原型技术中，以对设计或研制中的武器系统进行性能评估。采用虚拟原型技术进行武器装备的设计制造，智能化程度高，设计思维独具一格。

虚拟原型技术是将先进的建模与仿真技术、多领域的数字化设计技术、虚拟现实技术和其他交互用户界面技术综合应用的数字化产品开发技术。

在武器装备设计制造中常用的虚拟原型技术有虚拟样机技术和虚拟环境技术。

虚拟样机技术是在武器装备的设计阶段用虚拟样机加入模拟系统，以检验武器装备设计的正确性。虚拟样机是设计者构造的武器装备计算机模型，这种模型包括了武器装备的全部运动部件，并能仿真这些部件的所有运动特性并"实际"考察设计结果，使人们可将费钱费时的物理原型开发过程转变为虚拟样机开发过程，并在建立物理原型和新武器系统型号投产以前就能对设计进行改进、优化和重新设计。建模与仿真能降低研制费用和缩短研制周期。

虚拟环境技术是在武器装备的试验阶段，使用作战模拟方法模拟在实战中可能出现的各种情况和环境因素，以降低试验费用和缩短试验周期。

用作战模拟技术来论证新武器系统研制的必要性、确定新武器系统的战术技术指标以及研究新武器系统的使用方法，是继指挥和训练、作战计划之后作战模拟在国防科学技术中的现代应用。

**2.武器装备的技术评价**

技术评价就是以现有的、预计可以实现的技术为基础，以可能出现的军事局势和力量结构为背景，通过模拟对比评价交战双方已有的或计划研制的武器系统的作战效能，为领导机关规划设计新武器系统提供指南。

**3.武器装备的成本与效率分析**

现代武器系统越来越复杂，破坏力越来越强，投资越来越大，研制周期越来越长。在发展现代武器装备的过程中，为了在研制阶段避免人力、物力和财力的浪费，为了在使用阶段避免因使用性能的缺陷造成不必要的牺牲和物资损失，需要通过作战模拟对新武器系统的技术可行性、性能指标和使用效率进行论证、评估、预测和检验。

选择和评价武器系统是作战模拟在二次世界大战后的一个非常重要的军事应用，在不能通过实战来检验一种新型武器系统效率的情况下，人们的注意力集中在了"成本与效率"分析上。

"成本与效率分析"有成本与作战效率分析 COEA（Cost and Operational Effectiveness Analysis）和成本与训练效率分析 CTEA（Cost and Training Effectiveness Analysis）两个概念。"成本与效率分析"要求未来的作战模拟模型既能确定武器在战场上的效率，也能确定成功地运用这种武器所需要的训练水平，既能做到不超出国民经济的承担能力，也能满足作战需要。"成本与效率分析"这个新概念，是对作战模拟模型构筑技术的新挑战。作战模拟模型的发展，应当与这种复杂的分析结构相适应。

**4.武器系统作战效能评价**

一种新武器系统出现以后，可能由于使用的一方不了解最有效的使用方法而不能充分发挥其作用；也可能由于被攻击一方没有预测到这种武器对作战方式的影响而缺乏有效的对策，从而不得不付出额外的牺牲。作战模拟可为一种新武器的应用找到最有效的战术方法，可以根据战略方针和战役、战术原则及新武器系统对作战方式带来的影响，拟定最优的使用原则。

在武器战斗效能的评价方法中，计算机模拟计算法是除传统的战例统计外推法和靶场试验法外的一种实用方法。这种方法是通过计算机模拟来评价武器的战斗效能；可在同一的战术背景和地形条件下，计算出武器的交换比，并通过模型参数变化来找到提高武器战斗效能的途径，使能从定量、系统的角度加深对武器战斗效能的认识。

由于人们可以在作战模拟中同时嵌入拟议中的新武器系统和实际使用的现有武器系统，从而可在接近实战的情况下，对新武器系统进行作战性能评价。

### 8.1.6.4 战略分析与规划

作战模拟方法的发展，提供了一种现实可能，即把国家军事当局所要处理的复杂的战略分析与规划问题变成易于考查的形式。用作战模拟方法进行战略规划和分析战略方针，能比用直觉方法获得更清晰的洞察力，并能用形象化的方法解释所获得的启发。

**1.兵力结构评价**

兵力结构评价是在国家战略方针和作战目标的限定下，评价、比较交战双方武器力量结构的效能和缺陷，以找到最有效的力量结构形式，对执行战略方针的力量需求作出规定。现代作战模拟在兵力结构组成、训练和条令到战略战术运用等方面都有不可替代的作用。在军事规划部门中，兵力结构评价（Force-structure Evaluation）是进行军事规划和结构调整的基础。

美军已建立起一系列重点研究总兵力规划的战略级作战模拟模型，满足各军种军事战略方面的要求，分析各军种的规模、兵力结构，评定部队的作战能力并对军费分配的长远规划、年度计划及现有部队的作战部属、计划等方面提出建议。

**2.作战条令（作战纲要）评价**

在武器和兵力结构给定的条件下，战略军事条令的评价，就是对交战双方战略原则、作战思想进行比较，研究战略、战术以及武器系统、指挥控制系统的协调，研究把有限资源有效地服务于军事目的的方法。

在作战模拟的环境中，人们可以仔细地反复研究在新武器装备条件下的战术和战法，比较各种战术战法的优劣，制定新的作战指南和战斗条令。

20 世纪 90 年代以后，随着作战模拟技术的飞速发展，美国陆军先后建立了 9 个作战实验室，这些实验室在训练指挥和参谋人员、评价计划和战术概念等方面发挥了极其重要的作用，所使用的模型种类也从相对简单的手工运转的作战模拟到非常复杂的大规模分布交互式作战模拟。

**3.国家发展战略与规划**

作战模拟已成为各国制定中长期发展规划和实施决策的一个必不可缺少的环节,如国家目标与国家战略研究、国防战略与作战方针研究、武装力量的规划等。可通过作战模拟对国防现代化发展战略及总体规划中的一些全局性的问题进行实验。

作战模拟在军事规划研究方面的应用也非常突出。如:军事战略及国防建设发展战略研究;各级后勤保障能力的综合研究;人防、国防工程发展战略研究;军队编制体制的论证等。正因为成功地运用了作战模拟技术,美国才为核武器找到了正确的发展策略。

为了有效地进行战略分析与战略规划,世界各国都建立并使用着各种各样的政治-军事模拟系统、战略规划模拟系统等。

### 8.1.6.5　对抗模拟

最初用于战术训练的作战模拟方法,已发展成为具有广泛用途的现代研究工具——对抗模拟。对抗模拟不仅在军事领域有用,在其他领域也有极高的使用价值。经过改革后的模拟方法,可以用来研究政治危机中各种策略的选择、外交和军事争端中矛盾的考察、国际关系复杂性的描述等。

目前,绝大多数的作战模拟,都是按模拟开始之前就设计好的模型和数据库来预测指挥决策的后果,这个判定过程具有高度的决定性。但是,随着对抗模拟方法的广泛应用和深入发展,这种只强调数学模型的简单定量方法,其应用和活力都有相当大的局限性。当对涉及整个国家的武器装备、人员、兵力组织等全局性的大问题进行模拟分析时,很难仅用定量的方法来解决。于是,一种科学与经验相结合、定量与定性相结合的讨论式对抗模拟,已成为研究、分析军事、政治冲突方法的一种趋势。这是一种能把决策者的思想、专家的知识和经验与计算机模拟相结合来解决问题的方法。

讨论式对抗模拟是一种开放式的对抗模拟,它按照一种结构化的、经过训练且灵活的方式,把技术和体现军事专家知识和观点的作战条令相结合,以处理各种实际问题。它一方面把实验、试验、模拟和情报分析的结果作为讨论的内容和对象;另一方面,它又为计算机模拟提供适当的输入信息。在讨论式对抗模拟中,虽然也使用模型和数据库来支持结果分析,但任何决策的形成,都是由对阵双方的局中人和导演部的判断来决定。对阵双方在讨论中论证自己的决策,预计所产生的后果。一切技术和作战过程中的具体问题,一律提供给各有关方面的专门人员在会下解决,所得到的结果,将在下一轮的对抗模拟中得到体现。

讨论式对抗模拟可以把专家的知识、经验、情报分析的结果与实验、试验、模拟、建模分析中所获得的信息有机地结合起来,以产生新的见解,发现对不确定因素的新认识。讨论式对抗模拟中参加者之间的合作效应,促进了新见解的产生,最大限度地保证了结论的客观性和正确性。

讨论式对抗模拟可分为技术对抗模拟和政治-军事对抗模拟。

**1.技术对抗模拟**

当讨论式对抗模拟应用于技术规划的制定时,便产生了技术对抗模拟,它是讨论式对抗模拟的一种类型。

对技术发展做出投资决策,需要预测新技术发展苗头能否、如何、何时转移并集成到军事应用系统中。在投资决策过程中,还需要技术专家和条令专家一起,预测和评价新技术的进展以及体现这些进展的新概念系统,发现它们将会怎样为增强作战能力作出贡献,这就是技术对抗模拟产生的背景。

技术对抗模拟,主要处理与新技术发展能力有关的问题;用于识别那些对未来军事行动与能力有重要影响的新技术发展苗头,并且研究如何把这种苗头变成现实;用来制定研究与发展的投资战略,帮助技术专家、武器研制管理人员和战略家,为分配研究发展资源做出好的决策。

美国陆军从技术对抗模拟中获得的最重要的见解是:在战场前沿,充分部署机器人武器系统、灵巧障碍、遥控操作的高性能微波武器及远程精确火力;在战场前沿之后,部署一线集中部队作为打击力量,将是一个很有效的作战概念,这种作战样式,预计在21世纪就可能变成现实。

军事技术发展的决策对军事系统有着长远的影响。对于技术专家来说,对抗模拟创造了事先运用他们所要发展的武器系统的舞台,帮助他们了解这个系统需要具备什么样的性能才能使其作战效能最大。

**2.政治－军事对抗模拟**

政治－军事对抗模拟始于20世纪50年代末期,其创始人是美国麻省理工学院的林肯(Lincoln)博士。政治－军事对抗模拟作为军事院校的教学与科研工具已有多年的历史,是自由推演的对抗模拟,其核心是强调反映当代时局的政治－军事危机的管理。

现代国际冲突的现实问题,已使对抗模拟的性质发生了一场静悄悄的革命。在美国国防部机构中,演进着一种新的"高层次"对抗模拟的运用趋势,即强调军种之间的合作进行危机管理,而不是进行纯粹的战术、战役模拟,这就是政治－军事对抗模拟。

政治－军事对抗模拟中的局中人,被迫管理一场冲突,而不是去为冲突打一场战争,对抗模拟常常演化为外交谋略的对弈而不是军事打击。政治－军事对抗模拟,强调危机的政治的、经济的、心理的和社会的各个方面,着重针对想定做出反应的决策过程,包括决策如何做出,以及在过程中起作用和不起作用的各因素的相对权重。政治－军事强调把一场冲突导向与自己有利的方面,取得不打自胜的结果。

在政治－军事对抗模拟中,计算机仅仅起到一种支持作用,而不像在某些计算机化的作战模拟中起支配作用。计算机的支持作用,主要是信息处理,主要用于跟踪对抗过程中的数字,使计算标准化并使计算加速。

政治－军事对抗模拟既可用于分析的目的,又可用于教学的目的。这种新型的对抗模拟已在美国国防大学的对抗模拟中心进行。在美国国防大学各学院所能提供的有限教学时间中,政治－军事对抗模拟最富有创造性特征,国家军事学院和武装部队工业学院均用这种对抗模拟作为最终的教学课程。

# 8.2　作战模拟的一般程序

构建一个作战模拟系统，一般经过以下几个阶段：军事需求分析、军事总体设计、技术总体设计与系统研制以及模拟结果的检验。通过这几个阶段的工作，明晰作战模拟系统要完成的任务、达到的目标以及制定实现的方案，而模拟所得到的结论还需要经过检验之后才能认为是符合要求的。

## 8.2.1　军事需求分析

军事需求分析解决的基本问题是："训谁?"、"训什么?"和"怎样训?"(Who、What、How)。

**1.解决训谁的问题，就是要明确训练的对象和目的**

通常，指挥训练的训练对象是某一级或某几级的首长机关，或军事院校中相应层次的指挥员班、参谋班学员；训练目的可能只是入门性质的熟悉指挥程序，也可能是为了提高指挥员及其领率机关在现代高技术作战条件下的组织指挥能力和谋略水平。

**2.解决训什么的问题，就是要明确训练的内容和时间**

训练任务的完成，是通过一系列训练课题的实施来实现的，而训练课题又是通过一系列具体训练内容来体现的。因此，训练内容的设置应着眼于满足完成作战任务的需要。只有这样，才能通过训练达到明确作战任务、了解作战对象、熟悉战场环境、统一作战思想、加深对战役战术理论的理解、提高实际组织指挥作战能力的目的。例如，联合战役对抗演习可以设置如下训练内容和训练时间：

(1)战役筹划，训练时间 × 天，作战时间 × × 天；

(2)封锁反封锁作战，训练时间 × 天，作战时间 × × 天；

(3)登陆反登陆作战，训练时间 × 天，作战时间 × × 天；

(4)陆上进攻反围攻作战，训练时间 × 天，作战时间 × × 天。

其中，每一战役阶段又可以设置若干个训练课题。例如，登陆反登陆作战阶段可以设置以下训练课题：

- 空袭 - 反空袭；
- 航渡 - 反航渡；
- 上陆 - 反上陆；
- 扩张 - 反扩张。

**3.解决怎样训的问题，就是要明确训练的方式和编组**

演习训练主要有单方演习和双方对抗演习两种不同的方式。单方演习，是指只有演习一方，另一方情况由导调人员提供或以假设敌显示所进行的演习；双方对抗演习，则是指由演习双方互为假设敌,采取攻防对抗方式,在导演机构统一协调下所进行的演习。

演习训练时,通常根据训练的目的、对象和内容,将受训者按不同职务进行编组。例如,在战区级对抗演习时,由受训者充当战区级指挥员和战区下级军种指挥员,而由导调人员充当受训者的上级和下级。可以采取的一种训练编组方式为:红、蓝两军分别设联合战役指挥员×人,联合司令部设情报、指挥、电子对抗中心×人,战区陆军指挥部×人,战区海军指挥部×人,战区空军指挥部×人,战区二炮部×人,战区联合政治部×人,战区后勤部×人。

为了实现以上的基本军事需求,从建立一个实用化的训练系统出发,还需进一步明确具体的需求。以联合战役对抗演习为例,以下各项需求应该得到满足:

(1)在演习准备阶段,能运用多媒体技术进行战区地理总体介绍,进行红、蓝双方作战企图、编制装备等有关情况介绍;

(2)提供战区全图和战前态势图;

(3)能方便灵活地检索有关资料;

(4)能查取战区地理要素数据和特征;

(5)能以军事人员便于掌握的方法输入红、蓝双方的交战决心,以及作战命令等指挥文书;

(6)系统描述的作战行动应能覆盖训练课题的全部内容,并能恰当反映联合战役指挥员和战区军种指挥员的指挥层次与关心层次(指挥层次通常为下一级部队或直属队,关心层次则通常为下两级或下三级);

(7)模型中所有作战行动应能真实地反映被描述部队的实际编制、装备、技术和受训指挥员的个人决心与指挥意志,并能真实地反映战场客观条件(地形、天候、季节、时间等)的影响;

(8)能逼真模拟红、蓝双方的交战行动过程,计算作战效能和战损结果;

(9)能随着演习进程实时、动态地显示红、蓝两军的交战态势和作战时间;

(10)能以军事人员习惯的军用文书形式显示各类模拟结果;

(11)能突出谋略训练,实现分段跳跃模拟,以简化推演过程;

(12)能复现演习各阶段红、蓝双方决心处置和各军种的作战行动;

(13)能支持导演人员的事后讲评;

(14)系统运行稳定可靠,能保证演习的持续性;

(15)系统应有一定的适应性,能在短时间内方便地完成想定变换、战役编成变换等。

## 8.2.2 军事总体设计

完成军事需求分析后,接着要做的工作就是进行军事训练模拟系统的军事总体设计。

军事总体设计是设计者用军事人员习惯的规范化语言形式,对一个目标系统的总体性能和描述内容做出的结构化的规定。它必须具备两个基本的特征:一是其表达形式易于为军事人员理解,二是能在非形式化的军事经验与形式化的技术表达间架起相互沟通的桥梁。它的难点是如何对一般的非结构化的军事经验做出与其本来含义一致或近似的结构化表达。

一个训练模拟系统军事总体设计的内容通常包括框架性设计、军事规则设计、输入/输出设计等几个部分。下面分别介绍各部分所要完成的工作及实施的方法步骤。

**1. 军事框架设计**

框架性设计是对训练模拟系统的作用、适用范围、应满足的训练流程、硬环境的配置、应具备的功能做出明确的规定。主要包括以下几方面的内容：

(1)确定研制目标及适用范围。对系统应实现的研制目标进行规定，确定欲研制系统所必须表现的内容框架。

(2)规定系统的使用流程方式。所谓使用流程，是指根据训练需要和研制目标，模拟系统在使用过程中与导演、受训者发生交互作用时的信息交联关系。它随训练形式、规模及系统研制目标的变化而变化。在作战模拟系统实施的过程中，导演、受训者可以直接与模拟系统进行交互(信息获取或下达命令)，也可以不直接与模拟系统交互而通过调理员进行。

(3)确定系统的硬环境配置。硬环境配置可分为最小硬环境配置和最佳硬环境配置，前者指能实现系统各项功能和满足用户基本需求的硬件配置；后者指能将系统各项功能充分地表现出来且能完全满足用户各项需求的最佳硬件配置。

(4)确定模拟系统的功能目标体系。根据系统的研制目标和硬环境配置，确定系统的功能目标体系，作为进一步设计工作的约束标准。

**2. 军事规则设计**

这里所说的军事规则是在模拟系统研制过程中，为更好地对军事行动进行模型化设计，而对军事人员通常使用的军事经验进行结构化改造后形成的准逻辑化规则或准数学化规则。它有两个显著的特点，一是表现形式结构化，二是表现的内容与结果与原非结构化的军事经验一致或相近。这一阶段的工作至关重要，其工作质量在相当程度上决定了下一阶段建立数学模型和程序模型的工作质量。

首先需要对框架性设计中规定的系统功能进行进一步的分解，并对分解后的战斗行动要素进行抽象，然后对战斗行动抽象结果做出结构化的表述。要素是指构成一个战斗行动的最本质的基础行动。所谓战斗行动的抽象就是将外观上千差万别的军事行动抽象成由这些基础行动组合而成的事件。

例如，在师、团训练模拟系统中，假定模型描述的级别到连，则通过分析可知，步兵连任何攻防战斗行动都可抽象为由机动、搜索、近距交战三个基础行动构成的事件。在完成基础行动的抽象后，还应进一步找出对基础行动产生重要影响的主要因素。以机动为例，经过分析得出对其产生重要影响的因素主要有六种，即地形、天候气象、机动分队的起始状态(静止状态、运动状态)、乘载工具、队形以及敌方的限制措施(火力压制、布设障碍等)。

在对步兵连的机动进行结构化表述时，假定战斗分队的地面机动区分为乘轮式车辆、乘履带车辆和徒步三种，应给出以下各项定量指标：

(1)三种不同机动方式的基准速度；

(2)不同地形条件对机动的影响,如坡度在××度以下不受影响,在××度至××度速度下降××%,在××度以上不可通行;××道路对机动速度无影响,××道路速度下降××%;××地表自然障碍使机动速度下降××%,××地表自然障碍迟滞运动×小时,××地表自然障碍不可通行等。

(3)不同天候气象条件对机动的影响,如雨天机动速度下降××%,雾天机动速度下降××%,雪天机动速度下降××%,夜间机动速度下降××%等。

(4)敌方火力压制对机动的影响,如受到敌方炮兵×级火力压制时无法通行,受到敌方炮兵调级火力压制时速度下降××%;受到敌方航空火力×级压制时无法通行,受到敌方航空火力×级压制时速度下降××%等。

(5)不同运动队形对机动的影响,如采用××队形时,保持其基准运动速度;采用××队形时,机动速度下降××%等。

3.输入设计

输入设计就是对各种数据的录入所做出的规定。这些数据包括基础数据、想定数据、方案数据、临时指挥数据。

基础数据是指最基本层次的数据。它的数量很大,涉及与作战有关的方方面面。例如,部队的编制装备,武器的战术技术性能,各种战场环境对作战行动的影响,部队机动,搜索与发现,射击、命中与毁伤,战术与指挥,后勤保障,武器费用、维修与保管等。

想定数据是指随着想定的改变而变化的数据。通常包括地形数据,战斗编成数据,任务数据和天候气象数据,有时还包括部队满员率和训练、士气数据。

方案数据是指随着作战方案的改变而变化的数据。它主要包括各个作战单位的任务数据。实质上就是将受训指挥员的作战方案和命令,按模型描述所需格式录入后产生的一整套命令数据。

临时指挥是指受训指挥员在使用训练模拟系统的过程中,根据战场上不断出现的新情况而临时实施的指挥。它的表现形式是受训指挥员下达的各种命令。这些命令经过处理后形成的模型所需格式的命令数据就是临时指挥数据。

4.输出设计

对作战模拟系统的输出数据所做出的规定。输出的数据一般是态势图形、统计表格、文字报告等图形或文字的形式。

态势图形输出通常采用二维或三维图形技术,以准军标形式实时、动态、连续地显示战场态势。一般情况下,供主导演用的态势图形显示战场敌对双方的全部态势,供红、蓝调理员或受训者使用的态势图形只显示己方的全部情况和通过侦察获知的敌方情报。在主导演屏上有时还需要将双方的主要指挥信息显示出来,供主导演掌握双方指挥的内容。

统计表格输出的设计要根据训练目的来确定。例如,供总导演和调理员使用的双方分类综合统计表,供调理员使用的分辨到各个作战单位的详细统计表,供研究作战中各类单位作战效能的专题统计表等。

文字报告的设计通常与军事规则紧密结合,一般体现为格式化的作战文书形式。以机动为例,指挥员最关心的是机动分队何时出发,某时到达何处,是否遇到障碍,是否遇到敌方迟滞，何时到达目的地等情况。

### 8.2.3　编拟想定

军事想定，是对战役(战斗)中敌我双方基本态势、作战企图和战役(战斗)发展情况的设想。它是根据训练课题、目的、敌我双方编制与作战特点，结合实际地形拟制的战役(战斗)作业或演习的基本文书。

任何一个成功的作战模拟模型都是建立在成功的军事想定基础之上的。军事想定是作战模拟的基本依据。

所谓军事想定，实际上是为进行军事对抗演习或作战模拟按有关事件的发展和时间顺序而创作和编写的文字叙述资料，类似电影、话剧中的剧本。因而，其具有剧本的基本特点：时间、地点、人物、故事情节(事件)。而军事想定是在特定的背景下进行军事演习和作战模拟的故事情节(事件)，在想定中要详尽地描述作战环境和作战局势：敌我双方基本态势、作战企图和作战发展情况的设想，是组织演习和进行作战模拟的基本文书。

一个完整的军事(战术)想定的内容包括：企图立案、基本想定、补充想定。

**1.企图立案**

战役(战术)企图、部队的编制、装备及武器的战术技术性能。

要以最简练的语言表述双方的作战意图。其叙述要点为：双方所投入的军事力量(番号)：遂行战斗任务；军事行动的天文时间；军事行动的地理位置；战斗分界线；双方企图立案图；双方的战斗编成表；双方主要武器装备统计表；作战地域的环境条件。

作战区域的环境条件应包括：确定战场地幅，划分战斗地域，工事和障碍的设置；对环境条件的量化要求包括：地形、水文特点、道路大致状况、季节、天气、风向、风力、温度、昼夜长度等，对环境条件的量化要求有三种方式：

(1)精确的定量描述方式；

(2)粗略的半定量描述方式；

(3)一般性的描述方式。

量化要求一定要根据作战意图合理提出，太高则增加难度，太低则失真无价值。

**2.基本想定**

基本想定即双方战斗决心。所谓战斗决心实际上就是双方详细的作战方(预)案和具体的战斗行动，其中包括作战阶段的划分和战斗动作的设想，其要点为：所属各作战单位的作战任务；航空兵火力准备情况；炮兵火力准备情况；装甲兵单位的任务，工程兵单位的任务；防化兵单位的任务；指挥情况(包括人工干预情况)；绘制决心图；给出兵力区分表及武器装备区分表(精度以基本作战单位为准)；航空兵、炮兵等详细火力计划表；反坦克火器详细火力配系表；给出使用工事类型、抗力等级、防护能力表；绘制防御工事及障碍设置图；如各种防坦克障碍和防坦克地雷场的设置及密度；绘制防化装备编制表和分配表等。

上述各项内容并非每一个作战模型都必须包括，根据模型的目的和特点选用其中的部分或全部。

3.补充想定

补充想定是各种情形下的作业条件。补充想定的主要内容如下：

(1)给出双方火力准备及抗火力准备的具体实施方案。火力准备中包括航空兵、炮兵、防化兵、直瞄武器等,以及开辟通路和展开开进各项。其叙述要点为:绘出临战态势图并描述临战态势;给出各种兵器火力准备和抗火力准备的具体实施方案,包括炮火准备的种类和打击方向、目标、地点、强度,炮火准备的开始时刻、持续时间等;火力准备的各种电子保障。

(2)给出冲击和反冲击的具体实施方案,包括工兵分队强行开辟通路的情况,保障步兵、坦克冲击情况;火力支援情况等。

(3)主要战斗行动的预想结果,则要求想定编拟者从本想定特定的地形条件、天候气象条件、编制装备条件和作战方案背景出发,对各种作战行动预想出合乎逻辑和军事经验的发展过程及结果,供调试时检验程序模型的正确性。

## 8.2.4 技术总体设计与系统研制

作战训练模拟系统在完成军事总体设计后进入工程化的研制阶段,主要技术工作有以下四个方面,即技术总体设计、模型设计、程序设计和测试、系统检验和完善。整个研制过程虽然也可大致按这四项工作划分相应的阶段,但实践中它们往往是交叉或反复进行的。

1.技术总体设计

技术总体设计是研制人员以系统研制目标和军事总体设计为依据,对系统方案进行的总体构思和设计。主要工作包括:进一步明确系统的功能和性能要求,研制人员从技术角度对军事总体设计中规定的各项系统功能和性能要求进行细化,提出明确的战术技术指标;确定系统硬件和支撑软件的配置方案,根据系统的功能性能要求、训练规模和方式、经费等确定计算机、网络、通信、声像等硬件设备型号和各类支撑软件;确定系统的软件结构,明晰软件的各个子系统以及子系统之间的关系。

2.模型设计

模型设计是科学性和艺术性相结合的工作。科学性体现为所设计的模型主要是表示定量关系的数学模型。艺术性则体现为设计过程中为达到有目的的简化抽象所进行的一系列选择判断,如简化和假定条件的设定;构模方法的选择;用公式描述和用语言或逻辑描述的结合;子模型精度与总体精度的协调;计算精度与复杂程度的权衡等。

模型设计的主要内容包括确定效能指标;建立数学模型;确定求解数学模型的算法等。

3.程序设计和测试

程序设计的任务是完成系统的整个软件编制工作,即将软件设计的结果(如模型算法)表达成可以在计算机上运行的、用程序设计语言编写的程序。

程序设计的基础工作是数据结构设计,即确定各种数据的表示方法、组织形式、数据文件类型、数据管理方法、通信传输方式等，在作战指挥训练模拟系统中，主要的数据结构有作战编成部署表、作战单位装备表、武器装备性能表、实体状态描述表、任务表、军标表、战损表和总控表等。

软件系统基本开发出来后，下一步重要的工作就是进行测试和调试。测试和调试是软件测试阶段的两个关系极为密切的过程，它们通常交替进行。测试阶段的根本任务是发现并改正软件中的错误，保证软件的可靠性，其工作量往往占软件开发总工作量的40%以上。

软件测试是软件开发过程中最艰巨最繁重的任务，大型软件系统的测试应该分阶段进行，通常至少分为单元测试、集成测试和验收测试三个基本阶段。

单元测试（又称模块测试）的目的是保证每个模块作为一个单元能正确运行。在这个测试步骤中所发现的往往是编码和详细设计的错误。

集成测试包括子系统测试和系统测试。

子系统测试是把经过单元测试的模块放在一起形成一个子系统来测试。模块相互间的协调和通信是这个测试过程中的主要问题，因此在这个步骤着重测试模块的接口。

系统测试是把经过测试的子系统装配成一个完整的系统来测试。在这个过程中不仅应该发现设计和编码的错误，还应该验证系统确实能提供要求说明书中指定的功能，而且系统的动态特性也符合预定要求。在这个测试步骤中发现的往往是软件设计中的错误，也可能发现要求说明中的错误。

验收测试把软件系统作为单一的实体进行测试，测试内容与系统测试基本类似，但是它是在用户积极参与下进行的，而且可能主要使用实际数据（系统将来要处理的信息）进行测试。验收测试的目的是验证系统确实能够满足用户的需要，在这个测试步骤中发现的往往是系统要求说明书中的错误。

## 8.2.5　模拟结果的检验

### 8.2.5.1　关于检验的一般讨论

一个作战模拟系统开发完成之后，还需要谨慎地确定该系统是否如实反应了真实系统的运行状况，得出的结论是否是“真实可信”的。这其中主要就是要确定系统中所涉及的模型是否“逼真”地仿真了真实系统。

最理想的方法就是将模型与真实系统进行比较，如果两者在某种特定的意义上比较近似，就可以认为模型是比较“逼真”地仿真了真实系统的。对于有些模型是可以采用这样的方法的。如考查通信设备能力的排队模型，就可以用模型计算所求得的平均排队时间或服务时间与在相应的真实服务系统中观察、采样，然后进行统计处理所得到的真实的平均排队时间或服务时间相比较，揭示模拟模型和真实系统之间的差异，从而鉴别模型的可用程度。又如用兰切斯特方程来计算战斗损耗，把计算结果与历史上相近情况的战例相比较或与相近情况实战演习相比较，也可以鉴别模型的可用程度。这类检验模型的方法当然很容易为人们所采纳，但往往很难做到。这首先是因为很难找到情况相近的真实系统运行结果来作为比较的基础,一些比较复杂的真实系统是难以"复现"的。其次,不管模型做得如何"逼真",由于真实系统的运行往往受到大量各种因素的影响,其中又包含各种随机因素,从而非常困难。在有些情况下,用一两次真实系统运行的结果去鉴别模型是不合理的。例如,用兰切斯特方程去模拟战斗损耗过程,倘若用历史上某个战例的战损情况去检验模型,且不说模型计算结果与战例战损情况有较大差异时难以证明模型的质量,即使计算结果与战例战损情况完全一致,也不能就认为模型有很高的可靠性和合理性。因为战斗是一个随机过程,此战例只是随机过程的一个实现,而并非反映了随机过程的统计规律。要得到统计规律,必须多次重复战斗过程,而历史战例是不可能重复发生的。尽管如此,还是有人用这种方法去证明模型的可靠性和合理性。这样做比没有任何检验还是要来得更加可靠一些。例如,有人使用某些战例来调试模型程序和参数,而用另一些战例去检验模型,如果大体上都能较好地"拟合",就认为模型比较可靠、合理。采用这种方法的基础,是要掌握战例的比较准确的数据和相关资料。

除了上述直接与真实系统相比较的方法以外,还有一些间接检验模型的方法。

(1)分部检验

一个比较复杂的模型一般是由若干部分组成的。这些部分有的处理成模块形式,有的处理成子程序形式。对各个部分有不同的功能要求。在检验时,要把各个部分独立运行,按各自功能要求来进行检验。倘若有某一个或几个部分通过检验已经证明不能完成其功能要求,就可以断定模型的可靠性和可用性比较差。于是就需要对有问题的部分进行必要的调整,直到达到对它的功能要求为止。这种对各个部分分别检验的办法,最好是每完成一个部分就做相应的检验,而不要待模型全部构成后再进行这种检验,因为模型全部构成后再进行分部调试检验往往带来许多问题和困难。

分部检验法的最大缺点,是在于这种检验能表明各部分的功能是否符合要求,而各部分的功能都符合要求还不能证明整个模型的功能也符合要求。

(2)专家评审

检验模型的一个可行的方法是专家评审,从模型的构思到建模所用的方法,软件设计,系统运行,结果分析等各个构模环节都邀请有关专家进行检验评价。其中包括对源程序、文档和结果数据的检验。专家评审时,每个参加评审的专家都要根据自己的实践经验对模型的各个方面做出检验和评价。大多数专家的评审意见往往能对模型质量做出有效的判断。

(3)对比检验

对比检验,是指用一个已经经过检验并认可的模型与待检验的模型相对比,来对模型做出评价的方法。这种对比的具体做法,是在相同的条件下,比较两者的运行结果。如果两者的运行结果基本一致,就可认定待检验模型是可用的。

(4)特殊条件下检验

一个复杂系统的仿真模型,在某些特殊的环境和条件下模型的运行状态可能相对简单些,容易进行检验。如果在某些特殊环境和条件下经过检验发现模型有重大缺陷,则说明该模型的合理性和可用性较差。

(5)敏感性分析检验

模型中的某些参数在运行中对模型的性能有明显的影响。这时,可通过改变这些参数来观察模型输出的相应变化。如果变化规律反常,则可以断言该模型的合理性和可用性较差。例如,一个对抗模型,当增加或减少某种主要武器装备数量时,所得到的相应的模型输出肯定会有相应的变化。若输出不变或变化规律相反,就表明模型有问题。

(6)示踪检验

对某些系统的仿真模型,采用示踪检验方法是十分有效的。这种方法的特点是自始至终细微观察模型的运行过程,通过较长时间的观察,来判断其合理性可用性。

通常,综合采用几种方法对模型进行检验更为有效。

#### 8.2.5.2　模拟模型的校核、验证和确认

随着仿真技术的发展和人们对仿真技术应用价值认识的不断提高,其应用领域越来越广泛。与此同时,对仿真正确性和可信度的要求也越来越高。只有保证仿真的正确性和可信度,最终得到的仿真结果才具有实际应用的价值和意义,仿真系统才真正具有生命力。模型的认证检验工作在美国被称为 VV&A、VV&C,是支持 DoD 通用技术框架(其中包括 HLA)的基础构造的一部分,被列入 DoD 建模与仿真主导计划。

VV&A 是校核(Verification),验证(Validation)及确认(Accreditation)的简称,是针对模型的校核验证,降低建模与仿真的风险,提高仿真可信度的有效途径。

校核(Verification)——确定模型的实现是否正确体现了开发者的概念性描述和规格说明的过程。在一般条件下,校核通常是用来决定模型正确表现了模型开发合同所要求的内容的反复过程,在新的建模仿真开发过程中,校核阶段是最为有效的。

验证(Validation)——从模型预想使用的观点出发,决定模型准确体现真实世界程度的过程。和校核不同的是:校核确保了建立的仿真是按照需求来正确建立的,而验证则要保证模型的可信度;校核侧重于对建模过程和规范的检验,验证侧重于对仿真结果的检验。验证最简单的方法就是将模型中获取的数据与来自于所要表现的真实世界的数据相比较。虽然验证是严格建立在测试基础上,但也包括灵敏度分析,和其他仿真的比较和获取主题专家意见等。

确认(Accreditation)——针对特定目的,模型是否可被采用的官方决定。由确认过程的性质决定有其主观性存在。通常确认方应由用户、确认机构来共同决定的。首先,如果共同认为已知的限制、性能、逼真度限制都可被接受的话,则确认模型符合接受条件;其次,判断确认程度。

校核、验证和确认三者之间的关系如图 8－2 所示。在建模与仿真的过程中,“模型的验证”关注的是“仿真设计人员设计的概念模型和仿真模型的运行(仿真结果)在具体的应用中多大程度地反映了被仿真的系统”,验证工作为仿真系统有效性评估提供依据。“模型的校核”关注的是“仿真模型是否准确地实现了数学模型”,校核工作为验收仿真系统的各项功能提供依据;依据“相似理论”原理可以确定,“模型的验证”检验仿真系统与被仿真系统是否“同态”,“模型的校核”检验模型与系统是否具有“等价的行为”。“模型的确认”是建立在“模型的验证”和“模型的校核”之上的工作,或者说,V&V 是确认工作的一部分;

能够正确反映被仿真系统的有效数据是进行的基础。

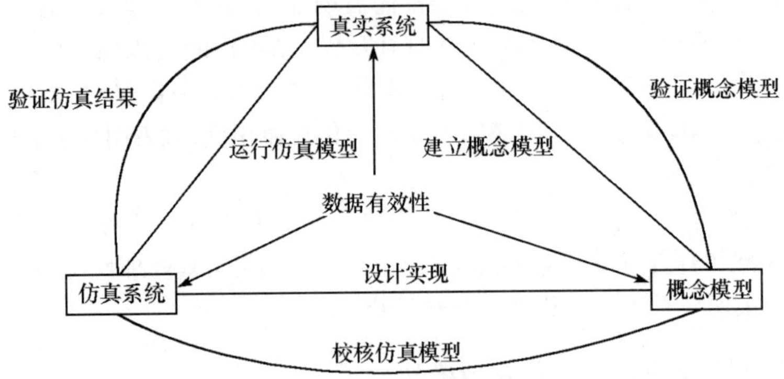


图 8-2　VV&A 之间的关系

1. VV&A 基本原则

建模与仿真中 VV&A 有 12 个基本原则。这些原则,是经验和认识的结晶,是具体工作的指导思想,也是方法的依据。

(1)完全的 V&V 是不可能的。V&V 的目的是使用一系列输入来演练模型,以辨别和判断异常结果,并且确定问题所在。完全的 V&V 需要在所有可能的输入条件下测试或检查模型或仿真。这些输入条件的组合会产生若干逻辑执行,这些执行结果都需要进行有效性检验。这在实际中是不可能做到的。V&V 活动的范围通常是根据应用的可信性需求来确定。预期应用的范围和程度越大,需要的 V&V 将越多。

(2)VV&A 是建模仿真全寿命期管理的一部分。任一建模与仿真,像武器装备一样,有其生产、研制、应用、退役过程。这一过程称之为全寿命期。VV&A 是建模仿真全寿命期管理的一部分,是模型及其应用的全面质量管理。VV&A 不能在模型研制后或应用结果出来了,让专家检验、证实和确认。它必须深入模型研制和应用过程中,观察研究其抽象、简化、等效过程及其因素、数据取舍,才有可能对判定提供科学基础和信息。所以必须用全面质量管理思想方法,来进行校核、验证与确认。

(3)模型化是一个过程,很好地提出问题是模型结果可接受和确认的根本。很好地提出问题并转化为模型需求,是模型研制和应用、进行 VV&A 的根本和基础。有人说很好地提出问题是成功之半。爱因斯坦认为提出问题比解决问题更关键、更重要。

(4)可信度,只能对模型特定应用目的,或者经实验检验条件下的模拟而言。可信度,是很不清晰的概念。“信”的主体,“信”的对象,是关键。对模型开发者,“信”的主体有二,一是模型用户,二是管理机关。信度的因素主要有:“信”的主题知识和背景;模型开发者信誉、经验和业绩;对人的信任和相互关系;模型可理解性、科学性和实验性。模型信度,是对模型特定目的、特定“信”的主题而言的。模型的目的之一,就是要增加人们对模型的信度。在证实和验证之后,在保真度、精确度方面满足用户需求,而且有证据、数据和实验结果,证明模型的可信性。在一定的可信性基础上,进行模型确认,保证模型信度和可用性。

(5)模型验证并不能完全保证模拟应用和解析结果的信度和可接受性。模型验证是模拟应用结果信度和可接受的必要条件,但不一定是充分条件。因为,应用信度和可接受应受实践检验。模型特定目的和任务来自于需求,而需求的偏差或错误,是模型验证无法完全解决的。模型 VV&A 是模型生产过程的质量控制和验收,它未能完全解决模型应用问题。

(6)每一子模型或高层系统结构中的联邦成员的 V&V,不能得到整个模拟模型的可信度;反之亦然。因为模型是在进行一系列假设、限制和近似的条件下,对真实系统的抽象。因此,期望模型对真实系统所有方面完美的表示是不合理的。根据 M&S 应用目标,在某个可接受误差的范围内,每个子模型或联邦的可信性是充分的。每个子模型充分的可信,并不意味整个 M&S 充分可信。子模型的可允许误差可以积累,并且会变得读整个模型或仿真不可接受。因此,即使每个子模型已经被单独检验,并且发现充分的可信,整个模型或仿真也必须被检验。这个要求同样适用联邦,即:即使每个联邦成员已经被单独地检验,并且发现充分的可信,整个联邦也必须被检验。

其他的原则是很简单的,多多少少和前面原则有关,或是前面原则的推论。

(7)模型信度不能用"好"与"坏"、是与否判定。

(8)VV&A 是科学,又是艺术,它需要洞察力和创造性。

(9)任何 VV&A 的成功,和系统分析人员的努力密不可分。

(10)VV&A 必须有周密的计划和完备的文档。

(11)为减少人为因素偏差,VV&A 要有一定的独立性。

(12)成功的 VV&A,需要经过校核、验证和确认的数据。

**2.模型 VV&A 过程模型**

HLA 虽然从 1996 年才开始在仿真中使用,但它已成为许多仿真联邦的基础。因此,基于联邦设计和执行过程的模型检验对仿真联邦的开发有着重要意义。美国国防部的建模和仿真办公室(DMSO)于 1996 年 8 月公布了基于分布式交互仿真 HLA 的联邦开发与运行过程 FEDEP 的 1.0 版,1999 年 6 月推出 1.4 版。它是分布式交互仿真的一般仿真建模开发过程,如图 8 - 3 所示。

联邦开发与运行过程 FEDEP 包括联邦开发和运行的六步过程,它适合于指导"从头开始"的分布式交互仿真 HLA 联邦开发与运行过程,并逐步走向成熟和完善。

根据 FEDEP 的全生命周期,基于 VV&A 的联邦开发和执行过程改进也可分为六个阶段如图 8 - 4 所示,这既是 FEDEP 的继续和发展,又是 FEDEP 的进一步深化和具体。但是,联邦开发和执行过程改进通常需要建立独立于开发人员的由军事与应用领域专家、用户和系统测试人员组成的 VV&A 小组专门进行开发和执行过程的校验和验证。这样做的目的是,让 VV&A 小组成员站在第三者的角度,以"旁观者"的身份,根据用户实际需求和可用资源,客观公正地监督仿真系统开发人员的开发进度、产品质量及仿真系统模拟现实世界的准确性和可靠性。它和 FEDEP 同时启动,同时进行,并贯穿于 FEDEP 的全过程。

(1)联邦目标校验

定义联邦目标,即需求分析,主要涉及与用户的交流与沟通,目标是充分了解用户的真实意图,完整准确地描述用户的真实需求,并根据当前的资源和技术能力形成联邦目标规格说明书。联邦目标校验就是由 VV&A 小组,组织对开发人员编制的联邦目标规格说

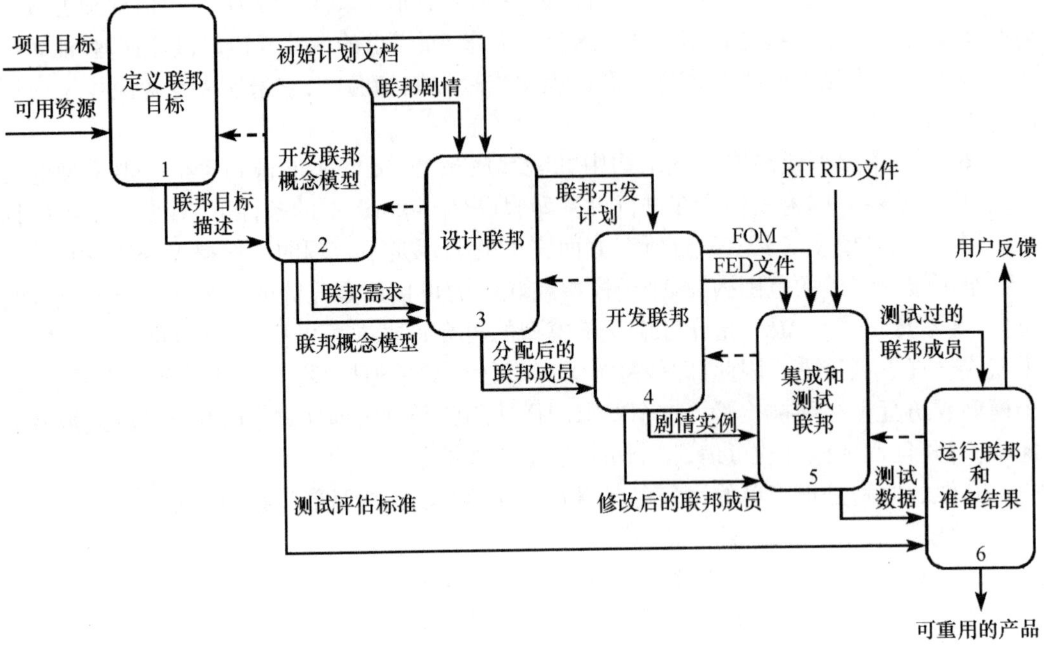


图 8-3 基于的 HLA FEDEP 模型

明书进行细致的审查,主要活动包括:

- 是否符合当前新军事变革的要求和军事活动规则;
- 是否清楚、完整、一致地描述出了用户的真实仿真意图;
- 利用当前可获得项目资源和技术能否按时保质保量地完成联邦开发和执行过程的任务。

(2)联邦概念模型校验

开发联邦概念模型主要是对涉及的真实世界进行描述表达,并设计联邦剧本。它主要包括剧本开发、概念分析和联邦需求分析。因此,联邦概念模型校验的主要依据包括联邦概念模型校验计划、联邦概念模型开发的输出产品以及联邦目标定义阶段的输出产品。据此,联邦概念模型的校验通常都要进行下列活动:

- 联邦剧本、概念模型及联邦需求的开发是否严格按照联邦目标规格说明,完整、全面、忠实地表达了联邦目标规格说明的内容;
- 校验剧本设计的合理性及逻辑性,以及剧本设计的时空一致性;
- 概念分析时对象模型的确认,根据联邦规格说明校验对象之间的静态关系、动态关系以及每个对象类的行为特征是否得到明晰、合理的确认;
- 校验联邦需求能否完全满足联邦目标规格的要求;
- 校验 FEDEP 的可测试性和可跟踪性。

(3)联邦成员校验

设计联邦的目的是确定联邦中的联邦成员,为每一个联邦成员分配功能,并制定详细的开发和实现计划。它类似于软件工程中的详细设计阶段,需要详细分析和制定开发与

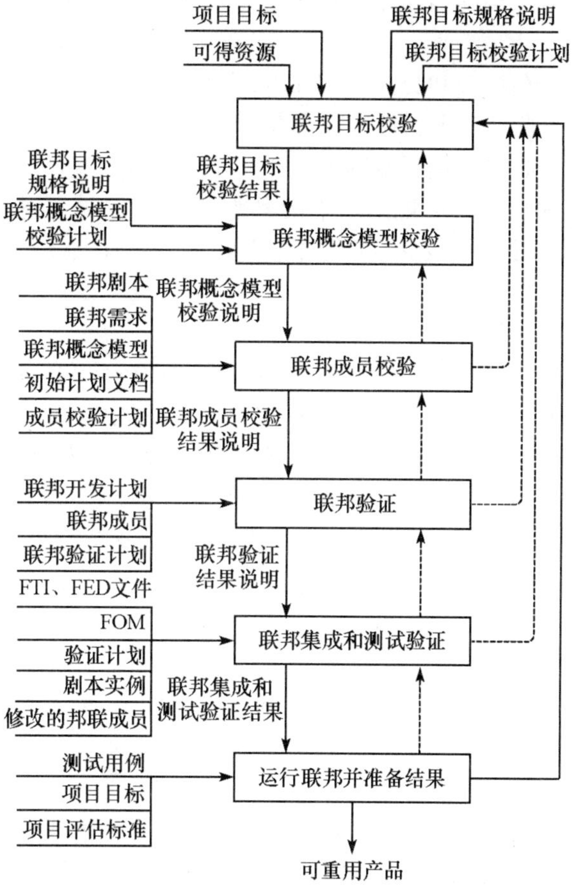


图 8－4　基于 VV&A 的联邦开发和执行过程

实现的每一个细节。联邦成员校验的活动主要包括：

• 联邦成员的选择是否符合联邦概念模型中确定的对象、活动、交互等表示能力，是否符合管理因素(可用性、安全等)和技术因素(可移植性等)制约；

• 对联邦成员功能的分配是否根据联邦剧本的发展需要设定，是否真实反映联邦需求；

• 审查联邦成员的开发进度安排和质量属性要求。

(4)联邦验证

开发联邦主要是利用已确定的联邦成员开发联邦对象模型 FDM，以支持联邦成员之间的数据交互，并根据联邦需要制定相应的联邦协定。HIA 联邦规则规定：每个联邦必须有一个联邦对象模型 FDM，FDM 的格式应与 HLA 兼容。FDM 是联邦成员数据交互的协议和条件化文档，规定了联邦成员间交互的所有规则和协调机制，关系着最终仿真系统能否严格按照 HLA 的要求实现联邦成员之间的互通、互联、互操作。

所以联邦验证的活动显得异常重要，主要包括：

• 验证每个联邦成员的公布和订购能力，明确各个联邦成员能够公布和订购的类；

• 验证所有公共对象类的属性和交互类的参数，以及这些属性和参数在联邦执行过程中的全局一致性；

• 验证所有对象类结构表和交互类结构表，重点分析它们的继承和订购能力；

• 依据 FOM/SOM，验证对象属性表和交互参数表；

• 验证路径空间表和对象模型鉴别表；

• 验证除了规定的联邦成员规则之外的其他联邦协定，主要包括数据库设计和约定，不同用途相同模型算法的一致性，以及联邦成员交互的有效性和客观现实性（符合现实需要）。

(5)联邦集成和测试验证

联邦集成和测试验证的任务是，从工程和应用的角度校验和验证联邦成员之间的互联和互操作能力，并检验联邦仿真系统作为软件系统的功能要求和完备性、可靠性要求。这一阶段是前面所有辛勤工作的结晶和升华，成为用户和各类人员能够直观接触的试用产品，同时也是检验联邦成员重用能力和用户满意度的依据。因此，联邦集成和测试验证要积极邀请各类人员的参与，检验仿真系统对 HLA 规则的支持能力和对用户功能要求与操作习惯的满足程度。它主要包括以下活动：

• 验证系统测试计划和测试用例；

• 验证联邦运行对软件和硬件系统的要求；

• 验证集成联邦中各个联邦成员的互联和互操作能力，能否按照 FDM 的要求达到正确调用 RTI 函数，正确交互数据，以及联邦运行期间成员时空的一致性。

(6)运行联邦并收集结果

它是 FEDEP 的结束阶段，重点是形成满足用户需要的可用性仿真系统联邦，并根据开发的 FDM 形成可重用的产品，存入对象模型库（OML）。此阶段，除了开发人员进一步测试仿真系统的可靠性和安全性以外，需要用户更多的参与，以验证仿真系统联邦描述真实世界的准确性及仿真结果的可信性。在该阶段，VV&A 小组的主要工作是收集 VV&A 数据，完整的验证用户提出的功能需求、军事需求和真实性要求。

联邦开发和执行模型过程改进的六个阶段前后紧密衔接，前面审查的产品是后续审查的依据，也是完善和改进联邦设计的重要手段。因此，VV&A 之前，要收集 VV&A 信息，制定详细的 VV&A 计划；审查完毕，要写出可操作的 VV&A 报告，提出改进建议，方便开发人员修改联邦目标规格说明及实施后续 VV&A 计划。

3. VV&A **技术**

VV&A 的技术主要是指校核技术与验证技术，目前 VV&A 技术主要包括可用于模型验证的 76 种 V&V 技术和 18 种统计技术，其中大多数技术是由软件工程衍生而来的，其余的则是建模与仿真领域内的特定技术。

表 8－1 给出了 V&V 技术的一种分类方法。这些技术被分为非规范化的、静态的、动态的和规范化的四类。

其中，非规范技术所用的工具和方法依赖人工的推理和主观性，没有严格的数学描述和分析推理；静态方法用于评价 M&S 设计和源代码的正确性。与动态方法相比，静态技术不需要运行仿真模型。使用静态技术法，可以反映结构，建模技术，模型中的数据流和控制流等有关模型不同侧面的信息；动态技术需要运行仿真模型，根据运行的结果来评定仿真模型。动态技术使用时通常分为三个步骤：

(1)在可执行模块中加入作为检测手段的测试程序。

(2)运行可执行模块。

(3)对模型输出进行分析并评价模型表现。

规范技术基于规范的数学推理、运算来证实建模仿真的正确性，但目前尚没有一套严密的规范方法可直接推证出建模仿真的正确性，这有待于进一步深入和发展，目标是最终能够通过将建模仿真转化为精确的符号表示，然后通过一定的规则来进行数学推断，并得到模型能够满足需求同时具有足够的精确度结论。表 8-1 中提到的可用的规范技术更精确地说只能作为非规范技术的补充。

4. VV&A **工具**

这里提供了一些关于完成 V&V 任务所用工具方面的情况。对这些工具的选择和使用很大程度上取决于应用问题的关键程度、产品的成熟情况和建模与仿真开发模式的类型。

V&V 任务和活动的自动化程度直接影响整个 V&V 工作的效率。对于任何需要使用工具的环节来说，选择恰当的工具都是一件很重要的事情。最理想的情况是，在仿真系统的开发和/或准备阶段所用的 M&S 工具应该与校核和支持工具紧密地结合在一起。

总的来说，M&S 和 V&V 人员是可以利用整个计算机辅助软件工程(CASE)工具的。然而，考虑到 V&V 自动化问题，那些能提供抽象设计和分析能力的工具尤其令人感兴趣。

(1)校核工具

校核工具市场的主要支柱是设计和分析的综合开发环境，它能通过一些附加工具进行扩展。无论是 Windows 还是 UNIX 操作系统，都有高性能的工具可供利用。校核工具可以分为以下两大类：

• 设计和设计分析工具

仿真语言提供了描述模型各过程之间相互关系的工具。在不涉及实施细节的情况下，可以使用图形符号描述模型的过程及其相互关系。模型的这种固有的抽象视图允许开发人员在结构层次上处理 M&S 的开发工作，而这就更加接近概念模型描述了。例如，可以用 Rational Rose(一种流行的校核产品)这个软件工具来进行建模。

一个用建模语言表示的模型可以通过工具直接转化成开发人员对编码语言的选择。以这种方式编写代码可以将整个软件结构体系的代码错误降到最低，同时通过为开发人员提供样板以充实功能细节而促成优秀软件工程的实现。传统模型可以用反演工程方式形成抽象的表述，缩小实现与规范之间的差距。模型也可以为了分析而重新转化成建模语言，或者如果得到直接支持，分析工具能够得出一个对模型内部关系的高水平的描绘(如树形图)。

低层校核工具，例如编译器，汇编器和调试器，是 M&S 开发过程中的最后环节。即使使用了建模语言，但只有产生了可执行的代码才算是 M&S 过程的最终结束。错误和告警以及这些工具的低层分析能力是代码校核的基本要求。

**表 8-1 V&V 技术**

| V&V 技术 | | | |
|---|---|---|---|
| 非规范技术 | | | |
| 审核 | 桌面检查 | 当面验证 | 检查 |
| 审查 | 图灵测试 | 预演 | |
| 静态技术 | | | |
| | 控制分析 | 数据分析 | |
| 因果图 | 调用结构 控制流 | 数据依赖性 数据流 | 故障/失效分析 |
| | 并发过程 状态转变 | | |
| 接口分析 | 语义分析 | 结构分析 | 符号评估 |
| 模型接口 用户接口 | 语法分析 | 可追踪性评估 | |
| 动态技术 | | | |
| 接收测试 | $\alpha$ 测试 | 断言核查 | $\beta$ 测试 |
| 自底向上测试 | 比较测试 | 一致性测试 | 调试 |
| | | 授权 安全 | |
| | | 性能 标准 | |
| 执行测试 | 故障/失效引入测试 | 现场测试 | 功能测试(黑箱测试) |
| 监视 描述 跟踪 | | | |
| 图形比较 | 接口测试 | 对象流测试 | 划分测试 |
| | 数据 模型 用户 | | |
| 预测性验证 | 产品测试 | 回归测试 | 敏感性测试 |
| 特殊输入测试 | | 结构测试(白箱测试) | 统计技术 |
| 边界值 | 实时输入 | 分枝 循环 | 子模型/模块测试 |
| 等值划分 | 自驱动输入 | 条件 路径 | |
| 极值输入 | 加载 | 数据流 语句 | |
| 错误输入 | 跟踪驱动输入 | | |
| 符号调试 | 自顶向下测试 | 可视化/动画 | |
| 规范化技术 | | | |
| 归纳 | 推理 | 逻辑演绎 | 归纳断言 |
| 拉姆达运算 | 谓词运算 | 谓词变换 | 正确性证明 |

• 代码测试工具

代码测试工具支持定性分析、自动装入程序和量度。软件工程(SE)界已经开发出一套便于生成高质量代码的标准。使用工具对软件工程界现有知识库进行开发将增加研制高质量模型与仿真产品的可能性。

定性分析工具会给出一个关于代码格式遵循良好软件工程实践方法的报告。通过分析代码,这些工具可以指出什么情况下代码功能正确,但其实现技术可能包含有导致失败的薄弱环节。

还有一些工具可用来辅助开发人员装载并捕获数据。数据装载和捕获允许人们用一些代表性数据对模型或模型的一部分进行演练。借助仿真用户、传感器输入,或其他数据流和测试案例,模型就进入了一个仿真测试环境中了。

定量分析工具给出了建模与仿真开发商关于代码的定量信息。报告了诸如执行速度和流程,用户定义应用的专门度量以及软件工程标准度量这样一些分类内容。这个信息使人们对代码效率有了深入的了解,而代码效率可以影响模型的使用性能。在实时模型的情况下,代码效率可能是关键的因素。

(2)验证工具

下面将给出目前一些基本的验证工具。可以将它们分成如下的两大类:支持数据和结果验证的通用工具。

数据库管理系统(DBMS)是一个软件工具或工具的集合,主要负责查询和修改数据库的内容。许多数据库系统(如微软公司的 Access)自身就带有一个内嵌式 DBMS。大部分软件包也允许自动产生一个相当于在线数据库操作接口的网页,因此可以进行远程管理。DBMS 可以用于支持数据和结果验证。

数据操作工具是一些商业软件包,可用于通用的数据操作、处理和可视化(如 Mathwork 公司的 MATLAB,Visual Numerics 公司的 PV-WAVE 和微软公司的 Excel)。这些工具带有能支持大量数值运算的扩展库。仅用几行代码就能用多重格式显示数据,使数据和结果验证活动得以进行。

数据建模是软件系统中数据对象的表示。它包括定义系统中的相关信息结构及它们之间关系的详细说明。

形式化方法采用正规的逻辑表述模型的行为。形式化方法通常应用于非常重要的任务的建模工作,同时也是一项强有力的验证技术。

模型形式化的目的是在不涉及算法如何复杂的情况下将什么是算法详细地表述出来。忽略正常代码开发时所需的实现细节,就可以将算法和算法之间的关系隔离开,以便进行评估。

形式化语言可用来对来自 M&S 需求或直接来自 M&S 产品的模型进行形式化的描述。形式化表示法超出了简单过程相互关系的描述范围,而达到了详细地描述在各种功能范围内完成了什么工作的程度。这种半自动桌面检查形式对于揭示概念模型中的算法错误和缺陷通常来说是足够的。

机械推理工具(自动化原理检验器)经常补充形式语言。原理检验器(带有正规的语言)主要是大学开发的项目,它总在不断地发展以囊括那些不断增加到知识库里的内容。一个检验器输入语言,一个形式化表示法,这就可以独立地用于形式化规范,或者作为一种工具,将模型分解成为适当大小的抽象目标以提交给检验器。

自动化原理检验是一个迭代过程,用户必须研究并向检验器提交一个原理及有关原理的附加信息。检验器应用推理法则和专业知识(如果有的话)对原理进行证明,最后要用户来决定是否取得了满意的结果。如果没有,就将检验器提供的信息作为添加的知识,重新输入到检验器进行检验,直至满意为止。已经完成的验证可以添加到验证器的知识库里作为将来验证的附加知识。

模型检验器是一种能用于 V&V 过程所有环节的工具。如果模型是描述一台有限状态的机器,那么检验器可以对模型中的每一个过程及其相互关系进行所有可能的置换。作为一种验证工具,概念模型可以被作为一台状态机器建模,并为了检验概念而予以审查。

# 8.3 随机过程的模拟方法

著名军事家克劳塞维茨说过:"战争是充满偶然性的领域,人类的任何活动都不像战争那样给偶然性这个不速之客留有这样广阔的活动天地,因为没有一种活动像战争这样从各方面和偶然性经常接触。偶然性会增加各种情况的不确定性,并扰乱事件的进程。"这说明战争是充满偶然性因素的领域,随机性是作战过程的重要特点。

无论是发现、射击,还是命中、毁伤,从本质上讲都是随机的。因此,作战过程的模拟就是对随机现象的模拟,而解决随机现象模拟的基本手段是蒙特卡洛技术。

## 8.3.1 蒙特卡洛方法概述

### 8.3.1.1 蒙特卡洛方法

**1.蒙特卡洛方法的发展**

蒙特卡洛方法起始于 20 世纪 40 年代,并以著名赌城命名。其原因是这一方法以随机变量的抽样为其主要手段,以概率统计理论为基础,与牌戏、博弈有许多相似之处。

早在 1777 年,法国学者蒲丰 (Buffon)发现了利用随机投针方法来求圆周率 π 的值。这是一个构思巧妙的实验,它在一张足够大的纸上画了距离为 $2a$ 平行线束,用一根长 $2l$ 的针上抛落在纸上。蒲丰从数学上证明了如下公式:

$$\pi = \frac{2lN}{an}$$

式中 $N$——投针总次数;

$n$——针与平行线相交的次数。

后人作了多次试验,但精度并不高,表 8－2 给出了求圆周率 π 的几个投针实验结果。

表 8-2　求圆周率 π 的几个投针实验结果

| 时间 | 实验者 | $a$ | $l$ | 实验次数 | 相交次数 | π 实验值 |
|---|---|---|---|---|---|---|
| 1853 | Wolf | 45 | 36 | 5000 | 2532 | 3.1596 |
| 1911 | Lazzarini | 3 | 2.5 | 3408 | 1808 | 3.1415929 |
| 1950 | 裴鹿成、张孝泽 | | | 几十万 | | 3.14 |

尽管 1911 年 Lazzarini 达到了较高的精度，与 1000 多年前我国伟大的科学家祖冲之的密率 355/113 相合，但完全是偶然的。蒙特卡洛方法理论证明，要达到三位有效数字，需投针 88.7 万次，裴鹿成、张孝泽的实验倒是合理的。事实上，Lazzarini 的实验相交次数只要多一次，他的实验值的有效数字就只剩两位了。

蒙特卡洛方法作为一种有效的统计试验方法，只有在计算机上大量实验才有较精确的结果。因此，在 20 世纪 40 年代计算机出现后，蒙特卡洛方法有了发展的基础。当时，具有代表性的工作是研制原子弹工作中的中子扩散计算，1946 年 Von Neumann 等在计算机上用随机抽样方法模拟了中子链式反应。蒙特卡洛方法直接模拟中子的行为，一个一个地“跟踪”它们，它们的被介质散射(包括弹性散射和非弹性散射)、吸收和引起裂变，都是随机过程。就是散射，其散射角在应用中也是服从一定分布的随机变量。蒙特卡洛方法获得了进一步的发展，出现了很多技巧，如“重要性抽样”、“俄罗斯轮盘”等方法这一类关于粒子输运问题，在核动力反应堆和核武器的理论和实践中起了重大作用，直到今天，蒙特卡洛方法仍是核原理研究的基本方法。

蒙特卡洛方法还能适用于所有随机事件的模拟计算，例如武器打击目标、排队系统，以至战斗行动、战役过程等，它能普遍有效地解决这类问题。蒙特卡洛方法的发展，使它成了计算数学的一个重要分枝，是计算物理学的理论基石之一。由于蒙特卡洛方法对付随机过程特别有效，因此也是作战模拟的最重要一个方法。

1950 年，美国人约翰逊最早提出了用蒙特卡洛方法来描述作战过程。蒙特卡洛方法是用随机数来模拟作战过程中的随机因素，能充分体现随机因素对作战过程的影响和作用，更确切地反映出作战活动中的动态过程，是一种统计试验的定量方法。由于蒙特卡洛方法应用起来相当简单，使其已成为最有价值的作战模拟手段之一，30 多年来，蒙特卡洛方法在作战模拟中已取得了极大的成功。蒙特卡洛方法是用随机性模型描述作战过程的标准方法。

**2.蒙特卡洛方法的基本思想**

蒙特卡洛方法的基本思想是，针对要求解的数学、物理、工程技术以及生产管理等方面的问题，首先建立一个该问题随机过程的概率模型，确定问题解的指标；然后，通过对模型或过程的观察或抽样试验，来计算解的指标的统计特征，给出解的近似值和它的精度(用标准误差表示)。蒙特卡洛方法常用来解决较复杂的随机过程。在解决某些复杂的军事运筹学、作战模拟问题时，统计试验是一种基本有效的方法。而且研究经验表明，过程中随机因素愈多，就愈适合采用蒙特卡洛方法。

现代战争环境条件和战场系统因素一般相当复杂，瞬息万变的随机因素的作用广泛存在,共同起作用,因此要建立描述它的数学解析模型极其困难,甚至是不可能的。蒙特卡洛方法建立一种概率模型来研究战斗过程,并反复实现该过程(试验)。最后对试验的结果作统计分析,从而决定所研究的战斗过程的特征,即效率指标的数学期望值和统计分布。因此,关键是建立与实际问题有相同概率特性的、简单而易于实现的概率模型。

使用蒙特卡洛方法模拟作战过程的思路,是把所要描述的战术现象分解为一系列的基本活动和事件,如机动、搜索、发现,目标选择、目标分配、射击、命中,毁伤等,然后用随机性的方法模拟每一项基本事件和活动,最后再按事件或活动组合一起,从而达到模拟作战过程的目的。

### 8.3.1.2 蒙特卡洛方法的求解

假设所要求的量 $x$ 为随机变量 $\xi$ 的数学期望 $E(\xi)$,那么近似确定 $x$ 的方法是对 $\xi$ 进行 $N$ 次重复抽样,产生相互独立的 $\xi$ 值序列 $\xi_1,\xi_2,\cdots,\xi_N$,并计算其算术平均值:

$$\bar{\xi}_N = \frac{1}{N}\sum_{i=1}^{N}\xi_i$$

根据柯尔莫哥洛夫加强大数定理有

$$P(\lim_{N\to+\infty}\bar{\xi}_N = x) = 1$$

因此,当 $N$ 充分大时,下式

$$\bar{\xi}_N \approx E(\xi) = x$$

成立的概率等于1,以及可用 $\bar{\xi}_N$ 作为所求量 $x$ 的估计值。

蒙特卡洛方法解决的一个最简单的情况是模拟发生概率为 $p$ 的随机事件 $A$,设

$$\xi = \begin{cases} 1 & A\text{ 出现} \\ 0 & A\text{ 不出现} \end{cases}$$

则 $\xi$ 的期望值和方差分别为

$$E(\xi) = 1\times p + 0\times(1-p) = p$$

$$\sigma^2 = E[\xi - E(\xi)]^2 = p - p^2$$

具体实验时,由伪随机数 $r$ 与 $p$ 相比较,若 $r<p$,则 $A$ 出现,否则 $A$ 不出现。设总试验次数为 $N$,有 $n$ 次 $A$ 出现,则

$$\bar{p} = \frac{n}{N} \approx p$$

由上面的模拟过程可以看出,用蒙特卡洛方法解实际问题的基本步骤为:

(1)根据实际问题的特点,构造简单而又便于实现的概率统计模型,使所求的解恰好是所建立模型的概率分布或数学期望;

(2)给出模型中各种不同分布随机变量的抽样方法;

(3)统计处理模拟结果,给出问题解的统计估计值和精度估计值。

### 8.3.1.3 蒙特卡洛方法模拟步骤

蒙特卡洛方法是一种用来模拟随机现象的数学方法,这种方法在作战模拟中能直接反映作战过程中的随机性。在作战模拟中能用解析法解决的问题虽然越来越多,但有些

情况下却只能用蒙特卡洛方法。使用蒙特卡洛方法的基本步骤如下：

(1)根据作战过程的特点构造模拟模型；

(2)确定所需要的各项基础数据；

(3)使用能提高精度和收敛速度的方法；

(4)估计模拟次数；

(5)编制程序并在计算机上实现；

(6)统计处理数据，给出问题的模拟结果及精度估计。

在蒙特卡洛方法中，对同一个问题可有多种不同的模拟方法，它们有好有差，精度有高有低，计算量有大有小，收敛速度有快有慢，在方法上有相当高的技巧问题。

#### 8.3.1.4　作战模拟应用蒙特卡洛方法时的特点

(1)适用范围广，原则上没有什么限制，能解决解析法难以解决甚至无法解决的复杂问题。

(2)特别适用于随机因素较多的问题，随机因素多时，蒙特卡洛方法比非解析的数值计算方法工作量小。

(3)各种因素对最终结果的影响不如解析法直接明了，这就是所谓的蒙特卡洛方法的“盲目性”。

(4)对同样的兵力部署和作战条件，用蒙特卡洛方法模拟时，每一次试验都产生不同的结果，这正是实战中随机现象的概率特性的反映。比如前面的试验做的次数不一样，结果就不同，重做若干次试验又得到另外一个结果，然而这些结果并非是无规则的，而是围绕战斗过程平均结果以一定的概率出现。原则上做的次数愈多，误差就愈小。

(5)对于小概率事件要达到一定精度则很费时间，计算机的发展使蒙特卡洛方法有了推广应用的物质基础，使大量的实验和统计分析能很快获得结论。

### 8.3.2　随机数和伪随机数

一个极其复杂的战斗过程用抛硬币、掷骰子、投点的方式进行模拟显然是不现实的，因而成功地应用蒙特卡洛方法模拟随机现象的关键是建立简单而又易于实现的随机模型并能在计算机上实现战争的随机抽样，而随机抽样产生的基础是随机数。

#### 8.3.2.1　随机数和伪随机数的性质

**1.随机性**

所谓随机性是事件的一种性质，如果事物发展演变的下一步不是唯一的，有多种可能性，而这种可能性又是按一定(概率分布)规律决定的，则事件称为随机事件，称它具有随机性。

作战模拟是一类离散事件系统的模拟，它是一系列随机事件依次出现的过程。例如，火炮射击一个目标时，对预定瞄准点射击后，发射成功与否、弹着点的位置如何、命中后炮弹是否爆炸等都是随机事件。这些事件可能由于另外一些事件的随机性而引起的，如火炮射击参数的误差、大气现象参数的随机性等。

在理论上要研究随机现象,需要利用模拟方法,即不断模仿事件过程,研究在随机过程中出现的现象并加以量化。通过多次反复试验,可讨论随机事件有关参数的期望值和均方误差等统计结果。

**2.随机数与伪随机数的概念**

为了利用计算机模拟来研究随机事件,需要在计算机上实现真正的随机抽样,利用抽样来模仿随机事件的发生演化,而随机抽样产生的基础是随机数。所谓随机数,就是具有给定概率分布的随机变量的可能值,例如最简单、最基本、最重要的随机数就是[0,1)区间上均匀分布的随机数。

随机数的产生方法有物理方法和数学方法。物理方法是在计算机上安装物理随机数发生器,其原理是利用电子线路中的噪声或核辐射衰变现象,把具有随机性质的过程的随机物理量变换为随机数。用物理方法产生的随机数,随机性特好,但代价高昂,不能重复、使用不便。因此,目前计算机模拟广泛使用的方法是用数学方法,也就是利用数学迭代或递推公式,产生随机数。但是,这种随机数是根据确定的公式求得的,存在着周期现象,而且对初值依赖性大,一般难以满足真正随机数的要求,所以用数学方法产生的随机数常称为伪随机数。

**3.随机数与伪随机数的性质**

(1)随机数的性质

一个随机数序列 $\eta_1, \eta_2, \cdots$ 必须具有两个重要性质,即独立性和均匀性。每一个随机数 $\eta_i$,都是0到1之间均匀分布的独立样本,其分布密度函数由下式给出:

$$f(x)=\begin{cases}1 & 0\leqslant x<1\\ 0 & \text{其他}\end{cases}$$

这个密度函数如图8-5所示,其累积分布函数为

$$F(x)=\begin{cases}0 & x<0\\ x & 0\leqslant x\leqslant 1\\ 1 & x\geqslant 1\end{cases}$$

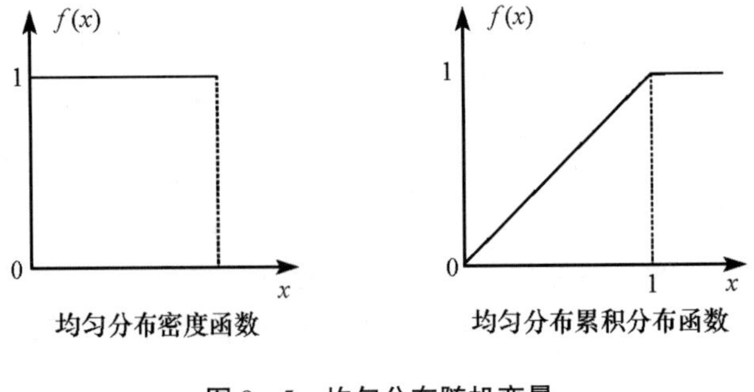


图8-5 均匀分布随机变量

$\eta$ 的期望值和方差分别是

$$E(\eta) = \int_0^1 xf(x)\mathrm{d}x = \frac{1}{12}$$

$$D(\eta) = \int_0^1 x^2\mathrm{d}x - E^2(\eta) = \frac{1}{12}$$

(2)伪随机数的性质

由于字长限制,在计算机上只能表示有限个数,所以用递推公式不能产生真正连续分布的随机数。所产生的随机数之间具有自相关性,随机数序列中的各个随机数是完全确定的,到了一定长度就周而复始,具有周期性。人们希望其周期尽可能长,自相关性尽可能小,且具有较好的统计特性,而且运算产生的速度快。

### 8.3.2.2　伪随机数的产生

统计试验法的基础是用随机数,要用它来直接判断事件是否发生;用它来产生新的满足一定分布规律的随机变量。因此如何获得需要的随机数,是统计试验法解题时要解决的基本问题。

在随机数中,最简单、最基本、最重要的是[0,1)均匀分布的随机数。我们说它是最简单的,是为它的产生方法最简单;说它是最基本的、最重要的,是因为其他任何分布的随机变量,都可以通过[0,1)随机数来变换而获得。

实现一个随机过程模拟所需要的随机数是相当多的,简单的问题要几千个,复杂的问题所需的随机数可能达到数十万甚至更多。用统计模拟方法计算问题,绝大部分的运算工作都要通过随机数进行。所以,需要有简便经济的方法产生随机数,就可以决定能够应用统计模拟方法。在理论上,只要有了一种连续分布的随机数,就可以通过直接抽样、函数变换、值序技巧、舍选补偿或渐近模拟等方法,产生其他任意分布的随机数。作为生成各种随机变量的基本随机数,应该这样来选择:第一,产生这种随机数所耗费的计算机的机时较少;第二,由这种随机数变换为其他分布的随机数手续比较简便。通常认为满足[0,1)区间上标准均匀分布函数的随机数总体上能满足上述两点要求。所以,在用统计模拟方法成功地模拟一个实际问题之前,必须解决产生均匀分布随机数的问题。

在计算机上已经使用的产生[0,1)均匀分布随机数的方法可大致分为三类:

(1)把已有的随机数表输入计算机;

(2)用物理方法产生真正的随机数;

(3)用数学方法产生伪随机数。

第三类数学方法是目前普遍使用的一种方法,常用的有迭代取中法、移位法和同余法等。

**1.迭代取中法**

迭代取中法是最早使用的方法,有平方取中法、乘积取中法和开方取中法。

(1)平方取中法

将一个 $2S$ 位数(十进制或二进制)取平方后,去头截尾,仅保留中间 $2S$ 个数字,然后用 $10^{2S}$ 或 $2^{2S}$ 除,得到[0,1)均匀分布的随机数,重复这一过程,得到一伪随机数序列。

在 $b$ 进制的计算机上,平方取中法以下式产生随机数:

$$x_{n+1}=\left[\frac{x_n^2}{b^S}\right] \bmod b^{2S}$$

$$r_{n+1}=x_{n+1}/b^{2S} \qquad n=0,1,2,\cdots$$

$\{r_{n+1}\}$就是所需的随机数序列，而 $x_0$ 要预先给定，称为种子(seed)。

(2)乘积取中法

将两个多位数 $x_n$ 和 $x_{n+1}$ 相乘，取乘积的中间部分生成 $x_{n+2}$，得到随机数序列。该方法可以用公式表述为

$$x_{n+2}=\left[\frac{x_n \cdot x_{n+1}}{b^S}\right] \bmod b^{2S}$$

$$r_{n+1}=x_{n+1}/b^{2S}$$

(3)开方取中法

开方取中法是用任意数的平方根去头 $S$ 位，仅取中间一部分依次迭代形成随机数。

迭代取中法只有初始数选得适当，才能获得满意的效果。此方法产生的伪随机数序列周期较短，伪随机数向小数偏移，容易退化为 0，因而和均匀分布的差异显著，现已很少使用。

**2.移位法**

移位法也称移位指令加法，是平方取中法的改进。利用计算机的移位指令和指令相加运算结合的迭代过程，产生随机数。任取一个数，将其右移 $n$ 位的数，和左移 $n$ 位取整数部分后的数相加，再取模，就得到随机数。重复这一过程，得到随机数序列。此法由于周期短等原因也很少使用。

**3.同余法**

用数论中的同余运算产生伪随机数的数学方法称为同余法。由于产生伪随机数序列的周期较长，概率统计特性较好，是目前常用的一种方法。同余法有加同余法、乘同余法、混合同余法和组合同余法等。

在加法同余法和乘法同余法的基础上，形成混合同余法，也称线性同余法。

1951 年，D.H.Lehmer 提出了混合同余法产生伪随机数的递推同余公式：

$$x_{n+1}\equiv(\lambda x_n+\mu) \bmod M$$

$$r_n=x_n/M \qquad n=0,1,2,\cdots$$

研究表明，在 $M=2^q$ 条件下，参数 $\lambda,\mu,x_0$ 按如下选取，周期较大，概率统计特性较好：

$$\lambda=2^C+1 \qquad C\text{ 取 }q/2\text{ 附近的数}$$

$$\mu=\frac{1}{M}\left(\frac{1}{2}+\frac{\sqrt{3}}{6}\right)$$

$x_0$ 为任意非负整数。可以证明，混合同余法产生的伪随机数序列周期为 $2^q$，相关系数 $\rho=0$。

### 8.3.2.3 伪随机数的随机性检验

用数学方法产生的伪随机数能否当作真正随机数使用，尚需要对伪随机数序列进行

随机性检验,只有通过随机性检验的伪随机数序列才能使用。

随机性检验是根据[0,1)均匀分布抽样随机数理论上应具有的统计特性,来研究伪随机数序列的同一种统计性质和统计规律,进行比较、鉴别,视其差异如何,来决定伪随机数是否可接受。若差异不显著,则认为伪随机数序列通过了随机性检验。

伪随机数随机性检验的方法主要有:

(1)参数检验;

(2)均匀性检验;

(3)独立性检验;

(4)无连贯性检验;

(5)组合规律性检验。

对局部和大范围的伪随机数子序列应分别进行局部检验和大范围检验。通过某项检验的伪随机数,说明它与随机数的性质和规律不矛盾,不能拒绝它,但不应认为它就完全具有随机数的性质和规律。通过检验的项目愈多,就愈加靠得住。

## 8.3.3 随机变量抽样

随机过程的模拟一般采用概率模型,模型是在假设输入过程和服务过程都是符合某种概率分布的随机变量条件下建立的。在进行统计试验法运算时,每次试验中需给讨论的随机变量定值,然后讨论随机变量的关系,决定该次试验的指标值,因此随机数的产生是统计试验法中最重要的一个环节。

随机变量分为连续分布随机变量与离散分布随机变量两类,连续分布随机变量能从一个无限大的集合中连续地取值;而离散分布随机变量仅能从一个有限的集合或特殊的无限随机变量集合中间断地取值。

### 8.3.3.1 连续随机变量的抽样

一般可以采用以下两种方法产生连续分布随机变量,即反函数法和舍选法。

设 $X$ 是连续型随机变量,其分布函数 $F(x)$为已知,即 $F(x)=P\{X\leqslant x\}$,且 $F(x)$的反函数 $F^{-1}(x)$存在。由分布函数性质知,$F(x)$的值域为[0,1],即 $0\leqslant F(x)\leqslant 1$。设 $\xi$ 是[0,1)上均匀分布的随机变量,令 $\xi=F(x)$,则 $X=F^{-1}(x)$就是以 $F(x)$为分布函数的随机变量。

上面的结论基于下述基本定理:

**定理**　如果随机变量 $X$ 的分布函数 $F(x)$为连续,则随机变量:

$$Y = F(X) = \int_{-\infty}^{X} f(x)\mathrm{d}x$$

是区间[0,1]上均匀分布的随机变量,其中 $f(x)=F^{-1}(x)$。

**1.在[$a$,$b$]区间上均匀分布随机变量的抽样**

在[$a$,$b$]区间上均匀分布随机变量 $X$ 的概率密度函数为

$$f(x)=\begin{cases}\dfrac{1}{b-a} & x\in[a,b]\\ 0 & x\notin[a,b]\end{cases}$$

分布函数为

$$F(x)=\int_{-\infty}^{\infty}f(x)\mathrm{d}x=\int_{a}^{b}\frac{\mathrm{d}x}{b-a}=\frac{x-a}{b-a}$$

计算反函数,令

$$R=F(x)=\frac{x-a}{b-a}$$

得到抽样公式

$$x=(b-a)R+a$$

**2.指数分布随机变量的抽样**

指数分布随机变量 $X$ 的概率密度函数为

$$f(x)=\begin{cases}\lambda \mathrm{e}^{-\lambda x} & x\geqslant 0\\ 0 & x<0\end{cases}$$

分布函数为

$$F(x)=\begin{cases}1-\mathrm{e}^{-\lambda x} & x\geqslant 0\\ 0 & x<0\end{cases}$$

求反函数,令

$$R=F(x)=1-\mathrm{e}^{-\lambda x}\qquad x\geqslant 0$$

得到抽样公式:

$$x=-\frac{1}{\lambda}\ln(1-R)\qquad x\geqslant 0,R\neq 1$$

由于 $R$ 在[0,1)上均匀分布,故

$$x=-\frac{1}{\lambda}\ln R\qquad x\geqslant 0,R\neq 0$$

**3.正态分布随机变量的抽样**

由于一般正态分布随机变量 $X$ 与标准正态随机变量间有以下关系:

$$X=\sigma\cdot\eta+\mu$$

所以,只要能求出服从标准正态分布的随机数即可。

(1)博克斯-米勒(Box-Müller)方法

设 $\xi_1,\xi_2$ 是[0,1)区间上均匀分布且相互独立的随机变量,则可证明:

$$\eta_1=\sqrt{-2\ln\xi_1}\cos 2\pi\xi_2$$

$$\eta_2=\sqrt{-2\ln\xi_1}\sin 2\pi\xi_2$$

一定是相互独立的标准正态分布随机变量。

(2)近似计算法

设 $\xi_1,\xi_2,\cdots,\xi_n$ 为[0,1)区间上均匀分布且相互独立的随机变量序列,则每个 $\xi_i$ 的均值为 1/2,方差为 1/12。由中心极限定理有

$$\lim_{n\to+\infty} P\left\{\frac{\sum_{i=1}^{n}\xi_i - n\mu}{\sqrt{nD}} \leqslant x\right\} = \int_{-\infty}^{x} \frac{1}{\sqrt{2\pi}} e^{-\frac{t^2}{2}} dt$$

当 $n$ 足够大时有

$$P\left\{\frac{\sum_{i=1}^{n}\xi_i - n\mu}{\sqrt{nD}} \leqslant x\right\} \approx \int_{-\infty}^{x} \frac{1}{\sqrt{2\pi}} e^{-\frac{t^2}{2}} dt$$

从而

$$\eta = \frac{\sum_{i=1}^{n}\xi_i - n\mu}{\sqrt{nD}} = \frac{\sum_{i=1}^{n}\xi_i - n/2}{\sqrt{n/12}} \sim N(0,1)$$

一般取 $n = 12$ 即够用,此时有

$$\eta = \frac{\sum_{i=1}^{n}\xi_i - n/2}{\sqrt{n/12}} = \sum_{i=1}^{12}\xi_i - 6$$

由于 $1 - \xi$ 也是[0,1) 区间上均匀分布的随机变量,故可写为

$$\eta = \sum_{i=1}^{6}\xi_i - \sum_{i=7}^{12}\xi_i$$

### 8.3.3.2　离散随机变量的抽样

设 $X$ 为离散型随机变量,且

$$P\{X = a_i\} = p_i$$

$$p_i \geqslant 0, \quad i = 1,2,\cdots \qquad \sum p_i = 1$$

又设 $\xi$ 为[0,1) 区间上均匀分布的随机数,定义:

$$p^{(0)} = 0, \quad p^{(n)} = \sum_{i=1}^{n} p_i \qquad n = 1,2,\cdots$$

令

$$x = \begin{cases} a_1 & 0 \leqslant \xi < p_1 \\ a_2 & p_1 \leqslant \xi < p_1 + p_2 \\ \vdots & \\ a_i & \sum_{j=1}^{i-1} p_j \leqslant \xi < \sum_{j=1}^{i} p_j \\ \vdots & \end{cases}$$

也即

$$P\{x = a_i\} = P\{p^{i-1} \leqslant \xi < p^{i}\} = p_i$$

所以,由随机数 $\xi$ 决定了随机变量 $X$ 的取值情况,从而达到模拟的目的。

**例 8.1**　设鱼雷对敌舰艇射击的结果是以下三个事件中的一个:命中并毁伤目标($A_1$),命中但未毁伤目标($A_2$)和未命中目标($A_3$),它们的概率分别为 $p_1 = 0.28$, $p_2 =$

0.20, $p_3 = 0.52$。试模拟鱼雷射击的结果。其中已得到一个[0,1)上均匀分布的随机数 $r = 0.323$。

**解** 计算事件 $A_i(i=1,2,3)$相应的区间界限 $p^{(n)}$: $p^{(0)}=0, p^{(1)}=0.28, p^{(2)}=0.48, p^{(3)}=1$。

由于随机数 $r=0.323$,且 $p^{(1)} \leqslant r < p^{(2)}$,从而在该次试验中事件 $A_2$ 发生,即模拟鱼雷射击结果是命中但未毁伤敌舰艇。

当 $r=0.663$ 时,有 $p^{(2)} \leqslant r < p^{(3)}$,从而在该次试验中事件 $A_3$ 发生,即模拟鱼雷结果是未命中目标。

**1.二项分布随机变量的抽样**

二项分布的分布律为

$$P\{X=n\} = p_n = C_N^n p^n (1-p)^{N-n}$$

产生二项分布随机变量的直接抽样方法是:抽取一个[0,1)上均匀分布的随机数 $r$,则当

$$\sum_{i=0}^{n-1} p_i < r \leqslant \sum_{i=0}^{n} p_i$$

时,$X=n$ 就是服从二项分布的随机数。

某事件出现的概率为 $p$,则 $N$ 个相互独立的相同事件中有 $n$ 个事件出现的概率就服从二项分布。

这样就以另外一种抽样方法:抽取 $N$ 个在[0,1)区间上均匀分布的随机数 $r_1, r_2, \cdots, r_N$,令

$$K_i = \begin{cases} 0 & r_i \geqslant p \\ 1 & r_i < p \end{cases}$$

则 $X = \sum_{i=1}^{N} K_i$ 就是服从二项分布的随机数。

**例** 8.2 已知一辆坦克通过雷区被击毁的概率为 0.70,现有 8 辆坦克成横队同时通过雷区,试用随机数表模拟两次,求通过雷区被毁的坦克数。

**解** 被击毁坦克数 $J$ 服从二项分布,$N=8, p=0.70$。首先从随机数表中取出 8 个随机数,它们是

| | | | |
|---|---|---|---|
| 0.57705 | 0.71618 | 0.73710 | 0.70131 |
| 0.16961 | 0.53324 | 0.43166 | 0.26275 |

其中有 5 个数小于 0.70,故第一次模拟击毁数 $J=5$。

第二次取出 8 个随机数:

| | | | |
|---|---|---|---|
| 0.05926 | 0.66289 | 0.35483 | 0.09393 |
| 0.30304 | 0.55186 | 0.64003 | 0.20514 |

其中有 8 个数小于 $p=0.70$,所以第二次模拟坦克被击毁数 $J=8$。

**2.泊松分布随机变量的抽样**

泊松分布的分布律为

$$P\{X=n\}=p_n=\frac{\lambda^n e^{-\lambda}}{n!}$$

其中 $\lambda>0$ 为常数。

由直接抽样法知：对一个[0,1)上均匀分布的随机数 $r$，则当

$$\sum_{i=0}^{n-1}\frac{\lambda^i e^{-\lambda}}{i!}\leqslant r<\sum_{i=0}^{n}\frac{\lambda^i e^{-\lambda}}{i!}$$

$$\sum_{i=0}^{n-1}\frac{\lambda^i}{i!}\leqslant re^{\lambda}<\sum_{i=0}^{n}\frac{\lambda^i}{i!}$$

时，$X=n$ 就是服从泊松分布的随机数。

根据泊松分布与指数分布随机变量之间的关系，有如下快速抽样算法：产生[0,1)上均匀分布随机数 $r_1,r_2,\cdots$满足不等式

$$\prod_{i=1}^{n} r_i\geqslant e^{-\lambda}>\prod_{i=1}^{n+1} r_i \qquad r_0=1$$

的 $n$ 值服从泊松分布。

泊松分布是概率论中很重要的一种分布，在随机服务系统、可靠性问题模拟中有着广泛的应用。

**3. 几何分布随机变量的抽样**

假定做一组实验，每一次试验值有两种结果 $A$ 和 $\bar{A}$，且 $P\{A\}=p$，$P\{\bar{A}\}=1-p=q$，则在事件 $A$ 第一次出现之前，事件 $\bar{A}$ 发生的次数 $X$ 就服从几何分布。

几何分布的分布律为

$$P\{X=n\}=p_n=pq^n$$

其中 $0<p<1,q=1-p$ 为正常数。

用直接抽样方法，有

$$1-q^n\leqslant r<1-q^{n+1}$$

$$q^n\geqslant 1-r>q^{n+1}$$

由于 $R$ 和 $1-R$ 同分布，故可以写作：

当

$$q^{n+1}<r\leqslant q^n$$

$$(n+1)\ln q<\ln r<n\ln q$$

$$n\leqslant\frac{\ln r}{\ln q}<n+1$$

时，$X=n=\left[\frac{\ln r}{\ln q}\right]$就是服从几何分布的随机数。

**例 8.3**　设反坦克导弹对目标进行射击，命中概率为 0.3，必须命中目标两弹才能击毁目标。试模拟毁伤目标所需要的射击数。

**解**　用 $X_1$ 表示射击目标时，第一发命中之前需要的射击次数；$X_2$ 表示第一次命中目标后第二次命中目标前所需要射击次数，则 $X_1$、$X_2$ 都服从几何分布。

抽取两个在[0,1)区间上的均匀分布的随机数：

$$r_1 = 0.551, \quad r_2 = 0.119$$

由于 $q = 1 - p = 0.7$,所以有

$$n_1 = \left[\frac{\ln r_1}{\ln q}\right] = \left[\frac{\ln 0.55}{\ln 0.7}\right] = 1$$

$$n_2 = \left[\frac{\ln r_2}{\ln q}\right] = \left[\frac{\ln 0.119}{\ln 0.7}\right] = 6$$

因此,第一次命中目标为第 2 次射击,第二次命中目标为第 9 次射击,从而毁伤目标所需要的射击次数为 9 次。

## 8.3.4 随机事件的模拟

当用蒙特卡洛方法来模拟作战行动时,需要用最基本的均匀分布的随机数,来实现表示作战过程中随机因素的随机事件的模拟,产生具有一定概率特性的随机数。

### 8.3.4.1 简单事件的模拟

**1.单个事件的模拟**

给定随机事件 $A$,且 $P(A) = p, 0 < p < 1$。设 $\xi$ 为[0,1)区间上均匀分布的随机数,若 $\xi \leqslant p$,则认为事件 $A$ 发生,否则为不发生。

随机事件 $A$ 的发生,与[0,1)区间上均匀分布的随机数 $\xi \leqslant p$ 是两个不同的随机现象,但它们具有完全相同的随机特性和概率分布,而在一般情况下,判定随机数 $\xi \leqslant p$ 较容易且能方便在计算机上实现。因而蒙特卡洛方法模拟的基本思想,就是用一个易于实现的随机现象,去模拟另外一个随机特性完全相同但不易实现的随机现象。

**2.事件组的模拟**

给定相互独立的事件 $A_1, A_2, \cdots, A_N$ 组成的事件组,且 $P(A_i) = p_i, p_i \geqslant 0, i = 1,2, \cdots, N$; $\sum_{i=1}^{N} P_i = 1$。把区间[0,1) 分成 $N$ 个小区间,使第 $i$ 个小区间的长度恰好等于 $p_i$。

设 $\xi$ 为区间[0,1)上均匀分布的随机数,若 $\xi$ 落在第 $i$ 个小区间内,则认为事件 $A_i$ 发生。

若用代数式表示则为:

当满足以下不等式时有

$$\sum_{j=1}^{i-1} p_j \leqslant \xi < \sum_{j=1}^{i} p_j$$

则认为 $A_i$ 发生。

**例 8.4** 火炮对目标射击的命中率为 $p = 0.4$,现对目标射击 $N$ 发,试求火炮命中的弹数。

**解** 生成 $N$ 个[0,1)的随机数 $r_1, r_2, \cdots, r_N$,定义如下函数:

$$f(x) = \begin{cases} 1 & 0 < x \leqslant 0.4 \\ 0 & x > 0.4 \end{cases}$$

则本次模拟的命中弹数为

$$N_H = \sum_{i=1}^{N} f(r_i)$$

### 8.3.4.2　复合事件的模拟

在作战模拟中，对有些随机现象，有时需用两个或更多的随机事件来共同表示，如射击毁伤目标，是由射击命中目标和命中条件下毁伤目标这样两个事件来表示的。因此，在解决了简单事件模拟的基础上，还需要实现复合事件的模拟。

复合事件又可区分为独立事件和非独立事件。

**1. 独立事件**

设事件 $A$、$B$ 为两个相互独立的事件，它们的概率分别为 $P_A$ 和 $P_B$，其联合试验的结果有 4 种：$AB$，$\bar{A}B$，$A\bar{B}$，$\bar{A}\bar{B}$，分别用 $C_i(i=1,2,3,4)$表示(如表 8－3)。

**表 8－3　独立事件复合的概率分布**

| $i$ | 1 | 2 | 3 | 4 |
|---|---|---|---|---|
| $C_i$ | $AB$ | $\bar{A}B$ | $A\bar{B}$ | $\bar{A}\bar{B}$ |
| $p_i$ | $P_AP_B$ | $(1-P_A)P_B$ | $P_A(1-P_B)$ | $(1-P_A)(1-P_B)$ |

判定哪种结果出现的模拟方法有两种：

一种方法是采用事件组的模拟方法，抽取[0,1)区间上均匀分布的随机数，按照事件组计算公式来决定。

另一种方法是产生两个[0,1)区间上均匀分布的随机数 $\xi_1$，$\xi_2$，由表 8－4 决定那一结果出现。

**表 8－4　随机试验结果表**

| 随机数状态 | $\xi_1 \leqslant P_A$<br>$\xi_2 \leqslant P_B$ | $\xi_1 > P_A$<br>$\xi_2 \leqslant P_B$ | $\xi_1 \leqslant P_A$<br>$\xi_2 > P_B$ | $\xi_1 > P_A$<br>$\xi_2 > P_B$ |
|---|---|---|---|---|
| 试验结果 | $C_1(AB)$ | $C_2(\bar{A}B)$ | $C_3(A\bar{B})$ | $C_4(\bar{A}\bar{B})$ |

**2. 不独立事件**

如果事件之间不相互独立，就要用到条件概率。设事件 $A$ 发生条件下事件 $B$ 发生的概率为 $P(B|A)$，$A$ 和 $B$ 联合试验的可能结果仍用复合事件来表示 $C_i(i=1,2,3,4)$，则 $C_i$ 的概率 $p_i$ 如表 8－5 所示。表中(全概率公式)：

$$P(B|\bar{A}) = \frac{P_B - P_AP(B|A)}{1-P_A}$$

表 8-5 非独立事件复合的概率分布

| $i$ | 1 | 2 | 3 | 4 |
|---|---|---|---|---|
| $C_i$ | $AB$ | $\bar{A}B$ | $A\bar{B}$ | $\bar{A}\bar{B}$ |
| $p_i$ | $P_A P(B\|A)$ | $(1-P_A)P(B\|\bar{A})$ | $P_A[1-P(B\|A)]$ | $(1-P_A)[1-P(B\|\bar{A})]$ |

判定模拟结果的方法仍有两种：

一种是抽取[0,1)区间上均匀分布的随机数 $\xi$,然后用事件组的模拟方法来决定。

另一种方法是产生两个[0,1)区间上均匀分布的随机数 $\xi_1,\xi_2$,由表 8-6 决定哪一结果出现。

表 8-6 随机试验结果表

| 随机数状态 | $\xi_1 \leqslant P_A$<br>$\xi_2 \leqslant P(B\|A)$ | $\xi_1 > P_A$<br>$\xi_2 \leqslant P(B\|\bar{A})$ | $\xi_1 \leqslant P_A$<br>$\xi_2 > P(B\|A)$ | $\xi_1 > P_A$<br>$\xi_2 > P(B\|\bar{A})$ |
|---|---|---|---|---|
| 试验结果 | $C_1(AB)$ | $C_2(\bar{A}B)$ | $C_3(A\bar{B})$ | $C_4(\bar{A}\bar{B})$ |

**例 8.5** 火炮对目标射击的命中概率为 $P_H$,现射击两发,$P(A)$、$P(B)$分别表示前后两次的射击命中概率。试用蒙特卡洛方法模拟射击结果。

**解** 首先产生两个[0,1)区间上的随机数 $\xi_1,\xi_2$。

(1)若两次射击独立,则:

若 $\xi_1 < P_H = P(A)$,则第一次射击命中,否则不命中;

若 $\xi_2 < P_H = P(B)$,则第二次射击命中,否则不命中。

(2)若两次射击不独立,并设 $P(B|A) = P_K$,则 $P(B|\bar{A}) = \dfrac{P_H - P_H P_K}{1 - P_H}$:

若 $\xi_1 \leqslant P_H, \xi_2 \leqslant P_K$,则两发都命中;

若 $\xi_1 \leqslant P_H, \xi_2 > P_K$,则第一发命中,第二发不命中;

若 $\xi_1 > P_H, \xi_2 > P(B|\bar{A}) = \dfrac{P_H - P_H P_K}{1 - P_H}$,则第一发不命中,第二发不命中;

若 $\xi_1 > P_H, \xi_2 \leqslant P(B|\bar{A}) = \dfrac{P_H - P_H P_K}{1 - P_H}$,则第一发不命中,第二发命中。

**例 8.6** 我方反坦克火力系统对由 4 辆坦克和两辆步战车组成的敌装甲分队实施射击,其结果可用离散变量$(X,Y)$表示,共有 15 种不同的结果,其概率分布由下表所示。试模拟我方火力系统对敌装甲分队的射击结果。

例 8.6 表　概率分布表

| Y（步车）\ X（坦） | 0 | 1 | 2 | 3 | 4 | $P\{Y=y_j\}$ |
|---|---|---|---|---|---|---|
| 0 | 0.05 | 0.12 | 0.18 | 0.06 | 0.03 | 0.44 |
| 1 | 0.03 | 0.11 | 0.13 | 0.04 | 0.02 | 0.33 |
| 2 | 0.02 | 0.07 | 0.09 | 0.03 | 0.02 | 0.23 |
| $P\{X=x_i\}$ | 0.10 | 0.30 | 0.40 | 0.13 | 0.07 | 1.00 |

**解**　表中的边缘分布,分别表示了毁伤敌坦克和步战车的概率。

由于:

$$P\{X=x_i,Y=y_i\}\neq P\{X=x_i\}\cdot P\{Y=y_i\}$$

所以变量 $X,Y$ 并不相互独立,这是因为敌坦克和步战车能以火力互相支援的结果。因此要用复合事件的模拟方法。

以随机的方式从随机数表中产生两个随机数 $\xi_1=0.162,\xi_2=0.837$,分别用来模拟对坦克和步战车的射击结果。

由于两个变量不独立,首先用 $\xi_1$ 决定对坦克的射击结果。

以上表中最下面一栏的累加值为端点,把[0,1)区间分成若干小区间。

由于 $0.1\leqslant\xi_1<0.40$ 落入第 1 个小区间,因此模拟结果是 $X=1$,毁伤 1 辆坦克。

再用 $\xi_2$ 模拟对步战车的射击结果:由于 $X,Y$ 间不独立,因而必须用条件概率来决定 $Y$ 的取值情况。利用上表计算每一个条件概率值。

$$P\{Y=0|X=1\}=\frac{P\{X=1,y=0\}}{P\{X=1\}}=\frac{0.12}{0.30}=0.40$$

$$P\{Y=1|X=1\}=\frac{0.11}{0.30}=0.367$$

$$P\{Y=2|X=1\}=\frac{0.07}{0.30}=0.233$$

以累加值为端点划分[0,1)区间。

由于 $0.767\leqslant\xi_2<1$,因而模拟结果是 $y=2$,即毁伤全部步战车。

上述结果出现的概率为

$$P\{X=1,Y=2\}=0.07$$

在实际的作战行动中,任何一个战斗动作或作战过程都是非常复杂的,在对其进行模拟时,一般要先将其进行合理地分解,用随机数模拟每一个事件,然后根据概率论原理求到所需要的概率值,如对敌方目标的打击,是由发现、射击、命中、毁伤等一系列动作组成,对每一个步骤都要用单个或复合事件的方法进行模拟,最后才能达到模拟战斗动作和作战过程的目的。

## 8.3.5 效率指标和模拟精度

### 8.3.5.1 决定效率指标

在掌握了基本模拟技术的基础上,蒙特卡洛方法可用来决定定量描述作战过程的效率指标。

**1.概率性的效率指标**

在某些情况下,时间 $A$(可理解为某种作战行动结果)发生的概率是未知的,此时,可用蒙特卡洛方法对事件 $A$ 发生的概率进行估计,其实施步骤如下:

(1)给出事件 $A$ 及一组(或一个)判定事件 $A$ 发生与否的条件;

(2)产生一组随机数;

(3)用随机数来模拟条件是否实现,若模拟结果使这一组条件实现,则认为事件 $A$ 发生,否则,为不发生;

(4)反复模拟 $N$ 次,若 $A$ 发生的次数为 $n$,则有

$$P(A) \approx \frac{n}{N}$$

**2.平均特性的效率指标**

设 $x_1, x_2, \cdots, x_n$ 为用蒙特卡洛方法模拟作战过程中某效率指标的随机数值,则

$$\bar{x} = \frac{1}{n}\sum_{i=1}^{n} x_i$$

就可作为该效率指标的近似值,如平均毁伤率,平均杀伤率,平均覆盖率等。$\bar{x}$ 也可理解为效率指标的数学期望或均值的估计值。

**3.离散特性的效率指标**

在作战过程的模拟中,有时需要对模型某效率指标的随机观察值的离散特性进行估计。

设 $x_1, x_2, \cdots, x_n$ 为某效率指标的一组随机实现(统计抽样),也可认为是服从给定分布的随机数,则描述随机观察值离散特性的估计公式为

$$\hat{D} = \frac{1}{n-1}\sum_{i=1}^{n}(x_i - \bar{x})^2$$

式中 $\bar{x} = \frac{1}{n}\sum_{i=1}^{n} x_i$—— 效率指标(均值) 的估计值。

实质上,$\hat{D}$ 就是效率指标方差估计值,而 $\sigma = \sqrt{\hat{D}}$ 为均方差的估计值。

### 8.3.5.2 模拟精度的估计

**1.影响精度的主要因素**

对不同的模拟方法有不同的精度估计,但影响蒙特卡洛方法模拟精度的因素却只有

两个,即方差和模拟次数。

设随机变量 $X$ 的分布为给定,其均值和方差分别用 $\mu$ 和 $D$ 表示。$X_1, X_2, \cdots, X_N$ 是一列与 $X$ 同分布的随机变量,由同分布的中心极限定理得到

$$\lim_{n \to +\infty} P\left\{ \frac{\sum_{i=1}^{n} X_i - n\mu}{\sqrt{nD}} \leqslant x \right\} = \int_{-\infty}^{x} \frac{1}{\sqrt{2\pi}} e^{-\frac{t^2}{2}} dt$$

对常数 $a$、$b$ 有:

$$P\left\{ a \leqslant \frac{\sum_{i=1}^{n} X_i - n\mu}{\sqrt{nD}} \leqslant b \right\} \approx \int_{a}^{b} \frac{1}{\sqrt{2\pi}} e^{-\frac{t^2}{2}} dt$$

由于 $\bar{X} = \frac{1}{n} \sum_{i=1}^{n} X_i$,则得

$$P\left\{ a \leqslant \frac{\bar{X} - \mu}{\sqrt{D/n}} \leqslant b \right\} \approx \int_{a}^{b} \frac{1}{\sqrt{2\pi}} e^{-\frac{t^2}{2}} dt$$

即

$$P\{ a\sqrt{D/n} \leqslant \bar{X} - \mu \leqslant b\sqrt{D/n} \} \approx \int_{a}^{b} \frac{1}{2\pi} e^{-\frac{t^2}{2}} dt$$

若取 $a = -2, b = -2$,则由概率论中的“$3\sigma$”原则,得

$$\int_{-2}^{2} \frac{1}{\sqrt{2\pi}} e^{-\frac{t^2}{2}} dt \approx 0.95$$

也就是说,以概率 0.95 成立,即

$$|\bar{X} - \mu| \leqslant 2\sqrt{D/n}$$

在多数问题中,方差 $D$ 一般都是未知的,这时可用它的估计量来代替:

$$\hat{D} = \frac{1}{n-1} \sum_{i=1}^{n} (X_i - \bar{X})^2$$

相应地,则以 0.95 的概率有:

$$|\bar{X} - \mu| \leqslant 2\sqrt{\hat{D}/n}$$

因而,在蒙特卡洛方法的模拟中,计算精度带有一定的随机性,即使是用同一种方法,对同一个问题进行模拟,其精度也有一定的起伏。从上面结果即可看到,影响模拟精度的因素主要有两个:模拟次数和方差。

模拟精度与$\frac{1}{\sqrt{n}}$成正比,因此要使精度提高一位小数(10 倍),则试验次数就要增加 100 倍,通过这条途径来提高精度计算量太大。

模拟精度还依赖于方差,用具有较小方差的方法产生随机数,可在不增加计算量的条件下使精度提高,这就是方差缩减技术。

**2. 精度和模拟次数的估计**

在蒙特卡洛方法中为了保证结果具有给定的精度,必须进行次数足够多的试验,下面给出粗略的估计公式。

(1)事件发生概率的精度估计

如果从 $n$ 次模拟试验中所得出的事件 $A$ 的频率为 $P^*$,则事件 $A$ 的概率真值 $P$ 将处于下列范围:

$$P = P^* \pm 2\sqrt{\frac{P^*(1-P^*)}{n}}$$

用蒙特卡洛方法估计事件 $A$ 的概率时,为了使最大的实际可能误差不大于给定的 $\varepsilon$,所必须的模拟次数不应少于

$$n = \frac{4P(1-P)}{\varepsilon^2}$$

式中,$P = P(A)$。

但由于 $P$ 为未知,此时可用前面几批的试验结果对 $P$ 值予以估计,然后再随着试验次数的不断增加进行修正。

(2)平均效率指标的精度估计

如果从 $n$ 次模拟试验中所得到的某效率指标观察值的算术平均值为 $\bar{x}$,则效率指标(数学期望)的真值将在下列范围内:

$$\mu = \bar{x} \pm \frac{2}{\sqrt{n}}\sqrt{\hat{D}}$$

式中

$$\bar{x} = \frac{1}{n}\sum_{i=1}^{n} x_i$$

$$\hat{D} = \frac{1}{n-1}\sum_{i=1}^{n}(X_i - \bar{X})^2$$

用蒙特卡洛方法估计随机变量的数学期望 $P$ 时,如果要求误差不超过规定的 $\varepsilon$,则最低模拟次数不应少于 $n = \frac{4\hat{D}}{\varepsilon^2}$。

对 $P$ 可用前几批的试验结果进行预先粗略估计,然后随着试验的进行再不断予以修正。

**例 8.7** 从 20 次的模拟试验中所得到的武器射击的命中概率为 $P^* = 0.30$。

试求:(1)最大的估计误差;

(2)若要求误差不大于 $\varepsilon = 5\%$,最低应进行多少次的模拟试验?

**解** (1)由题设 $n = 20, P^* = 0.30$,得

$$P = P^* \pm 2\sqrt{\frac{P^*(1-P^*)}{n}} = 0.3 \pm 2\sqrt{\frac{0.3(1-0.3)}{20}} = 0.30 \pm 0.205$$

模拟结果误差太大(68%),是由于模拟次数太少造成的。

(2)若要求误差为 $\varepsilon = 0.05$,则最低的模拟试验次数(近似结果)为

$$n = \frac{4P^*(1-P^*)}{\varepsilon^2} = \frac{4 \times 0.3(1-0.3)}{0.05^2} = 336$$

即至少进行 336 次以上的模拟试验才能保证结果有 5% 的精度。

# 8.4　现代作战模拟的技术框架

## 8.4.1　分布交互式作战模拟

1983 年,美国的 DARPA 提出了 SIMNET 计划。SIMNET 计划的目的,就是建立可供地处异地的多个作战部队联合使用,并具有交互作用的作战模拟系统。

分布交互式模拟可定义为:人们可以通过在网络上的各个不同节点模拟与之交互的综合环境,这些模拟使用互相兼容的体系结构、模型、协议、标准和数据库。但是,在许多大型作战模拟系统中,还要求在不同的硬件平台、操作系统、数据库和应用软件之间进行分布式处理。

分布交互式作战模拟通过网络和通讯技术把各种各样的虚拟模拟、结构模拟甚至于实兵模拟模型连接在一起,连接成能进行信息交换的、可互操作的大规模模拟系统。分布交互式作战模拟是和越来越逼真的仿真技术、灵境技术紧密联系着的,从而使得在作战系统的每一个环节,都能感受到真实的作战环境和气氛。

### 8.4.1.1　分布交互式模拟

分布交互式模拟是用来连接作战演习中人的交互和对抗活动的,在时间和空间上一致的真实世界环境的合成表达。该合成环境是通过标准的计算机通讯服务,在分布的以模拟、仿真器、仪器设备等形式出现的计算机化的自治模拟应用之间实现的实时数据交换。计算机化的模拟实体既可以在同一地点,也可以是地理上分散的。

美国国防部将分布交互式模拟定义为人们可以通过在网络上的各个不同的节点上的模拟与之交互的综合环境,这些模拟使用互相兼容的体系结构、模型、协议、标准和数据库。

分布交互式模拟包含三个方面:

(1)分布(在多个处理器上分布)

- 本地的节点/地理上散布的节点;
- 网络;
- 共享的环境。

(2)交互(成员之间的互相作用)

- 标准和协议;
- 公共的体系结构;
- 无缝的通讯。

(3)模拟(人在回路中)

- 实兵模拟;
- 虚拟模拟;

• 结构模拟。

在一个分布交互式的模拟系统中往往有多个各种类型的模拟，这些模拟之间的交互，以及在每个模拟中人员（包括在模拟回路中的操作人员、在模拟回路外的分析人员以及模拟过程的控制和导演人员）和模拟（模型或仿真器）之间的交互，还有这些人员（特别是不在同一个地理位置的人员）之间的交互构成了"交互"的含义。

人在回路中的模拟表达了在控制回路中的人，可以通过他的行为来影响模型加给他的综合环境。但是，综合环境也影响着他，使他获得近似在实战中可能获得的各种感受，这是回路中的交互。模型和模拟的管理和操纵者则通过设计、管理、观察和分析，在不同的边界条件下重复进行模拟，得出有关战略、战术、战法和武器系统、后勤支援等方面的评估，这是模拟系统和回路外的人的交互。分布交互式作战模拟，由于它能较为真实地反映参战双方的决策过程及其对作战结果的影响，被广泛用于参谋人员的教学训练中，甚至被用来作为部队的实兵演习的辅助手段。

人员和模拟（模型或仿真器）之间的通讯是"交互"的核心内容。回路中的人们进入了角色，通过交互控制仿真器（操作坦克仿真器的乘员）或模拟模型的进程（指挥所模拟中的指挥员和参谋），通过模拟设备的显示屏幕和打印机取得模拟过程的数据，或通过图像、声音或视频来感受所模拟的战争的态势。人和模拟中的设备之间交互作用影响模拟过程。战斗不按照设定的剧本进行，训练者的胜负将取决于他们的表现。这种交互，是通过设备（输入、输出设备）和实现模拟的程序或软件系统来保证的。

更为广泛的交互发生在模拟之间，每一个"坦克手"看到的战场是别的"坦克手"以及其他仿真器（F－16 仿真器）或模拟模型（如指挥所模拟模型，计算机半自动化部队生成器等）和它交互的结果。这种交互的要求对分布交互式模拟系统提出了更高的要求。

首先是这些仿真器和模型必须建立在一个公共的体系结构上，这种体系结构必须满足所有三类交互的要求。实际上，这要求一个跨网络、跨平台的运行支持系统。这在早期的模拟网络时代是做不到的，那时只有要求所有的坦克仿真器都是一样的，采用同样的硬件平台、应用系统和专用的通讯界面。进入 20 世纪 90 年代以来，对模拟公共的体系结构的研究和开发有了突破性的进展，相应的跨平台环境已经进入了实用阶段。

但是要将不同的仿真器、模拟模型连接到一起，并且使它们相互之间可互操作，就必须使他们服从统一的标准和协议。已经颁布了一系列的关于分布交互式模拟的标准，例如，保证无缝的综合环境能满足世界范围的学术、军事、工业要求的 PDU 协议数据单元。

一个大规模的分布交互式模拟系统是在许多局部的、描述细节的、分专业的模拟（包括仿真器）的基础上建立起来的。它们之间的连接、通讯和互操作性就成了关键。所以模拟模型的可互操作性在分布交互式模拟中是必须实现的。

"分布"的意思是全国范围内的多个训练场所的仿真器计算机由某种形式的局域网连接起来，根据需要，这些局域网可以再连接成一个广域网。美国国防部高级研究规划局用于模拟网络的广域网建立在 BBN 公司开发的宽带网（TWBNET）的基础之上。在转向分布交互式模拟后，扩建为可进行实时操作的国防模拟互联网（DSI）。模拟系统的操作者可以进入不同的坦克、直升机或其他仿真器，一起参加同样的模拟战斗。

### 8.4.1.2　分布交互式作战模拟的体系结构

美国国防部《国防部建模与仿真主计划》(MSMP)中定义体系结构为:“一个程序或系统要素的组织结构,它们的内部关系以及指导整个设计和发展的原理和指南。”主计划要求开发一个国防模拟的综合、抽象的高层体系结构,使得主要功能要素、接口适用于所有国防部模拟应用的可行设计规则,提供一个具体的在其内部可定义具体系统结构的共同框架。

分布交互式作战模拟的体系结构包括网络层体系结构、应用层体系结构。网络层体系结构可以分为计算机和网络体系结构和计算机网络和其他模拟设备互联的体系结构。

在模拟网络(SIMNET)计划开始时,大多数数据处理由一台中央计算机完成。这种体系结构缺乏可伸缩性,也就是说,即联网的仿真器数目不能经济地无限增加。而后模拟网络计划的项目主任杰克·索普发明了一种不同的更具可伸缩性的体系结构,不再把模拟模型集中到一台大型的中央处理计算机中,实现了模拟中各种信息的分布式处理。但是在后来发展的许多大型的作战模拟系统中,还要求在不同的硬件平台,操作系统、数据库和应用软件之间进行分布式处理,还要考虑与不断发展的网络基础设施的协调,考虑各军种之间的协调,考虑不同类型的资源(数据库)之间的协调和各种不同类型和不同层次的作战模拟系统之间的协调;此外还要考虑和原有的模拟系统之间的协调。因此,美国国防部建模与仿真办公室决心在整个国防部范围内建立一个公共的技术框架来促进各种类型的模拟,它们和 $C^4I$ 系统之间的协调工作以及模拟组件的再利用。这个公共的技术框架包括高层体系结构(HLA)和集成水平模拟协议(ALSP)。

**1.高层体系结构(HLA)**

从 1995 年开始,由美国国防部建模与仿真办公室(DMSO)的体系结构管理小组(AMG)开始建立模拟的高层体系结构。高层体系结构成为美国国防部建模与仿真领域的最高优先级的工作。

高层体系结构的最初定义是在 DARPA 资助下完成先进的分布式模拟(ADS)计划中,1995 年 3 月转到建模与仿真办公室,进一步发展为国防部范围的体系结构管理小组。该任务的核心是开发一组高层体系结构的关键问题的原型。1996 年 8 月 21 日,给出了高层体系结构的基准定义,9 月 10 日就被负责采办和技术的国防部副部长办公室批准作为标准技术体系结构。到 1998 年,该项工作已取得全面进展,发布了一系列规范。

**2.集成水平模拟协议(ALSP)**

集成水平模拟协议是一个容许将不同的、聚合的结构模拟集成在一起的协议。在这个意义上说,集成水平模拟协议是分布交互式模拟的一个以“ALSP 联邦”结合在一起的分布交互式模拟的实例。

各种模拟应用之间的互相理解是分布交互式模拟的体系结构要解决的最重要的问题。这个问题的核心是各种应用之间的可互操作性以及各个不同层次之间的转换和连接。1990 年,DARPA 支持 MITRE 公司研究分布交互式模拟的应用、模拟网络、与聚合水平的结构训练模拟的连接原则。DAPAR 最初将这些原则用于德国的作战准备中心

(Warrior Preparation Center,WPC)的作战模拟中。1991年开始了有公共基础的试验来扩展分布交互式模拟以提供连接美国陆军军级作战模拟模型(CBS,TACSIM和CSSTSS)、美国空军空战模拟模型(AWSIM)、海军联合作战模拟模型(JECEWSl)以及海军陆战队模拟模型(NTWS)的技术能力。集成水平模拟协议(ALSP)原型的成功和用户对该技术的认可很快产生了高质量的软件产品。1993年将集成水平模拟协议转移到多服务器平台上。从1994年起,形成了一个开发者、支持者和用户的联合体,通过改进集成水平模拟协议联盟来不断面对用户的新的需求。

集成水平模拟协议包括以下三个组件:

(1)集成水平模拟协议的基础结构软件(Infrastructure Software),AlS提供分布式运行时的模拟支持和管理。

(2)可重复使用(和改进)的集成水平模拟协议接口,包括一组生成在不同模拟对象之间的数据交换信息的协议(信息交换格式)。

(3)加入集成水平模拟协议的模拟模型的改进。

#### 8.4.1.3 分布交互式作战模拟的应用

**1.战争综合演示厅计划**

战争综合演示厅计划(Synthetic Theaterof War Project)涉及并将推动若干领域的研究。短期目标是建成地理上分布的、用高速网支持联合服务的、逼真的、结构性的、基于虚拟环境的模拟训练系统;长期目标是完成人操纵的(Manned)兵力和半自动化兵力的集成。该计划的关键技术是高速网络技术和计算机生成半自主兵力。主要解决的问题是当前作战模拟仿真技术中的非交互性、低逼真性、缺乏将人操纵的和半自主兵力集成在同一战场的能力以及对现代操作概念方法的支持。

**2.防务仿真交互网络**

防务仿真交互网(Defense Simulation Internet,DSI)正在发展成为一个全球范围的集成宽带网络,用以支持拥有10余万实体的实时分布式战役环境仿真。DSI有三个通信主干网,两个在美国,一个在欧洲。三个主干网通过Norfolk、Virginia和California的路由器互联,欧洲主干网则通过Cambridge的路由器接入美国网。三个主干网目前可支持91个仿真节点,其中73个在美国的节点以T1(1.544Mbps)速率互联,并与以256kbps速率互联的18个欧洲节点相连。DSI的用户由参与分布式虚拟现实的美国国防部、英国国防部和加拿大国防部的所属机构以及经过选择的一些美国和英国的大学组成。

网络通过对满足若干需求的节点的连接为仿真提供支持。它们是自主仿真节点,基于对象/事件的仿真、状态变化信息广播和伤亡计算。使用自主仿真节点可以使每一个仿真场地独立操作,也可使现有仿真器的互联更加方便。基于对象/事件的仿真方法把通信限制在与战场上出现的对象和事件的活动有关的信息传递中,因而有效地压缩了通信量。仿真以广播初始状态下的所有参与者开始,以后每个对象将只在其状态发生变化时广播通知其他对象。网络带宽的需求还可以通过及时计算伤亡情况,推断实体状态来进一步压缩。

### 3.综合战役桥

综合战役桥(The Synthetic Battle Bridge,SBB)计划的最初目标是开发一个比通过传统训练方法更能广泛得到战役经验的指挥员系统。在实际战役中使用该系统可以做出更好的决策。综合战役桥也可以作为一个仿真训练平台,参与者在进行战斗任务规划时可以进行实时交互。SBB能计算运载工具的位置、运动和速度数据,并实时地用战役空间的三维描绘向所有活动者提供这些信息。原始的、未加以分析的信息则通过图像和文本的形式给出。用户可以在分布仿真期间交互地在战役空间中指明100个左右观察点,并可通过语音或交互命令移动这些观察点。系统还允许用户依附任一运载工具,就像在物理上真的搭乘这种运载工具一样。

SBB计划的关键技术是先进的用户界面、信息聚合(Aggregation)和信息给出(Presentatlon)技术以及交互显示速率下的实时数据显示等。重点解决的问题是辨识并通知用户空间的方位、类型、运动的感觉、对象在综合战役环境中的分布;在对象类型、尺寸和速度方面具有较宽变化范围的大规模、沉浸式的环境。SBB目前已实现了综合战役空间中的地面活动部分及结果评价。

### 4.卫星建模者

卫星建模者(The Satettite Modeler,SM)是一个典型的虚拟环境应用,它可以使分析类用户(Analyst-user)进入一个模拟近地空间的虚拟环境,并设想地球正确轨道中的卫星模型。这一计划是基于这样的考虑,即轨道中卫星数量的增多使一些重要的空间关系的预测变得越来越困难,同时也越来越重要。这些空间关系包括:

(1)来自空间中一给定点的地平线上方的卫星;

(2)从空间中一给定点可以立即访问的地面区域;

(3)从地球表面的一个给定位置可以立即访问的卫星;

(4)正确理解这些关系需要有卫星模型和传感器特征、轨道力学、太阳和月亮的位置以及地面地形方面的诸多知识。

## 8.4.2　高层体系结构(HLA)

高层体系结构是美国国防部建模与仿真领域的最高优先级的工作,是建模与仿真技术框架的三个部分的核心,是建模与仿真应用必须满足的标准。

高层体系结构的最初定义是在DARPA资助下的先进分布式模拟(ADS)计划里形成的。1995年3月该计划转到DMSO,进一步发展为国防部范围的体系结构管理小组。该任务的核心是开发一组HLA的关键问题的原型。高层体系结构的基准定义是1996年8月21日给出的。9月10日由负责采购和技术的国防部副部长办公室的作为标准技术体系结构批准。

到1997年8月,该项工作已取得全面进展,发布了一系列规范,其中包括:

(1)HLA规则描述了定义HLA的一般原则和10个基本规则;

(2)HLA对象模型模板数据交换格式;

(3)HLA 对象模型模板;

(4)HLA 接口规范;

(5)HLA 执行框架。

#### 8.4.2.1 HLA 基本概念

按照美国国防部建模与仿真办公室的定义,HLA 可以定义为:适合于所有国防部模拟应用并能在特定的系统体系结构内提供一个公共技术框架的主要功能元素、界面、设计规则。

HLA 的目的是为模拟系统的设计和执行提供系统的、一致的基础;在系统水平上解决模拟中的难题,提供一组共同的应用规则,以实现可互操作性和可重用性;提供建模与仿真政策决策的框架,建立具体的标准等。HLA 可在训练以及突发事件计划、分析和采办等各种领域应用。它可以用于从纯软件的模拟表达、人在回路中的仿真器到包含实兵模拟部分的各类作战模拟;能为模拟系统的开发者和政策制定者使用。

因此,HLA 的基本思路和出发点是模拟系统的可互操作性和可重用性,包括在各种类型的模拟模型之间以及和 $C^4I$ 系统之间的可互操作性和可重用性。可重用性的核心是软件的可重用性,软件重用就是利用已有的软件成分来构造新的软件,以减少软件的开发费用和时间,提高软件的可维护性和可靠性。为此,1989 年建立的对象模型小组(Object Model Group)提出了对象管理体系结构参考模型 OMARM,就是软件构件方式的一个方案。HLA 是这一思想在建模与仿真领域中的延伸。

HLA 将实现某种特定模拟目标的模拟系统称为联邦(Federation),联邦由若干个联邦成员、运行时基础设施(Runtime Infrastructure, RTI)和联邦对象模型(Federation Object Model, FOM)组成。

HLA 由三部分组成:

(1)HLA 规则。规则是为了在联邦中达到适当的交互作用而建立的,规则描述了联邦的成员和 RTI 在联邦中的责任和关系。

(2)接口规范。HLA 接口规范定义在联邦成员和 RTI 之间的服务,一共有六种服务。

(3)对象模型模板。HLA 的对象模型的公用的表达方法,是一组预先定义的在联邦和模拟中记录信息所需要的公共方法。

(4)联邦的成员称为联邦成员(Federate),参与一个联邦的所有应用都是联邦成员。实际上,联邦成员包括了联邦成员管理、数据收集,代理实体的模拟或被动的观察者。

运行时基础设施(RTI)是在联邦运行时提供公共服务的一个通用分布式操作系统软件。

对象模型(Object Model)是通过对象描述的模拟或联邦感兴趣的现实世界。它描述:

(1)为计划中的模拟或联邦选定的共享的一组对象;

(2)这些对象之间的属性、关联和交互;

(3)对象表达现实世界的详细程度,包括空间和时间分辨率;

(4)用于表达对象的关键模型和算法。

联邦对象模型(FOM)是对特定联邦的所有基础共享信息(对象、属性、关联和交互)的描述,包括对联邦支持的对象的基本类、对象属性和对象交互的标识。另外,也可以规定可选的附加信息类,以便对联邦的结构和行为做更完整的描述。

模拟对象模型(SOM)是对可以在外部使用的联邦中的特定模拟的对象、属性和交互的描述。

对象(Object),在 HLA 中,对象被理解为:模拟感兴趣的现实世界实体。这里,对象的概念和面向对象的编程中对象的概念有所不同,对象的观点并不意味着实现工具是面向对象的编程语言。

对象有三个基本特征:

(1)同一性:是一个对象区别于其他对象的特性;

(2)状态:一个对象在任一时刻所有动态和静态性质的总和;

(3)行为:对象对于状态改变的作用与反作用。

对象之间的关系是通过下列元素规定的:

(1)属性:能为其他对象存取的状态变量和其他参数;

(2)关联:对象之间的概念上的联系(如一个对象是另一个对象的部分);

(3)交互:一个对象的状态对另一个对象的状态的影响。

#### 8.4.2.2　HLA 规则

HLA 定义了 HLA 联邦的组成部分的责任和相互关系,规则一共有 10 条,5 条是关于联邦的,5 条是关于联邦成员的,介绍如下:

(1)联邦必须有一个按照 HLA 对象模型模板描写的联邦对象模型(FOM)。

(2)在联邦里所有的对象必须在联邦成员中表达,不能在 RTI 中表达。

(3)在联邦的执行过程中,所有在联邦成员之间的联邦对象模型的数据交换都必须通过 RTI 进行。

(4)在联邦的执行过程中,联邦成员的所有交互都必须通过 RTI 一致地进行。

(5)在联邦的执行过程中,对象的实例的属性在任何时刻都只能有一个拥有者。

(6)联邦成员必须有一个按照 HLA 对象模型模板描写的 HLA 模拟对象模型(SOM),每个模拟必须描述能向联邦以 OMT 的形式提供给联邦的功能,所有模拟对象模型,属性和交互可以不被任何给定的联邦使用;SOM 描写任选有效的数组。

(7)联邦成员必须遵守更新和反映任一对象在其 SOM 的对象的属性;可以按照其 SOM 的规定发送或接受外部 SOM 对象的交互。

(8)在联邦执行期间,联邦成员必须能按照其 SOM 的规定动态地转移和接收属性的所有权。

(9)按照其 SOM 的规定,在其更新对象属性的前提下,联邦成员必须能改变其条件(如阈值)。

(10)联邦的时间管理:联邦成员应能以容许协调和联邦的其他成员进行数据交换的方式管理本地时间;联邦中的模拟应能管理时间使得它出现在单一的内部时钟下,模拟能以任何方式管理内部时钟,使得它满足联邦中其他模拟的委托。

### 8.4.2.3 运行时基础设施(RTI)

运行时基础设施 RTI 是分布式系统,包含两个全局过程:RTI 执行(RtiExec)和联邦执行(FedEx),以及连接到每个联邦成员的运行库。RtiExec 是产生和撤销联邦执行的管理过程。FedEx 是管理联邦成员加入和提出联邦的管理过程;运行库为联邦成员的开发者提供了接口和 HLA 服务。HLA 服务是通过在 RtiExec,FedEx 和联邦成员之间的通讯实现的,通讯采用可靠的基于插件(Socket-based)的内部进程(IPC),如图 8-6 所示。

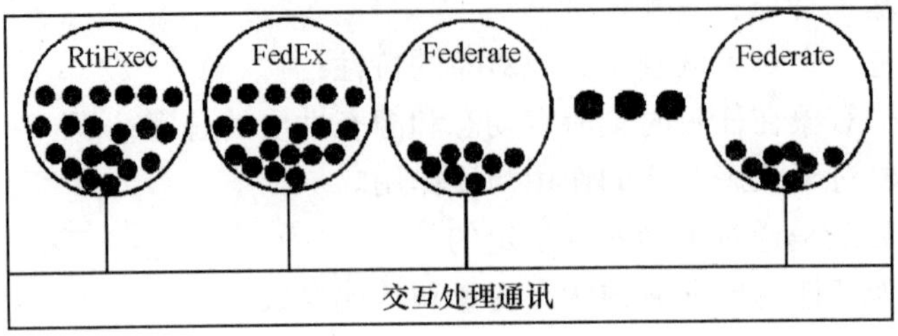


图 8-6 RTI 1.0 系统体系结构

Rtiexec 是每个联邦成员在初始化 RTI 组件时与之通讯的全局进程。RTI 的基本目的是管理联邦执行的产生和撤销;保证每个联邦执行有唯一的名字,提供联邦成员加入到联邦执行的把柄、主机名或端口,为每个联邦执行提供唯一的多点传送。可执行的 Rtiexec 有一个控制台界面和一组控制台命令。

FedEx 是管理联邦成员的加入和退出的全局进程,进行所有属性更新、交互和 RTI 内部控制信息的分发。Fedex 进程是由第一个联邦成员请求生成服务启动的。

### 8.4.2.4 HLA 接口规范

HLA 接口规范建立了 HLA 仿真的管理对象模型,它定义了联邦成员与联邦中其他成员进行信息交互的方式,即 RTI 六大管理服务。这些管理服务包括:

1.**联邦管理**(Federation Management)

联邦管理服务通过两种方式管理联邦:

(1)根据存在和成员资格定义联邦的执行;

(2)完成联邦范围内的操作。

为了定义联邦,需要使用联邦管理中的服务产生联邦执行,并允许联邦成员加入联邦执行或从联邦中退出。由于每一个联邦成员必须加入一个联邦执行,所以没有联邦成员完全能忽略这个服务。

联邦管理中的操作包括:创建联邦,把邦员加入联邦,观察联邦范围的同步点,实现联邦范围的保存与恢复,把邦员退出联邦,销毁联邦。

2.**声明管理**(Declaration Management)

HLA 具有数据交换的隐含调用的特征,联邦成员不是通过名字向其他联邦成员发送数据,而是把数据传送给联邦,由 RTI 确保发送到对数据感兴趣的联邦成员。声明管理服务是联邦成员用来声明它们产生(发布)或消费(订阅)数据意图的方式,RTI 使用这些声明来安排数据的路由、转换数据和管理兴趣。

声明管理中的操作包括:公布、订阅、支撑控制功能。生成对象类属性或交互的邦员必须确切地声明它们能够公布什么。

3.**对象管理**(Object Management)

对象管理服务是用于实现数据实际交换的那些服务。联邦成员使用其中的服务来发送和接收交互,这些服务也用于登记一个对象类的新实例和更新其属性。其他联邦成员将调用这组中的服务来接收交互、发现新的实例和接收实例属性的更新值。其他服务用来控制数据如何被传输、要求刚更新的属性值和通知联邦成员它是否应该要求数据。

对象管理中的操作包括:对象生成器方的实例注册和实例更新,用户方的实例发现与实例映射,发送和接收交互信息,控制基于用户命令的实例更新和其他各种各样的支撑功能。

4.**所有权管理**(Ownership Management)

RTI 允许邦员在一定的限制下把更新和删除对象实例的责任下发。一个对象实例可能完全隶属于一个单独的邦员。在这种情况下,邦员有责任更新与对象相关的所有属性并且有责任删除对象。也有可能两个或两个以上的邦员共同享有对一个单独的对象实例进行更新的责任。当对一个单独的对象实例进行更新的责任被多个邦员共享时,参与共享的邦员各自负责一组互斥的对象属性。对于一个对象实例的某一个单个的属性来说,在任何时刻都只有一个邦员享有对其进行更新的责任。另外,在任何时刻都只有一个邦员有权利删除某一个对象实例。

5.**时间管理**(Time Management)

联邦成员在它们自己的线程控制下执行,因此联邦成员间事件的正确顺序是需要解决的重要问题。在 HLA 中,事件的排序用“仿真时间”来表达。仿真时间是一个抽象的概念,没有必要把它和任何时间表示或时间单位相联系。RTI 的时间管理服务负责两件事情:

(1)允许每一个联邦成员和其他联邦成员协调来推进它自己的仿真时间;

(2)控制时间戳事件的发送,保证联邦成员永远不会接收来自其他联邦成员的“过去”事件,即事件的仿真时间小于该联邦成员的仿真时间。

6.**数据分发管理**(Data Distribution Management)

数据分发管理(DDM)服务控制着联邦成员间生产者与消费者的关系。尽管声明管理服务根据交互类和对象类管理这些关系,但是 DDM 根据对象实例和抽象的路由空间进行管理。DDM 为进一步的独立发布和订阅提供了一个灵活而广泛的机制——有效地完善了 RTI 的程序安排能力。

## 8.5 作战模拟的前沿技术

在作战模拟的理论与技术的发展过程中，不断地从其他相关学科引入新的方法与技术，这些方法的引入为作战模拟带来了勃勃生机。

### 8.5.1 人工智能技术

人工智能(AI)是计算机科学的一个分枝，人工智能是人类脑力劳动的延伸。

#### 8.5.1.1 人工智能的基本概念

人工智能是研究如何应用计算机来解决需要知识、感觉、推理、学习、理论及类似认知能力等方面问题的一门学科，是一门研究如何实现人类脑力活动自动化的学科。人工智能着眼于对知识的处理，研究如何使计算机做事情就像人们思考问题与处理问题那样具有智能性。

人工智能的中心问题是人类行为活动和思维活动的模拟。人工智能以智能机器系统为实现手段，以对人类思维活动进行模拟的方法，实现人类脑力活动自动化的目的。

人工智能技术的研究始于20世纪50年代，首先推出的是会下棋的计算机。20世纪60年代人工智能发展成为独立学科，开始了自然语言理解、自动问题解答、视觉景物分析等基础性研究，在这个时期研制成功了能模拟人类某些初级动作的整体机器人，能进行演绎、归纳、预测的“专家系统”开始出现。

20世纪70年代以来，人工智能进入了实际应用的阶段，研究主要集中在智能机器人和专家系统两个方向。智能机器人偏重于人类行为活动的模拟，专家系统偏重于人类思维活动的模拟，它们之间各自独立又相互统一、相辅相成、互为补充、共同发展。这个时期的人工智能在军事领域、海洋勘探、医疗治病、工业生产、排险探险等方面都崭露头角，引起了各方面的广泛注意，在席卷全球的新技术革命中占据了举足轻重的地位。

当前，人工智能是各国正在激烈角逐的高科技研究领域之一，特别是以模拟人类思维活动为特点的第五代智能计算机的发展尤为引人注目。人工智能研究的发展将完成人类科学研究发展史上的又一次飞跃。

正如大多数高科技研究领域一样，军事应用的需求，也是人工智能研究发展的重要推动力量。军事领域迫切需要大量应用人工智能技术，特别是在现代高技术条件下的战争中，以人工智能为基础的智能专家系统和智能机器人有很高的应用价值，诸如情报检索、处理和分析，作战计划、指挥和控制，目标瞄准、导航、后勤、故障检测与排除等无一例外。人工智能在作战模拟中同样能发挥积极的作用，是作战模拟中实现军事决策自动化的基本手段，是实现作战过程全程模拟的基本条件。人工智能技术的发展定能对军事科学产生巨大而又深远的影响。

人工智能是一门综合性的边缘学科，它的基础是：控制论、信息论、系统论、仿生学、生物学、生理学、电子学、计算机科学等。人工智能随着这些学科的发展而发展。

#### 8.5.1.2　人工智能的基本方法

目前，人工智能研究的几个核心问题是：知识表示、推理技术、启发式搜索。

(1)知识表示

军事知识通过指挥员的实战经验存放在脑子里，随时都可以用联想的方式找到相关知识。而人工智能就是要模仿人大脑的工作机理，使计算机也能按照这种方式工作。其中首先要解决的问题就是知识的获取和表示。所谓知识就是一大套事实，用某种表示技术予以表示。目前，表示知识的方式有多种，在军事领域中常用的是产生式规则。产生式规则是以规则作为构成知识的基础，它类似于人类的一般思维规则，便于思维活动的模拟。

(2)推理技术

使用知识的事实(命题)信息判断处理对象的真假叫做推理。人工智能的推理技术一般采用两种基本方法：一是形式逻辑法；二是概率统计法。对于军事问题中的经验判断，概率统计法更为有用。

(3)启发式搜索

搜索就是通过一定的方式找到需要的有关知识。启发式搜索就是尽可能多地提取有关信息，通过分析对比，以做出决策(结论)。搜索一般用树图的方式进行。

#### 8.5.1.3　人工智能与作战模拟

现代战争中的情况是极其复杂的，指挥的稳定性、快速性和不间断性，管理的复杂性，信息情报的不确定性，战场变化的急剧性等，都对指挥决策提出了极高的要求。如何充分利用指挥员的丰富经验、军事知识和推理思维，适应作战环境的要求，快速而又准确地处置作战指挥中的问题，是摆在人们面前的新课题。传统的作战模拟方法难以实现指挥决策在机器内的自动进行，而人工智能的特性就决定了它在这些问题的解决上将能发挥重要作用。

现代战争中，需要计算机协助处理和完成的任务大量是非数值性的，信息形式很不规则，没有明确的计算方法，问题的解决依赖于知识和经验，与人的信息交换主要靠自然语言等，而这正是人工智能技术能够发挥特殊作用的领域。人工智能技术能使军事决策适应现代战争中出现的各种意外情况，大大增强指挥能力，使指挥系统具有更大的灵活性。因此，人工智能技术是作战模拟技术发展的必然趋势，是作战模拟技术的提高和升华。

作战模拟和人工智能在工作方式上的区别主要有以下几个方面。

(1)分析方法不同

作战模拟以运筹学方法为基础，以定量分析为主，以计算机语言方式工作，处理的是数值信息。人工智能则是以专家的知识、经验为基础，以思维推理式的定性分析为主，以人类的自然语言方式工作，可处理非数值信息。

(2)决策方式不同

作战模拟一般是机内模拟机外决策(人工方式完成)。人工智能可以做到机内模拟机内决策,机器自动完成指挥决策。

(3)处理问题不同

作战模拟处理的是结构性问题,其特点是:决策问题有明确的目标,目标可定量描述;决策所需信息(即有影响的因素)能明确地定量描述且可以得到;有明确的处理原则。人工智能处理的是非结构性问题,其特点是:寻求满意解而不是最优解;启发式搜索(启发式搜索与随机搜索不同,它要求设计一种方法从问题领域提取尽量多的信息,并利用这些信息来搜索最可能得到的解);自然语言。

从上面比较可以看出,人工智能既是作战模拟技术的发展要求,又将与作战模拟携手并肩共同为提高军事决策的质量而作出贡献。因此,在军事应用的领域中,要利用作战模拟的已有技术来发展人工智能,两者之间互相促进、互相补充、共同前进,以取得最理想的效果。

## 8.5.2 虚拟现实技术

多媒体技术的出现和发展,极大地丰富了计算机的表达能力,增强了人们对模拟过程及其本质的理解,提高了人们和模拟计算机之间的交互能力,其中最具划时代意义的是“虚拟现实”技术。虚拟现实技术发展迅速,已成为模拟技术中最热门的话题。

### 8.5.2.1 虚拟现实技术

虚拟现实 VR(Virtual Reality)技术,又称灵境技术,是模拟技术发展的一个分枝,一经出现,立即引起人们的广泛关注,尤其受到军方的高度重视。

虚拟现实是利用计算机生成的一种虚拟模拟环境(如飞机驾驶舱、操作现场等),通过多种传感设备使用户“沉浸”在该环境中,实现用户与该环境直接进行自然交互的技术。

虚拟模拟环境是指由计算机生成的,通过视觉、听觉、触觉等作用于用户并使之产生身临其境感觉的交互式模拟视景;是计算机生成的具有表面色彩的立体图形,它可以是某一特定现实世界的真实体现,也可以是纯粹构想的世界。

传感设备是指设置于现实环境中的传感装置(不直接戴在身上),或穿戴于用户身上的立体头盔(Herd Mounted Display)、数据手套(DataGlove)、数据服(Data Suit)等装备。

“沉浸”是指用户借助于必要的设备与虚拟环境中的对象相互影响而产生的一种等同于真实环境的感受和体验。

自然交互是指操作者用日常的行为方式对环境内的物体进行操作时(如用手拿东西、行走等)所得到的实时、立体反馈。

虚拟现实中的“虚拟”来自软件工程,如虚拟内存、虚拟硬盘、虚拟工作站等。

**1.虚拟现实技术的特征**

虚拟现实有仿真性、交互性、人工性、沉感性、电子现场、全身心投入、网络化通信等特征,但最主要的三个基本特征是:沉浸(Immerslon)、交互(Interaetlon)和构想(Imagination),

这三个特征强调了人在虚拟现实中的主导作用。

“沉浸”是指从过去的人只能从计算机系统的外部去观测计算机的处理结果，到人能够沉浸在计算机系统所创建的环境中；“交互”是指从过去的人只能通过键盘、鼠标与计算机环境中的单维数字化信息发生交互作用，到人能用多种传感器与多维化的信息环境发生交互作用；“构想”是指从过去的人只能从以定量计算为主的结果中得到启发，到人有可能从定性和定量综合集成的环境中得到感性和理性的认识。

在未来的虚拟现实系统中，就是要使这个由计算机及其他传感器所组成的信息处理系统去尽量“满足”人的需求，而不是强迫人去“凑合”计算机系统。

**2.虚拟现实系统的分类**

根据应用的不同要求，虚拟现实系统可分为非配戴型和配戴型。

(1)非配戴型

非配戴型有时也称为桌上型，其视景通过计算机的屏幕，或电视屏幕，或投影屏幕，或室内的实际景物加上部分计算机生成的环境所产生，声音效果通过音响系统提供。非配戴型的优点是用户比较自由，不需要戴头盔和耳机，不需要戴数据手套和跟踪器，可同时允许多个用户加入系统。

(2)配戴型

配戴型是用封闭的视景和音响系统将用户的视觉、听觉与外界隔离，使用户完全置于计算机生成的环境中。计算机通过用户配戴的数据手套和跟踪器可以测试出用户的运动和姿态，并将测得的数据反馈到生成的视景中，产生人在其中的效果。

**3.虚拟现实系统的显示方式**

虚拟现实系统的类型不同其显示方式也不同，基本有两种：大屏幕式和头盔式。

大屏幕式视野开阔，能使人与环境完全融合，可以进行各种背景条件下的全方位显示，虚拟效果接近完美。但这种显示模式实现技术复杂、成本高、研制难度大。

头盔式显示方式是将液晶显示器置于眼前，使视野和视物清晰度增大，参与者的两只眼睛都可看到前方的景象。头盔式显示器一般是宽视场立体显示器，与用户动作同步，当操作者转动自己的头部时，显示器内的图像也做相对移动。

**4.虚拟现实与模拟**

从计算机诞生以来，传统的模拟环境是以计算机为中心，是“人适应计算机”。虚拟现实技术强调人的主导作用，倡导以“人”为本，让“计算机适应人”。虚拟现实与模拟技术的主要差异有以下几点。

(1)多感知差异

一般计算机模拟技术原则上以视觉和听觉为主，而虚拟现实能生成逼真的视觉、听觉、触觉、力觉、味觉等一体化的、特定范围的虚拟环境。

(2)存在感差异

一般计算机模拟基本上将用户视为“旁观者”，人们的想法要适应计算机，用户没有身临其境的感觉，而虚拟现实中的用户能借助必要的设备以自然方式与虚拟环境中的对象进行交互作用、相互影响，可视场景随用户的视点而变化，从而产生“沉浸”于等同真实环境的感受和体验。

(3)交互性差异

一般计算机模拟不特别强调交互的实时性,而虚拟现实则是一种基于可计算信息的沉浸式交互环境,特别强调交互(动作、行为的)的实时性。虚拟现实技术带来了人机交互的新概念、新内容、新方式和新方法,使得人机交互的内容更加丰富、形象,方式更加自然、和谐。

(4)应用范围差异

模拟的基本目的之一是为决策服务,决策分为宏观决策和微观决策。虚拟现实系统的应用属于微观决策问题一类,虽然有些虚拟现实系统的规模可能很大,但涉及的却都是局部问题,仍属于微观决策范畴。传统模拟技术的应用可以是微观的也可是宏观的,而且以宏观问题居多。

虚拟现实技术与传统模拟技术的不同是操作者能够进入虚拟的世界并与虚拟世界交流。这个虚拟世界是充满数据的空间,这些数据可以是具体的物体和图像,也可以是抽象的概念和非图像信息,例如,温度、时间流、雷达作用范围、深度和声音等。用户"进入"数据空间(Data Space)后,可以更加逼真地观察数据、操作数据,从而更快、更全面地分析和理解数据。

"虚拟现实"技术提供了一种比一般计算机模拟更好的方法,有更高的逼真度。使用虚拟现实技术构造出来的虚拟环境,使人们用视觉、听觉和触觉而不是通过计算机屏幕上的枯燥文字和数据变化去感知计算机传达出来的信息;"虚拟现实"技术可使人们通过日常的手段,如语言、手和脚的动作而不是键盘去和这个虚拟环境交换信息。虚拟现实技术能使现代作战模拟做得非常逼真,以至于发展到可以替代实兵演习的程度,可望成为人类认识世界和改造世界更强有力的武器。

计算机模拟技术已经比较成熟,已经实用化,而虚拟现实技术正在发展中,正在完善,离实用化还有一段距离,还有很长的路要走。

### 8.5.2.2 虚拟现实技术的军事应用

虚拟现实技术的出现,在军事训练领域引发了一场新的训练方法及手段的革命,虚拟现实正在急步走进现代军事的大门。

随着计算机技术的飞速发展,人们希望在模拟系统中得到的感觉与在真实世界中得到的感觉要尽可能的相同,能做到"景物真实、动作真实、感觉真实",有"身临其境"的逼真感,并且还能突破物理空间和时间的限制,产生"超越现实"的虚拟性,得到真实世界中无法亲身体验到的感受,实现这种目标的最好技术就是虚拟现实技术,当这种技术应用在作战模拟领域时,就是虚拟作战模拟技术。

虚拟现实应用于作战模拟时,为研究战争问题、作战指挥和训练提供了更科学的方法,使研究的进程更加逼真、更加近于实战,而且使研究结果更加可信,有利于指挥艺术和作战技能的提高。

**1.模拟方式的变革**

虚拟现实技术将引起模拟方式的变革。

(1)传统的模拟模式

传统的模拟模式为:在教室内有一台大屏幕投影电视,在投影电视屏幕上显示由计算机生成的活动图像,模拟天空、海面和各种地形以及各种目标,如飞机、军舰、导弹等。参与者坐在屏幕或外观与实物几乎完全一样的操作控制台前。控制台上有各种功能按钮、数据输入键盘、显示器和指示灯等。参与者根据当时的作战态势以及指挥官(教官)的命令,在控制台上操作,模拟驾驶飞机、机动舰船、发射导弹等。

在这种模式中,作战模拟的重点放在数学建模上。由于数学模型的近似性和数据的粗糙性等原因,基于数学模型的计算机模拟可信度不高,影响实际应用。数学模型是客观过程对象的抽象,虽然升华了客观过程对象本质的理性认识,但由于它摒弃了过程对象的形象描述和感性认识,真实物理空间变成抽象的数据空间,实际形象与对象属性分离,失去了客观过程对象富有本色的特征,失去了表达和认识客观规律的直接而又简洁的普适手段,造成形象与抽象分离,感性与理性分离,从而导致定性分析与定量分析的分离,数学模型越抽象越背离模拟的原有内涵。

(2)虚拟现实方式

虚拟现实技术可建立一个"虚拟的模拟环境",虚拟现实技术通过传感器使参与者完全进入到虚拟的战场环境中去,并采用与现实世界中一样的行为方式在该环境中进行各种模拟活动。它强调介入者——人的亲身体验,要求所生成的战场环境是可信的、与人对它的理解是一致的。

随着作战模拟的虚拟化,有可能实现形象描述与抽象描述相统一,感性认识与理性认识相统一,定性分析与定量分析相统一。在虚拟化的概念中,模拟对象可以是现实的,也可以是超现实的,有利于作战模拟应用的扩展。虚拟现实技术的这些特点在军事训练中得到了充分的发挥,将成为高技术军事领域中不可缺少的部分。

**2.训练方式的改革**

虚拟现实技术作为一种最新的计算机人机交互技术,首当其冲的在作战训练中得到广泛应用。其主要特点是情景逼真、近于实战、易于操作、交互性强,并能大大缩短训练时间、提高训练效率和训练质量、降低训练费用。无论是模拟效果,还是在应用范围上,都远远超过了现有的模拟器。

虚拟现实技术可以实现全方位的作战技能训练;能够进行在真实世界里不可能进行的各种危急情况的处理训练;能把原来难于考虑的、人的行为因素"揉"进作战模拟模型,使得虚拟模拟能比实兵演习更加接近实战效果,是提高部队战斗力的最佳训练器材。

虚拟现实技术可以人工制造"未来作战环境",甚至可以制造出一支虚拟的"计算机部队"加入到演习、训练或决策模拟中去,可将视角、听觉、触觉和其他感觉从计算机实时的传达给局中人,能与虚拟的对象——敌人进行近乎实战的对抗,而无需借助实装、实物,使局中人有强烈的临场感。

虚拟现实与一般的模拟训练器相比发生了质的变化,"虚拟现实"模拟训练已不仅仅是训练的一种辅助方法,而是各种尖端技术的最新成果在训练实践中的应用。

利用虚拟现实技术,从训练方式上实行改革,已成为发达国家的共同举措,虚拟现实技术的出现掀起了一场军事训练领域的革命,虚拟现实是 21 世纪部队模拟训练的主要方式。

3.虚拟化的作战模拟环境

利用计算机的分布交互和虚拟化技术,可以实现一个虚拟化分布交互的作战模拟环境。

(1)虚拟武器

虚拟武器是计算机生成的武器,虚拟武器平台并无物理实体,却有武器平台实体的外观显现和操作界面,具有武器平台的过程功能,有机动能力、探测能力和发射能力。平台和武器的外观和操作界面利用物理建模技术形成。这些虚拟武器分布在网络的各个节点上。

(2)虚拟战场

虚拟现实技术利用地形高程数据生成三维地形图;利用航拍照片及计算机扫描和纹理映射生成真实的海洋和地貌图;可使大气数据虚拟化;可采用分形技术和粒子系统技术生成一些特殊的自然景色,如云彩、雪花、雷雨和雾等天候景象。虚拟现实技术生成的这个虚拟战场(包括空间、大气、海洋、陆地、电磁场以及各种人为环境和处于该环境中实际的外部特性)还可保证人或人通过设备与其进行自然、实时的交互。这个虚拟战场形成了虚拟战斗的战场环境或平台。

(3)虚拟战斗

通过作战过程的虚拟化,可以实现虚拟的武器平台之间、武器平台与武器之间、武器与武器之间以及武器平台与战场环境之间的交互作用和相互影响。雷达波、声波和光波的传播特性、目标特性、红外热辐射效应、战场气氛的声光效果、射击目标的破坏效应等,都可在虚拟技术的支持下实现。

虚拟现实技术可用于虚拟战斗人员操作虚拟武器进行的作战;模拟指挥人员根据虚拟战场态势和虚拟战场环境的指挥;模拟导调人员对虚拟战场场景的观察等。

通过虚拟技术构筑的虚拟武器、虚拟战场、虚拟战斗可模拟大规模的实战场境,进行成千上万个战斗单位间的协同和战斗演练,为各种态势下的军事决策提供依据。

4.透明指挥的实现

虚拟现实技术能提高指挥手段的正确性,使指挥员"运筹帷幄"。

(1)虚拟现实与指挥决策

指挥员经过虚拟现实的模拟训练,可以清晰地分析判断情况态势,并且在脑海中留下深刻印象。当这些情况态势(或类似情况)在未来的实际战争中重现时,指挥员就很容易地将虚拟作战模拟的情景与当前的问题相联系,极大地提高指挥决策的正确性。

(2)虚拟现实与智能模拟

在战争过程中,情况千变万化,利用虚拟现实技术可把错综复杂的战场数据加以智能分析处理,变成人们十分容易理解的图形和图像,使这些数据可用于验证参与人员的决策是否正确,还可把分析决策结果存储在计算机内供以后参考。

随着虚拟现实技术的不断发展和成熟,不久的将来,在作战实验室中,指挥员就可以在地理信息系统、部署数据库和立体态势图像的集成软件上,面对二维屏幕虚拟显示的多维战场，游刃于整体与部分、精确与模糊、真实与虚幻相交织的信息时空中，锤炼创造性地指挥艺术。士兵在模拟舱内身经“百战”，在虚拟的战斗中体验生与死的角逐，磨炼娴熟的战术技能和坚韧的战斗意志。在虚拟现实技术进一步逼真化、实用化后，超前模拟将成为未来军事训练的最高级特征，虚拟现实以全新和超前的训练使未来的军队在虚拟环境中体验战争，并在虚拟演练中把握战争。

**5.武器装备的研发**

采用虚拟现实技术进行武器装备的设计制造，智能化程度高，设计思想独具一格。

武器装备的虚拟原型是所涉及产品的数字化模型，可以在计算机上运行。建立了武器装备的虚拟原型后，设计者可以看到所设计产品的样子；可以对许多零部件进行测试和装配；可以检查产品的工作情况。

如：当需要设计一种新型作战飞机时，虚拟现实模拟系统的计算机能够显示出机舱内仪表、操纵杆等各种设备位置。试飞员戴上头盔显示器、数据手套等传感器设备，就能操作这架“飞机”，感觉操作时是否方便、舒适，如不满意，可按照自己意愿进行调整。所不同的是，在这架虚拟飞机中进行的调整和修改，便宜、容易、快速，还十分安全。飞机制造完成后，就能保证完全合乎飞行员的需要。

分布式虚拟环境将对科学研究带来巨大的帮助。美国的研究人员已经利用分布式虚拟环境来进行大系统的并行工作。如有几千名设计者参加的海军战舰的设计，每人都可以通过浸入式的分布式虚拟环境，观察庞大复杂的战舰设计结果，了解不同的设计方案对战舰其他部分的影响，促进各部门间的协作，而这一切都可在图纸设计阶段就能实现。

### 8.5.2.3　外军的虚拟现实技术

虚拟现实技术是当今发达国家研究和开发的热门技术。20 世纪 90 年代初，美国国防部就通过研究与发展机构和高级研究计划局积极从事开发和使用虚拟现实技术，并将它列为 21 世纪的关键技术。

美国国防部认为虚拟现实技术在武器系统的虚拟制造、测试、作战、评估、虚拟训练、大规模军事演习的虚拟战场演示等方面能发挥重大作用。因此，美军拟将虚拟现实的一些关键技术进行加强和改进，如高速网络和数据的实时交互与显示、数据融合与输出、各个层次（包括地形绘制、天气描述、运动和传感、武器系统与效应、计算机生成的半自主兵力等）上的逼真性等。

美军正在加紧研制各类虚拟现实模拟系统，并计划在今后几年里投入 5 亿美元资金和相当的人力，以获得更加实用的成果。美国国防部高级研究规划局与美陆军着眼于建立一支 21 世纪新型部队的构想，正在积极推进一项名为“模拟网络”的先进模拟研究计划，其实质是将“虚拟现实”技术应用于“综合模拟系统”、“先期技术演示计划”以及“作战实验室计划”中。

美国政府支持的虚拟现实技术应用的研究计划有：

（1）战争综合演示厅计划（Synthetic Theater of War Project）；

（2）防务模拟交互网络（Defense Simulation Internet，DSI）；

（3）卫星仿真（The Satellite Modeler，SM）；

(4)虚拟座舱(The Virtual Cockpit,VC)。

近年,“虚拟现实”模拟系统的研制已取得突破性进展。但毕竟是“后起之秀”,还需要更加完善才能达到理想化。随着电子技术和软科学的飞速发展,“虚拟现实”的研制、完善、发展和使用,定会给军队指挥、训练和社会带来更高的效益。这种高效、低耗的模拟系统必将成为21世纪军队指挥、作战训练和生成战斗力的新方式。

## 8.5.3 Agent 技术

Agent 技术最初来自软件开发界,Agent 的理论、技术,特别是多 Agent 的理论、技术,为分布开放系统的分析、设计和实现提供了一个崭新的途径,被誉为“软件开发的又一重大突破”。Agent 理论与技术研究源于分布式人工智能(DAI),但从20世纪80年代末开始,Agent 理论、技术研究从 DAI 领域中拓展开来,并与许多其他领域相互借鉴和融合,在许多不同于最初 DAI 应用的领域得到了更为广泛的应用。在作战模拟领域,Agent 技术也得到了广泛的应用。如何建立更接近于实战的模型,一直是各国军事部门的研究重点。Agent 技术能较好地体现人类的社会职能,具有很强的灵活性和适应性,适合开放、动态、智能、对抗世界环境的建模,因而其研究和应用受到越来越多的关注和重视。

对 Agent 的研究大致可分为智能 Agent、多 Agent 系统(Multi-agent System,MAS)和 Agent 技术应用等三方面。

### 8.5.3.1 智能 Agent

#### 1. Agent 的特性

在应用 Agent 技术的系统中,Agent 的定义和表现各不相同。那么,究竟什么是 Agent,它又有哪些特性? 这些是 Agent 研究者和应用者最为关心的问题,也是目前 Agent 研究领域一直在争论和探讨的热点问题之一。

在有关 Agent 特性的研究中,最经典和广为接受的是 Wooldridge 等人有关 Agent 的“弱定义”和“强定义”的讨论。在分析一些典型的研究报告和应用系统中,在对 Agent 的描述或定义的基础上指出,一个 Agent 的最基本的特性应当包括:反应性、自治性、面向目标性和针对环境性。每个 Agent 首先应具备这四条最基本的特性,然后再根据其应用情况拥有其他特性。Agent 可以拥有的其他特性包括:移动性、自适应性、通信能力(包括协商、协作等能力)、理性、持续性或时间连续性、自启动、自利等。

研究和开发人员没必要构建一个包括上述所有特性的 Agent 或多 Agent 系统,他们往往是从应用的实际需要出发来开发包含以上几部分特性的 Agent 系统。但我们认为,既然是称为面向 Agent 的技术或系统,那么就应当满足上述提到的四条最基本的特性。可以根据 Agent 的特性给出一个 Agent 的简单定义:Agent 是一类在特定环境下能感知环境,并能自治地运行以代表其设计者或使用者实现一系列目标的计算实体或程序。

MAS 是由多个 Agent 组成的系统,它在 Agent 理论的基础上重点研究 Agent 的互操作性以及 Agent 间的协商和协作等问题。

### 2. Agent 的表示和推理

从建造 Agent 的角度出发,单个 Agent 的结构通常分为思考型 Agent、反应型 Agent 和混合型 Agent。

(1)思考型 Agent

建造 Agent 的经典方法是将其看作是一种特殊的知识系统,即通过符号 AI 的方法来实现 Agent 的表示和推理,这就是所谓的思考型或慎思型 Agent(Deliberative Agent)。

思考型 Agent 的最大特点就是将 Agent 看作是一种意识系统(Intentional System)。人们设计的基于 Agent 系统的目的之一是把它们作为人类个体或社会行为的智能代理,那么 Agent 就应该(或必须)能模拟或表现出被代理者具有的所谓意识态度(Intentional Stance),如信念、愿望、意图(包括联合意图)、目标、承诺、责任等。

Shoham 等人根据应用的特点将意识态度分为信息类(刻画 Agent 所具有的信息)、动机类(Agent 的动作选择)、社会类(与 Agent 的社会、道德和理性行为有关)和其他类(如欢喜、恐惧等)。Wooldridge 等人则把单个 Agent 应具有的意识态度(或精神状态)分为两大类:信息态度和积极态度。前者是指 Agent 所拥有的关于自己、环境及其他 Agent 的信息和知识,如信念和知识等;后者是指那些能导致 Agent 执行动作的状态,如愿望、目标、意图、承诺、责任、能力等。他们还指出,一个理性的 Agent 总是基于信息态度去采取积极态度,如根据信念去选择目标和形成意图。在 Rao 和 Georgeff 提出的 BDI(Belief-Desire-Intention,即信念 - 期望 - 意图)模型中,用信念、愿望和意图这三类意识态度来刻画 Agent 的结构,并最终通过规划库来研究 BDI 模型的抽象性质和推理过程。

(2)反应型 Agent

符号 AI 的特点和种种限制给思考型 Agent 带来了很多尚未解决、甚至根本无法解决的问题,这就导致了反应型 Agent(Reactive Agent)的出现。反应型 Agent 的支持者们认为,Agent 的智能取决于感知和行动(所以在 AI 领域也被称为行为主义),从而提出 Agent 智能行为的"感知 - 动作"模型。他们认为,Agent 不需要知识,不需要表示,也不需要推理,Agent 可以像人类一样逐步进化,Agent 的行为只能在现实世界与周围环境的交互作用中表现出来。反应型 Agent 的支持者们还认为,符号 AI 对真实世界中客观事物及其行为工作模式的描述是过于简化的抽象,因而不可能是真实世界的客观反应。

反应型 Agent 的最有力的支持者当数 MIT 的 R.Brooks。他提出一种不同于符号 AI 的、称之为子前提结构(Subsumption Architecture)的建造 Agent 的控制机制。该结构是由用于完成任务的行为(Behaviours)来构成的分层结构,这些行为相互竞争以获得对机器人的控制权。这种虽然简单的结构在实践中被证明是非常高效的,它甚至解决了传统符号 AI 很难解决的问题。

(3)混合型 Agent

反应型 Agent 能及时而快速地响应外来信息和环境的变化,但其智能程度较低,也缺乏足够的灵活性。思考型 Agent 具有较高的智能,但无法对环境的变化作出快速响应,而且执行效率相对较低。混合型 Agent(Hybrid Agent)综合了两者的优点,具有较强的灵活性和快速响应性。

混合结构的系统通常被设计成至少包括如下两部分的层次结构:高层是一个包含符

号世界模型的认知层,它用传统符号 AI 的方式处理规划和进行决策;低层是一个能快速响应和处理环境中突发事件的反应层,它不使用任何符号表示和推理系统。

### 8.5.3.2 多 Agent 系统(MAS)

MAS 的协作求解问题的能力超过单个 Agent,这是 MAS 产生的最直接的原因。导致 MAS 研究逐渐兴起的其他原因还包括:与已有系统或软件的互操作;求解那些数据、能力和控制具有分布特性的问题以及提高系统的效率和鲁棒性等。与单个 Agent 相比,MAS 有如下特点:每个成员 Agent 仅拥有不完全的信息和问题求解能力(因而其观点是有限的),不存在全局控制,数据是分散或分布的,计算过程是异步、并发或并行的。

MAS 的研究历史最早可以追溯到 20 世纪 80 年代中期的 Actors 模型,接着是 Davis 和 Smith 提出的合同网协议,合同网协议至今仍被认为是关于通信、MAS 协商研究的经典工作。目前,MAS 研究的主要方面包括:MAS 理论、多 Agent 协商和多 Agent 规划等。其他比较热门的 MAS 研究还包括 MAS 在 Internet 上的应用、移动 Agent 系统、电子商务、基于经济学或市场学的 MAS 等。移动 Agent 可以自主地在网络上从一台主机移动到另一台主机上连续运行,这种灵活性为网络环境,尤其是 Internet 环境下的应用程序(如电子商务)提供了很多潜在的优点。目前已经有不少较为成功的移动 Agent 系统。

**1. MAS 与联合意图**

能够对环境中其他 Agent 的意识态度进行推理是 Agent 间共存、竞争或协作的要求,Agent 之间的协同、协商和协作行为是在其各种精神状态的支配和控制下才产生、进行和完成的。与共享精神状态相关的理论主要涉及相互信念、联合目标和联合意图等概念,其中以联合意图为代表。在多 Agent 环境下,相互信念即是所谓的公共知识,它与多 Agent 通信密切相关。

当前对联合意图的研究主要有两种观点:

(1)宏观观点,即在每个个体(Agent)之外存在一种联合意图控制整个组织或社会(MAS)的协作行为;

(2)微观观点,即每个成员的意识态度导致个体动作一起完成协作目标。

在与联合意图相关的典型的形式化工作方面,Rao 和 Georgeff 等人基于单个 Agent 系统的 BDI 模型递归定义了社会 Agent 的概念,引入了社会规划。Wooldridge 和 Jennings 以承诺和公约概念为基础,用分枝时序逻辑建立了协作问题求解系统的形式化框架。Haddadi 基于 BDI 逻辑给出了一个协作系统的形式化模型。

**2. 多 Agent 协商**

协商(Negotiation)是 MAS 实现协同、协作、冲突消解和矛盾处理的关键环节。有关多 Agent 协商的关键技术可以概括为协商协议、协商策略和协商处理这三个方面的内容。

协商协议的主要研究内容是 Agent 通信语言(ACL)的定义、表示、处理和语义解释。Müller 认为,协商协议的最简单形式是如下一条协商通信消息:(〈协商原语〉,〈消息内容〉),其中协商原语即消息类型,它的定义通常基于言语行为理论。消息内容除包含消息的发送者、接收者、消息号、发送时间等固定信息外,还要包括与协商应用的具体领域有关的信息描述。协商协议的形式化表示方法通常有三种:巴科斯范式表示、有限自动机表示和语义表示。巴科斯范式表示具有简洁、明了的特点,是最常用的表示方法。采用纯语义表示的协商工作不多,研究者更多的是给出非形式化的语义解释。ACL 中最著名的是 KQML 语言。协商策略是 Agent 决策和选择协商协议和通信消息的策略。协商策略包括一组与协商协议相对应的元级协商策略和策略的选择机制或函数两部分内容。协商策略基本上可以分为五类:单方让步、竞争型策略、协作型策略、破坏协商和拖延协商。后两类策略显然不利于推进协商进程,而单方让步策略只在协商陷入僵局或协商不再有意义时才起作用,所以只有竞争型和协作型策略才是有意义的。竞争型策略一般是指协商参与者坚持自己的立场,在协商过程中表现出竞争行为,使协商结果向有利于自身利益方向发展的协商对策。合同网协商模型、劳资协商、基于对策论的协商过程等都属于此类。协作型策略则是指协商各方都从系统整体利益出发,在协商过程中互相合作,它们采取的协商对策有利于寻找互相能接受的协商结果。采用协作型策略的协商过程包括部分全局规划(PGP)、FA/C 等。Agent 应动态、智能地选择适宜的协商策略,从而在系统运行的不同时刻表现出不同的竞争或协作行为。策略选择的通用方法是依据影响协商的多方面因素,给出适宜的策略选择函数。策略选择函数可能包括效用函数、比较或匹配函数、兴趣或爱好函数等几种。策略选择函数的设计除了要综合考虑影响协商的各种因素之外,还要考虑冲突综合消解以及与应用领域有关的属性等。

协商处理包括协商算法和系统分析两部分内容。协商算法用于描述 Agent 在协商过程中的行为,包括通信、决策、规划和知识库操作等。系统分析的任务是分析和评价 Agent 协商的行为和性能,回答协商过程中的问题求解质量、算法效率以及系统的公平性和死锁等问题。

协商协议主要处理协商过程中 Agent 间的交互,协商策略主要涉及 Agent 内的决策和控制过程,而协商处理则侧重于对单个 Agent 和多 Agent 协商社会的整体协商行为的描述和分析。前两者描述了多 Agent 协商的微观方面,而后者则刻画了多 Agent 协商的宏观层。

**3.多 Agent 规划**

规划是连接精神状态与动作执行之间的桥梁,有关动作和规划的研究一直是 Agent 研究的活跃领域。MAS 中的规划与经典规划不同,属于适应性规划(Reactive Planning),需要反映出环境的持续变化。

目前对 MAS 中规划的研究主要从如下两个不同的角度进行:

(1)将规划看作是一种可以在世界状态间转换的抽象结构,典型的,如与或图;

(2)将规划看作是一类复杂的 Agent 精神状态。

这两种方法都在一定程度上降低了经典规划中解空间搜索的代价,从而有效地指导了资源受限 Agent 的决策过程。其中第一种方法的应用更广。常用的方法是将 Agent 的规划库定义为一个与或图结构,其中的每一条规划包括如下四个部分:

(1)规划目标,这是规划的点火条件,表示该条规划能达到的目标;

(2)规划前提,表示该规划被执行前必须满足的环境或状态条件;

(3)规划体,是规划的程序部分,由规划序列和规划子目标组成;

(4)规划结果,表示执行规划后对环境或状态的更新结果。

#### 8.5.3.3 Agent 技术应用

在软件开发方面,Agent 技术的典型应用就是面向 Agent 的程序设计(AOP)。AOP 的概念最早是由美国 Stanford 大学的 Shoham 教授于 1993 年提出的。他认为,AOP 是一种基于计算的社会观点的新兴程序设计风格和计算框架,其主要思想是利用 Agent 理论研究提出的能表示 Agent 性质的意识态度来直接设计 Agent 和对 Agent 编程。AOP 具有便于描述、能嵌套表示以及超陈述性编程等优点。

在使用 AOP 开发 MAS 时要做的工作包括 Agent 系统的规范、实现和验证。Agent 系统的规范是指 Agent 的表示,包括 Agent 所应包括的意识态度、所采用的结构、Agent 动作的描述、Agent 从信念到动作的转化方法(如采用规划)等。Agent 系统的实现是指如何构造一个满足指定规范要求的系统,通常有两种方式:一种是直接执行逻辑语言,如 Concurrent MetateM 中所采用的方法;另一种是通过编译手段将逻辑语言转化为可执行的形式,典型的,如情景自动机(Situated Automata)的方法。Agent 系统的验证是指验证所实现的系统是否满足规范要求,主要途径有两种:语义方法(模型验证)和公理化方法(定理证明)。

另外一类有代表性的 AOP 语言是将 OOP 技术与 AOP 思想相结合而构造的混合型 Agent 开发语言,如 DAISY,LALO(AGENT - 0 + KQML + C + + )等。AOP 还是一个较新的领域,借鉴 OOP 的某些成熟特性(如封装、继承、多态等)对 AOP 的研究和发展有很大的意义。

# 习 题 八

1. 简述什么是作战模拟与计算机作战模拟。
2. 以模拟手段的不同,作战模拟经历了哪几个过程?
3. 作战模拟的共同特征有哪些?
4. 军事想定一般包括哪些内容?
5. 校核、验证和确认的含义分别是什么?
6. 简述战斗单位机动的类型。
7. 战斗单位机动的描述内容有哪些?
8. 简述 HLA 规则。
9. 我方反坦克火力系统对由 4 辆坦克和 2 辆步战车组成的敌装甲分队实施射击,其结果可用离散变量表示,共有 15 种不同的结果,其概率分布由下表给出。试模拟我方火力系统对敌装甲分队的射击结果。(从随机数表中得到两个随机数分别为 $\xi_1 = 0.433$,$\xi_2 = 0.873$)

题 8 表　概率分布表

| Y（步车）＼ X（坦） | 0 | 1 | 2 | 3 | 4 | $P\{Y=y_j\}$ |
|---|---|---|---|---|---|---|
| 0 | 0.05 | 0.12 | 0.18 | 0.06 | 0.03 | 0.44 |
| 1 | 0.03 | 0.11 | 0.13 | 0.04 | 0.02 | 0.33 |
| 2 | 0.02 | 0.07 | 0.09 | 0.03 | 0.02 | 0.23 |
| $P\{X=x_i\}$ | 0.10 | 0.30 | 0.40 | 0.13 | 0.07 | 1.00 |

10. 火炮对目标射击的命中概率为 $P_H$，现射击两发，$P(A)$、$P(B)$分别表示前后两次的射击命中概率。试用蒙特卡洛方法对两次射击的命中情况进行模拟：

(1)两次射击相互独立；

(2)若两次射击相互不独立，设 $P(B|A)=P_K$。

# 参 考 文 献


[1] Ю.В.楚耶夫,等.军事技术运筹学基础[M].冷拓,等译.北京:国防工业出版社,1976.

[2] Ф.А.马特韦楚克.运筹学手册[M].程云门,译.北京:新时代出版社,1982.

[3] 张最良,等.军事运筹学[M].北京:军事科学出版社,1993.

[4] 张野鹏.作战模拟基础[M].北京:解放军出版社,1995.

[5] 李长生.军事运筹学教程[M].北京:军事科学出版社,2000.

[6] 江敬灼,郭嘉诚.国防系统分析方法学教程[M].北京:军事科学出版社,2000.

[7] 王书敏,董书军,等.军事运筹学[M].济南:黄河出版社,1993.

[8] 沙基昌.数理战术学[M].北京:科学出版社,2004.

[9] 钱松迪.运筹学[M].北京:清华大学出版社, 1990.

[10] P.M.莫尔斯,G.E.金博尔. 运筹学方法[M].吴沧浦,译.北京:科学出版社, 1985.

[11] 徐学文,王寿云.现代作战模拟[M].北京:科学出版社,2001.

[12] 程启月.作战指挥决策运筹分析[M].北京:军事科学出版社,2004.

[13] 康崇禄.国防系统分析方法[M].北京:国防工业出版社,2003.

[14] 陈珽.决策分析[M].北京:科学出版社,1997.

[15] 宣家骥.多目标决策[M]. 长沙:湖南科学技术出版社,1989.

[16] 杨剑波.多目标决策方法与应用[M].长沙:湖南科学技术出版社,1996.

[17] 张正西.决策理论与方法[M].中国发明创造者基金会中国预测研究会,1984.

[18] 《运筹学》教材编写组. 运筹学[M]. 北京:清华大学出版社,2005.

[19] 李乃奎,崔同生.军事运筹学基本理论教程[M].北京:国防大学出版社,2005.

[20] 凌云翔,马满好,袁卫卫,等.作战模型与模拟.长沙:国防科技大学出版社,2006.

[21] 胡晓峰,等.战争模拟引论[M].北京:国防大学出版社,2004.

[22] 孔令丰,范嘉宾.计算机模拟战役对抗演习概论[M].北京:国防大学出版社,2001.

[23] 蔡自兴,徐光祐.人工智能及其应用[M].北京:清华大学出版社,2003.

[24] Rob Callan.人工智能[M].黄厚宽,田盛丰,等译.北京:电子工业出版社,2004.

[25] Frederick Kuhl.计算机仿真中的 HLA 技术[M].付正军,等译.北京:国防工业出版

社,2003.

[26] 冯润明,郝建国,黄柯棣.HLA 联邦设计中的模型问题[J].计算机仿真,2002(1).

[27] 柏彦奇,等.联邦式作战仿真建模方法[J].系统仿真学报,2000(6).

[28] 曹星平,邱晓刚,黄柯棣.建模与仿真确认框架[J].系统仿真学报,2005(1).

[29] 王会霞,王行仁.面向 Agent 方法在计算机生成兵力中的应用研究[J].系统仿真学报,2002.

[30] 于云程,罗雪山. $C^3I$ 系统分析与设计[M].长沙:国防科技大学出版社,1996.

[31] 童志鹏. 综合电子信息系统 – 现代战争的擎天柱[M].北京:国防工业出版社,1999.

[32] 余高达,赵潞生.军事装备学[M].北京:国防大学出版社,2000.

[33] 许国志.系统科学[M].上海:上海科技教育出版社,2000.

[34] 谭跃进,陈英武,易进先.系统工程原理[M].长沙:国防科技大学出版社,1999.

[35] 赵全仁,等.武器装备论证导论[M].北京:兵器工业出版社,1998.

[36] 李明,刘澎.武器装备发展系统论证方法与应用[M].北京:国防工业出版社,2000.

[37] 张维明.信息系统建模技术[M].北京:电子工业出版社,2002.

[38] 罗雪山. $C^3I$ 系统理论基础[M].长沙:国防科技大学出版社,2000.

[39] 兵器工业部武器系统工程研究所译.陆军武器系统分析[R].DoD,1985.

[40] 中国国防科技信息中心.美、英、法、德、日国防采办系统比较[R],2001.

[41] 刘树林,邱菀华.多属性决策基础理论研究[J].系统工程理论与实践,1998(1).

[42] Hwang C L, Yoon K. Multiple Attribute Decision Making[J]. Springer-Verlag, Berlin, Heidelberg New York,1981.

[43] 赵建中.多目标决策中目标转化的一种等效系统[J].系统工程,1985(3).

[44] 王殿选,李至时.多目标决策的对比系数法[J].系统工程理论与实践,1988(2).

[45] 王登瀛.多目标决策方案优选的密切值法[J].系统工程,1989 (1).

[46] 李占明.多目标决策的效用函数方法[J].系统工程,1989(5).

[47] 吴晓锋等.SEA 方法及其在 $C^3I$ 系统效能分析中的应用(Ⅳ)——效能分析[J].系统工程理论与实践,1999(2).

[48] 胡剑文,张维明,刘忠.一种复杂系统效能分析的新理论:单调效能空间理论[J].自然科学进展,2003(7).

[49] 周少平,等.探索性分析方法及其关键技术[J].计算机仿真,2005(12).

[50] NATO.NATO Modelling and Simulation Master Plan[R].1998.

[51] DoD Instruction 5000.2. Operation of the Defense Acquisition System[S]. DoD, 2003(3).

[52] DoD Directive 5000.1. The Defense Acquisition System[S]. DoD, 2001(1).

[53] DoD Architectures Working Group. DoD Architecture Framework Version 1.0[R]. DoD, 2004.

[54] 沙基昌.一体化联合作战与军事运筹研究－军事运筹学学会 2005 年学术年会论文集[C].长沙:国防科技大学出版社,2005.

[55] 姜礼平,王公宝.一体化联合作战与军事运筹研究－军事运筹学学会 2006 年学术年会论文集[C].北京:海潮出版社,2006.

[56] 张野鹏.军事运筹基础[M].北京:高等教育出版社,2006.